Stahlbau-Praxis nach Eurocode 3 – Band 1

Prof. Dr.-Ing. Gerd Wagenknecht

Stahlbau-Praxis nach Eurocode 3

Band 1
Tragwerksplanung, Grundlagen

6., überarbeitete und erweiterte Auflage

Beuth Verlag GmbH · Berlin · Wien · Zürich

Bauwerk

Berlin · Wien · Zürich
Saatwinkler Damm 42/43
13627 Berlin

Telefon: +49 30 2601-0
Telefax: +49 30 2601-1260
Internet: www.beuth.de
E-Mail: kundenservice@beuth.de

Druck und Bindung: L&C Printing Group, Poland
Gedruckt auf säurefreiem, alterungsbeständigem Papier nach DIN EN ISO 9706.

ISBN 978-3-410-29966-0

Vorwort

Stahlbau-Praxis erscheint in der Neuauflage in drei Bänden. Die ersten beiden Bände wurden aktualisiert, verbessert und erweitert. Das Thema Komponentenmethode und verformbare Verbindungen ist so umfangreich, dass dieses Thema ausführlich in einem gesonderten Band behandelt wird. In dem dritten Band sind auch neue Bemessungstabellen für biegesteife Stirnplattenanschlüsse der „Typisierten Verbindungen im Stahlhochbau“ des DSTV (1979) enthalten, die auf das neue Bemessungskonzept nach EC 3 umgestellt wurden.

Im **vorliegenden ersten Band** werden die Grundlagen besprochen, die für die Tragwerksplanung von Stahltragwerken in Verbindung mit den Nachweisen nach der europäischen Stahlbaunorm DIN EN 1993 und den zugehörigen Nationalen Anhängen notwendig sind. Es werden das Teilsicherheitskonzept und die Einwirkungen nach den europäischen Normen für den Stahlhochbau erläutert. Die plastische Querschnittstragfähigkeit und der Nachweis ausreichender Beulsicherheit für die Stahlbauquerschnitte werden ausführlich dargestellt. Die Fließgelenktheorie als Grundlage für das Nachweisverfahren Plastisch-Plastisch und die Torsion, die für das Verständnis des Biegedrillknickens erforderlich ist, werden im Rahmen dieses Buches ausführlich behandelt. Auch auf die plastische Tragwerksberechnung nach der Fließzonentheorie wird eingegangen. Auf die stabilisierende Wirkung von Drehbettungen und Schubfeldsteifigkeiten für das Biegedrillknicken wird besonders eingegangen. Die Berechnung nach Theorie II. Ordnung wird erklärt und ein sehr genaues Näherungsverfahren für einfache Systeme angegeben. Es werden Zugstäbe, Druckstäbe, Biegeträger, Stäbe mit Biegung und Normalkraft, mehrteilige Druckstäbe, rahmenartige Tragwerke und Verbände behandelt.

Besonders hervorzuheben ist das didaktische Konzept dieses Buches. Zunächst werden die Grundlagen der Statik und Festigkeitslehre angegeben, die für das Verständnis der Nachweise nach der Stahlbaunorm erforderlich sind. Nach den Erläuterungen der entsprechenden Abschnitte der Norm folgen ausführliche Beispiele, wobei die Formeln des Nachweises angegeben werden. Eine Auswahl von Tabellen der Querschnittswerte für den Stahlbau erleichtert die Berechnung. Die Anwendung von Programmen in der täglichen Praxis wird hier beispielhaft aufgezeigt. Alle Beispiele werden mit dem Programm GWSTATIK berechnet. Das Programm GWSTATIK und alle gerechneten Beispiele können von www.ing-gg.de heruntergeladen werden.

Im zweiten Band wird ausführlich auf die Konstruktion und die Nachweise der Konstruktionsdetails eingegangen. Zunächst werden die Schraubenverbindungen und Schweißverbindungen behandelt. Dann werden die typischen Anschlüsse und Stöße des Stahlbaus besprochen, wie Anschlüsse des Normalkraftstabes, gelenkiger Anschluss des Biegestabes, Rippen und rippenlose Krafteinleitung, Stöße von Stützen und Stützenfüße, biegesteife Verbindungen und Rahmenecken. Der Ermüdung und dem Plattenbeulen wird ein eigenes Kapitel gewidmet. In dem Abschnitt Plattenbeulen werden ausführlich auch Querschnitte mit der Querschnittsklasse 4 behandelt. Von den Stahlbauteilen wird besonders auf Fachwerkträger eingegangen. Ein Abschnitt Brandschutz im Stahlbau wurde ergänzt.

Die meisten Beispiele nach Eurocode 3 sind aus den beiden Bänden nach der DIN 18800 übernommen worden, um einen direkten Vergleich der beiden Normen zu ermöglichen.

Im dritten Band wird die Komponentenmethode mit den verformbaren Verbindungen ausführlich besprochen. Da die Vorspannung bei den biegesteifen Stirnplattenanschlüssen auf die Rotationssteifigkeit einen großen Einfluss hat, wird dies besonders behandelt. Es werden Stirnplattenverbindungen mit zwei und mit vier Schrauben in einer Reihe als auch der Einfluss der nachgiebigen Verbindungen auf Tragsysteme untersucht. Es wird angegeben, wie man biegesteife Stirnplattenverbindungen für Normalkraft und zweiachsige Biegung nachweisen kann. Auch auf die verformbaren Stützenfüße wird eingegangen. Abschließend sind neue Bemessungstabellen für biegesteife Stirnplattenanschlüsse der „Typisierten Verbindungen im Stahlhochbau“ des DSTV(1979) in dem Buch enthalten. Diese Bemessungstabellen wurden auf das neue Bemessungskonzept nach EC 3 umgestellt.

Dieses Buch wendet sich an Studierende des Faches Bauingenieurwesen und an Ingenieurinnen und Ingenieure, die sich in der Baupraxis mit der Tragwerksplanung von Stahltragwerken befassen.

Gießen, März 2014

Gerd Wagenknecht

Dank

Im Jahre 1987 wurde ich als Professor für das Fachgebiet Stahlbau an die Fachhochschule Gießen-Friedberg, jetzt Technische Hochschule Mittelhessen, berufen. Herrn Prof. Wolfgang Lindenborn danke ich sehr dafür, dass ich sein Stahlbaukolleg, das er in seiner 30-jährigen Tätigkeit als Dozent und dann als Professor an der Fachhochschule Gießen-Friedberg erarbeitet hat, übernehmen durfte. Er hat schon frühzeitig das neue Sicherheitskonzept berücksichtigt. Besonderen Wert legte er auf die Konstruktion und die Nachweise der

Konstruktionsdetails, auf die im Band 2 ausführlich eingegangen wird. Das didaktische Konzept, den Aufbau des Kollegs, viele Ideen und praktische Beispiele habe ich in mein eigenes Kolleg und in dieses Buch übernommen.

Herrn Prof. Dr.-Ing. Wilfried Zwanzig von der Fachhochschule Koblenz danke ich für die langjährige Zusammenarbeit auch in der Weiterbildung und die wertvollen Hinweise und Anregungen für das Manuskript dieses Buches.

Herrn Prof. Dr.-Ing. Harald Friemann gilt mein Dank für die Anwendung seines Programms DRILL für den Nachweis des Biegedrillknickens und der Biegetorsionstheorie 2. Ordnung.

Herrn Dipl.-Ing. Gerhard Gröger möchte ich für die langjährige Weiterentwicklung des Programms GWSTATIK meinen Dank sagen.

Herrn Prof. Dr.-Ing. Bertram Kühn danke ich für die vielen Verbesserungsvorschläge.

Meinem Sohn, dem Architekten Frank Wagenknecht, möchte ich besonders danken. Er hat alle Zeichnungen dieses Buches angefertigt und das Layout gestaltet. Ohne seine ständige Mitarbeit und seine Geduld bei den vielen Änderungen wäre dieses Buch nicht zustande gekommen.

Dem Beuth Verlag und besonders Herrn Prof. Klaus-Jürgen Schneider möchte ich für die gute Zusammenarbeit bei der Herausgabe dieses Buches meinen Dank aussprechen.

Vorwort zur 6. Auflage

In der 6. Auflage wird im Kapitel „Beanspruchbarkeit des Querschnittes“ eine genauere Interaktionsbeziehung für I- und H-Profile mithilfe der Reduktionsmethode angegeben. Weiterhin wurden einige Verbesserungen vorgenommen.

Gießen, Dezember 2020 — Gerd Wagenknecht

Meiner Frau Inge gewidmet

Inhaltsverzeichnis

1 Grundlagen der Bemessung

1.1 Einleitung

Unter Stahlbau versteht man eine Bauweise, bei der (fast) alle tragenden Teile aus Stahl bestehen.
Der Stahlbau entwickelte sich als eigenständige Bauweise im 19. Jahrhundert im Zuge der Industrialisierung und der Entstehung des Eisenbahnnetzes. Mit dem Stahlbau beginnt der „konstruktive Ingenieurbau“. Damals baute man überwiegend feingliedrige, genietete Fachwerkkonstruktionen.

Beispiele:

Kristallpalast der Londoner Weltausstellung	1851
Dombrücke Köln, Stützweite 103 m	1859
Eisenbahnbrücke Mainz Süd, Stützweite 105 m	1862
Dach des Kölner Domes	1880
Bahnhofshalle Frankfurt	1888
Eiffelturm in Paris	1889
Eisenbahnbrücke über die Wupper bei Müngsten, Stützweite 170 m, lichte Bauhöhe 66 m	1893
Schwebebahn Wuppertal	1900

Etwa zwischen 1930 und 1960 wird die Nietkonstruktion durch die Schweißtechnik verdrängt. Neben Fachwerken werden zunehmend vollwandige Konstruktionen gebaut. Heute werden einfache Bauformen bevorzugt.

Die wesentlichen Eigenschaften des Stahlbaus sind:

- Montagebau ohne Zwang zu großen Serien
- witterungsunabhängige Fertigung in der Werkstatt
- kurze Bau- und Montagezeiten
- relativ niedriges Gewicht verringert die Fundamentkosten
- hohe Genauigkeit erleichtert den Ausbau
- einfache Anpassung an veränderte Nutzung, insbesondere im Industriebau
- leicht demontierbar, Material kann wieder verwendet werden
- kein Schwinden und Kriechen
- Brandschutzregelungen sind zu beachten, da Stahl bei 500 °C seine Festigkeit verliert.
- Korrosionsschutz ist notwendig, da ungeschützter Stahl rostet, wenn die relative Luftfeuchtigkeit größer als 65 % ist.

Anwendungsgebiete:

- moderne Architektur in Stahl und Glas
- Industriebauten und -anlagen, z.B. chemische Industrie und Autoindustrie
- Hallen aller Art
- Kraftwerke
- mehrgeschossige Bauwerke wie Krankenhäuser, Schulen, Bürogebäude
- Krane, Kranbahnen, Seilbahnen
- Maste und Türme
- Brücken mit größerer Spannweite
- Behälter, Silos, Hochregallager
- Stahlwasserbau, wie Schleusentore und Wehrverschlüsse
- Hilfskonstruktionen im Massivbau und Tiefbau
- hoch beanspruchte Knotenverbindungen im Holzbau.

Grundlage für die Berechnung von Stahlbauten sind die Eurocodes DIN EN 1990 „Grundlagen der Tragwerksplanung", DIN EN 1991 „Einwirkungen auf Tragwerke" und DIN EN 1993 „Bemessung und Konstruktion von Stahlbauten", [C1] bis [C24], die stets in der neuesten Fassung mit den Ergänzungen durch den Nationalen Anhang zu berücksichtigen sind. Weiterhin sind die Fachnormen für die einzelnen Anwendungsgebiete zu beachten. Vor der Anwendung jeder Norm ist stets die Gültigkeit zu überprüfen.
Der Berechnung sind die Lastannahmen der bauaufsichtlich eingeführten Reihe der DIN EN 1991 zugrunde zu legen, stets in der neuesten Fassung mit den Ergänzungen durch den Nationalen Anhang. Soweit dort ausreichende Angaben fehlen, sind entsprechende Festlegungen durch die Beteiligten zu treffen.

Die Reihe der DIN EN 1991 (Dezember 2010)
„Einwirkungen auf Tragwerke"
besteht aus folgenden Teilen:

- DIN EN 1991: Einwirkungen auf Tragwerke
- DIN EN 1991-1-1: Wichten, Eigengewicht und Nutzlasten auf Gebäude
- DIN EN 1991-1-2: Brandeinwirkungen auf Tragwerke
- DIN EN 1991-1-3: Schneelasten
- DIN EN 1991-1-4: Windlasten
- DIN EN 1991-1-5: Temperatureinwirkungen
- DIN EN 1991-1-6: Einwirkungen während der Bauausführung
- DIN EN 1991-1-7: Außergewöhnliche Einwirkungen
- DIN EN 1991-2: Verkehrslasten auf Brücken
- DIN EN 1991-3: Einwirkungen infolge Krane und Maschinen
- DIN EN 1991-4: Einwirkungen auf Silos und Flüssigkeitsbehälter

Die Reihe der DIN EN 1993
„Bemessung und Konstruktion von Stahlbauten“
besteht aus folgenden Teilen:

- DIN EN 1993-1: Allgemeine Bemessungsregeln und Regeln für den Hochbau
- DIN EN 1993-2: Stahlbrücken
- DIN EN 1993-3: Türme, Maste und Schornsteine
- DIN EN 1993-4: Tank- und Silobauwerke und Rohrleitungen
- DIN EN 1993-5: Spundwände und Pfähle aus Stahl
- DIN EN 1993-6: Kranbahnträger

Die Reihe der DIN EN 1993-1 (Dezember 2010)
„Allgemeine Bemessungsregeln und Regeln für den Hochbau“
enthält die allgemeinen Bemessungsregeln und ist deshalb sehr ausführlich. Sie besteht aus folgenden weiteren Unterteilungen:

- DIN EN 1993-1-1: Allgemeine Bemessungsregeln und Regeln für den Hochbau
- DIN EN 1993-1-2: Baulicher Brandschutz
- DIN EN 1993-1-3: Kaltgeformte Bauteile und Bleche
- DIN EN 1993-1-4: Nichtrostender Stahl
- DIN EN 1993-1-5: Bauteile aus ebenen Blechen mit Beanspruchungen in der Blechebene
- DIN EN 1993-1-6: Festigkeit und Stabilität von Schalentragwerken
- DIN EN 1993-1-7: Ergänzende Regeln zu ebenen Blechfeldern mit Querbelastung
- DIN EN 1993-1-8: Bemessung und Konstruktion von Anschlüssen und Verbindungen
- DIN EN 1993-1-9: Ermüdung
- DIN EN 1993-1-10: Auswahl der Stahlsorten im Hinblick auf Bruchzähigkeit und Eigenschaften in Dickenrichtung
- DIN EN 1993-1-11: Bemessung und Konstruktion von Tragwerken mit stählernen Zugelementen
- DIN EN 1993-1-12: Zusätzliche Regeln zur Erweiterung von EN 1993 auf Stahlgüten bis S 700

In den beiden Bänden der „Stahlbau-Praxis“ werden vorwiegend die Teile der DIN EN 1993-1 behandelt.
Hier noch einige Hinweise, die beim Studieren des Buches zu beachten sind.

Auf die DIN EN 1993-1 wird sehr oft hingewiesen. Deshalb wird in diesem Buch die folgende vereinfachende Schreibweise eingeführt.

(1-1, 5.3.2 (3))

Dies bedeutet, dass die folgende Regelung in DIN EN 1993-1-1, Abschnitt 5.3.2 Absatz (3), zu finden ist.
Die Begriffe und Formelzeichen richten sich nach DIN EN 1993 und werden in den einzelnen Abschnitten erläutert.
Für die Berechnung der Schnittgrößen eines Tragwerkes wird für die Querkraft die Bezeichnung V verwendet, wie es in internationalen Regelwerken üblich ist.

1.2 Einwirkungen

In DIN EN 1993 werden die Lasten allgemein als Einwirkungen bezeichnet. Einwirkungen sind die Ursachen von Kraft- und Verformungsgrößen im Tragwerk. Eine sichere und wirtschaftliche Bemessung des Tragwerkes setzt die genaue Kenntnis aller Einwirkungen und deren Kombinationen voraus.

Als charakteristische Werte der Einwirkungen $\boldsymbol{F}_{\mathrm{k}}$, dies sind die für die Berechnung des Tragwerkes maßgebenden Werte, gelten die Werte der einschlägigen Normen über Lastannahmen. Exemplarisch soll hier für die Erläuterungen der Einwirkungen der wichtigste Bereich des Stahlbaus, der Stahlhochbau, gewählt werden.
Zu den festzulegenden charakteristischen Werten von Einwirkungen gehören auch Lasten in Bauzuständen, z. B. das Montagegerät.
Die Einwirkungen $\boldsymbol{F}_{\mathrm{k}}$ sind nach ihrer zeitlichen Veränderlichkeit einzuteilen in

- ständige Einwirkungen $\boldsymbol{G}_{\mathrm{k}}$ infolge der Schwerkraft,
- ständige Einwirkungen $\boldsymbol{P}_{\mathrm{k}}$ infolge von Vorspannung,
- veränderliche Einwirkungen $\boldsymbol{Q}_{\mathrm{k}}$ und
- außergewöhnliche Einwirkungen $\boldsymbol{F}_{\mathrm{Ak}}$.

Bei schwingungsempfindlichen Tragwerken sollten, soweit erforderlich, dynamische Lastmodelle für die Nutzlasten angewendet werden. Die Vorgehensweise ist in EN 1990, 5.1.3, erläutert.

1.2.1 Ständige Einwirkungen

Ständige Einwirkungen $\boldsymbol{G}_{\mathrm{k}}$ sind, wie es die Bezeichnung ausdrückt, während der Lebensdauer des Tragwerkes T ständig vorhanden. Zu den ständigen Einwirkungen gehören die

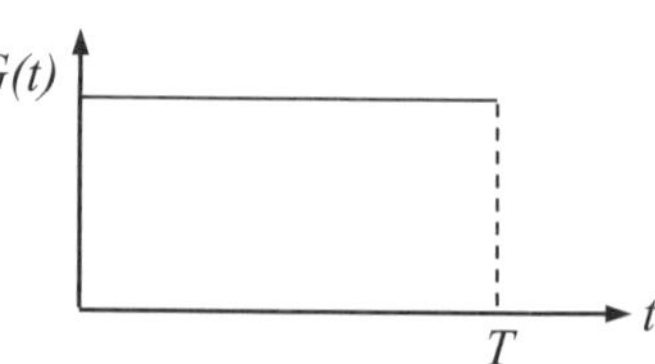

Eigenlasten der tragenden Bauteile sowie der nicht tragenden Bauteile. Sie sind in DIN EN 1991-1-1 geregelt. Bei Stahlbauprofilen richtet sich die Eigenlast nach den festgelegten Profilmaßen. Auch Erdlasten und wahrscheinliche Baugrundbewegungen sind wie ständige Einwirkungen zu behandeln. Da die Tragwerksplanung ein iterativer Konstruktionsprozess ist, kann die Eigenlast der tragenden Konstruktion erst nach der endgültigen Bemessung berechnet werden. Dieser Prozess wird besonders erleichtert, wenn entsprechende EDV-Programme eingesetzt werden.

1.2.2 Veränderliche Einwirkungen

Veränderliche Einwirkungen $\boldsymbol{Q}_k$ sind während der Lebensdauer des Tragwerkes nicht ständig vorhanden. Im Regelfall werden die veränderlichen Einwirkungen im Stahlhochbau als „vorwiegend ruhend" eingestuft.

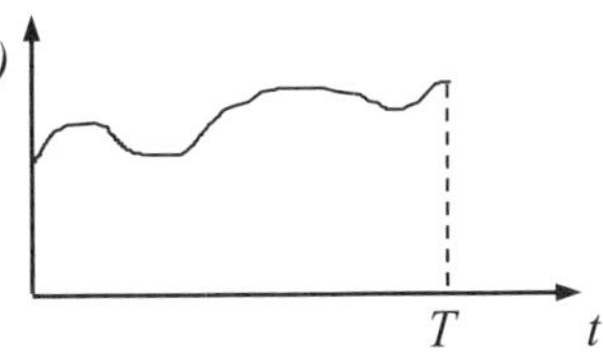

Sind „nicht vorwiegend ruhende" Einwirkungen vorhanden, ist ein Betriebsfestigkeitsnachweis zu führen. Dies ist im Stahlhochbau und im Industriebau z. B. bei Kranbahnen der Fall. Man unterscheidet bei den veränderlichen Einwirkungen:

- Eigen- und Nutzlasten für Hochbauten
- Einwirkungen auf Brücken
- Wichten und Flächenlasten von Baustoffen, Bauteilen und Lagerstoffen
- Silolasten
- Kranlasten

und klimatische Einwirkungen , wie

- Schneelasten und Eislasten
- Windlasten
- Temperatureinwirkungen.

Hier sollen einige wichtige Festlegungen und Hinweise der Einwirkungen für den Stahlhochbau angegeben werden.

1.2.2.1 Nutzlasten

Die Nutzlasten im Hochbau sind im Abschnitt 6 der DIN EN 1991-1-1 geregelt. Wirken neben den Nutzlasten gleichzeitig andere veränderliche Einwirkungen (z.B. aus Wind, Schnee, Kranbetrieb oder Maschinenbetrieb) mit, so ist die Gesamtheit aller Nutzlasten, die bei dem Lastfall betrachtet werden, als eine einzige Einwirkung anzusehen (DIN EN 1991-1-1, 3.3.1(2)P).

1.2.2.2 Schneelasten

Der charakteristische Wert der Schneelast s_k auf dem Boden ist abhängig von der geographischen Lage und der Geländehöhe über dem Meeresniveau des Bauwerkstandortes. In der Norm ist eine Karte enthalten, die Deutschland in mehrere Schneelastzonen aufteilt. In Abhängigkeit von der Geländehöhe kann in jeder Schneelastzone die charakteristische Schneelast s_k berechnet werden. Dabei sind jedoch Mindestwerte zu beachten. Diesen Werten liegen Untersuchungen des Deutschen Wetterdienstes über die statistische Verteilung der Jahresmaxima in einem langjährigen Beobachtungszeitraum zugrunde. Es gelten die folgenden Sockelbeträge (Mindestwerte):

Zone 1 $s_k = 0{,}65$ kN/m² bis 400 m über dem Meeresniveau

$$s_k = 0{,}19 + 0{,}91 \cdot \left(\frac{A+140}{760}\right)^2 \geq 0{,}65 \text{ kN/m}^2$$

Zone 1a Erhöhung der Werte der Zone 1 mit dem Faktor 1,25

Zone 2 $s_k = 0{,}85$ kN/m² bis 285 m über dem Meeresniveau

$$s_k = 0{,}25 + 1{,}91 \cdot \left(\frac{A+140}{760}\right)^2 \geq 0{,}85 \text{ kN/m}^2$$

Zone 2a Erhöhung der Werte der Zone 2 mit dem Faktor 1,25

Zone 3 $s_k = 1{,}10$ kN/m² bis 255 m über dem Meeresniveau

$$s_k = 0{,}31 + 2{,}91 \cdot \left(\frac{A+140}{760}\right)^2 \geq 1{,}10 \text{ kN/m}^2$$

Örtlich bedingte außergewöhnliche Schneeverhältnisse müssen jedoch auch als außergewöhnliche Einwirkungen gesondert berücksichtigt werden.

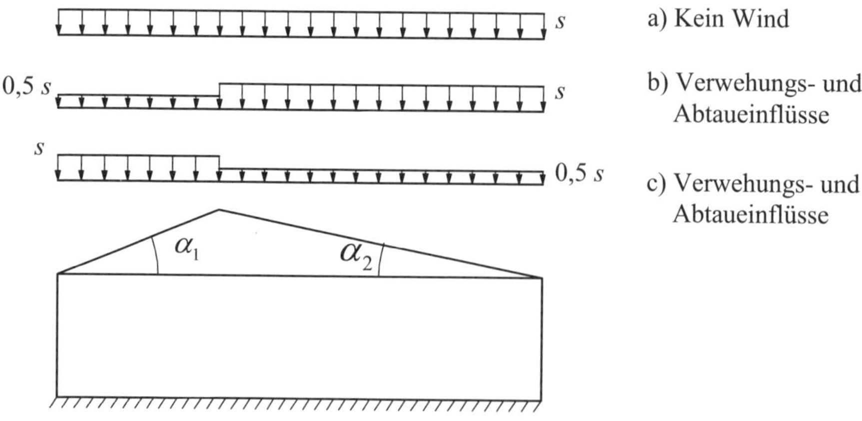

Abb. 1.1 Einwirkungen der Schneelast für das Satteldach $\alpha \leq 30°$

Die Schneelast s_i auf Dächern ist weiterhin von der Dachform und der Dachneigung abhängig, die durch den Formbeiwert μ berücksichtigt wird.

$$s_i = \mu_i \cdot s_k \qquad (1.1)$$

Bei bis zu 30° geneigten Dachflächen von einzelnen Flach-, Pult- und Satteldächern, was im Stahlhochbau oft vorkommt, ist der Formbeiwert $\mu_1 = 0{,}8$. Bei größeren Dachneigungen ist dieser Formbeiwert in Abhängigkeit von der Dachneigung α zu berechnen. Bei gereihten Sattel- und Sheddächern ist auch der Verwehungslastfall mit dem Formbeiwert μ_2 zu beachten.
Die Schneelast ist gleichmäßig verteilt auf die Grundrissprojektion der Dachfläche anzusetzen. Die Schneeverteilungen (b) und (c) berücksichtigen Verwehungs- und Abtaueinflüsse. Sie werden bei Satteldächern nur maßgebend, wenn das Tragwerk gegenüber ungleich verteilten Lasten empfindlich ist.
Mögliche Schneeanhäufungen an Dachaufbauten und der Schneeüberhang an der Traufe sind zu beachten. Schneefanggitter sind gesondert nachzuweisen.

1.2.2.3 Windlasten

Die DIN EN 1991-1-4 gilt für schwingungsanfällige und nicht schwingungsanfällige Bauwerke. Ohne besonderen Nachweis dürfen in der Regel Wohn-, Büro- und Industriegebäude mit einer Höhe bis zu 25 m und ihnen in Form und Konstruktion ähnliche Gebäude als nicht schwingungsanfällig im Sinne dieser Norm angesehen werden. Für diese Bauwerke ist in der Norm im Nationalen Anhang ein vereinfachtes Verfahren für die Berechnung der Windlasten angegeben.

Die Windlasten sind abhängig von der Windgeschwindigkeit und damit von der geographischen Lage des Bauwerkstandortes, der Geländerauigkeit und der Höhe über Gelände.
Im Nationalen Anhang der Norm ist eine Windzonenkarte mit vier Windzonen WZ 1 bis WZ 4 der Bundesrepublik Deutschland angegeben. Für die einzelnen Windzonen ist eine zeitlich gemittelte Windgeschwindigkeit $v_{b,0}$ mit den zugehörigen Geschwindigkeitsdrücken $q_{b,0}$ angegeben. Die Zunahme der Windgeschwindigkeit in Abhängigkeit von der Höhe z über Gelände kann näherungsweise durch eine Exponentialfunktion beschrieben werden.
In DIN EN 1991-1-4/NA, Anhang NA.B der Norm wird der Einfluss der Geländerauigkeit und der Topographie in der Umgebung des Bauwerkstandortes beschrieben. Die Windgeschwindigkeiten in Bodennähe sind an der offenen See und im flachen Land ohne Hindernisse größer als in Stadtgebieten. Es werden deshalb vier Geländekategorien sowie zwei Mischprofile unterschieden.
Besonders wichtig ist das vereinfachte Verfahren in DIN EN 1991-1-4/NA, NA.B.3.2 der Norm. Bei Bauwerken, die sich in Höhen bis 25 m über Grund

erstrecken, darf der Geschwindigkeitsdruck zur Vereinfachung konstant über die gesamte Gebäudehöhe angenommen werden. Die entsprechenden Geschwindigkeitsdrücke sind in Tabelle 1.1 für die vier Windzonen angegeben.

Tabelle 1.1 Vereinfachte Geschwindigkeitsdrücke für Bauwerke bis 25 m Höhe

Windzone		Geschwindigkeitsdruck q_p in kN/m² bei einer Gebäudehöhe h in den Grenzen von		
		$h \leq 10$ m	10 m $< h \leq 18$ m	18 m $< h \leq 25$ m
1	Binnenland	0,50	0,65	0,75
2	Binnenland	0,65	0,80	0,90
	Küste und Inseln der Ostsee	0,85	1,00	1,10
3	Binnenland	0,80	0,95	1,10
	Küste und Inseln der Ostsee	1,05	1,20	1,30
4	Binnenland	0,95	1,15	1,30
	Küste der Nord- und Ostsee und Inseln der Ostsee	1,25	1,40	1,55
	Inseln der Nordsee	1,40	-	-

Diese Werte gelten für küstennahe Gebiete entlang der Küste mit 5 km Breite landeinwärts sowie auf den Inseln der Ostsee. Auf den Inseln der Nordsee ist das vereinfachte Verfahren nur bis zu einer Gebäudehöhe von 10 m zugelassen.
Die Windlast ist direkt proportional zum Staudruck q:

$$q = \frac{1}{2} \cdot \rho \cdot v^2 \tag{1.2}$$

wobei hinreichend genau für Luft $\rho = 1{,}25\ \text{kg/m}^3$ und v die der Berechnung zugrunde zu legende Windgeschwindigkeit ist.

$$q = \frac{v^2}{1600} \qquad q \text{ in } \frac{\text{kN}}{\text{m}^2} \text{ und } v \text{ in } \frac{\text{m}}{\text{s}} \tag{1.3}$$

Die auf ein Bauwerk wirkende Windlast ist von dessen Form abhängig. Sie setzt sich aus Druck-, Sog- und Reibungswirkungen zusammen. Auf das Gesamtbauwerk wirkt als resultierende Gesamtwindkraft:

$$F_\text{w} = c_\text{f} \cdot q(z_\text{e}) \cdot A_\text{ref} \tag{1.4}$$

Der Winddruck, der auf eine Außenfläche eines Bauwerkes wirkt, ist

$$w_\text{e} = c_\text{pe} \cdot q(z_\text{e}) \tag{1.5}$$

Der Winddruck, der auf eine Oberfläche im Inneren eines Bauwerkes wirkt, ist

$$w_\text{i} = c_\text{pi} \cdot q(z_\text{i}) \tag{1.6}$$

Hierin bedeuten:

q der Geschwindigkeitsdruck

$c_\text{f}, c_\text{pe}, c_\text{pi}$ aerodynamische Beiwerte

A_ref die Bezugsfläche für den Kraftbeiwert

Hier noch einige Hinweise zu den Windlasten, die auch bei den Beispielen benötigt werden:
Der Winddruck ist in der Norm positiv, der Windsog negativ definiert. Die Winddrücke wirken senkrecht zur Begrenzungsfläche des Baukörpers. Der Innendruck wirkt auf alle Raumabschlüsse eines Innenraumes gleichzeitig und mit gleichem Vorzeichen.
Treten bei einem Bauwerk Außendruck und Innendruck auf, so ist der Innendruck zu null anzusetzen, sofern er entlastend auf eine Reaktionsgröße einwirkt.
Die angegebenen Windlasten auf ein Bauwerk wirken nicht notwendigerweise gleichzeitig auf allen Punkten der Oberfläche. Der entsprechende Einfluss auf eine betrachtete Reaktionsgröße ist gegebenenfalls zu untersuchen. Dieses trifft insbesondere auf weit gespannte Rahmen- und Bogentragwerke zu. Eine in der Regel konservative Abschätzung besteht darin, die günstig wirkenden Lastanteile zu null zu setzen. Dies gilt z. B. für die Sogkräfte im Dachbereich, wenn diese auf die Bemessung eines Bauteils eine „entlastende" Wirkung haben.

Die Außendruckbeiwerte c_{pe} für Bauwerke und Bauteile hängen von der Größe der Lasteinzugsfläche A ab. Sie werden in der Norm für die entsprechende Gebäudeform für Lasteinzugsflächen von 1 m^2 und von 10 m^2 als $c_{pe,1}$ bzw. $c_{pe,10}$ mit Zwischenwerten angegeben. Die Außendruckbeiwerte gelten für nicht hinterlüftete Wand- und Dachflächen. Der Außendruckbeiwert $c_{pe,10}$ gilt für die Berechnung des Bauwerkes bzw. der Bauteile. Die zum Teil größeren Werte für Lasteinzugsflächen < 10 m^2 sind ausschließlich für die Berechnung der Ankerkräfte von unmittelbar durch Windeinwirkungen belasteten Bauteilen, den Nachweis der Verankerungen und ihrer Unterkonstruktion zu verwenden.
Bei der Berechnung der Windlasten ist zu berücksichtigen, ob es sich bei dem Bauwerk um einen geschlossenen Baukörper oder einen seitlich offenen Baukörper handelt. Eine Wand, bei der ein Anteil der Wandfläche von mehr als 30 % der Wandfläche offen ist, gilt als gänzlich offene Wand. Fenster, Türen und Tore dürfen dabei als geschlossen angesehen werden, sofern sie nicht betriebsbedingt bei Sturm geöffnet werden müssen, wie z. B. die Ausfahrtstore von Gebäuden für Rettungsdienste.

1.2.3 Außergewöhnliche Einwirkungen

Außergewöhnliche Einwirkungen $\boldsymbol{F}_{Ak}$ kommen mit sehr geringer Wahrscheinlichkeit vor und sind z. B. Lasten aus Anprall von Fahrzeugen, aus Brandeinwirkungen, Erdbeben und Explosion.

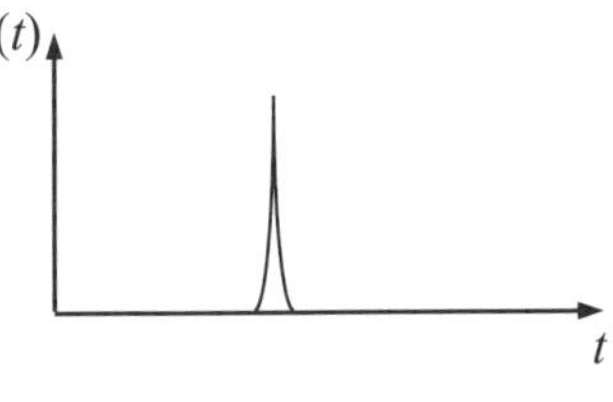

Ziel ist es nachzuweisen, dass es unter den außergewöhnlichen Einwirkungen nicht zum Einsturz des Tragwerkes kommt. Deshalb sind schon bei der Planung des Tragwerkes bauliche und technische Maßnahmen zu treffen, die solche Auswirkungen auf das Tragwerk vermeiden bzw. die Folgen begrenzen. In DIN EN 1991-1-7 sind z. B. Lasten aus Anprall von Fahrzeugen an Straßen, bei Tankstellen, in Garagen, Werkstätten, Lagerräumen und dgl. angegeben.

1.2.4 Bemessungswerte der Einwirkungen

Es gilt das in DIN EN 1990 [C15/16] festgelegte Sicherheitskonzept. Für den Bemessungswert der ständigen Einwirkungen, wie z. B. die Eigenlast, gilt die Bezeichnung $G_{Ed} = \gamma_G \cdot G_k$ und für die veränderlichen Einwirkungen, wie z. B. Verkehrslasten auf Decken, Schnee und Wind, $Q_{Ed} = \gamma_Q \cdot Q_k$. Mehrere veränderliche Einwirkungen werden durch den Kombinationsfaktor ψ berücksichtigt. In den folgenden Tabellen sind die Einwirkungskombinationen, Teilsicherheitsbeiwerte und Kombinationsbeiwerte ψ nach DIN EN 1990 dargestellt.

Tabelle 1.2 Einwirkungskombination im Grenzzustand der Tragfähigkeit nach DIN EN 1990, Abschnitt 6.4.3

Bemessungssituation für	Einwirkungskombination
ständige und vorübergehende Einwirkungen E_d	$\sum_{j\geq1} \gamma_{G,j} \cdot G_{k,j}$ "+" $\gamma_{Q,1} \cdot Q_{k,1}$ "+" $\sum_{i>1} \gamma_{Q,i} \cdot \psi_{0,i} \cdot Q_{k,i}$
außergewöhnliche Einwirkungen E_d	$\sum_{j\geq1} \gamma_{GA,j} \cdot G_{k,j}$ "+" A_d "+" $(\psi_{1,1}$ oder $\psi_{2,1}) \cdot Q_{k,1}$ "+" $\sum_{i>1} \psi_{2,i} \cdot Q_{k,i}$

"+" bedeutet: in Kombination mit

Tabelle 1.3 Einwirkungskombination im Grenzzustand der Gebrauchstauglichkeit nach DIN EN 1990, Abschnitt 6.5.3

Bemessungssituation für	Einwirkungskombination
charakteristische Kombination der Einwirkungen E_d	$\sum_{j\geq1} G_{k,j}$ "+" $Q_{k,1}$ "+" $\sum_{i>1} \psi_{0,i} \cdot Q_{k,i}$
häufige Kombination der Einwirkungen E_d	$\sum_{j\geq1} G_{k,j}$ "+" $\psi_{1,1} \cdot Q_{k,1}$ "+" $\sum_{i>1} \psi_{2,i} \cdot Q_{k,i}$
quasi-ständige Kombination der Einwirkungen E_d	$\sum_{j\geq1} G_{k,j}$ "+" $\sum_{i>1} \psi_{2,i} \cdot Q_{k,i}$

Tabelle 1.4 Teilsicherheitsbeiwerte für Einwirkungen (STR-Tragwerks- und Querschnittsversagen) auf Tragwerke nach DIN EN 1990/NA, Tabelle NA.A.1.2(B)

	ständige Einwirkung	veränderliche Einwirkung	außergewöhnliche Einwirkung
ungünstige Auswirkung	$\gamma_G = 1{,}35$	$\gamma_Q = 1{,}5$	$\gamma_A = 1{,}0$
günstige Auswirkung	$\gamma_G = 1{,}0$	$\gamma_Q = 0$	$\gamma_A = 0$

Tabelle 1.5 Teilsicherheitsbeiwerte für Einwirkungen (EQU-Lagesicherheit) auf Tragwerke nach DIN EN 1990/NA, Tabelle NA.A.1.2(A)

Einwirkungen	Symbol	Situationen	
		P/T[1)]	A[1)]
Ständige Einwirkungen: Eigenlast des Tragwerkes und von nicht tragenden Bauteilen, ständige Einwirkungen, die vom Baugrund herrühren, Grundwasser und frei anstehendes Wasser			
destabilisierend	$\gamma_{G,dst}$	1,10	1,00
stabilisierend	$\gamma_{G,stb}$	0,90	0,95
Bei kleinen Schwankungen der ständigen Einwirkungen, wenn durch Kontrolle die Unter- bzw. Überschreitung von ständigen Lasten mit hinreichender Zuverlässigkeit ausgeschlossen wird			
destabilisierend	$\gamma_{G,dst}$	1,05	1,00
stabilisierend	$\gamma_{G,stb}$	0,95	0,95
Ständige Einwirkungen für den kombinierten Nachweis der Lagesicherheit, der den Widerstand der Bauteile (z.B. Zugverankerungen) einschließt			
destabilisierend	$\gamma_{G,dst}*$	1,35	1,00
stabilisierend	$\gamma_{G,stb}*$	1,15	0,95
Destabilisierende veränderliche Einwirkungen	γ_Q	1,50	1,00
Außergewöhnliche Einwirkungen	γ_A	–	1,00

[1)]P: Ständige Situation T: Vorübergehende Situation A: Außergewöhnliche Situation

Tabelle 1.6 Kombinationsbeiwerte ψ_i für Einwirkungen auf Hochbauten nach DIN EN 1990/NA, Tabelle NA.A.1.1

Veränderliche Einwirkungen		ψ_0	ψ_1	ψ_2
Nutzlasten im Hochbau (Kategorien siehe EN 1991-1-1)				
Kategorie A:	Wohn- und Aufenthaltsräume	0,7	0,5	0,3
Kategorie B:	Büros	0,7	0,5	0,3
Kategorie C:	Versammlungsräume	0,7	0,7	0,6
Kategorie D:	Verkaufsräume	0,7	0,7	0,6
Kategorie E:	Lagerräume	1,0	0,9	0,8
Kategorie F:	Fahrzeuggewicht ≤ 30 kN	0,7	0,7	0,6
Kategorie G:	30 kN < Fahrzeuggewicht ≤ 160 kN	0,7	0,5	0,3
Kategorie H:	Dächer	0	0	0
Schnee- und Eislasten, siehe DIN EN 1991-1-3				
	für Orte bis zu NN + 1000 m	0,5	0,2	0
	für Orte über NN + 1000 m	0,7	0,5	0,2
Windlasten, siehe DIN EN 1991-1-4		0,6	0,2	0
Baugrundsetzungen, siehe DIN EN 1997		1,0	1,0	1,0
Sonstige Einwirkungen		0,8	0,7	0,5

Für die **ständigen Einwirkungen** sind folgende Regeln zu beachten:
Wenn ständige Einwirkungen Beanspruchungen aus veränderlichen Einwirkungen verringern, gilt für den Bemessungswert der ständigen Einwirkung ***G***

$$\gamma_G = 1,00$$

Dies gilt z. B. bei dem Tragsicherheitsnachweis bei Windsog.
Für den Nachweis der Gebrauchstauglichkeit enthält die DIN EN 1990 keine zahlenmäßigen Angaben. Teilsicherheitsbeiwerte, Kombinationsbeiwerte und Einwirkungskombinationen sind, soweit sie nicht in anderen Grund- oder Fachnormen geregelt sind, zu vereinbaren. Zum Beispiel wird für den Nachweis der Durchbiegungen i. Allg. der Teilsicherheitsbeiwert γ_F = 1,00 angenommen. Dagegen gelten für den Nachweis der Gebrauchstauglichkeit die Regeln für den Nachweis der Tragsicherheit, wenn mit dem Verlust der Gebrauchstauglichkeit eine Gefährdung für Leib und Leben verbunden sein kann.
In Tabelle 1.7 ist eine Übersicht über die Teilsicherheitsbeiwerte und Einwirkungskombinationen für geschlossene Hallen ohne Kranbahn mit einer Dachneigung < 30° angegeben. Es ist stets die ungünstigste, d. h. maßgebende Einwirkungskombination für jedes einzelne Bauteil und jede Verbindung nachzuweisen.
Bei unsymmetrischen Systemen ist der Wind von links und von rechts zu berücksichtigen. Im Eckbereich treten Windlasten längs und quer zur Halle auf. Sogspitzen in den Dacheck- und -randbereichen sind für die Bauteile und die Befestigungsmittel der Dachhaut mit den zugehörigen Außendruckbeiwerten zu berechnen.

Tabelle 1.7 Teilsicherheitsbeiwerte für Hallen mit geringer Dachneigung < 30°

Lastfälle	*g*	*s*	*w*	*A*	Bemerkung
LF1	1,00				Eigenlast
LF2		1,00			Schneelast
LF3			1,00		Windlast
LF4				1,00	Anprall
Nachweis der Tragsicherheit					
LT1	1,35	1,50	0,90		
LT2	1,35	0,75	1,50		für Orte bis zu NN + 1000 m
LT3	1,35	1,50			
LT4	1,35		1,50		
LT5	1,00		1,50		z. B. Verankerung, öffnende Momente
LT6	1,00	0,20		1,00	für Orte bis zu NN + 1000 m
LT7	1,00		0,20	1,00	
Nachweis der Gebrauchstauglichkeit					
LG1	1,00	1,00			seltene Kombination, z. B. Pfetten
LG2	1,00		1,00		seltene Kombination, z. B. Wandriegel
LG3	1,00	1,00	0,60		seltene Kombination

1.3 Beanspruchungen

1.3.1 Arten der Beanspruchung

Beanspruchungen sind die von den Einwirkungen verursachten Zustandsgrößen im Tragwerk. Beanspruchungen sind z. B.:
- Schnittgrößen wie Biegemomente, Querkräfte, Normalkräfte
- Spannungen σ, τ
- Durchbiegungen.

Die Beanspruchungen E_d werden mit den Bemessungswerten der Einwirkungsgrößen F_d berechnet.

Die Einwirkungskombinationen führen bei den stabförmigen Stahlbauteilen zu verschiedenen Schnittgrößenkombinationen. Man unterscheidet deshalb:
- Zugstab
- Druckstab
- Biegestab mit einachsiger Biegung
- Biegestab mit zweiachsiger Biegung
- Stab mit Druck (Zug) und einachsiger Biegung
- Stab mit Druck (Zug) und zweiachsiger Biegung.

Dabei ist zu beachten, dass ein Bauteil je nach Einwirkungskombination verschiedene Schnittgrößenkombinationen erfahren kann.

1.3.2 Gleichgewicht am verformten System

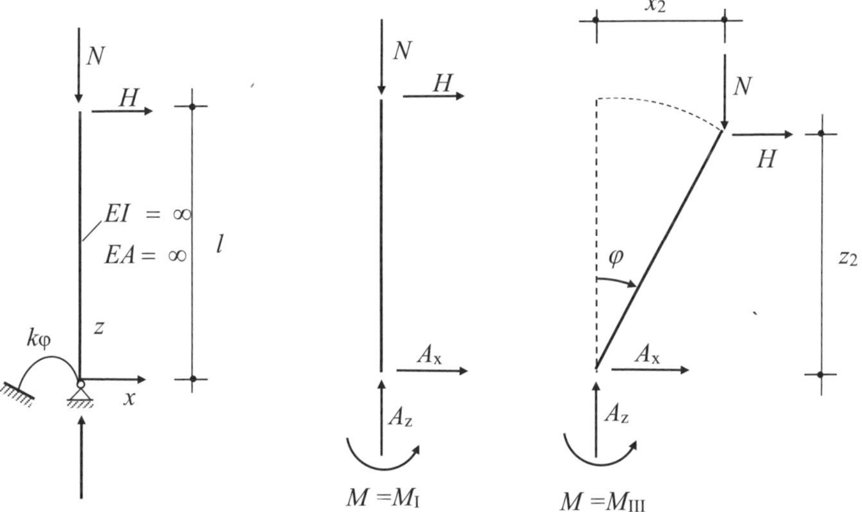

Abb. 1.2 Stütze mit elastischer Lagerung

Das Erläuterungsbeispiel für das Gleichgewicht am verformten System ist eine Stütze mit einer elastischen Lagerung nach Abb. 1.2.
Das einzige elastische Element dieses Systems ist eine Drehfeder mit der Federsteifigkeit k_φ. Die Biegesteifigkeit $E \cdot I$ und die Dehnsteifigkeit $E \cdot A$ des Druckstabes seien im Verhältnis zu der Feder unendlich groß. Das System ist durch eine Vertikalkraft N und eine Horizontalkraft H belastet. Für die Berechnung der Schnittgrößen und der Verformungen sind die folgenden Gleichungen erforderlich:

- die Elementsteifigkeitsmatrix, in welche das Werkstoffgesetz eingeht
- die Gleichgewichtsbedingungen
- die kinematische Verträglichkeit, d. h. die Beziehungen der globalen Verformungen zu den Elementverformungen.

Für die Drehfeder wird ein ideal-elastisches Verhalten angenommen. Die Elementsteifikeitsmatrix lautet mit dem Federmoment M und der zugehörigen Elementverformung φ_E:

$$M = k_\varphi \cdot \varphi_\mathrm{E} \tag{1.7}$$

Diese Beziehung gilt unabhängig davon, ob es sich um kleine oder große Elementverformungen handelt. Für das Gleichgewicht am verformten System werden zunächst große Verformungen angenommen. Dies wird als Theorie III. Ordnung bezeichnet.

$$\begin{array}{lll} \sum X = 0 & A_\mathrm{x} + H = 0 & A_\mathrm{x} = -H \\ \sum Z = 0 & A_\mathrm{z} - N = 0 & A_\mathrm{z} = N \\ \sum M(A) = 0 & N \cdot x_2 + H \cdot z_2 - M = 0 & \end{array}$$

Die Koordinaten des Punktes 2 des verformten Systems sind in diesem Beispiel nicht unabhängig voneinander. Es gilt mit der globalen Verformung φ:

$$x_2 = l \cdot \sin\varphi \qquad z_2 = l \cdot \cos\varphi$$

Die kinematische Verträglichkeit zwischen der Elementverformung und globalen Verformung lautet:

$$\varphi = \varphi_\mathrm{E}$$

$$N \cdot l \cdot \sin\varphi + H \cdot l \cdot \cos\varphi - k_\varphi \cdot \varphi = 0$$

$$\frac{N \cdot l}{k_\varphi} = \frac{\varphi}{\sin\varphi} - \frac{H \cdot l \cdot \cos\varphi}{k_\varphi \cdot \sin\varphi}$$

Es wird das Verhältnis $\varphi_0 = \dfrac{H}{N}$ eingeführt, was einer linearen Erhöhung der Belastung entspricht.

$$\frac{N \cdot l}{k_\varphi} = \frac{\varphi}{\sin\varphi} - \varphi_0 \frac{N \cdot l \cdot \cos\varphi}{k_\varphi \cdot \sin\varphi} = \frac{\varphi}{\sin\varphi} \cdot \frac{1}{1 + \varphi_0 \cdot \dfrac{\cos\varphi}{\sin\varphi}}$$

$$\frac{N \cdot l}{k_\varphi} = \frac{\varphi}{\sin\varphi + \varphi_0 \cdot \cos\varphi} \tag{1.8}$$

Baupraktisch von Interesse sind jedoch kleine Verformungen. Man spricht im Stahlbau von Theorie II. Ordnung, wenn die Verformungen klein gegenüber den Abmessungen des Systems sind. Für den Winkel φ gelten die Taylorreihen:

$$\sin\varphi = \varphi - \frac{\varphi^3}{3!} + \cdots$$

$$\cos\varphi = 1 - \frac{\varphi^2}{2!} + \cdots$$

Für kleine Winkel gilt näherungsweise:

$$\sin\varphi = \varphi \qquad\qquad \cos\varphi = 1 \tag{1.9}$$

Damit lautet die Gleichung (1.8) für Theorie II. Ordnung:

$$\frac{N \cdot l}{k_\varphi} = \frac{\varphi}{\varphi + \varphi_0} \tag{1.10}$$

Für die Berechnung des Gleichungssystems am unverformten System, die als Theorie I. Ordnung bezeichnet wird, gilt für die Verformung φ:

$$\frac{N \cdot l}{k_\varphi} = \frac{\varphi}{\varphi_0} \tag{1.11}$$

Es soll die Gleichung (1.8) für die folgenden Parameter diskutiert werden:

(a) $\varphi_0 = 0$ d. h. $H = 0$

(b) $\varphi_0 = 0{,}05$ d. h. $H = N/20$

Fall (a) $\varphi_0 = 0$

Wird der Druckstab ideal zentrisch belastet, dann ist die Verformung gleich null. Der Stab bleibt in seiner Ursprungslage. Dies ist die Gerade I.(a) nach Theorie I. Ordnung in Abb. 1.3.

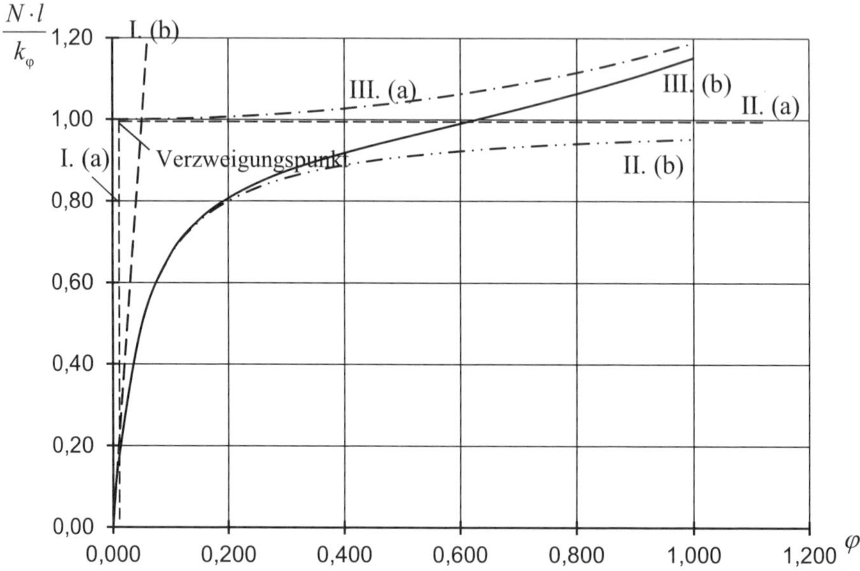

Abb. 1.3 Gleichgewicht am verformten System

Wird das System durch geringe Einwirkungen gestört, erhält man eine benachbarte Gleichgewichtslage mit der Verformung $\varphi \neq 0$. Es gilt die Beziehung:

$$\frac{N \cdot l}{k_\varphi} = \frac{\varphi}{\sin \varphi} \tag{1.12}$$

Es gilt für den Grenzwert von $\varphi \to 0$:

$$\lim_{\varphi \to 0} \frac{\varphi}{\sin \varphi} = 1 \to \frac{N \cdot l}{k_\varphi} = 1 \tag{1.13}$$

Dies ist der Anfangspunkt der Kurve III.(a) für das Gleichgewicht nach Theorie III. Ordnung. Da sich das Gleichgewicht für den zentrisch belasteten Druckstab an diesem Punkt verzweigt, nennt man diesen ausgezeichneten Punkt den Verzweigungspunkt und die zugehörige Last die Verzweigungslast N_{cr} des Systems. Sie wird auch als ideale Knicklast oder kritische Last des Systems bezeichnet. Man erhält die ideale Knicklast auch mit der Gleichgewichtsbedingung nach Theorie II. Ordnung. Dies ist die Gerade II.(a). Aus Gleichung (1.12) folgt für $\sin\varphi = \varphi$:

$$\frac{N \cdot l}{k_\varphi} = 1 \to N_{\text{cr}} = \frac{k_\varphi}{l} \tag{1.14}$$

Diese Gleichung gilt für jedes beliebige φ. Wichtig ist, dass die ideale Knicklast mit dem Gleichgewicht nach Theorie II. Ordnung berechnet werden kann und keine Berechnung nach Theorie III. Ordnung erforderlich ist. Es gelten für die Verformung $\varphi = 0$ folgende Gleichgewichtsaussagen:

$N > N_{cr}$	labiles Gleichgewicht
$N = N_{cr}$	indifferentes Gleichgewicht
$N < N_{cr}$	stabiles Gleichgewicht

Die Kurve III.(a) sagt etwas über das Verhalten des Systems aus, wenn die Last N größer als die kritische Last ist. Man erkennt, dass dieses System bei großen Verformungen φ im überkritischen Bereich noch geringe Tragreserven besitzt. Die Tangente an diese Kurve hat mit zunehmender Verformung φ einen positiven Anstieg. Dieses Verhalten liegt auch bei idealen biegesteifen Druckstäben vor. Bei realen Druckstäben versagt der Stab schon unterhalb der idealen Knicklast, wie im Kapitel Druckstab erläutert wird.

Fall (b) $\varphi_0 = 0{,}05$

Durch die zusätzliche Horizontallast H wird die Stütze schon nach Theorie I. Ordnung durch Biegung und Normalkraft beansprucht. Über die Kurven, die sich für das Gleichgewicht nach Theorie I., II. und III. Ordnung ergeben, können folgende Aussagen getroffen werden:

1. Nach Theorie I. Ordnung besteht die lineare Beziehung zwischen der Belastung und der Verformung φ. Die Gerade I.(b) ist die Tangente an die Kurven II.(b) und III.(b) für Theorie II. und III. Ordnung im Punkt für $N = 0$.
2. Die Kurve II.(b) nähert sich asymptotisch der Geraden II.(a) für die ideale Knicklast.
3. Für kleine Verformungen ist die Differenz zu der Kurve III.(b) gering, dagegen gegenüber Kurve I.(b) sehr deutlich.
4. Die Kurve III.(b) für Theorie III. Ordnung mit Querbelastung nähert sich asymptotisch der Kurve III.(a) für Theorie III. Ordnung ohne Querbelastung.

Der Verlauf dieser Kurven gilt nicht nur für die Verformung φ, sondern auch für das Moment in der Stütze und der Drehfeder.

In der Baupraxis ist die Berechnung der Beanspruchungen des Systems nach Theorie II. Ordnung ausreichend, da i. Allg. kleine Verformungen vorliegen.

1.3.3 Beanspruchungen nach Theorie II. Ordnung

Die Gleichgewichtsbedingungen zur Berechnung der Schnittgrößen sind am verformten Tragwerk aufzustellen, da dies bei einer **Druckbeanspruchung** zu größeren Schnittgrößen führt (1-1, 5.2 (2)). Das Gleichgewicht am verformten System wird als Theorie II. Ordnung, das Gleichgewicht am unverformten System als Theorie I. Ordnung bezeichnet.

Das Gleichgewicht am unverformten System nach Abb. 1.2 lautet für das Moment:

$$M_{\mathrm{I}} = H \cdot l$$

Das Gleichgewicht am verformten System lautet mit der Verformung φ_{II}, wobei vorausgesetzt wird, dass diese Verformung klein gegenüber den Abmessungen des Systems ist:

$$M_{\mathrm{II}} = H \cdot l + N \cdot l \cdot \varphi_{\mathrm{II}}$$

oder

$$M_{\mathrm{II}} = M_{\mathrm{I}} + \Delta M \quad \text{mit } \Delta M = N \cdot l \cdot \varphi_{\mathrm{II}}$$

Man erkennt:
Das Gleichgewicht am verformten System führt bei Druckkräften, die in diesem Fall positiv definiert werden, zu einer Vergrößerung des Momentes. Der Zuwachs ΔM hängt von dem Produkt aus der Normalkraft N und der Verformung φ_{II} ab. Dies bedeutet, dass die Berechnung nach Theorie II. Ordnung nicht linear ist und das Superpositionsprinzip für die Überlagerung mehrerer Lastfälle nicht mehr gilt. Bei der Berechnung nach Theorie II. Ordnung sind also zunächst die Einwirkungen zu kombinieren und anschließend die Berechnung und der Nachweis durchzuführen.
Die noch unbekannte Verformung φ_{II} kann mit der Elementsteifigkeitsmatrix bestimmt werden.

$$M_{\mathrm{II}} = k_{\varphi} \cdot \varphi_{\mathrm{II}}$$

Damit erhält man die Gleichung zur Berechnung des Momentes nach Theorie II. Ordnung.

$$M_{\mathrm{II}} = \frac{M_{\mathrm{I}}}{1 - \dfrac{N \cdot l}{k_{\varphi}}} \tag{1.15}$$

Wenn der Nenner dieser Gleichung gleich null wird, wird die Schnittgröße nach Theorie II. Ordnung unendlich groß unabhängig von der Art und der Größe der Einwirkung. Dies ist der Fall, wenn die Normalkraft

$$N = \frac{k_\varphi}{l} \tag{1.16}$$

wird. Dieser Wert ist ein spezifischer Wert des Systems und wird, wie schon erläutert, als **Verzweigungslast** N_{cr} bezeichnet.

$$M_{II} = \frac{M_I}{1 - \frac{N}{N_{cr}}} \tag{1.17}$$

Die Gleichung (1.17) ist genau für Systeme aus starren Stäben mit elastischen Federn. Sie ist aber auch eine sehr gute Näherung für elastische Stabsysteme, wenn für jeden Stab die Normalkraft und die zugehörige Verzweigungslast eingesetzt werden. Im Kapitel Biegung und Normalkraft werden die Lösungen einfacher Systeme hergeleitet bzw. angegeben und mit Näherungsverfahren verglichen. Für die weitere Betrachtung werden die folgenden Abkürzungen eingeführt:

$$k = \frac{M_{II}}{M_I} = \frac{1}{1 - \frac{N}{N_{cr}}} = \frac{1}{1 - q_{cr}} \tag{1.18}$$

$$\text{mit} \quad q_{cr} = \frac{N}{N_{cr}} \tag{1.19}$$

$$\alpha_{cr} = \frac{N_{cr}}{N} \tag{1.20}$$

Der Vergrößerungsfaktor k ist das Verhältnis der Schnittgrößen nach Theorie II. Ordnung zu den Schnittgrößen nach Theorie I. Ordnung.

Tabelle 1.8 Abgrenzungskriterium für Theorie I. und II. Ordnung

$q_{cr} = \frac{N}{N_{cr}}$	k	$\alpha_{cr} = \frac{N_{cr}}{N}$	**Anmerkung**
0	1,00	∞	Theorie I. Ordnung erlaubt
0,1	1,11	10,00	
0,2	1,25	5,00	Theorie II. Ordnung baupraktischer Bereich
0,3	1,43	3,33	
0,4	1,67	2,50	
0,5	2,00	2,00	sehr weiches System
0,6	2,50	1,67	
0,7	3,33	1,43	
0,8	5,00	1,25	
0,9	10,00	1,11	
1,0	∞	1,00	

Dieser Vergrößerungsfaktor k gilt auch für die Verformungen. Der Faktor q_{cr} dient als Abgrenzungskriterium und ist für die vereinfachte Berechnung der Schnittgrößen nach Theorie II. Ordnung erforderlich. Der Kehrwert davon wird als Verzweigungslastfaktor α_{cr} bezeichnet. Dieser Verzweigungslastfaktor α_{cr} ist von grundsätzlicher Bedeutung zur Berechnung der Verzweigungslasten.
Die Zunahme der Beanspruchung beträgt nach Tabelle 1.8 bei $q_{cr} = 0{,}2$ schon $25\ \%$. Für die Berechnung der Beanspruchung gilt nach (1-1, (5.1)) folgende Regelung. Der Einfluss der sich nach Theorie II. Ordnung ergebenden Verformungen auf das Gleichgewicht darf vernachlässigt werden, wenn der Zuwachs der maßgebenden Schnittgrößen infolge der Verformungen nicht größer als 10 % ist. Diese Bedingung kann als erfüllt angesehen werden, wenn bei einer elastischen Berechnung

$$q_{cr} = \frac{N_{Ed}}{N_{cr}} \leq 0{,}1 \quad \text{bzw.} \quad \alpha_{cr} = \frac{N_{cr}}{N_{Ed}} \geq 10 \tag{1.21}$$

und bei einer plastischen Berechnung

$$q_{cr} = \frac{N_{Ed}}{N_{cr}} \leq 0{,}067 \text{ bzw.} \quad \alpha_{cr} = \frac{N_{cr}}{N_{Ed}} \geq 15 \tag{1.22}$$

sind. Es sind sowohl für die Einwirkungen als auch für die Widerstandsgrößen, die im folgenden Abschnitt besprochen werden, die Bemessungswerte einzusetzen. Es soll der Einfluss der Theorie II. Ordnung an einem einfachen Beispiel einer eingespannten Stütze nach Abb. 1.4 diskutiert werden. Das System ist durch eine vertikale Kraft N und eine horizontale Einzellast H belastet. Die vertikale Kraft wird vereinfacht mit N bezeichnet, da es sich hier um einen Stab mit einer konstanten Normalkraft N handelt.

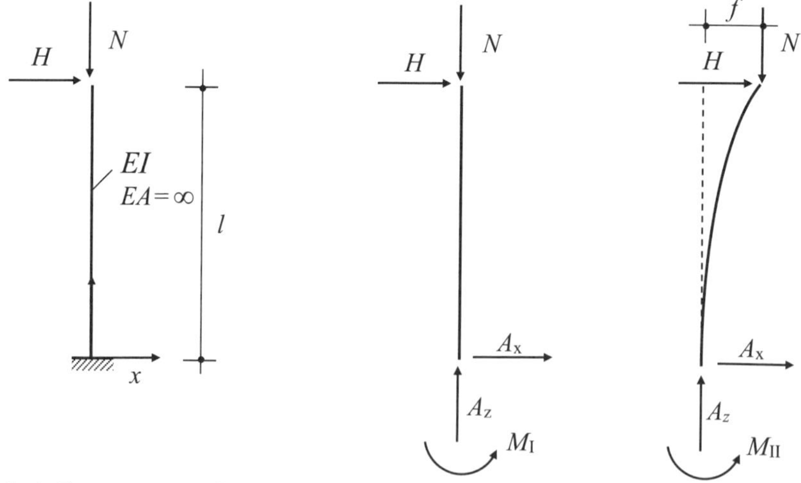

Abb. 1.4 Eingespannte Stütze

Die ideale Knicklast N_{cr} lautet für dieses System, (s. auch Abschnitt Druckstab):

$$N_{\mathrm{cr}} = \frac{\pi^2 \cdot E \cdot I}{L_{\mathrm{cr}}^2} \quad \text{mit} \qquad L_{\mathrm{cr}} = 2 \cdot l$$

L_{cr} – Knicklänge des Systems

Der Vergrößerungsfaktor

$$k = \frac{1}{1 - \dfrac{N}{N_{\mathrm{cr}}}}$$

für die Berechnung des Momentes nach Theorie II. Ordnung ist umso größer,

- je größer die Normalkraft N
- je größer die Knicklänge L_{cr} des Stabes und
- je kleiner die Biegesteifigkeit $E \cdot I$ des Stabes

ist.

Die exakte Berechnung des Biegemomentes nach Theorie II. Ordnung ist sehr aufwändig, siehe Abschnitt Biegung und Normalkraft. Deshalb wird die Berechnung von Tragwerken i. Allg. mit entsprechenden Stabwerksprogrammen durchgeführt. Die Berechnung der Beispiele erfolgt hier mit dem Stabwerksprogramm **GWSTATIK [18]**. Die theoretischen Grundlagen sind in dem Abschnitt GWSTATIK dargestellt. Für einfache Systeme können die Schnittgrößen nach Theorie II. Ordnung auch mit Näherungsverfahren berechnet werden. Die Kenntnisse der exakten Lösung einfacher Systeme und der Näherungsverfahren sind erforderlich, um die Ergebnisse von EDV-Programmen überprüfen zu können.

1.4 Berechnung von Federsteifigkeiten

In den Normen, vielen Programmen, Lösungen von Knickbedingungen und statischen Problemen werden oft Federsteifigkeiten der Auflager, wie Drehfedern, Wegfedern, Drehbettungen oder Wegbettungen benötigt. Die Berechnung der Federsteifigkeiten soll anhand einiger Beispiele erläutert werden.

1. Beispiel

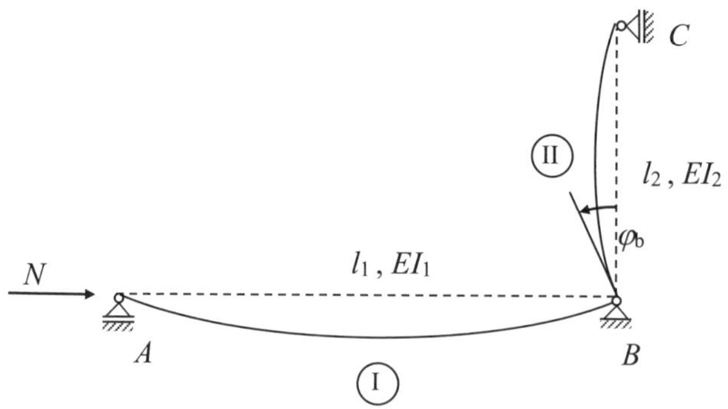

Abb. 1.5 System und Verformungen

Statisch bestimmte oder unbestimmte, normalkraftfreie Tragwerksteile mit einem Freiheitsgrad im Anschlussbereich können durch elastische Federn ersetzt werden.

Der elastische Teil II, welcher normalkraftfrei ist, wirkt auf den Teil I wie eine Drehfeder. Schneidet man im Punkt *B* das unbekannte Moment M_b frei, erhält man zwei Teilsysteme mit folgender Belastung und das zugehörige Ersatzsystem.

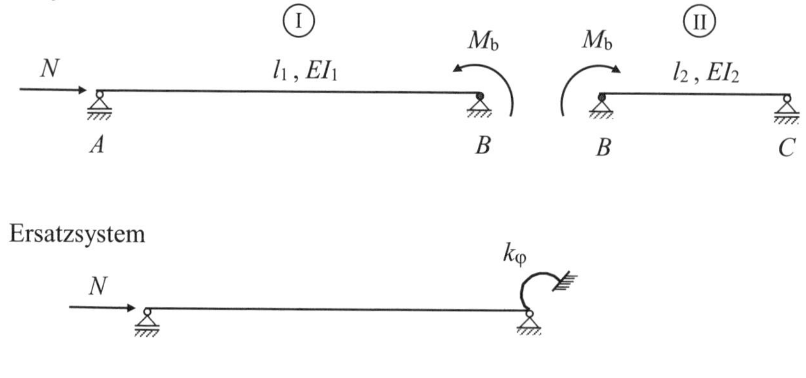

I II
M_b M_b
N l_1, EI_1 l_2, EI_2
A B B C

Ersatzsystem
k_φ
N

Abb. 1.6 Teilsysteme und Ersatzsystem

Für die Drehfeder gilt die elastostatische Grundgleichung

$$M = k_\varphi \cdot \varphi \qquad (1.23)$$

Die Federsteifigkeit k_φ des Teilsystems II lässt sich auf folgende Weise bestimmen. Das Teilsystem II wird mit dem Moment $M_\text{b} = 1$ belastet und die zugehörige Verdrehung φ_1 berechnet. Mit der Gleichung (1.23) wird für die Drehfeder:

$$k_\varphi = \frac{1}{\varphi_1}$$

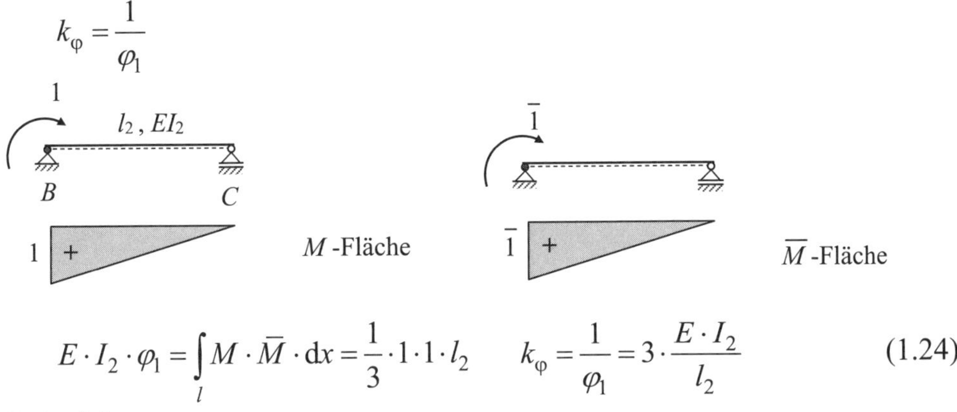

$$E \cdot I_2 \cdot \varphi_1 = \int_l M \cdot \bar{M} \cdot \text{d}x = \frac{1}{3} \cdot 1 \cdot 1 \cdot l_2 \qquad k_\varphi = \frac{1}{\varphi_1} = 3 \cdot \frac{E \cdot I_2}{l_2} \tag{1.24}$$

2. Beispiel

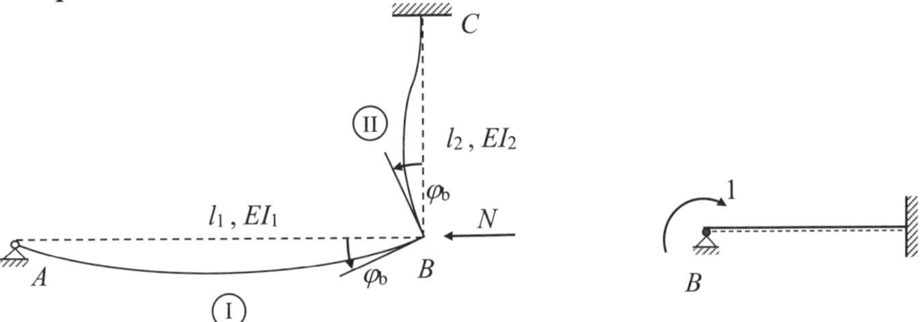

Abb. 1.7 System und Verformungen

Das Teilsystem II ist hier für die Berechnung der Federsteifikeit k_φ ein einfach statisch unbestimmtes System.

Wahl des statisch bestimmten Hauptsystems für die Berechnung der Unbekannten X_1.

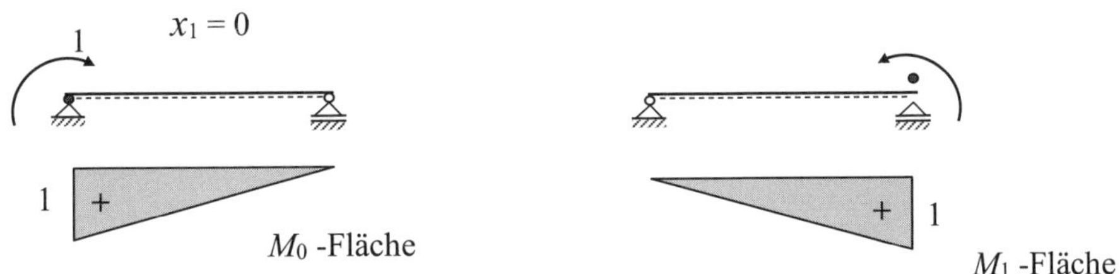

$$E \cdot I \cdot \delta_{10} = \frac{1}{6} \cdot 1 \cdot 1 \cdot l_2 = \frac{l_2}{6} \qquad E \cdot I \cdot \delta_{11} = \frac{1}{3} \cdot 1 \cdot 1 \cdot l_2 = \frac{l_2}{3}$$

$$X_1 = -\frac{E \cdot I_2 \cdot \delta_{10}}{E \cdot I_2 \cdot \delta_{11}} = -\frac{1}{2}$$

Mit dem Superpositionsgesetz $M = M_0 + X_1 \cdot M_1$ erhält man die endgültige Momentenfläche für das Moment $M_b = 1$. Die M-Fläche und $\bar{M}$-Fläche sind gleich.

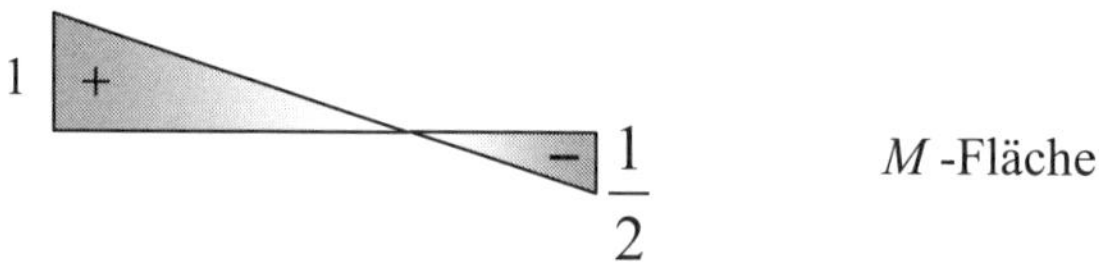

$$E \cdot I_2 \cdot \varphi_1 = \int_l M \cdot \bar{M} \cdot \mathrm{d}x = \frac{1}{4} \cdot l_2 \qquad k_\varphi = \frac{1}{\varphi_1} = 4 \cdot \frac{E \cdot I_2}{l_2}$$

Es kann auch der Reduktionssatz angewendet werden.

3. Beispiel

Für die Wegfeder gilt die elastostatische Grundgleichung

$$F = k \cdot v \tag{1.25}$$

Analog zu der Berechnung der Drehfedersteifigkeit gilt für die Wegfedersteifigkeit:

$$k = \frac{1}{v_1}$$

Abb. 1.8 System, Verformungen und Ersatzsystem

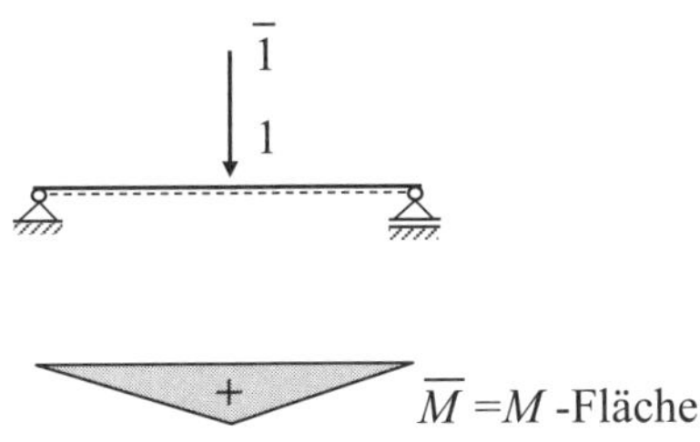

$$E \cdot I_2 \cdot v_1 = \int_l M \cdot \overline{M} \cdot \mathrm{d}x = \frac{1}{48} \cdot l_2^3 \qquad k = \frac{1}{v_1} = 48 \cdot \frac{E \cdot I_2}{l_2^3} \tag{1.26}$$

1.5 Parallel und hintereinander geschaltete Federn

Die folgenden Betrachtungen sind von grundsätzlicher Bedeutung für das elastische Verhalten von Systemen. Sie erleichtern oft das Verständnis komplizierter Zusammenhänge. Zunächst soll ein einfaches System aus zwei Federn betrachtet werden, die an den Endpunkten A und B miteinander verbunden sind und im Punkt A gelagert sind. Man bezeichnet dieses System als ein System parallel geschalteter Federn.

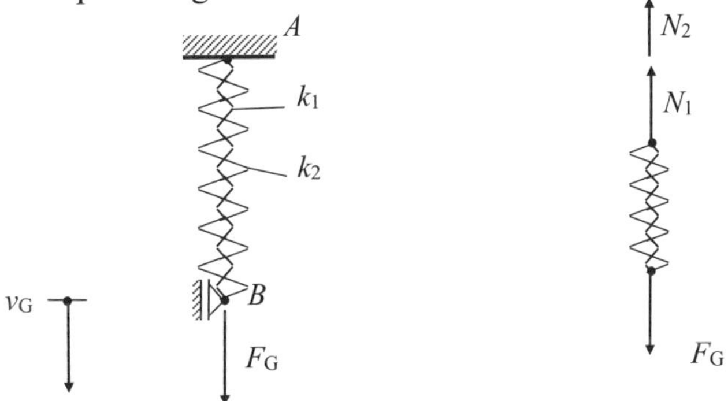

Abb. 1.9 System parallel geschalteter Federn

Die elastostatischen Grundgleichungen, die auch als Elementsteifigkeitsmatrizen der Federn bezeichnet werden, lauten für die beiden Federn:

$$N_1 = k_1 \cdot v_1 \qquad N_2 = k_2 \cdot v_2 \tag{1.27}$$

Das Gleichgewicht an dem Freischnitt ergibt:

$$F_G = N_1 + N_2 \tag{1.28}$$

Die kinematischen Verträglichkeiten zwischen der globalen Verformung v_G und den Elementverformungen v_1 und v_2 sind:

$$v_G = v_1 = v_2 \tag{1.29}$$

Es werden die Gleichungen (1.27) und (1.29) in (1.28) eingesetzt und man erhält eine Beziehung zwischen der Belastung F_G und der globalen Verformung v_G, die auch als Systemsteifigkeitsmatrix bezeichnet wird.

$$F_G = k_G \cdot v_G \text{ mit } \quad k_G = k_1 + k_2 \tag{1.30}$$

Die Federkräfte sind:

$$N_1 = \frac{k_1}{k_1 + k_2} \cdot F_G \qquad N_2 = \frac{k_2}{k_1 + k_2} \cdot F_G \tag{1.31}$$

Aus den Gleichungen ergeben sich für Systeme, die sich wie parallel geschaltete Federn verhalten, die folgenden Zusammenhänge:

- Die Steifigkeiten addieren sich.
- Die äußere Belastung verteilt sich auf die Teilsysteme im Verhältnis der Steifigkeiten.
- Die Federkräfte addieren sich.
- Die Verformungen sind gleich.

Nun soll ein einfaches System aus zwei Federn betrachtet werden, die an dem Punkt B miteinander verbunden und im Punkt A gelagert sind. Man bezeichnet dieses System als ein System hintereinander geschalteter Federn.

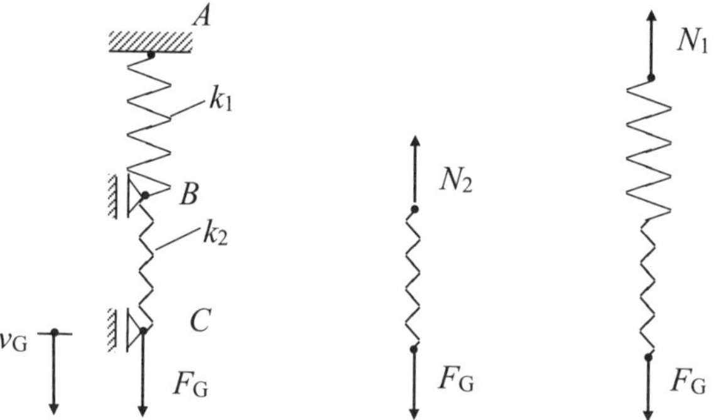

Abb. 1.10 System hintereinander geschalteter Federn

Gleichgewicht an den Freischnitten:

$$F_G = N_1 = N_2 \tag{1.32}$$

Kinematische Verträglichkeit:

$$v_G = v_1 + v_2 \tag{1.33}$$

Systemsteifigkeitsmatrix:

$$F_G \cdot \left(\frac{1}{k_1} + \frac{1}{k_2} \right) = v_G$$

$$F_G = k_G \cdot v_G \text{ mit } \quad k_G = \frac{1}{\frac{1}{k_1} + \frac{1}{k_2}} \text{ oder } \frac{1}{k_G} = \frac{1}{k_1} + \frac{1}{k_2} \tag{1.34}$$

Die Elementverformungen sind:

$$v_1 = \frac{\frac{1}{k_1}}{\frac{1}{k_1}+\frac{1}{k_2}} \cdot v_G \qquad v_2 = \frac{\frac{1}{k_2}}{\frac{1}{k_1}+\frac{1}{k_2}} \cdot v_G \tag{1.35}$$

Aus den Gleichungen ergeben sich für Systeme, die sich wie hintereinander geschaltete Federn verhalten, die folgenden Zusammenhänge:

- Die Nachgiebigkeiten addieren sich.
- Die Elementverformungen verteilen sich auf die Teilsysteme im Verhältnis der Nachgiebigkeiten. Die schwächste Feder bestimmt die Größe der Systemsteifigkeit.
- Die Elementverformungen addieren sich.
- Die Federkräfte sind gleich.

1.6 Schwingung des Feder-Masse-Systems

Der Nachweis der Eigenfrequenz ist neben der Durchbiegung ein Gebrauchstauglichkeitsnachweis. Es wird das Feder-Masse-System untersucht, um die Begriffe zu definieren und für einfache Systeme die Eigenfrequenz zu berechnen. Für das einfache System in Abb. 1.11, das mit der Gewichtskraft G belastet ist, gilt:

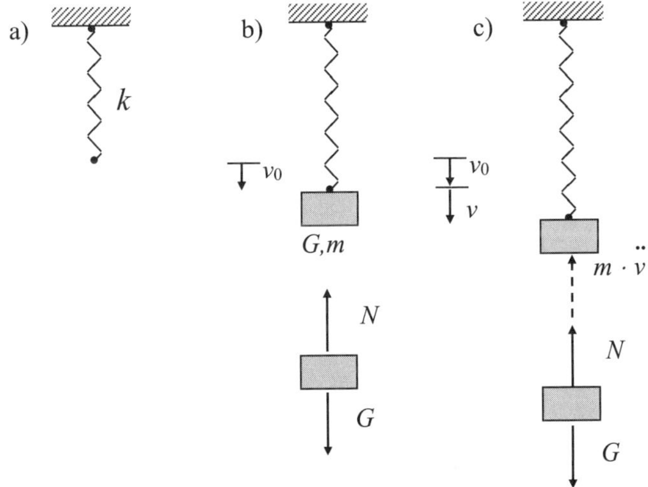

Abb. 1.11 Feder-Masse-System

Fall a)
Die Feder ist im ungedehnten Zustand und die Federkraft ist gleich null.

Fall b)
Das System befindet sich in der Gleichgewichtslage oder auch statische Ruhelage genannt. Es gilt für die Feder die elastostatische Grundgleichung und aus der Gleichgewichtsbedingung folgt:

$$N = k \cdot v_0$$

$$G = N = k \cdot v_0 \tag{1.36}$$

Fall c)
Wird die Feder über die statische Ruhelage hinaus gedehnt, erhält man mit der *Newton*schen Grundgleichung die Bewegungsgleichung:

$$N = k \cdot (v_0 + v)$$

$$m \cdot \ddot{v} = G - N = k \cdot v_0 - k(v_0 + v) = -k \cdot v$$

$$m \cdot \ddot{v} + k \cdot v = 0 \tag{1.37}$$

Die Gleichung (1.37) ist die Schwingungsgleichung des Feder-Masse-Systems. In die Schwingungsgleichung geht nicht die Gewichtskraft, sondern nur die Masse m ein. Die Differenzialgleichung kann umgeformt werden.

$$\ddot{v} + \frac{k}{m} \cdot v = 0 \tag{1.38}$$

Lösungsansatz:

$$\omega^2 = \frac{k}{m} \tag{1.39}$$

$$v = A_1 \cdot \sin\omega \cdot t + A_2 \cdot \cos\omega \cdot t$$

ω – Kreisfrequenz der Schwingung

Ein Sonderfall ist die periodische harmonische Schwingung nach Abb. 1.12 mit

$$v = A_1 \cdot \sin\omega \cdot t \tag{1.40}$$

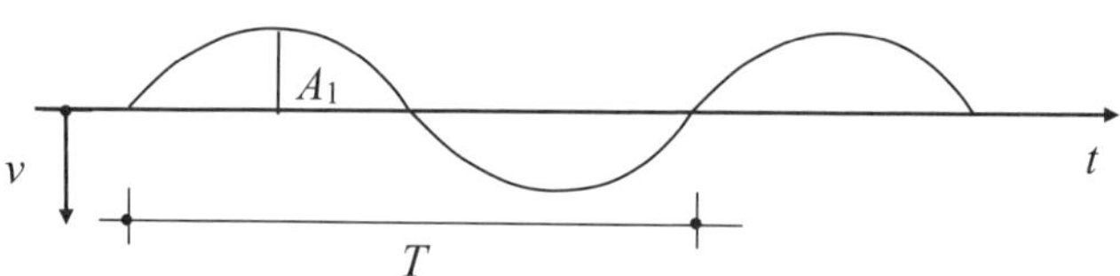

Abb. 1.12 Periodische harmonische Schwingung

Es gelten die folgenden Beziehungen:

$$T = \frac{2 \cdot \pi}{\omega} \tag{1.41}$$

T – Schwingungszeit in s

$$f = \frac{1}{T} = \frac{\omega}{2 \cdot \pi} \tag{1.42}$$

f – Frequenz in Hz

Die Frequenz f gibt die Anzahl der Schwingungszyklen pro Sekunde an.
Beispiel: Balken auf zwei Stützen mit einer konzentrierten Masse.

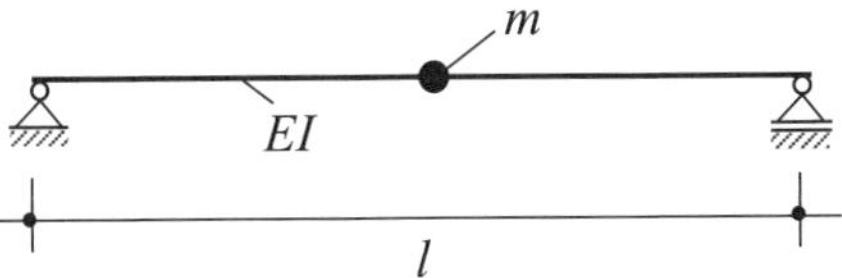

Abb. 1.13 Balken mit einer konzentrierten Masse

Für die Berechnung der Frequenz gilt:

$$\omega = \sqrt{\frac{k}{m}} \quad \text{mit} \quad k = \frac{48 \cdot E \cdot I}{l^3} \qquad \omega = 6{,}93 \cdot \sqrt{\frac{E \cdot I}{m \cdot l^3}}$$

$$f = \frac{\omega}{2 \cdot \pi} = 1{,}10 \cdot \sqrt{\frac{E \cdot I}{m \cdot l^3}}$$

Die Federsteifigkeit k für dieses System wurde in Abschnitt 1.4 mit Gleichung (1.26) berechnet.

Ist die Masse m gleichmäßig über den Träger verteilt, ist die Lösung

$$\omega = \pi^2 \cdot \sqrt{\frac{E \cdot I}{m \cdot l^3}}$$

$$f = \frac{\omega}{2 \cdot \pi} = \frac{\pi}{2} \cdot \sqrt{\frac{E \cdot I}{m \cdot l^3}} = 1{,}57 \cdot \sqrt{\frac{E \cdot I}{m \cdot l^3}} \tag{1.43}$$

Die Eigenfrequenz kann für das Feder-Masse-System auch mit der Durchbiegung v_0 der statischen Ruhelage aus Gleichung (1.36) berechnet werden [22].

$$f = \frac{\omega}{2 \cdot \pi} = \frac{1}{2 \cdot \pi} \cdot \sqrt{\frac{k}{m}} = \frac{1}{2 \cdot \pi} \cdot \sqrt{\frac{k \cdot g}{m \cdot g}} = \frac{1}{2 \cdot \pi} \cdot \sqrt{\frac{k \cdot g}{G}} = \frac{1}{2 \cdot \pi} \cdot \sqrt{\frac{g}{v_0}} \tag{1.44}$$

Mit $g = 981\ \text{cm/s}^2$ und v_0 in cm erhält man eine einfache Formel für die Berechnung der Frequenz von Systemen, die als Feder-Masse-System dargestellt werden können.

$$f = \frac{5}{\sqrt{v_0}} \qquad v_0 \text{ in cm} \tag{1.45}$$

Die Gleichung (1.45) ist auch für Überschlagsrechnungen bei gleichmäßig verteilter Masse gut geeignet.

1.7 Grenzzustände der Tragfähigkeit

1.7.1 Allgemeines

Unter Widerstand werden hier der Widerstand eines Tragwerkes, seiner Bauteile und Verbindungen gegen Einwirkungen verstanden. Widerstandsgrößen sind aus geometrischen und Werkstoffkenngrößen abgeleitete Größen, deren Streuung zu berücksichtigen ist. In der DIN EN 1993 sind Festigkeiten und Steifigkeiten Widerstandsgrößen.

Beispiele: Biegesteifigkeit $E \cdot I$, Streckgrenze f_y, Zugfestigkeit f_u

Für die Beanspruchbarkeiten R_d müssen Grenzzustände des Tragwerkes definiert werden. Grenzzustände können sich auf den Werkstoff, den Querschnitt, Bauteile oder Verbindungsmittel beziehen. Beanspruchbarkeiten sind zu den Grenzzuständen gehörige Zustandsgrößen des Tragwerkes.

Die charakteristischen Werte der Beanspruchbarkeiten sind aus den Nennwerten der Querschnittswerte zu berechnen. Die Bemessungswerte der Beanspruchbarkeiten R_d ergeben sich i. Allg. aus den charakteristischen Werten R_k durch Dividieren mit dem Teilsicherheitsfaktor γ_{Mi} (1-1, 2.4.3 (1)).

$$R_d = \frac{R_k}{\gamma_{Mi}} \tag{1.46}$$

Es ist nachzuweisen, dass die Beanspruchungen E_d die Beanspruchbarkeiten R_d nicht überschreiten.

$$\frac{E_d}{R_d} \leq 1 \tag{1.47}$$

Beim Nachweis sind grundsätzlich zu berücksichtigen:

- Tragwerksverformungen (Theorie II. Ordnung)
- geometrische Ersatzimperfektionen
- Schlupf in den Verbindungen
- planmäßige Außermittigkeiten.

Die charakteristischen Werte der Beanspruchbarkeiten werden mit dem Teilsicherheitsbeiwert γ_M nach (1-1, 6.1 (1)) folgendermaßen abgemindert:

γ_{M0} – für die Beanspruchbarkeit von Querschnitten unabhängig von der Querschnittsklasse

γ_{M1} – für die Beanspruchbarkeit von Bauteilen bei Stabilitätsversagen

γ_{M2} – für die Beanspruchbarkeit von Querschnitten bei Bruchversagen infolge Zugbeanspruchung

γ_{M2} – für die Beanspruchbarkeit von Anschlüssen nach DIN EN 1993-1-8

Der Teilsicherheitsbeiwert γ_{M0} gilt für Tragsicherheitsnachweise, wenn kein Stabilitätsversagen vorliegt, d. h., wenn keine Abminderung der Tragfähigkeit erforderlich ist, z. B.:

1. Zugstäbe
2. Stirnplattenanschlüsse
3. Druckstäbe, wenn die Schlankheit $\overline{\lambda} \leq 0{,}2$ ist, s. (1-1, 6.3.1.2 (4))
4. Biegedrillknickgefährdete Biegeträger aus gewalzten I-Profilen, wenn die Schlankheit $\overline{\lambda}_{LT} \leq 0{,}4$ ist.

Er gilt auch für die Tragwerksberechnung einfacher Systeme nach (1-1, 5.2.2 (3)c) und (8)). Das Tragwerk wird in diesem Fall nach Theorie I. Ordnung ohne Ansatz von Imperfektionen berechnet und die Beanspruchbarkeit des Querschnittes mit dem Teilsicherheitsbeiwert γ_{M0} nachgewiesen. Das Stabilitätsversagen des Einzelstabes erfolgt mit Ersatzstabnachweisen nach (1-1, 6.3.3) mit dem Teilsicherheitsbeiwert γ_{M1}. Die Knicklängen sind aus der Knickfigur des Gesamttragwerkes zu ermitteln.

Der Teilsicherheitsbeiwert γ_{M1} gilt für Tragsicherheitsnachweise, wenn Stabilitätsversagen der Bauteile vorliegt. Der Teilsicherheitsbeiwert γ_{M1} gilt damit auch für die Beanspruchbarkeit des Querschnittes, wenn der Tragsicherheitsnachweis stabilitätsgefährdeter Bauteile mit geometrischen Ersatzimperfektionen anstatt mit den Ersatzstabnachweisen erfolgt (1-1/NA, NDP zu 6.1(1)).

In der folgenden Tabelle 1.9 sind die Teilsicherheitsbeiwerte γ_M des Eurocode 3 (Empfehlungen) und die besonderen Bestimmungen der Nationalen Anhänge (NA) einzelner Länder angegeben. Änderungen im NA Deutschland gegenüber den Empfehlungen des Eurocode 3 sind hier besonders hervorgehoben und grau angelegt.

Tabelle 1.9 Teilsicherheitsbeiwerte γ_M

Teilsicherheits-Beiwert γ_M	EC 3	NA Deutschland	NA Österreich	NA Italien/Schweiz	NA Großbritannien
γ_{M0}	1,00	1,00	1,00	1,05	1,00
γ_{M1}	1,00	1,10	1,00	1,05	1,00
γ_{M2}	1,25	1,25	1,25	1,25	1,10

1.7.2 Werkstoffe

Die Werkstoffkennwerte für den Stahl werden dem Spannungs-Dehnungsdiagramm des einachsigen Zugversuches mit dem genormten Prüfstab entnommen. In Abb. 1.14 ist die σ-ε-Linie des Baustahles S 235 dargestellt. Bis zur Streckgrenze hat der Baustahl ein lineares Verhalten und es gilt das *Hooke*sche Gesetz $\sigma = E \cdot \varepsilon$. Ab der Streckgrenze tritt bei Baustählen ein ausgeprägtes Fließen bis zur plastischen Grenzdehnung ein. Im weiteren Verlauf steigt die Spannungs-Dehnungslinie im Verfestigungsbereich bis zur Zugfestigkeit an. Danach verkleinert sich der Querschnitt, bis der Bruch des Zugstabes eintritt. Die Spannung fällt nur scheinbar ab, da diese auf den Anfangsquerschnitt bezogen wird.

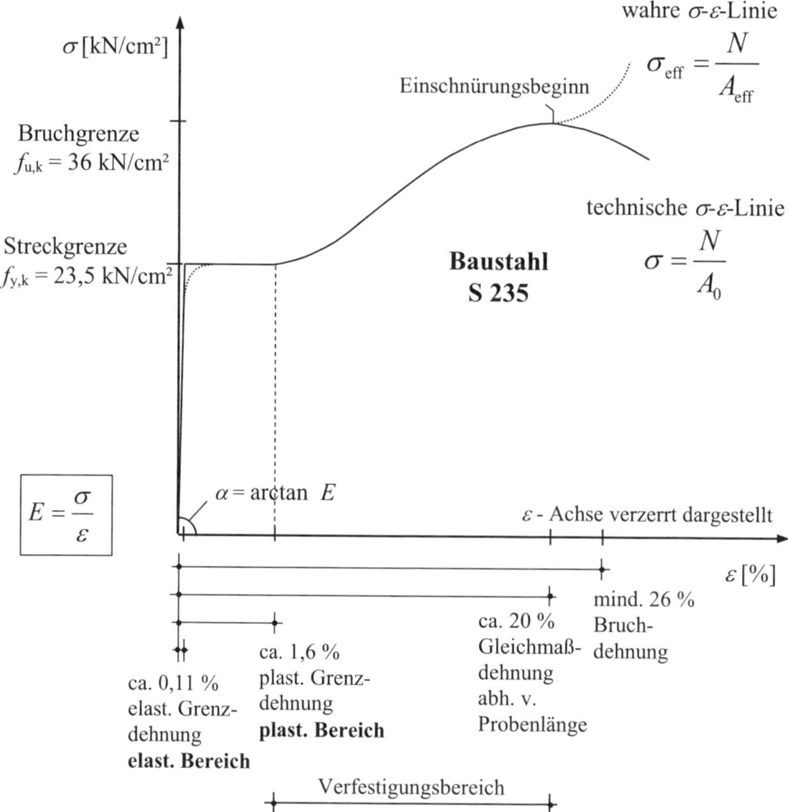

Abb. 1.14 Spannungs-Dehnungsdiagramm des einachsigen Zugversuches

Die charakteristischen Werte der Festigkeiten f_y und f_u, die den Nachweisen zugrunde gelegt werden, sind die 5%-Fraktilen der zugehörigen Werkstoffkennwerte. Diese sind in (1-1, Tabelle 3.1) und hier in Tabelle 1.10 auszugsweise angegeben.

Tabelle 1.10 Charakteristische Werte für Walzstahl (Auszug)

Werkstoffnorm und Stahlsorte	Erzeugnisdicke t mm			
	$t \leq 40$ mm		40 mm $< t \leq 80$ mm	
	f_y N/mm²	f_u N/mm²	f_y N/mm²	f_u N/mm²
EN 10025-2				
S 235	235	360	215	360
S 275	275	430	255	410
S 355	355	490	335	470
S 450	440	550	410	550

Für die im Eurocode 3 geregelten Baustähle sind die folgenden Bemessungswerte der Materialkonstanten anzunehmen:

Elastizitätsmodul $E = 210\,000$ N/mm²

Schubmodul $G = \dfrac{E}{2 \cdot (1 + \nu)} \approx 81\,000$ N/mm²

*Poisson*sche Zahl $\nu = 0{,}3$

Wärmeausdehnungskoeffizient $\alpha = 12 \times 10^{-6}$ je K (für $T \leq 100$ °C)

1.7.3 Berechnungsmethoden

Nach DIN EN 1993 sind 2 Berechnungsmethoden zu unterscheiden:

Berechnungsmethode: **Elastische Tragwerksberechnung**
Die Beanspruchungen werden nach der Elastizitätstheorie ermittelt. Es ist nachzuweisen, dass die Spannungen kleiner als der Bemessungswert der Beanspruchbarkeit sind, der auf den Werkstoff bezogen wird. Die elastische Tragwerksberechnung (1-1, 4.4.2) darf bei allen Querschnitten angewendet werden.

$$\sigma \leq \frac{f_y}{\gamma_M}$$

Plastische Querschnittsreserve $\alpha_{pl} \approx 1{,}14$ für gewalzte I-Profile um die *y*-Achse

Bei der elastischen Tragwerksberechnung, kurz elastische Berechnung genannt, darf auch der Nachweis mit der plastischen Beanspruchbarkeit des Querschnittes geführt werden. Damit werden die plastischen Querschnittsreserven genutzt.

$$M_{Ed} \leq M_{pl,Rd}$$

Plastische Systemreserve $\beta_{pl} \geq 1$ systemabhängig

Berechnungsmethode: **Plastische Tragwerksberechnung**
Die plastische Berechnung (1-1, 4.4.3) berücksichtigt auch bei der Berechnung der Schnittgrößen das nichtlineare Werkstoffverhalten des Stahles. Es wird vorausgesetzt, dass das Tragwerk an den Fließgelenken über eine ausreichende Rotationskapazität verfügt. Der Querschnitt in den Fließgelenken sollte doppelt-symmetrisch oder einfach-symmetrisch sein. Weiterhin sind die Anforderungen am Ort der Fließgelenkbildung zu erfüllen (1-1, 5.6).
Die Berechnung ist nach drei verschiedenen Methoden möglich.

1. Die Berechnung erfolgt durch eine nichtlineare plastische Berechnung, die die Ausbreitung von Fließzonen in den Bauteilen berücksichtigt.
2. Die Berechnung erfolgt durch das elastisch-plastische Fließgelenkverfahren. In den Fließgelenken sind die Querschnitte oder Anschlüsse voll plastiziert.
3. Die Berechnung erfolgt durch das starr-plastische Fließgelenkverfahren. In diesem Fall wird das elastische Verhalten zwischen den Fließgelenken vernachlässigt. Dieses Verfahren darf nur angewendet werden, wenn keine Einflüsse nach Theorie II. Ordnung zu berücksichtigen sind.

Es ist nachzuweisen, dass das System im stabilen Gleichgewicht ist und die Bemessungswerte der Schnittgrößen nicht überschritten werden.

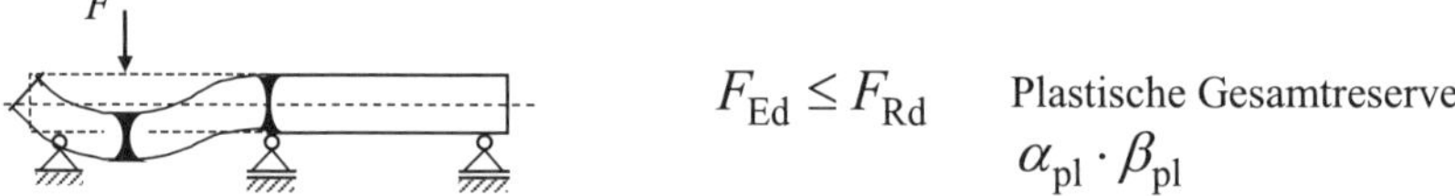

Bei allen Nachweisen sind die Interaktionsbeziehungen bei mehreren Schnittgrößen an einem Querschnitt zu beachten. Zusätzlich ist stets das maximale *c*/*t*-Verhältnis für druckbeanspruchte Querschnittsteile einzuhalten, um ein vorzeitiges Beulversagen auszuschließen.
Die Regeln für die plastische Berechnung gelten nur für die in (1-1, Tabelle 3.1) spezifizierten Baustähle.

2 Beanspruchbarkeit des Querschnittes

2.1 Teilsicherheitsbeiwerte für die Beanspruchbarkeit

Wie schon im Abschnitt 1.7.1 erläutert ist für den Teilsicherheitsbeiwert γ_M zu unterscheiden, ob für den Tragsicherheitsnachweis ein Bauteil mit oder ohne Stabilitätsversagen wie Biegeknicken und Biegedrillknicken vorliegt.

$\gamma_M = \gamma_{M0}$

1. Der Teilsicherheitsbeiwert γ_{M0} gilt für Tragsicherheitsnachweise, wenn kein Stabilitätsversagen vorliegt.
2. Der Teilsicherheitsbeiwert γ_{M0} gilt für die Berechnung von Systemen nach Theorie I. Ordnung, wenn das Stabilitätsversagen der einzelnen Bauteile mit dem Ersatzstabverfahren nachgewiesen wird.

$\gamma_M = \gamma_{M1}$

1. Der Teilsicherheitsbeiwert γ_{M1} gilt für den Nachweis des Stabilitätsversagens einzelner Bauteile mit dem Ersatzstabverfahren.
2. Der Teilsicherheitsbeiwert γ_{M1} gilt für die Beanspruchbarkeit von Querschnitten, wenn der Tragsicherheitsnachweis stabilitätsgefährdeter Systeme mit Schnittgrößen nach Theorie II. Ordnung geführt wird (1-1/NA, NDP zu 6.1(1)). Anmerkung: Ist für einen gedrückten Biegestab die Berechnung nach Theorie I. Ordnung nach Gleichung (1.21) erlaubt, gilt weiterhin γ_{M1}, wenn $\overline{\lambda} > 0{,}2$ ist, s. (1-1, 6.3.1.2(4)).

Deshalb ist vor jedem Nachweis des Querschnittes festzulegen, welcher Teilsicherheitsbeiwert γ_M für die Beanspruchbarkeit des Querschnittes anzuwenden ist.

2.2 Beanspruchbarkeit des Werkstoffes

Bei der elastischen Berechnung werden die Spannungen, die aus den Schnittgrößen resultieren, der Beanspruchbarkeit des Werkstoffes gegenübergestellt. Als Grenzzustand der Tragfähigkeit wird der Beginn des Fließens definiert. Der Werkstoff versagt. Plastische Querschnittsreserven und Systemreserven werden nicht berücksichtigt. Dieser Nachweis soll hier kurz als **Spannungsnachweis** bezeichnet werden.
Biegemomente und Normalkräfte erzeugen Normalspannungen σ, Querkräfte und Torsionsmomente Schubspannungen τ im Querschnitt.

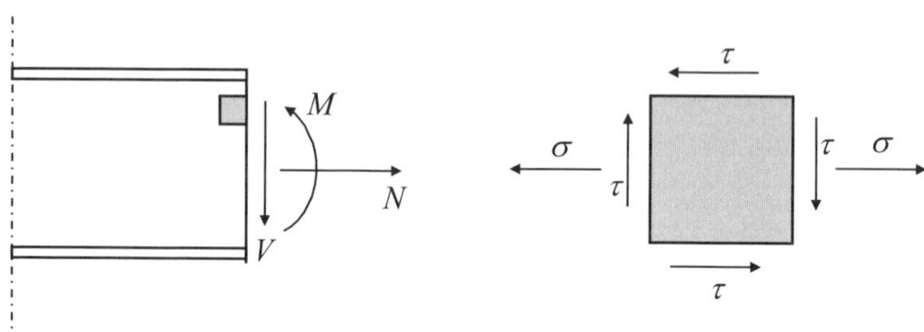

Abb. 2.1 Beanspruchungen des Querschnittes

Treten an einem Querschnittselement nach Abb. 2.1 infolge der Schnittgrößen Normalspannungen und Schubspannungen auf, dann wird im Stahlbau nicht die Hauptspannung, sondern die Vergleichsspannung gebildet. Die Vergleichsspannung folgt aus der Fließbedingung nach *Mises-Huber-Hencky* für zähplastische Werkstoffe und lautet für den einachsigen Spannungszustand:

$$\sigma_V = \sqrt{\sigma^2 + 3 \cdot \tau^2} \tag{2.1}$$

Die Beanspruchbarkeit des Werkstoffes wird mit dem Teilsicherheitsbeiwert γ_M und der Streckgrenze berechnet. Um die Darstellung und die Bezeichnung der Nachweisformeln des Eurocode 3 zu vereinfachen, wird der Bemessungswert der Beanspruchbarkeit bezogen auf den Werkstoff mit Grenzspannung σ_{Rd} bezeichnet, was der Bezeichnung bei der plastischen Tragfähigkeit entspricht.

$$\sigma_{Rd} = \frac{f_y}{\gamma_M} \tag{2.2}$$

Für den Werkstoff S 235 erhält man für:

$$\gamma_M = \gamma_{M0} = 1{,}00 \qquad \sigma_{Rd} = \frac{f_y}{\gamma_M} = \frac{23{,}5}{1{,}00} = 23{,}5 \text{ kN/cm}^2$$

$$\gamma_M = \gamma_{M1} = 1{,}10 \qquad \sigma_{Rd} = \frac{f_y}{\gamma_M} = \frac{23{,}5}{1{,}10} = 21{,}4 \text{ kN/cm}^2$$

Der allgemeine Nachweis lautet:

$$\frac{\sigma_V}{\sigma_{Rd}} \leq 1 \tag{2.3}$$

Ist $\tau = 0$ gilt $\sigma_V = \sigma$ und es kann vereinfacht geschrieben werden:

$$\frac{\sigma_{Ed}}{\sigma_{Rd}} \leq 1 \tag{2.4}$$

Um die Darstellung der Nachweisformeln des Eurocode 3 zu vereinfachen, wird der Bemessungswert der Schubtragfähigkeit bezogen auf den Werkstoff mit Grenzschubspannung τ_{Rd} bezeichnet.

Ist $\sigma = 0$ gilt $\sigma_V = \sqrt{3 \cdot \tau^2}$ und man erhält:

$$\frac{\tau_{Ed}}{\dfrac{f_y}{\gamma_M \cdot \sqrt{3}}} = \frac{\tau_{Ed}}{\tau_{Rd}} \leq 1 \tag{2.5}$$

Für den Werkstoff S 235 erhält man:

$$\gamma_M = \gamma_{M0} = 1{,}00 \qquad \tau_{Rd} = \frac{f_y}{\gamma_M \cdot \sqrt{3}} = \frac{23{,}5}{1{,}00 \cdot \sqrt{3}} = 13{,}6 \text{ kN/cm}^2$$

$$\gamma_M = \gamma_{M1} = 1{,}10 \qquad \tau_{Rd} = \frac{f_y}{\gamma_M \cdot \sqrt{3}} = \frac{23{,}5}{1{,}10 \cdot \sqrt{3}} = 12{,}3 \text{ kN/cm}^2$$

2.3 Spannungsermittlung

Der Nachweis mit Spannungen wird im Folgenden als Nachweis Elastisch-Elastisch bezeichnet. Für den Nachweis Elastisch-Elastisch ist mindestens die **Querschnittsklasse 3** erforderlich. Die Querschnittsklassifizierung wird erst im Abschnitt 4 behandelt, da zum Verständnis der Begriff der „Stabilität" notwendig ist, der im Abschnitt Druckstab erläutert wird. Die notwendige Querschnittsklasse wird aber bei den einzelnen Nachweisen in diesem Abschnitt angegeben.

Die Berechnungen der Spannungen σ und τ werden hier für die wichtigsten gewalzten und geschweißten Stahlprofile angegeben. Für Walzprofile sind die dafür notwendigen Querschnittswerte genormt und in Tabellen [21], z. B. auch im Kapitel 15, enthalten. Der I-Querschnitt ist der am meisten verwendete Querschnitt im Stahlbau und soll hier ausführlicher behandelt werden.

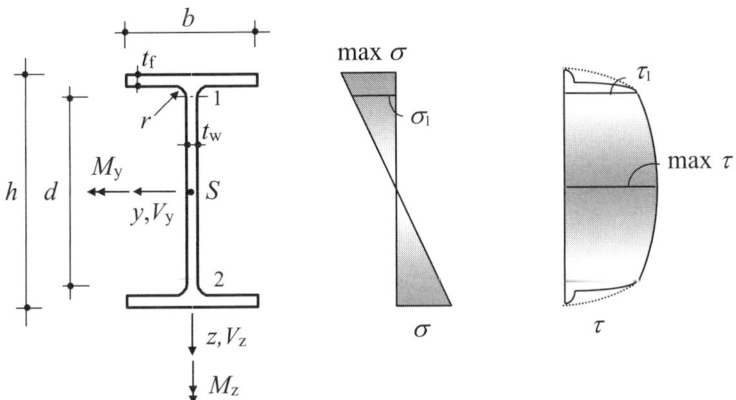

Abb. 2.2 Bezeichnungen des gewalzten I-*Profils*

h	Höhe des Querschnittes
b	Breite des Querschnittes
t_w	Stegdicke
t_f	Flanschdicke
r	Ausrundungsradius
d	Höhe des Steges mit der konstanten Dicke t_w
A	Querschnittsfläche
I_y	Flächenmoment 2. Grades um die y-Achse
W_y	maximales Widerstandsmoment um die y-Achse
i_y	Trägheitsradius um die y-Achse
I_z	Flächenmoment 2. Grades um die z-Achse
W_z	maximales Widerstandsmoment um die z-Achse
i_z	Trägheitsradius um die z-Achse
S_y	maximales Flächenmoment 1. Grades um die y-Achse
1,2	diese Fasern sind meist maßgebend für die Vergleichsspannung σ_V

In Abb. 2.2 sind die Bezeichnungen des gewalzten I-Querschnittes angegeben. Weiterhin sind die Spannungsverläufe der Spannungen σ und τ bei Biegung um die y-Achse, auch starke Achse genannt, dargestellt. Biegung um die y-Achse ist die häufigste Beanspruchung von I-Trägern. Die maximale Normalspannung max σ tritt am Rande des Querschnittes auf, die zugehörige Schubspannung ist null. Die maximale Schubspannung max τ tritt bei Biegung ohne Normalkraft im Schwerpunkt des Querschnittes auf. Die zugehörige Normalspannung ist null. Sehr wichtig sind die hier mit Stelle 1 und 2 bezeichneten Querschnittspunkte am Ende der Ausrundung. Hier treten gleichzeitig große Normalspannungen und Schubspannungen auf. Deshalb ist bei Biegung um die y-Achse an diesen Punkten der Nachweis der Vergleichsspannung zu führen.

Biegung um die *y*-Achse

Gegeben: Biegemoment M_y und Querkraft V_z

Normalspannung σ: $$\sigma = \frac{M_y}{I_y} \cdot z \qquad \max \sigma = \frac{M_y}{W_y} \tag{2.6}$$

Schubspannung τ: $$\tau = \frac{V_z \cdot S_y(z)}{I_y \cdot t_w} \qquad \max \tau = \frac{V_z \cdot S_y}{I_y \cdot t_w} \tag{2.7}$$

Vergleichsspannung σ_V an der Stelle 1:

$$\sigma_1 = \frac{M_y}{I_y} \cdot \frac{d}{2}$$

$$\tau_1 = \frac{V_z \cdot S_1}{I_y \cdot t_w} \quad \text{mit} \quad S_1 = S_y - t_w \cdot \frac{d^2}{8}$$

$$\sigma_V = \sqrt{\sigma_1^2 + 3 \cdot \tau_1^2} \tag{2.8}$$

Nach (1-1, 6.2.6 (5)) darf bei I- oder H-Querschnitten mit ausgeprägten Flanschen der Schubspannungsverlauf im Steg näherungsweise konstant ange-nommen werden, wenn $A_f / A_w \geq 0{,}6$ ist.
Dann gilt:

$$\tau_{Ed} = \frac{V_{Ed}}{A_w} \tag{2.9}$$

$$\text{mit} \quad A_w = h_w \cdot t_w = (h - 2 \cdot t_f) \cdot t_w \quad \text{und} \quad A_f = b \cdot t_f$$

Biegung um die *z*-Achse

Der I-Querschnitt entspricht bei Biegung um die *z*-Achse, auch schwache Achse genannt, dem Rechteckquerschnitt mit der Breite $2t_f$.

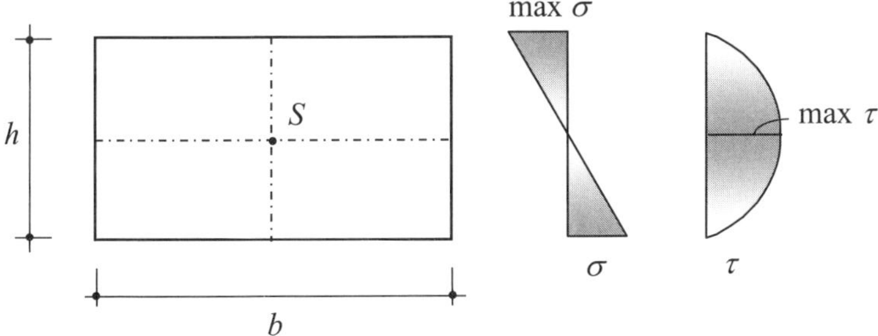

Abb. 2.3 Bezeichnungen des Rechteckquerschnittes

In Abb. 2.3 sind die Bezeichnungen des Rechteckquerschnittes angegeben. Weiterhin sind die Spannungsverläufe der Spannungen σ und τ bei Biegung dargestellt. Die maximale Normalspannung max σ tritt am Rande des Querschnittes auf, die zugehörige Schubspannung ist null. Die maximale Schubspannung max τ tritt bei Biegung ohne Normalkraft im Schwerpunkt des Querschnittes auf. Die zugehörige Normalspannung ist null. Bei reiner Biegung ist beim Rechteckquerschnitt der Nachweis der Vergleichsspannung nicht erforderlich. Da die Höhe und die Breite austauschbar sind, wird hier auf die Koordinaten des Querschnittes verzichtet.

Normalspannung σ: $$\max \sigma = \frac{M}{W} \quad \text{mit} \quad W = b \cdot \frac{h^2}{6} \tag{2.10}$$

Schubspannung τ: $$\tau = \frac{V \cdot S}{I \cdot b} \qquad \max \tau = \frac{3}{2} \cdot \frac{V}{A} \tag{2.11}$$

Für den I- oder H-Querschnitt gilt für Biegemoment M_z und Querkraft V_y:

Normalspannung σ: $$\sigma = -\frac{M_z}{I_z} \cdot y \quad max\ \sigma = \left| \frac{M_z}{W_z} \right| \tag{2.12}$$

Schubspannung τ: $$\tau = \frac{V_y \cdot S_z}{I_z \cdot 2 \cdot t_f} \quad \max\ \tau = \frac{3}{2} \cdot \frac{V_y}{2 \cdot b \cdot t_f} \tag{2.13}$$

Für die Normalspannung σ an einem beliebigen Querschnittspunkt gilt bei zweiachsiger Biegung mit Normalkraft die lineare Interaktion. Unter Beachtung der Vorzeichen gilt mit den Hauptachsen y und z:

$$\sigma = \frac{N}{A} + \frac{M_y}{I_y} \cdot z - \frac{M_z}{I_z} \cdot y \tag{2.14}$$

Bei einem doppeltsymmetrischen Querschnitt tritt die maximale Normalspannung an einer Ecke auf.

$$\max\ \sigma = \left| \frac{N}{A} + \frac{M_y}{W_y} + \frac{M_z}{W_z} \right| \tag{2.15}$$

Die Schubspannungen aus V_y und V_z überlagern sich im Flansch, s. Abb. 2.4.

$$\tau = \frac{V_z \cdot S_y}{I_y \cdot t_f} \pm \frac{V_y \cdot S_z}{I_z \cdot 2 \cdot t_f} \tag{2.16}$$

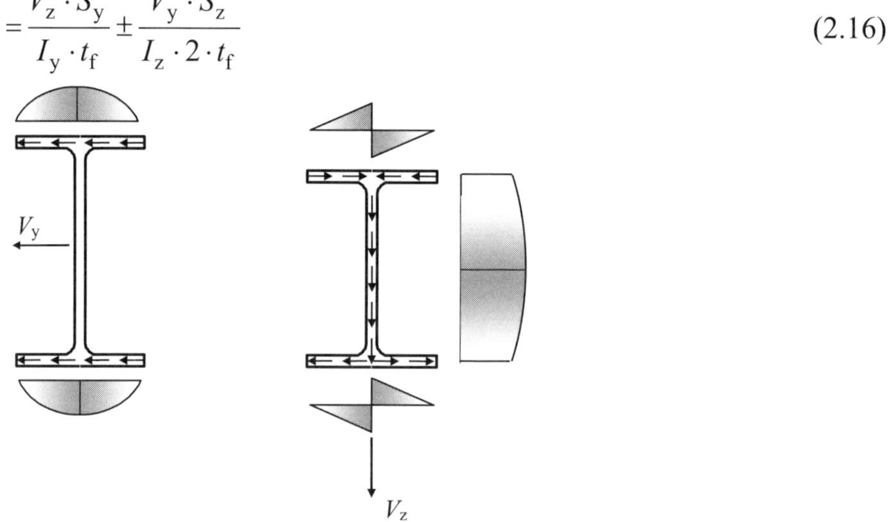

Abb. 2.4 Verlauf der Schubspannungen aus Querkraft

Als konservative Lösung darf für die Querschnittsklasse 3 die folgende Interaktionsaktionsbeziehung angewendet werden (1-1, Gl. (6.2)), wenn $V_{Ed} \leq 0{,}5 \cdot V_{pl,Rd}$ ist und kein Schubbeulen auftritt:

$$\frac{N_{Ed}}{A \cdot \sigma_{Rd}} + \frac{M_{y,Ed}}{W_y \cdot \sigma_{Rd}} + \frac{M_{z,Ed}}{W_z \cdot \sigma_{Rd}} \leq 1 \tag{2.17}$$

Bei Biegung und Torsion sind noch weitere Schubspannungen zu berücksichtigen. Diese werden im Abschnitt Torsion behandelt.

2.4 Beanspruchbarkeit des Querschnittes

Bei der elastischen Berechnung darf auch die plastische Reserve des Querschnittes ausgenutzt werden. Es werden die Schnittgrößen den Beanspruchbarkeiten des Querschnittes gegenübergestellt. Als Beanspruchbarkeit wird der vollplastische Zustand des Stabquerschnittes definiert. Der Querschnitt versagt, d. h. eine Vergrößerung der Schnittgrößen ist nicht mehr möglich. Dabei werden Systemreserven nicht berücksichtigt. Dieser Nachweis wird im Folgenden als Nachweis Elastisch-Plastisch bezeichnet. Für den Nachweis Elastisch-Plastisch ist mindestens die **Querschnittsklasse 2** erforderlich.
Für die Berechnung der Beanspruchbarkeit des Querschnittes gelten die folgenden Annahmen:

1. ideal-elastische, ideal-plastische Spannungs-Dehnungs-Beziehung, s. Abb. 2.5
2. Ebenbleiben des Querschnittes
3. Fließbedingung nach *Mises-Huber-Hencky*

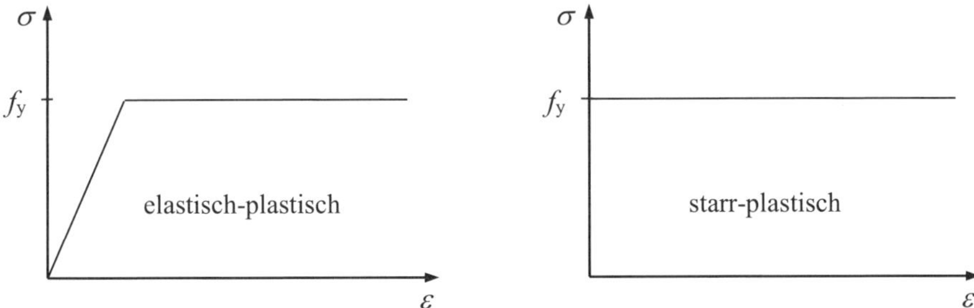

Abb. 2.5 Spannungs-Dehnungs-Beziehung

Bei der Berechnung der Beanspruchbarkeit des Querschnittes ist der Teilsicherheitsbeiwert γ_M für den Werkstoff nach Gleichung (2.2) zu berücksichtigen. Um die Darstellung und Bezeichnungen der Nachweisformeln des Eurocode 3 zu vereinfachen, werden diese Bemessungswerte der Beanspruchbarkeit des Querschnittes als Grenzschnittgrößen bezeichnet.

2.4.1 Druckbeanspruchung

Die Zugbeanspruchung wird im Abschnitt Zugstäbe ausführlich behandelt.
Die Tragfähigkeit des Querschnittes ist erschöpft, wenn jede Faser des Querschnittes die Streckgrenze f_y erreicht hat. Dieser Wert wird als Normalkraft im vollplastischen Zustand bezeichnet.

$$N_{pl} = A \cdot f_y \tag{2.18}$$

Die Grenznormalkraft und der Nachweis lauten:

$$N_{c,Rd} = \frac{A \cdot f_y}{\gamma_M} = A \cdot \sigma_{Rd} \quad \text{für Querschnittsklasse 1, 2 und 3} \tag{2.19}$$

$$\frac{N_{Ed}}{N_{c,Rd}} \leq 1 \tag{2.20}$$

2.4.2 Biegebeanspruchung

In Abb. 2.6 ist ein einfachsymmetrischer Querschnitt dargestellt, der durch ein Biegemoment beansprucht wird.

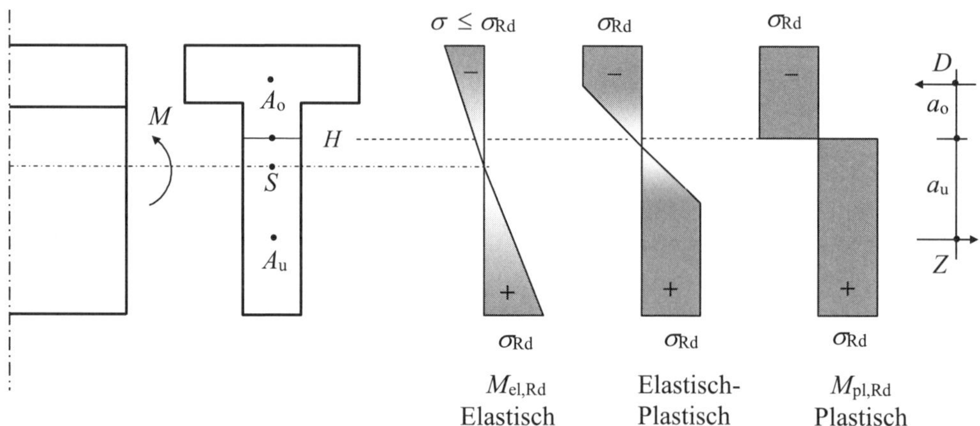

Abb. 2.6 Biegebeanspruchung

Wird die Größe des Biegemomentes gesteigert, wird zunächst an der unteren Faser des Querschnittes die Spannung σ_{Rd} erreicht. Dies ist der Grenzzustand der Tragfähigkeit für die elastische Berechnung. Das zugehörige Biegemoment wird als elastische Biegebeanspruchbarkeit $M_{el,Rd}$ bezeichnet. Die elastische neutrale Achse geht durch den Schwerpunkt des Querschnittes.

$$M_{el,Rd} = W \cdot \sigma_{Rd} \tag{2.21}$$

Das aufnehmbare Biegemoment kann jedoch noch weiter gesteigert werden, da die benachbarten Fasern noch nicht den Bemessungswert f_y erreicht haben. Der Querschnitt plastiziert vom Rande in das Innere und der elastische Bereich des Querschnittes und damit auch die Biegesteifigkeit werden stets kleiner. Die neutrale Achse wandert von der Schwerachse *S* in, wie gezeigt wird, Richtung der Flächenhalbierenden *H*. Sind alle Fasern im Zug- und Druckbereich plastiziert, ist das maximal aufnehmbare Biegemoment, das Grenzbiegemoment des Querschnittes, erreicht. Es entstehen zwei Spannungsblöcke mit den zugehörigen Flächen A_o und A_u. Die resultierenden Kräfte *D* und *Z* greifen im Schwerpunkt dieser beiden Flächen an. Da an dem Querschnitt keine Normalkraft angreift, folgt aus

$$\sum H = 0 \qquad Z = D$$

$$\left.\begin{aligned} Z &= A_\mathrm{u} \cdot \sigma_\mathrm{Rd} \\ D &= A_\mathrm{o} \cdot \sigma_\mathrm{Rd} \end{aligned}\right\} \rightarrow \quad A_\mathrm{o} = A_\mathrm{u} = \frac{A}{2}$$

Die Spannungsnulllinie ist bei der plastischen Berechnung eines Querschnittes aus einem Werkstoff die Flächenhalbierende und nicht die Schwerachse.

Bei einem doppeltsymmetrischen Querschnitt fallen beide Achsen zusammen. Die resultierenden Kräfte der Spannungsblöcke greifen im Schwerpunkt der beiden Querschnittshälften an. Für das Grenzbiegemoment erhält man mit den Bezeichnungen aus Abb. 2.6:

$$M_\mathrm{pl,Rd} = D \cdot a_\mathrm{o} + Z \cdot a_\mathrm{u} = \frac{A}{2} \cdot a_\mathrm{o} \cdot \sigma_\mathrm{Rd} + \frac{A}{2} \cdot a_\mathrm{u} \cdot \sigma_\mathrm{Rd}$$

$$M_\mathrm{pl,Rd} = \left(S_\mathrm{o} + S_\mathrm{u}\right) \cdot \sigma_\mathrm{Rd}$$

$$W_\mathrm{pl} = S_\mathrm{o} + S_\mathrm{u} \tag{2.22}$$

$$M_\mathrm{pl,Rd} = W_\mathrm{pl} \cdot \sigma_\mathrm{Rd} \tag{2.23}$$

Das plastische Widerstandsmoment W_pl ist bei einem Querschnitt aus einem Werkstoff die Summe der Flächenmomente 1. Grades oberhalb und unterhalb der Flächenhalbierenden.

Für den doppeltsymmetrischen Querschnitt gilt mit $S_\mathrm{o} = S_\mathrm{u} = S$:

$$M_\mathrm{pl,Rd} = W_\mathrm{pl} \cdot \sigma_\mathrm{Rd} = 2 \cdot S \cdot \sigma_\mathrm{Rd} \tag{2.24}$$

Die Zunahme des plastischen gegenüber dem elastischen Biegemoment wird durch den Formbeiwert α_pl ausgedrückt.

$$\alpha_\mathrm{pl} = \frac{W_\mathrm{pl}}{W} \tag{2.25}$$

Die Biegebeanspruchung ist in (1-1, 6.2.5) geregelt. Für den Bemessungswert der einwirkenden Biegemomente M_Ed ist der folgende Nachweis zu führen:

$$\frac{M_\mathrm{Ed}}{M_\mathrm{c,Rd}} \leq 1 \tag{2.26}$$

$M_\mathrm{c,Rd}$ wird unter Berücksichtigung der Löcher für die Verbindungsmittel berechnet. Die Löcher dürfen im zugbeanspruchten Flansch vernachlässigt werden, wenn für den Flansch folgende Bedingung eingehalten ist:

$$\frac{A_\mathrm{f,net} \cdot 0{,}9 \cdot f_\mathrm{u}}{\gamma_\mathrm{M2}} \geq \frac{A_\mathrm{f} \cdot f_\mathrm{y}}{\gamma_\mathrm{M0}} \tag{2.27}$$

wobei A_f die Fläche des zugbeanspruchten Flansches ist. Die Gleichung (2.27) gilt sinngemäß auch für Löcher im Zugbereich des Steges, wobei A_f die Fläche des zugbeanspruchten Flansches und Steges ist. Außer bei übergroßen Löchern oder Langlöchern müssen Löcher in der Druckzone des Querschnittes nicht abgezogen werden, wenn diese mit Verbindungsmitteln gefüllt sind. Für Grenzbiegemomente gilt:

$$M_{c,Rd} = M_{pl,Rd} = \frac{W_{pl} \cdot f_y}{\gamma_M} = W_{pl} \cdot \sigma_{Rd} \text{ für Querschnittsklassen 1 und 2} \quad (2.28)$$

$$M_{c,Rd} = M_{el,Rd} = \frac{W_{el,min} \cdot f_y}{\gamma_M} = W_{el,min} \cdot \sigma_{Rd} \text{ für Querschnittsklasse 3} \quad (2.29)$$

Rechteckquerschnitt

Für den Rechteckquerschnitt nach Abb. 2.3 gilt:

$$W = \frac{1}{6} \cdot b \cdot h^2$$

$$S = b \cdot \frac{h}{2} \cdot \frac{h}{4} = b \cdot \frac{h^2}{8}$$

$$W_{pl} = 2 \cdot S = \frac{1}{4} \cdot b \cdot h^2 \qquad \alpha_{pl} = \frac{W_{pl}}{W} = 1{,}5$$

Beim Rechteckquerschnitt ist das plastische Biegemoment um 50 % größer als das elastische Biegemoment.

I- und H-Querschnitt bei Biegung um die *y*-Achse

Der Formbeiwert α_{pl} für den I-Querschnitt bei Biegung um die *y*-Achse soll am Beispiel des IPE 300 aufgezeigt werden.

$$W_{pl} = 2 \cdot S_y = 2 \cdot 314 = 628 \text{ cm}^2$$

$$\alpha_{pl,y} = \frac{W_{pl}}{W} = \frac{628}{557} = 1{,}13$$

Die zweckmäßigsten Stahlbauprofile haben sehr kleine Formbeiwerte α_{pl}, aber bei minimalem Materialaufwand ein optimales Flächenmoment 2. Grades. Für Walzprofile erhält man

$$1{,}10 < \alpha_{pl,y} < 1{,}18$$

$$\text{Mittelwert } \alpha_{pl,y} \approx 1{,}14 \quad (2.30)$$

I- und H-Querschnitt bei Biegung um die *z*-Achse

Bei Biegung um die schwache Achse verhält sich der I-Querschnitt näherungsweise wie ein Rechteckquerschnitt.

$$M_{\text{pl,z,Rd}} = \alpha_{\text{pl,z}} \cdot W \cdot \sigma_{\text{Rd}} \qquad (2.31)$$

$$\alpha_{\text{pl,z}} \approx 1{,}5$$

2.4.3 Querkraftbeanspruchung

In Abb. 2.7 ist ein Rechteckquerschnitt dargestellt, der durch eine Querkraft V beansprucht wird.

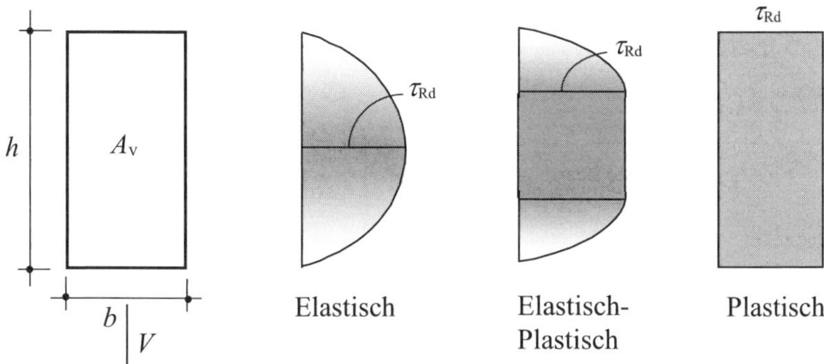

Abb. 2.7 Querkraftbeanspruchung

Wird die Größe der Querkraft gesteigert, wird zunächst im Schwerpunkt des Querschnittes die Grenzschubspannung τ_{Rd} erreicht. Dies ist der Grenzzustand der Tragfähigkeit für die elastische Berechnung. Die aufnehmbare Querkraft kann jedoch noch weiter gesteigert werden, da die benachbarten Fasern noch nicht die Grenzschubspannung τ_{Rd} erreicht haben. Der Querschnitt plastiziert von der Mitte zu den Rändern, bis er voll durchplastiziert ist.
Die zugehörige Querkraft ist die Grenzquerkraft. Für den Rechteckquerschnitt gilt damit:

$$V_{\text{pl,Rd}} = A_{\text{v}} \cdot \tau_{\text{Rd}} = b \cdot h \cdot \tau_{\text{Rd}} \qquad (2.32)$$

I- und H-Querschnitte

Der Nachweis für die Querkraftbeanspruchung ist in (1-1, 6.2.6) geregelt. Die Grenzquerkraft lautet:

$$V_{\text{pl,Rd}} = \frac{A_{\text{v}} \cdot f_{\text{y}}}{\gamma_{\text{M}} \cdot \sqrt{3}} = A_{\text{v}} \cdot \tau_{\text{Rd}} \qquad (2.33)$$

A_v ist die wirksame Schubfläche. Die wirksamen Schubflächen sind für verschiedene Querschnitte in (1-1, 6.2.6 (3)) angegeben.

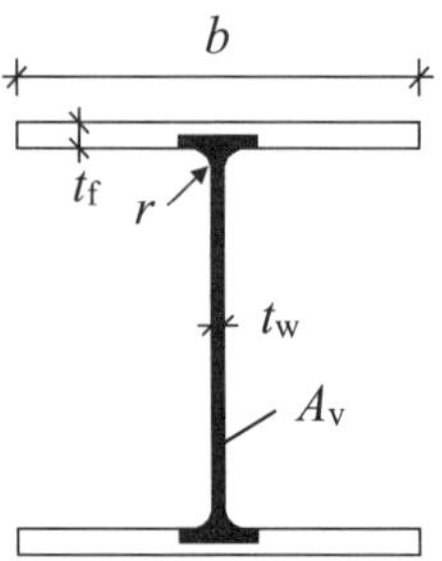

Abb. 2.8 Bezeichnungen für die wirksame Schubfläche von I- und H-Querschnitten

Für das gewalzte Profil mit I- und H-Querschnitt gilt:

Lastrichtung parallel zum Steg

$$A_v = A - 2 \cdot b \cdot t_f + (t_w + 2 \cdot r) \cdot t_f \qquad (2.34)$$

Lastrichtung parallel zum Flansch

$$A_v = 2 \cdot b \cdot t_f \qquad (2.35)$$

Der Nachweis lautet:

$$\frac{V_{Ed}}{V_{pl,Rd}} \leq 1{,}0 \qquad (2.36)$$

2.5 Interaktionsbeziehungen

2.5.1 Biegung und Normalkraft

Im Allgemeinen treten bei einem statischen System in einem Querschnitt mehrere Schnittgrößen auf, bei Biegeträgern das Biegemoment und die Querkraft, bei Stützen das Biegemoment, die Normalkraft und die Querkraft. Beim Spannungsnachweis gilt z. B. die schon bekannte Interaktion zwischen Biegung und Normalkraft:

$$\sigma = \frac{N}{A} + \frac{M}{W} \leq \sigma_{Rd}$$

Ein entsprechender Nachweis ist auch bei der elastischen Berechnung für den Nachweis mit plastischen Beanspruchbarkeiten erforderlich. Dies wird als Interaktion bezeichnet.

Die Interaktion soll am Beispiel des Rechteckquerschnittes erläutert werden.

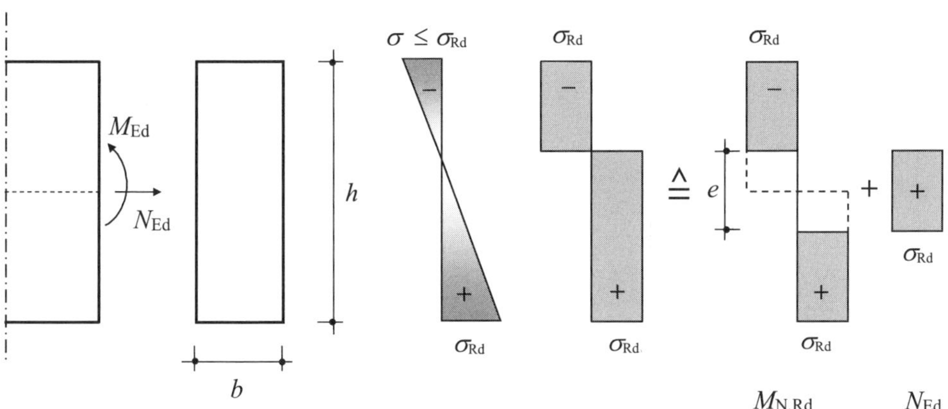

Abb. 2.9 Interaktion Biegung und Normalkraft

Dabei soll von dem folgenden Modell eines doppeltsymmetrischen Querschnittes ausgegangen werden. Jede Faser des Querschnittes kann maximal bis zur Streckgrenze bzw. unter Beachtung des Sicherheitskonzeptes bis zur Grenzspannung σ_{Rd} beansprucht werden. Jeder Schnittgröße werden Querschnittsteile zugeordnet, die für diese Schnittgröße zutreffend sind. Bei einer Normalkraft sind, ausgehend von der Flächenhalbierenden, gleiche Querschnittsteile mit gleichem Vorzeichen zuzuordnen. Bei einem Biegemoment sind, ausgehend vom Rand des Querschnittes, gleiche Querschnittsteile mit entgegengesetztem Vorzeichen anzunehmen. Aus diesen Spannungsblöcken resultieren innere Kräfte, die im Schwerpunkt der Teilflächen angreifen und ein Kräftepaar bilden. Dieses Kräftepaar bildet das reduzierte Biegemoment $M_{N,Rd}$, das der Querschnitt bei einer vorhandenen Normalkraft N_{Ed} noch aufnehmen kann.

$$M_{N,Rd} = \frac{1}{2} \cdot (h-e) \cdot b \cdot \sigma_{Rd} \cdot \frac{1}{2} \cdot (h+e) = \frac{1}{4} \cdot b \cdot \sigma_{Rd} \cdot (h^2 - e^2)$$

$$M_{N,Rd} = \frac{1}{4} \cdot b \cdot h^2 \cdot \sigma_{Rd} \cdot \left(1 - \frac{e^2}{h^2}\right) = M_{pl,Rd} \cdot \left(1 - \frac{e^2}{h^2}\right)$$

$$\frac{N_{Ed}}{N_{pl,Rd}} = \frac{e \cdot b \cdot \sigma_{Rd}}{h \cdot b \cdot \sigma_{Rd}} = \frac{e}{h}$$

$$\frac{M_{N,Rd}}{M_{pl,Rd}} = 1 - \left(\frac{N_{Ed}}{N_{pl,Rd}}\right)^2$$

$$\frac{M_{N,Rd}}{M_{pl,Rd}} + \left(\frac{N_{Ed}}{N_{pl,Rd}}\right)^2 = 1 \qquad (2.37)$$

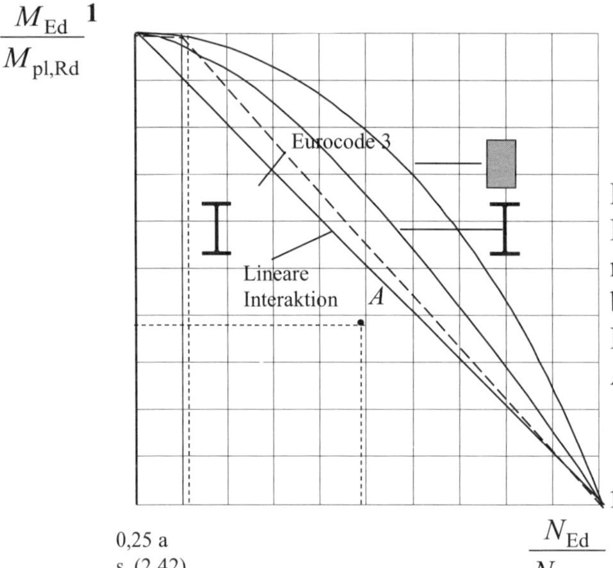

Die Grenzkurve für die Interaktion zwischen Biegemoment und Normalkraft ist beim Rechteckquerschnitt eine Parabel. Diese Parabel ist in Abb. 2.10 eingetragen.

Abb. 2.10 Interaktionsbeziehungen zwischen Biegemoment und Normalkraft

Jede Kombination von M_{Ed} und N_{Ed}, hier der Punkt A, die unterhalb dieser Grenzkurve liegt, erreicht nicht die Grenztragfähigkeit des Querschnittes. Deshalb ist die folgende Ungleichung (2.38) typisch für den Tragsicherheitsnachweis. Sie wird als Interaktionsbeziehung bezeichnet.

$$\frac{M_{\text{Ed}}}{M_{\text{pl,Rd}}} + \left(\frac{N_{\text{Ed}}}{N_{\text{pl,Rd}}}\right)^2 \leq 1 \qquad (2.38)$$

Der Nachweis ist auch in der folgenden Formulierung möglich, die aus der Gleichung (2.38) folgt:

$$M_{\text{Ed}} \leq M_{\text{pl,Rd}} \cdot \left(1 - \left(\frac{N_{\text{Ed}}}{N_{\text{pl,Rd}}}\right)^2\right)$$

Man bezeichnet die rechte Seite dieser Gleichung als die abgeminderte plastische Momententragfähigkeit $M_{\text{N,Rd}}$ und erhält die 2. Möglichkeit des Tragsicherheitsnachweises:

$$\frac{M_{\text{Ed}}}{M_{\text{N,Rd}}} \leq 1 \qquad (2.39)$$

Dieser Nachweis soll als Reduktionsmethode bezeichnet werden. Er besagt nämlich, dass zunächst der Normalkraft N_{Ed} die zugehörige Fläche zugeordnet wird. Der restliche Querschnitt muss dann für das vorhandene Biegemoment M_{Ed} reichen. Ist dies nicht der Fall, ist der Tragsicherheitsnachweis nicht eingehalten. In Abb. 2.10 sind noch weitere Grenzkurven angegeben. Die Grenzkurve des I- und H-Querschnittes liegt zwischen der linearen Interaktion und der Parabel des Rechteckquerschnittes.

Doppeltsymmetrische Querschnitte

In der DIN EN 1993 ist die Interaktion zwischen Biegung und Normalkraft in (1-1, 6.2.9.1) geregelt. Der Einfluss der Normalkraft auf die plastische Momentenbeanspruchbarkeit darf bei doppeltsymmetrischen I- und H-Querschnitten der Querschnittsklasse 1 und 2 vernachlässigt werden, wenn folgende Bedingungen erfüllt sind:

$$y\text{-}y\text{-Achse:}\quad N_{Ed} \leq 0{,}25 \cdot N_{pl,Rd} \text{ und } N_{Ed} \leq \frac{0{,}5 \cdot h_w \cdot t_w \cdot f_y}{\gamma_M} \tag{2.40}$$

$$z\text{-}z\text{-Achse:}\quad N_{Ed} \leq \frac{h_w \cdot t_w \cdot f_y}{\gamma_M} \tag{2.41}$$

Sonst gilt:

$$n = \frac{N_{Ed}}{N_{pl,Rd}} \tag{2.42}$$

$$a = \left(A - 2 \cdot b \cdot t_f\right) / A \quad \text{jedoch} \quad a \leq 0{,}5 \tag{2.43}$$

$$y\text{-}y\text{-Achse:}\quad M_{N,y,Rd} = M_{pl,y,Rd} \cdot \frac{1-n}{1-0{,}5 \cdot a} \quad \text{jedoch} \quad M_{N,y,Rd} \leq M_{pl,y,Rd} \tag{2.44}$$

$$z\text{-}z\text{-Achse:}\quad \text{für} \quad n \leq a: \; M_{N,z,Rd} = M_{pl,z,Rd} \tag{2.45}$$

$$\text{für} \quad n > a: \; M_{N,z,Rd} = M_{pl,z,Rd} \cdot \left[1 - \left(\frac{n-a}{1-a}\right)^2\right] \tag{2.46}$$

Bei rechteckigen Hohlprofilen mit konstanter Blechdicke darf folgende Näherung angewendet werden:

$$M_{N,y,Rd} = M_{pl,y,Rd} \cdot \frac{1-n}{1-0{,}5 \cdot a_w} \quad \text{jedoch} \quad M_{N,y,Rd} \leq M_{pl,y,Rd} \tag{2.47}$$

$$M_{N,z,Rd} = M_{pl,z,Rd} \cdot \frac{1-n}{1-0{,}5 \cdot a_f} \quad \text{jedoch} \quad M_{N,z,Rd} \leq M_{pl,z,Rd} \tag{2.48}$$

wobei

$$a_w = \left(A - 2 \cdot b \cdot t\right) / A \quad \text{jedoch} \quad a_w \leq 0{,}5$$

$$a_f = \left(A - 2 \cdot h \cdot t\right) / A \quad \text{jedoch} \quad a_f \leq 0{,}5$$

Für Rundrohre gilt:

$$M_{\text{N,y,Rd}} = M_{\text{N,z,Rd}} = M_{\text{pl,Rd}} \cdot \left(1 - n^{1,7}\right) \tag{2.49}$$

Bei zweiachsiger Biegung mit Normalkraft gilt:

$$\left[\frac{M_{\text{y,Ed}}}{M_{\text{N,y,Rd}}}\right]^{\alpha} + \left[\frac{M_{\text{z,Ed}}}{M_{\text{N,z,Rd}}}\right]^{\beta} \leq 1 \tag{2.50}$$

mit $\alpha = 2;\ \beta = 5 \cdot n$ jedoch $\beta \geq 1$ für I- und H-Querschnitte

$\alpha = \beta = \dfrac{1,66}{1 - 1,13 \cdot n^2}$ jedoch $\alpha = \beta \leq 6$ für rechteckige Hohlprofile

$\alpha = \beta = 2$ für Rundrohre

Als konservative Lösung darf für die Querschnittsklassen 1 und 2 die folgende Interaktionsaktionsbeziehung angewendet werden (1-1, Gl. (6.2)), wenn $V_{\text{Ed}} \leq 0,5 \cdot V_{\text{pl,Rd}}$ ist und kein Schubbeulen auftritt:

$$\frac{N_{\text{Ed}}}{A \cdot \sigma_{\text{Rd}}} + \frac{M_{\text{y,Ed}}}{W_{\text{pl,y}} \cdot \sigma_{\text{Rd}}} + \frac{M_{\text{z,Ed}}}{W_{\text{pl,z}} \cdot \sigma_{\text{Rd}}} \leq 1 \tag{2.51}$$

2.5.2 Biegemoment und Querkraft

Die Interaktion wird am Beispiel des Rechteckquerschnittes erläutert.

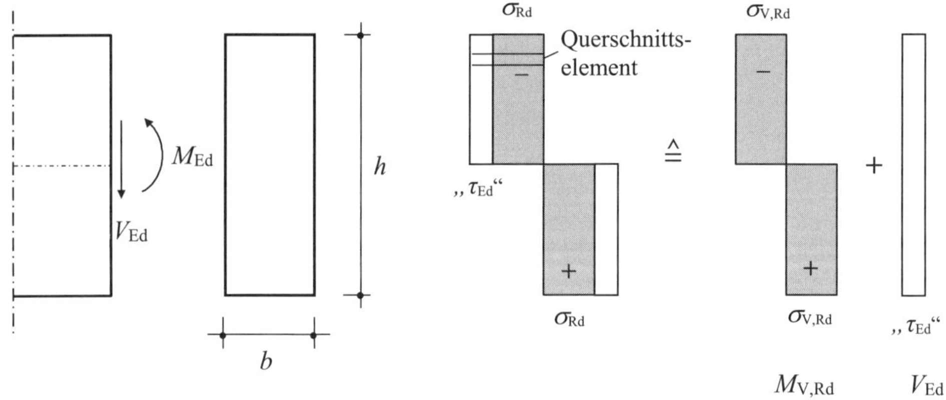

Abb. 2.11 Interaktion Biegemoment und Querkraft

Dabei wird von dem folgenden Modell eines doppeltsymmetrischen Querschnittes ausgegangen. Jede Faser des Querschnittes kann maximal bis zur Streckgrenze bzw. unter Beachtung des Sicherheitskonzeptes bis zur Grenzspannung σ_{Rd} beansprucht werden. Die Grenzspannung σ_{Rd} jedes Querschnittselementes wird in einen Anteil für das Biegemoment $\sigma_{\text{V,Rd}}$ und die vorhandene Querkraft τ_{Ed} aufgeteilt. Dies ist in Abb. 2.11 dargestellt. Für jedes Querschnittselement gilt die Vergleichsspannung σ_V und man erhält für $\sigma_{V,Rd}$:

$$\sigma_V = \sqrt{\sigma_{V,Rd}^2 + 3 \cdot \tau_{Ed}^2} = \sigma_{Rd}$$

$$\sigma_{V,Rd}^2 + 3 \cdot \tau_{Ed}^2 = \sigma_{Rd}^2$$

$$\sigma_{V,Rd} = \sigma_{Rd}\sqrt{1 - \frac{3 \cdot \tau_{Ed}^2}{\sigma_{Rd}^2}} = \sigma_{Rd}\sqrt{1 - \left(\frac{\tau_{Ed}}{\tau_{Rd}}\right)^2}$$

$$\frac{V_{Ed}}{V_{pl,Rd}} = \frac{A_v \cdot \tau_{Ed}}{A_v \cdot \tau_{Rd}} = \frac{\tau_{Ed}}{\tau_{Rd}}$$

$$\sigma_{V,Rd} = \sigma_{Rd}\sqrt{1 - \left(\frac{\tau_{Ed}}{\tau_{Rd}}\right)^2} = \sigma_{Rd}\sqrt{1 - \left(\frac{V_{Ed}}{V_{pl,Rd}}\right)^2} = \rho_V \cdot \sigma_{Rd} \tag{2.52}$$

mit $$\rho_V = \sqrt{1 - \left(\frac{V_{Ed}}{V_{pl,Rd}}\right)^2} \tag{2.53}$$

Man bezeichnet diese Spannung (2.52) als den durch die Schubspannung, bzw. die Querkraft reduzierten Bemessungswert der Streckgrenze, mit welchem das abgeminderte Moment $M_{V,Rd}$ berechnet wird.

$$M_{V,Rd} = W_{pl} \cdot \sigma_{V,Rd} = \frac{1}{4} \cdot b \cdot h^2 \cdot \rho_V \cdot \sigma_{Rd} \tag{2.54}$$

Der Nachweis als Reduktionsmethode lautet:

$$\frac{M_{Ed}}{M_{V,Rd}} \leq 1 \tag{2.55}$$

Dieser Nachweis kann auch als Interaktionsbeziehung formuliert werden.

$$M_{Ed} \leq M_{V,Rd} = \frac{1}{4} \cdot b \cdot h^2 \cdot \sigma_{Rd}\sqrt{1 - \left(\frac{V_{Ed}}{V_{pl,Rd}}\right)^2} = M_{pl,Rd} \cdot \sqrt{1 - \left(\frac{V_{Ed}}{V_{pl,Rd}}\right)^2}$$

$$\frac{M_{Ed}}{M_{pl,Rd}} \leq \sqrt{1 - \left(\frac{V_{Ed}}{V_{pl,Rd}}\right)^2}$$

$$\left(\frac{M_{Ed}}{M_{pl,Rd}}\right)^2 + \left(\frac{V_{Ed}}{V_{pl,Rd}}\right)^2 \leq 1 \tag{2.56}$$

Die Interaktionsbeziehung zwischen dem Biegemoment und der Querkraft ist für den Rechteckquerschnitt die Kreisgleichung.

Es wird weiterhin die Gleichung (2.54) umgeformt und neu dargestellt.

$$M_{\mathrm{V,Rd}} = \frac{1}{4} \cdot b \cdot h^2 \cdot \rho_{\mathrm{V}} \cdot \sigma_{\mathrm{Rd}} = \frac{1}{4} \cdot b_{\mathrm{V}} \cdot h^2 \cdot \sigma_{\mathrm{Rd}} \text{ mit } b_{\mathrm{V}} = b \cdot \rho_{\mathrm{V}} \qquad (2.57)$$

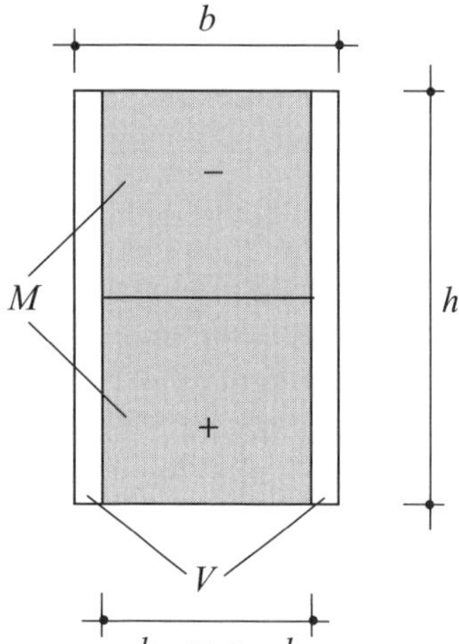

Die Gleichung (2.57) kann so interpretiert werden, dass die vorhandene Querkraft im Nachweis berücksichtigt ist, wenn die Breite des Querschnittes auf den Wert b_{V} reduziert wird [23]. Für den reduzierten Querschnitt erfolgt dann der Nachweis für das vorhandene Biegemoment. In Abb. 2.12 ist die Reduktion des Rechteckquerschnittes infolge Querkraft dargestellt.

Abb. 2.12 Reduktion des Rechteckquerschnittes infolge Querkraft

Dieses Beispiel zeigt die verschiedenen Möglichkeiten, wie der Nachweis bei Beanspruchungen aus mehreren Schnittgrößen geführt werden kann.

1. Der Nachweis wird mit einer Interaktionsbeziehung geführt.
2. Der Nachweis wird mit einer reduzierten Beanspruchbarkeit, meist ein Biegemoment, geführt.
   - Die Reduktion erfolgt mit einem reduzierten Bemessungswert der Streckgrenze für die Teilflächen.
   - Die Reduktion erfolgt mit reduzierten Blechdicken für die Teilflächen.
   - Die Reduktion erfolgt mit einem reduzierten Querschnitt.
   - Die Reduktion ist eine Kombination aus diesen reduzierten Größen.
3. Der Nachweis ist eine Interaktionsbeziehung mit reduzierten Beanspruchbarkeiten.

Die Reduktionsmethode wird im Abschnitt 2.5.3 ausführlich dargestellt.

In der **DIN EN 1993** ist die Interaktion zwischen Biegung und Querkraft in (1-1, 6.2.8) geregelt. Der Einfluss der Querkraft auf die plastische Momentenbeanspruchbarkeit ist in der Regel zu berücksichtigen. Er darf vernachlässigt werden, wenn der Bemessungswert der Querkraft V_{Ed} die Hälfte der Grenzquerkraft $V_{\mathrm{pl,Rd}}$ unterschreitet. Sonst wird der Einfluss der Querkraft durch die abgeminderte Streckgrenze der wirksamen Schubfläche berücksichtigt. Der Reduktionsfaktor wird nach der DIN EN 1993 nicht aus der Fließbedingung nach *Mises-Huber-Hencky* berechnet, sondern aus Versuchsergebnissen hergeleitet.

$$(1-\rho)\cdot f_y \tag{2.58}$$

mit $\rho = \left(\frac{2\cdot V_{Ed}}{V_{pl,Rd}} - 1\right)^2$ Für $V_{Ed} \leq 0{,}5\cdot V_{pl,Rd}$ gilt $\rho = 0$ (2.59)

$$\sigma_{V,Rd} = (1-\rho)\cdot\frac{f_y}{\gamma_M} = (1-\rho)\cdot\sigma_{Rd} \tag{2.60}$$

Die Bedingung $V_{Ed} \leq 0{,}5\cdot V_{pl,Rd}$ ist in der Praxis meist erfüllt, sodass der Einfluss der Querkraft im Allgemeinen vernachlässigt werden kann.

Gewalzte Profile mit I- und H-Querschnitt

Die Querschnittsfläche ist zur Berechnung der abgeminderten Momententragfähigkeit $M_{y,V,Rd}$ in zwei Teilflächen aufzuteilen, die wirksame Schubfläche A_v und die Summe der Flanschflächen, s. Abb. 2.13. Für beide Flächen werden die plastischen Widerstandsmomente berechnet und die Momententragfähigkeiten der Teilflächen ermittelt.

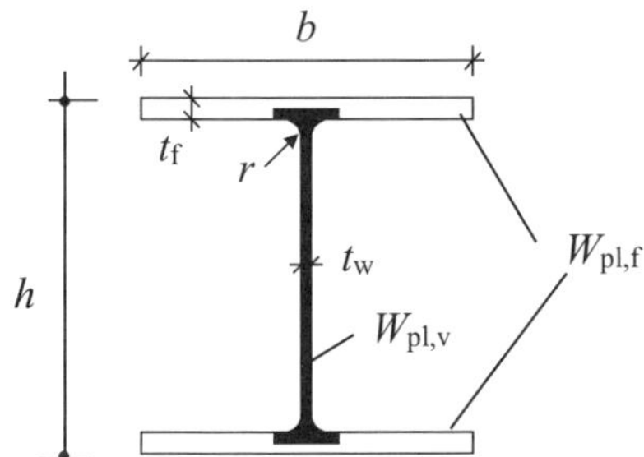

Abb. 2.13 Biegung und Querkraft von I- und H-Querschnitten

Die Berechnung der abgeminderten Momententragfähigkeit lautet:

$$W_{pl,y} = 2\cdot S_y$$

$$W_{pl,f} = b\cdot t_f\cdot\left[\frac{h}{2}-\frac{t_f}{4}\right] + (b - t_w - 2\cdot r)\cdot t_f\cdot\left[\frac{h}{2}-\frac{3}{4}\cdot t_f\right] \tag{2.61}$$

$$W_{pl,v} = W_{pl,y} - W_{pl,f} \tag{2.62}$$

$$M_{y,V,Rd} = W_{pl,f}\cdot\sigma_{Rd} + W_{pl,v}\cdot\sigma_{V,Rd} \tag{2.63}$$

oder $M_{y,V,Rd} = \left(W_{pl,y} - \rho\cdot W_{pl,v}\right)\cdot\sigma_{Rd}$ (2.64)

Die plastischen Widerstandsmomente der Teilflächen sind in Tabelle 2.1 angegeben. Die Gleichungen (2.63) und (2.64) gelten allgemein für doppeltsymmetrische Querschnitte und auch für U-Querschnitte mit Lastrichtung parallel zum Steg.

Tabelle 2.1 Plastische Widerstandsmomente der Teilflächen für I- und H-Profile

Nennhöhe	IPE			HEA			HEB			HEM		
	A_v	$W_{pl,f}$	$W_{pl,v}$	A_v	$W_{pl,f}$	$W_{pl,v}$	A_v	$W_{pl,f}$	$W_{pl,v}$	A_v	$W_{pl,f}$	$W_{pl,v}$
	cm^2	cm^3	cm^3	cm^2	cm^3	cm^3	cm^2	cm^3	cm	cm^2	cm^3	cm^3
80	3,58	15,3	7,90									
100	5,08	24,8	14,6	7,56	60,7	22,3	9,04	77,3	26,7	18,0	180	56
120	6,31	39,4	21,3	8,46	89,9	29,1	11,0	127	38	21,2	273	78
140	7,64	58,7	29,6	10,1	133	40	13,1	192	53	24,5	392	102
160	9,66	79,9	44,1	13,2	183	62	17,6	271	83	30,8	526	149
180	11,3	110	56	14,5	249	76	20,2	375	106	34,7	698	185
200	14,0	139	82	18,1	323	106	24,8	495	148	41,0	888	247
220	15,9	185	100	20,7	436	132	27,9	647	180	45,3	1123	296
240	19,1	231	136	25,2	565	180	33,2	815	238	60,1	1676	441
260				28,8	692	228	37,6	985	298	66,9	1984	540
270	22,1	310	174									
280				31,7	844	268	41,1	1187	347	72,0	2347	619
300	25,7	408	220	37,3	1042	341	47,4	1434	435	90,5	3227	851
320				41,1	1229	399	51,8	1648	501	94,8	3494	941
330	30,8	508	296									
340				45,0	1392	458	56,1	1836	572	98,6	3690	1028
360	35,1	655	364	49,0	1564	524	60,6	2034	649	102	3871	1118
400	42,7	809	498	57,3	1891	671	70,0	2412	820	110	4256	1315
450	50,8	1047	655	65,8	2359	857	79,7	2944	1038	120	4752	1579
500	59,9	1350	844	74,7	2877	1072	89,9	3526	1289	129	5228	1866
550	72,3	1658	1129	83,7	3313	1309	100	4026	1565	140	5744	2189
600	83,8	2103	1409	93,2	3775	1575	111	4551	1874	150	6236	2536
650				103	4262	1874	122	5102	2281	160	6750	2907
700				117	4770	2262	137	5672	2655	170	7236	3304
800				139	5615	3084	162	6634	3596	194	8159	4331
900				163	6777	4033	189	7918	4662	214	9133	5307
1000				185	7800	5020	212	9066	5794	235	10160	6410

Für die Abminderung infolge der Querkraftbeanspruchung ist in (1-1, (6.30)) für **I-Querschnitte mit gleichen Flanschen** die folgende reduzierte Biegebeanspruchbarkeit angegeben, die aus der Gleichung (2.64) folgt:

$$M_{y,V,Rd} = \left[W_{pl,y} - \rho \cdot \frac{t_w \cdot h_w^2}{4} \right] \cdot \sigma_{Rd}, \text{ aber } M_{y,V,Rd} \le M_{pl,y,Rd} \qquad (2.65)$$

2.5.3 Reduktionsmethode

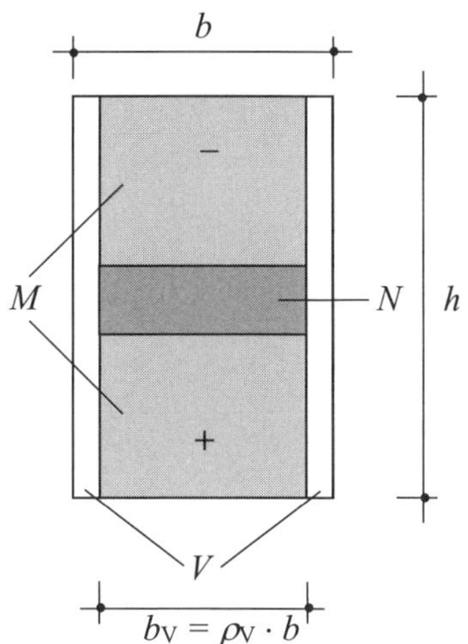

Bei der Reduktionsmethode werden die vorhandenen Schnittgrößen nacheinander den zugehörigen Teilflächen des Querschnittes zugeordnet und der Querschnitt entsprechend reduziert. Reicht der Restquerschnitt auch für die letzte Schnittgröße, dann ist der Tragsicherheitsnachweis erfüllt.

Diese Reduktionsmethode soll an einem einfachen Beispiel des Rechteckquerschnittes erläutert werden. In Abb. 2.14 ist die Reduktion des Rechteckquerschnittes infolge Normalkraft und Querkraft dargestellt. Für den reduzierten Querschnitt erfolgt dann zum Abschluss der Nachweis für das vorhandene Biegemoment.

Abb. 2.14 Reduktion des Rechteckquerschnittes infolge Normalkraft und Querkraft

Erläuterungsbeispiel:
Werkstoff: S 235 $\gamma_M = 1{,}00$
Nachweis: Plastische Querschnittsausnutzung
Beanspruchung: $M_{Ed} = 1{,}95$ kNm, $N_{Ed} = 98$ kN, $V_{Ed} = 100$ kN
Querschnittswerte: $b = 2{,}00$ cm; $h = 6{,}00$ cm

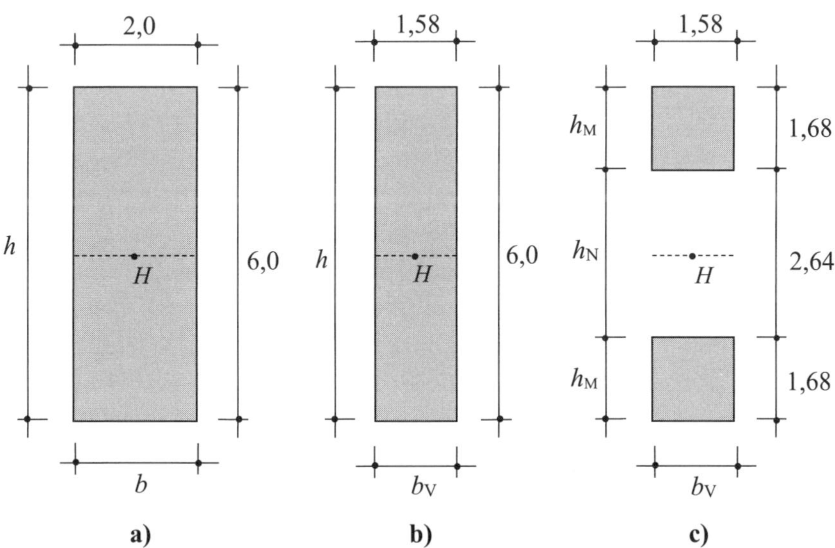

Abb. 2.15 Erläuterungsbeispiel für die Reduktionsmethode

1. Reduktion des Querschnittes (a) infolge V_{Ed}

$$V_{\mathrm{pl,Rd}} = b \cdot h \cdot \tau_{\mathrm{Rd}} = 2{,}0 \cdot 6{,}0 \cdot 13{,}6 = 163 \text{ kN}$$

$$\rho_{\mathrm{V}} = \sqrt{1 - \left(\frac{V_{\mathrm{Ed}}}{V_{\mathrm{pl,Rd}}}\right)^2} = \sqrt{1 - \left(\frac{100}{163}\right)^2} = 0{,}790$$

$$b_{\mathrm{V}} = \rho_{\mathrm{V}} \cdot b = 0{,}790 \cdot 2{,}0 = 1{,}58 \text{ cm}$$

2. Reduktion des Querschnittes (b) infolge N_{Ed}

$$\operatorname{erf} A_{\mathrm{N}} = \frac{N_{\mathrm{Ed}}}{\sigma_{\mathrm{Rd}}} = \frac{98}{23{,}5} = 4{,}17 \text{ cm}^2$$

$$\operatorname{erf} h_{\mathrm{N}} = \frac{4{,}17}{1{,}58} = 2{,}64 \text{ cm}$$

3. Berechnung von $M_{\mathrm{V,N,Rd}}$ des Querschnittes (c)

$$S_{\mathrm{M}} = 1{,}58 \cdot 1{,}68 \cdot \left(\frac{6{,}0}{2} - \frac{1{,}68}{2}\right) = 5{,}73 \text{ cm}^3$$

$$M_{\mathrm{V,N,Rd}} = 2 \cdot S_{\mathrm{M}} \cdot \sigma_{\mathrm{Rd}} = 2 \cdot 5{,}73 \cdot 23{,}5 = 269 \text{ kNcm} = 2{,}69 \text{ kNm}$$

4. Tragsicherheitsnachweis

$$\frac{M_{\mathrm{Ed}}}{M_{\mathrm{V,N,Rd}}} = \frac{1{,}95}{2{,}69} = 0{,}72 < 1{,}0$$

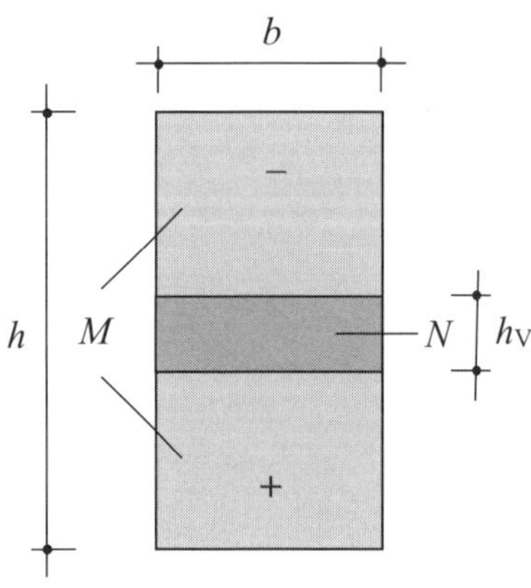

Für die Berechnung des I- und H-Querschnittes für Normalkraft und zweiachsige Biegung nach der Reduktionsmethode benötigt man eine weitere Reduktion des Querschnittes. Es soll diese Beziehung am Rechteckquerschnitt hergeleitet und im Beispiel 2.5.4 auf die Flansche des I- und H-Querschnittes übertragen werden. Es ist die Fläche bzw. Höhe h_{V} des reduzierten Querschnittes zu bestimmen, die bei gegebenem Biegemoment M_{Ed} für den Nachweis der Normalkraft noch zur Verfügung steht. Nach Gleichung (2.38) gilt für den Rechteckquerschnitt im Grenzfall und damit für h_{red}:

Abb. 2.16 Reduktion des Rechteckquerschnittes infolge Biegemoment und Normalkraft

$$\frac{M_{\mathrm{Ed}}}{M_{\mathrm{pl,Rd}}}+\left(\frac{N_{\mathrm{Ed}}}{N_{\mathrm{pl,Rd}}}\right)^2=1$$

$$N_{\mathrm{Ed}}=N_{\mathrm{pl,Rd}}\cdot\sqrt{1-\frac{M_{\mathrm{Ed}}}{M_{\mathrm{pl,Rd}}}}$$

$$b\cdot h_{\mathrm{V}}\cdot\sigma_{\mathrm{Rd}}=b\cdot h\cdot\sigma_{\mathrm{Rd}}\cdot\sqrt{1-\frac{M_{\mathrm{Ed}}}{M_{\mathrm{pl,Rd}}}}$$

$$h_{\mathrm{V}}=h\cdot\sqrt{1-\frac{M_{\mathrm{Ed}}}{M_{\mathrm{pl,Rd}}}}=h\cdot\rho_{\mathrm{M}} \tag{2.66}$$

2.5.4 Biegemoment, Normalkraft und Querkraft

Die Beanspruchung aus Biegemoment, Normalkraft und Querkraft tritt im Allgemeinen bei Stützen auf. Bei Stützen sind die Querkräfte meistens im Verhältnis zu den Normalkräften und Biegemomenten klein und können bei der Interaktion vernachlässigt werden. Dagegen treten bei eingespannten Stützen im Einspannbereich große Querkräfte auf, siehe Abschnitt Stützenfüße im zweiten Band. Die Reduktionsmethode kann, auch in Verbindung mit einer Interaktionsbeziehung, immer angewendet werden.
In der **DIN EN 1993** ist die Interaktion zwischen Biegung und Querkraft in (1-1, 6.2.10) geregelt. Der Einfluss der Querkraft auf die plastische Momentenbeanspruchbarkeit ist in der Regel zu berücksichtigen. Er darf vernachlässigt werden, wenn der Bemessungswert der Querkraft V_{Ed} die Hälfte der Grenzquerkraft $V_{\mathrm{pl,Rd}}$ unterschreitet. Sonst wird der Einfluss der Querkraft durch die abgeminderte Streckgrenze der wirksamen Schubfläche berücksichtigt. Es sollen die Formeln für den Nachweis von doppeltsymmetrischen I- und H-Querschnitten bei zweiachsiger Biegung, Normal- und großen Querkräften angege-ben werden.

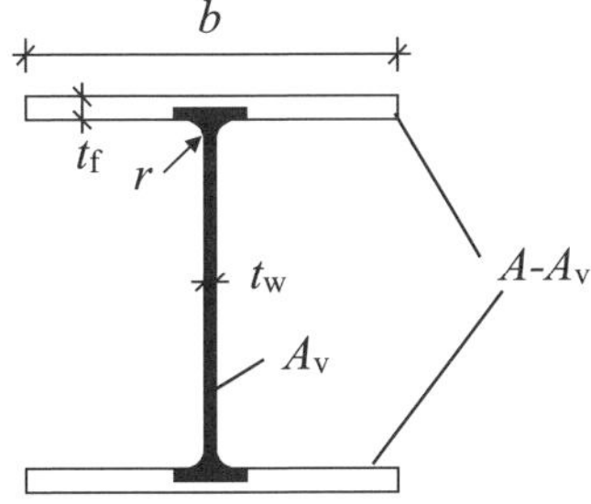

Abb. 2.17 Zweiachsige Biegung, Normalkraft und Querkraft von I- und H-Querschnitten

Bei großen Querkräften gilt:

Gewalzte Querschnitte: $A_\text{v} = A - 2 \cdot b \cdot t_\text{f} + \left(t_\text{w} + 2 \cdot r\right) \cdot t_\text{f}$ (2.67)

Geschweißte Querschnitte: $A_\text{v} = A - 2 \cdot b \cdot t_\text{f}$ (2.68)

$$V_\text{pl,z,Rd} = A_\text{v} \cdot \tau_\text{Rd} \tag{2.69}$$

$$\rho_\text{z} = \left(\frac{2 \cdot V_\text{z,Ed}}{V_\text{pl,z,Rd}} - 1\right)^2 \quad \text{Für } V_\text{z,Ed} \le 0{,}5 \cdot V_\text{pl,z,Rd} \text{ gilt } \rho_\text{z} = 0 \tag{2.70}$$

$$\sigma_\text{Vz,Rd} = \left(1 - \rho_\text{z}\right) \cdot \sigma_\text{Rd} \tag{2.71}$$

$$V_\text{pl,y,Rd} = \left(A - A_\text{v}\right) \cdot \tau_\text{Rd} \tag{2.72}$$

$$\rho_\text{y} = \left(\frac{2 \cdot V_\text{y,Ed}}{V_\text{pl,y,Rd}} - 1\right)^2 \quad \text{Für } V_\text{y,Ed} \le 0{,}5 \cdot V_\text{pl,y,Rd} \text{ gilt } \rho_\text{y} = 0 \tag{2.73}$$

$$\sigma_\text{Vy,Rd} = \left(1 - \rho_\text{y}\right) \cdot \sigma_\text{Rd} \tag{2.74}$$

$$N_\text{V,Rd} = A_\text{v} \cdot \sigma_\text{Vz,Rd} + \left(A - A_\text{v}\right) \cdot \sigma_\text{Vy,Rd} \tag{2.75}$$

$$M_\text{V,y,Rd} = W_\text{pl,f} \cdot \sigma_\text{Vy,Rd} + \left(W_\text{pl,y} - W_\text{pl,f}\right) \cdot \sigma_\text{Vz,Rd} \tag{2.76}$$

$$M_\text{V,z,Rd} = \frac{1}{2} \cdot t_\text{f} \cdot b^2 \cdot \sigma_\text{Vy,Rd} + \left(W_\text{pl,z} - \frac{1}{2} \cdot t_\text{f} \cdot b^2\right) \cdot \sigma_\text{Vz,Rd} \tag{2.77}$$

Der Einfluss der Normalkraft auf die plastische Momentenbeanspruchbarkeit darf bei doppeltsymmetrischen I- und H-Querschnitten der Querschnittsklasse 1 und 2 vernachlässigt werden, wenn folgende Bedingungen erfüllt sind:

y-y-Achse: $N_\text{Ed} \le 0{,}25 \cdot N_\text{V,Rd}$ und $N_\text{Ed} \le \dfrac{0{,}5 \cdot h_\text{w} \cdot t_\text{w} \cdot f_\text{y}}{\gamma_\text{M}} \cdot \left(1 - \rho_\text{z}\right)$

z-z-Achse: $N_\text{Ed} \le \dfrac{h_\text{w} \cdot t_\text{w} \cdot f_\text{y}}{\gamma_\text{M}} \cdot \left(1 - \rho_\text{z}\right)$

Sonst gilt:

$$n = \frac{N_\text{Ed}}{N_\text{V,Rd}} \tag{2.78}$$

$$A_\text{red} = A_\text{v} \cdot \left(1 - \rho_\text{z}\right) + \left(A - A_\text{v}\right) \cdot \left(1 - \rho_\text{y}\right) \tag{2.79}$$

$$a = \frac{A_\text{red} - 2 \cdot b \cdot t_\text{f} \cdot \left(1 - \rho_\text{y}\right)}{A_\text{red}} \quad \text{jedoch} \quad a \le 0{,}5 \tag{2.80}$$

y-y-Achse: $M_\text{V,N,y,Rd} = M_\text{V,y,Rd} \cdot \dfrac{1 - n}{1 - 0{,}5 \cdot a}$ jedoch $M_\text{V,N,y,Rd} \le M_\text{V,y,Rd}$ (2.81)

z-z-Achse: für $n \le a$: $M_\text{V,N,z,Rd} = M_\text{V,z,Rd}$ (2.82)

$$\text{für} \quad n > a: \; M_{\text{V,N,z,Rd}} = M_{\text{V,z,Rd}} \cdot \left[1 - \left(\frac{n-a}{1-a}\right)^2\right] \tag{2.83}$$

Bei zweiachsiger Biegung mit Normalkraft gilt:

$$\left[\frac{M_{\text{y,Ed}}}{M_{\text{V,N,y,Rd}}}\right]^{\alpha} + \left[\frac{M_{\text{z,Ed}}}{M_{\text{V,N,z,Rd}}}\right]^{\beta} \leq 1 \tag{2.84}$$

mit $\alpha = 2;\ \beta = 5 \cdot n$ jedoch $\beta \geq 1$

Es soll noch ein vereinfachter Nachweis von I- und H-Querschnitten bei Biegung um die y-y-Achse, Normal- und großen Querkräften angegeben werden.

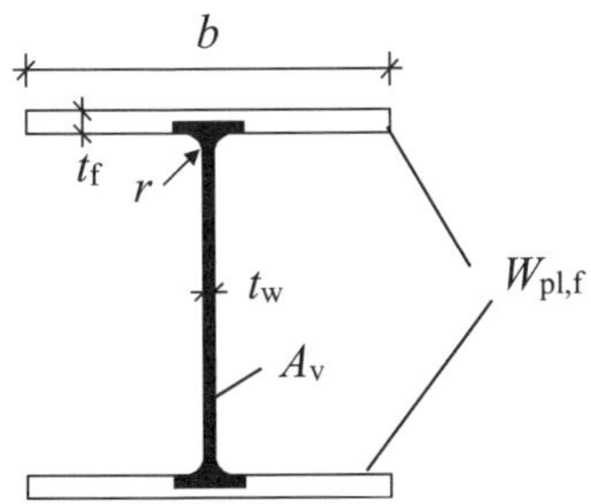

Abb. 2.18 Biegung, Normalkraft und Querkraft von I- und H-Querschnitten

Vereinfacht wird der wirksamen Schubfläche A_v neben der Querkraft nur die Normalkraft, bzw. ein Teil der Normalkraft zugeordnet. Für die Beanspruchung aus Biegung und der restlichen Normalkraft wird eine lineare Interaktion des Sandwichquerschnittes bestehend aus den Flanschen angenommen. Diese Annahme liegt auf der sicheren Seite. Der Nachweis lautet:

$$\rho_z = \left(\frac{2 \cdot V_{\text{z,Ed}}}{V_{\text{pl,z,Rd}}} - 1\right)^2 \qquad \text{Für } V_{\text{z,Ed}} \leq 0{,}5 \cdot V_{\text{pl,z,Rd}} \text{ gilt } \rho_z = 0$$

$$\sigma_{\text{Vz,Rd}} = (1 - \rho_z) \cdot \sigma_{\text{Rd}}$$

$$N_{\text{pl,v,Rd}} = A_v \cdot \sigma_{\text{Vz,Rd}} \tag{2.85}$$

$$N_{\text{f,Ed}} = N_{\text{Ed}} - N_{\text{pl,v,Rd}} \geq 0 \qquad \text{(Druck positiv)} \tag{2.86}$$

$$N_{\text{pl,f,Rd}} = (A - A_v) \cdot \sigma_{\text{Rd}}$$

$$M_{\text{pl,f,Rd}} = W_{\text{pl,f}} \cdot \sigma_{\text{Rd}} \tag{2.87}$$

$$\frac{N_{\text{f,Ed}}}{N_{\text{pl,f,Rd}}} + \frac{M_{\text{y,Ed}}}{M_{\text{pl,f,Rd}}} \leq 1{,}0 \tag{2.88}$$

2.5.5 Reduktionsmethode für I- und H-Profile

Die Reduktionsmethode liefert genaue Interaktionsbeziehungen für den Querschnitt. Diese können alternativ zu den Nachweisgleichungen nach EC 3-1-1 angewendet werden. Es wird eine sinnvolle Reihenfolge für die Reduzierung des Querschnittes vorgeschlagen. Ist in einem Schritt der Querschnitt nicht mehr ausreichend, dann ist der Tragsicherheitsnachweis für die vorliegende Kombination der Schnittgrößen nicht erfüllt. Die Schnittgrößen werden hier mit den Absolutwerten berücksichtigt. Der hier angegebene Nachweis gilt für doppelt-symmetrische Querschnitte, wobei der Restquerschnitt ebenfalls doppelt-symmetrisch sein muss.

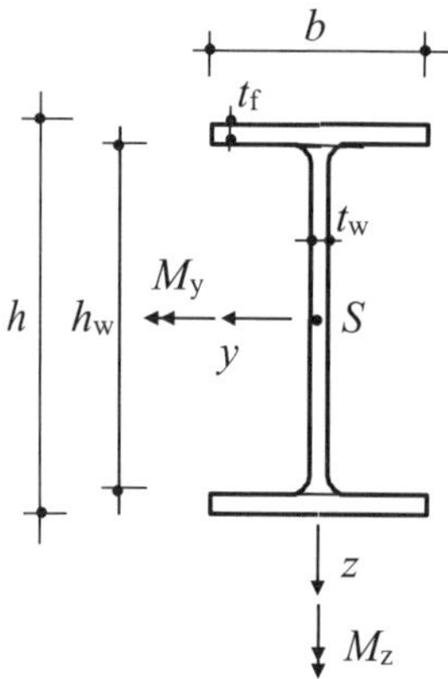

Abb. 2.19 Bezeichnungen des gewalzten I-*Profils*

Zunächst soll angenommen werden, dass die Querkraft vernachlässigt werden kann, was auch in der Praxis meist der Fall ist.

Nachweis für N_{Ed} und $M_{y,Ed}$

Der Nachweis lautet:

$$\frac{M_{y,Ed}}{M_{N,y,Rd}} \leq 1{,}0 \qquad \text{mit } M_{N,y,Rd} = W_{N,y} \cdot \sigma_{Rd}$$

$W_{N,y}$ ist das infolge der vorhandene Normalkraft reduzierte plastische Widerstandsmoment des Querschnittes. Die Plastizierung für die Normalkraft beginnt symmetrisch zur Flächenhalbierenden des Querschnittes. Reicht der Steg für die vorhandene Normalkraft nicht aus, muss sich der Gurt an der Aufnahme der Normalkraft beteiligen, d. h. die Breite des Gurtes wird für die noch nicht berücksichtigte Schnittgröße $M_{y,Ed}$ reduziert.
Die Normalkraft N_{Ed} benötigt die Fläche A_N, um welche die Querschnittsfläche A reduziert werden muss.

$$A_N = \frac{N_{Ed}}{\sigma_{Rd}}$$

Einfach ist die Fläche A_N zu berücksichtigen, wenn sie in den Bereich zwischen den Ausrundungen fällt. Schwieriger wird es, wenn die Fläche A_N im Bereich der Ausrundungen liegt. Vereinfacht darf angenommen werden, dass das plastische Widerstandsmoment der Ausrundungsflächen noch berücksichtigt werden darf, wenn die Fläche A_N kleiner ist als die Fläche $h_w \cdot t_w$. Es sind dann 3 Fälle zu unterscheiden:

Abkürzung: $h_f = h - t_f$

1. Fall: Die Fläche A_N ist kleiner als die Fläche $h_w \cdot t_w$.

$$A_N \leq h_w \cdot t_w \qquad h_N = \frac{A_N}{t_w} \qquad S_{N,y} = S_y - \frac{t_w \cdot h_N^2}{8}$$

$$W_{N,y} = 2 \cdot S_{N,y} = 2 \cdot \left(S_y - \frac{t_w \cdot h_N^2}{8} \right) = W_{pl,y} - \frac{t_w \cdot h_N^2}{4} = W_{pl,y} - \frac{1}{4} \cdot \frac{A_N^2}{t_w}$$

$$W_{N,y} = W_{pl,y} - \frac{1}{4} \cdot \frac{A_N^2}{t_w}$$

2. Fall: Die Fläche A_N liegt im oberen Bereich der Ausrundungen, aber der Flansch wird noch nicht benötigt.

$$h_w \cdot t_w < A_N \leq A - 2 \cdot b \cdot t_f$$

$$W_{N,y} = b \cdot t_f \cdot h_f$$

3. Fall: Die Fläche A_N liegt im Bereich der Flansche.

$$A - 2 \cdot b \cdot t_f < A_N \leq A$$

$$W_{N,y} = \frac{1}{2} \cdot (A - A_N) \cdot h_f$$

<u>Zusammenfassung:</u>

Der Nachweis lautet:

$$\frac{M_{y,Ed}}{M_{N,y,Rd}} \leq 1{,}0 \qquad \text{mit } M_{N,y,Rd} = W_{N,y} \cdot \sigma_{Rd} \qquad (2.89)$$

$$A_N = \frac{N_{Ed}}{\sigma_{Rd}} \qquad (2.90)$$

$$A_N \leq h_w \cdot t_w \qquad W_{N,y} = W_{pl,y} - \frac{1}{4} \cdot \frac{A_N^2}{t_w} \qquad (2.91)$$

$$h_w \cdot t_w < A_N \leq A - 2 \cdot b \cdot t_f \qquad W_{N,y} = b \cdot t_f \cdot h_f \qquad (2.92)$$

$$A - 2 \cdot b \cdot t_f < A_N \leq A \qquad W_{N,y} = \frac{1}{2} \cdot (A - A_N) \cdot h_f \qquad (2.93)$$

Nachweis für N_{Ed} und $M_{z,Ed}$

Der Nachweis lautet:

$$\frac{M_{z,Ed}}{M_{N,z,Rd}} \leq 1{,}0 \qquad \text{mit } M_{N,z,Rd} = W_{N,z} \cdot \sigma_{Rd}$$

1. Fall: Die Fläche A_N ist kleiner als die Fläche $h_w \cdot t_w$.

$$A_N \leq h_w \cdot t_w \qquad W_{N,z} = W_{pl,z}$$

2. Fall: Die Fläche A_N liegt im oberen Bereich der Ausrundungen, aber der Flansch wird noch nicht benötigt.

$$h_w \cdot t_w < A_N \leq A - 2 \cdot b \cdot t_f \qquad W_{N,z} = \frac{1}{2} \cdot t_f \cdot b^2$$

3. Fall: Die Fläche A_N liegt im Bereich der Flansche.

$$A - 2 \cdot b \cdot t_f < A_N \leq A$$

Die Fläche ΔA im Bereich der Flansche beträgt:

$$\Delta A = \left(A_N + 2 \cdot b \cdot t_f - A \right)$$

Die Höhe des Rechteckes mit der Breite $2 \cdot t_f$ der Flansche beträgt:

$$b_N = \frac{\Delta A}{2 \cdot t_f}$$

$$W_{N,z} = \frac{1}{2} \cdot t_f \cdot b^2 - \frac{1}{2} \cdot t_f \cdot b_N^2 = W_{N,z} = \frac{1}{2} \cdot t_f \cdot (b^2 - b_N^2)$$

$$W_{N,z} = \frac{1}{2} \cdot t_f \cdot (b^2 - b_N^2)$$

<u>Zusammenfassung:</u>

Der Nachweis lautet:

$$\frac{M_{z,Ed}}{M_{N,z,Rd}} \leq 1{,}0 \qquad \text{mit } M_{N,z,Rd} = W_{N,z} \cdot \sigma_{Rd} \tag{2.94}$$

$$A_N = \frac{N_{Ed}}{\sigma_{Rd}} \tag{2.95}$$

$$\Delta A = \left(A_N + 2 \cdot b \cdot t_f - A \right) \tag{2.96}$$

$$b_N = \frac{\Delta A}{2 \cdot t_f} \tag{2.97}$$

$$A_N \leq h_w \cdot t_w \qquad W_{N,z} = W_{pl,z} \tag{2.98}$$

$$h_w \cdot t_w < A_N \leq A - 2 \cdot b \cdot t_f \qquad W_{N,z} = \frac{1}{2} \cdot t_f \cdot b^2 \tag{2.99}$$

$$A - 2 \cdot b \cdot t_f < A_N \leq A \qquad W_{N,z} = \frac{1}{2} \cdot t_f \cdot (b^2 - b_N^2) \tag{2.100}$$

Nachweis für $M_{y,Ed}$ und $M_{z,Ed}$

Der Nachweis lautet:

$$\frac{M_{y,Ed}}{M_{Mz,y,Rd}} \leq 1{,}0 \qquad \text{mit } M_{Mz,y,Rd} = W_{Mz,y} \cdot \sigma_{Rd}$$

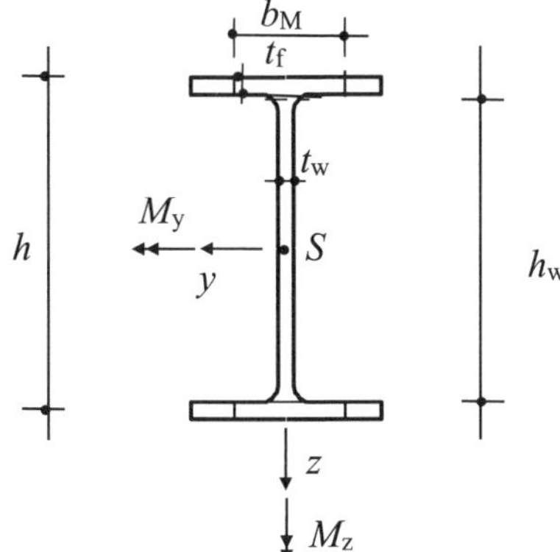

Abb. 2.20 Reduzierte Breite infolge $M_{z,Ed}$

Die Breite b des Flansches wird infolge von $M_{z,Ed}$ reduziert. Die reduzierte Breite b_M des Flansches kann dann für das Biegemoment $M_{y,Ed}$ genutzt werden.

$$M_{pl,f,Rd} = \frac{1}{4} \cdot t_f \cdot b^2 \cdot \sigma_{Rd}$$

$$b_M = b \cdot \sqrt{1 - \frac{M_{z,Ed}}{2 \cdot M_{pl,f,Rd}}}$$

$$W_{Mz,y} = W_{pl,y} - t_f \cdot (b - b_M) \cdot h_f$$

<u>Zusammenfassung:</u>

Der Nachweis lautet:

$$\frac{M_{y,Ed}}{M_{Mz,y,Rd}} \leq 1{,}0 \qquad \text{mit } M_{Mz,y,Rd} = W_{Mz,y} \cdot \sigma_{Rd} \tag{2.101}$$

$$M_{pl,f,Rd} = \frac{1}{4} \cdot t_f \cdot b^2 \cdot \sigma_{Rd} \tag{2.102}$$

$$b_M = b \cdot \sqrt{1 - \frac{M_{z,Ed}}{2 \cdot M_{pl,f,Rd}}} \tag{2.103}$$

$$W_{Mz,y} = W_{pl,y} - t_f \cdot (b - b_M) \cdot h_f \tag{2.104}$$

Nachweis für N_{Ed}, $M_{y,Ed}$ und $M_{z,Ed}$ nach der Reduktionsmethode

Der Nachweis lautet:

$$\frac{M_{y,Ed}}{M_{red,y,Rd}} \leq 1{,}0 \qquad \text{mit } M_{red,y,Rd} = W_{red,y} \cdot \sigma_{Rd} \tag{2.105}$$

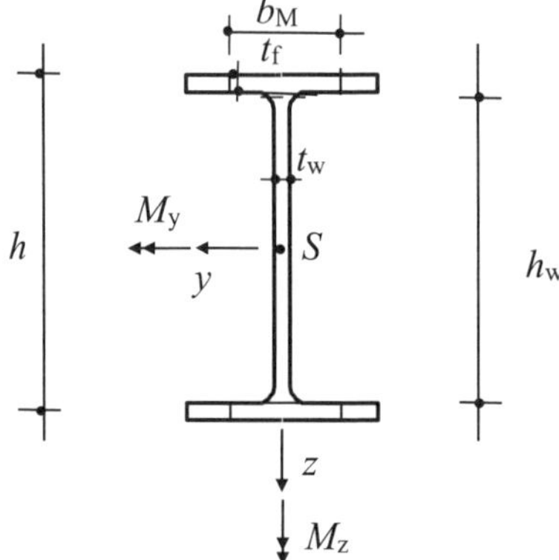

Abb. 2.21 Reduzierte Breite infolge $M_{z,Ed}$

Es gelten folgende Abkürzungen:

$$M_{pl,f,Rd} = \frac{1}{4} \cdot t_f \cdot b^2 \cdot \sigma_{Rd} \tag{2.106}$$

$$b_M = b \cdot \sqrt{1 - \frac{M_{z,Ed}}{2 \cdot M_{pl,f,Rd}}} \tag{2.107}$$

$$W_{Mz,y} = W_{pl,y} - t_f \cdot (b - b_M) \cdot h_f \tag{2.108}$$

$$A_{red} = A - 2(b - b_M) \cdot t_f \tag{2.109}$$

$$A_N = \frac{N_{Ed}}{\sigma_{Rd}} \tag{2.110}$$

Es sind dann drei Fälle zu unterscheiden:

$$A_N \leq h_w \cdot t_w \qquad W_{red,y} = W_{Mz,y} - \frac{1}{4} \cdot \frac{A_N^2}{t_w} \tag{2.111}$$

$$h_w \cdot t_w < A_N \leq A - 2 \cdot b \cdot t_f \qquad W_{red,y} = b_M \cdot t_f \cdot h_f \tag{2.112}$$

$$A - 2 \cdot b \cdot t_f < A_N \leq A_{red} \qquad W_{red,y} = \frac{1}{2} \cdot (A_{red} - A_N) \cdot h_f \tag{2.113}$$

Die folgenden Sonderfälle sind enthalten:

Sonderfall: $\boldsymbol{M_{z,Ed} = 0}$ $\qquad b_M = b \qquad W_{Mz,y} = W_{pl,y} \qquad A_{red} = A$

Sonderfall: $\boldsymbol{N_{Ed} = 0}$ $\qquad W_{red,y} = W_{Mz,y} = W_{pl,y} - t_f \cdot (b - b_M) \cdot h_f$

Nachweis für $M_{y,Ed}$, $M_{z,Ed}$ und $M_{w,Ed}$ nach der Reduktionsmethode

Der Nachweis lautet:

$$\frac{M_{y,Ed}}{M_{red,y,Rd}} \leq 1{,}0 \qquad \text{mit } M_{red,y,Rd} = W_{red,y} \cdot \sigma_{Rd} \tag{2.114}$$

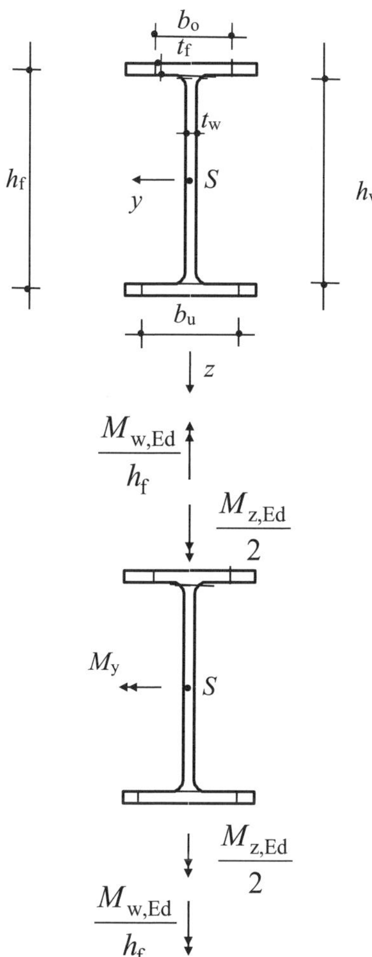

Abb. 2.22 Aufteilung von $M_{w,Ed}$ und $M_{z,Ed}$ auf die Teilquerschnitte

Die Schnittgrößen $M_{\mathrm{w,Ed}}$ und $M_{\mathrm{z,Ed}}$ sind auf die Teilflächen des Querschnittes zu beziehen. Das Wölbbimoment $M_{\mathrm{w,Ed}}$ wird auf die beiden Flansche aufgeteilt. Das Biegemoment $M_{\mathrm{z,Ed}}$ beansprucht jeden Flansch je zur Hälfte. Die Flanschbiegemomente werden **vorzeichengerecht** zusammen-gefasst:

$$M_{\mathrm{o,Ed}} = \frac{M_{\mathrm{z,Ed}}}{2} - \frac{M_{\mathrm{w,Ed}}}{h_{\mathrm{f}}}$$
$$M_{\mathrm{u,Ed}} = \frac{M_{\mathrm{z,Ed}}}{2} + \frac{M_{\mathrm{w,Ed}}}{h_{\mathrm{f}}} \qquad (2.115)$$

Das Grenzbiegemoment des Flansches beträgt:

$$M_{\mathrm{pl,f,Rd}} = \frac{1}{4} \cdot t_{\mathrm{f}} \cdot b^2 \cdot \sigma_{\mathrm{Rd}} \qquad (2.116)$$

Die folgenden Nachweise mit **Beträgen** müssen erfüllt sein:

$$\frac{M_{\mathrm{o,Ed}}}{M_{\mathrm{pl,f,Rd}}} \leq 1$$
$$\frac{M_{\mathrm{u,Ed}}}{M_{\mathrm{pl,f,Rd}}} \leq 1 \qquad (2.117)$$

Sind diese Bedingungen erfüllt, kann der Querschnitt noch ein Biegemoment $M_{\mathrm{y,Ed}}$ aufnehmen. Die reduzierte Höhe der Flansche nach Abb.2.21 erhält man mit den folgenden Gleichungen mit **Beträgen**.

$$b_{\mathrm{o}} = b \cdot \sqrt{1 - \frac{M_{\mathrm{o,Ed}}}{M_{\mathrm{pl,f,Rd}}}}$$
$$b_{\mathrm{u}} = b \cdot \sqrt{1 - \frac{M_{\mathrm{u,Ed}}}{M_{\mathrm{pl,f,Rd}}}} \qquad (2.118)$$

Es gelten folgende Abkürzungen:

$$W_{\mathrm{Mz,Mw,y}} = W_{\mathrm{pl,y}} - t_{\mathrm{f}} \cdot \left(2 \cdot b - b_{\mathrm{o}} - b_{\mathrm{u}}\right) \cdot \frac{h_{\mathrm{f}}}{2} \qquad (2.119)$$

$$A_{\mathrm{N}} = \left|b_{\mathrm{o}} - b_{u}\right| \cdot t_{\mathrm{f}} \qquad (2.120)$$

Es sind dann 2 Fälle zu unterscheiden:

$$A_{\mathrm{N}} \leq h_{\mathrm{w}} \cdot t_{\mathrm{w}} \qquad W_{\mathrm{red,y}} = W_{\mathrm{Mz,y}} - \frac{1}{4} \cdot \frac{A_{\mathrm{N}}^2}{t_{\mathrm{w}}} \qquad (2.121)$$

$$h_{\mathrm{w}} \cdot t_{\mathrm{w}} < A_{\mathrm{N}} \leq A - 2 \cdot b \cdot t_{\mathrm{f}} \qquad W_{\mathrm{red,y}} = \left(b_{\mathrm{o}} + b_{\mathrm{u}}\right) \cdot t_{\mathrm{f}} \cdot \frac{h_{\mathrm{f}}}{2} \qquad (2.122)$$

2.5.5 Reduktionsmethode mit allen Schnittgrößen

Die Schnittgrößen und Beanspruchbarkeiten der Torsion werden im Abschnitt 8 behandelt. Unter allgemeiner Belastung entstehen im I-Querschnitt die folgenden acht Schnittgrößen mit den Normalspannungen σ_{Ed} und den Schubspannungen τ_{Ed}:

Normalkraft N_{Ed}	Querkraft $V_{\mathrm{z,Ed}}$
Biegemoment $M_{\mathrm{y,Ed}}$	Querkraft $V_{\mathrm{y,Ed}}$
Biegemoment $M_{\mathrm{z,Ed}}$	primäres Torsionsmoment $M_{\mathrm{x,t,Ed}}$
Wölbbimoment $M_{\mathrm{w,Ed}}$	sekundäres Torsionsmoment $M_{\mathrm{x,w,Ed}}$

Um die plastischen Reserven des Querschnittes voll auszunutzen, ist es in Verbindung mit Torsion notwendig, die Schnittgrößen auf die einzelnen Teilquerschnitte zu beziehen. Es soll hier die Reduktionsmethode angewendet werden, d. h. der Nachweis des Querschnittes mit einer schrittweisen Reduzierung des Querschnittes. Dies ist die exakte Berechnung, die alle Sonderfälle enthält.
In Abb. 2.23 bedeutet:

$t_1 = t_\mathrm{f}$ $t_2 = t_\mathrm{f}$ $\quad t_3 = t_\mathrm{w}$ $\quad h_1 = b$ $\quad h_2 = b$ $\quad h_3 = h_\mathrm{w} = h - 2 \cdot t_\mathrm{f}$

$h_\mathrm{f} = h - t_\mathrm{f}$	Abstand der Flanschmitten
$A_\mathrm{r} = 0{,}215 \cdot r^2$	Fläche einer Ausrundung
$h_\mathrm{r} = h - 2 \cdot t_\mathrm{f} - 0{,}446 \cdot r$	Abstand der Schwerpunkte der oberen und unteren Fläche A_r

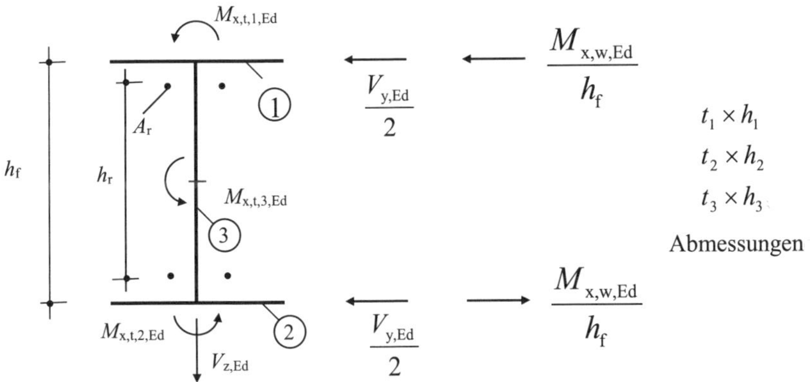

Abb. 2.23 Aufteilung von $V_{\mathrm{z,Ed}}$, $V_{\mathrm{y,Ed}}$, $M_{\mathrm{x,t,Ed}}$ und $M_{\mathrm{x,w,Ed}}$ auf die Teilquerschnitte

In den Flanschen und dem Steg entstehen folgende Querkräfte, die **vorzeichengerecht** angegeben werden.

$$V_{1,\mathrm{Ed}} = \frac{V_{y,\mathrm{Ed}}}{2} + \frac{M_{x,w,\mathrm{Ed}}}{h_f}$$

$$V_{2,\mathrm{Ed}} = \frac{V_{y,\mathrm{Ed}}}{2} - \frac{M_{x,w,\mathrm{Ed}}}{h_f} \qquad (2.123)$$

$$V_{3,\mathrm{Ed}} = V_{z,\mathrm{Ed}}$$

Es sind folgende Nachweise mit den **Beträgen** zu führen:

$$V_{pl,1,\mathrm{Rd}} = b \cdot t_f \cdot \tau_{\mathrm{Rd}} \quad V_{pl,2,\mathrm{Rd}} = b \cdot t_f \cdot \tau_{\mathrm{Rd}} \quad V_{pl,3,\mathrm{Rd}} = A_v \cdot \tau_{\mathrm{Rd}}$$

$$\frac{V_{1,\mathrm{Ed}}}{V_{pl,1,\mathrm{Rd}}} \leq 1$$

$$\frac{V_{2,\mathrm{Ed}}}{V_{pl,2,\mathrm{Rd}}} \leq 1 \qquad (2.124)$$

$$\frac{V_{3,\mathrm{Ed}}}{V_{pl,3,\mathrm{Rd}}} \leq 1$$

Das primäre Torsionsmoment $M_{x,t,\mathrm{Ed}}$ verteilt sich im Verhältnis der *St. Venant*schen Torsionssteifigkeit.

$$I_{t,1} = \frac{1}{3} \cdot h_1 \cdot t_1^3$$

$$I_{t,2} = \frac{1}{3} \cdot h_2 \cdot t_2^3 \qquad (2.125)$$

$$I_{t,3} = \frac{1}{3} \cdot h_3 \cdot t_3^3$$

$$I_t = I_{t,1} + I_{t,2} + I_{t,3}$$

$$M_{x,t,1,\mathrm{Ed}} = M_{x,t,\mathrm{Ed}} \cdot \frac{I_{t1}}{I_t}$$

$$M_{x,t,2,\mathrm{Ed}} = M_{x,t,\mathrm{Ed}} \cdot \frac{I_{t2}}{I_t} \qquad (2.126)$$

$$M_{x,t,3,\mathrm{Ed}} = M_{x,t,\mathrm{Ed}} \cdot \frac{I_{t3}}{I_t}$$

Es sind folgende Nachweise mit den **Beträgen** zu führen:

$$M_{\text{pl,x,1,Rd}} = \frac{1}{2,4} \cdot h_1 \cdot t_1^2 \cdot \tau_{\text{Rd}}$$

$$M_{\text{pl,x,2,Rd}} = \frac{1}{2,4} \cdot h_2 \cdot t_2^2 \cdot \tau_{\text{Rd}} \qquad (2.127)$$

$$M_{\text{pl,x,3,Rd}} = \frac{1}{2,4} \cdot h_3 \cdot t_3^2 \cdot \tau_{\text{Rd}}$$

$$\frac{M_{\text{x,t,1,Ed}}}{M_{\text{pl,x,1,Rd}}} \le 1$$

$$\frac{M_{\text{x,t,2,Ed}}}{M_{\text{pl,x,2,Rd}}} \le 1 \qquad (2.128)$$

$$\frac{M_{\text{x,t,3,Ed}}}{M_{\text{pl,x,3,Rd}}} \le 1$$

Jeder Rechteckquerschnitt wird durch ein primäres Torsionsmoment $M_{\text{x,t,i,Ed}}$ und durch eine Querkraft $V_{\text{i,Ed}}$ beansprucht. Die zugehörige Interaktion ist beim Rechteckquerschnitt wie bei Biegemoment und Normalkraft eine Parabel.
Es sind folgende Nachweise mit den **Beträgen** zu führen:

$$\frac{M_{\text{x,t,1,Ed}}}{M_{\text{pl,x,1,Rd}}} + \left(\frac{V_{\text{1,Ed}}}{V_{\text{pl,1,Rd}}}\right)^2 \le 1$$

$$\frac{M_{\text{x,t,2,Ed}}}{M_{\text{pl,x,2,Rd}}} + \left(\frac{V_{\text{2,Ed}}}{V_{\text{pl,2,Rd}}}\right)^2 \le 1 \qquad (2.129)$$

$$\frac{M_{\text{x,t,3,Ed}}}{M_{\text{pl,x,3,Rd}}} + \left(\frac{V_{\text{3,Ed}}}{V_{\text{pl,3,Rd}}}\right)^2 \le 1$$

Die Interaktion der Grenzschnittgrößen aus den Normalspannungen σ mit den Grenzschnittgrößen aus den Schubspannungen τ muss nur für die Querschnitte erfolgen, für die gilt:

$$\frac{V_{\text{Ed}}}{V_{\text{pl,t,Rd}}} > 0,5 \qquad (2.130)$$

Im Allgemeinen tritt dies in der Stahlbaupraxis bei den I- und H-Profilen sehr selten auf. Und dann ist meist nur der Steg betroffen. Deshalb werden hier nur die Formeln für die Reduzierung des Steges mit **Beträgen** angegeben. Die Querkraftfläche ist in Abb. 2.24 angegeben.

$$V_{\text{pl,t,3,Rd}} = V_{\text{pl,3,Rd}} \cdot \sqrt{1 - \frac{M_{\text{x,t,3,Ed}}}{M_{\text{pl,x,3,Rd}}}} \qquad (2.131)$$

$$\rho = \left(\frac{2 \cdot V_3}{V_{\text{pl,t,3,Rd}}} - 1 \right)^2 \qquad \text{Für } V_3 \leq 0{,}5 \cdot V_{\text{pl,t,3,Rd}} \text{ gilt } \rho = 0 \tag{2.132}$$

$$\sigma_{\text{v,Rd}} = (1 - \rho) \cdot \sigma_{\text{Rd}} \tag{2.133}$$

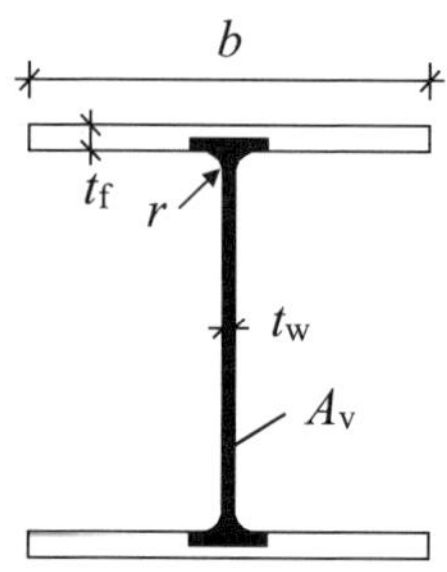

Abb. 2.24 Querkraftfläche A_v

Anstelle der reduzierten Spannung $\sigma_{\text{v,Rd}}$ in der Querkraftfläche A_v wird hier eine reduzierte Querkraftfläche berücksichtigt. Die Querkraftfläche besteht aus dem Steg, den vier Ausrundungsflächen und den zwei Teilflächen im Flansch. Für den Flansch wird näherungsweise eine mittlere Dicke über den ganzen Flansch ermittelt.

Steg $$t_{\text{V,3}} = t_{\text{w,v}} = t_3 \cdot (1 - \rho) \tag{2.134}$$

Ausrundung $$A_{\text{V,r}} = A_{\text{r}} \cdot (1 - \rho) = 0{,}215 \cdot r^2 \cdot (1 - \rho) \tag{2.135}$$

Flansch $$t_{\text{V,1}} = t_{\text{V,2}} = t_{\text{f,v}} = t_{\text{f}} \cdot \left(1 - \frac{t_{\text{w}} + 2 \cdot r}{2 \cdot b} \cdot \rho \right) \tag{2.136}$$

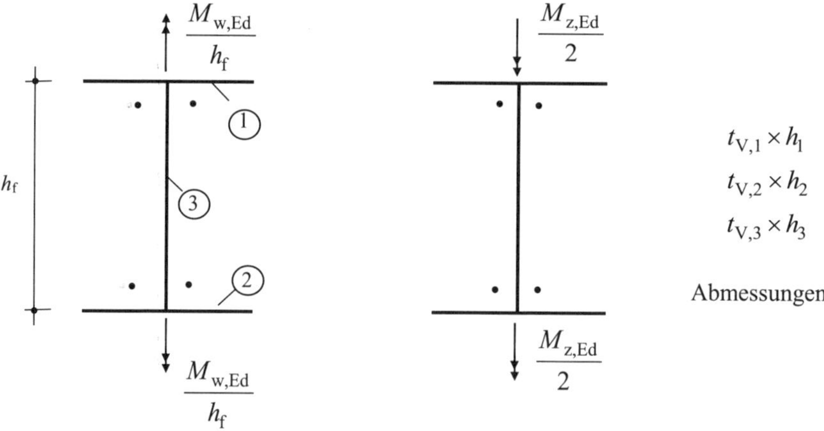

Abb. 2.25 Aufteilung von $M_{\text{w,d}}$ und $M_{\text{z,Ed}}$ auf die Teilquerschnitte

Auch die Schnittgrößen $M_{\mathrm{w,Ed}}$ und $M_{\mathrm{z,Ed}}$ sind auf die Teilflächen des Querschnittes zu beziehen. Das Wölbbimoment $M_{\mathrm{w,Ed}}$ wird auf die beiden Flansche aufgeteilt. Das Biegemoment $M_{\mathrm{z,Ed}}$ beansprucht jeden Flansch je zur Hälfte. Die Flanschbiegemomente werden **vorzeichengerecht** zusammengefasst:

$$M_{1,\mathrm{Ed}} = \frac{M_{\mathrm{z,Ed}}}{2} - \frac{M_{\mathrm{w,Ed}}}{h_{\mathrm{f}}}$$
$$M_{2,\mathrm{Ed}} = \frac{M_{\mathrm{z,Ed}}}{2} + \frac{M_{\mathrm{w,Ed}}}{h_{\mathrm{f}}} \tag{2.137}$$

Das Grenzbiegemoment des Flansches beträgt:

$$M_{\mathrm{pl,1,Rd}} = \frac{1}{4} \cdot t_{\mathrm{V,1}} \cdot h_1^2 \cdot \sigma_{\mathrm{Rd}}$$
$$M_{\mathrm{pl,2,Rd}} = \frac{1}{4} \cdot t_{\mathrm{V,2}} \cdot h_2^2 \cdot \sigma_{\mathrm{Rd}} \tag{2.138}$$

Die folgenden Nachweise mit **Beträgen** müssen erfüllt sein:

$$\frac{M_{1,\mathrm{Ed}}}{M_{\mathrm{pl,1,Rd}}} \leq 1$$
$$\frac{M_{2,\mathrm{Ed}}}{M_{\mathrm{pl,2,Rd}}} \leq 1 \tag{2.139}$$

Sind diese Bedingungen erfüllt, kann der Querschnitt noch eine Normalkraft N_{Ed} und/oder ein Biegemoment $M_{\mathrm{y,Ed}}$ aufnehmen. Die reduzierte Höhe der Flansche nach Abb.8 erhält man mit den folgenden Gleichungen mit **Beträgen**. Das Vorzeichen des Biegemomentes $M_{\mathrm{y,Ed}}$ wird dadurch berücksichtigt, dass hier stets der Zuggurt des Biegemomentes als Querschnittsteil 2 definiert ist. Dies bedeutet: Ist das Biegemoment negativ, dann ist der Obergurt das Querschnittsteil 1 und der Untergurt das Querschnittsteil 2.

$$b_{\mathrm{o}} = h_1 \cdot \sqrt{1 - \frac{M_{1,\mathrm{Ed}}}{M_{\mathrm{pl,1,Rd}}}}$$
$$b_{\mathrm{u}} = h_2 \cdot \sqrt{1 - \frac{M_{2,\mathrm{Ed}}}{M_{\mathrm{pl,2,Rd}}}} \tag{2.140}$$

Für ein positives Biegemoment $M_{\mathrm{y,Ed}}$ gilt:

$$h_{\mathrm{M,1}} = b_{\mathrm{o}} \qquad h_{\mathrm{M,2}} = b_{\mathrm{u}} \qquad h_{\mathrm{M,3}} = h_3 \tag{2.141}$$

Für ein negatives Moment $M_{\mathrm{y,Ed}}$ gilt:

$$h_{M,1} = b_u \qquad h_{M,2} = b_o \qquad h_{M,3} = h_3 \tag{2.142}$$

Es entsteht hier ein einfachsymmetrischer Restquerschnitt, Abb. 2.26. Die Schnittgrößen N_{Ed} und $M_{y,Ed}$ folgen aus einer statischen Berechnung und sind hier auf den Schwerpunkt S des doppeltsymmetrischen, nicht reduzierten Querschnittes bezogen. Die Reduktionsmethode mit reduzierten Querschnitten ist weiterhin anwendbar. Wenn N_{Ed} gleich null ist, wird das Grenzbiegemoment $M_{pl,y,Rd}$ bezogen auf die Flächenhalbierende ermittelt und der Tragsicherheitsnachweis geführt.

$$\frac{M_{y,Ed}}{M_{pl,y,Rd}} \leq 1 \tag{2.143}$$

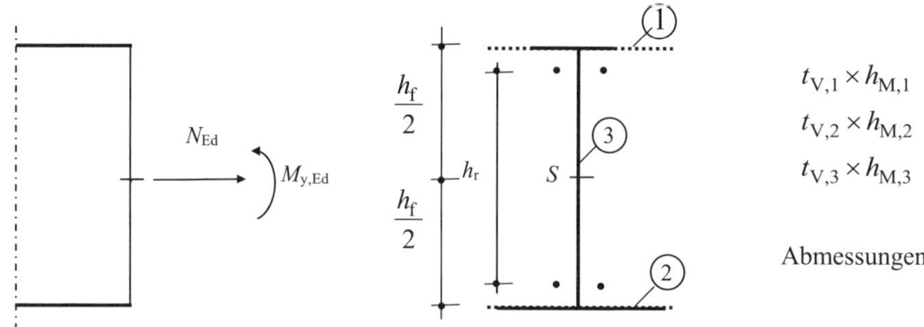

Abb. 2.26 Einfachsymmetrischer Querschnitt für N_{Ed} und $M_{y,Ed}$

Sind Schnittgrößen N_{Ed} und $M_{y,Ed}$ vorhanden, ist es einfacher, die Beanspruchbarkeit des einfachsymmetrischen Querschnittes mit Teilschnittgrößen zu berechnen, wie es in [5] und ausführlich auch für andere Querschnitte in [24] dargestellt ist. Dabei sind drei Fälle zu unterscheiden.

Bei der Berechnung des Grenzbiegemomentes $M_{y,Rd}$ ist zu beachten:

1. Als Bezugssystem für das Grenzbiegemoment $M_{y,Rd}$ wird der Schwerpunkt S gewählt, wo auch die Normalkraft N_{Ed} wirkt.
2. **Die Normalkraft N_{Ed} ist vorzeichengerecht einzusetzen.**

Das Beispiel erläutert ausführlich diesen Nachweis.

Fall I: Nulllinie im Druckgurt

Die Spannungsnulllinie für das Biegemoment liegt im Druckgurt. In diesem Fall ist der Absolutwert der resultierenden Normalkraft N_1 kleiner als die Grenznormalkraft $N_{pl,1}$ des Druckgurtes. Im Schwerpunkt des Zuggurtes wirkt die Grenznormalkraft $N_{pl,2}$ und im Schwerpunkt des Steges die Grenznormalkraft $N_{pl,3}$.

$$\begin{aligned} N_{pl,w} &= h_{M,3} \cdot t_{V,3} \cdot \sigma_{Rd} \\ N_{V,r} &= A_{V,r} \cdot \sigma_{Rd} \\ N_{pl,1} &= h_{M,1} \cdot t_{V,1} \cdot \sigma_{Rd} \\ N_{pl,2} &= h_{M,2} \cdot t_{V,2} \cdot \sigma_{Rd} \\ N_{pl,3} &= N_{pl,w} + 4 \cdot N_{V,r} \end{aligned} \tag{2.144}$$

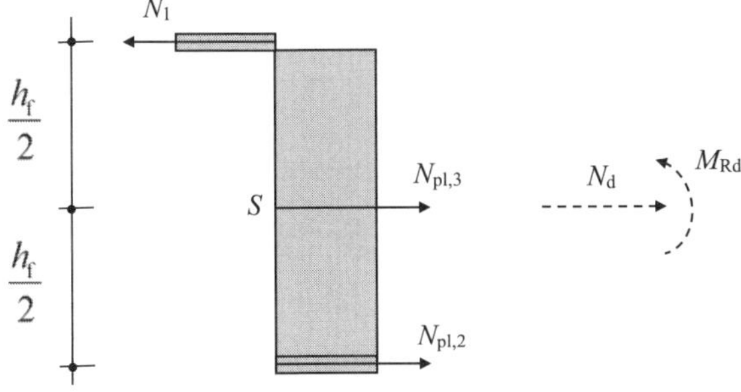

$$\begin{aligned} N_1 &= -N_d + N_{pl,2} + N_{pl,3} \\ -N_{pl,1} &\le N_1 \le +N_{pl,1} \\ M_{Rd} &= \left(N_1 + N_{pl,2}\right) \cdot \frac{h_f}{2} \end{aligned} \tag{2.145}$$

Fall II: Nulllinie im Zuggurt

Die Spannungsnulllinie für das Biegemoment liegt im Zuggurt. In diesem Fall ist der Absolutwert der resultierenden Normalkraft N_2 kleiner als die Grenznormalkraft $N_{pl,2}$ des Zuggurtes. Im Schwerpunkt des Druckgurtes wirkt die Grenznormalkraft $N_{pl,1}$ und im Schwerpunkt des Steges die Grenznormalkraft $N_{pl,3}$.

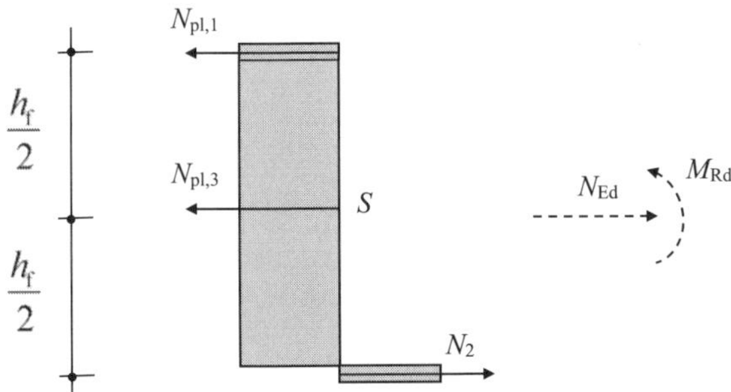

$$N_2 = N_{\text{Ed}} + N_{\text{pl,1}} + N_{\text{pl,3}}$$
$$-N_{\text{pl,2}} \le N_2 \le +N_{\text{pl,2}} \qquad (2.146)$$
$$M_{\text{Rd}} = \left(N_{\text{pl,1}} + N_2\right) \cdot \frac{h_{\text{f}}}{2}$$

Fall III: Nulllinie im Steg

Die Spannungsnulllinie liegt im Steg. In diesem Fall ist der Absolutwert der resultierenden Normalkraft N_3 kleiner als die Grenznormalkraft $N_{\text{pl,3}}$ des Steges. Der Steg kann im Grenzzustand noch ein zusätzliches Biegemoment M_3 aufnehmen. Im Schwerpunkt des Druckgurtes wirkt die Grenznormalkraft $N_{\text{pl,1}}$ und im Schwerpunkt des Zuggurtes die Grenznormalkraft $N_{\text{pl,2}}$. Nur wenn die plastische neutrale Achse im Steg liegt, liefern die Ausrundungsflächen einen zusätzlichen Momentenanteil. Die Normalkraft $N_{\text{V,r}}$ wirkt im Schwerpunkt der Ausrundungsfläche und wird nur berücksichtigt, wenn die plastische neutrale Achse im Bereich von h_{w} liegt. Dies ist eine Näherung, die für die Praxis genügend genau ist. Dies führt zu den folgenden Bedingungen:

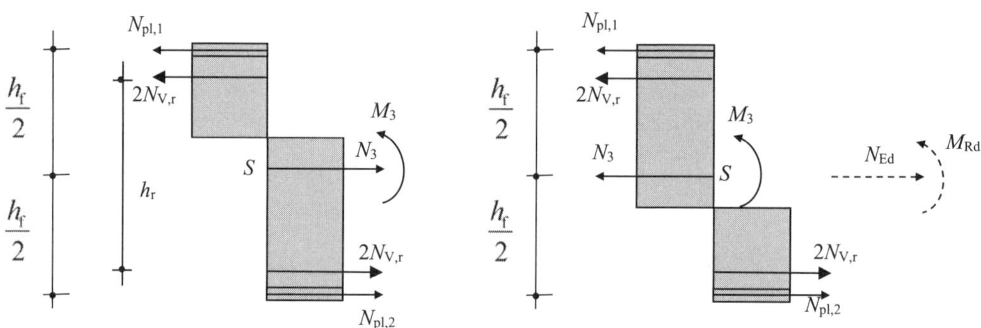

$$N_3 = N_{\text{Ed}} + N_{\text{pl,1}} - N_{\text{pl,2}}$$
$$-N_{\text{pl,3}} \le N_3 \le +N_{\text{pl,3}} \qquad (2.147)$$

Es gilt für:

$$h_{\text{N}} = \frac{|N_3|}{t_{\text{V,3}} \cdot \sigma_{\text{Rd}}} \le h_{\text{w}} \qquad M_{\text{r}} = 2 \cdot N_{\text{V,r}} \cdot h_{\text{r}}$$

$$M_{\text{pl,3}} = t_{\text{V,3}} \cdot \frac{h_3^2}{4} \cdot \sigma_{\text{Rd}} \qquad M_3 = M_{\text{pl,3}} \cdot \left[1 - \left(\frac{|N_3|}{N_{\text{pl,w}}}\right)^2\right]$$

$$M_{\text{Rd}} = \left(N_{\text{pl,1}} + N_{\text{pl,2}}\right) \cdot \frac{h_{\text{f}}}{2} + M_3 + M_{\text{r}} \qquad (2.148)$$

Es gilt für:

$$h_N = \frac{|N_3|}{t_{V,3} \cdot \sigma_{Rd}} > h_w \qquad M_r = 0 \text{ kNm und } M_3 = 0 \text{ kNm}$$

$$M_{Rd} = \left(N_{pl,1} + N_{pl,2}\right) \cdot \frac{h_f}{2}$$

Fall III: Nulllinie im Steg - genauere Berücksichtigung der Ausrundung

Die Spannungsnulllinie liegt im Steg. In diesem Fall ist der Absolutwert der resultierenden Normalkraft N_3 kleiner als die Grenznormalkraft $N_{pl,3}$ des Steges. Der Steg kann im Grenzzustand noch ein zusätzliches Biegemoment M_3 aufnehmen. Im Schwerpunkt des Druckgurtes wirkt die Grenznormalkraft $N_{pl,1}$ und im Schwerpunkt des Zuggurtes die Grenznormalkraft $N_{pl,2}$. Nur wenn die plastische neutrale Achse im Steg liegt, liefern die Ausrundungsflächen einen zusätzlichen Momentenanteil. Es gilt:

$$N_3 = N_d + N_{pl,1} - N_{pl,2}$$
$$-N_{pl,3} \le N_3 \le +N_{pl,3} \tag{2.149}$$

Fall IIIa: Nulllinie im geraden Bereiches *d* des Steges

Die Normalkraft $N_{V,r}$ wirkt im Schwerpunkt der Ausrundungsfläche und wird voll berücksichtigt, wenn die die plastische neutrale Achse im Bereich von d liegt. Dies führt zu den folgenden Bedingungen:

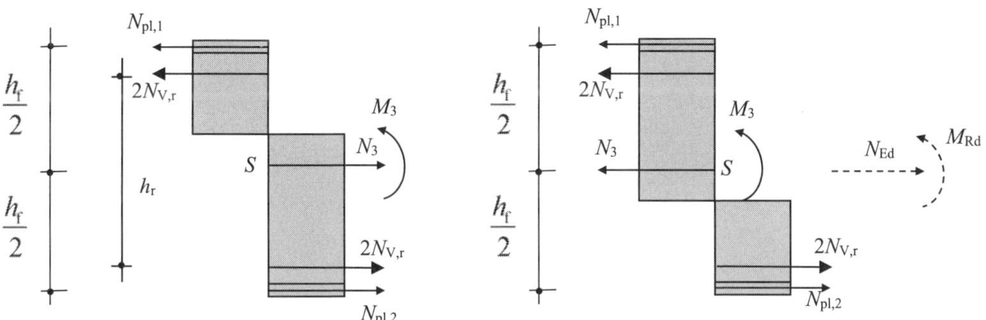

Es gilt für:

$$h_N = \frac{|N_3|}{t_{V,3} \cdot \sigma_{Rd}} \le d \quad M_r = 2 \cdot N_{V,r} \cdot h_r$$

$$M_{\text{pl},3} = t_{\text{V},3} \cdot \frac{h_3^2}{4} \cdot \sigma_{\text{Rd}} \qquad M_3 = M_{\text{pl},3} \cdot \left[1 - \left(\frac{|N_3|}{N_{\text{pl,w}}}\right)^2\right]$$

$$M_{\text{Rd}} = \left(N_{\text{pl},1} + N_{\text{pl},2}\right) \cdot \frac{h_{\text{f}}}{2} + M_3 + M_{\text{r}} \tag{2.150}$$

Fall IIIb: Nulllinie im Bereiches *r* der Ausrundung

Die plastische neutrale Achse liegt im Bereich der Ausrundung und hat die Höhe x.

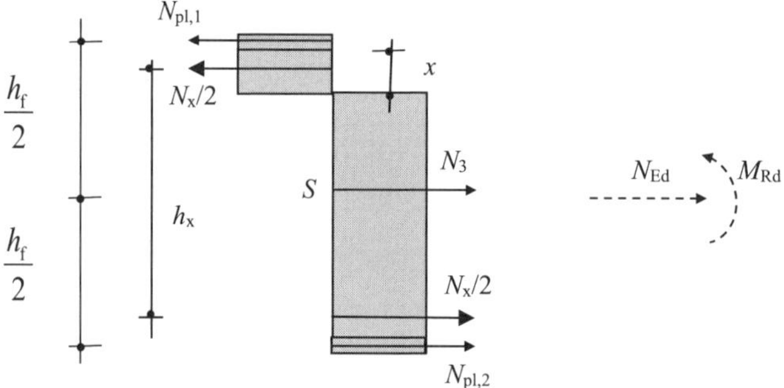

Es gilt die Bedingung:

$$h_{\text{N}} = \frac{|N_3|}{t_{\text{V},3} \cdot \sigma_{\text{Rd}}} > d$$

Die Fläche der Ausrundung wird vereinfacht in ein Rechteck mit der Höhe r umgewandelt. Zusammen mit der Stegdicke erhält man damit eine Breite von:

$$t_{\text{r}} = 2 \cdot \frac{A_{\text{V,r}}}{r} + t_{\text{V},3}$$

Die Normalkraft N_{x} im Bereich der Ausrundung oben und unten beträgt:

$$N_{\text{x}} = N_{\text{pl},3} - |N_3|$$

Die plastische neutrale Achse liegt bei:

$$x = \frac{N_{\text{x}}}{2 \cdot t_{\text{r}} \cdot \sigma_{\text{Rd}}}$$

Der Hebelarm beträgt:

$$h_{\text{x}} = h_{\text{w}} - x$$

Der Momentenanteil des Steges beträgt damit:

$$M_{3,\text{x}} = \frac{N_{\text{x}}}{2} \cdot h_{\text{x}}$$

$$M_{\text{Rd}} = \left(N_{\text{pl},1} + N_{\text{pl},2}\right) \cdot \frac{h_{\text{f}}}{2} + M_{3,\text{r}} \tag{2.151}$$

2.6 Beispiele

In den folgenden Beispielen wird angenommen, dass die Berechnung des Systems nach Theorie I. Ordnung erfolgt und die Stabilität mit dem Ersatzstabverfahren nachgewiesen wird. Bei einer Berechnung nach Theorie II. Ordnung gilt der Teilsicherheitsbeiwert $\gamma_{M1} = 1{,}10$.

Beispiel 2.6.1: Spannungsnachweis eines I- und H-Querschnittes mit einachsiger Biegung

Beispiel mit $\gamma_M = \gamma_{M0} = 1{,}00$

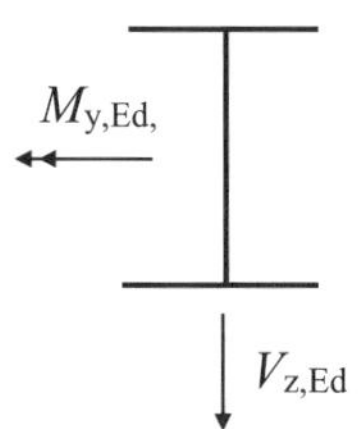

Werkstoff: S 235
Spannungsnachweis
Beanspruchungen: einachsige Biegung
$M_{y,Ed} = 225$ kNm ; $V_{z,Ed} = 160$ kN
Profil: HEA 300
Der Nachweis des *c*/*t*-Verhältnisses ist stets zu führen. Er ist hier eingehalten; siehe Abschnitt Querschnittsklassifizierung.

Abb. 2.27 Beanspruchungen des gewalzten Profils

Querschnittswerte:

$t_w = 8{,}5$ mm; $d = 208$ mm; $I_y = 18\,260$ cm^4; $W_y = 1260$ cm^3; $S_y = 692$ cm^3

Nachweis der maximalen Normalspannung:

$$\max \sigma = \frac{M_{y,Ed}}{W_y} = \frac{22\,500}{1260} = 17{,}9 \text{ kN/cm}^2$$

$$\frac{\sigma_{Ed}}{\sigma_{Rd}} = \frac{17{,}9}{23{,}5} = 0{,}76 \leq 1{,}0$$

Nachweis der maximalen Schubspannung:

$$\max \tau = \frac{V_{z,Ed} \cdot S_y}{I_y \cdot t_w} = \frac{160 \cdot 692}{18\,260 \cdot 0{,}85} = 7{,}13 \text{ kN/cm}^2$$

$$\frac{\tau_{Ed}}{\tau_{Rd}} = \frac{7{,}13}{13{,}6} = 0{,}52 \leq 1{,}0$$

vereinfacht:

$$A_w = h_w \cdot t_w = 26{,}2 \cdot 0{,}85 = 22{,}3 \text{ cm}^2$$

$$\tau_{Ed} = \frac{V_{z,Ed}}{A_w} = \frac{160}{22{,}3} = 7{,}17 \text{ kN/cm}^2$$

$$\frac{\tau_{Ed}}{\tau_{Rd}} = \frac{7{,}17}{13{,}6} = 0{,}53 \leq 1{,}0$$

Nachweis der Vergleichsspannung:

$$\sigma_4 = \frac{M_{y,Ed}}{I_y} \cdot \frac{d}{2} = \frac{22\,500}{18\,260} \cdot \frac{20{,}8}{2} = 12{,}8 \text{ kN/cm}^2$$

$$S_4 = S_y - t_w \cdot \frac{d^2}{8} = 692 - 0{,}85 \cdot \frac{20{,}8^2}{8} = 646 \text{ cm}^3$$

$$\tau_4 = \frac{V_{z,Ed} \cdot S_4}{I_y \cdot t_w} = \frac{160 \cdot 646}{18\,260 \cdot 0,85} = 6,66 \text{ kN/cm}^2$$

$$\sigma_V = \sqrt{\sigma_4{}^2 + 3 \cdot \tau_4{}^2} = \sqrt{12,8^2 + 3 \cdot 6,66^2} = 17,2 \text{ kN/cm}^2$$

$$\frac{\sigma_V}{\sigma_{Rd}} = \frac{17,2}{23,5} = 0,73 \leq 1,0$$

Die Vergleichsspannung darf auch mit $\tau_{Ed} = \tau_4$ ermittelt werden, was eine kürzere Berechnung ergibt.

Beispiel 2.6.2: Spannungsnachweis eines I-Querschnittes mit zweiachsiger Biegung und Normalkraft

Beispiel mit $\gamma_M = \gamma_{M0} = 1,00$

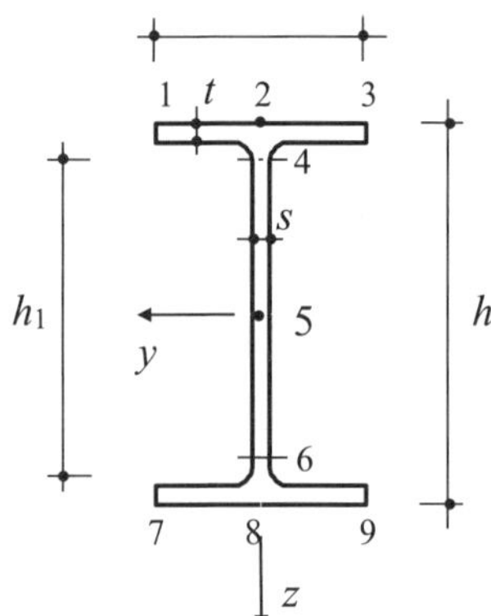

Werkstoff: S 235
Spannungsnachweis
Beanspruchungen: zweiachsige Biegung und Normalkraft
$N_{Ed} = -1190$ kN; $M_{y,Ed} = +225$ kNm; $M_{z,Ed} = -26,0$ kNm;
$V_{z,Ed} = +370$ kN; $V_{y,Ed} = -180$ kN
Profil: HEA 400
Der Nachweis des c/t-Verhältnisses ist stets zu führen. Er ist hier eingehalten; siehe Abschnitt Querschnittsklassifizierung.

Abb. 2.28 Bezeichnungen der Abmessungen und Querschnittspunkte

Querschnittswerte:

$h = 390$ mm; $b = 300$ mm; $t_w = 11$ mm ; $t_f = 19$ mm; $d = 298$ mm

$A = 159$ cm²; $I_y = 45\,070$ cm^4; $I_z = 8560$ cm^4; $S_y = S_5 = 1280$ cm^3

Berechnung weiterer Querschnittswerte:

$$S_4 = S_y - t_w \cdot \frac{d^2}{8} = 1280 - 1,1 \cdot \frac{29,8^2}{8} = 1158 \text{ cm}^3$$

$$S_6 = 1158 \text{ cm}^3$$

$$S_2 = \frac{b}{2} \cdot t_f \cdot \left(\frac{h}{2} - \frac{t}{2}\right) = \frac{30}{2} \cdot 1,9 \cdot \left(\frac{39,0}{2} - \frac{1,9}{2}\right) = 529 \text{ cm}^3$$

$$S_8 = 529 \text{ cm}^3$$

Tabellarische Berechnung der Spannungen mit folgenden Gleichungen:
Es gilt für alle Querschnittspunkte:

$$\sigma = \frac{N_{Ed}}{A} + \frac{M_{y,Ed}}{I_y} \cdot z - \frac{M_{z,Ed}}{I_z} \cdot y = \sigma_N + \sigma_{My} + \sigma_{Mz}$$

Querschnittspunkte: 4 , 5 , 6 $\quad\wedge\quad \tau = \dfrac{V_{z,Ed} \cdot S_i}{I_y \cdot t_w}$

Querschnittspunkte: 2 , 8 $\tau = \frac{3}{2} \cdot \frac{V_{y,Ed}}{2 \cdot t_f \cdot b} \pm \frac{V_{z,Ed} \cdot S_i}{I_y \cdot t_f}$

Querschnittspunkte: 1 , 3 , 7 , 9 $\tau = 0$

Nachweis der Vergleichsspannung:

$$\sigma_V = \sqrt{\sigma^2 + 3\tau^2}$$

Für die Schubspannungen werden stets die maximalen Werte berechnet. Sie sind in der Tabelle 2.2 als Absolutwerte angegeben.

Tabelle 2.2 Spannungsnachweis

Nr.	y_i cm	z_i cm	σ_N kN/cm²	σ_{My} kN/cm²	σ_{Mz} kN/cm²	σ kN/cm²	τ kN/cm²	σ_V kN/cm²	σ_{Rd} kN/cm²
1	15,0	-19,5	-7,48	-9,73	4,56	-12,7	0,00	12,7	23,5
2	0,00	-19,5	-7,48	-9,73	0,00	-17,2	4,65	19,0	23,5
3	-15,0	-19,5	-7,48	-9,73	-4,56	-21,8	0,00	21,8	23,5
4	0,00	-14,9	-7,48	-7,44	0,00	-14,9	8,64	21,1	23,5
5	0,00	0,00	-7,48	0,00	0,00	-7,48	9,55	18,2	23,5
6	0,00	14,9	-7,48	7,44	0,00	-0,04	8,64	15,0	23,5
7	15,0	19,5	-7,48	9,73	4,56	6,81	0,00	6,81	23,5
8	0,00	19,5	-7,48	9,73	0,00	2,25	4,65	8,36	23,5
9	-15,0	19,5	-7,48	9,73	-4,56	-2,31	0,00	2,31	23,5

Beispiel 2.6.3: Plastischer Querschnittsnachweis eines I- und H-Querschnittes mit einachsiger Biegung und Normalkraft

Beispiel mit $\gamma_M = \gamma_{M0} = 1,00$

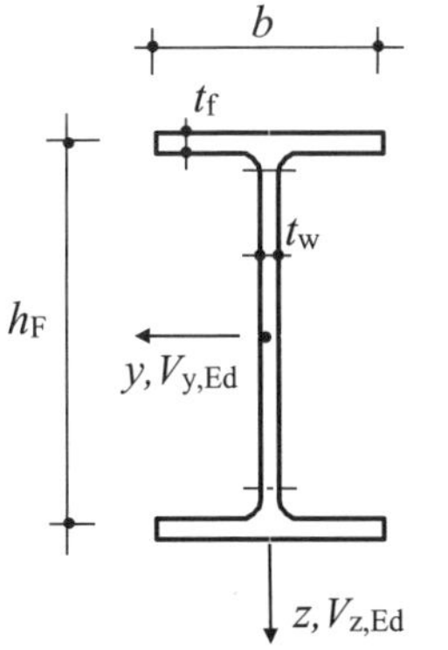

Werkstoff: S 235
Plastischer Querschnittsnachweis
Beanspruchungen: einachsige Biegung und Normalkraft
$N_{Ed} = -469$ kN; $M_{y,Ed} = ?$ kNm; $V_{z,Ed} = +129$ kN
Profil: IPE 300
Der Nachweis des c/t-Verhältnisses ist stets zu führen. Er ist hier eingehalten; siehe Abschnitt Querschnittsklassifizierung.

Abb. 2.29 Bezeichnungen der Abmessungen

In diesem Beispiel soll der Vergleich verschiedener Berechnungsmethoden geführt werden und das aufnehmbare Biegemoment $M_{y,Ed}$ ermittelt werden.

DIN EN 1993-1-1
Die Interaktionsbeziehungen der DIN EN 1993-1-1 werden angewendet und es wird die Querkraft nach (1-1, 6.2.10) berücksichtigt.

$$A_{\text{v}} = 25,7 \text{ cm}^2 ;\ A = 53,8 \text{ cm}^2 ;\ W_{\text{pl,y}} = 628 \text{ cm}^3$$

$$V_{\text{pl,z,Rd}} = A_{\text{v}} \cdot \tau_{\text{Rd}} = 25,7 \cdot 13,6 = 350 \text{ kN}$$

$$\frac{V_{\text{z,Ed}}}{V_{\text{pl,z,Rd}}} = \frac{129}{350} = 0,37 \le 0,5$$

$$\rho_{\text{z}} = 0$$

Der Einfluss der Querkraft kann vernachlässigt werden.

y-y-Achse: $N_{\text{Ed}} = 469 \text{ kN} \le 0,25 \cdot N_{\text{pl,Rd}} = 0,25 \cdot A \cdot \sigma_{\text{Rd}} = 0,25 \cdot 53,8 \cdot 23,5 = 316 \text{ kN}$

$$N_{\text{Ed}} = 469 \text{ kN} \le \frac{0,5 \cdot h_{\text{w}} \cdot t_{\text{w}} \cdot f_{\text{y}}}{\gamma_{\text{M}}} = \frac{0,5 \cdot 27,9 \cdot 0,71 \cdot 23,5}{1,00} = 233 \text{ kN}$$

Nicht erfüllt!
Es gilt:

$$n = \frac{N_{\text{Ed}}}{N_{\text{pl,Rd}}} = \frac{469}{1264} = 0,371$$

$$a = \frac{A - 2 \cdot b \cdot t_{\text{f}}}{A} = \frac{53,8 - 2 \cdot 15,0 \cdot 1,07}{53,8} = 0,403 \quad \text{jedoch} \quad a \le 0,5$$

$$M_{\text{pl,y,Rd}} = W_{\text{pl,y}} \cdot \sigma_{\text{Rd}} = 628 \cdot 23,5 = 14758 \text{ kNcm} = 147,6 \text{ kNm}$$

y-y-Achse:

$$M_{\text{N,y,Rd}} = M_{\text{pl,y,Rd}} \cdot \frac{1-n}{1-0,5 \cdot a} = 147,6 \cdot \frac{1-0,372}{1-0,5 \cdot 0,403} = 116,1 \text{ kNm}$$

aber $M_{\text{N,y,Rd}} = 116,1 \text{ kNm} \le M_{\text{pl,y,Rd}} = 147,6 \text{ kNm}$

Vereinfachter Nachweis:

$$W_{\text{pl,f}} = 408 \text{ cm}^3$$

$$\frac{V_{\text{z,Ed}}}{V_{\text{pl,z,Rd}}} = \frac{129}{350} = 0,37 \le 0,5$$

$$\rho_{\text{z}} = 0$$

Der Einfluss der Querkraft kann vernachlässigt werden.

$$\sigma_{\text{Vz,Rd}} = (1 - \rho_{\text{z}}) \cdot \sigma_{\text{Rd}} = (1-0) \cdot 23,5 = 23,5 \text{ kN/cm}^2$$

$$N_{\text{pl,v,Rd}} = A_{\text{v}} \cdot \sigma_{\text{Vz,Rd}} = 25,7 \cdot 23,5 = 604 \text{ kN}$$

$$N_{\text{f,Ed}} = N_{\text{Ed}} - N_{\text{pl,v,Rd}} = 469 - 604 = -135 \text{ kN} \ge 0$$

$$N_{\text{pl,f,Rd}} = (A - A_{\text{v}}) \cdot \sigma_{\text{Rd}} = (53,8 - 25,7) \cdot 23,5 = 660,4 \text{ kN}$$

$$M_{\text{pl,f,Rd}} = W_{\text{pl,f}} \cdot \sigma_{\text{Rd}} = 408 \cdot 23,5 = 9588 \text{ kNcm} = 95,9 \text{ kNm}$$

$$\frac{N_{\text{f,Ed}}}{N_{\text{pl,f,Rd}}} + \frac{M_{\text{y,Ed}}}{M_{\text{pl,f,Rd}}} \le 1,0$$

Daraus folgt:

$$M_{\mathrm{N,y,Rd}} = M_{\mathrm{pl,f,Rd}}\left(1-\frac{N_{\mathrm{f,Ed}}}{N_{\mathrm{pl,f,Rd}}}\right) = 95{,}9(1-0) = 95{,}9 \text{ kNm}$$

Der vereinfachte Nachweis ergibt in diesen Fall eine ungünstigere Ausnutzung.

Plastischer Querschnittsnachweis mit der Reduktionsmethode

Es wird eine sinnvolle Reihenfolge für die Reduzierung des Querschnittes vorgeschlagen. Wichtig ist, dass die Schwerpunkte der Teilflächen erhalten bleiben. Ist in einem Schritt der Querschnitt nicht mehr ausreichend, dann ist der Tragsicherheitsnachweis für die vorliegende Kombination der Schnittgrößen nicht erfüllt. Die Schnittgrößen werden hier mit den Absolutwerten berücksichtigt. Der Nachweis gilt für doppeltsymmetrische Querschnitte, wobei der Restquerschnitt ebenfalls doppeltsymmetrisch sein muss.
Querschnittswerte:

$$b = 15{,}0 \text{ cm};\ t_{\mathrm{f}} = 1{,}07 \text{ cm};\ h_{\mathrm{w}} = 27{,}9 \text{ cm};\ t_{\mathrm{w}} = 0{,}71 \text{ cm}$$

Mit der Reduktionsmethode erhält man, wenn der Einfluss der Querkraft vernachlässigt werden kann, das folgende Ergebnis:

Reduzierung infolge der Normalkraft N_{Ed}

Die Plastizierung für die Normalkraft beginnt symmetrisch zur Flächenhalbierenden des Querschnittes. Reicht der Steg für die vorhandene Normalkraft nicht aus, muss sich der Gurt an der Aufnahme der Normalkraft beteiligen, d. h. die Breite des Gurtes wird für die noch nicht berücksichtigte Schnittgröße $M_{\mathrm{y,Ed}}$ reduziert.

$$A_{\mathrm{N}} = \frac{N_{\mathrm{Ed}}}{\sigma_{\mathrm{Rd}}} = \frac{469}{23{,}5} = 19{,}6 \text{ cm}^2$$

$$A_{\mathrm{N}} = 19{,}6 \text{ cm}^2 \le h_{\mathrm{w}} \cdot t_{\mathrm{w}} = 27{,}9 \cdot 0{,}71 = 19{,}8 \text{ cm}^2$$

$$W_{\mathrm{N,y}} = W_{\mathrm{pl,y}} - \frac{1}{4}\cdot\frac{A_{\mathrm{N}}^2}{t_{\mathrm{w}}} = 628 - \frac{1}{4}\cdot\frac{19{,}6^2}{0{,}71} = 493 \text{ cm}^3$$

$$M_{\mathrm{N,y,Rd}} = W_{\mathrm{N,y}} \cdot \sigma_{\mathrm{Rd}} = 493 \cdot 23{,}5 = 11586 \text{ kNcm} = 115{,}9 \text{ kNm}$$

Beispiel 2.6.4: Plastischer Querschnittsnachweis eines I- und H-Querschnittes mit einachsiger Biegung und Normalkraft

Beispiel mit $\gamma_M = \gamma_{M0} = 1,00$

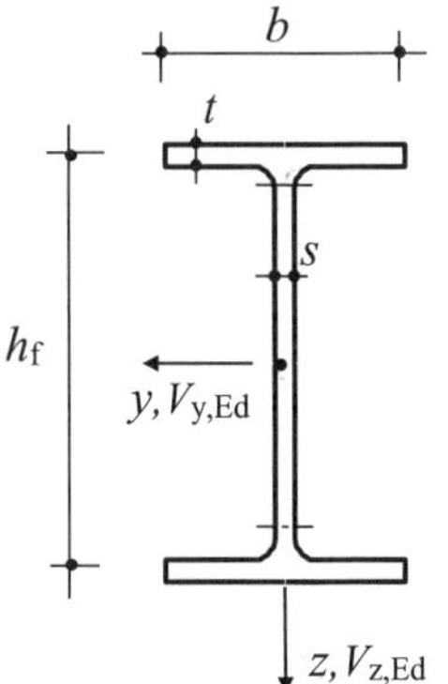

Werkstoff: S 235
Plastischer Querschnittsnachweis
Beanspruchungen: einachsige Biegung und Normalkraft
$N_{Ed} = -469$ kN; $M_{y,Ed} = ?$ kNm;
$V_{z,Ed} = +269$ kN
Profil: IPE 300
Der Nachweis des c/t-Verhältnisses ist stets zu führen. Er ist hier eingehalten; siehe Abschnitt Querschnittsklassifizierung.

Abb. 2.30 Bezeichnungen der Abmessungen

Dieses Beispiel entspricht dem Beispiel 2.6.3. Es wird aber eine große Querkraft angenommen. Es soll der Vergleich verschiedener Berechnungsmethoden geführt und das aufnehmbare Biegemoment $M_{y,Ed}$ ermittelt werden.

DIN EN 1993-1-1

Die Interaktionsbeziehungen der DIN EN 1993-1-1 werden angewendet und es wird die Querkraft nach (1-1, 6.2.10) berücksichtigt.

$$A_v = 25,7 \text{ cm}^2;\ A = 53,8 \text{ cm}^2;\ W_{pl,y} = 628 \text{ cm}^3; W_{pl,f} = 408 \text{ cm}^3$$

$$V_{pl,z,Rd} = A_v \cdot \tau_{Rd} = 25,7 \cdot 13,6 = 350 \text{ kN}$$

$$\frac{V_{z,Ed}}{V_{pl,z,Rd}} = \frac{269}{350} = 0,769 > 0,5$$

Der Einfluss der Querkraft kann nicht vernachlässigt werden.

$$\rho_z = \left(\frac{2 \cdot V_{z,Ed}}{V_{pl,z,Rd}} - 1\right)^2 = \left(\frac{2 \cdot 269}{350} - 1\right)^2 = 0,289$$

$$\sigma_{Vz,Rd} = (1-\rho_z) \cdot \sigma_{Rd} = (1-0,289) \cdot 23,5 = 16,7 \text{ kN/cm}^2$$

$$N_{V,Rd} = A_v \cdot \sigma_{Vz,Rd} + (A - A_v) \cdot \sigma_{Rd} = 25,7 \cdot 16,7 + (53,8 - 25,7) \cdot 23,5 = 1090 \text{ kN}$$

$$M_{V,y,Rd} = W_{pl,f} \cdot \sigma_{Rd} + (W_{pl,y} - W_{pl,f}) \cdot \sigma_{Vz,Rd}$$

$$M_{V,y,Rd} = 408 \cdot 23,5 + (628 - 408) \cdot 16,7 = 13262 \text{ kNcm} = 132,6 \text{ kNm}$$

y-y-Achse:

$$N_{Ed} = 469 \text{ kN} \le 0,25 \cdot N_{V,Rd} = 273 \text{ kN}$$

$$N_{Ed} = 469 \text{ kN} \le \frac{0,5 \cdot h_w \cdot t_w \cdot f_y}{\gamma_M} \cdot (1-\rho_z) = \frac{0,5 \cdot 27,9 \cdot 0,71 \cdot 23,5}{1,00} \cdot (1-0,289) = 165 \text{ kN}$$

Die Bedingung ist nicht erfüllt!

Es gilt:

$$n = \frac{N_{\mathrm{Ed}}}{N_{\mathrm{V,Rd}}} = \frac{469}{1090} = 0,430$$

$$A_{\mathrm{red}} = A_{\mathrm{v}} \cdot (1 - \rho_{\mathrm{z}}) + (A - A_{\mathrm{v}}) = 25,7 \cdot (1 - 0,289) + (53,8 - 25,7) = 46,4 \text{ cm}^2$$

$$a = \frac{A_{\mathrm{red}} - 2 \cdot b \cdot t_{\mathrm{f}}}{A_{\mathrm{red}}} = \frac{46,4 - 2 \cdot 15,0 \cdot 1,07}{46,4} = 0,308 \quad \text{jedoch} \quad a \leq 0,5$$

y-y-Achse:

$$M_{\mathrm{V,N,y,Rd}} = M_{\mathrm{V,y,Rd}} \cdot \frac{1-n}{1-0,5 \cdot a} = 132,6 \cdot \frac{1-0,430}{1-0,5 \cdot 0,308} = 89,3 \text{ kNm}$$

aber $M_{\mathrm{V,N,y,Rd}} = 89,3 \text{ kNm} \leq M_{\mathrm{V,y,Rd}} = 132,6 \text{ kNm}$

Vereinfachter Nachweis:

$$V_{\mathrm{pl,z,Rd}} = A_{\mathrm{v}} \cdot \tau_{\mathrm{Rd}} = 25,7 \cdot 13,6 = 350 \text{ kN}$$

$$\frac{V_{\mathrm{z,Ed}}}{V_{\mathrm{pl,z,Rd}}} = \frac{269}{350} = 0,769 > 0,5$$

Der Einfluss der Querkraft kann nicht vernachlässigt werden.

$$\rho_{\mathrm{z}} = \left(\frac{2 \cdot V_{\mathrm{z,Ed}}}{V_{\mathrm{pl,z,Rd}}} - 1 \right)^2 = \left(\frac{2 \cdot 269}{350} - 1 \right)^2 = 0,289$$

$$\sigma_{\mathrm{Vz,Rd}} = (1 - \rho_{\mathrm{z}}) \cdot \sigma_{\mathrm{Rd}} = (1 - 0,289) \cdot 23,5 = 16,7 \text{ kN/cm}^2$$

$$N_{\mathrm{pl,v,Rd}} = A_{\mathrm{v}} \cdot \sigma_{\mathrm{Vz,Rd}} = 25,7 \cdot 16,7 = 429 \text{ kN}$$

$$N_{\mathrm{f,Ed}} = N_{\mathrm{Ed}} - N_{\mathrm{pl,v,Rd}} = 469 - 429 = 40 \text{ kN} \geq 0$$

$$N_{\mathrm{pl,f,Rd}} = (A - A_{\mathrm{v}}) \cdot \sigma_{\mathrm{Rd}} = (53,8 - 25,7) \cdot 23,5 = 660,4 \text{ kN}$$

$$M_{\mathrm{pl,f,Rd}} = W_{\mathrm{pl,f}} \cdot \sigma_{\mathrm{Rd}} = 408 \cdot 23,5 = 9588 \text{ kNcm} = 95,9 \text{ kNm}$$

$$\frac{N_{\mathrm{f,Ed}}}{N_{\mathrm{pl,f,Rd}}} + \frac{M_{\mathrm{y,Ed}}}{M_{\mathrm{pl,f,Rd}}} \leq 1,0$$

Daraus folgt:

$$M_{\mathrm{N,y,Rd}} = M_{\mathrm{pl,f,Rd}} \cdot \left(1 - \frac{N_{\mathrm{f,Ed}}}{N_{\mathrm{pl,f,Rd}}} \right) = 95,9 \cdot \left(1 - \frac{40}{660,4} \right) = 90,1 \text{ kNm}$$

Der vereinfachte Nachweis ergibt in diesem Fall eine günstigere Ausnutzung.

Beispiel 2.6.5: Plastischer Querschnittsnachweis eines I-Querschnittes mit zweiachsiger Biegung und Normalkraft

Beispiel mit $\gamma_M = \gamma_{M0} = 1,00$

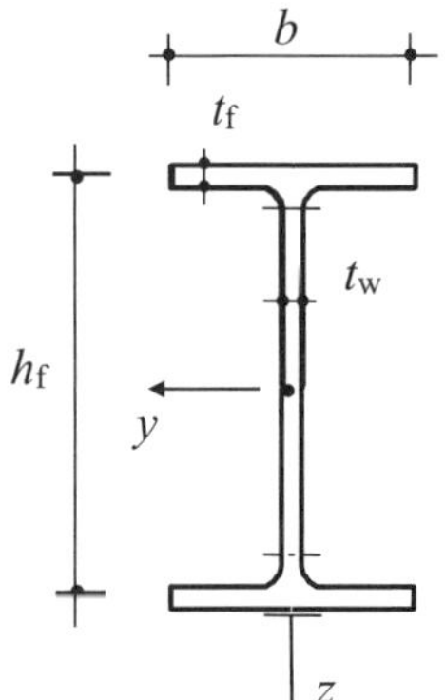

Werkstoff: S 235 $\gamma_M = 1,00$

Plastischer Querschnittsnachweis

Beanspruchungen: zweiachsige Biegung und Normalkraft

$N_d = -1190$ kN; $M_{y,d} = +375$ kNm; $M_{z,d} = -96,0$ kNm;

$V_{z,d} = +470$ kN; $V_{y,d} = -180$ kN

Profil: HEA 400

Der Nachweis des c/t-Verhältnisses ist stets zu führen. Er ist hier eingehalten; siehe Abschnitt Querschnittsklassifizierung.

.

Abb. 2.31 Bezeichnungen der Abmessungen

DIN EN 1993-1-1

Die Interaktionsbeziehungen der DIN EN 1993-1-1 werden angewendet und es wird die Querkraft nach (1-1, 6.2.10) berücksichtigt.

$$A = 159 \text{ cm}^2;\ A_v = 57,3 \text{ cm}^2;\ W_{pl,y} = 2562 \text{ cm}^3;\ W_{pl,z} = 873 \text{ cm}^3;\ W_{pl,f} = 1891 \text{ cm}^3$$

$$b = 30,0 \text{ cm};\ h_w = 35,2 \text{ cm};\ t_f = 1,90 \text{ cm};\ t_w = 1,10 \text{ cm}$$

$$V_{pl,z,Rd} = A_v \cdot \tau_{Rd} = 57,3 \cdot 13,6 = 779 \text{ kN}$$

$$\frac{V_{z,Ed}}{V_{pl,z,Rd}} = \frac{470}{779} = 0,603 > 0,5$$

Der Einfluss der Querkraft $V_{z,Ed}$ kann nicht vernachlässigt werden.

$$\rho_z = \left(\frac{2 \cdot V_{z,Ed}}{V_{pl,z,Rd}} - 1\right)^2 = \left(\frac{2 \cdot 470}{779} - 1\right)^2 = 0,0427$$

$$\sigma_{Vz,Rd} = (1 - \rho_z) \cdot \sigma_{Rd} = (1 - 0,0427) \cdot 23,5 = 22,5 \text{ kN/cm}^2$$

$$V_{pl,y,Rd} = (A - A_v) \cdot \tau_{Rd} = (159 - 57,3) \cdot 13,6 = 1383 \text{ kN}$$

$$\frac{V_{y,Ed}}{V_{pl,y,Rd}} = \frac{180}{1383} = 0,130 < 0,5$$

Der Einfluss der Querkraft $V_{y,Ed}$ kann vernachlässigt werden.

$$\rho_y = 0$$

$$\sigma_{Vy,Rd} = (1 - \rho_y) \cdot \sigma_{Rd} = (1 - 0) \cdot 23,5 = 23,5 \text{ kN/cm}^2$$

$$N_{V,Rd} = A_v \cdot \sigma_{Vz,Rd} + (A - A_v) \cdot \sigma_{Vy,Rd} = 57,3 \cdot 22,5 + (159 - 57,3) \cdot 23,5 = 3679 \text{ kN}$$

$$M_{V,y,Rd} = W_{pl,f} \cdot \sigma_{Vy,Rd} + (W_{pl,y} - W_{pl,f}) \cdot \sigma_{Vz,Rd}$$

$$M_{\text{V,y,Rd}} = 1891 \cdot 23,5 + (2562 - 1891) \cdot 22,5 = 59536 \text{ kNcm} = 595,4 \text{ kNm}$$

$$M_{\text{V,z,Rd}} = \frac{1}{2} \cdot t_{\text{f}} \cdot b^2 \cdot \sigma_{\text{Vy,Rd}} + \left(W_{\text{pl,z}} - \frac{1}{2} \cdot t_{\text{f}} \cdot b^2 \right) \cdot \sigma_{\text{Vz,Rd}}$$

$$M_{\text{V,z,Rd}} = \frac{1}{2} \cdot 1,90 \cdot 30,0^2 \cdot 23,5 + \left(873 - \frac{1}{2} \cdot 1,90 \cdot 30,0^2 \right) \cdot 22,5 = 20498 \text{ kNcm} = 205 \text{ kNm}$$

y-y-Achse:

$$N_{\text{Ed}} = 1190 \text{ kN} \le 0,25 \cdot N_{\text{V,Rd}} = 0,25 \cdot 3598 = 900 \text{ kN}$$

$$N_{\text{Ed}} = 1190 \text{ kN} \le \frac{0,5 \cdot h_{\text{w}} \cdot t_{\text{w}} \cdot f_{\text{y}}}{\gamma_{\text{M}}} \cdot (1 - \rho_{\text{z}}) = \frac{0,5 \cdot 35,2 \cdot 1,1 \cdot 23,5}{1,00} \cdot (1 - 0,0427) = 436 \text{ kN}$$

Die Bedingung ist nicht erfüllt!

z-z-Achse:

$$N_{\text{Ed}} = 1190 \text{ kN} \le \frac{h_{\text{w}} \cdot t_{\text{w}} \cdot f_{\text{y}}}{\gamma_{\text{M}}} \cdot (1 - \rho_{\text{y}}) = \frac{35,2 \cdot 1,10 \cdot 23,5}{1,00} \cdot (1 - 0) = 910 \text{ kN}$$

Die Bedingung ist nicht erfüllt!

Es gilt damit sowohl für die *y-y*-Achse und die *z-z*-Achse:

$$n = \frac{N_{\text{Ed}}}{N_{\text{V,Rd}}} = \frac{1190}{3679} = 0,323$$

$$A_{\text{red}} = A_{\text{v}} \cdot (1 - \rho_{\text{z}}) + (A - A_{\text{v}}) \cdot (1 - \rho_{\text{y}})$$

$$A_{\text{red}} = 57,3 \cdot (1 - 0,0427) + (159 - 57,3) \cdot (1 - 0) = 156,6 \text{ cm}^2$$

$$a = \frac{A_{\text{V}} - 2 \cdot b \cdot t_{\text{f}} \cdot (1 - \rho_{\text{y}})}{A_{\text{red}}} = \frac{156,6 - 2 \cdot 30,0 \cdot 1,90 \cdot (1 - 0)}{156,6} = 0,272 \quad \text{jedoch} \quad a \le 0,5$$

y-y-Achse:

$$M_{\text{V,N,y,Rd}} = M_{\text{V,y,Rd}} \cdot \frac{1 - n}{1 - 0,5 \cdot a} = 595,4 \cdot \frac{1 - 0,323}{1 - 0,5 \cdot 0,272} = 467 \text{ kNm}$$

aber $M_{\text{V,N,y,Rd}} = 467 \text{ kNm} \le M_{\text{V,y,Rd}} = 595,4 \text{ kNm}$

z-z-Achse:

für $n \le a$: $M_{\text{V,N,z,Rd}} = M_{\text{V,z,Rd}}$

für $n > a$: $M_{\text{V,N,z,Rd}} = M_{\text{V,z,Rd}} \cdot \left[1 - \left(\frac{n - a}{1 - a} \right)^2 \right] = 205 \cdot \left[1 - \left(\frac{0,323 - 0,272}{1 - 0,272} \right)^2 \right] = 204 \text{ kNm}$

Bei zweiachsiger Biegung mit Normalkraft gilt:

$$\alpha = 2; \ \beta = 5 \cdot n = 5 \cdot 0,331 = 1,66 \qquad \text{jedoch } \beta \ge 1$$

$$\left[\frac{M_{\text{y,Ed}}}{M_{\text{V,N,y,Rd}}} \right]^{\alpha} + \left[\frac{M_{\text{z,Ed}}}{M_{\text{V,N,z,Rd}}} \right]^{\beta} = \left[\frac{375}{467} \right]^2 + \left[\frac{96}{204} \right]^{1,66} = 0,931 \le 1$$

Beispiel 2.6.6: Nachweis Elastisch-Plastisch eines H-Querschnittes mit zweiachsige Biegung, Normalkraft und Torsion

Beispiel mit $\gamma_{\mathrm{M}} = \gamma_{\mathrm{M0}} = 1{,}00$
Werkstoff: S 235

Schnittgrößen:

Normalkraft	$N_{\mathrm{Ed}} = -700$ kN
Biegemoment	$M_{\mathrm{y,Ed}} = -300$ kNm
Biegemoment	$M_{\mathrm{z,Ed}} = +40$ kNm
Wölbbimoment	$M_{\mathrm{w,Ed}} = -20$ kNm^2
Querkraft	$V_{\mathrm{z,Ed}} = +500$ kN
Querkraft	$V_{\mathrm{y,Ed}} = -50$ kN
primäres Torsionsmoment	$M_{\mathrm{x,t,Ed}} = -4{,}0$ kNm
sekundäres Torsionsmoment	$M_{\mathrm{x,w,Ed}} = -20$ kNm

Profil: HEA 400

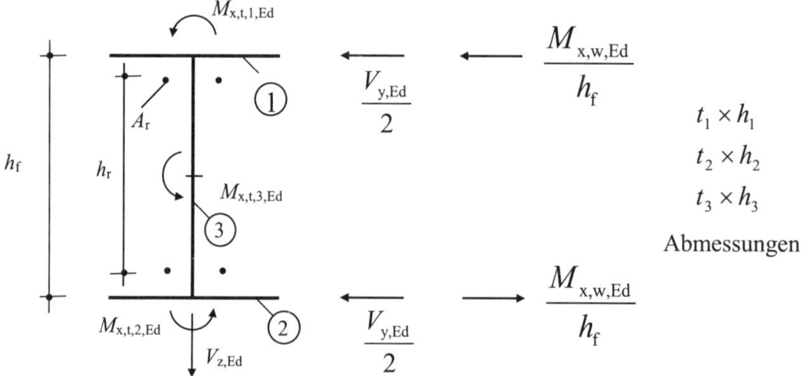

Abb. 2.32 Aufteilung von $V_{\mathrm{z,Ed}}$, $V_{\mathrm{y,Ed}}$, $M_{\mathrm{x,t,Ed}}$ und $M_{\mathrm{x,w,Ed}}$ auf die Teilquerschnitte

$$t_1 = t_{\mathrm{f}} = 1{,}90 \text{ cm}$$
$$t_2 = t_{\mathrm{f}} = 1{,}90 \text{ cm}$$
$$t_3 = t_{\mathrm{w}} = 1{,}10 \text{ cm}$$
$$h_1 = b = 30 \text{ cm}$$
$$h_2 = b = 30 \text{ cm}$$
$$h_3 = h_{\mathrm{w}} = h - 2 \cdot t_{\mathrm{f}} = 39 - 2 \cdot 1{,}90 = 35{,}2 \text{ cm}$$
$$h_{\mathrm{f}} = h - t_{\mathrm{f}} = 39 - 1{,}90 = 37{,}1 \text{ cm}$$
$$r = 2{,}7 \text{ cm}$$
$$h_{\mathrm{r}} = h - 2 \cdot t_{\mathrm{f}} - 0{,}446 \cdot r = 39 - 2 \cdot 1{,}90 - 0{,}446 \cdot 2{,}70 = 34{,}0 \text{ cm}$$

$$d = 29{,}8 \text{ cm}$$

$$A_\text{r} = 0{,}215 \cdot r^2 = 0{,}215 \cdot 2{,}7^2 = 1{,}57 \text{ cm}^2$$

Der Nachweis von max c/t ist eingehalten.

Nachweis Elastisch-Plastisch mit der Reduktionsmethode

Nachweis der Querkräfte

In den Flanschen und dem Steg entstehen folgende Querkräfte, die **vorzeichengerecht** angegeben werden.

$$V_{1,\text{Ed}} = \frac{V_{\text{y,Ed}}}{2} + \frac{M_{\text{x,w,Ed}}}{h_\text{f}} = -\frac{50}{2} + \frac{-2000}{37{,}1} = -78{,}9 \text{ kN}$$

$$V_{2,\text{Ed}} = \frac{V_{\text{y,Ed}}}{2} - \frac{M_{\text{x,w,Ed}}}{h_\text{f}} = -\frac{50}{2} + \frac{2000}{37{,}1} = 28{,}9 \text{ kN}$$

$$V_{3,\text{Ed}} = V_{\text{z,Ed}} = +500 \text{ kN}$$

Es sind folgende Nachweise mit den **Beträgen** zu führen:

$$V_{\text{pl,1,Rd}} = b \cdot t_\text{f} \cdot \tau_\text{Rd} = 30 \cdot 1{,}9 \cdot 13{,}6 = 775 \text{ kN}$$

$$V_{\text{pl,2,Rd}} = b \cdot t_\text{f} \cdot \tau_\text{Rd} = 30 \cdot 1{,}9 \cdot 13{,}6 = 775 \text{ kN}$$

$$V_{\text{pl,3,Rd}} = A_\text{v} \cdot \tau_\text{Rd} = 57{,}3 \cdot 13{,}6 = 779 \text{ kN}$$

$$\frac{V_{1,\text{Ed}}}{V_{\text{pl,1,Rd}}} = \frac{78{,}9}{775} = 0{,}10 \leq 1$$

$$\frac{V_{2,\text{Ed}}}{V_{\text{pl,2,Rd}}} = \frac{28{,}9}{775} = 0{,}04 \leq 1$$

$$\frac{V_{3,\text{Ed}}}{V_{\text{pl,3,Rd}}} = \frac{500}{779} = 0{,}642 \leq 1$$

Nachweis der Torsion

Das primäre Torsionsmoment $M_{\text{x,t,Ed}}$ verteilt sich im Verhältnis der *St. Venant*schen Torsionssteifigkeit.

$$I_{\text{t1}} = \frac{1}{3} \cdot h_1 \cdot t_1^{\,3} = \frac{1}{3} \cdot 30{,}0 \cdot 1{,}90^3 = 68{,}6 \text{ cm}^4$$

$$I_{\text{t2}} = \frac{1}{3} \cdot h_2 \cdot t_2^{\,3} = \frac{1}{3} \cdot 30{,}0 \cdot 1{,}90^3 = 68{,}6 \text{ cm}^4$$

$$I_{\text{t3}} = \frac{1}{3} \cdot h_3 \cdot t_3^{\,3} = \frac{1}{3} \cdot 35{,}2 \cdot 1{,}10^3 = 15{,}6 \text{ cm}^4$$

$$I_\text{t} = I_{\text{t,1}} + I_{\text{t,2}} + I_{\text{t,3}} = 68{,}6 + 68{,}6 + 15{,}6 = 153 \text{ cm}^4$$

$$M_{\text{x,t,1,Ed}} = M_{\text{x,t,Ed}} \cdot \frac{I_{\text{t1}}}{I_\text{t}} = 400 \cdot \frac{68{,}6}{153} = 179 \text{ kNcm}$$

$$M_{\text{x,t,2,Ed}} = M_{\text{x,t,Ed}} \cdot \frac{I_{\text{t2}}}{I_\text{t}} = 400 \cdot \frac{68{,}6}{153} = 179 \text{ kNcm}$$

$$M_{x,t,3,Ed} = M_{x,t,Ed} \cdot \frac{I_{t3}}{I_t} = 400 \cdot \frac{15,6}{153} = 40,8 \text{ kNcm}$$

Es sind folgende Nachweise mit den **Beträgen** zu führen:

$$M_{pl,x,1,Rd} = \frac{1}{2,4} \cdot h_1 \cdot t_1^2 \cdot \tau_{Rd} = \frac{1}{2,4} \cdot 30,0 \cdot 1,9^2 \cdot 13,6 = 614 \text{ kNcm}$$

$$M_{pl,x,2,Rd} = \frac{1}{2,4} \cdot h_2 \cdot t_2^2 \cdot \tau_{Rd} = \frac{1}{2,4} \cdot 30,0 \cdot 1,9^2 \cdot 13,6 = 614 \text{ kNcm}$$

$$M_{pl,x,3,Rd} = \frac{1}{2,4} \cdot h_3 \cdot t_3^2 \cdot \tau_{Rd} = \frac{1}{2,4} \cdot 35,2 \cdot 1,1^2 \cdot 13,6 = 241 \text{ kNcm}$$

$$\frac{M_{x,t,1,Ed}}{M_{pl,x,1,Rd}} = \frac{179}{614} = 0,29 \le 1$$

$$\frac{M_{x,t,2,Ed}}{M_{pl,x,2,Rd}} = \frac{179}{614} = 0,29 \le 1$$

$$\frac{M_{x,t,3,Ed}}{M_{pl,x,3,Rd}} = \frac{40,8}{241} = 0,17 \le 1$$

Nachweis der Interaktion zwischen Querkraft und Torsion

Es sind folgende Nachweise mit den **Beträgen** zu führen:

$$\frac{M_{x,t,1,Ed}}{M_{pl,x,1,Rd}} + \left(\frac{V_{1,Ed}}{V_{pl,1,Rd}}\right)^2 = \frac{179}{614} + \left(\frac{78,9}{775}\right)^2 = 0,30 \le 1$$

$$\frac{M_{x,t,2,Ed}}{M_{pl,x,2,Rd}} + \left(\frac{V_{2,Ed}}{V_{pl,2,Rd}}\right)^2 = \frac{179}{614} + \left(\frac{28,9}{775}\right)^2 = 0,29 \le 1$$

$$\frac{M_{x,t,3,Ed}}{M_{pl,x,3,Rd}} + \left(\frac{V_{3,Ed}}{V_{pl,3,Rd}}\right)^2 = \frac{40,8}{241} + \left(\frac{500}{779}\right)^2 = 0,58 \le 1$$

Reduktion des Querschnittes infolge Querkraft und Torsion

Es sind folgende Nachweise mit den **Beträgen** zu führen:

$$V_{pl,t,3,Rd} = V_{pl,3,Rd} \cdot \sqrt{1 - \frac{M_{x,t,3,Ed}}{M_{pl,x,3,Rd}}} = 779 \cdot \sqrt{1 - \frac{40,8}{241}} = 710 \text{ kN}$$

$$\frac{V_{3,Ed}}{V_{pl,t,3,Rd}} = \frac{500}{710} = 0,704 > 0,5$$

$$\rho = \left(\frac{2 \cdot V_3}{V_{pl,t,3,Rd}} - 1\right)^2 = (2 \cdot 0,704 - 1)^2 = 0,166$$

Steg: $t_{V,3} = t_{w,v} = t_3 \cdot (1 - \rho) = 1,1 \cdot (1 - 0,166) = 0,917 \text{ cm}$

Ausrundung: $A_{V,r} = A_r \cdot (1 - \rho) = 1,57 \cdot (1 - 0,166) = 1,31 \text{ cm}^2$

Flansch: $$t_{V,1} = t_{V,2} = t_{f,v} = t_f \cdot \left(1 - \frac{t_w + 2 \cdot r}{2 \cdot b} \cdot \rho\right) = 1{,}9 \cdot \left(1 - \frac{1{,}1 + 2 \cdot 2{,}7}{2 \cdot 30} \cdot 0{,}166\right) = 1{,}87 \text{ cm}$$

Nachweis der Flanschbiegemomente

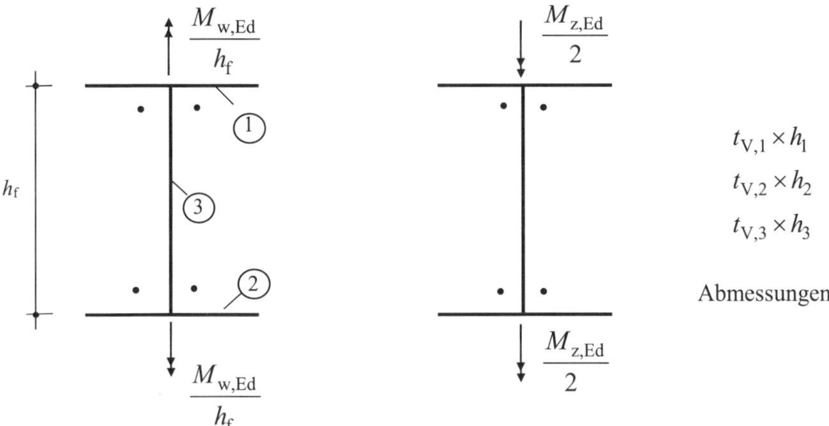

Abb. 2.33 Aufteilung von $M_{w,d}$ und $M_{z,Ed}$ auf die Teilquerschnitte

Das Wölbbimoment $M_{w,Ed}$ wird auf die beiden Flansche aufgeteilt. Das Biegemoment $M_{z,Ed}$ beansprucht jeden Flansch je zur Hälfte. Die Flanschbiegemomente werden **vorzeichengerecht** zusammengefasst:

$$M_{1,Ed} = \frac{M_{z,Ed}}{2} - \frac{M_{w,Ed}}{h_f} = \frac{40}{2} - \frac{-20}{0{,}371} = 73{,}9 \text{ kNm}$$

$$M_{2,Ed} = \frac{M_{z,Ed}}{2} + \frac{M_{w,Ed}}{h_f} = \frac{40}{2} + \frac{-20}{0{,}371} = -33{,}9 \text{ kNm}$$

Das Grenzbiegemoment des Flansches beträgt:

$$M_{pl,1,Rd} = \frac{1}{4} \cdot t_{V,1} \cdot h_1^2 \cdot \sigma_{Rd} = \frac{1}{4} \cdot 1{,}87 \cdot 30^2 \cdot 23{,}5 / 100 = 98{,}9 \text{ kNm}$$

$$M_{pl,2,Rd} = \frac{1}{4} \cdot t_{V,2} \cdot h_2^2 \cdot \sigma_{Rd} = \frac{1}{4} \cdot 1{,}87 \cdot 30^2 \cdot 23{,}5 / 100 = 98{,}9 \text{ kNm}$$

Es sind folgende Nachweise mit den **Beträgen** zu führen:

$$\frac{M_{1,Ed}}{M_{pl,1,Rd}} = \frac{73{,}9}{98{,}9} = 0{,}75 \leq 1$$

$$\frac{M_{2,Ed}}{M_{pl,2,Rd}} = \frac{33{,}9}{98{,}9} = 0{,}34 \leq 1$$

Reduktion des Querschnittes infolge Flanschbiegemomente

Die reduzierte Höhe der Flansche nach Abb. 2.34 erhält man mit den folgenden Gleichungen mit **Beträgen**. Das Vorzeichen des Biegemomentes $M_{y,Ed}$ wird dadurch berücksichtigt, dass stets der Zuggurt des Biegemomentes als Querschnittsteil 2 definiert ist.

$$b_o = h_1 \cdot \sqrt{1 - \frac{M_{1,Ed}}{M_{pl,1,Rd}}} = 30 \cdot \sqrt{1 - \frac{73,9}{98,9}} = 15,1 \text{ cm}$$

$$b_u = h_2 \cdot \sqrt{1 - \frac{M_{2,Ed}}{M_{pl,2,Rd}}} = 30 \cdot \sqrt{1 - \frac{33,9}{98,9}} = 24,3 \text{ cm}$$

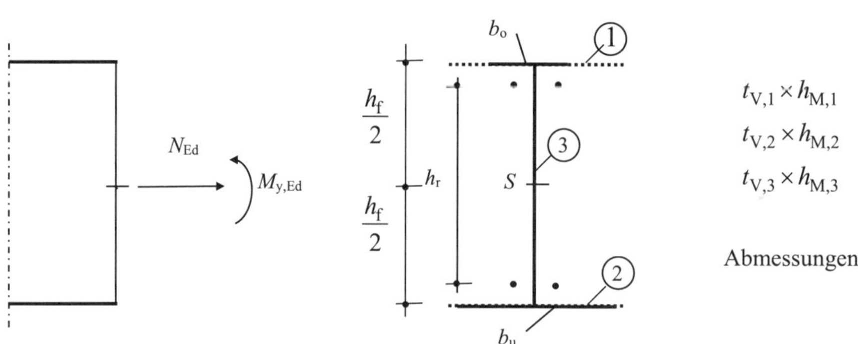

Abb.2.34 Einfachsymmetrischer Querschnitt für N_{Ed} und $M_{y,Ed}$

Für ein positives Biegemoment $M_{y,Ed}$ gilt:

$$h_{M,1} = b_o \qquad h_{M,2} = b_u$$

Für ein negatives Moment $M_{y,Ed}$ gilt:

$$h_{M,1} = b_u = 24,3 \text{ cm} \quad h_{M,2} = b_o = 15,1 \text{ cm} \quad h_{M,3} = h_3 = 35,2 \text{ cm}$$

Nachweis des Biegemomentes $M_{y,Ed}$

Plastische Normalkräfte der Teilquerschnitte

$$N_{pl,w} = h_{M,3} \cdot t_{V,3} \cdot \sigma_{Rd} = 35,2 \cdot 0,917 \cdot 23,5 = 759 \text{ kN}$$

$$N_{V,r} = A_{V,r} \cdot \sigma_{Rd} = 1,31 \cdot 23,5 = 30,8 \text{ kN}$$

$$N_{pl,1} = h_{M,1} \cdot t_{V,1} \cdot \sigma_{Rd} = 24,3 \cdot 1,87 \cdot 23,5 = 1068 \text{ kN}$$

$$N_{pl,2} = h_{M,2} \cdot t_{V,2} \cdot \sigma_{Rd} = 15,1 \cdot 1,87 \cdot 23,5 = 664 \text{ kN}$$

$$N_{pl,3} = N_{pl,w} + 4 \cdot N_{V,r} = 759 + 4 \cdot 30,8 = 882 \text{ kN}$$

Die Normalkraft N_{Ed} ist vorzeichengerecht einzusetzen.

Fall I: Nulllinie im Druckgurt

$$N_1 = -N_d + N_{pl,2} + N_{pl,3} = 700 + 664 + 882 = 2246 \text{ kN}$$

$$-N_{pl,1} = -1068 \text{ kN} \leq N_1 = +2246 \text{ kN} \leq +N_{pl,1} = +1068 \text{ kN}$$

$$M_{Rd} = \left(N_1 + N_{pl,2}\right) \cdot \frac{h_f}{2} = \left(2246 + 664\right) \cdot \frac{0,371}{2} = 540 \text{ kNm}$$

nicht erfüllt.

Fall II: Nulllinie im Zuggurt

$$N_2 = N_\mathrm{d} + N_\mathrm{pl,1} + N_\mathrm{pl,3} = -700 + 1068 + 882 = 1250 \text{ kN}$$

$$-N_\mathrm{pl,2} = -664 \text{ kN} \leq N_2 + 1250 \text{ kN} \leq +N_\mathrm{pl,2} = +664 \text{ kN}$$

$$M_\mathrm{Rd} = \left(N_\mathrm{pl,1} + N_2\right) \cdot \frac{h_\mathrm{f}}{2} = \left(1068 + 1250\right) \cdot \frac{0{,}371}{2} = 430 \text{ kNm}$$

nicht erfüllt.

Fall III: Nulllinie im Steg

$$N_3 = N_\mathrm{d} + N_\mathrm{pl,1} - N_\mathrm{pl,2} = -700 + 1068 - 664 = -296 \text{ kN}$$

$$-N_\mathrm{pl,3} = -882 \text{ kN} \leq N_3 = -296 \text{ kN} \leq +N_\mathrm{pl,3} = +882 \text{ kN}$$

erfüllt!

$$h_\mathrm{N} = \frac{|N_3|}{t_\mathrm{V,3} \cdot \sigma_\mathrm{Rd}} = \frac{296}{0{,}917 \cdot 23{,}5} = 13{,}7 \text{ cm}$$

$$h_\mathrm{N} = 13{,}7 \text{ cm} \leq d = 29{,}8 \text{ cm}$$

Fall IIIa: Nulllinie im geraden Bereiches *d* des Steges

$$M_\mathrm{r} = 2 \cdot N_\mathrm{V,r} \cdot h_\mathrm{r} = 2 \cdot 30{,}8 \cdot 0{,}340 = 20{,}9 \text{ kNm}$$

$$M_\mathrm{pl,3} = t_\mathrm{V,3} \cdot \frac{h_3^2}{4} \cdot \sigma_\mathrm{Rd} = 0{,}917 \cdot \frac{35{,}2^2}{4} \cdot 23{,}5 / 100 = 66{,}8 \text{ kNm}$$

$$M_3 = M_\mathrm{pl,3} \cdot \left[1 - \left(\frac{|N_3|}{N_\mathrm{pl,w}}\right)^2\right] = 66{,}8 \cdot \left[1 - \left(\frac{296}{759}\right)^2\right] = 56{,}6 \text{ kNm}$$

$$M_\mathrm{Rd} = \left(N_\mathrm{pl,1} + N_\mathrm{pl,2}\right) \cdot \frac{h_\mathrm{f}}{2} + M_3 + M_\mathrm{r} = \left(1068 + 664\right) \cdot \frac{0{,}371}{2} + 56{,}6 + 20{,}8 = 399 \text{ kNm}$$

$$\frac{|N_\mathrm{Ed}|}{M_\mathrm{Rd}} = \frac{300}{399} = 0{,}75 \leq 1{,}0$$

3 Druckstab

3.1 Stabilitätsproblem

Der Begriff „Stabilität“ soll am Beispiel des Druckstabes erläutert werden. Stabilität ist ein übergeordneter Begriff und beschreibt das Versagen des Stabes als Verzweigungsproblem und als Traglastproblem unter der Einwirkung von Druckkräften, Imperfektionen und Querlasten. Zur Lösung des Stabilitätsproblems ist die Gleichgewichtsbetrachtung am verformten System erforderlich, wobei i. Allg. die Berechnung nach Theorie II. Ordnung ausreichend ist. Dabei ist zwischen dem idealen und dem realen Druckstab zu unterscheiden.

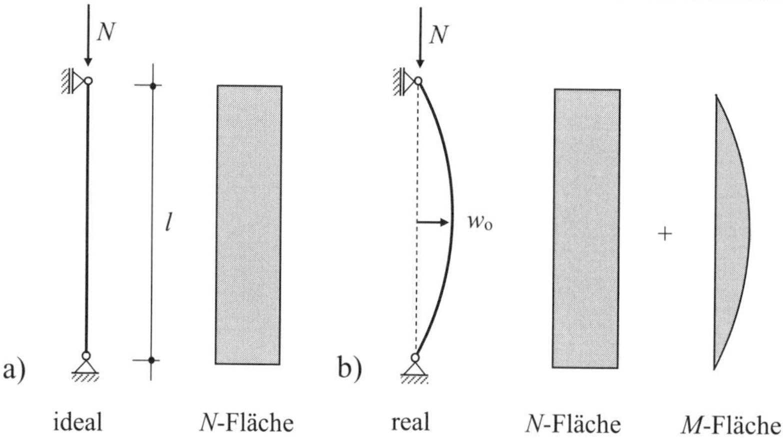

Abb. 3.1 Idealer und realer Druckstab

Für den **idealen** Druckstab gelten die folgenden Voraussetzungen:

- *Bernoulli*-Hypothese vom Ebenbleiben des Querschnittes
- kleine Verformungen
- keine strukturellen Imperfektionen
- ideal gerader Stab
- ideal-elastisches Verhalten.

Dieses Stabilitätsproblem ist das Verzweigungsproblem für den Druckstab. Die Lösung dieses Problems ist die Verzweigungslast N_{cr}. Die Verzweigungslast N_{cr} ist die wichtigste Bezugsgröße für den Tragsicherheitsnachweis des realen Druckstabes.

Für den **realen** Druckstab gelten die folgenden Voraussetzungen:

- *Bernoulli*-Hypothese vom Ebenbleiben des Querschnittes
- kleine Verformungen.

Es werden berücksichtigt:

- geometrische Imperfektionen, wie die Vorkrümmung des Stabes e_0
- strukturelle Imperfektionen wie Eigenspannungen und Fließgrenzenstreuung
- exzentrische Krafteinleitung
- reales elastisch-plastisches Werkstoffverhalten.

Dies bedeutet, dass hier ein komplexes Problem mit den Beanspruchungen Druckkraft und Biegung vorliegt. Dieses Stabilitätsproblem ist das Traglastproblem für den Druckstab. Die Lösung dieses Problems ist die Traglast N_{Rk}.

Die Berechnung des realen Druckstabes ist auch mit entsprechend leistungsfähigen EDV-Programmen sehr aufwändig und muss durch Versuche abgesichert sein. Deshalb wurden in einem umfangreichen Forschungsprogramm der Europäischen Konvention für Stahlbau (EKS) über 1000 Versuche an zentrisch gedrückten Stäben aus unterschiedlichen Walzprofilen und geschweißten Querschnitten durchgeführt. Vergleichsrechnungen und Parameterstudien ergänzten die Untersuchungen. Das Ergebnis des Forschungsprogramms sind die Europäischen Knickspannungslinien, eine Darstellung der Traglast $N_{b,Rk}$ in Abhängigkeit des Schlankheitsgrades λ (s. Abb. 3.2). Als Bezugsgröße dient die Verzwei-gungslast N_{cr}, die in den Schlankheitsgrad eingeht.

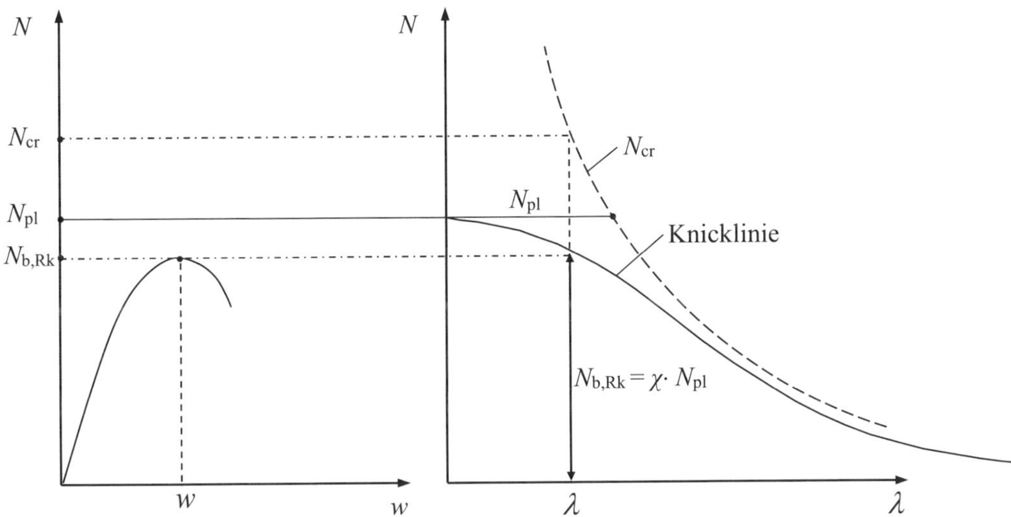

Abb. 3.2 Nachweisformat des Druckstabes

Die Traglastkurve für $N_{b,Rk}$ wird durch zwei Kurven begrenzt. Die obere Grenze ist die plastische Normalkraft N_{pl} des Querschnittes. Die Knicklinie χ schmiegt sich asymptotisch an die *Euler*hyperbel der idealen Knicklast N_{cr} an. Diese Knicklinien sind die Grundlage des Tragsicherheitsnachweises für den zentrisch gedrückten Stab in der Stahlbaunorm. Unter Berücksichtigung des Teilsicherheitskonzeptes lautet der Nachweis:

$$N_{b,Rd} = \frac{\chi \cdot A \cdot f_y}{\gamma_{M1}} \quad \text{für Querschnittsklassen 1, 2 und 3} \tag{3.1}$$

$$N_{b,Rd} = \frac{\chi \cdot A_{eff} \cdot f_y}{\gamma_{M1}} \quad \text{für Querschnittsklasse 4} \tag{3.2}$$

$$\frac{N_{Ed}}{N_{b,Rd}} \leq 1{,}0 \tag{3.3}$$

N_{Ed} ist der Bemessungswert der einwirkenden Druckkraft und $N_{b,Rd}$ der Bemessungswert der Beanspruchbarkeit auf Biegeknicken.
Dieser Nachweis ist ein Ersatzstabnachweis, da neben dem Ansatz der Imperfektionen auch der Einfluss der Theorie II. Ordnung für Druck und Biegung in dem Abminderungsfaktor χ berücksichtigt sind.

3.2 Verzweigungsproblem

3.2.1 Gleichgewichtsarten

Wie schon in Abschnitt Grundlagen erläutert, wird die Gleichgewichtslage bei einer kleinen Störung betrachtet.

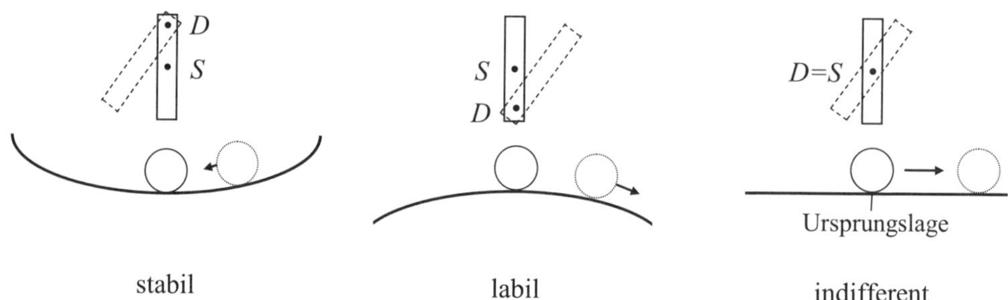

Abb. 3.3 Arten des Gleichgewichtes

Kehrt das System bei einer kleinen Störung in seine Ursprungslage zurück, liegt stabiles Gleichgewicht vor. Bewegt sich das System weiter, herrscht labiles Gleichgewicht. Wenn für ein elastisches System neben der Ursprungslage eine benachbarte Gleichgewichtslage möglich ist, liegt indifferentes Gleichgewicht vor. Die zugehörige Belastung ist die Verzweigungslast des Systems.

3.2.2 Starre Systeme mit Federn

Zunächst werden für einfache starre Systeme mit elastischen Federn die Verzweigungslasten ermittelt, um die allgemein gültige Vorgehensweise zu erläutern.

Voraussetzungen:

- keine geometrischen Imperfektionen
- zentrische Krafteinleitung
- ideal-elastisches Verhalten
- kleine Verformungen.

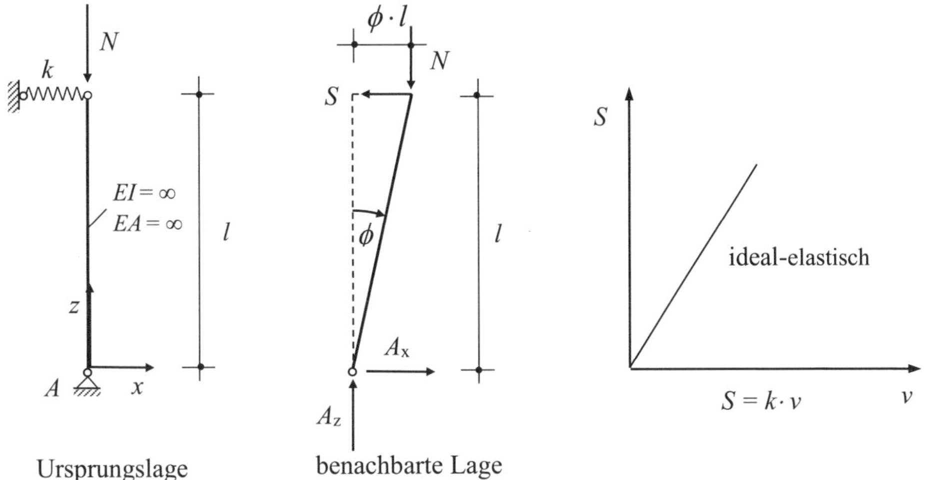

Abb. 3.4 Starrer Stab mit elastischer Feder

Dieses System ist das einfachste verformbare System. Die Biegesteifigkeit und die Dehnsteifigkeit des Stabes sei sehr groß gegenüber der Federsteifigkeit k.
Für die Dehnfeder wird ein ideal-elastisches Verhalten angenommen. Die Elementsteifigkeitsmatrix lautet mit der Federkraft S und der zugehörigen Elementverformung v:

$$S = k \cdot v$$

Für das Gleichgewicht am verformten System werden kleine Verformungen angenommen, d. h. das System wird nach Theorie II. Ordnung berechnet.

$$\sum X = 0 \qquad A_x - S = 0 \quad A_x = S$$

$$\sum Z = 0 \qquad A_z - N = 0 \quad A_z = N$$

$$\sum M(A) = 0 \quad N \cdot l \cdot \varphi - S \cdot l = 0$$

Die kinematische Verträglichkeit zwischen der Elementverformung und globalen Verformung lautet:

$$v = l \cdot \varphi \qquad N \cdot l \cdot \varphi - k \cdot l \cdot \varphi \cdot l = 0$$

$$\varphi \cdot \left(N - k \cdot l \right) = 0$$

Diese Gleichung hat zwei Lösungen:

1. $\varphi = 0$ — Dies ist die Ursprungslage mit dem Gleichgewicht nach Theorie I. Ordnung.
2. $\varphi \neq 0 \rightarrow (N - k \cdot l) = 0$ — Dies ist die benachbarte Gleichgewichtslage.

Diese Gleichung ist die Knickbedingung für dieses System. Die Lösung dieser Gleichung ist die Verzweigungslast N_{cr}.

$$N_{cr} = k \cdot l \tag{3.4}$$

Die Gleichgewichtsbetrachtung am verformten System liefert ein homogenes Gleichungssystem, deren Lösung die Verzweigungslast N_{cr} ergibt. Das folgende Beispiel ist ein starres Stabsystem mit zwei elastischen Dehnfedern und einer allgemeinen Belastung.

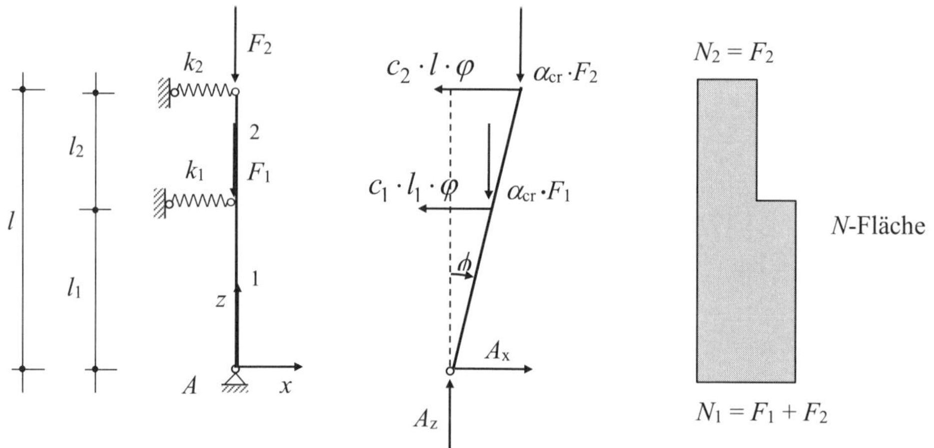

Abb. 3.5 Starres System mit elastischen Federn

Dieses System steht stellvertretend für Stabsysteme unter allgemeiner Belastung. Während es für ein System aus einem einzelnen Stab und einer konstanten N-Fläche nur einen Wert für die Verzweigungslast N_{cr} gibt, gilt dies nicht mehr für Stabsysteme. Deshalb soll für diese Systeme die äußere Belastung nicht mit N bezeichnet werden. Bei der Berechnung von Stabsystemen wird die äußere Belastung so lange gesteigert, bis der niedrigste Eigenwert des Systems erreicht ist. Dieser Laststeigerungsfaktor wird als Verzweigungslastfaktor α_{cr} bezeichnet. Für ein Stabsystem gibt es nur eine N_{cr}-Fläche. Die N_{cr}-Fläche erhält man, wenn die N-Fläche des Systems mit dem Verzweigungslastfaktor α_{cr} multipliziert wird.

$$N_{cr} = \alpha_{cr} \cdot N \tag{3.5}$$

Bei der EDV-Berechnung von Verzweigungsproblemen wird stets der Verzweigungslastfaktor α_{cr} ermittelt.

$$\sum M(A) = 0 \qquad \alpha_{cr} \cdot F_1 \cdot l_1 \cdot \varphi + \alpha_{cr} \cdot F_2 \cdot l \cdot \varphi - k_1 \cdot l_1^2 \cdot \varphi - k_2 \cdot l^2 \cdot \varphi = 0$$

Für $\varphi \neq 0$ erhält man den Verzweigungslastfaktor α_{cr}.

$$\alpha_{cr} = \frac{k_1 \cdot l_1^2 + k_2 \cdot l^2}{F_1 \cdot l_1 + F_2 \cdot l} \tag{3.6}$$

Damit ist die N_{cr}-Fläche bekannt. Soll dieses System unter einer zusätzlichen Querbelastung nach Theorie II. Ordnung berechnet werden, ist für den Vergrößerungsfaktor k der Faktor q_{cr} erforderlich, s. Abschnitt Grundlagen.

$$q_{cr} = \frac{1}{\alpha_{cr}} \tag{3.7}$$

$$q_{cr} = \frac{F_1 \cdot l_1 + F_2 \cdot l}{k_1 \cdot l_1^2 + k_2 \cdot l^2} \tag{3.8}$$

Dieses System wird auch für die Herleitung einer Überlagerungsformel genutzt, wenn an einem System unterschiedliche Einwirkungen vorhanden sind. Die Gleichung (3.8) wird für diese Belastung umgeformt.

$$q_{cr} = \frac{F_1 \cdot l_1}{k_1 \cdot l_1^2 + k_2 \cdot l^2} + \frac{F_2 \cdot l}{k_1 \cdot l_1^2 + k_2 \cdot l^2} = \frac{F_1}{k_1 \cdot l_1 + k_2 \cdot \frac{l^2}{l_1}} + \frac{F_2}{k_1 \cdot \frac{l_1^2}{l} + k_2 \cdot l}$$

Für $F_2 = 0$ gilt für F_1:

$$q_{1,cr} = \frac{F_1}{k_1 \cdot l_1 + k_2 \cdot \frac{l^2}{l_1}} = \frac{F_1}{F_{1,cr}}$$

Für $F_1 = 0$ gilt für F_2:

$$q_{2,cr} = \frac{F_2}{k_1 \cdot \frac{l_1^2}{l} + k_2 \cdot l} = \frac{F_2}{F_{2,cr}}$$

Damit gilt für das System unter beiden Einwirkungen:

$$q_{cr} = q_{1,cr} + q_{2,cr} = \frac{F_1}{F_{1,cr}} + \frac{F_2}{F_{2,cr}} \tag{3.9}$$

bzw. mit den Verzweigungslastfaktoren α_{cr} für jede einzelne Einwirkung am gleichen System:

$$\frac{1}{\alpha_{cr}} = \frac{1}{\alpha_{1,cr}} + \frac{1}{\alpha_{2,cr}} \tag{3.10}$$

Die Gleichung (3.9) ist die *Dunkerley*sche Überlagerungsformel. Wenn die Verzweigungsfiguren der unterschiedlichen Einwirkungen für das gleiche

System affin zueinander sind, was in diesem Beispiel der Fall ist, erhält man die genaue Lösung des Verzweigungsproblems. Sonst ist es oft eine sehr gute Näherungslösung für den Verzweigungslastfaktor α_{cr}, die auf der sicheren Seite liegt. Dieses System wird auch für die Herleitung einer Überlagerungsformel genutzt, wenn an zwei Systemen a und b, die sich wie parallel geschaltete Federn verhalten, dieselben Einwirkungen vorhanden sind.
System a: $k_2 = 0$
System b: $k_1 = 0$

Aus Gleichung (3.6) folgt:

$$\alpha_{cr,a} = \frac{k_1 \cdot l_1^2}{F_1 \cdot l_1 + F_2 \cdot l} \qquad \alpha_{cr,b} = \frac{k_2 \cdot l^2}{F_1 \cdot l_1 + F_2 \cdot l}$$

$$\alpha_{cr} = \alpha_{cr,a} + \alpha_{cr,b} \tag{3.11}$$

In diesem Fall addieren sich die Verzweigungslastfaktoren. Wenn an zwei Systemen a und b, die sich wie hintereinander geschaltete Federn verhalten, dieselben Einwirkungen vorhanden sind, gilt entsprechend die folgende Beziehung:

$$\frac{1}{\alpha_{cr}} = \frac{1}{\alpha_{cr,a}} + \frac{1}{\alpha_{cr,b}} \tag{3.12}$$

3.2.3 Elastischer Stab

3.2.3.1 *Euler*stab

Auch bei einem zentrisch gedrückten elastischen Stab existiert neben der Ursprungslage eine benachbarte Gleichgewichtslage, deren Lösung die Verzweigungslast ist. Das System des *Euler*stabes nach Abb. 3.6 ist der an den beiden Enden gelenkig gelagerte Stab.
Dieses System ist das einfachste elastische System. Für den Biegestab soll ein ideal-elastisches Verhalten gelten. Die Elementsteifigkeitsmatrix ist hier die elastostatische Grundgleichung des Biegestabes. Die Beziehung zwischen dem Biegemoment M und der zugehörigen Elementverformung w'' lautet:

$$M = -E \cdot I \cdot w'' \tag{3.13}$$

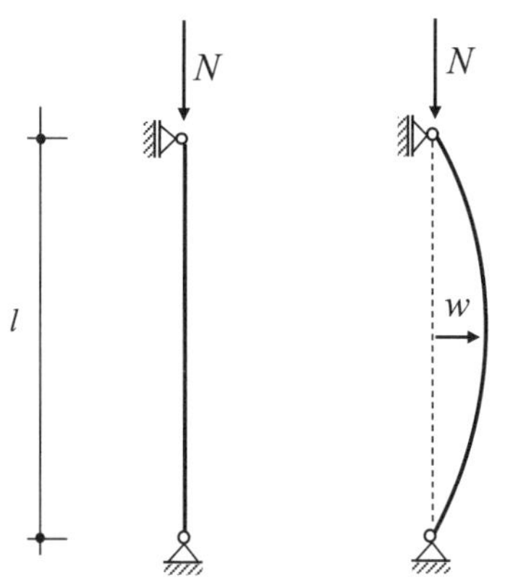

Voraussetzungen:
- keine geometrischen Imperfektionen
- zentrische Krafteinleitung
- ideal elastisches Verhalten
- kleine Verformungen.

Ursprungslage benachbarte Lage

Abb. 3.6 System Eulerstab

Für das Gleichgewicht am verformten System werden kleine Verformungen angenommen, d. h. das System wird nach Theorie II. Ordnung berechnet.

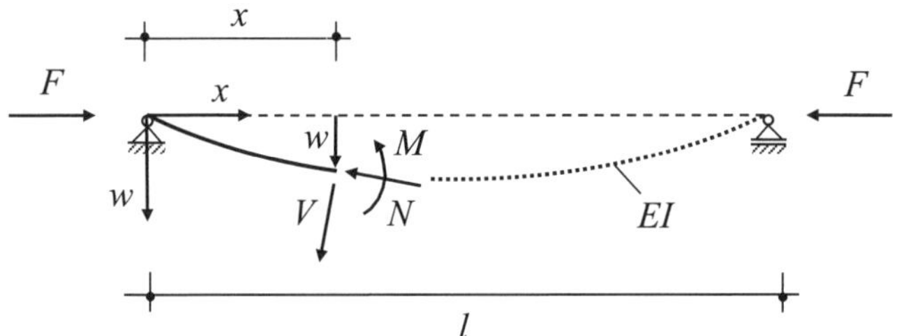

Abb. 3.7 Gleichgewicht am verformten System

Es gilt für das Biegemoment M an der Stelle x dieses Systems, wenn die Normalkraft N als Druckkraft positiv eingeführt wird:

$$F \approx N \qquad M(x) = N \cdot w \tag{3.14}$$

Mit der elastostatischen Grundgleichung (3.13) erhält man:

$$w'' + \frac{N}{E \cdot I} \cdot w = 0$$

und mit der Abkürzung

$$\alpha^2 = \frac{N}{E \cdot I} \tag{3.15}$$

die Differenzialgleichung der Biegelinie

$$w'' + \alpha^2 \cdot w = 0 \tag{3.16}$$

Lösungsansatz: $\quad w = C_1 \cdot \sin \alpha x + C_2 \cdot \cos \alpha x$

Die Randbedingung $w(0) = 0$ liefert $C_2 = 0$ und damit hier den Verlauf der Knickbiegelinie. Die Knickbiegelinie hat einen sinusförmigen Verlauf mit der unbekannten Amplitude C_1.

$$w = C_1 \cdot \sin \alpha x$$

Die Randbedingung $w(l) = 0$ liefert:

$$C_1 \sin \alpha l = 0$$

Diese Gleichung hat zwei Lösungen:

1. $C_1 = 0$ Dies ist die Ursprungslage mit dem Gleichgewicht nach Theorie I. Ordnung.
2. $C_1 \neq 0$ Dies ist die benachbarte Gleichgewichtslage.

$$\sin \alpha l = 0 \tag{3.17}$$

Diese Gleichung ist die Knickbedingung für dieses System. Als Lösung erhält man die Verzweigungslast N_{cr}.

$$\sin \alpha l = 0 \quad \text{gilt für} \quad \alpha = \frac{n \cdot \pi}{l}$$

$$\alpha^2 = \frac{N}{E \cdot I} = \frac{n^2 \cdot \pi^2}{l^2} \quad \rightarrow \quad N = \frac{n^2 \cdot \pi^2 \cdot E \cdot I}{l^2}$$

Der kleinste Eigenwert $n = 1$ liefert die ideale Knicklast des *Euler*stabes.

$$N_{cr} = \frac{\pi^2 \cdot E \cdot I}{l^2} \tag{3.18}$$

3.2.3.2 Knicklänge

Die Knicklänge L_{cr} eines Stabes ist die Länge des gelenkig gelagerten Vergleichsstabes, die die gleiche Verzweigungslast N_{cr} ergibt.

$$N_{cr} = \frac{\pi^2 \cdot E \cdot I}{L_{cr}^2} \tag{3.19}$$

Dabei wird die Knicklänge in das Verhältnis zur Länge des Stabes gesetzt. Dieses Verhältnis ist der Knicklängenbeiwert β.

$$L_{cr} = \beta \cdot l \tag{3.20}$$

Die Knicklänge wird am Beispiel der eingespannten Stütze erläutert. Die Knicklänge wird begrenzt durch die Punkte, in denen das Biegemoment gleich null ist. Dies bedeutet, dass die Knickbiegelinie in diesen Punkten einen Wendepunkt hat. Dies ermöglicht für viele Systeme eine Abschätzung der Knicklänge, wenn die Knickbiegelinie skizziert wird, wobei die Randbedingungen des Systems zu beachten sind.

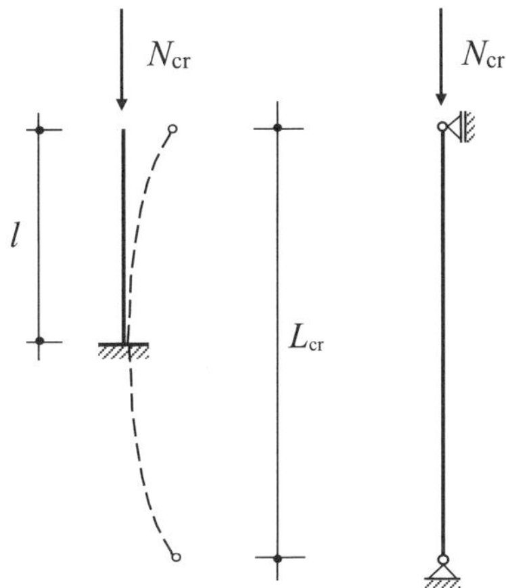

Abb. 3.8 Eingespannte Stütze

Dabei ist zwischen unverschieblichen und verschieblichen Systemen zu unterscheiden. Die eingespannte Stütze ist das einfachste verschiebliche System. In Abb. 3.8 ist die zugehörige Knickbiegelinie skizziert. Man erkennt, dass die Knicklänge $L_{cr} = 2 \cdot l$ ist.

$$N_{cr} = \frac{\pi^2 \cdot E \cdot I}{L_{cr}^2} = \frac{1}{4} \cdot \frac{\pi^2 \cdot E \cdot I}{l^2}$$

Die Knicklast der eingespannten Stütze beträgt nur ¼ des *Euler*stabes. In Abb. 3.9 sind die Knicklängenbeiwerte der vier *Euler*fälle angegeben. Diese sind ergänzt durch weitere verschiebliche Stäbe, die für Grenzbetrachtungen von Stützen von Rahmensystemen wichtig sind.

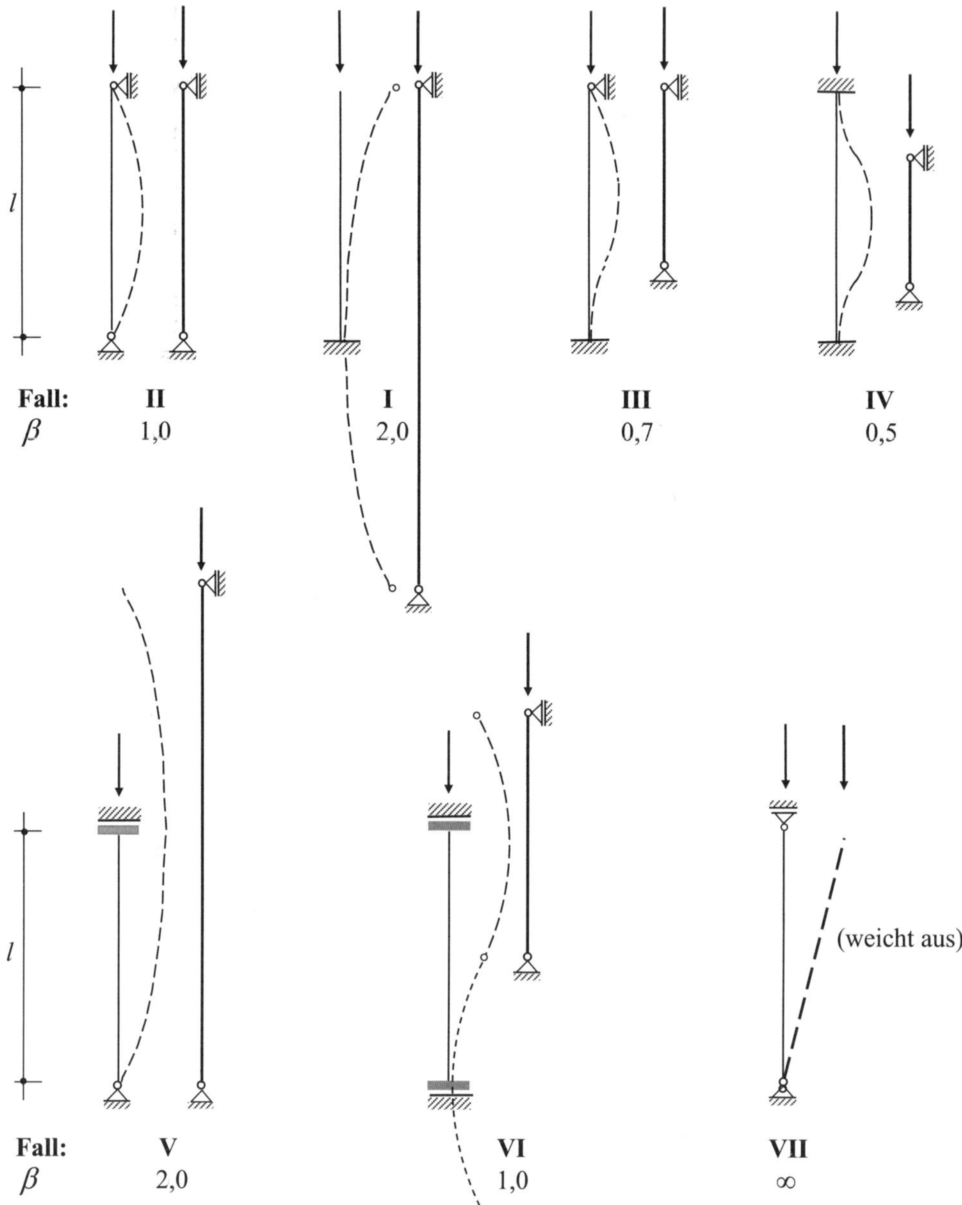

Abb. 3.9 Knicklängenbeiwerte der vier Eulerfälle und weiterer Systeme

Diese Grenzbetrachtung wird anhand der Rahmensysteme in Abb. 3.10 vorgenommen. Es handelt sich um einen symmetrischen Zweigelenkrahmen und eingespannten Rahmen unter symmetrischer Belastung. Die kleinste Knicklast erhält man für das seitliche Ausweichen der Rahmen. Der Knicklängenbeiwert ist abhängig von der Biegesteifigkeit EI_R des Riegels zur Biegesteifigkeit EI_S der Stütze.

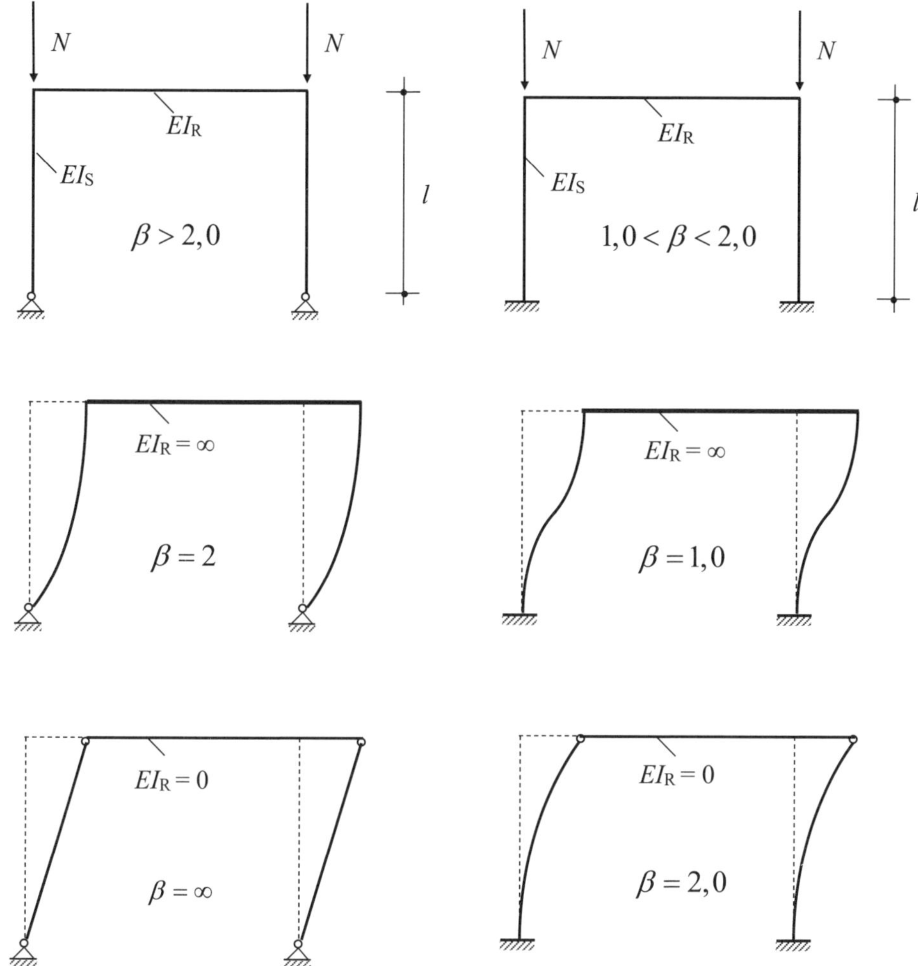

Abb. 3.10 Rahmenknicken

Für den Zweigelenkrahmen gilt:
Ist die Biegesteifigkeit EI_R des Riegels im Verhältnis zur Biegesteifigkeit EI_S der Stütze unendlich groß, liegt der Fall V vor mit $\beta = 2$.
Ist die Biegesteifigkeit EI_R des Riegels im Verhältnis zur Biegesteifigkeit EI_S der Stütze gleich null, liegt der Fall VII vor mit $\beta = \infty$.
Dies bedeutet, dass der Knicklängenbeiwert $\beta > 2$ ist.
Für den eingespannten Rahmen gilt:
Ist die Biegesteifigkeit EI_R des Riegels im Verhältnis zur Biegesteifigkeit EI_S der Stütze unendlich groß, liegt der Fall VI vor mit $\beta = 1$.
Ist die Biegesteifigkeit EI_R des Riegels im Verhältnis zur Biegesteifigkeit EI_S der Stütze gleich null, liegt der Fall I vor mit $\beta = 2$. Dies bedeutet, dass der Knicklängenbeiwert $1 < \beta < 2$ ist. Es ist Folgendes zu beachten:

Die Knicklänge ist unabhängig vom Elastizitätsmodul, wenn das System aus einem Werkstoff besteht. Sonst geht das Verhältnis der Elastizitätsmoduln mit ein. Die Knicklast dagegen ist abhängig vom Elastizitätsmodul! In der Fachliteratur sind die Knicklängenbeiwerte für viele Systeme, Lagerungen und Normalkraftverteilungen angegeben.

3.2.3.3 Berücksichtigung von Pendelstützen

Im Stahlbau ist es üblich, Systeme mit angehängten Pendelstützen einzusetzen. Stellvertretend für diese Systeme ist in Abb. 3.11 eine eingespannte Stütze mit einer Pendelstütze dargestellt, deren Längen unterschiedlich sind.
Die eingespannte Stütze muss nicht nur die eigene Belastung stabilisieren, sondern auch die Belastung der Pendelstütze. Deshalb wird die Verzweigungslast der stabilisierenden Stütze durch angehängte Pendelstützen reduziert. Dies bedeutet, dass der Knicklängenbeiwert $\beta > 2$ ist.

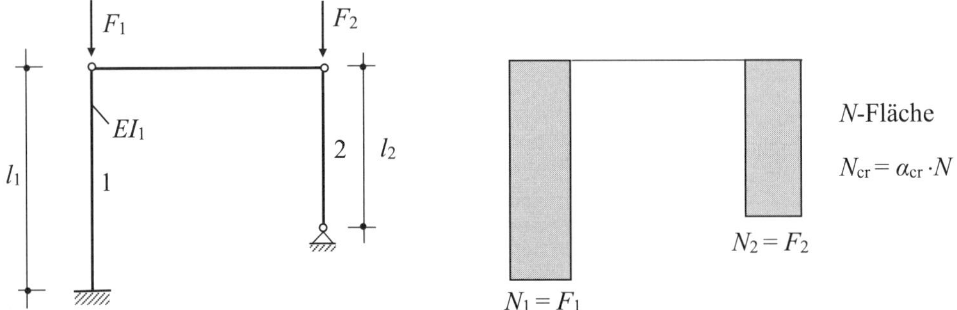

Abb. 3.11 Eingespannte Stütze mit Pendelstütze

Für die Herleitung des Verzweigungslastfaktors α_{cr}, der Verzweigungslast N_{cr} und des Knicklängenbeiwertes β der eingespannten Stütze wird die *Dunkerley*sche Überlagerungsformel angewendet.

Fall 1: $F_1 \neq 0 \qquad F_2 = 0$

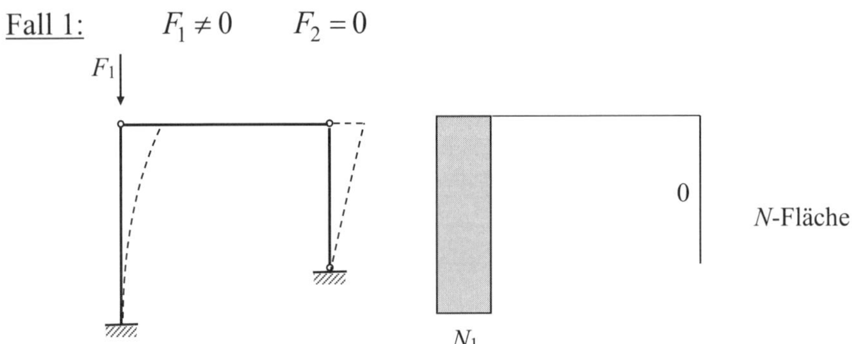

Abb. 3.12 Belastung der eingespannten Stütze

Das System wird zunächst mit der Einwirkung F_1 und dann mit der Einwirkung F_2 belastet.

$$q_{\text{cr}} = q_{1,\text{cr}} + q_{2,\text{cr}} = \frac{F_1}{F_{1,\text{cr}}} + \frac{F_2}{F_{2,\text{cr}}}$$

Da die Pendelstütze unbelastet ist, entspricht dieses System dem *Euler*fall I.

$$F_{1,\text{cr}} = \frac{\pi^2 \cdot E \cdot I_1}{\left(2 \cdot l_1\right)^2}$$

<u>Fall 2:</u> $F_1 = 0 \qquad F_2 \neq 0$

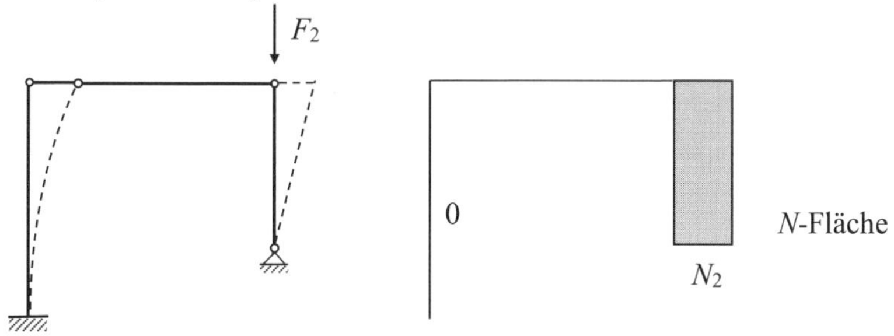

Abb. 3.13 Belastung der Pendelstütze

Das Knicken der Pendelstütze 2 ist stets gesondert zu untersuchen. Für das seitliche Ausweichen der Pendelstütze als starren Stab wirkt die Einspannstütze wie eine federnde Lagerung. In dem Horizontalstab wirkt die Kraft S.

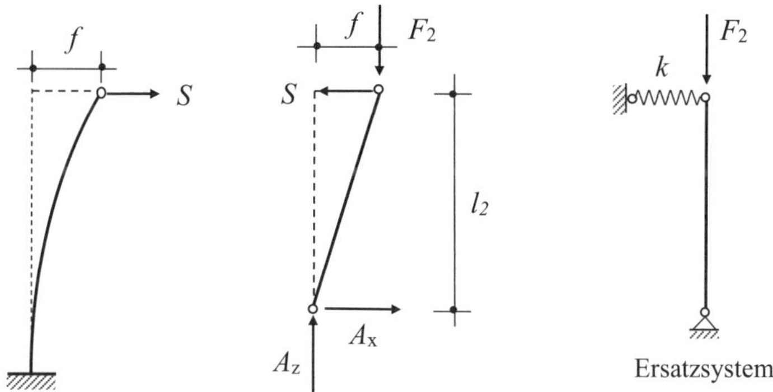

Abb. 3.14 Ersatzsystem für die Belastung der Pendelstütze

Für $N_2 = F_2$ gilt:

$$\Sigma M(A) = 0 \qquad S = F_2 \cdot \frac{f}{l_2}$$

Die Kraft S wird als Abtriebskraft bezeichnet, die die Einspannstütze zusätzlich belastet. Es gilt:

$$S = k \cdot f; \qquad k = \frac{3 \cdot E \cdot I_1}{l_1^3}; \qquad F_{2,\text{cr}} = k \cdot l_2 = \frac{3 \cdot E \cdot I_1}{l_1^3} \cdot l_2$$

$$q_{\text{cr}} = \frac{F_1}{\frac{\pi^2 \cdot E \cdot I_1}{(2 \cdot l_1)^2}} + \frac{F_2}{k \cdot l_2} = \frac{F_1}{\frac{\pi^2 \cdot E \cdot I_1}{(2 \cdot l_1)^2}} + \frac{F_2}{\frac{3 \cdot E \cdot I_1}{l_1^3} \cdot l_2}$$

$$\alpha_{\text{cr}} = \frac{1}{q_{\text{cr}}}$$

Damit ist die N_{cr}-Fläche berechnet. Der Nachweis der eingespannten Stütze wird geführt mit

$$N_{\text{cr},1} = \alpha_{\text{cr}} \cdot N_1$$

Die Berechnung der Knicklänge folgt aus:

$$L_{\text{cr}} = \sqrt{\frac{\pi^2 \cdot E \cdot I_1}{N_{1,\text{cr}}}} \quad \text{und} \quad \beta_1 = \frac{L}{l_1}$$

Die Berechnung der Knicklänge ist im Stahlbau nicht erforderlich, da sofort der bezogene Schlankheitsgrad $\bar{\lambda}$ berechnet werden kann.

$$\bar{\lambda} = \sqrt{\frac{N_{\text{pl}}}{N_{\text{cr}}}} = \sqrt{\frac{A \cdot f_{\text{y}}}{N_{\text{cr}}}}$$

Sind mehrere Pendelstützen an eine Einspannstütze angeschlossen, ist über die Anzahl i der Pendelstütze zu summieren.

$$q_{\text{cr}} = \frac{F_1}{\frac{\pi^2 \cdot E \cdot I_1}{(2 \cdot l_1)^2}} + \sum \frac{1}{k} \cdot \frac{F_{\text{i}}}{l_{\text{i}}}$$

Es soll nun der Knicklängenbeiwert β_1 der eingespannten Stütze mit der Pendelstütze als geschlossene Formel hergeleitet werden. Mit $N_{1,\text{cr}} = \alpha_{\text{cr}} \cdot N_1$ und
$N_1 = F_1$ erhält man:

$$N_{1,\text{cr}} = \frac{N_1}{\frac{N_1}{\frac{\pi^2 \cdot E \cdot I_1}{4 \cdot l_1^2}} + \frac{F_2}{\frac{3 \cdot E \cdot I_1}{l_1^2} \cdot \frac{l_2}{l_1}}} = \frac{\pi^2 \cdot E \cdot I_1}{4 \cdot l_1^2} \cdot \frac{1}{1 + \frac{\pi^2}{12} \cdot \frac{F_2}{N_1} \cdot \frac{l_1}{l_2}}$$

$$N_{1,\mathrm{cr}} = \frac{\pi^2 \cdot E \cdot I_1}{l_1^2 \cdot 4 \cdot \left(1 + \frac{\pi^2}{12} \cdot \frac{F_2}{N_1} \cdot \frac{l_1}{l_2}\right)}$$

mit $L = \beta_1 \cdot l_1$

$$\beta_1^2 = 4 \cdot \left(1 + \frac{\pi^2}{12} \cdot \frac{F_2}{N_1} \cdot \frac{l_1}{l_2}\right)$$

und mit $\kappa = \frac{F_2}{N_1} \cdot \frac{l_1}{l_2}$ bzw. $\kappa = \sum \frac{F_i}{N_1} \cdot \frac{l_1}{l_i}$ für *i*-Pendelstützen gilt:

$$\beta_1 = 2 \cdot \sqrt{1 + \frac{\pi^2}{12} \cdot \kappa} \tag{3.21}$$

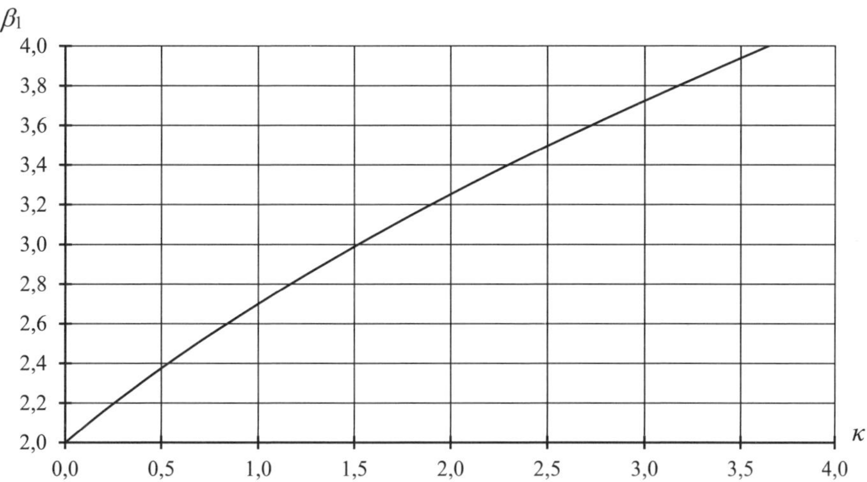

Abb. 3.15 Knicklängenbeiwert β_1

Die genaue Lösung für die Knickbedingung lautet:

$$\frac{\tan \varepsilon_1}{\varepsilon_1} = 1 + \frac{1}{\kappa}$$

mit $$\varepsilon_1 = \alpha_1 \cdot l_1 = \sqrt{\frac{N_1}{E \cdot I_1}} \cdot l_1 \tag{3.22}$$

Die Lösung der Knickbedingung für einen gegebenen Wert χ nennt man den Eigenwert $\varepsilon_{1,\mathrm{cr}}$.

$$\varepsilon_{1,\mathrm{cr}} = \sqrt{\frac{N_{1,\mathrm{cr}}}{E \cdot I_1}} \cdot l_1 \qquad \varepsilon_{1,\mathrm{cr}}^2 = \frac{N_{1,\mathrm{cr}}}{E \cdot I_1} \cdot l_1^2 = \frac{\pi^2 \cdot E \cdot I_1}{\beta_1^2 \cdot l_1^2 \cdot E \cdot I_1} \cdot l_1^2 = \frac{\pi^2}{\beta_1^2}$$

$$\beta_1 = \frac{\pi}{\varepsilon_{1,\mathrm{cr}}} \tag{3.23}$$

Vergleich der Näherungslösung mit der exakten Lösung für $\kappa = 3{,}66$

$$\frac{\tan \varepsilon_1}{\varepsilon_1} = 1 + \frac{1}{3{,}66} = 1{,}2732 \qquad \varepsilon_{1,\mathrm{cr}} = \frac{\pi}{4} \quad \text{und} \quad \beta = 4{,}000$$

Die Näherung ist sehr genau:

$$\beta_1 = 2 \cdot \sqrt{1 + \frac{\pi}{12} \cdot 3{,}66} = 4{,}005$$

3.2.3.4 *Euler*sche Knickspannung

Die *Euler*sche Knickspannung ist die ideale Knicklast N_{cr} dividiert durch die Fläche A des Stabes.

$$\sigma_{\mathrm{cr}} = \frac{N_{\mathrm{cr}}}{A} \qquad \sigma_{\mathrm{cr}} = \frac{\pi^2 \cdot E \cdot I}{L_{\mathrm{cr}}^2 \cdot A}$$

Es werden folgende neue Definitionen eingeführt:

1. Trägheitsradius $i = \sqrt{\dfrac{I}{A}}$ (3.24)

$$\sigma_{\mathrm{cr}} = \frac{\pi^2 \cdot E}{\dfrac{L_{\mathrm{cr}}^2}{i^2}}$$

2. Schlankheit $\lambda = \dfrac{L_{\mathrm{cr}}}{i}$ (3.25)

$$\sigma_{\mathrm{cr}} = \frac{\pi^2 \cdot E}{\lambda^2} \tag{3.26}$$

Die Schlankheit λ ist eine dimensionslose Größe. Sie definiert das Verhältnis der Knicklänge L_{cr} des Stabes zum Trägheitsradius i.
Die Gleichung (3.26) wird als *Euler*hyperbel bezeichnet. Je größer die Schlankheit λ ist, umso stabilitätsgefährdeter ist der Druckstab. Um eine grobe Einteilung vorzunehmen, kann man folgende Bezeichnungen wählen:

$\lambda < 50$	gedrungene Stäbe
$50 < \lambda < 100$	mittelschlanke Stäbe

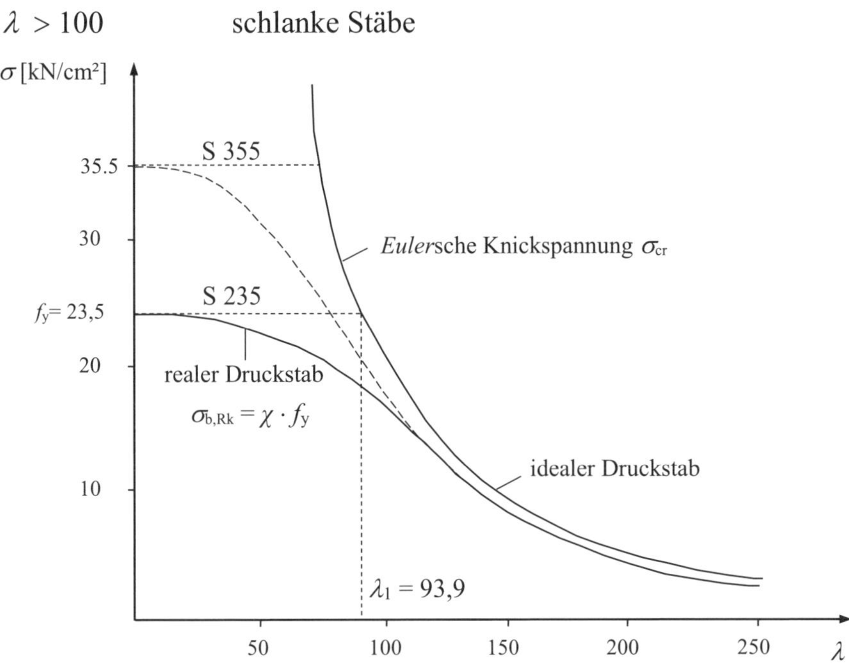

Abb. 3.16 Eulersche Knickspannung

3.3 Traglastproblem

Der reale Druckstab unterscheidet sich, wie schon ausgeführt wurde, wesentlich von dem idealen Druckstab. Die obere Grenze ist die Werkstoffgrenze bzw. die plastische Normalkraft. Die Stäbe sind nicht ideal gerade, sondern leicht gekrümmt. Die Kraft greift nicht ideal zentrisch an. Der Stab hat Eigenspannungen und die Fließgrenze streut über den Querschnitt. Die χ-Werte, Knickspannungslinien genannt, wurden durch umfangreiche Berechnungen und Versuche ermittelt. Das Nachweisformat für den realen Druckstab ist in (1-1; 6.3.1) geregelt. Für die Berechnung wurde eine dimensionslose Darstellung gewählt, um unabhängig von der Stahlsorte zu sein. Weiterhin wird der Nachweis in der Stahlbaunorm nicht mit Spannungen, sondern mit Schnittgrößen geführt. Als Bezugsgröße gilt die Verzweigungslast N_{cr} bzw. die Schlankheit λ. Die dimensionslose Darstellung in der Abb. 3.17 wird folgendermaßen vorgenommen. Für den Abminderungsfaktor χ der Knickspannungslinien gilt:

$$\chi = \frac{\sigma_{b,Rk}}{f_y} = \frac{N_{b,Rk}}{N_{pl}} \tag{3.27}$$

Die Schlankheit λ wird durch die dimensionslose Schlankheit $\overline{\lambda}$ ersetzt.

$$\bar{\lambda} = \frac{\lambda}{\lambda_1} \tag{3.28}$$

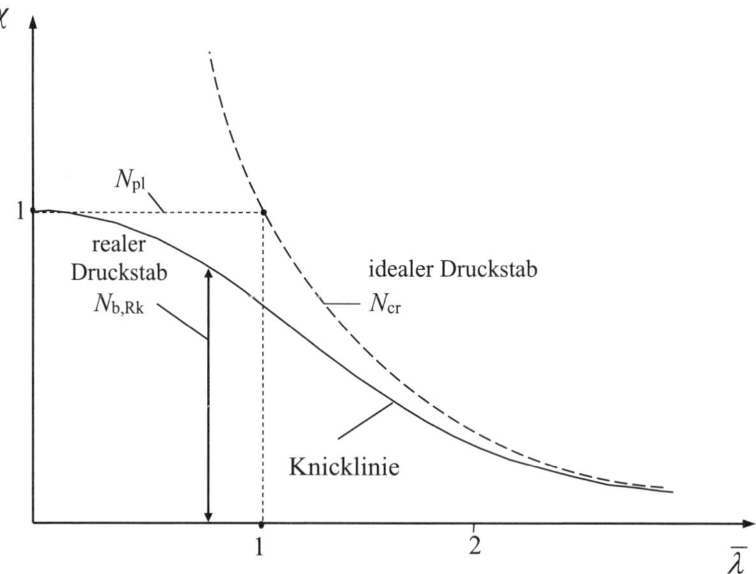

Abb. 3.17 Dimensionslose Darstellung des Tragsicherheitsnachweises

Der Wert λ_1 folgt aus der Zuordnung $\sigma_{cr} = f_y$

$$f_y = \frac{\pi^2 \cdot E}{\lambda_1^{\;2}} \quad \rightarrow \quad \lambda_1 = \pi \cdot \sqrt{\frac{E}{f_y}} \tag{3.29}$$

$\lambda_1 = 93{,}9$ für S 235 und $\lambda_1 = 76{,}4$ für S 355

Die Schlankheit $\bar{\lambda}$ kann auch mit der folgenden allgemeinen Beziehung berechnet werden.

$$\bar{\lambda} = \sqrt{\frac{N_{pl}}{N_{cr}}} \tag{3.30}$$

Beweis:

$$\bar{\lambda} = \sqrt{\frac{N_{pl}}{N_{cr}}} = \sqrt{\frac{A \cdot f_y \cdot L_{cr}^{\;2}}{\pi^2 \cdot E \cdot I}} = \frac{\dfrac{L_{cr}}{\sqrt{\dfrac{I}{A}}}}{\pi \cdot \sqrt{\dfrac{E}{f_y}}} = \frac{\dfrac{L_{cr}}{i}}{\lambda_1} = \frac{\lambda}{\lambda_1}$$

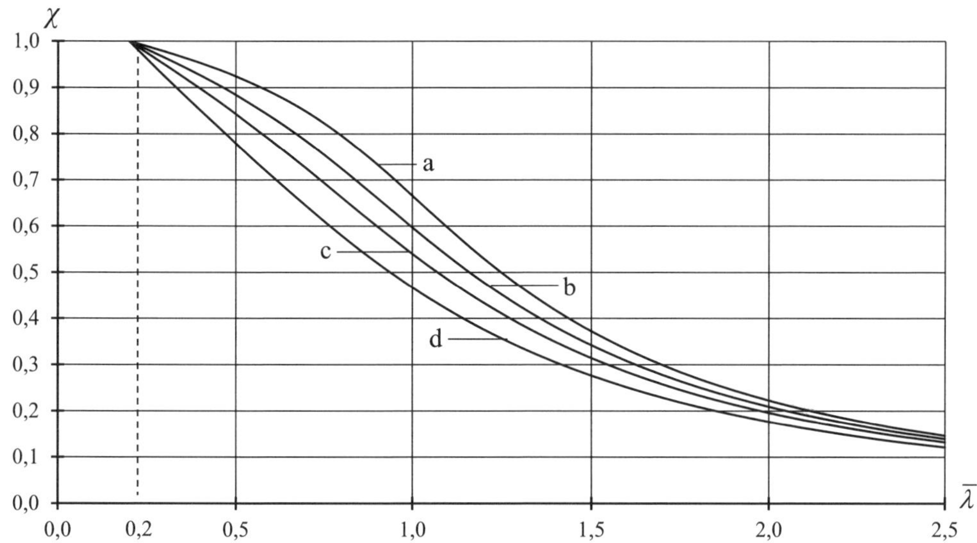

Abb. 3.18 Knickspannungslinien

Tabelle 3.1 Werte der Knicklinien

$\bar{\lambda}$	a	b	c	d
0,20	1,000	1,000	1,000	1,000
0,30	0,977	0,964	0,949	0,923
0,40	0,953	0,926	0,897	0,850
0,50	0,924	0,884	0,843	0,779
0,60	0,890	0,837	0,785	0,710
0,70	0,848	0,784	0,725	0,643
0,80	0,796	0,724	0,662	0,580
0,90	0,734	0,661	0,600	0,521
1,00	0,666	0,597	0,540	0,467
1,10	0,596	0,535	0,484	0,419
1,20	0,530	0,478	0,434	0,376
1,30	0,470	0,427	0,389	0,339
1,40	0,418	0,382	0,349	0,306
1,50	0,372	0,342	0,315	0,277
1,60	0,333	0,308	0,284	0,251
1,70	0,299	0,278	0,258	0,229
1,80	0,270	0,252	0,235	0,209
1,90	0,245	0,229	0,214	0,192
2,00	0,223	0,209	0,196	0,177
2,10	0,204	0,192	0,180	0,163
2,20	0,187	0,176	0,166	0,151
2,30	0,172	0,163	0,154	0,140
2,40	0,159	0,151	0,143	0,130
2,50	0,147	0,140	0,132	0,121

Tabelle 3.2 Zuordnung der Querschnitte zu den Knicklinien

Querschnitt		Begrenzungen	Ausweichen rechtwinklig zur Achse	Knicklinie	
				S 235 S 275 S 355 S 420	S 460
Hohlprofile	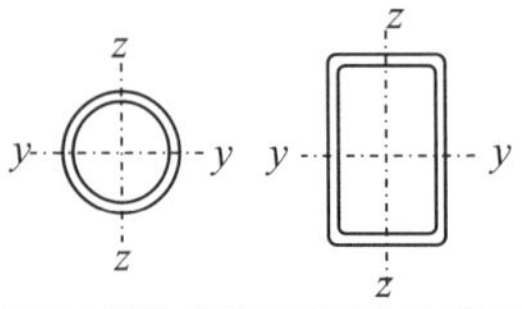	warmgefertigt	jede	a	a_0
		kaltgefertigt	jede	c	c
geschweißte Kasten-querschnitte	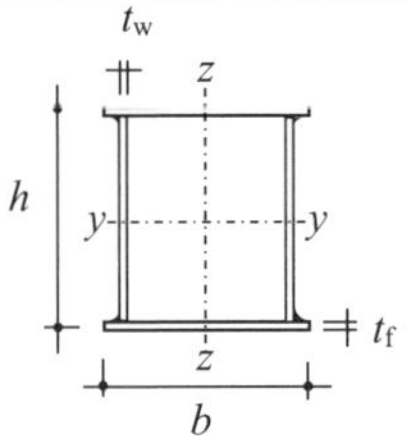	allgemein (außer den Fällen der nächsten Zeile)	jede	b	b
		dicke Schweißnähte $a > 0{,}5 \cdot t_f$ $b/t_f < 30$ $h/t_w < 30$	jede	c	c
gewalzte I-Profile	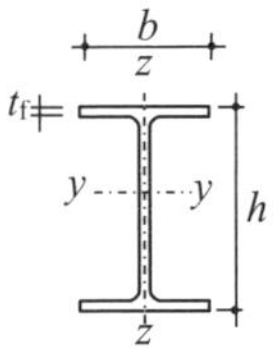	$h/b > 1{,}2$ $t_f \leq 40$ mm	y-y z-z	a b	a_0 a_0
		$h/b > 1{,}2$ 40 mm $< t_f \leq 100$ mm	y-y z-z	b c	a a
		$h/b \leq 1{,}2$ $t_f \leq 100$ mm	y-y z-z	b c	a a
		$h/b \leq 1{,}2$ $t_f > 100$ mm	y-y z-z	d d	c c
geschweißte I-Querschnitte	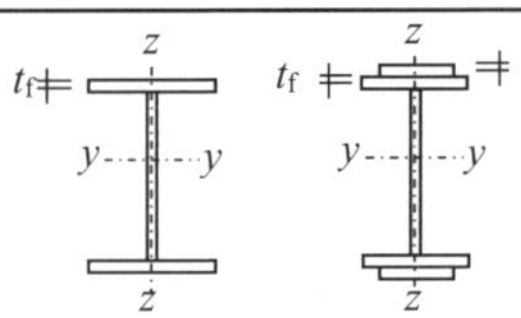	$t_f \leq 40$ mm	y-y z-z	b c	b c
		$t_f > 40$ mm	y-y z-z	c d	c d
U-, T- und Vollquer-schnitte	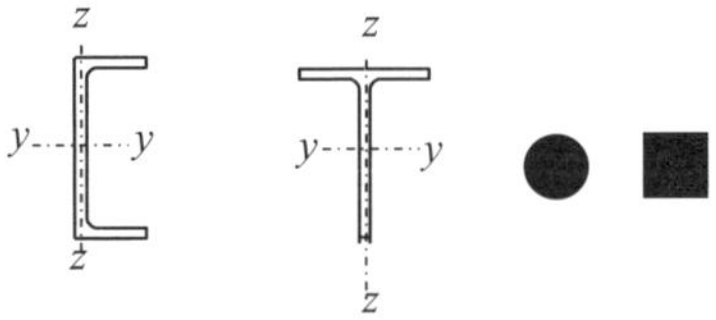		jede	c	c
L-Querschnitte	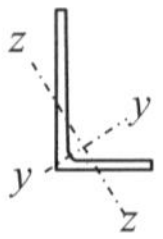		jede	b	b

Unter Berücksichtigung des Teilsicherheitskonzeptes lautet der Nachweis:

$$N_{\mathrm{b,Rd}} = \frac{\chi \cdot A \cdot f_{\mathrm{y}}}{\gamma_{\mathrm{M1}}} \quad \text{für Querschnittsklassen 1, 2 und 3} \tag{3.31}$$

$$N_{\mathrm{b,Rd}} = \frac{\chi \cdot A_{\mathrm{eff}} \cdot f_{\mathrm{y}}}{\gamma_{\mathrm{M1}}} \quad \text{für Querschnittsklasse 4} \tag{3.32}$$

$$\frac{N_{\mathrm{Ed}}}{N_{\mathrm{b,Rd}}} \leq 1{,}0 \tag{3.33}$$

Für den Abminderungsfaktor χ sind in (1-1, Tabelle 6.2) und in der Tabelle 3.1 vier Knicklinien a, b, c und d angegeben, die in Abb. 3.18 dargestellt sind.

In die Kurve a sind vor allem Querschnitte eingeordnet, die geringe Eigenspannungen haben wie warm gefertigte Hohlprofile. Kalt gefertigte Hohlprofile sind der Kurve c zugeordnet. Zu der Kurve c gehören Querschnitte, deren Randfasern in der betrachteten Ausweichrichtung Druckeigenspannungen besitzen. Es handelt sich dabei z. B. um U-, T- und Vollprofile als auch einige gewalzte I-Profile für Knicken um die schwache Achse. Gewalzte Profile mit sehr dicken Flanschen $t > 100$ mm sind der Knickspannungslinie d zugeordnet.
In (1-1, (6.49)) ist eine analytische Darstellung der Knickspannungslinien angegeben, siehe auch Beispiel 3.4.1.
Bei Bauteilen mit offenem Querschnitt ist weiterhin zu beachten, dass die Verzweigungslast N_{cr} für Drillknicken oder Biegedrillknicken kleiner sein kann als für Biegeknicken.
Im Allgemeinen ist die Aufgabe, die Querschnittsform und Größe festzulegen. Die Festlegung der Größe ist ein iterativer Prozess. Die Querschnittsform richtet sich nach konstruktiven Anforderungen und der statischen Eignung. Wirtschaftlich ist anzustreben:

$$\lambda_{\mathrm{y}} \approx \lambda_{\mathrm{z}} \quad \text{d. h.} \quad \frac{i_{\mathrm{y}}}{i_{\mathrm{z}}} \approx \frac{L_{\mathrm{cr,y}}}{L_{\mathrm{cr,z}}} \tag{3.34}$$

Bei gleicher Fläche A sind die Querschnitte mit einem größeren Trägheitsradius günstiger, z. B. ist ein Rohr mit größerem Durchmesser günstiger als ein Rohr mit größerer Wanddicke.
Tragfähigkeitstabellen als Hilfe erleichtern die Bemessung. Stehen keine EDV-Programme für diesen Nachweis zur Verfügung, kann als erster Anhaltspunkt gewählt werden:

$$\text{erf } A \approx \frac{N}{15} \quad A \text{ in cm}^2 \text{ und } N \text{ in kN} \tag{3.35}$$

Bei L-, T- und U-Profilen kann im gedrungenen Bereich das Drillknicken maßgebend werden. Für Druckstäbe aus einem Winkel siehe Band 2 Kapitel 9.6.
Für die analytische Berechnung des Abminderungsfaktors χ gilt:

$$\bar{\lambda} \leq 0{,}2: \quad \chi = 1 \tag{3.36}$$

$$\bar{\lambda} > 0{,}2: \quad \chi = \frac{1}{\phi + \sqrt{\phi^2 - \bar{\lambda}^2}} \tag{3.37}$$

$$\phi = 0{,}5 \cdot \left[1 + \alpha \cdot \left(\bar{\lambda} - 0{,}2\right) + \bar{\lambda}^2\right] \tag{3.38}$$

$$\bar{\lambda} = \sqrt{\frac{N_{\text{pl}}}{N_{\text{cr}}}} = \sqrt{\frac{A \cdot f_{\text{y}}}{N_{\text{cr}}}} \quad \text{für Querschnittsklasse 1, 2 und 3} \tag{3.39}$$

$$\bar{\lambda} = \sqrt{\frac{N_{\text{pl}}}{N_{\text{cr}}}} = \sqrt{\frac{A_{\text{eff}} \cdot f_{\text{y}}}{N_{\text{cr}}}} \quad \text{für Querschnittsklasse 4} \tag{3.40}$$

Der Imperfektionsbeiwert α zur Berechnung des Abminderungsfaktors χ lautet nach (1-1, Tabelle 6.1):

Tabelle 3.3 Imperfektionsbeiwerte α für das Biegeknicken

Knicklinie	a_0	a	b	c	d
Imperfektionsbeiwert α	0,13	0,21	0,34	0,49	0,76

Es sei darauf hingewiesen, dass die Stege einzelner I- und H-Profile die Bedingungen für die Querschnittsklasse 3 nicht erfüllen und der Querschnittsklasse 4 zuzuordnen sind. In diesem Fall ist für den Nachweis des Druckstabes die Querschnittsfläche A durch **die wirksame Querschnittsfläche A_{eff}** nach Tabelle 3.4 zu ersetzen.

Die Erläuterungen zu der Berechnung der wirksamen Querschnittsfläche A_{eff} sind in Band 2, Abschnitt Plattenbeulen, angegeben.

Tabelle 3.4 A_{eff} bei reinem Druck für Querschnittsklasse 4 in cm²

Nennhöhe	IPE			HEA			HEB		
	S 235	**S 275**	**S 355**	**S 235**	**S 275**	**S 355**	**S 235**	**S 275**	**S 355**
80	1	1	1	1	1	1	1	1	1
100	1	1	1	1	1	1	1	1	1
120	1	1	1	1	1	1	1	1	1
140	1	1	1	1	1	1	1	1	1
160	1	1	1	1	1	1	1	1	1
180	1	1	2	Querschnittsklasse des Steges bei reinem Druck					1
200	1	1	2	1	1	1	1	1	1
220	1	1	2	1	1	1	1	1	1
240	1	2	2	1	1	1	1	1	1
260	-	-		1	1	1	1	1	1
270	2	2	3	-	-	-	-	-	-
280	-	-		1	1	1	1	1	1
300	2	2	52,7	1	1	1	1	1	1
320	-	-	-	1	1	1	1	1	1
330	2	3	61,0	-	-	-	-	-	-
340	-	-	-	1	1	1	1	1	1
360	2	3	70,4	1	1	1	1	1	1
400	3	3	81,2	1	1	2	1	1	1
450	3	96,3	93,8	1	1	2	1	1	1
500	3	112	108	1	2	3	1	1	2
550	132	129	126	2	2	208	1	1	2
600	152	150	145	2	3	220	1	2	3
650	-	-	-	3	237	232	2	2	3
700	-	-	-	3	255	249	2	2	301
800	-	-	-	277	273	265	3	3	320
900	-	-	-	305	300	291	3	359	348
1000	-	-	-	322	315	305	384	377	365

3.4 Beispiele

Beispiel 3.4.1: Vergleich verschiedener Querschnittsformen

$\gamma_{M1} = 1{,}10$

In diesem Beispiel sollen verschiedene Querschnittsformen auf ihre Wirtschaftlichkeit untersucht werden, wenn sie als Druckstäbe eingesetzt werden. Ein wichtiges Kriterium dafür ist das Gewicht der Stütze. Das Gewicht ist direkt proportional zur Fläche des Querschnittes. In diesem Beispiel wird eine Stütze mit gleichen Knicklängen um beide Achsen gewählt.

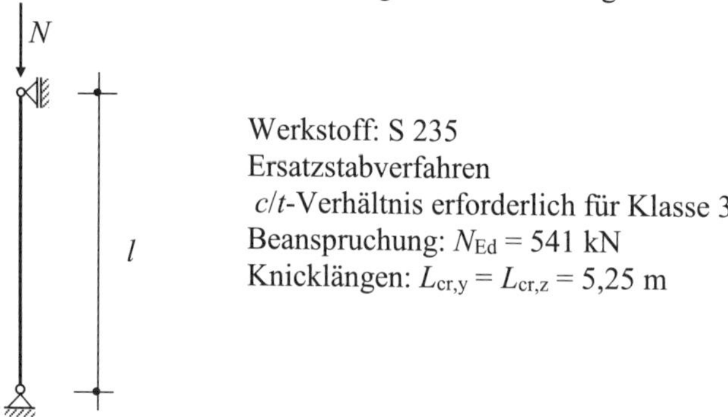

Werkstoff: S 235
Ersatzstabverfahren
c/t-Verhältnis erforderlich für Klasse 3
Beanspruchung: $N_{Ed} = 541$ kN
Knicklängen: $L_{cr,y} = L_{cr,z} = 5{,}25$ m

Abb. 3.19 Ersatzstab und Belastung

Bei I-Querschnitten ist das Biegeknicken um die schwache Achse maßgebend, wenn $L_{cr,y} = L_{cr,z}$ ist.

1. HEA-Profil

HEA-Profile sind konstruktiv und statisch günstig. Die Auswahl kann nach Tragfähigkeitstabellen erfolgen.

Gewählt: HEA 200
Querschnittswerte: $A = 53{,}8$ cm²; $i_z = 4{,}98$ cm
Nachweis max c/t nach Tabellen 4.2 und 4.4:
Flansch: vorh $c/t = 7{,}88 <$ max $c/t = 13{,}8$
Steg: vorh $c/t = 20{,}6 <$ max $c/t = 42$

$$\bar{\lambda}_z = \frac{L_{cr,z}}{i_z \cdot \lambda_1} = \frac{525}{4{,}98 \cdot 93{,}9} = 1{,}12$$

$$\frac{h}{b} = \frac{190}{200} < 1{,}2\ ;\ t_f < 100 \text{ mm} \rightarrow \text{Knicklinie c nach Tabelle 3.2}$$

$$\alpha = 0{,}49$$

$$\phi = 0{,}5 \cdot \left[1 + \alpha \cdot \left(\bar{\lambda} - 0{,}2\right) + \bar{\lambda}^2\right] = 0{,}5 \cdot \left[1 + 0{,}49 \cdot \left(1{,}12 - 0{,}2\right) + 1{,}12^2\right] = 1{,}35$$

$$\chi_z = \frac{1}{\phi + \sqrt{\phi^2 - \bar{\lambda}^2}} = \frac{1}{1{,}35 + \sqrt{1{,}35^2 - 1{,}12^2}} = 0{,}475$$

$$N_{b,z,Rd} = \frac{\chi_z \cdot A \cdot f_y}{\gamma_{M1}} = \frac{0{,}475 \cdot 53{,}8 \cdot 23{,}5}{1{,}10} = 546 \text{ kN}$$

$$\frac{N_{\text{Ed}}}{N_{\text{b,z,Rd}}} = \frac{541}{546} = 0{,}99 \leq 1{,}0$$

2. HEB-Profil

Gewählt: HEB 180
Querschnittswerte: A = 65,3 cm²; i_z = 4,57 cm
Nachweis max c/t nach Tabellen 4.2 und 4.4:
Flansch: vorh c/t = 5,05 < max c/t = 13,8
Steg: vorh c/t = 14,4 < max c/t = 42
Knicklinie c

$$N_{\text{b,z,Rd}} = \frac{\chi_z \cdot A \cdot f_y}{\gamma_{M1}} = \frac{0{,}423 \cdot 65{,}3 \cdot 23{,}5}{1{,}10} = 590 \text{ kN}$$

$$\frac{N_{\text{Ed}}}{N_{\text{b,z,Rd}}} = \frac{541}{590} = 0{,}917 \leq 1{,}00$$

Das HEB-Profil ist 21 % schwerer als das HEA-Profil.

3. IPE-Profil

Gewählt: IPE 360
Querschnittswerte: A = 72,7 cm²; i_z = 3,79 cm
Nachweis max c/t nach Tabellen 4.2 und 4.4:
Flansch: vorh c/t = 4,96 < max c/t = 13,8
Steg: vorh c/t = 37,3 < max c/t = 42
Knicklinie b

$$N_{\text{b,z,Rd}} = \frac{\chi_z \cdot A \cdot f_y}{\gamma_{M1}} = \frac{0{,}352 \cdot 72{,}7 \cdot 23{,}5}{1{,}10} = 547 \text{ kN}$$

$$\frac{N_{\text{Ed}}}{N_{\text{b,z,Rd}}} = \frac{541}{547} = 0{,}99 \leq 1{,}00$$

Das IPE-Profil ist 35 % schwerer als das HEA-Profil.

IPE-Profile sind für $L_{cr,y} = L_{cr,z}$ schlecht geeignet, da $\frac{i_y}{i_z} \approx 3$ ist.

4. Quadratisches Stahl-Hohlprofil

Gewählt: QHP 160×160×6 (warm gefertigt)
Querschnittswerte: A = 36,6 cm²; $i_y = i_z$ = 6,27 cm
Nachweis max c/t nach Tabelle 4.4:

Flansch und Steg: vorh $c/t = \frac{b - 2 \cdot 1{,}5 \cdot t}{t} = \frac{160 - 3 \cdot 6}{6} = 23{,}7 \leq \max\ c/t = 42$

Knicklinie a

$$N_{\text{b,Rd}} = \frac{\chi \cdot A \cdot f_y}{\gamma_{M1}} = \frac{0{,}723 \cdot 36{,}6 \cdot 23{,}5}{1{,}10} = 565 \text{ kN}$$

$$\frac{N_{\text{Ed}}}{N_{\text{b,Rd}}} = \frac{541}{565} = 0{,}957 \leq 1{,}00$$

Das quadratische Stahl-Hohlprofil ist 32 % leichter als das HEA-Profil.

5. Quadratisches Stahl-Hohlprofil in S 355

Gewählt: QHP 140×140×6 (warm gefertigt)
Querschnittswerte: $A = 31{,}8$ cm²; $i_y = i_z = i = 5{,}45$ cm
Nachweis max c/t nach Tabelle 4.4:

Flansch und Steg: $\text{vorh } c/t = \dfrac{b-3\cdot t}{t} = \dfrac{140-3\cdot 6}{6} = 20{,}3 \leq \max\ c/t = 42\cdot\sqrt{\dfrac{235}{355}} = 34{,}2$

Knicklinie a

$$\bar{\lambda} = \frac{L_{cr}}{i\cdot\lambda_1} = \frac{525}{5{,}45\cdot 76{,}4} = 1{,}26$$

$$N_{b,Rd} = \frac{\chi\cdot A\cdot f_y}{\gamma_{M1}} = \frac{0{,}493\cdot 31{,}8\cdot 35{,}5}{1{,}10} = 506 \text{ kN}$$

$$\frac{N_{Ed}}{N_{b,Rd}} = \frac{541}{506} = 1{,}069 \leq 1{,}00$$

Das Profil reicht nicht aus. Es soll deshalb nochmals zum Vergleich das gleiche Profil gewählt werden, das für S 235 ausgewählt wurde.

Gewählt: QHP 160×160×6 (warm gefertigt)
Querschnittswerte: $A = 36{,}6$ cm²; $i_y = i_z = i = 6{,}27$ cm
Nachweis max c/t nach Tabelle 4.4:

Flansch und Steg: $\text{vorh } c/t = \dfrac{b-2\cdot 1{,}5\cdot t}{t} = \dfrac{160-3\cdot 6}{6} = 23{,}7 \leq \max\ c/t = 42\cdot\sqrt{\dfrac{235}{355}} = 34{,}2$

Knicklinie a

$$\bar{\lambda} = \frac{L_{cr}}{i\cdot\lambda_a} = \frac{525}{6{,}27\cdot 76{,}4} = 1{,}096$$

$$N_{b,Rd} = \frac{\chi\cdot A\cdot f_y}{\gamma_{M1}} = \frac{0{,}599\cdot 36{,}6\cdot 35{,}5}{1{,}10} = 708 \text{ kN}$$

$$\frac{N_{Ed}}{N_{b,Rd}} = \frac{541}{708} = 0{,}764 \leq 1{,}00$$

Die Ausnutzung hat sich gegenüber S 235 etwas gebessert. S 355 bringt bei Druckstäben im schlanken Bereich keine nennenswerte Tragfähigkeitserhöhung, da im schlanken Bereich der Einfluss der idealen Knicklast, die unabhängig von der Stahlsorte ist, überwiegt.
Die günstigsten Profile bei gleichen Knicklängen sind die Hohlprofile. Von den I-und H-Querschnitten sind die HEA-Profile vorteilhaft. Sie werden deshalb oft im Stahlhallenbau als Wandstiele und Giebelwandstützen eingesetzt.

Beispiel 3.4.2: Stütze mit verschiedenen Knicklängen um beide Achsen

$\gamma_{M1} = 1{,}10$

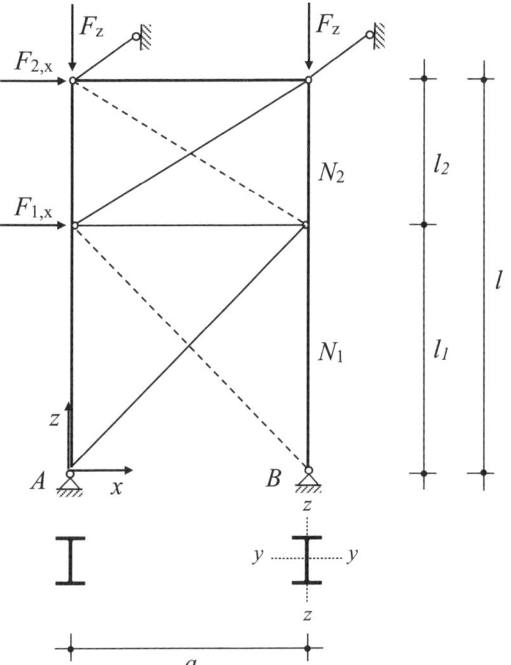

Abb. 3.20 System und Belastung

Als Beispiel für eine zentrisch belastete Stütze mit unterschiedlichen Knicklängen soll der Längswandverband einer Halle berechnet werden. Häufig werden als Verbandsdiagonalen Kreuzverbände aus Zugstäben angewendet. Bei diesen Kreuzverbänden ist nur die Zugdiagonale wirksam. Die rechte Stütze ist unter dieser Belastung am stärksten beansprucht. In der Belastungsebene ist der obere, der mittlere und der untere Punkt der biegesteif durchlaufenden Stütze für die Knickuntersuchung durch das Fachwerksystem gehalten. Senkrecht zu der Belastungsebene ist der obere und untere Punkt für die Knickuntersuchung gehalten. Man erhält deshalb zwei verschiedene Systeme für das Knicken um die starke und schwache Achse des Querschnittes.

Zuerst wird das System um die starke Achse untersucht, das in Abb. 3.21 dargestellt ist.

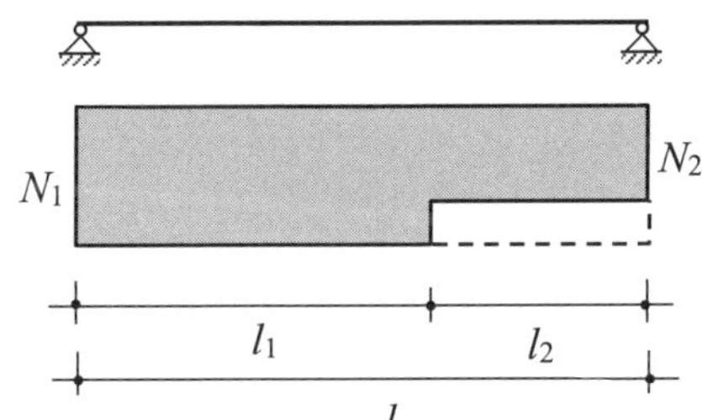

Abb. 3.21 System für Knicken um die starke Achse y-y

Der Druckstab ist durch eine veränderliche Normalkraft beansprucht. Der Nachweis wird mit der maximalen Normalkraft N_1 geführt. Geht man davon aus, dass die Normalkraft N_1 konstant über den Stab verläuft, erhält man einen Wert für die Knicklast, der auf der sicheren Seite liegt.

Für die Knicklänge gilt $L_{cr,y} < l$

$$N_{cr,y} = \frac{\pi^2 \cdot EI_y}{l^2}$$

Das System für Knicken um die schwache Achse ist in Abb. 3.22 angegeben.

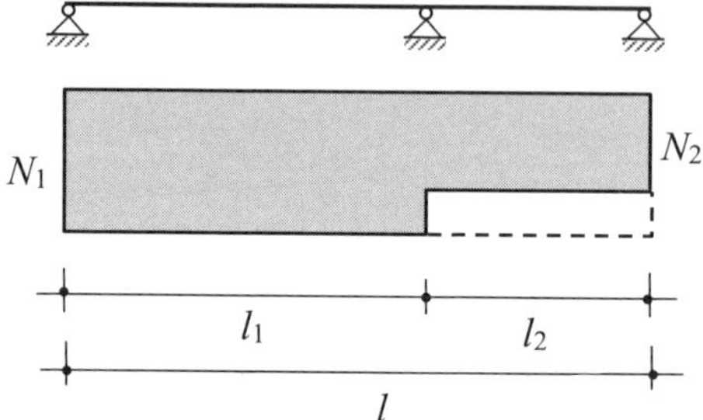

Abb. 3.22 System für Knicken um die schwache Achse z-z

Hier kann man die gleiche Näherung für die Berechnung anwenden. Es wird jedes Feld für sich mit *Euler*fall II nachgewiesen. Es soll das Beispiel mit den folgenden Abmessungen und Bemessungswerten der Einwirkungen berechnet werden:

$l_1 = 5{,}00$ m; $l_2 = 3{,}00$ m; $a = 5{,}00$ m

$F_{z,Ed} = 121$ kN; $F_{1,x,Ed} = 6{,}6$ kN; $F_{2,x,Ed} = 19{,}8$ kN

Berechnung der Beanspruchungen N_1 und N_2 mit Ritterschnitt:

$$N_1 = 121 + 19{,}8 \cdot \frac{8}{5} + 6{,}6 \cdot \frac{5}{5} = 159 \text{ kN}$$

$$N_2 = 121 + 19{,}8 \cdot \frac{3}{5} = 133 \text{ kN}$$

Werkstoff: S 235
Ersatzstabverfahren
c/t-Verhältnis erforderlich für Klasse 3
Beanspruchung des Stabes 1: $N_{Ed} = 159$ kN
Beanspruchung des Stabes 2: $N_{Ed} = 133$ kN
Knicklängen: $L_{cr,y} = 8{,}00$ m; $L_{cr,z} = 5{,}00$ m
Gewählt: HEA 140
Querschnittswerte: $A = 31{,}4$ cm²; $i_y = 5{,}73$ cm; $i_z = 3{,}52$ cm
Nachweis max c/t nach Tabellen 4.2 und 4.4:
Flansch: vorh $c/t = 6{,}50 < \max c/t = 13{,}8$
Steg: vorh $c/t = 16{,}7 < \max c/t = 42$
1. Nachweis um die starke Achse

$$\bar{\lambda}_y = \frac{L_{cr,y}}{i_y \cdot \lambda_1} = \frac{800}{5{,}73 \cdot 93{,}9} = 1{,}49$$

Knicklinie b

$$N_{b,y,Rd} = \frac{\chi_y \cdot A \cdot f_y}{\gamma_{M1}} = \frac{0{,}346 \cdot 31{,}4 \cdot 23{,}5}{1{,}10} = 232 \text{ kN}$$

$$\frac{N_{Ed}}{N_{b,y,Rd}} = \frac{159}{232} = 0{,}685 \le 1{,}00$$

2. Nachweis um die schwache Achse, maßgebend ist hier offensichtlich Feld 1

$$\bar{\lambda}_z = \frac{L_{cr,z}}{i_z \cdot \lambda_1} = \frac{500}{3{,}52 \cdot 93{,}9} = 1{,}51$$

Knicklinie c

$$N_{b,z,Rd} = \frac{\chi_z \cdot A \cdot f_y}{\gamma_{M1}} = \frac{0,311 \cdot 31,4 \cdot 23,5}{1,10} = 209 \text{ kN}$$

$$\frac{N_{Ed}}{N_{b,z,Rd}} = \frac{159}{209} = 0,761 \leq 1,00$$

<u>Reicht auch ein HEA 120?</u>
Gewählt: HEA 120
Querschnittswerte: A = 25,3 cm²; i_y = 4,89 cm; i_z = 3,02 cm
Nachweis max c/t nach Tabelle 4.2 und 4.4:
Flansch: vorh c/t = 5,69 < max c/t = 13,8
Steg: vorh c/t = 14,8 < max c/t = 42

1. Nachweis um die schwache Achse

$$\bar{\lambda}_z = \frac{L_{cr,z}}{i_z \cdot \lambda_1} = \frac{500}{3,02 \cdot 93,9} = 1,763$$

Knicklinie c

$$N_{b,z,Rd} = \frac{\chi_z \cdot A \cdot f_y}{\gamma_{M1}} = \frac{0,243 \cdot 25,3 \cdot 23,5}{1,10} = 131 \text{ kN}$$

$$\frac{N_{Ed}}{N_{b,z,Rd}} = \frac{159}{131} = 1,21 \leq 1,00$$

Der Querschnitt reicht mit dieser Näherung nicht aus. Die genaue Berechnung der Verzweigungslastfaktoren $\alpha_{cr,y}$ und $\alpha_{cr,z}$ erfolgt mit dem Stabwerksprogramm GWSTATIK.

$\alpha_{cr,y}$ = 1,34

$\alpha_{cr,z}$ = 1,73

Nachweis des Stabes 1

$N_{cr,y} = \alpha_{cr,y} \cdot N$ = 1,34 · 159 = 213 kN

$N_{cr,z} = \alpha_{cr,z} \cdot N$ = 1,73 · 159 = 275 kN

1. Nachweis um die starke Achse

$$\bar{\lambda}_y = \sqrt{\frac{N_{pl}}{N_{cr,y}}} = \sqrt{\frac{25,3 \cdot 23,5}{213}} = 1,67$$

Knickspannungslinie b

$$N_{b,y,Rd} = \frac{\chi_y \cdot A \cdot f_y}{\gamma_{M1}} = \frac{0,287 \cdot 25,3 \cdot 23,5}{1,10} = 155 \text{ kN}$$

$$\frac{N_{Ed}}{N_{b,y,Rd}} = \frac{159}{155} = 1,025 \approx 1,00$$

2. Nachweis um die schwache Achse

$$\bar{\lambda}_z = \sqrt{\frac{N_{pl}}{N_{cr,z}}} = \sqrt{\frac{25,3 \cdot 23,5}{275}} = 1,47$$

Knickspannungslinie c

$$N_{b,z,Rd} = \frac{\chi_z \cdot A \cdot f_y}{\gamma_{M1}} = \frac{0,324 \cdot 25,3 \cdot 23,5}{1,10} = 175 \text{ kN}$$

$$\frac{N_{\text{Ed}}}{N_{\text{b,z,Rd}}} = \frac{159}{175} = 0,908 \leq 1,00$$

Nachweis des Stabes 2

$$N_{\text{cr,y}} = \alpha_{\text{cr,y}} \cdot N = 1,34 \cdot 133 = 178 \text{ kN}$$

$$N_{\text{cr,z}} = \alpha_{\text{cr,z}} \cdot N = 1,73 \cdot 133 = 230 \text{ kN}$$

1. Nachweis um die starke Achse

$$\bar{\lambda}_y = \sqrt{\frac{N_{\text{pl}}}{N_{\text{cr,y}}}} = \sqrt{\frac{25,3 \cdot 23,5}{178}} = 1,83$$

Knickspannungslinie b

$$N_{\text{b,y,Rd}} = \frac{\chi_y \cdot A \cdot f_y}{\gamma_{M1}} = \frac{0,245 \cdot 25,3 \cdot 23,5}{1,10} = 132 \text{ kN}$$

$$\frac{N_{\text{Ed}}}{N_{\text{b,y,Rd}}} = \frac{133}{132} = 1,01 \approx 1,00$$

2. Nachweis um die schwache Achse

$$\bar{\lambda}_z = \sqrt{\frac{N_{\text{pl}}}{N_{\text{cr,z}}}} = \sqrt{\frac{25,3 \cdot 23,5}{230}} = 1,61$$

Knickspannungslinie c

$$N_{\text{b,z,Rd}} = \frac{\chi_z \cdot A \cdot f_y}{\gamma_{M1}} = \frac{0,281 \cdot 25,3 \cdot 23,5}{1,10} = 152 \text{ kN}$$

$$\frac{N_{\text{Ed}}}{N_{\text{b,z,Rd}}} = \frac{133}{152} = 0,875 \leq 1,00$$

Beispiel 3.4.3: Stütze mit veränderlichem Querschnitt und veränderlicher Normalkraft

$\gamma_{M1} = 1,10$

In diesem Beispiel wird eine eingespannte Stütze mit veränderlichem Querschnitt, veränderlicher Normalkraft und einer angehängten Pendelstütze berechnet.

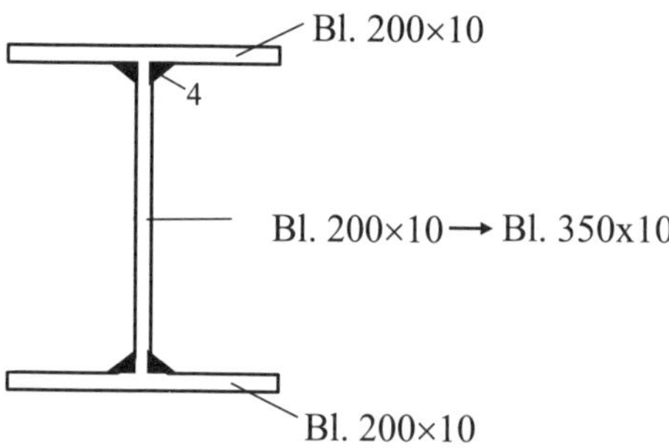

Abb. 3.23 Bezeichnungen und Abmessungen des Querschnittes

Der Normalkraftverlauf in der Pendelstütze ist ebenfalls veränderlich. Senkrecht zu der Belastungsebene soll dieser Stab an beiden Enden gelenkig gelagert sein. Es ist der Nachweis für alle maßgebenden Querschnitte mit den jeweils zugehörigen Schnittgrößen,

Querschnittswerten und Verzweigungslasten N_{cr} zu führen. Der Nachweis ist an der ungünstigsten Stelle zu führen, was nicht immer die Stelle mit der maximalen Normalkraft und dem maximalen Biegemoment sein muss, da der Querschnitt veränderlich ist.

Werkstoff: S 235
Elastizitätstheorie in der Belastungsebene mit Spannungsnachweis
Ersatzstabverfahren senkrecht zur Belastungsebene
c/*t*-Verhältnis erforderlich für Klasse 3
Gewählt: geschweißter Querschnitt nach Abb. 3.23
Dieser Querschnitt hat konstante Flansche und einen Steg mit veränderlicher Höhe.
Querschnittswerte am Knoten 1:

$$A = 20 \cdot 1{,}0 + 20 \cdot 1{,}0 + 35 \cdot 1{,}0 = 75 \text{ cm}^2$$

$$I_\text{y} = 1{,}0 \cdot \frac{35^3}{12} + 20 \cdot 1{,}0 \cdot \frac{36^2}{2} = 16\,530 \text{ cm}^4$$

$$I_\text{z} = 2 \cdot 1{,}0 \cdot \frac{20^3}{12} = 1333 \text{ cm}^4$$

Nachweis max *c*/*t* nach Tabelle 4.3:
Flansch: vorh $c/t = 8{,}93 < \max c/t = 13{,}8$
Steg: vorh $c/t = 33{,}9 < \max c/t = 42$
Querschnittswerte am Knoten 2:

$$A = 20 \cdot 1{,}0 + 20 \cdot 1{,}0 + 20 \cdot 1{,}0 = 60 \text{ cm}^2$$

$$I_\text{y} = 1{,}0 \cdot \frac{20^3}{12} + 20 \cdot 1{,}0 \cdot \frac{21^2}{2} = 5080 \text{ cm}^4$$

$$I_\text{z} = 2 \cdot 1{,}0 \cdot \frac{20^3}{12} = 1333 \text{ cm}^4$$

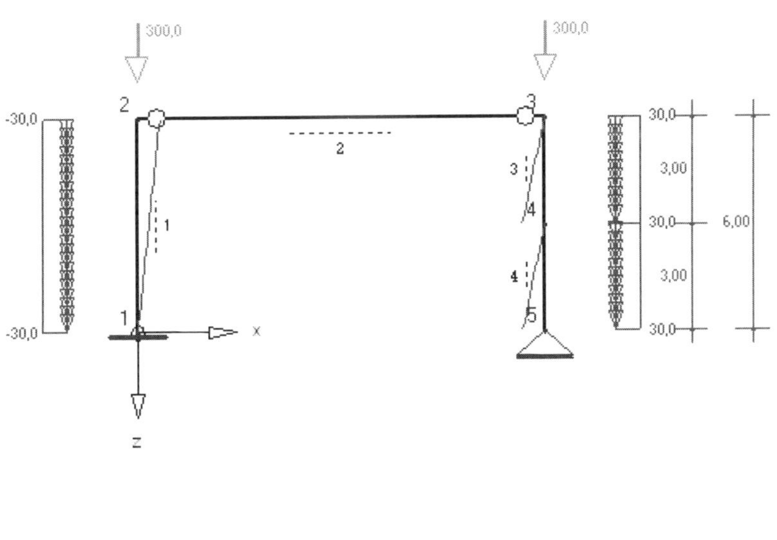

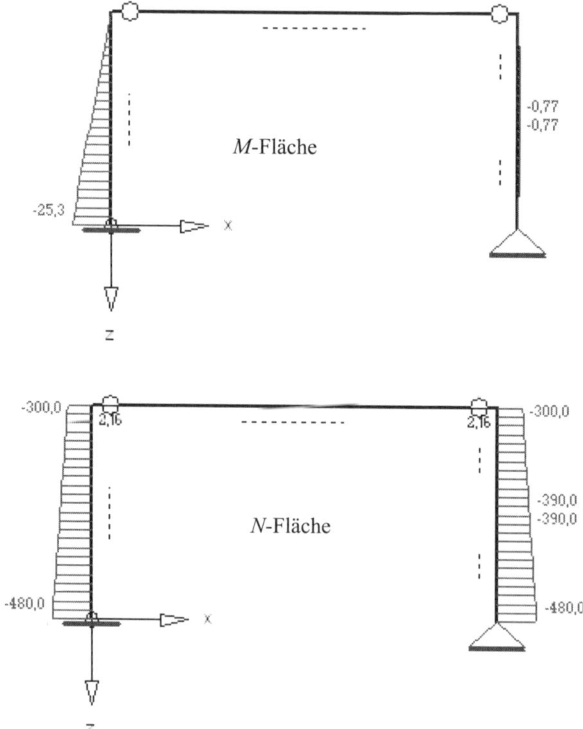

in kN und m

Abb. 3.24 System, Belastung, Beanspruchung und Schnittgrößen um die starke Achse

Nachweis max *c/t* ist eingehalten.
Beanspruchung des Stabes: siehe Abb. 3.24.
Die genaue Berechnung der Schnittgrößen nach Theorie II. Ordnung und der Verzweigungslastfaktoren α_{cr} erfolgt mit dem Stabwerksprogramm GWSTATIK, s. Kapitel 13. Das Programm berechnet immer den niedrigsten Verzweigungslastfaktor. Besteht das System aus Teilsystemen mit voneinander unabhängigen Knickfiguren, wird in diesem Programm nur die Knicklast des Teilsystems mit dem niedrigsten Verzweigungslastfaktor berechnet. Ein typisches Teilsystem ist eine Pendelstütze in einem Stabsystem. Die Knicklast der Pendelstütze wird nur erfasst, wenn in der Mitte der Pendelstütze ein zusätzlicher Knoten eingeführt wird.

1. Nachweis um die starke Achse

In (1-1, 6.3.1.1 (3)) wird empfohlen, bei Stützen mit veränderlichem Querschnitt und/oder veränderlicher Normalkraft eine Berechnung nach Elastizitätstheorie II. Ordnung mit Ersatzimperfektionen durchzuführen. Für die Anfangsschiefstellung erhält man nach dem Kapitel 10 Biegung und Normalkraft für das Beispiel den folgenden Wert:

$$\alpha_{\mathrm{h}} = \frac{2}{\sqrt{h}} = \frac{2}{\sqrt{6,00}} = 0,816 \geq \frac{2}{3}$$

$$\alpha_{\mathrm{m}} = \sqrt{0,5 \cdot \left(1 + \frac{1}{m}\right)} = \sqrt{0,5 \cdot \left(1 + \frac{1}{2}\right)} = 0,866$$

$$\phi = \varphi_0 \cdot \alpha_h \cdot \alpha_m = \frac{1}{200} \cdot 0,816 \cdot 0,866 = \frac{1}{283}$$

Nachweis am Knoten 1

$$N_{Ed} = -480 \text{ kN}, \; M_{y,Ed} = -25,3 \text{ kNm}$$

$$\sigma_{Ed} = \frac{N_{Ed}}{A} + \frac{M_{y,Ed}}{I_y} \cdot z = \frac{-480}{75} + \frac{-2530}{16530} \cdot 18,5 = 9,23 \text{ kN/cm}^2$$

$$\frac{\sigma_{Ed}}{\sigma_{Rd}} = \frac{9,23}{21,4} = 0,43$$

Nachweis in der Mitte des Stabes um die starke Achse

$$A = 20 \cdot 1,0 + 20 \cdot 1,0 + 27,5 \cdot 1,0 = 67,5 \text{ cm}^2$$

$$I_y = 1,0 \cdot \frac{27,5^3}{12} + 20 \cdot 1,0 \cdot \frac{28,5^2}{2} = 9856 \text{ cm}^4$$

$$N_{Ed} = -390 \text{ kN}, \; M_{y,Ed} = -12,9 \text{ kNm}$$

$$\sigma_{Ed} = \frac{N_{Ed}}{A} + \frac{M_{y,Ed}}{I_y} \cdot z = \frac{-390}{67,5} + \frac{-1290}{9856} \cdot 14,75 = 7,71 \text{ kN/cm}^2$$

$$\frac{\sigma_{Ed}}{\sigma_{Rd}} = \frac{8,22}{21,4} = 0,38$$

2. Nachweis um die schwache Achse

Da ein System mit Druckbeanspruchung vorliegt, ist nur Biegeknicken senkrecht zur Belastungsebene nachzuweisen.

Knoten 1:

$$\alpha_{cr,z} = 1,98 \qquad N_{cr,z} = \alpha_{cr,z} \cdot N = 1,98 \cdot 480 = 950 \text{ kN}$$

$$\bar{\lambda}_z = \sqrt{\frac{N_{pl}}{N_{cr,z}}} = \sqrt{\frac{75 \cdot 23,5}{950}} = 1,36$$

Knickspannungslinie c

$$N_{b,z,Rd} = \frac{\chi_z \cdot A \cdot f_y}{\gamma_{M1}} = \frac{0,364 \cdot 75 \cdot 23,5}{1,10} = 583 \text{ kN}$$

$$\frac{N_{Ed}}{N_{b,z,Rd}} = \frac{480}{583} = 0,82 \le 1,00$$

Nachweis in der Mitte des Stabes um die starke Achse

$$\alpha_{cr,z} = 1,98$$

$$N_{cr,z} = \alpha_{cr,z} \cdot N = 1,98 \cdot 390 = 772 \text{ kN}$$

$$\bar{\lambda}_z = \sqrt{\frac{N_{pl}}{N_{cr,z}}} = \sqrt{\frac{67,5 \cdot 23,5}{772}} = 1,43$$

Knickspannungslinie c

$$N_{b,z,Rd} = \frac{\chi_z \cdot A \cdot f_y}{\gamma_{M1}} = \frac{0,338 \cdot 67,5 \cdot 23,5}{1,10} = 487 \text{ kN}$$

$$\frac{N_{Ed}}{N_{b,z,Rd}} = \frac{390}{487} = 0,80 \le 1,00$$

4 Querschnittsklassifizierung

4.1 Definition der Querschnittsklassen

Bei druckbeanspruchten Querschnitten mit dünnwandigen Querschnittsteilen ist stets ein Nachweis ausreichender Beultragfähigkeit erforderlich. Es darf vor Erreichen der Grenztragfähigkeit kein vorzeitiges Versagen durch örtliches Beulen der Querschnittsteile auftreten.

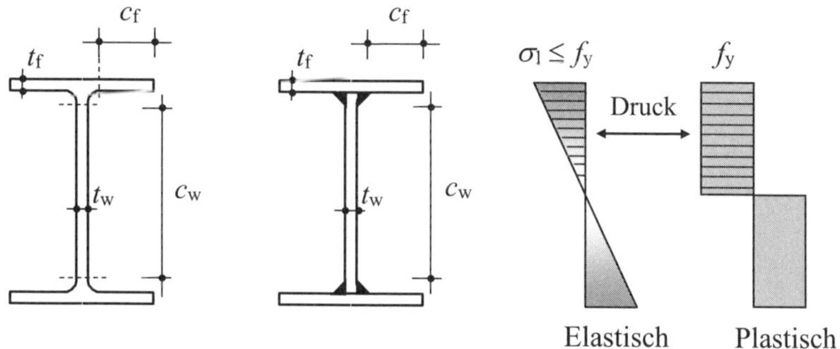

Abb. 4.1 Druckbeanspruchte dünnwandige Querschnitte

Der Beulsicherheitsnachweis ist allgemein in DIN EN 1993-1-5 geregelt. Im Abschnitt Plattenbeulen des zweiten Bandes werden die Grundlagen angegeben und der Bauteilnachweis mit wirksamen Querschnittsgrößen erläutert.
In DIN EN 1993-1-1, Tabelle 5.2, ist ein vereinfachter Beulnachweis für druckbeanspruchte Querschnittsteile angegeben. Dieser Nachweis wird als Klassifizierung von Querschnitten bezeichnet.

Nach (1-1, 5.5.2 (1)) werden vier Querschnittsklassen definiert:

- **Querschnitte der Klasse 4** sind solche, bei denen örtliches Beulen vor Erreichen der Streckgrenze in einem oder mehreren Teilen des Querschnittes auftritt.
- **Querschnitte der Klasse 3** erreichen für eine elastische Spannungsverteilung die Streckgrenze in der ungünstigsten Faser, können aber wegen örtlichen Beulens die plastische Momententragfähigkeit nicht erreichen.
- **Querschnitte der Klasse 2** können die plastische Momententragfähigkeit entwickeln, haben aber aufgrund des örtlichen Beulens nur eine begrenzte Rotationsfähigkeit.
- **Querschnitte der Klasse 1** können plastische Gelenke oder Fließzonen mit ausreichender plastischer Momententragfähigkeit und Rotationsfähigkeit für die plastische Berechnung ausbilden.

Grundlage der Klassifizierung von Querschnitten ist der Nachweis für Plattenbeulen für das unausgesteifte Gesamtfeld unter Normalspannungen. Es wird die Methode der reduzierten Spannungen angewendet (1-5, 10). Voraussetzung ist, dass kein knickstabähnliches Verhalten vorliegt, was in diesem Fall erfüllt ist.

4.2 Querschnittsklasse 4

Für Querschnitte der Klasse 4 ist ein Beulsicherheitsnachweis zu führen. Es dürfen auch wirksame Breiten verwendet werden, um die Abminderung infolge des lokalen Beulens zu berücksichtigen (1-5, 4.3). Die Methode der wirksamen Querschnittsflächen ist vor allem dann anzuwenden, wenn für das Bauteil zusätzliche Stabilitätsnachweise, wie Biegeknicken und/oder Biegedrillknicken zu berücksichtigen sind, siehe Abschnitt Plattenbeulen im Band 2. Der Einfluss des Plattenbeulens besteht im Wesentlichen darin, dass die Stabsteifigkeit durch das Ausbeulen herabgesetzt wird und sich die Spannungen innerhalb des Querschnittes auf steifere oder weniger beanspruchte Querschnittsteile umlagern.

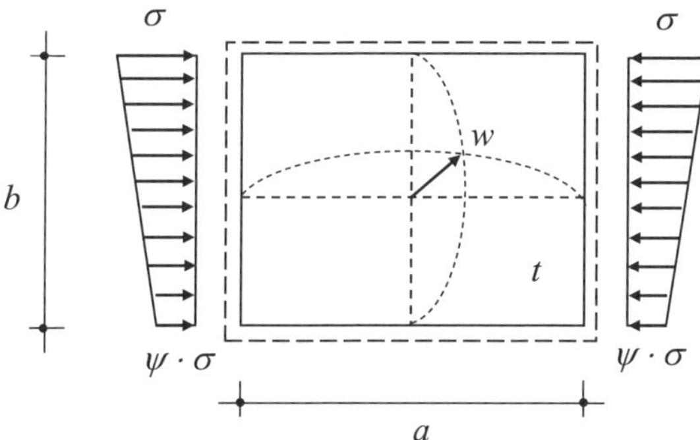

Abb. 4.2 Bezeichnungen des Beulfeldes

Die Länge des Beulfeldes, siehe Abb. 4.2, wird mit a, die Breite mit b und die Blechdicke mit t bezeichnet. Die Spannung σ wirkt am Querrand b und ist als Druckspannung positiv definiert. Wichtig für die weitere Betrachtung ist das Randspannungsverhältnis ψ. Ist $\psi = +1$, wird das Beulfeld durch reinen Druck beansprucht, ist $\psi = -1$, liegt eine reine Biegebeanspruchung vor. Das Nachweisformat für das Plattenbeulen mit der Methode der reduzierten Spannungen ist mit dem Biegeknicken identisch. Dies wird besonders deutlich, wenn auch für den Druckstab die Formulierung mit Spannungen gewählt wird.
Wie beim Druckstab dient auch beim Beulfeld die Verzweigungslast als Bezugsgröße für den Tragsicherheitsnachweis. Die ideale Knickspannung lautet:

$$\sigma_{\text{cr,b}} = \frac{1}{\beta^2} \cdot \frac{\pi^2 \cdot EI_{\text{b}}}{l^2 \cdot A_{\text{b}}}$$

BIEGEKNICKEN, Index b	**PLATTENBEULEN, Index p**	
Verzweigungslast		
$\sigma_{\text{cr,b}} = \dfrac{N_{\text{cr}}}{A_{\text{b}}}$	σ_{cr}	
Dimensionsloser Schlankheitsgrad		
$\bar{\lambda}_{\text{b}} = \sqrt{\dfrac{N_{\text{pl}}}{N_{\text{cr}}}} = \sqrt{\dfrac{f_{\text{y}}}{\sigma_{\text{cr,b}}}}$	$\bar{\lambda}_{\text{p}} = \sqrt{\dfrac{f_{\text{y}}}{\sigma_{\text{cr}}}}$	(4.1)
Tragspannung		
$\sigma_{\text{b,Rk}} = \chi \cdot f_{\text{y}}$	$\sigma_{\text{Rk}} = \rho \cdot f_{\text{y}}$	
Nachweis		
$\dfrac{\sigma_{\text{Ed}}}{\chi \cdot f_{\text{y}} / \gamma_{\text{M1}}} \leq 1$	$\dfrac{\sigma_{\text{Ed}}}{\rho \cdot f_{\text{y}} / \gamma_{\text{M1}}} \leq 1$	(4.2)

Die ideale Beulspannung ist auf die Breite b bezogen und lautet entsprechend:

$$\sigma_{\text{cr}} = k \cdot \frac{\pi^2 \cdot EI_{\text{p}}}{b^2 \cdot A_{\text{p}}}$$

EI ist die Plattensteifigkeit eines 1 cm breiten Streifens unter Berücksichtigung der Querdehnungszahl ν, A_{p} ist die zugehörige Fläche.

$$EI_{\text{p}} = \frac{E}{1-\nu^2} \cdot 1 \cdot \frac{t^3}{12} \qquad A_{\text{p}} = 1 \cdot t \qquad \sigma_{\text{cr}} = k \cdot \frac{\pi^2 \cdot E}{12 \cdot (1-\nu^2)} \cdot \left(\frac{t}{b}\right)^2 \tag{4.3}$$

k ist der Beulwert, der dem Knicklängenbeiwert β entspricht. Durch den Beulwert k werden die Randbedingungen des Beulfeldes sowie die Art der Belastung, insbesondere das Randspannungsverhältnis ψ berücksichtigt. Die für die Berechnung von max (c/t) notwendigen Beulwerte sind in Tabelle 4.1 dargestellt und der DIN EN 1993-1-5 entnommen.

Die Beulwerte für den einseitig gelagerten Plattenstreifen, wie z. B. den Flansch eines I-Querschnittes, sind wesentlich kleiner als die entsprechenden Beulwerte des beidseitig gelenkig gelagerten Plattenstreifens, wie z. B. den Steg eines I- und H-Querschnittes.

Tabelle 4.1 Beulwerte *k*

	beidseitig	einseitig	
Lagerung	b	b	
Spannungsverlauf σ	σ $\sigma \cdot \psi$ b	σ $\sigma \cdot \psi$ b	$\sigma \cdot \psi$ σ b
$\psi = 1$	4	0,43	
$1 > \psi \geq -3$			$0,57 - 0,21 \cdot \psi + 0,07 \cdot \psi^2$
$1 > \psi \geq 0$	$\frac{8,2}{\psi + 1,05}$	$\frac{0,578}{\psi + 0,34}$	
$\psi = 0$	7,81	1,70	0,57
$0 > \psi > -1$	$7,81 - 6,29 \cdot \psi + 9,78 \cdot \psi^2$	$1,70 - 5 \cdot \psi + 17,1 \cdot \psi^2$	
$\psi = -1$	23,9	23,8	0,85
$-1 > \psi \geq -3$	$5,98 \cdot (1 - \psi)^2$		
Schubspannung τ	5,34		

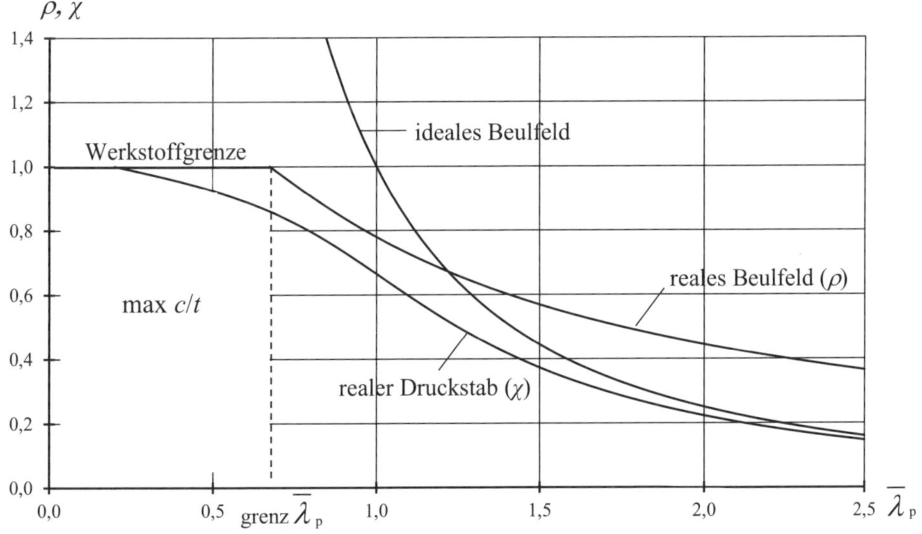

Abb. 4.3 Tragspannungen für Beulfeld und Druckstab

Bei den Tragspannungen sind erhebliche Unterschiede zwischen dem Druckstab und dem Beulfeld, s. Abb. 4.3. Biegeknicken ist verhindert, wenn $\bar{\lambda} \leq \text{grenz}\,\bar{\lambda} = 0{,}2$ ist. Beim Plattenbeulen ist diese Grenze wesentlich höher, wie noch gezeigt wird. Weiterhin fällt auf, dass die Tragspannungen des realen Beulfeldes oberhalb der idealen Beulspannungen liegen.
Dies ist darauf zurückzuführen, dass beim Plattenbeulen erhebliche Tragreserven im überkritischen Bereich vorhanden sind. Die Belastung kann sich zu den steifer gelagerten Plattenrändern umlagern.
Für den beidseitig gelenkig gelagerten Plattenstreifen gilt für den Abminderungsfaktor ρ nach (1-5, (4.2)):

$$\rho = \frac{\bar{\lambda}_p - 0{,}055 \cdot (3 + \psi)}{\bar{\lambda}_p^{\,2}} \leq 1{,}0 \tag{4.4}$$

mit $\bar{\lambda}_p = \sqrt{\dfrac{f_y}{\sigma_{cr}}}$

Wird das Beulfeld nur durch Normalspannungen beansprucht, lautet der Nachweis mit der maximalen Druckspannung σ_{Ed}:

$$\frac{\sigma_{Ed}}{\rho \cdot f_y / \gamma_{M1}} \leq 1$$

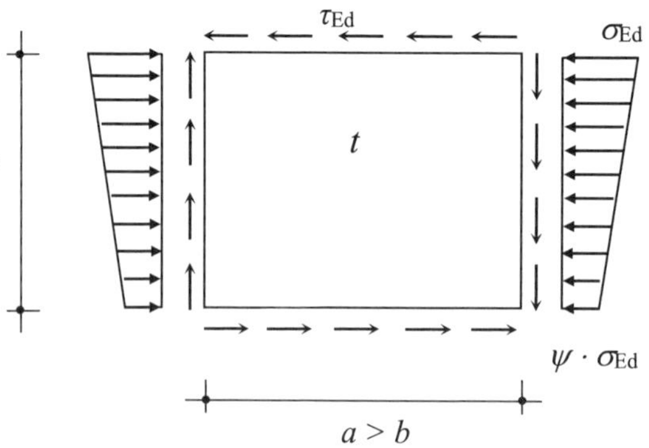

Abb. 4.4 Beulfeld und Beanspruchungen σ und τ

Wird das Beulfeld nur durch Schubspannungen beansprucht, lautet der Nachweis mit der gleichmäßig verteilten Schubspannung τ_{Ed} und der Streckgrenze f_{yw}:

$$\bar{\lambda}_w = \sqrt{\frac{f_{yw}}{\sqrt{3} \cdot \tau_{cr}}} = 0{,}76 \cdot \sqrt{\frac{f_{yw}}{\tau_{cr}}} \tag{4.5}$$

$$\chi_w = \frac{0{,}83}{\bar{\lambda}_w} \leq 1 \tag{4.6}$$

$$\frac{\tau_{\text{Ed}} \cdot \sqrt{3}}{\chi_{\text{w}} \cdot f_{\text{y}} / \gamma_{\text{M1}}} \leq 1$$

Wird das Beulfeld nach Abb. 4.4 durch Normalspannungen und Schubspannungen beansprucht, wird der Nachweis mit der folgenden Interaktionsbeziehung geführt:

$$\left(\frac{\sigma_{\text{Ed}}}{\rho \cdot f_{\text{y}} / \gamma_{\text{M1}}} \right)^2 + 3 \cdot \left(\frac{\tau_{\text{Ed}}}{\chi_{\text{w}} \cdot f_{\text{y}} / \gamma_{\text{M1}}} \right)^2 \leq 1 \tag{4.7}$$

Für den beidseitig gelenkig gelagerten Plattenstreifen gilt für den Abminderungsfaktor ρ nach (1-5, (4.2)):

Die Abminderungsfaktoren ρ und χ_{w} werden mit dem folgenden Schlankheitsgrad bestimmt:

$$\bar{\lambda}_{\text{p}} = \sqrt{\frac{f_{\text{y}}}{\alpha_{\text{cr}} \cdot \sigma_{\text{V,Ed}}}} = \sqrt{\frac{f_{\text{y}}}{\sigma_{\text{V,cr}}}} \tag{4.8}$$

mit $\sigma_{\text{V,Ed}} = \sqrt{\sigma_{\text{Ed}}^2 + 3 \cdot \tau_{\text{Ed}}^2}$

und
$$\sigma_{\text{V,cr}} = \frac{\sigma_{\text{V,Ed}}}{\frac{1+\psi}{4} \cdot \frac{\sigma_{\text{Ed}}}{\sigma_{\text{cr}}} + \sqrt{\left(\frac{3-\psi}{4} \cdot \frac{\sigma_{\text{Ed}}}{\sigma_{\text{cr}}} \right)^2 + \left(\frac{\tau_{\text{Ed}}}{\tau_{\text{cr}}} \right)^2}} \tag{4.9}$$

Der Verzweigungslastfaktor α_{cr} wird für die gemeinsame Beanspruchung des Beulfeldes durch σ_{Ed} und τ_{Ed} mit einem FEM-Programm berechnet oder mithilfe der Gleichung (4.9) ermittelt. Näheres siehe Beispiel 4.5.4.

Als vereinfachter Nachweis darf für die Querschnittsklasse 4 die folgende Interaktionsaktionsbeziehung angewendet werden (1-1, Gl. (6.44)):

$$\frac{N_{\text{Ed}}}{A_{\text{eff}} \cdot \sigma_{\text{Rd}}} + \frac{M_{\text{y,Ed}} + N_{\text{Ed}} \cdot e_{\text{Ny}}}{W_{\text{eff,y}} \cdot \sigma_{\text{Rd}}} + \frac{M_{\text{z,Ed}} + N_{\text{Ed}} \cdot e_{\text{Nz}}}{W_{\text{eff,z}} \cdot \sigma_{\text{Rd}}} \leq 1 \tag{4.10}$$

Dabei ist

A_{eff} die wirksame Querschnittsfläche bei gleichmäßiger Druckbeanspruchung

W_{eff} das wirksame Widerstandsmoment eines ausschließlich auf Biegung um die maßgebende Achse beanspruchten Querschnittes

e_{N} die Verschiebung der maßgebenden Hauptachse eines unter reinem Druck beanspruchten Querschnittes

Die Berechnung von A_{eff} und W_{eff} ist in den Beispielen im Abschnitt Plattenbeulen des 2. Bandes erläutert.

Für einen doppeltsymmetrischen Querschnitt ist $e_{\text{N}} = 0$. Damit erhält man:

$$\frac{N_{\text{Ed}}}{A_{\text{eff}} \cdot \sigma_{\text{Rd}}} + \frac{M_{\text{y,Ed}}}{W_{\text{eff,y}} \cdot \sigma_{\text{Rd}}} + \frac{M_{\text{z,Ed}}}{W_{\text{eff,z}} \cdot \sigma_{\text{Rd}}} \leq 1 \tag{4.11}$$

4.3 Querschnittsklasse 3

Für die Querschnittsklassen 1, 2 und 3 wird der Nachweis in der folgenden Form geführt:

$$\text{vorh}\ c/t \leq \max\ c/t \tag{4.12}$$

Die Beanspruchungen sind nach Elastizitätstheorie I. oder II. Ordnung, falls erforderlich, zu ermitteln. In Abb. 4.1 ist die Definition von vorh *c/t* der DIN EN 1993-1-5 angegeben. Die Breite zählt ab dem Anfang der Ausrundung bzw. der Schweißnaht. Der Nachweis wird mit den zugehörigen Spannungen geführt. Die Herleitung von max c/t folgt aus der Bedingung:

$$\bar{\lambda}_{\mathrm{p}} \leq \text{grenz}\ \bar{\lambda}_{\mathrm{p}} \tag{4.13}$$

Aus der Bedingung $\rho = 1$ folgt grenz $\bar{\lambda}_{\mathrm{p}}$, das in diesem Fall eine Funktion von ψ ist.

$$\psi = 1 \rightarrow \text{grenz}\ \bar{\lambda}_{\mathrm{p}} = 0{,}673 \tag{4.14}$$

Für den einseitig gelenkig gelagerten Plattenstreifen gilt nach (1-5, (4.3)):

$$\rho = \frac{\bar{\lambda}_{\mathrm{p}} - 0{,}188}{\bar{\lambda}_{\mathrm{p}}^{2}} \leq 1{,}0 \tag{4.15}$$

$$\text{grenz}\ \bar{\lambda}_{\mathrm{p}} = 0{,}748 \tag{4.16}$$

Der Schlankheitsgrad $\bar{\lambda}_{\mathrm{p}}$ wird nach *c/t* aufgelöst.

$$\bar{\lambda}_{\mathrm{p}} = \sqrt{\frac{f_{\mathrm{y}}}{\sigma_{\mathrm{cr,p}}}} = \sqrt{\frac{12 \cdot (1-\nu^{2})}{\pi^{2} \cdot E} \cdot \frac{f_{\mathrm{y}}}{k}} \cdot (c/t) \leq \text{grenz}\ \bar{\lambda}_{\mathrm{p}}$$

$$c/t \leq \text{grenz}\ \bar{\lambda}_{\mathrm{p}} \cdot \sqrt{\frac{\pi^{2} \cdot E}{12 \cdot (1-\nu^{2})} \cdot \frac{k}{f_{\mathrm{y}}}}$$

Der Vergleich mit Gleichung (4.12) zeigt:

$$\max\ c/t = \text{grenz}\ \bar{\lambda}_{\mathrm{p}} \cdot \sqrt{\frac{\pi^{2} \cdot E}{12 \cdot (1-\nu^{2})} \cdot \frac{k}{f_{\mathrm{y}}}} \tag{4.17}$$

Für den praktischen Gebrauch ist die Gleichung (4.17) noch anzupassen. Als Bezugswert wird der am häufigsten eingesetzte Baustahl S 235 gewählt mit $f_{\mathrm{y}} = 235$ N/mm², $E = 210\,000$ N/mm² und $\nu = 0{,}3$.

$$\max\ c/t = \text{grenz}\ \bar{\lambda}_{\mathrm{p}} \cdot \sqrt{\frac{\pi^{2} \cdot E}{12 \cdot (1-\nu^{2}) \cdot 235} \cdot k \cdot \frac{235}{f_{\mathrm{y}}}}$$

$$\max\ c/t = \text{grenz}\ \bar{\lambda}_{\mathrm{p}} \cdot 28{,}42 \cdot \varepsilon \cdot \sqrt{k} \tag{4.18}$$

$$\text{mit} \quad \varepsilon = \sqrt{\frac{235}{f_{\mathrm{y}}}}$$

$$\varepsilon = 1{,}00 \text{ für S 235 und } \varepsilon = \sqrt{\frac{235}{355}} = 0{,}81 \text{ für S 355} \tag{4.19}$$

Für den einseitig gelenkig gelagerten Plattenstreifen gilt mit Gleichung (4.16):

$$\max c/t = 21 \cdot \varepsilon \cdot \sqrt{k} \tag{4.20}$$

Diese Gleichung ist in (1-1, Tabelle 5.2) für die Querschnittsklasse 3 direkt übernommen worden. Für den beidseitig gelenkig gelagerten Plattenstreifen gilt für $\psi = 1$ grenz $\bar{\lambda}_P = 0{,}673$. Man erhält:

$$\max c/t = 0{,}673 \cdot 28{,}42 \cdot \varepsilon \cdot \sqrt{4} = 38 \cdot \varepsilon$$

Für den beidseitig gelenkig gelagerten Plattenstreifen gilt für $\psi = -1$ grenz $\bar{\lambda}_P = 0{,}874$. Man erhält:

$$\max c/t = 0{,}874 \cdot 28{,}42 \cdot \varepsilon \cdot \sqrt{23{,}9} = 121 \cdot \varepsilon$$

Tabelle 4.2 Vorh *c/t* für gewalzte I- und H-Querschnitte

Nennhöhe	IPE		HEA		HEB	
	Steg	Flansch	Steg	Flansch	Steg	Flansch
80	15,7	3,10	-	-	-	-
100	18,2	3,24	11,2	4,44	9,33	3,50
120	21,2	3,62	14,8	5,69	11,4	4,07
140	23,9	3,93	16,7	6,50	13,1	4,54
160	25,4	3,99	17,3	6,89	13,0	4,69
180	27,5	4,23	20,3	7,58	14,4	5,05
200	28,4	4,14	20,6	7,88	14,9	5,17
220	30,1	4,35	21,7	8,05	16,0	5,45
240	30,7	4,28	21,9	7,94	16,4	5,53
260	-	-	23,6	8,18	17,7	5,77
270	33,3	4,82	-	-	-	-
280	-	-	24,5	8,62	18,7	6,15
300	35,0	5,28	24,5	8,48	18,9	6,18
320	-	-	25,0	7,65	19,6	5,72
330	36,1	5,07	-	-	-	-
340	-	-	25,6	7,17	20,3	5,44
360	37,3	4,96	26,1	6,74	20,9	5,19
400	38,5	4,79	27,1	6,18	22,1	4,84
450	40,3	4,75	29,9	5,58	24,6	4,46
500	41,8	4,62	32,5	5,09	26,9	4,13
550	42,1	4,39	35,0	4,86	29,2	3,89
600	42,8	4,21	37,4	4,66	31,4	3,84
650	-	-	39,6	4,47	33,4	3,71
700	-	-	40,1	4,29	34,2	3,58
800	-	-	44,9	4,02	38,5	3,37
900	-	-	48,1	3,73	41,6	3,16
1000	-	-	52,6	3,60	45,7	3,07

In (1-1, Tabelle 5.2) ist für den beidseitig gelenkig gelagerten Plattenstreifen für die Querschnittsklasse 3 die folgende Beziehung angegeben, die etwas größere Werte ergibt.

$$\psi > -1:\ c/t \leq \frac{42 \cdot \varepsilon}{0{,}67 + 0{,}33 \cdot \psi} \qquad (4.21)$$

In Tabelle 4.2 sind die Werte vorh c/t für gewalzte I- und H-Querschnitte und in Tabelle 4.3 sind die Werte max c/t nach den Gleichungen (4.20) und (4.21) für S 235 in Abhängigkeit vom Randspannungsverhältnis ψ nach Tabelle 4.1 angegeben.

Wenn kein Stabilitätsnachweis erforderlich ist, dürfen Querschnitte der Klasse 4 wie Querschnitte der Klasse 3 behandelt werden, falls gilt:

$$\text{vorh}\ c/t \leq \max c/t \cdot \varepsilon \cdot \sqrt{\frac{f_y / \gamma_{M0}}{\sigma_{com,Ed}}} \qquad (4.22)$$

Dabei ist $\sigma_{com,Ed}$ der größte Bemessungswert der einwirkenden Druckspannung im Querschnittsteil.

Der Nachweis für max c/t gilt näherungsweise auch, wenn Schubspannungen im Querschnittsteil vorhanden sind. Der Nachweis ist erfüllt, wenn je für sich max c/t für σ und max c/t für τ eingehalten sind, wie im Beispiel 4.5.4 gezeigt wird.

Für reines Schubbeulen erhält man entsprechend nach (1-5, Tabelle 1) für den beidseitig gelenkig gelagerten Plattenstreifen das folgende Ergebnis.

Für eine Schubbeanspruchung gilt mit Gleichung (4.6):

$$\chi_w = \frac{0{,}83}{\overline{\lambda}_w} \leq 1 \rightarrow \text{grenz}\ \overline{\lambda}_w = 0{,}83 \qquad (4.23)$$

$k = 5{,}34$ nach Tabelle 4.1

$$\max c/t = \text{grenz}\ \overline{\lambda}_w \cdot 28{,}42 \cdot \varepsilon \cdot \sqrt{k \cdot \sqrt{3}}$$

$$\max c/t = 0{,}83 \cdot 28{,}42 \cdot \varepsilon \cdot \sqrt{5{,}34 \cdot \sqrt{3}} = 72 \cdot \varepsilon$$

$$\frac{h_w}{t_w} \leq 72 \cdot \varepsilon \qquad (4.24)$$

Diese Bedingung entspricht (1-1, (6.22)). Ist max c/t für die dünnwandigen Querschnitte nicht eingehalten, liegt ein Querschnitt der Klassse 4 vor. Es ist ein Beulsicherheitsnachweis nach DIN EN 1993-1-5 zu führen, s. Band 2, Abschnitt Plattenbeulen.

Tabelle 4.3 Max *c/t* für Querschnittsklasse 3 für S 235, für andere Stahlsorten mit ε multiplizieren

ψ	max c/t (1)	max c/t (2)	max c/t (3)
Lagerung Spannungsverteilung	σ_1	σ_1	σ_1
-1,00	124	102	19,4
-0,90	113	94,0	19,0
-0,80	103	85,7	18,6
-0,70	95,7	77,4	18,2
-0,60	89,0	69,2	17,8
-0,50	83,2	61,1	17,5
-0,40	78,1	53,3	17,1
-0,30	73,6	45,7	16,8
-0,20	69,5	38,6	16,5
-0,10	65,9	32,3	16,2
0,00	62,7	27,4	15,9
0,10	59,7	24,1	15,6
0,20	57,1	21,7	15,3
0,30	54,6	20,0	15,0
0,40	52,4	18,6	14,8
0,50	50,3	17,4	14,6
0,60	48,4	16,5	14,4
0,70	46,6	15,7	14,2
0,80	45,0	15,0	14,0
0,90	43,4	14,3	13,9
1,00	42,0	13,8	13,8

Als konservative Lösung darf für die Querschnittsklasse 3 die folgende Interaktionsaktionsbeziehung angewendet werden (1-1, Gl. (6.2)), wenn $V_{\text{Ed}} \leq 0,5 \cdot V_{\text{pl,Rd}}$ ist und kein Schubbeulen auftritt:

$$\frac{N_{\text{Ed}}}{A \cdot \sigma_{\text{Rd}}} + \frac{M_{\text{y,Ed}}}{W_{\text{y}} \cdot \sigma_{\text{Rd}}} + \frac{M_{\text{z,Ed}}}{W_{\text{z}} \cdot \sigma_{\text{Rd}}} \leq 1 \tag{4.25}$$

Diese Interaktion darf für I- und H-Profile angewendet werden, da der Steg bei Druck und Biegung die Querschnittsklasse 3 erfüllt.

4.4 Querschnittsklassen 1 und 2

Bei der elastischen Berechnung mit plastischer Querschnittsausnutzung darf kein vorzeitiges Beulen auftreten, bis der Querschnitt voll durchplastizert ist. Es ist mindestens ein Querschnitt der Querschnittsklasse 2 erforderlich.

Bei der plastischen Berechnung, das im Abschnitt Fließgelenktheorie besprochen wird, muss der Querschnitt ohne Ausbeulen noch ausreichende Rotationskapazität besitzen, bis sich im System eine kinematische Kette gebildet hat. Es ist ein Querschnitt der Querschnittsklasse 1 erforderlich. Die Grenzwerte max c/t für die Querschnittsklasse 1 und 2 sind von der Druckspannungsverteilung $\alpha \cdot c$ über den Querrand abhängig. Für $\alpha = 1$ liegt reine Druckbeanspru-

chung vor, für $\alpha = 0{,}5$ reine Biegebeanspruchung. Die Werte $\max c/t$ sind in Tabelle 4.4 angegeben.
In (1-5, Tabelle1) sind auch Grenzwerte $\max d/t$ für Rohre angegeben.

Tabelle 4.4 Max *c/t* für die plastische Querschnittsausnutzung

$\max c/t$	Druckspannungs-verteilung	Querschnittsklasse 2	Querschnittsklasse 1
	$\alpha \cdot c$; c	für $\alpha > 0{,}5$: $c/t \le \dfrac{456 \cdot \varepsilon}{13 \cdot \alpha - 1}$ für $\alpha \le 0{,}5$: $c/t \le \dfrac{41{,}5 \cdot \varepsilon}{\alpha}$	für $\alpha > 0{,}5$: $c/t \le \dfrac{396 \cdot \varepsilon}{13 \cdot \alpha - 1}$ für $\alpha \le 0{,}5$: $c/t \le \dfrac{36 \cdot \varepsilon}{\alpha}$
	$\alpha \cdot c$; c	$c/t \le \dfrac{10 \cdot \varepsilon}{\alpha}$	$c/t \le \dfrac{9 \cdot \varepsilon}{\alpha}$
	$\alpha \cdot c$; c	$c/t \le \dfrac{10 \cdot \varepsilon}{\alpha \cdot \sqrt{\alpha}}$	$c/t \le \dfrac{9 \cdot \varepsilon}{\alpha \cdot \sqrt{\alpha}}$

Als konservative Lösung darf für die Querschnittsklassen 1 und 2 die folgende Interaktionsaktionsbeziehung angewendet werden (1-1, Gl. (6.2)), wenn $V_{\text{Ed}} \le 0{,}5 \cdot V_{\text{pl,Rd}}$ ist und kein Schubbeulen auftritt:

$$\frac{N_{\text{Ed}}}{A \cdot \sigma_{\text{Rd}}} + \frac{M_{\text{y,Ed}}}{W_{\text{pl,y}} \cdot \sigma_{\text{Rd}}} + \frac{M_{\text{z,Ed}}}{W_{\text{pl,z}} \cdot \sigma_{\text{Rd}}} \le 1 \qquad (4.26)$$

Bei Stegen von I- und H-Profilen, die für reinen Druck nach Tabelle 3.4 der Querschnittsklasse 3 oder 4 zugeordnet sind, sollte geprüft werden, ob unter Druck und Biegung die Querschnittsklasse 2 vorliegt, s. Beispiel 4.5.3 und 4.5.4. Der Wert α kann in diesem Fall direkt aus der Normalkraft berechnet werden.

$$\alpha = \frac{1}{2} + \frac{N_{\text{Ed}}}{2 \cdot t_{\text{w}} \cdot \sigma_{\text{Rd}} \cdot d} \le 1{,}00 \qquad (4.27)$$

In Tabelle 4.5 ist die maximale Normalkraft angegeben, für welche der Steg noch der Querschnittsklasse 2 zugeordnet ist.

Tabelle 4.5 Max N_{Ed} für Querschnittsklasse 2 des Steges in kN für $\gamma_M = 1{,}10$

Nennhöhe	IPE			HEA			HEB		
	S 235	**S 275**	**S 355**	**S 235**	**S 275**	**S 355**	**S 235**	**S 275**	**S 355**
80	1	1	1	1	1	1	1	1	1
100	1	1	1	1	1	1	1	1	1
120	1	1	1	1	1	1	1	1	1
140	1	1	1	1	1	1	1	1	1
160	1	1	1	1	1	1	1	1	1
180	1	1	2	1	1	1	1	1	1
200	1	1	2	Querschnittsklasse des Steges bei reinem Druck					1
220	1	1	2	1	1	1	1	1	1
240	1	2	2	1	1	1	1	1	1
260	-	-		1	1	1	1	1	1
270	2	2	407	-	-	-	-	-	-
280	-	-		1	1	1	1	1	1
300	2	2	447	1	1	1	1	1	1
320	-	-	-	1	1	1	1	1	1
330	2	482	481	-	-	-	-	-	-
340	-	-	-	1	1	1	1	1	1
360	2	532	527	1	1	1	1	1	1
400	594	597	585	1	1	2	1	1	1
450	681	679	655	1	1	2	1	1	1
500	774	767	730	1	2	1375	1	1	2
550	908	900	852	2	2	1383	1	1	2
600	1043	1030	968	2	1403	1388	1	2	2368
650	-	-	-	1428	1430	1389	2	2	2383
700	-	-	-	1626	1624	1568	2	2	2622
800	-	-	-	1544	1509	1384	2458	2470	2420
900	-	-	-	1610	1544	1351	2554	2535	2416
1000	-	-	-	1491	1384	1104	2429	2364	2146

4.5 Beispiele

In den folgenden Beispielen wird angenommen, dass die Berechnung des Systems nach Theorie I. Ordnung erfolgt und die Stabilität mit dem Ersatzstabverfahren nachgewiesen wird. Bei einer Berechnung nach Theorie II. Ordnung gilt der Teilsicherheitsbeiwert $\gamma_{M1} = 1{,}10$.

Beispiel 4.5.1: Grenzwerte max *c/t* für einen geschweißten I-Querschnitt
Beispiel mit $\gamma_M = \gamma_{M0} = 1{,}00$

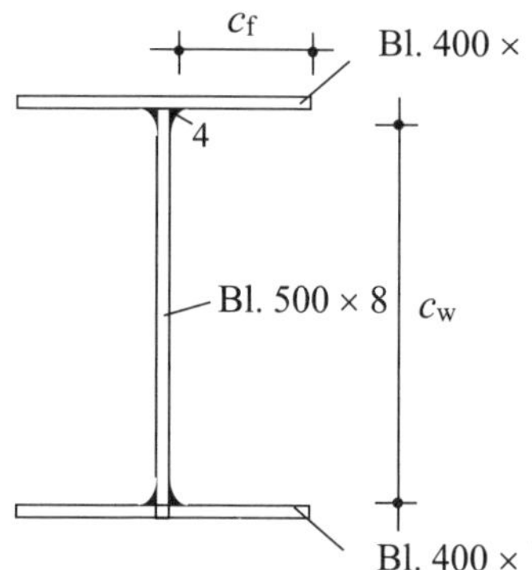

Werkstoff: S 235
Spannungsnachweis
Beanspruchung: $N_{Ed} = -960$ kN
Voraussetzung: kein Stabilitätsnachweis erforderlich

Abb. 4.5 Geschweißter I-*Querschnitt*

$$A = 40 \cdot 1 + 40 \cdot 1 + 50 \cdot 0{,}8 = 120\ \text{cm}^2$$

$$\sigma_{Ed} = \frac{N_{Ed}}{A} = \frac{960}{120} = 8{,}00\ \text{kN/cm}^2$$

Nachweis des Gurtes:
Die Kehlnaht a ist die Höhe des einschreibbaren gleichschenkligen Dreiecks gemessen bis zum theoretischen Wurzelpunkt. $a = 4$ mm.

$$\text{vorh}\ c/t = \frac{200 - 4 - 4\sqrt{2}}{10} = 19$$

Max c/t wird nach Tabelle 4.3 berechnet.

$\psi = 1$, Kurve (3)

$$\max c/t = 13{,}8 \cdot \sqrt{\frac{f_y}{\sigma_{Ed} \cdot \gamma_{M0}}} = 13{,}8 \cdot \sqrt{\frac{23{,}5}{8{,}00 \cdot 1{,}0}} = 23{,}7$$

Nachweis:

$$\text{vorh}\ c/t = 19 < \max c/t = 23{,}7$$

Nachweis des Steges:

$$\text{vorh}\ c/t = \frac{500 - 2 \cdot 4\sqrt{2}}{8} = 61$$

Max c/t wird nach Tabelle 4.3 berechnet.

$\psi = 1$, Kurve (1)

$$\max c/t = 42 \cdot \sqrt{\frac{f_y}{\sigma_{Ed} \cdot \gamma_{M0}}} = 42 \cdot \sqrt{\frac{23,5}{8,00 \cdot 1,0}} = 72$$

Nachweis:

$$\text{vorh } c/t = 61 < \max c/t = 72$$

Beispiel 4.5.2: Grenzwerte max *c/t* für einen geschweißten Kastenquerschnitt

Beispiel mit $\gamma_M = \gamma_{M0} = 1,00$

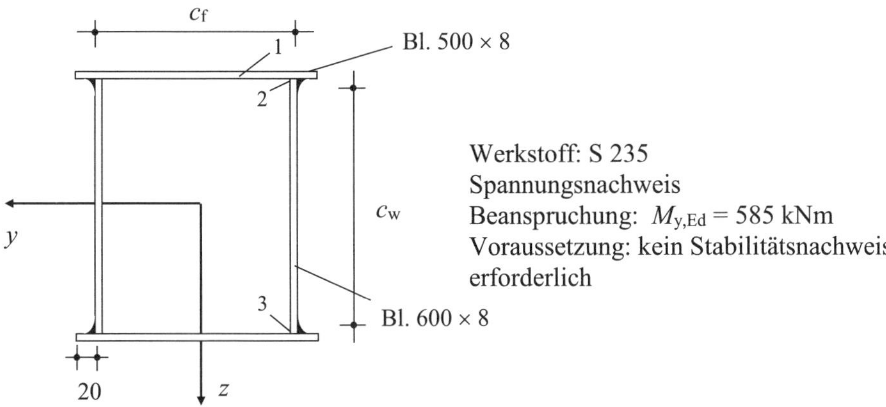

Abb. 4.6 Geschweißter Kastenquerschnitt

Querschnittswerte:

$$I_y = 40,0 \cdot \frac{60,8^2}{2} + 2 \cdot 0,8 \cdot \frac{60,0^3}{12} = 102\ 730\ \text{cm}^4$$

$$z_1 = -30,4\ \text{cm}\ ;\ z_2 = -30,0\ \text{cm}\ ;\ z_3 = 30,0\ \text{cm}$$

Die Berechnung der Spannungen darf in der Gurtmitte erfolgen.

Berechnung der Spannungen:

$$\sigma_{Ed} = \frac{M_{y,Ed}}{I_y} \cdot z$$

$$\sigma_1 = -\frac{58\ 500}{102\ 730} \cdot 30,4 = -17,3\ \text{kN/cm}^2$$

$$\sigma_2 = -\frac{58\ 500}{102\ 730} \cdot 30,0 = -17,1\ \text{kN/cm}^2$$

$$\sigma_3 = +\frac{58\ 500}{102\ 730} \cdot 30,0 = 17,1\ \text{kN/cm}^2$$

Nachweis des Gurtes:

$$\text{vorh } c/t = \frac{500 - 2 \cdot 20}{8} = 57,5$$

Max c/t wird nach Tabelle 4.3 berechnet.

$\psi = 1$, Kurve (1)

$$\max c/t = 42 \cdot \sqrt{\frac{f_y}{\sigma_{Ed} \cdot \gamma_{M0}}} = 42 \cdot \sqrt{\frac{23,5}{17,3 \cdot 1,0}} = 49,0$$

Nachweis:

$$\text{vorh } c/t = 57,5 > \max c/t = 49,0$$

Der Nachweis ist nicht erfüllt. Es handelt sich um einen Querschnitt der Klasse 4. Es wird das Plattenbeulen mit der Methode der reduzierten Spannungen angewendet (1-5, 10).

$\gamma_{M1} = 1,10$

$$\sigma_{cr} = k \cdot \frac{\pi^2 \cdot E}{12 \cdot (1-\nu^2)} \cdot \left(\frac{t}{b}\right)^2 = k \cdot 18\,980 \cdot \left(\frac{t}{b}\right)^2 \text{ kN/cm}^2$$

Der Beulwert nach Tabelle 4.1 ist für $\psi = 1$: $k = 4$.

$$\sigma_{cr} = k \cdot 18\,980 \cdot \left(\frac{t}{b}\right)^2 = 4 \cdot 18\,980 \cdot \left(\frac{8}{460}\right)^2 = 23,0 \text{ kN/cm}^2$$

$$\bar{\lambda}_p = \sqrt{\frac{f_y}{\sigma_{cr}}} = \sqrt{\frac{23,5}{23,0}} = 1,01$$

$$\rho = \frac{\bar{\lambda}_p - 0,055 \cdot (3+\psi)}{\bar{\lambda}_p^{\,2}} = \frac{1,01 - 0,055 \cdot (3+1)}{1,01^2} = 0,774$$

$$\frac{\sigma_{Ed}}{\rho \cdot f_y / \gamma_{M1}} = \frac{17,3}{0,774 \cdot 23,5 / 1,10} = 1,05 > 1 \text{ reicht nicht!}$$

Nachweis des Steges:

$$\text{vorh } c/t = \frac{600}{8} = 75$$

Max c/t wird nach Tabelle 4.3 berechnet.

$\psi = -1$, Kurve (1) mit Interpolation

$$\max c/t = 124 \cdot \sqrt{\frac{f_y}{\sigma_{Ed} \cdot \gamma_{M0}}} = 124 \cdot \sqrt{\frac{23,5}{17,3 \cdot 1,0}} = 145$$

Nachweis:

$$\text{vorh } c/t = 75 < \max c/t = 145$$

Beispiel 4.5.3: Grenzwerte max *c/t* für einen gewalzten I-Querschnitt

Beispiel mit $\gamma_M = \gamma_{M0} = 1,00$

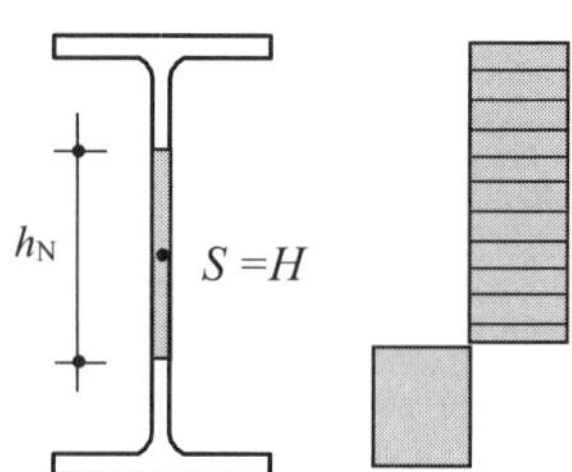

Werkstoff: S 235
Plastische Querschnittsausnutzung
Beanspruchung: $N_{Ed} = -450$ kN,
$M_{y,Ed} = 270$ kNm
Profil: IPE 400

Abb. 4.7 Gewalzter I-Querschnitt

Querschnittswerte:

$h = 400$ mm; $b = 180$ mm; $t_w = 8{,}6$ mm; $t_f = 13{,}5$ mm; $r = 21$ mm; $S_y = 654$ cm^3; $d = 331$ mm;

Nachweis mit der Reduktionsmethode

$$\text{erf}\,A_N = \frac{N_{Ed}}{\sigma_{Rd}} = \frac{450}{23{,}5} = 19{,}1\ \text{cm}^2$$

$$\text{erf}\,A_N = 19{,}1\ \text{cm}^2 \le h_w \cdot t_w = 37{,}3 \cdot 0{,}86 = 32{,}1\ \text{cm}^2$$

$$\text{erf}\,h_N = \frac{\text{erf}\,A_N}{t_w} = \frac{19{,}1}{0{,}86} = 22{,}2\ \text{cm}$$

Es ist keine Fläche des Flansches erforderlich. Für den reduzierten Querschnitt werden die neuen Querschnittswerte für den Nachweis des Biegemomentes berechnet.

$$S_M = S_y - \frac{t_w \cdot h_N^2}{8} = 654 - 0{,}86 \cdot \frac{22{,}2^2}{8} = 601\ \text{cm}^3$$

$$M_{N,y,Rd} = 2 \cdot S_M \cdot \sigma_{Rd} = 2 \cdot 601 \cdot 23{,}5 = 28247\ \text{kNcm} = 282\ \text{kNm}$$

$$\frac{M_{y,Ed}}{M_{N,y,Rd}} = \frac{270}{282} = 0{,}96 < 1{,}0$$

Nachweis von max c/t

Nachweis des Gurtes für Querschnittsklasse 2:

$$\text{vorh}\ c/t = \left(\frac{b}{2} - \frac{t_w}{2} - r\right) \cdot \frac{1}{t_f} = \left(\frac{180}{2} - \frac{8{,}6}{2} - 21\right) \cdot \frac{1}{13{,}5} = 4{,}79$$

$$\alpha = 1{,}0;\ \varepsilon = 1{,}0$$

$$\max c/t = \frac{10 \cdot \varepsilon}{\alpha} = \frac{10 \cdot 1{,}0}{1{,}0} = 10$$

$$\text{vorh}\ c/t = 4{,}79 < \max c/t = 10$$

Nachweis des Steges für Querschnittsklasse 2:

$$\text{vorh}\ c/t = \frac{d}{t_w} = \frac{331}{8{,}6} = 38{,}5$$

Der Wert α kann direkt aus der Normalkraft berechnet werden.

$$\alpha = \frac{1}{2} + \frac{N_{Ed}}{2 \cdot t_w \cdot \sigma_{Rd} \cdot d} \le 1{,}00$$

$$\alpha = \frac{1}{2} + \frac{450}{2 \cdot 0{,}86 \cdot 23{,}5 \cdot 33{,}1} = 0{,}836$$

$$\varepsilon = 1{,}0$$

$$\text{für}\ \alpha > 0{,}5:\ \max c/t \le \frac{456 \cdot \varepsilon}{13 \cdot \alpha - 1} = \frac{456 \cdot 1{,}0}{13 \cdot 0{,}836 - 1} = 46{,}2$$

$$\text{vorh}\ c/t = 38{,}5 < \max c/t = 46{,}2$$

Dieser Querschnitt erfüllt auch die Anforderungen der Querschnittsklasse 1.

Beispiel 4.5.4: Grenzwerte max *c/t* für einen gewalzten I-Querschnitt

Beispiel mit $\gamma_M = \gamma_{M0} = 1{,}00$

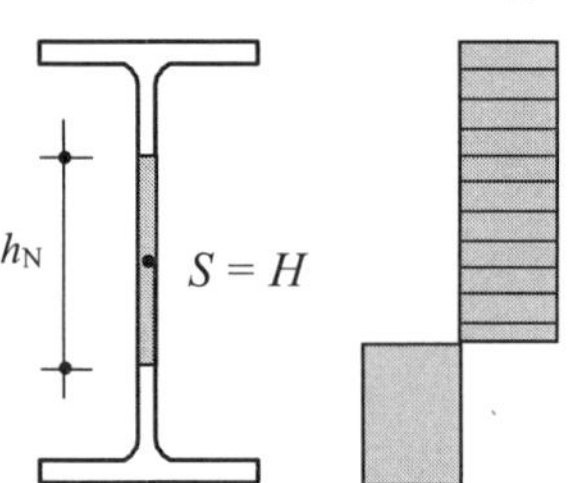

Werkstoff: S 355
Plastische Querschnittsausnutzung
Beanspruchung: $N_{Ed} = -250$ kN,
$M_{y,Ed} = 625$ kNm
Profil: IPE 500

Abb. 4.8 Gewalzter I-Querschnitt

Querschnittswerte:
$h = 500$ mm; $b = 200$ mm; $t_w = 10{,}2$ mm; $t_f = 16{,}0$ mm; $r = 21$mm; $S_y = 1100$ cm³

Nachweis mit der Reduktionsmethode

$$\text{erf}\,A_N = \frac{N_{Ed}}{\sigma_{Rd}} = \frac{250}{35{,}5} = 7{,}04\ \text{cm}^2$$

$$\text{erf}\,A_N = 7{,}04\ \text{cm}^2 \le h_w \cdot t_w = 48{,}0 \cdot 1{,}02 = 49{,}0\ \text{cm}^2$$

$$\text{erf}\,h_N = \frac{\text{erf}\,A_N}{t_w} = \frac{7{,}04}{1{,}02} = 6{,}90\ \text{cm}$$

Es ist keine Fläche des Flansches erforderlich. Für den reduzierten Querschnitt werden die neuen Querschnittswerte für den Nachweis des Biegemomentes berechnet.

$$S_M = S_y - \frac{t_w \cdot h_N^2}{8} = 1100 - 1{,}02 \cdot \frac{6{,}90^2}{8} = 1094\ \text{cm}^3$$

$$M_{N,y,Rd} = 2 \cdot S_M \cdot \sigma_{Rd} = 2 \cdot 1094 \cdot 35{,}5 = 77674\ \text{kNcm} = 777\ \text{kNm}$$

$$\frac{M_{y,Ed}}{M_{N,y,Rd}} = \frac{625}{777} = 0{,}80 < 1{,}0$$

Nachweis von max *c/t*

Nachweis des Gurtes für Querschnittsklasse 2:

$\text{vorh}\ c/t = 4{,}62$ nach Tabelle 4.2

$\alpha = 1{,}0$; $\varepsilon = 0{,}814$

$$\max c/t = \frac{10 \cdot \varepsilon}{\alpha} = \frac{10 \cdot 0{,}814}{1{,}0} = 8{,}14$$

$\text{vorh}\ c/t = 4{,}62 < \max c/t = 8{,}14$

Nachweis des Steges für Querschnittsklasse 2:

$\text{vorh}\ c/t = 41{,}8$ nach Tabelle 4.2

Der Wert α kann direkt aus der Normalkraft berechnet werden.

$$\alpha = \frac{1}{2} + \frac{N_{Ed}}{2 \cdot t_w \cdot \sigma_{Rd} \cdot d} \le 1{,}00$$

$$\alpha = \frac{1}{2} + \frac{250}{2 \cdot 1,02 \cdot 35,5 \cdot 42,6} = 0,581$$

$$\varepsilon = 0,814$$

$$\text{für } \alpha > 0,5: \ \max c/t \leq \frac{456 \cdot \varepsilon}{13 \cdot \alpha - 1} = \frac{456 \cdot 0,841}{13 \cdot 0,581 - 1} = 58,5$$

$$\text{vorh } c/t = 41,8 < \max c/t = 58,5$$

Dieser Querschnitt erfüllt auch die Anforderungen der Querschnittsklasse 1.

Beispiel 4.5.5: Grenzwerte max *c/t* eines geschweißten Trägers mit einachsiger Biegung

Beispiel mit $\gamma_M = \gamma_{M0} = 1,00$

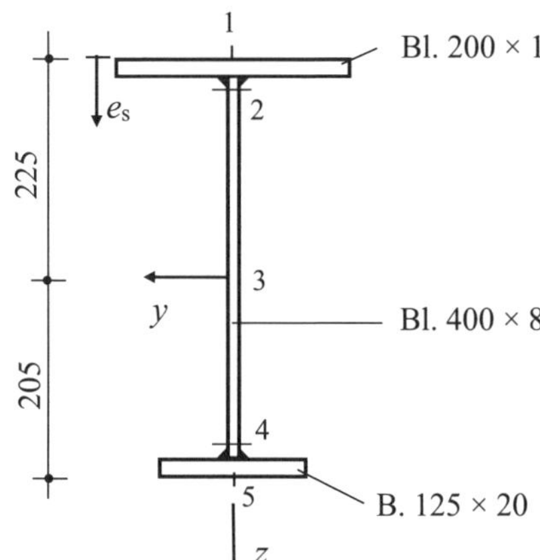

Werkstoff: S 235
Spannungsnachweis
Beanspruchungen: einachsige Biegung
$M_{y,Ed} = 193$ kNm ; $V_{z,Ed} = 310$ kN
Voraussetzung: kein Stabilitätsnachweis erforderlich, Druckgurt seitlich gehalten
Profil: geschweißt
Schweißnahtdicke $a = 4$ mm

Abb. 4.9 Abmessungen des Querschnittes und Bezeichnungen der Querschnittspunkte

Berechnung des Schwerpunktes und der Koordinaten der Querschnittspunkte:

$$A = 20 \cdot 1,0 + 40 \cdot 0,8 + 12,5 \cdot 2,0 = 20 + 32 + 25 = 77 \text{ cm}^2$$

$$e_s = \frac{20 \cdot 0,5 + 32 \cdot 21 + 25 \cdot 42}{77} = 22,5 \text{ cm}$$

Koordinaten der Querschnittspunkte:

$z_1 = -22,5$ cm
$z_2 = -21,5$ cm
$z_3 = +0,0$ cm
$z_4 = +18,5$ cm
$z_5 = +20,5$ cm

Flächenmoment 2. Grades:

$$I_y = 0,8 \cdot \frac{40^3}{12} + 20 \cdot 0,5^2 + 32 \cdot 21^2 + 25 \cdot 42^2 - 77 \cdot 22,5^2 = 23\ 500 \text{ cm}^4$$

Flächenmomente 1. Grades:

$S_2 = 20 \cdot 22 \qquad\qquad = 440\ \text{cm}^3$
$S_3 = 440 + 0{,}8 \cdot 21{,}5^2/2 = 625\ \text{cm}^3$
$S_4 = 25 \cdot 19{,}5\ = 488\ \text{cm}^3$

Nachweis der maximalen Normalspannung:

$$\sigma_1 = \frac{M_{\text{y,Ed}}}{I_\text{y}} \cdot z_1 = \frac{19\,300}{23\,500} \cdot (-22{,}5) = -18{,}5\ \text{kN/cm}^2$$

$$\sigma_5 = \frac{M_{\text{y,Ed}}}{I_\text{y}} \cdot z_5 = \frac{19\,300}{23\,500} \cdot (+20{,}5) = +16{,}8\ \text{kN/cm}^2$$

$$\frac{\sigma_\text{Ed}}{\sigma_\text{Rd}} = \frac{18{,}5}{23{,}5} = 0{,}79 \le 1{,}0$$

Nachweis der maximalen Schubspannung:

$$\max\,\tau = \frac{V_{\text{z,Ed}} \cdot S_3}{I_\text{y} \cdot b} = \frac{310 \cdot 625}{23\,500 \cdot 0{,}8} = 10{,}3\ \text{kN/cm}^2$$

$$\frac{\tau_\text{Ed}}{\tau_\text{Rd}} = \frac{10{,}3}{13{,}6} = 0{,}76 \le 1{,}0$$

Nachweis der Vergleichsspannung am Punkt 2:

$$\sigma_2 = \frac{M_{\text{y,Ed}}}{I_\text{y}} \cdot z_2 = \frac{19\,300}{23\,500} \cdot (-21{,}5) = -17{,}6\ \text{kN/cm}^2$$

$$\tau_2 = \frac{V_{\text{z,Ed}} \cdot S_2}{I_\text{y} \cdot b} = \frac{310 \cdot 440}{23\,500 \cdot 0{,}8} = 7{,}25\ \text{kN/cm}^2$$

$$\sigma_\text{V} = \sqrt{\sigma_2{}^2 + 3 \cdot \tau_2{}^2} = \sqrt{17{,}6^2 + 3 \cdot 7{,}25^2} = 21{,}6\ \text{kN/cm}^2$$

$$\frac{\sigma_\text{V}}{\sigma_\text{Rd}} = \frac{21{,}6}{23{,}5} = 0{,}92 \le 1{,}0$$

Nachweis der Vergleichsspannung am Punkt 4:

$$\sigma_4 = \frac{M_{\text{y,Ed}}}{I_\text{y}} \cdot z_4 = \frac{19\,300}{23\,500} \cdot (+18{,}5) = +15{,}2\ \text{kN/cm}^2$$

$$\tau_4 = \frac{V_{\text{z,Ed}} \cdot S_4}{I_\text{y} \cdot b} = \frac{310 \cdot 488}{23500 \cdot 0{,}8} = 8{,}04\ \text{kN/cm}^2$$

$$\sigma_\text{V} = \sqrt{\sigma_4{}^2 + 3 \cdot \tau_4{}^2} = \sqrt{15{,}2^2 + 3 \cdot 8{,}04^2} = 20{,}6\ \text{kN/cm}^2$$

$$\frac{\sigma_\text{V}}{\sigma_\text{Rd}} = \frac{20{,}6}{23{,}5} = 0{,}94 \le 1{,}0$$

Nachweis max c/t: Querschnittsklasse 3

Nachweis des Gurtes: Bl. 200 × 10

$$\text{vorh } c/t = \frac{100 - \frac{8}{2} - 4 \cdot \sqrt{2}}{10} = \frac{90,3}{10} = 9,0$$

Max c/t wird nach Tabelle 4.3 berechnet.

$\psi = 1$, Kurve (2)

$$\max c/t = 13,8 \cdot \sqrt{\frac{f_y}{\sigma_{Ed} \cdot \gamma_{M0}}} = 13,8 \cdot \sqrt{\frac{23,5}{18,5 \cdot 1,0}} = 15,6$$

Nachweis:

$\text{vorh } c/t = 9,0 \le \max c/t = 15,6$

Nachweis des Steges: Bl. 400 × 8

$$\tau_{Ed} = \frac{310}{40 \cdot 0,8} = 9,67 \text{ kN/cm}^2$$

$$\text{vorh } c/t = \frac{400 - 2 \cdot 4 \cdot \sqrt{2}}{8} = 48,6$$

$\max c/t = 72 \cdot \varepsilon$

Nachweis:

$\text{vorh } c/t = 48,6 \le \max c/t = 72$

Nachweis nach DIN EN 1993-1-5

$\gamma_{M1} = 1,10$

Der folgende Nachweis gilt für den beidseitig gelagerten Plattenstreifen. Es soll gezeigt werden, dass der getrennte Nachweis für max c/t ausreichend ist.

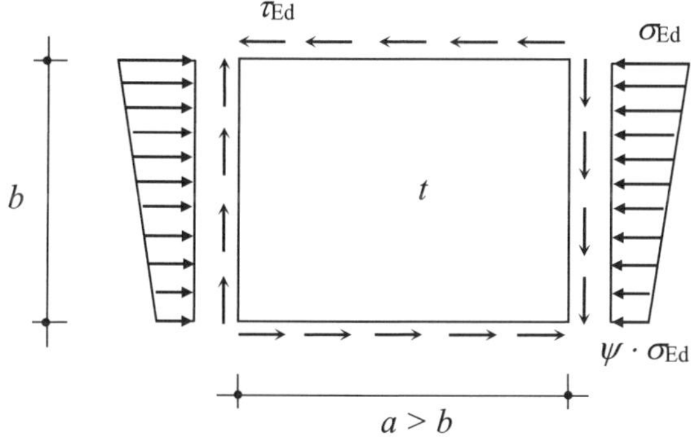

1. Abmessungen

$t = 8$ mm

$b = 389$ mm

$a > b$

Abb. 4.10 Beulfeld und Beanspruchungen

1. Beanspruchungen – Druckspannungen positiv

$\sigma_{Ed} = 17,6 \text{ kN/cm}^2$

$\psi \cdot \sigma_{Ed} = -15,2 \text{ kN/cm}^2$

$\tau_{Ed} = 9,67 \text{ kN/cm}^2$

2. Beulspannungen

Beulwert k_σ nach Tabelle 4.1

$$\alpha \geq 1$$

$$\psi = -\frac{15,2}{17,6} = -0,864$$

$$0 > \psi > -1 \quad k = 7,81 - 6,29 \cdot \psi + 9,78 \cdot \psi^2 = 20,5$$

$$\sigma_{\text{cr}} = k \cdot \frac{\pi^2 \cdot E}{12 \cdot (1-\nu^2)} \cdot \left(\frac{t}{b}\right)^2 = k \cdot \frac{\pi^2 \cdot 21000}{12 \cdot (1-0,3^2)} \cdot \left(\frac{t}{b}\right)^2 = k \cdot 18\,980 \cdot \left(\frac{t}{b}\right)^2 \quad \text{in kN/cm}^2$$

$$\sigma_{\text{cr}} = 20,5 \cdot 18\,980 \cdot \left(\frac{8}{389}\right)^2 = 165 \text{ kN/cm}^2$$

Beulwert k_τ nach Tabelle 4.1

$$k = 5,34$$

$$\tau_{\text{cr}} = k \cdot 18\,980 \cdot \left(\frac{t}{b}\right)^2 = 5,34 \cdot 18\,980 \cdot \left(\frac{8}{389}\right)^2 = 42,9 \text{ kN/cm}^2$$

3. Schlankheitsgrad

$$\sigma_{\text{V,Ed}} = \sqrt{\sigma_{\text{Ed}}{}^2 + 3 \cdot \tau_{\text{Ed}}{}^2} = \sqrt{17,6^2 + 3 \cdot 9,67^2} = 24,3 \text{ kN/cm}^2$$

$$\sigma_{\text{V,cr}} = \frac{\sigma_{\text{V,Ed}}}{\frac{1+\psi}{4} \cdot \frac{\sigma_{\text{Ed}}}{\sigma_{\text{cr}}} + \sqrt{\left(\frac{3-\psi}{4} \cdot \frac{\sigma_{\text{Ed}}}{\sigma_{\text{cr}}}\right)^2 + \left(\frac{\tau_{\text{Ed}}}{\tau_{\text{cr}}}\right)^2}}$$

$$\sigma_{\text{V,cr}} = \frac{24,3}{\frac{1-0,864}{4} \cdot \frac{17,6}{165} + \sqrt{\left(\frac{3+0,864}{4} \cdot \frac{17,6}{165}\right)^2 + \left(\frac{9,67}{42,9}\right)^2}} = 96,6 \text{ kN/cm}^2$$

$$\bar{\lambda}_{\text{p}} = \sqrt{\frac{f_{\text{y}}}{\sigma_{\text{V,cr}}}} = \sqrt{\frac{23,5}{96,6}} = 0,493$$

$$\rho = \frac{\bar{\lambda}_{\text{p}} - 0,055 \cdot (3+\psi)}{\bar{\lambda}_{\text{p}}{}^2} = \frac{0,493 - 0,055 \cdot (3-0,864)}{0,493^2} = 1,54 \rightarrow \rho = 1,0$$

$$\chi_{\text{w}} = \frac{0,83}{\bar{\lambda}_{\text{p}}} = \frac{0,83}{0,493} = 1,68 \rightarrow \chi_{\text{w}} = 1,0$$

Der Steg ist nicht beulgefährdet. Es gilt damit $\gamma_{\text{M}} = \gamma_{\text{M0}}$

4. Tragsicherheitsnachweis

$$\left(\frac{\sigma_{\text{Ed}}}{\rho \cdot f_{\text{y}} / \gamma_{\text{M1}}}\right)^2 + 3 \cdot \left(\frac{\tau_{\text{Ed}}}{\chi_{\text{w}} \cdot f_{\text{y}} / \gamma_{\text{M1}}}\right)^2 \leq 1 \rightarrow \left(\frac{\sigma_{\text{Ed}}}{f_{\text{y}} / \gamma_{\text{M0}}}\right)^2 + 3 \cdot \left(\frac{\tau_{\text{Ed}}}{f_{\text{y}} / \gamma_{\text{M0}}}\right)^2 \leq 1$$

Diese Gleichung entspricht dem Nachweis der Vergleichsspannung und bedeutet, dass das Beulen verhindert ist. Es dürfen in diesem Fall die zugeordneten Spannungen σ und τ eingesetzt werden. Der Nachweis der Vergleichsspannung wurde schon geführt.

5 Zugstäbe

5.1 Anwendung von Zugstäben

Fachwerke:

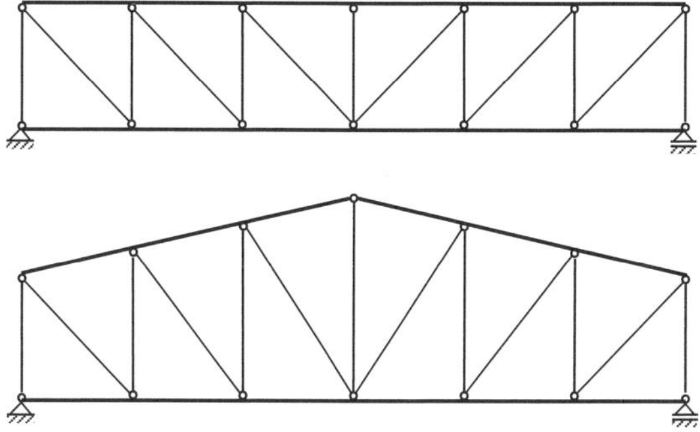

Verbände:

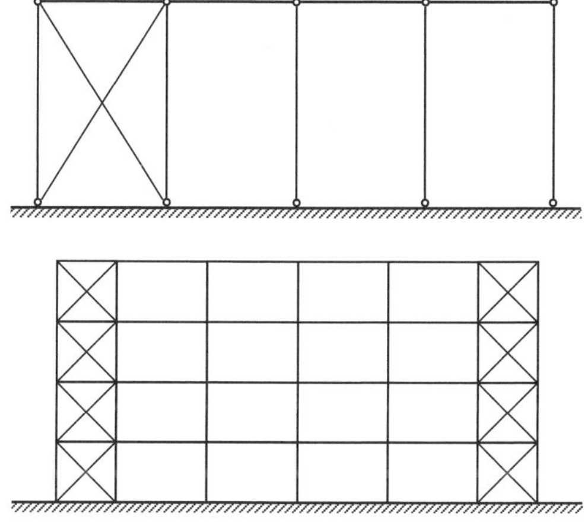

Zuglaschen:

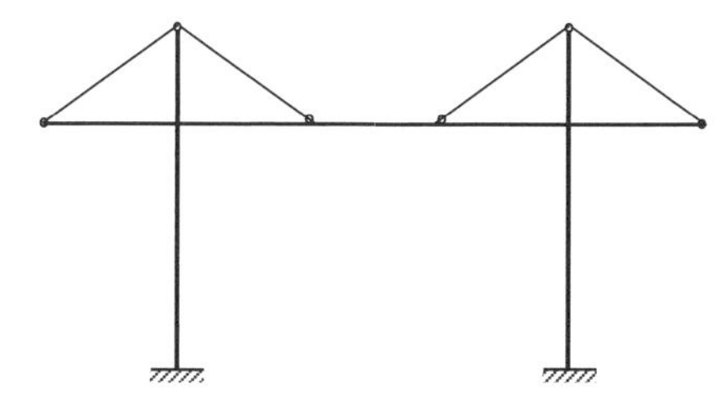

Abb. 5.1 Zugstäbe in Tragsystemen

Zugstäbe sind sehr wirtschaftliche Konstruktionselemente, da der Werkstoff besonders gut ausgenutzt werden kann. Sie werden in Fachwerken als Diagonalen und Gurtstäbe eingesetzt. Für Verbände, die ebenfalls Fachwerkscheiben darstellen, sind sie besonders gut geeignet. Die Diagonalen werden in Verbänden meist als gekreuzte Diagonalen ausgeführt, um bei wechselnder Einwirkung, wie Windkräften, die Normalkräfte in den Diagonalen stets als Zugkräfte aufzunehmen. Zugstäbe sind in Verbänden meist Stäbe mit geschraubten Anschlüssen, um eine einfache Montage zu ermöglichen. Weitere Zugelemente sind Zugstangen, Seile, Zuglaschen in geschraubten Verbindungen sowie Zuganker, um Zugkräfte in die Fundamente zu übertragen. Die Querschnittsform richtet sich nach einfachen Anschlüssen des Stabes.

Für kleine bis mittlere Zugkräfte werden T-, ½ I-, ½ HEA-, ½ HEB-Profile sowie Winkelprofile und Hohlprofile eingesetzt. Für große Zugkräfte sind U-, I-, HEA-, HEB-Profile einzeln oder doppelt gebräuchlich.

5.2 Tragfähigkeit

Die Tragfähigkeit des Zugstabes wird durch den Stabanschluss bestimmt, wobei vorwiegend ruhende Belastung vorausgesetzt wird. In der Montage des Stahltragwerkes werden meist geschraubte Anschlüsse eingesetzt. Die Bohrungen im Anschlussbereich führen zu Schwächungen des Querschnittes des Zugstabes. Diese Lochschwächungen sind bei der Berechnung der Beanspruchbarkeiten zu berücksichtigen. Die Tragfähigkeit des gelochten Stabes soll an einem einfachen Zugstab mit einem Loch erklärt werden, s. Abb. 5.2.

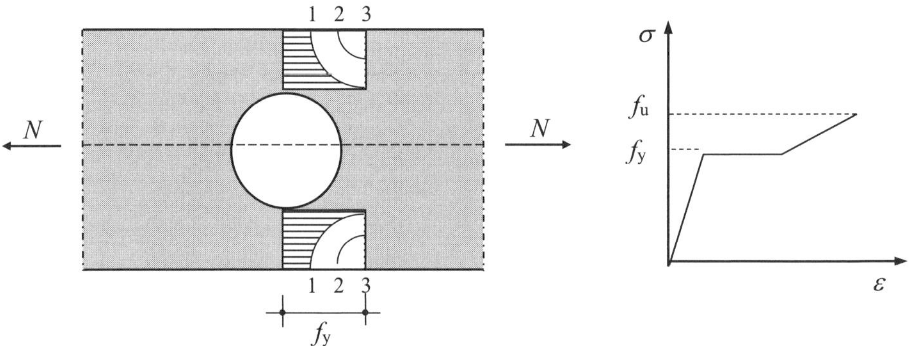

Abb. 5.2 Tragfähigkeit des gelochten Stabes

Wird der Stab durch eine Zugkraft N zentrisch belastet, findet im Bereich des Loches eine Spannungskonzentration statt, die dem Kerbspannungsverlauf entspricht, und bei der Laststufe N_1 wird dort zuerst die Streckgrenze f_y erreicht. Durch Plastizierung im gelochten Bereich ist eine Schnittkraftsteigerung möglich. In der Laststufe N_2 liegt Teilplastizierung vor, in der Laststufe N_3 ist der gelochte Querschnitt voll durchplastiziert. Die Tragfähigkeitsgrenze N_4 des Zugstabes wird durch die Zugfestigkeit f_u bestimmt. Bei Zugstäben wird diese Tragfähigkeitsgrenze mit einem zusätzlichen Teilsicherheitsfaktor für die Beanspruchbarkeit ausgenutzt.

Beim Tragsicherheitsnachweis muss man zwischen dem ungelochten Bereich mit der Querschnittsfläche A und dem gelochten Bereich mit der Querschnittsfläche $A_{net} = A - \Delta A$ unterscheiden.

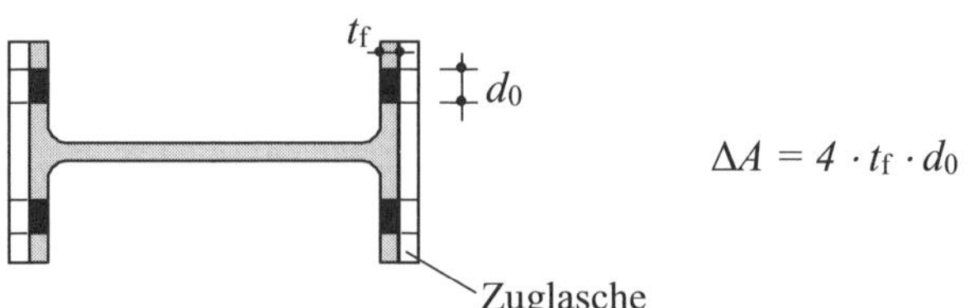

Abb. 5.3a Beispiele für Lochabzug

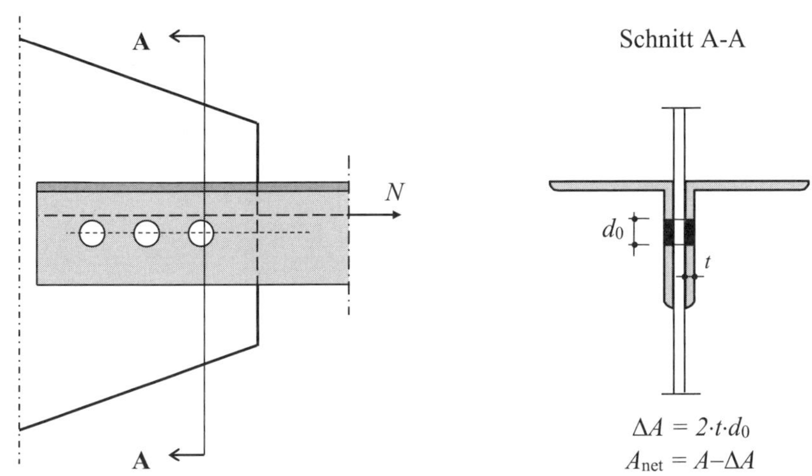

Abb. 5.3b Beispiele für Lochabzug

In Abb. 5.3b ist für einen Zugstab aus Doppelwinkeln der Lochabzug dargestellt, in Abb. 5.3a für einen Zugstoß mit einem I-Querschnitt. Die Anreißmaße und die maximalen Lochdurchmesser sind für gewalzte Profile genormt und für wichtige Profile in [21] und Band 2 angegeben.

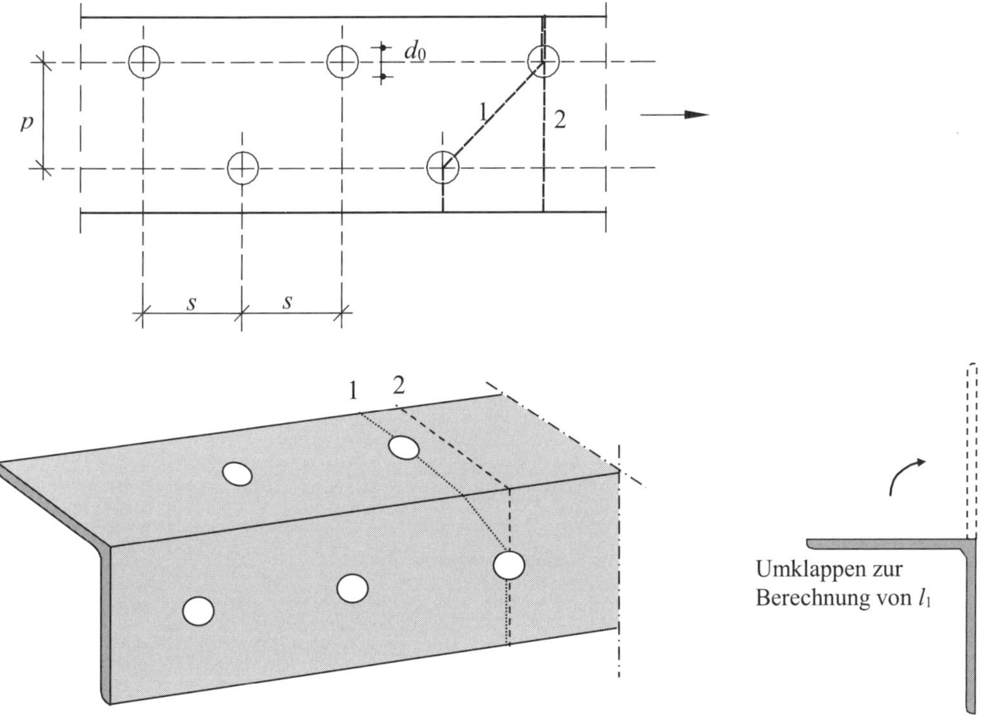

Abb. 5.4 Risslinie

Bei der Berechnung der Nettofläche A_{net} ist die Risslinie zu ermitteln, die den kleinsten Wert ergibt. Die Nettofläche ist aus der Bruttofläche durch Abzug aller Löcher und anderer Öffnungen zu bestimmen (1-1, 6.2.2.2). Sind die Löcher versetzt angeordnet, gilt nach Abb. 5.4 der kleinste Wert von A_{net}:

$$A_{net,2} = A - n \cdot d_0 \cdot t \qquad \text{für die Risslinie 2}$$

$$A_{net,1} = A - n \cdot d_0 \cdot t + \sum \frac{s^2 \cdot t}{4 \cdot p} \qquad \text{für die Risslinie 1} \tag{5.1}$$

n Anzahl der Löcher längs der Risslinie

Bei Winkeln oder anderen Bauteilen mit Löchern in mehreren Ebenen ist der Lochabstand p entlang der Profilmittellinie zu messen, s. Beispiel 5.4.3.

Entsteht durch die Lochschwächung wie in Abb. 5.5 ein Versatz der Querschnittsachsen, ist das zusätzliche Biegemoment zu berücksichtigen.

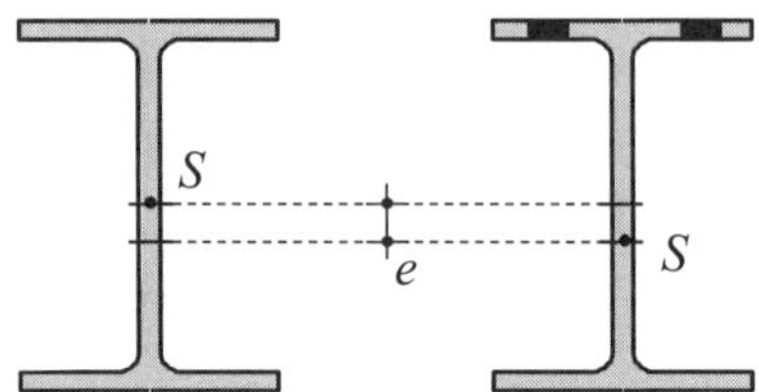

Abb. 5.5 Beispiel für Versatz der Querschnittsachsen

Tragfähigkeitsnachweis für die Zugkraft

Für den Bemessungswert der einwirkenden Zugkraft N_{Ed} ist der folgende Nachweis zu führen (1-1, 6.2.3):

$$\frac{N_{Ed}}{N_{t,Rd}} \leq 1 \tag{5.2}$$

Als Bemessungswert der Zugbeanspruchbarkeit $N_{t,Rd}$ eines Querschnittes mit Löchern ist der kleinere der folgenden Werte anzusetzen:

a) der Bemessungswert der plastischen Beanspruchbarkeit $N_{pl,Rd}$ des Bruttoquerschnittes

$$N_{pl,Rd} = \frac{A \cdot f_y}{\gamma_{M0}} \tag{5.3}$$

b) der Bemessungswert der Zugbeanspruchbarkeit des Nettoquerschnittes $N_{u,Rd}$ längs der kritischen Risslinie durch die Löcher:

$$N_{u,Rd} = \frac{0{,}9 \cdot A_{net} \cdot f_u}{\gamma_{M2}} \tag{5.4}$$

Planmäßige Außermittigkeiten sind zu berücksichtigen. Zugstäbe aus Rundstahl mit Gewinde werden wie Schrauben mit axialer Zugbelastung bemessen. Hochfeste Zugglieder wie Seile sind in DIN EN 1993-1-11 behandelt.

5.3 Einseitig angeschlossene Winkel

Einzelstäbe aus Winkelprofilen verwendet man häufig als Diagonalstäbe von Verbänden, gelegentlich auch bei Fachwerken. Sie werden meist einseitig an ein Knotenblech oder dergleichen angeschlossen. Der Anschluss ist i. Allg. bei Verbänden geschraubt und bei Fachwerken geschweißt.

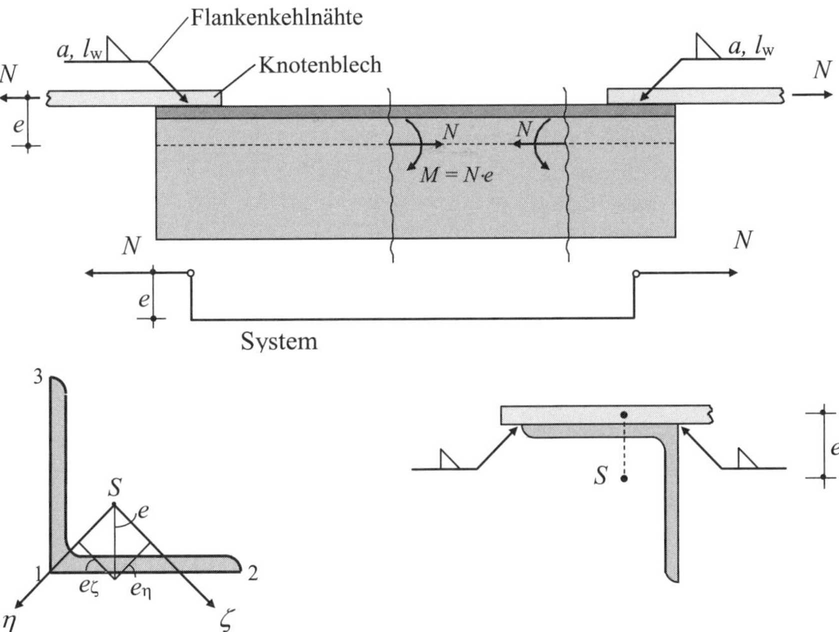

Abb. 5.6 Einseitig angeschlossener Winkel

Das Knotenblech in Abb. 5.6 ist quer zur Blechebene weich. Das Moment $M = N \cdot e$ muss deshalb der Stab aufnehmen. Dieses Moment ist auf die Hauptachsen zu beziehen. Für die Berechnung der Spannungen gelten die Gleichungen:

$$M_\zeta = -N \cdot e_\eta$$

$$M_\eta = +N \cdot e_\zeta$$

$$\sigma = \frac{N}{A} + \frac{M_\eta}{I_\eta} \cdot \zeta - \frac{M_\zeta}{I_\zeta} \cdot \eta \qquad (5.5)$$

In (1-8, 3.10.3 (2)) sind für diesen Fall Vereinfachungen angegeben. Einseitig mit einer Schraubenreihe angeschlossene Winkel dürfen mit den folgenden Tragfähigkeiten $N_{u,Rd}$ wie zentrisch belastete Winkel nachgewiesen werden.
Mit zwei Schrauben:

$$N_{u,Rd} = \frac{\beta_2 \cdot A_{net} \cdot f_u}{\gamma_{M2}} \tag{5.6}$$

Mit 3 oder mehr Schrauben:

$$N_{u,Rd} = \frac{\beta_3 \cdot A_{net} \cdot f_u}{\gamma_{M2}} \tag{5.7}$$

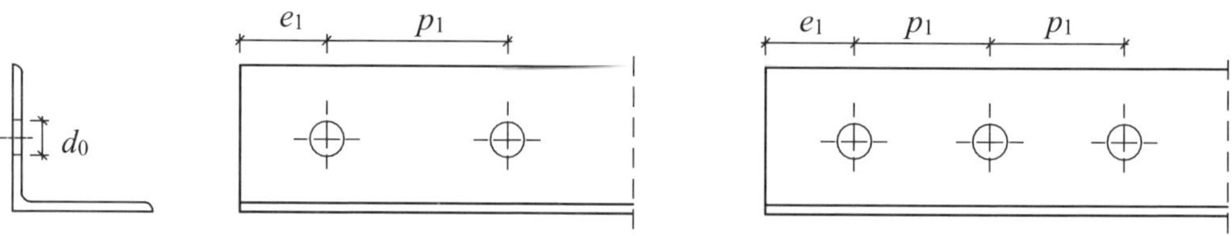

Abb. 5.7 Anschluss mit zwei oder drei Schrauben

A_{net} ist die Nettoquerschnittsfläche des Winkels. Wird ein ungleichschenkliger Winkel am kleineren Schenkel angeschlossen, so ist A_{net} in der Regel für einen äquivalenten gleichschenkligen Winkel mit den kleineren Schenkelabmessungen zu berechnen. Die Abminderungsbeiwerte β_2 und β_3 sind in Tabelle 5.1 in Abhängigkeit von dem Lochabstand p_1 angegeben. Für Zwischenwerte von p_1 darf der Wert β interpoliert werden.

Tabelle 5.1 Abminderungsbeiwerte β_2 und β_3

Lochabstand	$p_1 \leq 2{,}5\ d_0$	$p_1 \geq 5{,}0\ d_0$
2 Schrauben β_2	0,4	0,7
3 Schrauben und mehr β_3	0,5	0,7

Anschluss mit einer Schraube

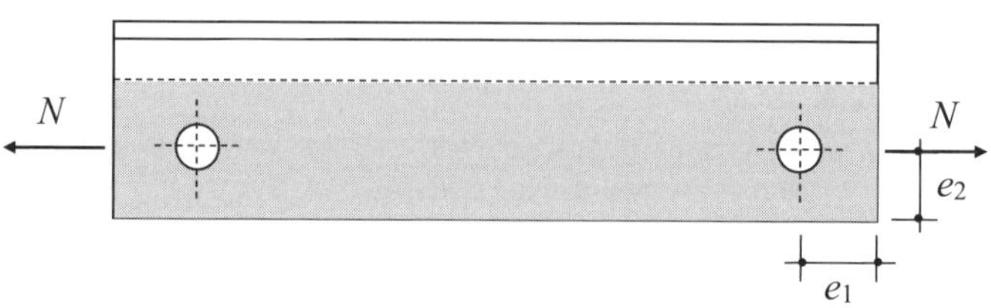

Abb. 5.8 Anschluss mit einer Schraube

Wird der Winkel nur mit einer Schraube angeschlossen, siehe Abb. 5.8, darf vereinfacht ein Zugband angenommen werden, dessen Schwerachse mit der Wirkungslinie der Normalkraft übereinstimmt.
Der Nachweis lautet:

$$N_{u,Rd} = \frac{A_{net} \cdot f_u}{\gamma_{M2}} \text{ mit } A_{net} = 2 \cdot (e_2 - 0{,}5 \cdot d_0) \cdot t \tag{5.8}$$

5.4 Beispiele

Beispiel 5.4.1: Laschenstoß eines Fachwerkuntergurtes

$\gamma_{M0} = 1{,}00$

$\gamma_{M2} = 1{,}25$

Im Bereich von max N wird ein geschraubter Laschenstoß entsprechend Abb. 5.3a ausgeführt. Bohrungen sind nur in den Flanschen vorgesehen. In diesem Beispiel soll der Zugstab nachgewiesen werden.

Werkstoff: S 235
Plastische Querschnittsausnutzung
Beanspruchung: Zug
N_{Ed}= 1100 kN

Vorbemessung:

$$\text{erf } A = \frac{N_{Ed} \cdot \gamma_{M0}}{f_y} = \frac{1100 \cdot 1{,}00}{23{,}5} = 46{,}8 \text{ cm}^2$$

Profil: HEA 200

Querschnittswerte:

A = 53,8 cm^2; t_f = 10 mm; d_0 = 25 mm nach DIN 997: 1970-10

$$N_{pl,Rd} = \frac{A \cdot f_y}{\gamma_{M0}} = \frac{53{,}8 \cdot 23{,}5}{1{,}00} = 1264 \text{ kN}$$

$$A_{net} = A - \Delta A = 53{,}8 - 4 \cdot 2{,}5 \cdot 1{,}0 = 43{,}8 \text{ cm}^2$$

$$N_{u,Rd} = \frac{0{,}9 \cdot A_{net} \cdot f_u}{\gamma_{M2}} = \frac{0{,}9 \cdot 43{,}8 \cdot 36}{1{,}25} = 1135 \text{ kN}$$

Der kleinste Wert ist maßgebend.

$$\frac{N_{Ed}}{N_{t,Rd}} = \frac{1100}{1135} = 0{,}97 \leq 1$$

Beispiel 5.4.2: Zugstab aus zwei U-Profilen

$\gamma_{M0} = 1,00$

$\gamma_{M2} = 1,25$

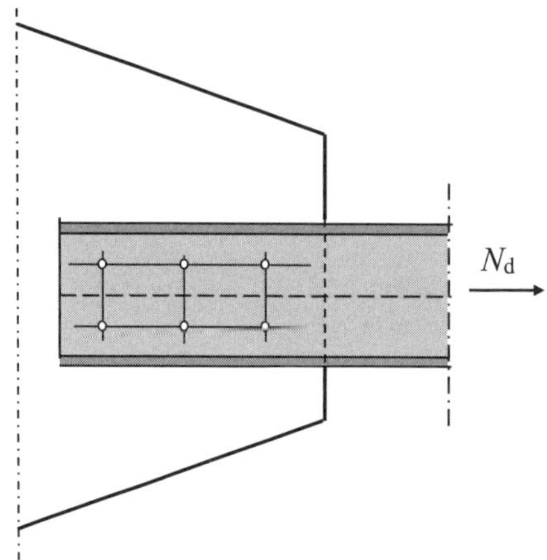

Es soll ein Zugstab aus zwei U-Profilen für einen geschraubten Anschluss nachgewiesen werden. Die Schrauben werden symmetrisch zur Schwerachse nach Abb. 5.9 nur im Steg angeordnet. Der Nachweis der Schrauben erfolgt im Abschnitt Schraubenverbindungen des zweiten Bandes.

Werkstoff: S 235

Nachweisverfahren:

Elastisch-Elastisch

Beanspruchung: Zug

$N_{Ed} = 925$ kN

Abb. 5.9 Zugstab aus zwei U-Profilen

Werkstoff: S 235

Vorbemessung:

$$\text{erf}\, A = \frac{N_{Ed} \cdot \gamma_{M0}}{f_y} = \frac{925 \cdot 1,00}{23,5} = 39,4 \text{ cm}^2$$

Profil: 2 U 160

Querschnittswerte:

$A = 24,0$ cm^2; $t_w = 7,5$ mm

Nach DIN 997 sind die Löcher in den Stegen von U-Profilen nicht genormt. Man wählt deshalb passend zur Schraubengröße und Materialdicke von Steg und Knotenblech den Lochdurchmesser.

$d_0 \approx 2 \times$ kleinste Materialdicke $= 2 \times 7,5 = 15$ mm

$d_0 = 17$ mm für eine rohe Schraube M16

$$N_{pl,Rd} = \frac{A \cdot f_y}{\gamma_{M0}} = \frac{2 \cdot 24 \cdot 23,5}{1,00} = 1128 \text{ kN}$$

$$A_{net} = A - \Delta A = 48 - 4 \cdot 1,7 \cdot 0,75 = 42,9 \text{ cm}^2$$

$$N_{u,Rd} = \frac{0,9 \cdot A_{net} \cdot f_u}{\gamma_{M2}} = \frac{0,9 \cdot 42,9 \cdot 36}{1,25} = 1112 \text{ kN}$$

Der kleinste Wert ist maßgebend.

$$\frac{N_{Ed}}{N_{t,Rd}} = \frac{925}{1112} = 0,83 \leq 1$$

Beispiel 5.4.3: Gleichschenkliger Winkel mit Löchern in beiden Schenkeln

$\gamma_M = 1,00 \qquad \gamma_{M2} = 1,25$
Werkstoff: S 235
Profil: L 70×70×7
$d_0 = 21$ mm für eine rohe Schraube M20
Querschnittswerte:
$A = 9,40\ \text{cm}^2$; $t = 7,0$ mm, $r_1 = 9$ mm
Einwirkung: $N_{Ed} = 165$ kN

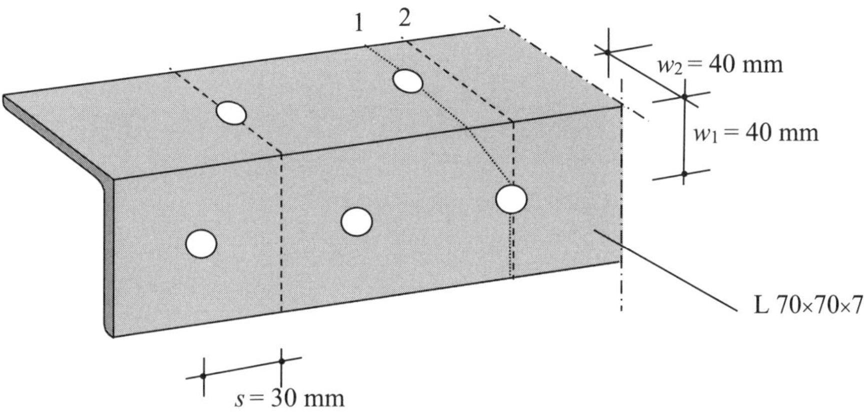

Abb. 5.10 Winkel mit Löchern in beiden Schenkeln

Bei Winkeln oder anderen Bauteilen mit Löchern in mehreren Ebenen ist der Lochabstand p entlang der Profilmittellinie zu messen.

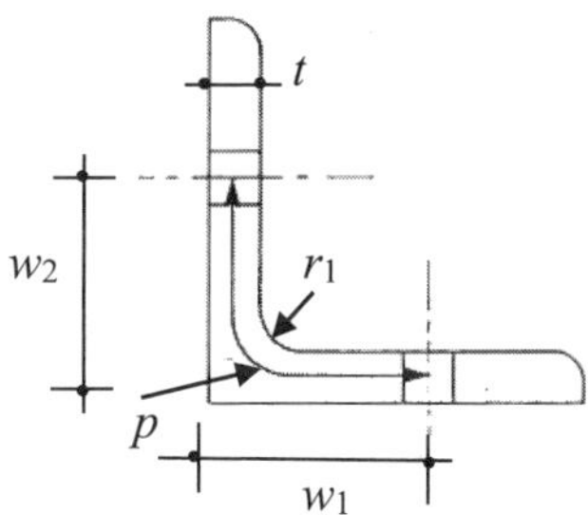

$$p = w_1 + w_2 - 1,21 \cdot t - 0,429 \cdot r_1$$

Abb. 5.11 Lochabstand p entlang der Profilmittellinie

Tragsicherheitsnachweis des Winkels

Berechnung der Profilmittellinie p:

$$p = w_1 + w_2 - 1{,}21 \cdot t - 0{,}429 \cdot r_1 = 40 + 40 - 1{,}21 \cdot 7 - 0{,}429 \cdot 9 = 67{,}7 \text{ mm}$$

$$A_{\text{net},1} = A - n_1 \cdot d_0 \cdot t + \sum \frac{s^2 \cdot t}{4 \cdot p} = 9{,}40 - 2 \cdot 2{,}1 \cdot 0{,}7 + \frac{3{,}0^2 \cdot 0{,}7}{4 \cdot 6{,}77} = 6{,}69 \text{ cm}^2$$

$$A_{\text{net},2} = A - n_2 \cdot d_0 \cdot t = 9{,}40 - 1 \cdot 2{,}1 \cdot 0{,}7 = 7{,}93 \text{ cm}^2$$

$$N_{\text{pl,Rd}} = \frac{A \cdot f_y}{\gamma_M} = \frac{9{,}4 \cdot 23{,}5}{1{,}00} = 221 \text{ kN}$$

$$N_{\text{u,Rd,1}} = \frac{0{,}9 \cdot A_{\text{net},1} \cdot f_u}{\gamma_{M2}} = \frac{0{,}9 \cdot 6{,}69 \cdot 36}{1{,}25} = 173 \text{ kN}$$

$$N_{\text{u,Rd,2}} = \frac{0{,}9 \cdot A_{\text{net},2} \cdot f_u}{\gamma_{M2}} = \frac{0{,}9 \cdot 7{,}93 \cdot 36}{1{,}25} = 206 \text{ kN}$$

Der kleinste Wert ist maßgebend.

$$\frac{N_{\text{Ed}}}{N_{\text{t,Rd}}} = \frac{165}{173} = 0{,}95 \le 1$$

Es ist noch der Nachweis der Schraubenverbindung zu führen, der maßgebend werden kann.

Beispiel 5.4.4: Ungleichschenkliger Winkel mit Löchern in beiden Schenkeln

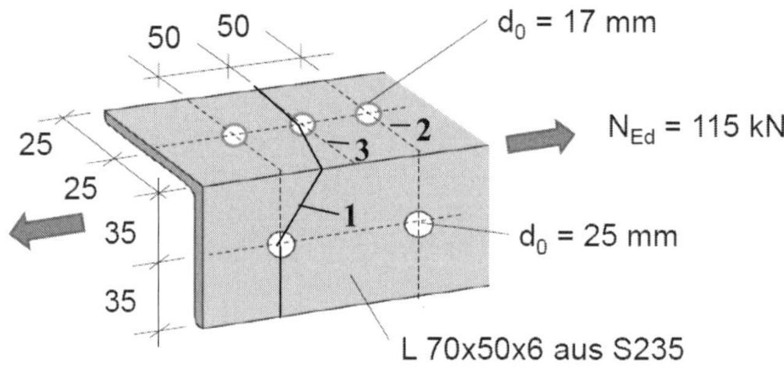

Abb. 5.12 Winkel mit Löchern in beiden Schenkeln

$\gamma_M = 1{,}00 \qquad \gamma_{M2} = 1{,}25$

Werkstoff: S 235

Profil: L 70×50×6

$d_0 = 17$ mm für eine rohe Schraube M16

$d_0 = 25$ mm für eine rohe Schraube M24

Querschnittswerte:

$A = 6{,}89 \text{ cm}^2$; $t = 6$ mm, $r_1 = 7$ mm

Einwirkung: $N_{\text{Ed}} = 115$ kN

Schnitt 3 ist nicht maßgebend.

Schnitt 2 wird maßgebend, da bei Schnitt 1 auch zwei Löcher zu berücksichtigen sind, aber die Fläche A durch den schrägen Schnitt noch etwas vergrößert wird.

Bei Winkeln oder anderen Bauteilen mit Löchern in mehreren Ebenen ist der Lochabstand p entlang der Profilmittellinie zu messen.

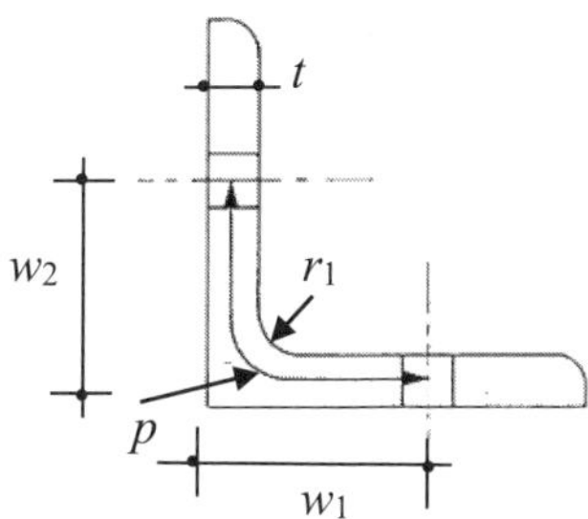

$$p = w_1 + w_2 - 1{,}21 \cdot t - 0{,}429 \cdot r_1$$

Abb. 5.13 Lochabstand p entlang der Profilmittellinie

Tragsicherheitsnachweis des Winkels
Berechnung der Profilmittellinie p:

$$p = w_1 + w_2 - 1{,}21 \cdot t - 0{,}429 \cdot r_1 = 25 + 35 - 1{,}21 \cdot 6 - 0{,}429 \cdot 7 = 49{,}7 \text{ mm}$$

$$A_{\text{net},1} = A - \sum n_1 \cdot d_0 \cdot t + \sum \frac{s^2 \cdot t}{4 \cdot p} = 6{,}89 - 1 \cdot 1{,}7 \cdot 0{,}6 - 1 \cdot 2{,}5 \cdot 0{,}6 + \frac{5{,}0^2 \cdot 0{,}6}{4 \cdot 4{,}97} = 5{,}12 \text{ cm}^2$$

$$A_{\text{net},2} = A - \sum n_2 \cdot d_0 \cdot t = 6{,}89 - 1 \cdot 1{,}7 \cdot 0{,}6 - 1 \cdot 2{,}5 \cdot 0{,}6 = 4{,}37 \text{ cm}^2$$

$$N_{\text{pl,Rd}} = \frac{A \cdot f_{\text{y}}}{\gamma_{\text{M}}} = \frac{6{,}89 \cdot 23{,}5}{1{,}00} = 162 \text{ kN}$$

$$N_{\text{u,Rd,2}} = \frac{0{,}9 \cdot A_{\text{net},2} \cdot f_{\text{u}}}{\gamma_{\text{M2}}} = \frac{0{,}9 \cdot 4{,}37 \cdot 36}{1{,}25} = 113 \text{ kN}$$

Der kleinste Wert ist maßgebend.

$$\frac{N_{\text{Ed}}}{N_{\text{t,Rd}}} = \frac{115}{113} = 1{,}018 \approx 1$$

Es ist noch der Nachweis der Schraubenverbindung zu führen, der maßgebend werden kann.

6 Fließgelenktheorie

6.1 Plastische Tragwerksbemessung

Grundlage für die plastische Tragwerksbemessung ist die Fließgelenktheorie, in Sonderfällen die Fließzonentheorie. Eine plastische Tragwerksbemessung darf nur durchgeführt werden, wenn das Tragwerk an den Stellen, an denen sich die plastischen Gelenke, auch Fließgelenke genannt, bilden, über eine ausreichende Rotationskapazität verfügt, sei es in den Bauteilen oder in den Anschlüssen (1-1, 5.4.1 (3)). Eine ausreichende Rotationskapazität liegt bei Bauteilen mit konstantem Querschnitt dann vor, wenn folgende Anforderungen erfüllt sind:

- Der Bauteilquerschnitt ist doppelsymmetrisch oder einfachsymmetrisch in der Rotationsebene des Fließgelenkes.
- Das Bauteil weist an den Stellen der Fließgelenke die Querschnittsklasse 1 auf.
- Die Stellen der Fließgelenke müssen seitlich unverschieblich gehalten sein.
- Das Biegedrillknicken von Bauteilen mit Fließgelenken nach (1-1, 6.3.5) ist zu beachten.
- Tritt ein plastisches Gelenk an einem Anschluss auf, sollte der Anschluss entweder eine ausreichende Festigkeit haben, damit sich das Fließgelenk im Bauteil bilden kann, oder der Anschluss sollte seine plastische Festigkeit über eine ausreichende Rotation nach DIN EN 1993-1-8 beibehalten können.

Es ist nachzuweisen, dass
1. das System im stabilen Gleichgewicht ist und
2. in allen Querschnitten die Beanspruchungen unter Beachtung der Interaktion nicht zu einer Überschreitung im plastischen Zustand führen.

Es soll das „Fließgelenk" und die Fließgelenktheorie an dem folgenden Beispiel erläutert werden. Ein Biegeträger auf zwei Stützen wird durch eine Einzellast F in der Mitte des Trägers beansprucht, Abb. 6.1a). Die **elastische Grenzlast F_{el}** ist gegeben, wenn die maximal beanspruchte Faser des Systems die Streckgrenze erreicht. Das Teilsicherheitskonzept wird in den Zahlenbeispielen berücksichtigt. Wird die Belastung weiter gesteigert, plastiziert der Querschnitt vom Rand zur Flächenhalbierenden und der Stab von der Mitte zu den Auflagern, Abb. 6.1b). Die Plastizitätstheorie, auch Fließzonentheorie genannt, berücksichtigt die plastischen Bereiche des Stabes. Bei der Berechnung der Schnittgrößen und Verformungen wird der veränderliche Verlauf der Steifigkeit des elastischen Restquerschnittes erfasst. Die **Traglast F_T** ist erreicht, wenn sich das System im indifferenten Gleichgewicht befindet. Der Fließbereich hat eine endliche Länge von Δx.

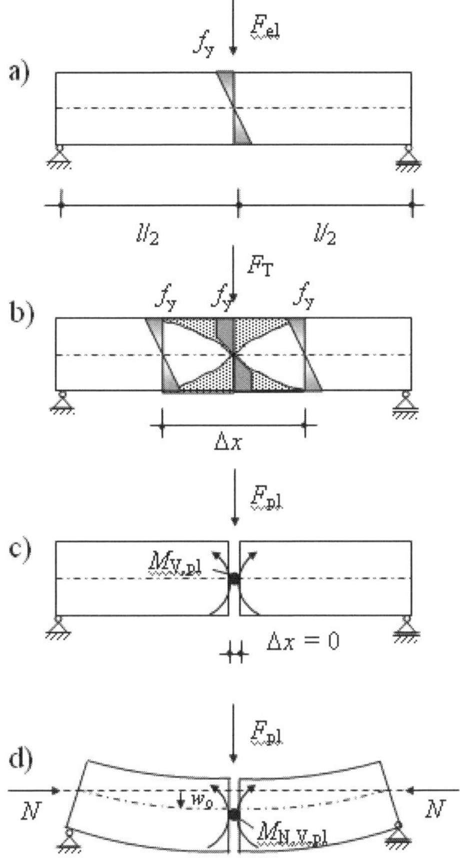

Abb. 6.1 Definition des Fließgelenkes

Die Fließgelenktheorie ist ein vereinfachtes Verfahren der Plastizitätstheorie. Bei der Fließgelenktheorie werden keine ausgebreiteten Fließzonen berücksichtigt. Der Stab ist weiterhin vollkommen elastisch und die Plastizierung wird konzentriert in einem Punkt mit $\Delta x = 0$ des Fließbereiches angenommen, Abb. 6.1c). Das entstehende Fließgelenk ist ein Gelenk mit einem vorhandenen Fließmoment. Die nach der Fließgelenktheorie berechnete Grenzbeanspruchung des Systems soll zur Unterscheidung als plastische Grenzlast bezeichnet werden. Die **plastische Grenzlast F_{pl}** eines Systems ist erreicht, wenn sich durch die Fließgelenke eine kinematische Kette im System gebildet hat, wobei die Grenztragfähigkeit der Querschnitte nicht überschritten werden darf. In unserem Beispiel, das statisch bestimmt ist, entsteht eine kinematische Kette durch ein Fließgelenk. Das Fließmoment ist das reduzierte

vollplastische Biegemoment $M_{V,pl}$ des Querschnittes, d. h. es ist die Interaktion zwischen Biegemoment und Querkraft zu beachten.
Die Abb. 6.1d) zeigt einen gedrückten Biegestab. Hier müssen die Beanspruchungen nach Theorie II. Ordnung ermittelt werden, da die Biegemomente durch die Druckkraft und die Durchbiegung vergrößert werden. Die Durchbiegung wird umso größer, je kleiner der elastische Restquerschnitt ist. Die Berechnung nach der Fließgelenktheorie liegt deshalb auf der unsicheren Seite, wenn die Steifigkeit des Stabes voll elastisch angenommen wird. Im Abschnitt Biegung und Normalkraft wird gezeigt, dass durch entsprechende Wahl der Ersatzimperfektion w_0 die Teilplastizierung des Stabes näherungsweise erfasst werden kann. Hier ist für das Fließmoment die Interaktion zwischen Biegemoment, Querkraft und Normalkraft zu beachten.
Die Plastizitätstheorie ist für die praktische Anwendung zu kompliziert. Die Fließgelenktheorie wird dagegen schon lange im Stahlbau angewendet.

6.2 Berechnungsverfahren

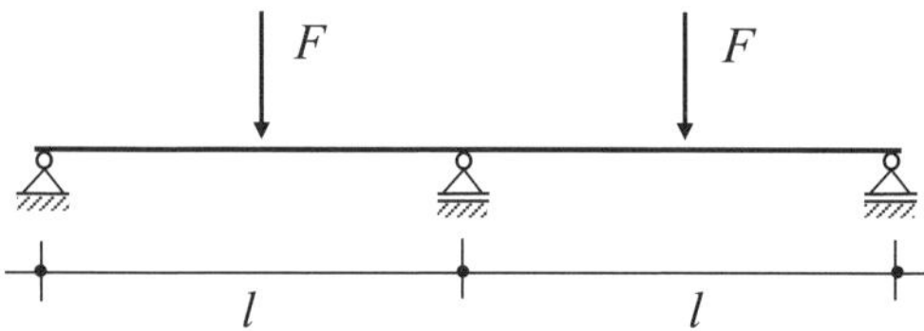

Abb. 6.2 Zweifeldträger mit Einzellasten

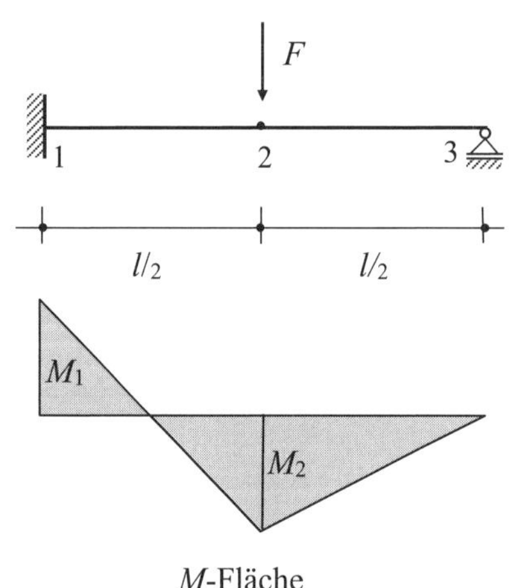

Abb. 6.3 Erläuterungsbeispiel

Das grundsätzliche Tragverhalten einer plastizierfähigen Konstruktion soll an einem Zweifeldträger mit zwei gleichen Einzellasten in Feldmitte demonstriert werden, Abb. 6.2.
Da das System und die Belastung symmetrisch sind, ist die Knotenverdrehung am mittleren Auflager gleich null. Dies entspricht einer Einspannung des Trägers an dieser Stelle. Das System nach Abb. 6.3 gilt aber auch für das Endfeld eines Durchlaufträgers. Dieses System wird für eine schrittweise Steigerung der Einzellast F untersucht. Das Teilsicherheitskonzept wird wegen der einfacheren Darstellung für die Herleitung in den Formeln nicht mit angegeben. Weiterhin soll zunächst die Interaktion mit der Querkraft vernachlässigt werden.

Das System ist 1-fach statisch unbestimmt. Bei der Laststeigerung wird an der Einspannstelle zuerst die Streckgrenze erreicht, da dort das maximale Moment auftritt.

$$M_1 = \frac{3}{16} \cdot F \cdot l \quad M_2 = \frac{5}{32} \cdot F \cdot l$$

Man erhält die **elastische Grenzlast** F_{el} mit den folgenden Gleichungen:

$$F = F_{\mathrm{el}} \qquad \sigma = \frac{M_1}{W} = f_{\mathrm{y}} \qquad M_1 = f_{\mathrm{y}} \cdot W = M_{\mathrm{el}} \qquad M_{\mathrm{el}} = \frac{3}{16} \cdot F_{\mathrm{el}} \cdot l$$

$$F_{\mathrm{el}} = \frac{16}{3} \cdot \frac{M_{\mathrm{el}}}{l}$$

Bei weiterer Laststeigerung plastiziert der Querschnitt an der Stelle 1, bis das vollplastische Biegemoment erreicht ist. Die Biegemomentenfläche ändert sich nicht. An der Stelle 1 des maximalen Momentes bildet sich das erste Fließgelenk. Diese Laststufe entspricht dem Nachweisverfahren Elastisch-Plastisch, in welchem nachgewiesen wird, dass an keiner Stelle des Systems die Grenztragfähigkeit des Querschnittes überschritten wird. Die zugehörige Belastung wird als **elastisch-plastische Grenzlast** $F_{\mathrm{pl,1}}$ bezeichnet.

$$F_{\mathrm{pl,1}} = \frac{16}{3} \cdot \frac{M_{\mathrm{pl}}}{l}$$

Das Biegemoment an der Stelle 2 ist in diesem Fall:

$$M_2 = \frac{5}{32} \cdot F_{\mathrm{pl,1}} \cdot l = \frac{5}{32} \cdot \frac{16}{3} \cdot M_{\mathrm{pl}} = \frac{5}{6} \cdot M_{\mathrm{pl}} < M_{\mathrm{pl}}$$

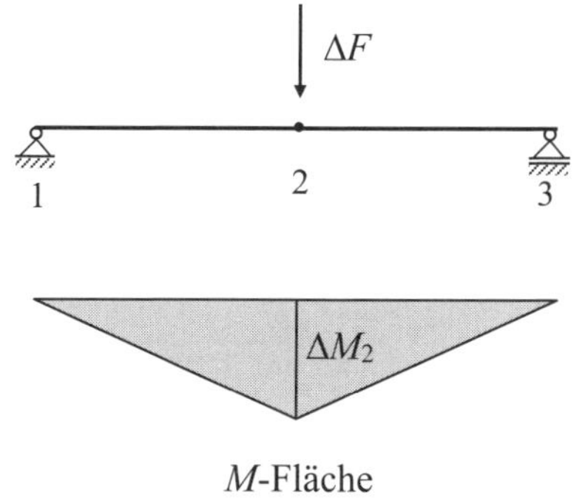

Abb. 6.4 Systemänderung

Durch das Gelenk an der Stelle 1 und 3 ist für die weitere Laststeigerung eine Systemänderung erfolgt. Aus dem 1-fach statisch unbestimmten System ist ein statisch bestimmtes System entstanden, Abb. 6.4.

Da an der Stelle 2 das vollplastische Biegemoment noch nicht erreicht ist, kann noch folgende Belastung ΔF auf das neue System aufgebracht werden.

$$\Delta M = \Delta F \cdot \frac{l}{4} \qquad M_2 = \frac{5}{6} M_{\mathrm{pl}} + \Delta F \cdot \frac{l}{4} = M_{\mathrm{pl}} \qquad \Delta F = \frac{2}{3} \cdot \frac{M_{\mathrm{pl}}}{l}$$

Da sich auch an der Stelle 2 unter dieser Belastung ein Fließgelenk ausbildet, entsteht eine kinematische Kette. Man erhält die maximale Belastung des Systems mit der **plastischen Grenzlast** F_{pl}.

$$F_{\text{pl}} = F_{\text{pl},1} + \Delta F = \left(\frac{16}{3} + \frac{2}{3} \right) \cdot \frac{M_{\text{pl}}}{l}$$

$$F_{\text{pl}} = 6 \cdot \frac{M_{\text{pl}}}{l}$$

Das Verhältnis von der plastischen Grenzlast F_{pl} zur elastischen Grenzlast F_{el} ist in diesem Fall:

$$\frac{F_{\text{pl}}}{F_{\text{el}}} = \frac{6}{\frac{16}{3}} \cdot \frac{M_{\text{pl}}}{M_{\text{el}}} = \beta_{\text{pl}} \cdot \alpha_{\text{pl}} = \frac{18}{16} \cdot \alpha_{\text{pl}}$$

β_{pl} ist der Systembeiwert und gibt die Zunahme der plastischen Grenzlast F_{pl} gegenüber der elastisch-plastischen Grenzlast $F_{\text{pl},1}$ an. α_{pl} ist der Formbeiwert. Für einen I-Querschnitt erhält man mit $\alpha_{\text{pl}} = 1{,}14$

$$\frac{F_{\text{pl}}}{F_{\text{el}}} = \frac{18}{16} \cdot \alpha_{\text{pl}} = \frac{18}{16} \cdot 1{,}14 = 1{,}28$$

Es soll nun gezeigt werden, dass die plastische Grenzlast F_{pl} allein aus den Gleichgewichtsbedingungen folgt. Auch bei statisch unbestimmten Systemen brauchen keine Verträglichkeitsbedingungen beachtet zu werden. Voraussetzung ist, dass sich eine kinematische Kette gebildet hat und das vollplastische Moment an keiner Stelle überschritten wird.

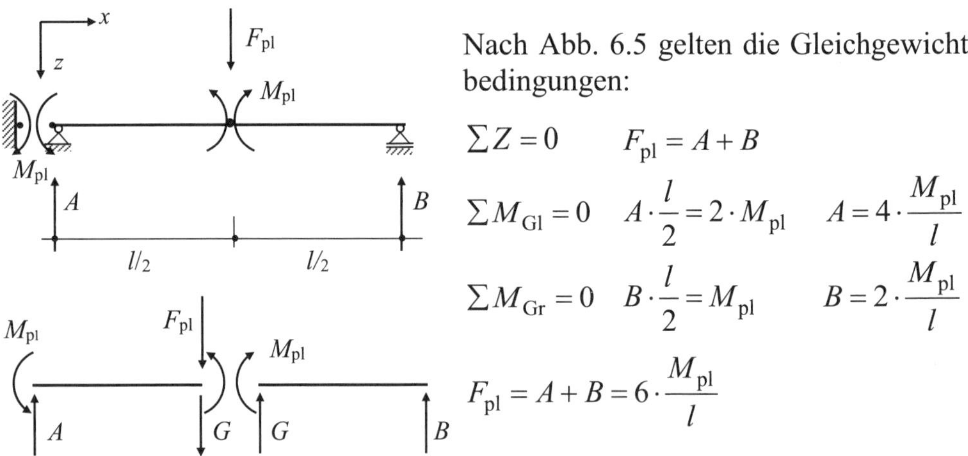

Nach Abb. 6.5 gelten die Gleichgewichtsbedingungen:

$\sum Z = 0 \qquad F_{\text{pl}} = A + B$

$\sum M_{\text{Gl}} = 0 \qquad A \cdot \frac{l}{2} = 2 \cdot M_{\text{pl}} \qquad A = 4 \cdot \frac{M_{\text{pl}}}{l}$

$\sum M_{\text{Gr}} = 0 \qquad B \cdot \frac{l}{2} = M_{\text{pl}} \qquad B = 2 \cdot \frac{M_{\text{pl}}}{l}$

$$F_{\text{pl}} = A + B = 6 \cdot \frac{M_{\text{pl}}}{l}$$

Abb. 6.5 Gleichgewichtsmethode

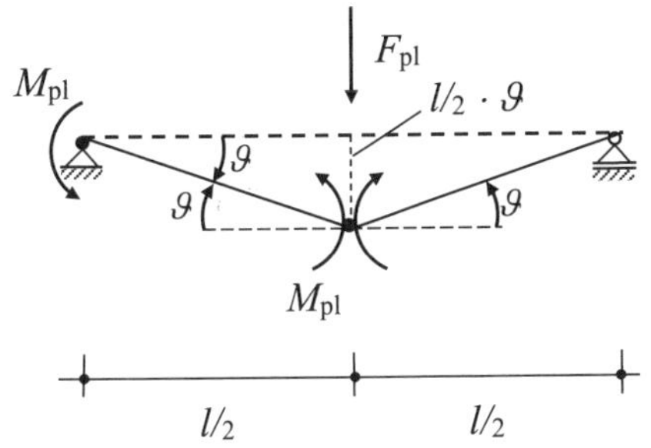

Besonders einfach kann man die Gleichgewichtsbedingungen nach dem Prinzip der virtuellen Verschiebungen ermitteln. Die Summe der virtuellen Arbeiten der äußeren Kräfte W_a und der Schnittgrößen W_i muss null sein.

Abb. 6.6 Prinzip der virtuellen Verschiebungen

$$W_a + W_i = 0$$

$$W_a = F_{pl} \cdot \frac{l}{2} \cdot \vartheta$$

$$W_i = -M_{pl} \cdot \vartheta - M_{pl} \cdot \vartheta - M_{pl} \cdot \vartheta = -3 \cdot M_{pl} \cdot \vartheta$$

$$F_{pl} \cdot \frac{l}{2} \cdot \vartheta - 3 \cdot M_{pl} \cdot \vartheta = 0$$

$$\vartheta \cdot \left(F_{pl} \cdot \frac{l}{2} - 3 \cdot M_{pl} \right) = 0$$

Für $\vartheta \neq 0$ folgt als Ergebnis:

$$F_{pl} = 6 \cdot \frac{M_{pl}}{l}$$

6.3 Spezielle Systeme

Eingespannter Träger mit mittiger Einzellast

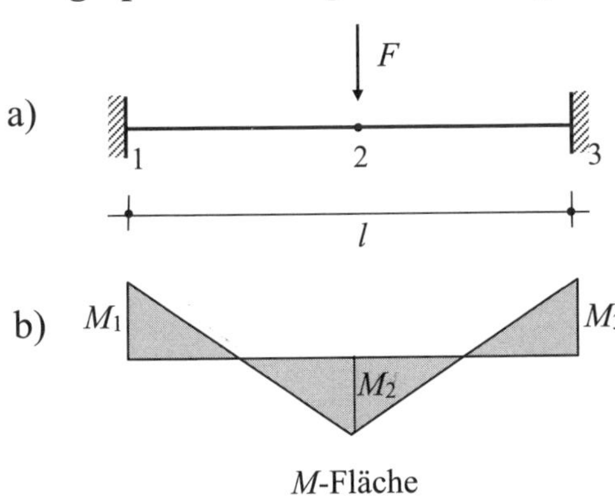

Abb. 6.7 Innenfeld mit mittiger Einzellast

$$M_1 = M_2 = M_3 = \frac{1}{8} \cdot F \cdot l$$

In diesem Sonderfall liefert das System mit dieser Belastung keine Traglasterhöhung, da sich gleichzeitig 3 Fließgelenke bilden, die eine kinematische Kette herbeiführen.

$$M_1 = M_2 = M_3 = M_{pl}$$

$$F_{pl} = 8 \cdot \frac{M_{pl}}{l}$$

Eingespannter Träger mit Gleichstreckenlast

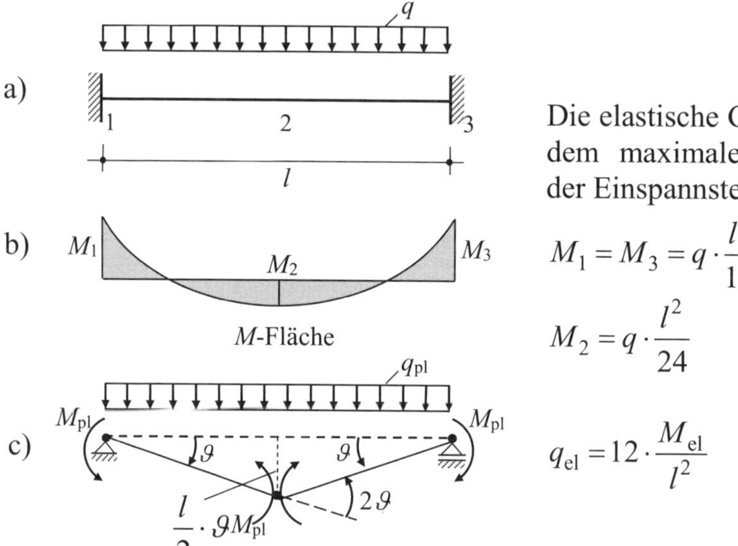

Die elastische Grenzlast q_{el} folgt aus dem maximalen Biegemoment an der Einspannstelle.

$$M_1 = M_3 = q \cdot \frac{l^2}{12}$$

$$M_2 = q \cdot \frac{l^2}{24}$$

$$q_{el} = 12 \cdot \frac{M_{el}}{l^2}$$

Abb. 6.8 Innenfeld mit Gleichstreckenlast

Dieses System mit dieser Belastung hat noch erhebliche Systemreserven. Zunächst bilden sich die Fließgelenke an den Einspannstellen aus. Nach weiterer Laststeigerung entsteht das Fließgelenk in der Mitte, das zu einer kinematischen Kette führt. Dieses System gilt auch für Innenfelder von Durchlaufträgern. Es soll der Arbeitssatz angewendet werden, Abb. 6.8c).
Die virtuelle Arbeit einer Gleichstreckenlast ist das Produkt aus der plastischen Grenzlast q_{pl} und der virtuellen Verschiebungsfläche.

$$W_a = q_{pl} \cdot \frac{1}{2} \cdot l \cdot \frac{l}{2} \cdot \vartheta = q_{pl} \cdot \frac{l^2}{4} \cdot \vartheta$$

$$W_i = -4 \cdot M_{pl} \cdot \vartheta$$

$$q_{pl} \cdot \frac{l^2}{4} \cdot \vartheta = 4 \cdot M_{pl} \cdot \vartheta$$

$$q_{pl} = 16 \cdot \frac{M_{pl}}{l^2} \qquad (6.1)$$

Das Verhältnis von der plastischen Grenzlast q_{pl} zur elastischen Grenzlast q_{el} ist in diesem Fall:
Für einen I-Querschnitt erhält man mit $\alpha_{pl} = 1{,}14$

$$\frac{q_{pl}}{q_{el}} = \frac{4}{3} \cdot \alpha_{pl} = \frac{4}{3} \cdot 1{,}14 = 1{,}52$$

Gleichstreckenlasten

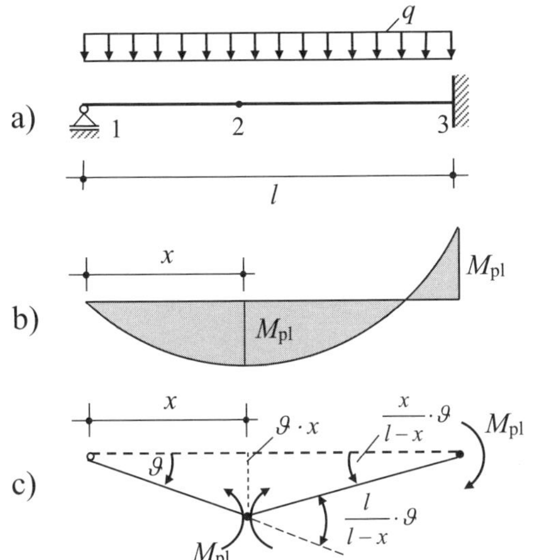

Da bei einem mit einer Gleichstreckenlast beanspruchten Tragwerk die Biegemomentenverteilung parabolisch ist, kann zunächst nicht die Stelle x des maximalen Biegemomentes angegeben werden.

Es soll wiederum ein Zweifeldträger gleicher Spannweite mit Gleichstreckenlast untersucht und die Symmetrie ausgenutzt werden. Dieses System gilt auch für das Endfeld von Durchlaufträgern.

Abb. 6.9 Endfeld mit Gleichstreckenlast

Die elastische Grenzlast q_{el} folgt aus dem maximalen Biegemoment an der Einspannstelle.

$$M_3 = q \cdot \frac{l^2}{8}$$

$$q_{el} = 8 \cdot \frac{M_{el}}{l^2}$$

Dieses System mit dieser Belastung hat noch erhebliche Systemreserven. Zunächst bildet sich das Fließgelenk an der Einspannstelle aus. Nach weiterer Laststeigerung entsteht das Fließgelenk an der Stelle x des Trägers, das zu einer kinematischen Kette führt. Es soll auch hier der Arbeitssatz angewendet werden, Abb. 6.9 c).

$$W_a = q_{pl} \cdot \frac{1}{2} \cdot l \cdot x \cdot \vartheta$$

$$W_i = -M \frac{l}{l-x} \cdot \vartheta - M \frac{x}{l-x} \cdot \vartheta = -M \frac{l+x}{l-x} \cdot \vartheta$$

$$W_a + W_i = 0$$

$$M \frac{l+x}{l-x} \cdot \vartheta = q_{pl} \cdot \frac{1}{2} \cdot l \cdot x \cdot \vartheta$$

$$\vartheta \neq 0$$

$$M = \frac{1}{2} \cdot q_{pl} \cdot l \cdot \frac{x(l-x)}{l+x}$$

Für das maximale Biegemoment M_{pl} gilt die Bedingung:

$$\frac{dM}{dx} = 0$$

Das Ergebnis ist die Stelle x des 2. Fließgelenkes.

$$x = \left(\sqrt{2} - 1\right) \cdot l = 0{,}414 \cdot l$$

Mit $M = M_{pl}$ erhält man an der Stelle $x = 0{,}414 \cdot l$ die plastische Grenzlast q_{pl}:

$$q_{pl} = 11{,}66 \cdot \frac{M_{pl}}{l^2} \tag{6.2}$$

Das Verhältnis von der plastischen Grenzlast q_{pl} zur elastischen Grenzlast q_{el} ist in diesem Fall:

$$\frac{q_{pl}}{q_{el}} = \frac{11{,}66}{8} \cdot \frac{M_{pl}}{l^2} \cdot \frac{l^2}{M_{el}} = \beta_{pl} \cdot \alpha_{pl} = 1{,}46 \cdot \alpha_{pl}$$

Für einen I-Querschnitt erhält man mit $\alpha_{pl} = 1{,}14$

$$\frac{q_{pl}}{q_{el}} = 1{,}46 \cdot \alpha_{pl} = 1{,}46 \cdot 1{,}14 = 1{,}66$$

Durch die Berechnung nach der Fließgelenktheorie sind erhebliche Laststeigerungen möglich, die zu einer sehr wirtschaftlichen Bemessung im Stahlbau führen.

6.4 Traglastsätze

Es wurde schon in den Beispielen gezeigt, dass neben den Gleichgewichtsbedingungen zwei weitere Bedingungen für die plastische Grenzlast gelten.

1. kinematische Kette
2. Momentenfläche $\leq M_{N,V,pl}$

Kinematischer Satz
Der kinematische Satz besagt, dass nur die erste Bedingung erfüllt ist. Wenn eine kinematische Kette vorhanden ist, aber die Momentenfläche an irgendeiner Stelle $> M_{N,V,pl}$ ist, dann ist die zugehörige Belastung größer als die plastische Grenzlast. Unsichere Seite!

Statischer Satz
Der statische Satz besagt, dass nur die zweite Bedingung erfüllt ist. Wenn für einen beliebigen Gleichgewichtszustand die Momentenfläche stets $\leq M_{N,V,pl}$ ist,

sich aber noch keine kinematische Kette gebildet hat, dann ist die zugehörige Belastung kleiner als die plastische Grenzlast. Sichere Seite!
Der statische Satz ist ausreichend für die Bemessung und den Nachweis des Systems.

6.5 Bemessung und Nachweis

Das Nachweisverfahren Plastisch-Plastisch nach der Fließgelenktheorie ist, wenn keine Stabilitätsprobleme vorliegen, das wirtschaftlichste Berechnungsverfahren, da man bei gegebener Belastung die kleinsten Querschnitte erhält. Aufgabe ist es, den erforderlichen Querschnitt zu bestimmen und den Nachweis zu führen. Bemessung bedeutet, durch vereinfachte ingenieurmäßige Überlegungen den Querschnitt zu wählen. Der Nachweis ist mit einem neuen Querschnitt zu wiederholen, wenn er nicht erfüllt ist oder die zu geringe Ausnutzung einen kleineren Querschnitt erlaubt. Es soll die Bemessung am Beispiel eines Zweifeldträgers mit Gleichstreckenlast und unterschiedlichen Feldlängen aufgezeigt werden. Das Teilsicherheitskonzept wird jetzt berücksichtigt.

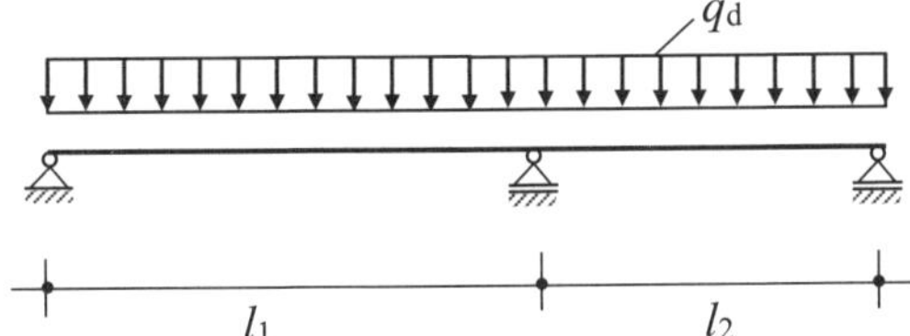

Abb. 6.10 Zweifeldträger mit Gleichstreckenlast

Das Tragwerk ist ausreichend bemessen, wenn

$$q_{Ed} \leq q_{pl,Rd}$$

erfüllt ist. Mit Gleichung (6.2) erhält man mit der größeren Feldlänge l_1:

$$q_{Ed} \leq 11{,}66 \cdot \frac{M_{pl,Rd}}{l_1^2}$$

$$\text{erf}\, M_{pl,Rd} \geq \frac{q_{Ed} \cdot l_1^2}{11{,}66}$$

Für doppeltsymmetrische Querschnitte gilt mit $M_{pl,Rd} = W_{pl,y} \cdot \dfrac{f_y}{\gamma_{M0}}$

$$\text{erf}\, W_{pl,y} = \frac{\text{erf}\, M_{pl,Rd} \cdot \gamma_{M0}}{f_y} \qquad (6.3)$$

Die Gleichung (6.3) ist eine Näherung, da hier noch der Einfluss der Querkraft zu berücksichtigen ist.

Bei allgemeinen Systemen mit unterschiedlicher Belastung sind verschiedene kinematische Ketten zu untersuchen, um das größte erf M_{pl} zu ermitteln.

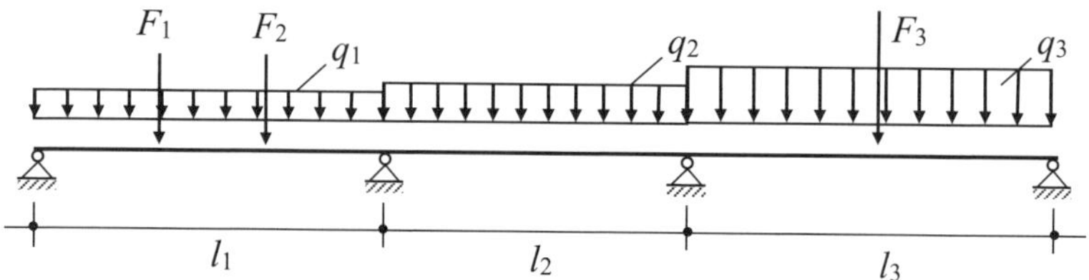

Abb. 6.11 Durchlaufträger mit beliebiger Belastung

Hier ist es sinnvoll, entsprechende Stabwerksprogramme einzusetzen.

Der Nachweis erfolgt mit Hilfe des statischen Satzes. Der Einfluss der Querkraft kann nach der Reduktionsmethode oder den Interaktionsbeziehungen nach Tabelle 2.1 für I-Profile berücksichtigt werden. Nach Tabelle 2.1 gilt:

$$\frac{V_{\mathrm{Ed}}}{V_{\mathrm{pl,Rd}}} \leq 0{,}50$$

$$M_{\mathrm{y,V,Rd}} = M_{\mathrm{pl,Rd}} \tag{6.4}$$

$$0{,}50 < \frac{V_{\mathrm{Ed}}}{V_{\mathrm{pl,Rd}}} \leq 1{,}0$$

$$\rho = \left(\frac{2 \cdot V_{\mathrm{Ed}}}{V_{\mathrm{pl,Rd}}} - 1 \right)^2$$

Berechnung s. Gleichung (2.64).

6.6 Beispiele

In den folgenden Beispielen wird angenommen, dass das Biegedrillknicken verhindert ist.

Beispiel 6.6.1: Endfeld eines Durchlaufträgers

Beispiel mit $\gamma_{M0} = 1{,}00$

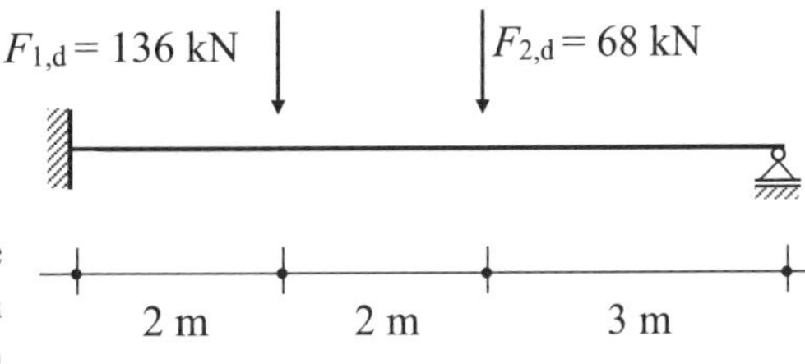

Werkstoff: S 235
Plastische Berechnung
Beanspruchungen: einachsige Biegung
Profil: HEA
Die Bemessung erfolgt zunächst ohne Berücksichtigung der Querkraft. Es werden alle (nicht immer erforderlich) kinematischen Ketten untersucht.

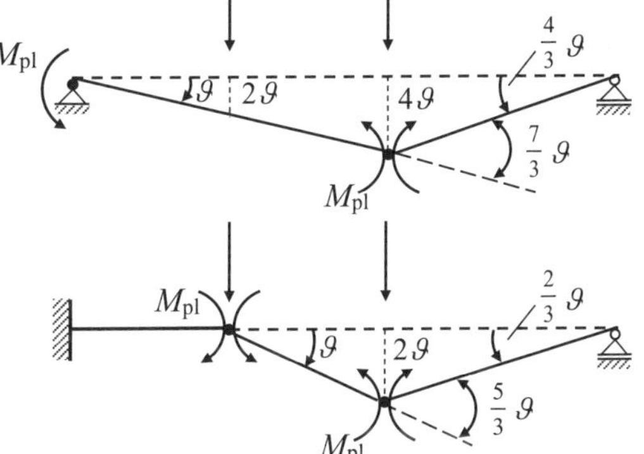

1. Kette

$$W_a = 136 \cdot 2 \cdot \vartheta + 68 \cdot \frac{6}{5} \cdot \vartheta$$

$$W_i = -M_{pl,d} \cdot \vartheta - M_{pl,d} \cdot \frac{7}{5} \cdot \vartheta$$

$$\text{erf}\, M_{pl,Rd} = \frac{136 \cdot 2 + 68 \cdot \frac{6}{5}}{2{,}4} = 147 \text{ kNm}$$

2. Kette

$$\frac{10}{3} \cdot M_{pl,Rd} \cdot \vartheta = (136 \cdot 2 + 68 \cdot 4) \cdot \vartheta$$

$$\text{erf}\, M_{pl,Rd} = 163 \text{ kNm}$$

3. Kette

$$\frac{8}{3} \cdot M_{pl,Rd} \cdot \vartheta = 68 \cdot 2 \cdot \vartheta$$

$$\text{erf}\, M_{pl,Rd} = 51 \text{ kNm}$$

Maßgebend ist die kinematische Kette mit dem größten Wert von erf $M_{pl,d}$. Diesen Wert erhält man, wenn W_a möglichst groß und W_i möglichst klein wird.

$$\text{erf}\, M_{pl,Rd} = 163 \text{ kNm}$$

$$\text{erf}\, W_{pl,y} = \frac{\text{erf}\, M_{pl,Rd} \cdot \gamma_{M0}}{f_y} = \frac{16\,300 \cdot 1{,}00}{23{,}5} = 694 \text{ cm}^3$$

Profil: HEA 240 $W_{pl,y} = 745 \text{ cm}^3$; $A_v = 25{,}2 \text{ cm}^2$

Nachweis von max c/t: Plastische Berechnung

Nachweis des Gurtes:

$$\text{vorh } c/t = 7{,}94 \text{ nach Tabelle 4.2}$$

$$\alpha = 1{,}0 \qquad \varepsilon = 1{,}0$$

$$\max c/t = \frac{9 \cdot \varepsilon}{\alpha} = 9 \text{ nach Tabelle 4.4}$$

$$\text{vorh } c/t = 7{,}94 < \max\ c/t = 9$$

Nachweis des Steges:

$$\text{vorh } (c/t) = 21{,}9 \text{ nach Tabelle 4.2}$$

$$\alpha = 0{,}5 \qquad \varepsilon = 1{,}0$$

$$\max c/t = \frac{36 \cdot \varepsilon}{\alpha} = \frac{36 \cdot 1{,}0}{0{,}5} = 72 \text{ nach Tabelle 4.4}$$

$$\text{vorh } c/t = 21{,}9 < \max\ c/t = 72$$

Tragsicherheitsnachweis: Anwendung des Statischen Satzes
Querschnittswerte:

$$M_{\text{pl,y,Rd}} = W_{\text{pl,y}} \cdot \frac{f_{\text{y}}}{\gamma_{\text{M0}}} = 745 \cdot \frac{23{,}5}{1{,}00 \cdot 100} = 175 \text{ kNm}$$

$$V_{\text{pl,Rd}} = A_{\text{v}} \cdot \frac{f_{\text{y}}}{\sqrt{3} \cdot \gamma_{\text{M0}}} = 25{,}2 \cdot \frac{23{,}5}{\sqrt{3} \cdot 1{,}00} = 342 \text{ kN}$$

Man untersucht die ungünstigste kinematische Kette und nimmt das Fließgelenk an der Einspannstelle an. Damit erhält man ein statisch bestimmtes System. Zunächst wird der Einfluss der Querkraft vernachlässigt.

$$M_{\text{y,V,Rd}} = M_{\text{pl,Rd}} = 175 \text{ kNm}$$

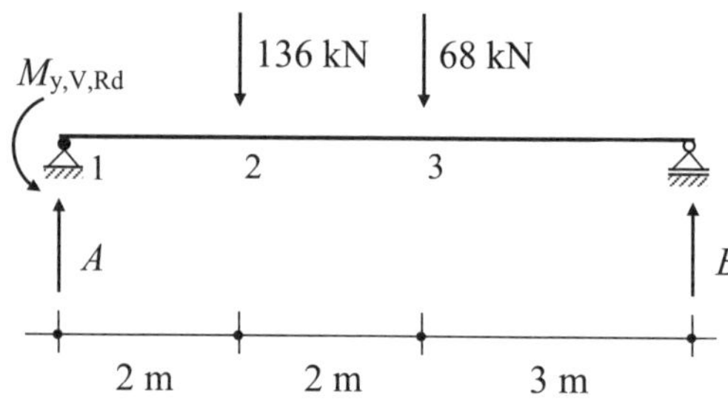

Die zugehörige Querkraft folgt aus der Auflagerkraft A.

$$A = 136 \cdot \frac{5}{7} + 68 \cdot \frac{3}{7} + \frac{175}{7} = 151 \text{ kN}$$

$$\frac{V_{\text{Ed}}}{V_{\text{pl,Rd}}} = \frac{151}{342} = 0{,}442 < 0{,}5$$

Es ist keine Reduktion erforderlich
Stelle 1:

$$M_1 = M_{\text{pl,y,Rd}} = 175 \text{ kNm}$$

Es wird überprüft, ob auch an jeder Stelle $M \le M_{\text{y,V,Rd}}$ eingehalten ist.

Stelle 2:

$$A = 136 \cdot \frac{5}{7} + 68 \cdot \frac{3}{7} + \frac{175}{7} = 151 \text{ kN}$$

$$M_2 = -175 + 151 \cdot 2 = 127 \text{ kNm}$$

$$V_{2,l} = 151 \text{ kN}$$

$$V_{2,r} = 151 - 136 = 15 \text{ kN}$$

$$\frac{V_{Ed}}{V_{pl,Rd}} = \frac{151}{342} = 0,44 < 0,5$$

$$\frac{M_{Ed}}{M_{pl,y,Rd}} = \frac{127}{175} = 0,73 \le 1$$

Stelle 3:

$$M_3 = -175 + 151 \cdot 4 - 136 \cdot 2 = 157 \text{ kNm}$$

$$V_{3,l} = 15 \text{ kN}$$

$$V_{3,r} = 15 - 68 = -53 \text{ kN}$$

$$\frac{V_{Ed}}{V_{pl,Rd}} = \frac{53}{342} = 0,15 < 0,5$$

$$\frac{M_{Ed}}{M_{pl,y,Rd}} = \frac{157}{175} = 0,90 < 1,0$$

Beispiel 6.6.2: Zweifeldträger mit unterschiedlicher Belastung

Beispiel mit $\gamma_{M0} = 1,00$

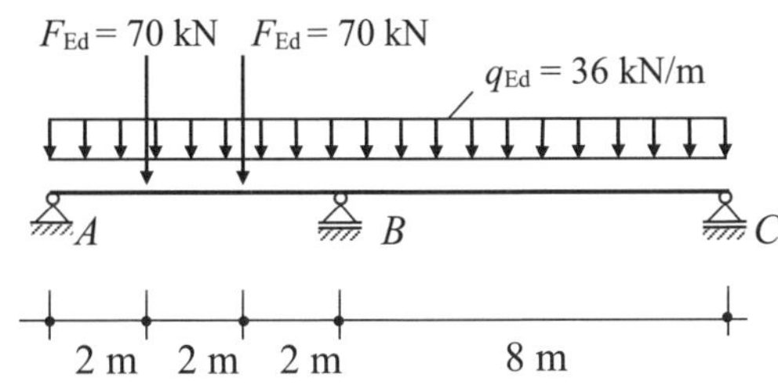

Werkstoff: S 235
Plastische Berechnung
Beanspruchungen: einachsige Biegung
Profil: HEA
Die Bemessung erfolgt zunächst ohne Berücksichtigung der Querkraft nach dem Prinzip der virtuellen Verschiebungen.
Feld B–C: Endfeld mit Gleichstreckenlast

$$\text{erf } M_{pl,Rd} = \frac{q_{Ed} \cdot l^2}{11,66} = \frac{36 \cdot 8^2}{11,66} = 198 \text{ kNm}$$

Feld A–B:
maßgebende Kette

$$2 \cdot M_{pl,Rd} \cdot \vartheta = \left(36 \cdot \frac{1}{2} \cdot 6 \cdot 2 + 70 \cdot 2 + 70 \cdot 1\right) \cdot \vartheta$$

$$\text{erf } M_{pl,Rd} = 213 \text{ kNm}$$

$$\text{erf } W_{pl,y} = \frac{\text{erf } M_{pl,Rd} \cdot \gamma_{M0}}{f_y} = \frac{21\,300 \cdot 1,00}{23,5} = 906 \text{ cm}^3$$

Profil: HEA 260 $W_{\text{pl,y}} = 920\ \text{cm}^3;\ A_\text{v} = 28{,}8\ \text{cm}^2$

Nachweis von max c/t: Plastische Berechnung

Nachweis des Gurtes:

vorh $c/t = 8{,}18$ nach Tabelle 4.2

$\alpha = 1{,}0 \qquad \varepsilon = 1{,}0$

$$\max c/t = \frac{9 \cdot \varepsilon}{\alpha} = 9 \text{ nach Tabelle 4.4}$$

vorh $c/t = 8{,}18 < \max\ c/t = 9$

Nachweis des Steges:

vorh $c/t = 23{,}6$ nach Tabelle 4.2

$\alpha = 0{,}5 \qquad \varepsilon = 1{,}0$

$$\max c/t = \frac{36 \cdot \varepsilon}{\alpha} = \frac{36 \cdot 1{,}0}{0{,}5} = 72 \text{ nach Tabelle 4.4}$$

vorh $c/t = 23{,}6 < \max\ c/t = 72$

Tragsicherheitsnachweis: Anwendung des statischen Satzes
Querschnittswerte:

$$M_{\text{pl,y,Rd}} = W_{\text{pl,y}} \cdot \frac{f_\text{y}}{\gamma_{\text{M0}}} = 920 \cdot \frac{23{,}5}{1{,}00 \cdot 100} = 216 \text{ kNm}$$

$$V_{\text{pl,Rd}} = A_\text{v} \cdot \frac{f_\text{y}}{\sqrt{3} \cdot \gamma_{\text{M0}}} = 28{,}8 \cdot \frac{23{,}5}{\sqrt{3} \cdot 1{,}00} = 391 \text{ kN}$$

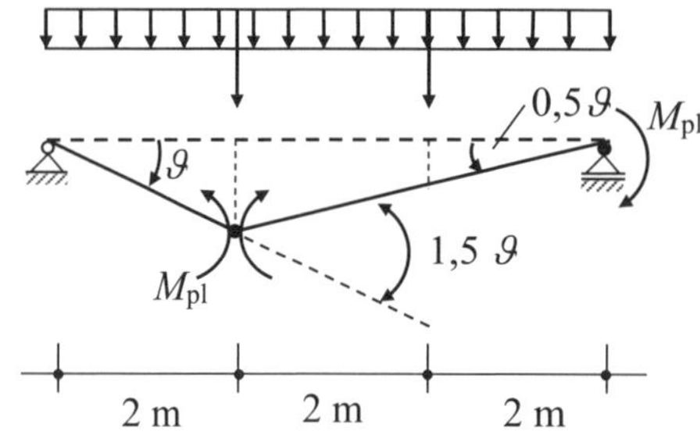

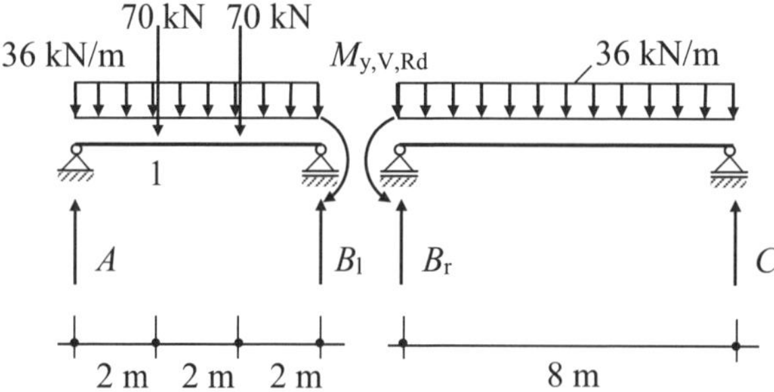

Man untersucht die ungünstigste kinematische Kette und nimmt das Fließgelenk an dem Auflager B an. Damit erhält man ein statisch bestimmtes System. Zunächst wird der Einfluss der Querkraft vernachlässigt.

$$M_{y,V,Rd} = M_{pl,Rd} = 216 \text{ kNm}$$

Die zugehörige Querkraft folgt aus der maximalen Querkraft am Auflager B.

$$B_r = \frac{36 \cdot 8}{2} + \frac{216}{8} = 171 \text{ kN}$$

$$B_l = \frac{36 \cdot 6}{2} + 70 + \frac{216}{6} = 214 \text{ kN}$$

$$\frac{V_{Ed}}{V_{pl,Rd}} = \frac{214}{391} = 0{,}547 > 0{,}5$$

$$\rho = \left(\frac{2 \cdot V_{Ed}}{V_{pl,Rd}} - 1 \right)^2 = \left(\frac{2 \cdot 214}{391} - 1 \right)^2 = 0{,}00895$$

$$M_{y,V,Rd} = \left(W_{pl,y} - \rho \cdot W_{pl,v} \right) \cdot \frac{f_y}{\gamma_{M0}} = \left(920 - 0{,}00895 \cdot 228 \right) \cdot \frac{23{,}5}{1{,}00} = 216 \text{ kNm}$$

Feld B–C:

$$C = \frac{36 \cdot 8}{2} - \frac{216}{8} = 117 \text{ kN}$$

An der Stelle des maximalen Feldmomentes ist die Querkraft gleich null.

$$M_F = \frac{C^2}{2 \cdot q_{Ed}} = \frac{117^2}{2 \cdot 36} = 190 \text{ kNm} < M_{pl,y,Rd} = 216 \text{ kNm}$$

Feld A–B:
Es wird überprüft, ob auch an jeder Stelle $M \leq M_{y,V,Rd}$ eingehalten ist.

Stelle 1 ist maßgebend:

$$A = \frac{36 \cdot 6}{2} + 70 - \frac{216}{6} = 142 \text{ kN}$$

$$M_1 = 142 \cdot 2 - 36 \cdot \frac{2^2}{2} = 212 \text{ kNm}$$

$$V_{1,l} = 142 - 36 \cdot 2 = 70 \text{ kN}$$

$$V_{1,r} = 70 - 70 = 0 \text{ kN}$$

$$\frac{V_{Ed}}{V_{pl,Rd}} = \frac{70}{391} = 0{,}18 < 0{,}5$$

$$\frac{M_{Ed}}{M_{pl,y,Rd}} = \frac{212}{216} = 0{,}98 \leq 1$$

7 Biegeträger

7.1 Trägerarten

Es handelt sich um Träger mit Querlasten, die durch Querkraftbiegung beansprucht werden. Beispiele sind:

Deckenträger, Bühnenträger, Unterzüge, Treppenwangen, Dachpfetten, Binder, Wandriegel und Kranbahnträger.

Man unterscheidet je nach der Herstellung Walzprofile, verstärkte Walzträger, geschweißte Träger wie Stegblechträger, Kastenträger sowie Verbundträger.

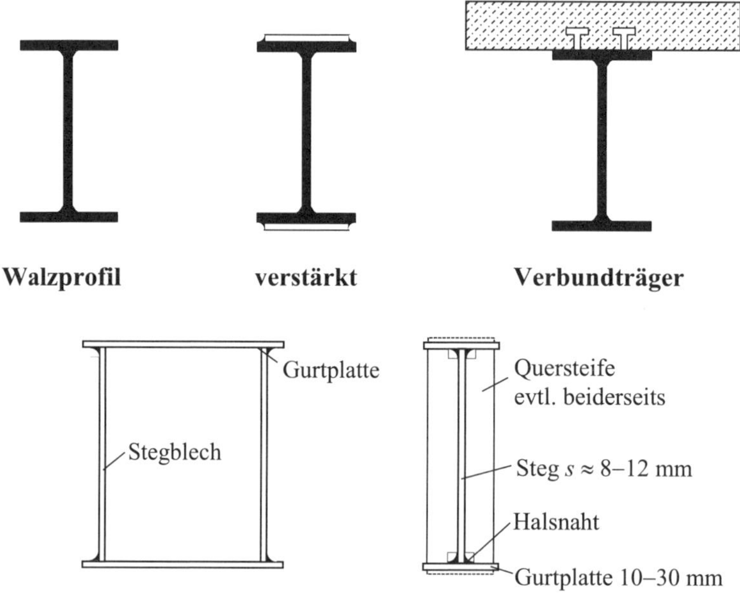

Abb. 7.1 Trägerarten

Im Stahlhochbau werden vorwiegend Walzprofile verwendet. Stegblechträger wählt man i. Allg. nur, wenn es keine passenden Walzprofile gibt. Verbund-träger werden im Geschossbau und für Brücken mittlerer Spannweite eingesetzt.
Aus statischer Sicht gibt es Einfeldträger, Gerberträger und Durchlaufträger. **Einfeldträger** überwiegen, da keine aufwendigen biegesteifen Baustellenstöße notwendig sind. Außerdem erleichtern sie spätere Änderungen, was besonders im Industriebau wichtig ist. **Gerberträger** werden weniger gebaut. Als **Durchlaufträger** werden oft Wandriegel, Pfetten sowie Kranbahnträger mit kleiner Stützweite (5–7 m) ausgeführt.

7.2 Übersicht der Nachweise

7.2.1 Tragsicherheitsnachweis

Die folgenden Nachweise gelten für alle Systeme und nicht nur für Biegeträger. Die Nachweise sind nach einem der drei folgenden Berechnungsmethoden zu führen.

	Berechnungsmethoden	Berechnung der Beanspruchungen E_d	Beanspruchbarkeit des Querschnittes R_d	Erforderliche Querschnittsklasse
1	Elastische Berechnung	Elastisch	Elastisch	3
2	Elastische Berechnung	Elastisch	Plastisch	2
3	Plastische Berechnung	Plastisch	Plastisch	1

Für Durchlaufträger ist weiterhin eine begrenzte plastische Momentenumlagerung möglich (1-1, 5.4.1 (4)B). Es ist dafür die Querschnittsklasse 2 erforderlich.
Beim Nachweis sind grundsätzlich zu berücksichtigen:
Tragwerksverformungen (Theorie I. oder II. Ordnung)

- geometrische Imperfektionen
- Schlupf in den Verbindungen
- planmäßige Außermittigkeiten

Dabei sind Grenzwerte max c/t einzuhalten, um ein vorzeitiges Versagen dünnwandiger Querschnittsteile infolge Plattenbeulens zu verhindern. Diese sind abhängig von der Lagerung und Beanspruchung der Querschnittsteile, s. Abschnitt *Querschnittsklassifizierung.*

7.2.2 Biegedrillknicknachweis

Der Biegedrillknicknachweis ist ein Stabilitätsnachweis, der gegen das „Knicken" des Druckgurtes absichert. Der Druckgurt kann nur rechtwinklig zum Steg ausweichen. Man nennt diesen Stabilitätsnachweis „Biegedrillknicken" des Trägers, weil sich hierbei der Träger gleichzeitig verdreht. Der Zuggurt widersetzt sich nämlich durch rückstellende Kräfte einer Ausbiegung. Wenn Biegedrillknicken nachgewiesen werden muss, ist dieser Nachweis maßgebend für die Bemessung.
Ein Biegedrillknicknachweis ist nicht notwendig bei **I- und H-Querschnitten mit Biegung um die schwache Achse** oder wenn das Ausweichen des Druckgurtes z. B. durch eine Stahlbetonplatte verhindert wird. Auch eine große Torsionssteifigkeit wie bei Kastenträgern, **Stahlrohren** und **Hohlprofilen** verhindert die Verdrehung des Trägers. Oft bilden andere Bauteile eine „elastische Drehbettung", welche einer Trägerverdrehung einen elastischen Widerstand entgegensetzt. Ist diese genügend steif, so ist das Biegedrill-knicken

praktisch unmöglich und ein Nachweis nicht erforderlich. Dies ist z. B. der Fall bei Pfetten und Wandriegeln, die als Einfeldträger ausgebildet sind, mit $h \leq 200$ mm und Trapezblecheindeckung.
Als „elastische Einzelfedern“ bezeichnet man einen elastischen Widerstand, der nur an einer Stelle des Trägers wirkt. Zum Beispiel bilden Pfetten Einzeldrehfedern für einen Vollwandbinder.
Der Biegedrillknicknachweis wird ausführlich in dem Abschnitt *Biegeträger mit Biegedrillknicken* behandelt.

7.2.3 Beulsicherheitsnachweis

Der Beulsicherheitsnachweis ist ein Tragsicherheitsnachweis von stabilitätsgefährdeten, plattenartigen Bauteilen, die durch Druck- und/oder Schubspannungen beansprucht werden.
Bei Walzprofilen ist i. Allg. kein Beulsicherheitsnachweis erforderlich. Bei geschweißten Trägern sind die Stegbleche und Druckgurte auf Plattenbeulen zu untersuchen. Die erforderliche Beulsicherheit kann, soweit notwendig, durch Beulaussteifungen erzielt werden. Der Beulsicherheitsnachweis ist für unausgesteifte Platten im Abschnitt Querschnittsklassifizierung erläutert, da er die Grundlage für die Grenzwerte max c/t bildet. Er wird ausführlich im Band 2, Abschnitt *Plattenbeulen*, behandelt.

7.2.4 Betriebsfestigkeitsnachweis

Auf einen Nachweis gegen Ermüdung darf im Stahlhochbau in der Regel verzichtet werden. Dagegen sind bei Eisenbahnbrücken und oft bei Kranbahnen Betriebsfestigkeitsnachweise erforderlich. Die Grundlagen für den Betriebsfestigkeitsnachweis werden im Band 2, Abschnitt *Ermüdung*, behandelt.

7.2.5 Nachweis der Gebrauchstauglichkeit

Bei dem Nachweis der Gebrauchstauglichkeit handelt es sich nach (1-1, 7.2) um eine Vereinbarung zwischen dem Bauherrn und dem Tragwerksplaner, soweit er nicht in anderen Grundnormen oder Fachnormen geregelt ist.
Wenn mit dem Verlust der Gebrauchstauglichkeit eine Gefährdung von Leib und Leben verbunden sein kann, gelten für den Nachweis der Gebrauchs-tauglichkeit die Regeln für den Nachweis der Tragsicherheit. In den meisten Fällen ist der Nachweis der Gebrauchstauglichkeit ein Durchbiegungsnachweis, aber auch der Nachweis der Eigenfrequenz.

7.3 Tragsicherheitsnachweis

7.3.1 Elastisch-Elastisch

Als Grenzzustand der Tragfähigkeit wird der Beginn des Fließens des Werkstoffes definiert. Der Werkstoff versagt. Plastische Querschnitts- und Systemreserven werden nicht berücksichtigt. Die Beanspruchungen werden nach der Elastizitätstheorie I. oder, falls erforderlich, II. Ordnung ermittelt. Für die Querschnittsteile sind die Grenzwerte $\max c/t$ für das Nachweisverfahren Elastisch-Elastisch einzuhalten, s. Abschnitt *Querschnittsklassifizierung*.
Als Erläuterungsbeispiel für die verschiedenen Nachweisverfahren dient ein Zweifeldträger mit konstanter Feldweite von $l = 12,00$ m. Es wird voraus-gesetzt, dass das Biegedrillknicken verhindert ist, siehe Kapitel 9.

$\gamma_M = \gamma_{M0} = 1,00$

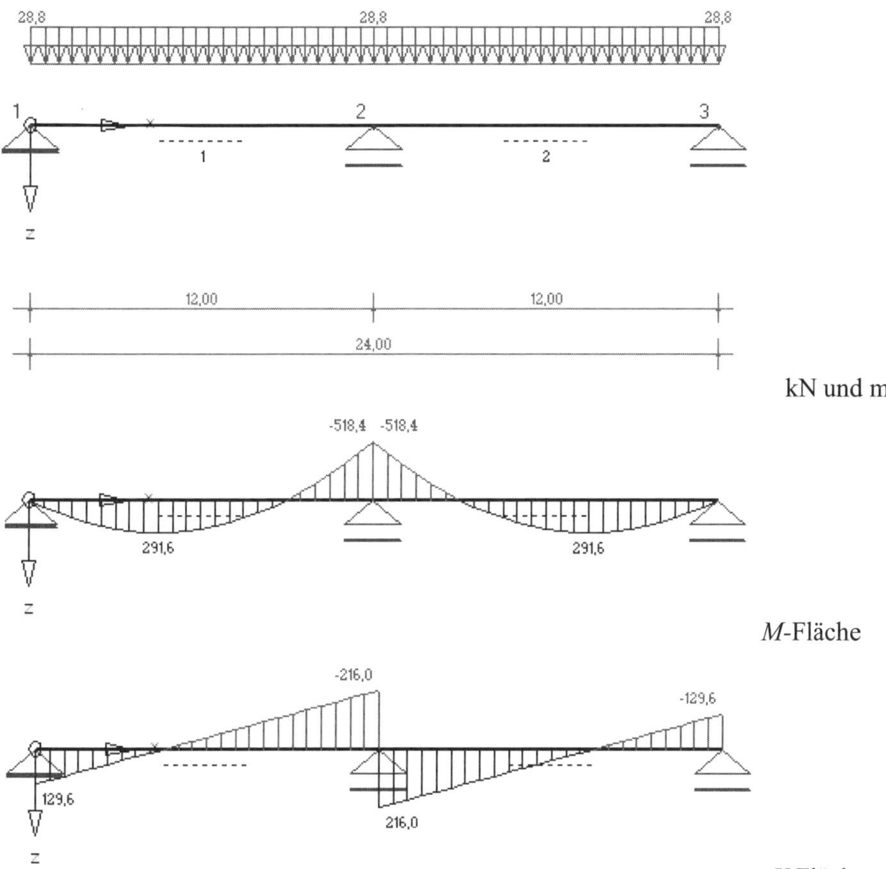

Abb. 7.2 System, Belastung und Schnittgrößen des Erläuterungsbeispiels

Charakteristische Werte der Einwirkungen:

Eigengewicht $g_k = 8,00$ kN/m

Verkehrslast $q_k = 12,0$ kN/m

Bemessungswert der Einwirkungen:

$$e_{Ed} = 1,35 \cdot g_k + 1,50 \cdot q_k = 1,35 \cdot 8,00 + 1,50 \cdot 12,0 = 28,8 \text{ kN/m}$$

Es sind hier zwei Lastkombinationen zu untersuchen, Volllast und einseitige Verkehrslast. Lasten und Auflagerreaktionen, M-Fläche und V-Fläche sind in der Abb. 7.2 für die hier maßgebende Lastkombination Volllast angegeben.

Werkstoff: S 235

Gewählt: IPE 550

Der Nachweis des c/t-Verhältnisses ist eingehalten.

Querschnittswerte:

$$h_w = 51,6 \text{ cm} \quad t_w = 1,11 \text{ cm} \quad W_y = 2440 \text{ cm}^3 \quad I_y = 67\ 120 \text{ cm}^4$$

Nachweis der maximalen Normalspannung:

$$M_{y,Ed} = 518 \text{ kNm}$$

$$\max \sigma = \frac{M_{y,Ed}}{W_y} = \frac{51\ 800}{2440} = 21,2 \text{ kN/cm}^2$$

$$\frac{\sigma_{Ed}}{\sigma_{Rd}} = \frac{21,2}{23,5} = 0,90 \le 1,0$$

Nachweis der maximalen Schubspannung:

$$V_{z,Ed} = 216 \text{ kN}$$

$$A_w = h_w \cdot t_w = 51,6 \cdot 1,11 = 57,3 \text{ cm}^2$$

$$\tau_{Ed} = \frac{V_{z,Ed}}{A_w} = \frac{216}{57,3} = 3,77 \text{ kN/cm}^2$$

$$\frac{\tau_{Ed}}{\tau_{Rd}} = \frac{3,77}{13,6} = 0,277 \le 1,0$$

Nachweis der Vergleichsspannung:

$$M_{y,Ed} = 518 \text{ kNm}$$

$$V_{z,Ed} = 216 \text{ kN}$$

$$\sigma_1 = \frac{M_{y,Ed}}{I_y} \cdot \frac{h_1}{2} = \frac{51\ 800}{67\ 120} \cdot \frac{46,8}{2} = 18,1 \text{ kN/cm}^2$$

$$\sigma_V = \sqrt{\sigma_1^2 + 3 \cdot \tau_1^2} = \sqrt{18,1^2 + 3 \cdot 3,77^2} = 19,2 \text{ kN/cm}^2$$

$$\frac{\sigma_V}{\sigma_{Rd}} = \frac{19,2}{23,5} = 0,82 \le 1,0$$

7.3.2 Elastisch-Plastisch

Als Grenzzustand der Tragfähigkeit wird die Grenztragfähigkeit des Querschnittes definiert, s. Kapitel 2. Der Querschnitt versagt. Plastische Systemreserven werden nicht berücksichtigt. Die Beanspruchungen werden nach der Elastizitätstheorie I. oder, falls erforderlich, II. Ordnung ermittelt. Für die Querschnittsteile sind die Grenzwerte max c/t für das Nachweisverfahren Elastisch-Plastisch einzuhalten, s. Abschnitt Querschnittsklassifizierung.

Werkstoff: S 235 $\gamma_M = 1,00$
Gewählt: IPE 500
Der Nachweis des c/t-Verhältnisses ist eingehalten.
Querschnittswerte:

$$V_{pl,z,Rd} = A_v \cdot \tau_{Rd} = 59,9 \cdot 13,6 = 815 \text{ kN}$$

$$M_{pl,y,Rd} = 2 \cdot S_y \cdot \sigma_{Rd} = 2 \cdot 1100 \cdot 23,5/100 = 517 \text{ kNm}$$

Nachweis mit Interaktion

$$M_{y,Ed} = 518 \text{ kNm}$$

$$V_{z,Ed} = 216 \text{ kN}$$

$$\frac{V_{z,Ed}}{V_{pl,z,Rd}} = \frac{216}{815} = 0,27 < 0,5$$

$$\frac{M_{y,Ed}}{M_{pl,y,Rd}} = \frac{518}{517} = 1,00 \le 1,0$$

7.3.3 Plastisch-Plastisch

Als Grenzzustand der Tragfähigkeit wird das Versagen des Systems definiert, wobei die Grenztragfähigkeit der Querschnitte nicht überschritten werden darf. Bei diesem Verfahren werden die plastischen Querschnitts- und Systemreserven ausgenutzt.
Die Beanspruchungen werden nach der Fließgelenktheorie, in Sonderfällen nach der Fließzonentheorie I. oder II. Ordnung ermittelt. Für die Querschnittsteile sind die Grenzwerte max c/t für das Nachweisverfahren Plastisch-Plastisch einzuhalten, s. Abschnitt Querschnittsklassifizierung.

Werkstoff: S 235
Gewählt: IPE 450
Der Nachweis des c/t-Verhältnisses ist eingehalten.
Querschnittswerte:

$$V_{pl,z,Rd} = A_v \cdot \tau_{Rd} = 50,8 \cdot 13,6 = 691 \text{ kN}$$

$$M_{pl,y,Rd} = 2 \cdot S_y \cdot \sigma_{Rd} = 2 \cdot 851 \cdot 23,5/100 = 400 \text{ kNm}$$

Tragsicherheitsnachweis: Anwendung des statischen Satzes

Man nimmt das 1. Fließgelenk an der Mittelstütze an und erhält ein statisch bestimmtes System. Zunächst wird der Einfluss der Querkraft vernachlässigt.

$$M_2 = M_{\text{pl,y,Rd}} = 400 \text{ kNm}$$

Die zugehörige Querkraft folgt aus der Auflagerkraft *B*.

$$V_z = B = 28{,}8 \cdot \frac{12}{2} + \frac{400}{12} = 206 \text{ kN}$$

$$\frac{V_{\text{z,Ed}}}{V_{\text{pl,z,Rd}}} = \frac{206}{691} = 0{,}30 < 0{,}5$$

$$\frac{M_{\text{y,Ed}}}{M_{\text{pl,y,Rd}}} = \frac{400}{400} = 1{,}00 \text{ nach Annahme}$$

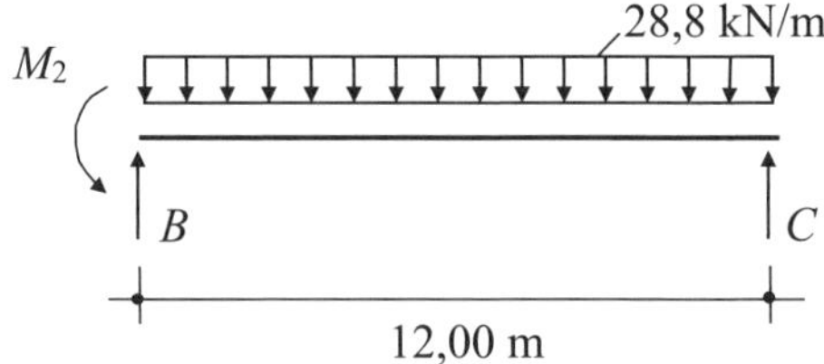

Abb. 7.3 Statisch bestimmtes System zur Berechnung nach der Fließgelenktheorie

Eine Interaktion mit der Querkraft ist im Allgemeinen nicht erforderlich. Das zugehörige maximale Feldmoment lautet:

$$C = 28{,}8 \cdot \frac{12}{2} - \frac{400}{12} = 139 \text{ kN}$$

$$M_F = \frac{C^2}{2 \cdot e_{\text{Ed}}} = \frac{139^2}{2 \cdot 28{,}8} = 335 \text{ kNm}$$

Nachweis im Feld:

$$M_{\text{y,Ed}} = 335 \text{ kNm}$$

$$V_{\text{z,Ed}} = 0$$

$$\frac{M_{\text{y,Ed}}}{M_{\text{pl,y,Rd}}} = \frac{335}{400} = 0{,}84 \leq 1{,}0$$

Die Wirtschaftlichkeit der einzelnen Nachweisverfahren kann man – allerdings nur bedingt – über die Materialkosten miteinander vergleichen. Die Materialkosten verhalten sich hier, da die gleiche Querschnittsart gewählt wurde, proportional zu den Massen.

Berechnungsmethode	Querschnitt	Masse	Vergleich
Elastisch-Elastisch	IPE 550	106 kg/m	100 %
Elastisch-Plastisch	IPE 500	90,7 kg/m	85,6 %
Plastisch-Plastisch	IPE 450	77,6 kg/m	73,2 %

Abschließend sollen die einzelnen Nachweisverfahren bewertet werden. Es wird vorausgesetzt, dass die Grenzwerte max c/t eingehalten sind.
Das Verfahren **Elastisch-Elastisch** gilt für alle Querschnittsformen und kann deshalb stets angewendet werden.
Das Verfahren **Elastisch-Plastisch** gilt für alle Querschnittsformen, wird aber vorwiegend auf I-Querschnitte angewendet. Für gewalzte I- und H-Querschnitte ist es das wichtigste Nachweisverfahren. Es nutzt voll die Querschnittsreserve aus. Wenn die Beanspruchungen unter Berücksichtigung aller Ersatzimperfektionen nach Theorie II. Ordnung ermittelt werden, sind die Ersatzstabverfahren für Biegeknicken und Biegedrillknicken, die auch die Querschnittsreserve nutzen, nicht mehr erforderlich.
Das Verfahren **Plastisch-Plastisch** ist wohl das wirtschaftlichste Nachweisverfahren, kann aber wegen der Voraussetzung, dass kein Biegedrillknicken auftreten darf, nur begrenzt eingesetzt werden. Es ist auch zu beachten, dass die Wahl kleinerer Querschnitte zu größeren Verformungen führt und der Durchbiegungsnachweis für die Bemessung maßgebend werden kann. Für das Erläuterungsbeispiel beträgt z. B. die maximale Durchbiegung bei einseitiger Verkehrslast $f = 4{,}43$ cm. Eine Durchbiegungsanforderung von

$$\text{zul} f = \frac{l}{300} = \frac{1200}{300} = 4{,}00 \text{ cm}$$

kann nur mit dem IPE 500 erfüllt werden.

7.4 Durchbiegungsnachweis

Ein wichtiger Nachweis der Gebrauchstauglichkeit ist der Durchbiegungsnachweis. Zu große Durchbiegungen können die Gebrauchstauglichkeit einschränken. Für den Hochbau sind die Grenzwerte der Durchbiegungen den Herstellerangaben zu entnehmen oder mit dem Auftraggeber abzustimmen (1-1/ NA, NDP zu 7.2.1(1)Bund 7.2.2(1)B).
Für die Begrenzung von den Verformungen gilt EN 1990 Anhang A.1.4.3, Bild A.1.1, siehe Abb. 7.4. Für die Kombinationen der Einwirkungen werden alle Teilsicherheitsbeiwerte zu 1,0 angenommen.

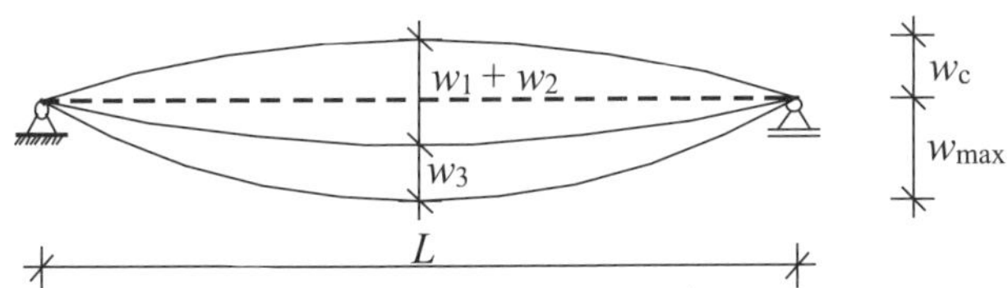

Abb. 7.4 Zu berechnende Verformungsanteile

w_c Überhöhung des Stahlträgers
w_1 Durchbiegungsanteil aus ständiger Belastung
w_2 Durchbiegungszuwachs aus Langzeitwirkung der ständigen Belastung
w_3 Durchbiegungsanteil aus veränderlicher Belastung
w_{tot} gesamte Durchbiegung bezogen auf die Systemlinie des Bauteils
$w_{max} = w_1 + w_2 + w_3 - w_c$ verbleibende Durchbiegung nach der Überhöhung

Eigentlich wäre in jedem Einzelfall die Größe der Verformungen festzulegen. Der Durchbiegungszuwachs w_2 kann bei dem Werkstoff Stahl vernachlässigt werden. Man begnügt sich im Stahlhochbau meist mit folgenden Mindestforderungen:

$$\text{zul}\, f = w_1 + w_3$$

Deckenträger und Unterzüge mit $l > 5{,}00$ m:

$$\text{zul}\, f = \frac{l}{300}$$

Für Träger mit $l \leq 5{,}00$ m ist kein Nachweis erforderlich.
Kragarme:

$$\text{zul}\, f = \frac{l_K}{200}$$

Pfetten, Wandriegel und Giebelwandstützen:

$$\text{zul}\, f = \frac{l}{200} \text{ bis } \frac{l}{250}$$

Kranbahnen:

$$\text{zul}\, f = \frac{l}{500} \text{ bis } \frac{l}{1000}$$

Im Allgemeinen wird die Durchbiegung mit einem Programm ermittelt. Im Abschnitt Tabellen sind für einfache Systeme die Schnittgrößen und die maximalen Verformungen angegeben. Ist für diese Systeme der Durchbiegungsnachweis für die Bemessung des Querschnittes maßgebend, kann das erforderliche Flächenmoment 2. Grades auch direkt berechnet werden. Die Formel für den Einfeldträger nach Abb. 7.5 unter Gleichstreckenlast wird exemplarisch hergeleitet.

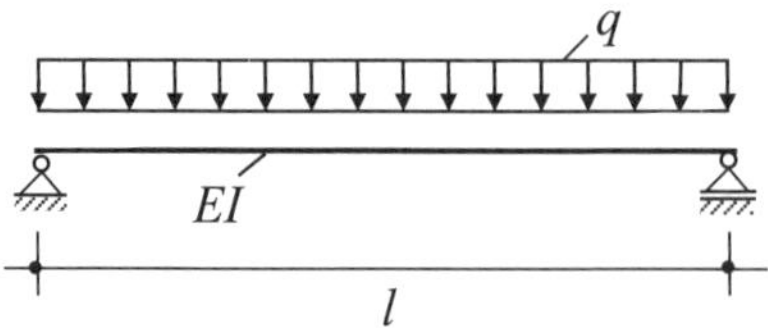

Abb. 7.5 Einfeldträger unter Gleichstreckenlast

Die maximale Durchbiegung lautet:

$$f = \frac{5 \cdot q \cdot l^4}{384 \cdot EI} \qquad (7.1)$$

Mit dem maximalen Biegemoment $M = \frac{q \cdot l^2}{8}$ lautet die Durchbiegungsbegrenzung für Deckenträger:

$$f = \frac{5 \cdot q \cdot l^4}{384 \cdot EI} = \frac{5 \cdot M \cdot l^2}{48 \cdot EI} \leq \text{zul} f = \frac{l}{300}$$

Die Gleichung wird nach I aufgelöst. Mit $E = 21\,000$ kN/cm^2 erhält man:

$$I \geq \frac{1500 \cdot M \cdot l}{48 \cdot E} = \frac{1500}{48 \cdot 21\,000} \cdot M \cdot l = 14{,}9 \cdot 10^{-4} \cdot M \cdot l$$

$$\text{erf} I = a \cdot M \cdot l = 14{,}9 \cdot M \cdot l \qquad (7.2)$$

I in cm^4; M in kNm; l in m

Die Werte a sind für einfache Systeme in den Tabellen angegeben. Eine Superposition bei gleichem System ist möglich und liegt auf der sicheren Seite.

Wird statt $f \leq \frac{l}{300}$ z. B. $f \leq \frac{l}{500}$ gefordert, dann im Verhältnis umrechnen.

Die Größe der Durchbiegung erhält man mit

$$f = \frac{\text{erf} I}{\text{vor} I} \text{zul} f \qquad (7.3)$$

7.5 Nachweis der Eigenfrequenz

Dieser Nachweis ist in (1-1, 7.2.3) angesprochen. Die Grenzwerte sind in der Regel für jedes Projekt individuell festzulegen und mit dem Auftraggeber abzustimmen. Empfohlene Werte sind dagegen in einer älteren Fassung von Eurocode 3 [N6], Abschnitt 4.3.2, angegeben.

Die unterste Frequenz f darf für regelmäßig begangene Decken nicht kleiner als 3 Hz sein. Wird auf einer Decke rhythmisch gesprungen oder getanzt, z. B. Turnhallen, gilt als unterster Wert 5 Hz. Die notwendigen Begriffe und einführende Grundlagen sind in Abschnitt 1.9 angegeben.

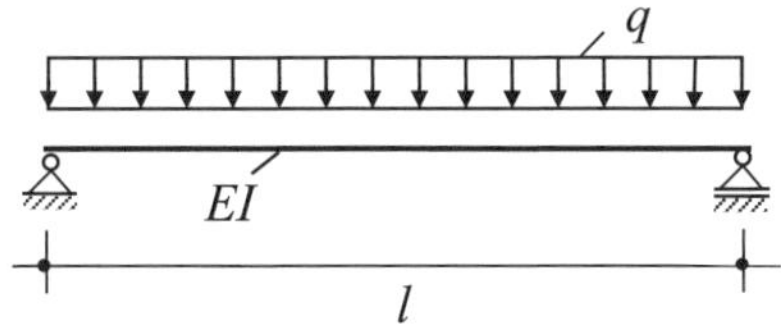

Abb. 7.6 Einfeldträger unter gleichmäßig verteilter Masse

Die Lösung für den Einfeldträger mit gleichmäßig verteilter Masse nach Abb. 7.6 lautet mit Gleichung (1.44):

$$f = \frac{\pi}{2} \cdot \sqrt{\frac{E \cdot I}{m \cdot l^3}}$$

Diese Gleichung kann man mit der Erdbeschleunigung $g = 9{,}81\ \text{m/s}^2$ noch umformen, um die Gleichstreckenlast q in die Gleichung einzuführen.

$$f = \frac{\pi}{2} \cdot \sqrt{\frac{E \cdot I}{m \cdot l^3}} = \frac{\pi}{2 \cdot l^2} \cdot \sqrt{\frac{E \cdot I}{\frac{m}{l} \cdot \frac{g}{g}}} = \frac{\pi}{2 \cdot l^2} \cdot \sqrt{\frac{g \cdot E \cdot I}{q}} = \frac{\pi}{2 \cdot l^2} \cdot \sqrt{\frac{g \cdot E \cdot I}{q}}$$

$$f = \frac{\pi}{2 \cdot l^2} \cdot \sqrt{\frac{9{,}81 \cdot E \cdot I}{q}} = \frac{4{,}92}{l^2} \cdot \sqrt{\frac{E \cdot I}{q}} \quad \text{in kN und m} \qquad (7.4)$$

Mit der maximalen Durchbiegung v_0 des Einfeldträgers, die auch für die Berechnung der Eigenfrequenz des Durchlaufträgers einzusetzen ist, erhält man folgende Formulierung:

$$f = \frac{5{,}6}{\sqrt{v_0}} \quad \text{mit } v_0 = \frac{5}{384} \cdot \frac{q \cdot L^4}{EI} \quad \text{in cm} \qquad (7.5)$$

Diese Lösung gilt auch für Durchlaufträger mit konstanter Stützweite mit gleichmäßig verteilter Masse. Für andere Fälle s. [1].

7.6 Beispiele

In den folgenden Beispielen wird angenommen, dass die Berechnung des Systems nach Theorie I. Ordnung erfolgt und die Stabilität mit dem Ersatzstabverfahren nachgewiesen wird. Bei einer Berechnung nach Theorie II. Ordnung gilt der Teilsicherheitsbeiwert $\gamma_{M1} = 1{,}10$.

Beispiel 7.6.1: Einfeldträger mit einachsiger Biegung

Beispiel mit $\gamma_M = \gamma_{M0} = 1{,}00$

Mit dem folgenden Beispiel soll die Wirtschaftlichkeit gewalzter Profile mit den Querschnitten IPE, HEA, HEB verglichen werden, die als Biegeträger verwendet werden. Es wird vorausgesetzt, dass Biegedrillknicken verhindert ist, und ein Deckenträger mit einer Stahlbetondecke gewählt wird, der nicht als Verbundträger ausgebildet ist. Die Feldweite wird so gewählt, dass die Durchbiegung maßgebend wird. Sie beträgt $l = 7{,}30$ m und der Trägerabstand $a = 3{,}60$ m. Für die Durchbiegung soll gelten: $f \leq \frac{l}{300}$

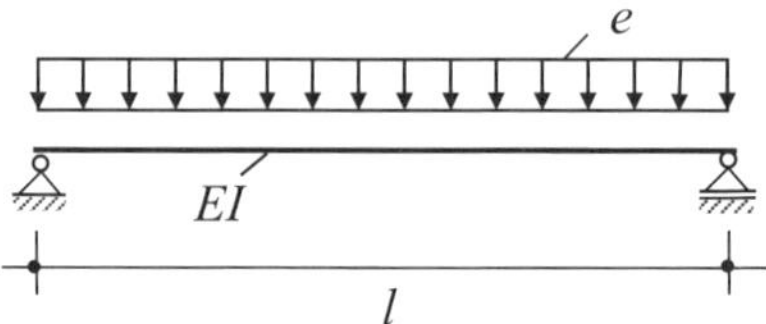

Abb. 7.7 Einfeldträger unter Gleichstreckenlast

Werkstoff: S 235
Berechnungsmethode: Elastisch-Plastisch
Grenzwerte max c/t sind eingehalten.
Ständige Einwirkungen:

16 cm Stahlbeton	=	4,00	kN/m²
Belag	≈	1,00	kN/m²
Trägereigengewicht	≈	0,30	kN/m²
g_k	=	5,30	kN/m²

Veränderliche Einwirkungen:
Nutzlast $q_k = 5,00$ kN/m²
Bemessungswerte der Einwirkungen für den Durchbiegungsnachweis:

$$e_k = (5,30 + 5,00) \cdot 3,60 = 37,1 \text{ kN/m}$$

Bemessungswerte der Einwirkungen für den Tragsicherheitsnachweis:

$$e_{Ed} = (1,35 \cdot 5,30 + 1,50 \cdot 5,00) \cdot 3,60 = 52,8 \text{ kN/m}$$

Die Bemessung des Deckenträgers erfolgt hier nach der Durchbiegung, da $l > 5,00$ m ist.

$$M_k = 37,1 \cdot \frac{7,3^2}{8} = 247 \text{ kNm}$$

$$\text{erf}\, I = a \cdot M \cdot l = 14,9 \cdot 247 \cdot 7,30 = 26\ 870 \text{ cm}^4$$

Beanspruchungen: Maßgebend sind die Beanspruchungen in Feldmitte.

$$M_{Ed} = 52,8 \cdot \frac{7,3^2}{8} = 352 \text{ kNm} \qquad V_{Ed} = 0$$

Gewählt: IPE 450
Querschnittswerte:

$$M_{pl,y,Rd} = W_{pl,y} \cdot \sigma_{Rd} = 1702 \cdot 23,5 / 100 = 400 \text{ kNm}$$

$$\text{vorh}\, I = 33\ 740 \text{ cm}^4 > \text{erf}\, I = 26\ 870 \text{ cm}^4$$

$$f = \frac{l}{300} \cdot \frac{26\ 870}{33\ 740} = 1,94 \text{ cm}$$

$$\frac{M_{Ed}}{M_{pl,y,Rd}} = \frac{352}{400} = 0,88 < 1,0$$

Querkräfte werden i. Allg. bei Deckenträgern nicht nachgewiesen.

Gewählt: HEA 340

$$M_{pl,y,Rd} = W_{pl,y} \cdot \sigma_{Rd} = 1850 \cdot 23,5 / 100 = 435 \text{ kNm}$$

$$\text{vorh}\, I = 27\ 690 \text{ cm}^4 > \text{erf}\, I = 26\ 870 \text{ cm}^4$$

$$\frac{M_{Ed}}{M_{pl,y,Rd}} = \frac{352}{435} = 0,81 < 1,0$$

Gewählt: HEB 320

$$M_{pl,y,Rd} = W_{pl,y} \cdot \sigma_{Rd} = 2149 \cdot 23,5 / 100 = 505 \text{ kNm}$$

$$\text{vorh}\, I = 30\ 820 \text{ cm}^4 > \text{erf}\, I = 26\ 870 \text{ cm}^4$$

$$\frac{M_{Ed}}{M_{pl,y,Rd}} = \frac{352}{505} = 0,70 < 1,0$$

Vergleich der Massen:

IPE	450	$M = 77{,}6$ kg/m	100 %
HEA	340	$M = 105$ kg/m	135 %
HEB	320	$M = 127$ kg/m	164 %

Folgerung:
Der IPE-Querschnitt ist am günstigsten bei einachsiger Biegung, sofern die Bauhöhe nicht beschränkt ist und eine große Flanschsteifigkeit nicht erforderlich ist.

Beispiel 7.6.2: Einfeldträger mit zweiachsiger Biegung

Beispiel mit $\gamma_{\mathrm{M}} = \gamma_{\mathrm{M0}} = 1{,}00$

Ein Wandriegel soll zwischen den Stützen einer Halle mit dem Abstand von $l = 5{,}00$ m als Einfeldträger ausgebildet werden. Die Wandverkleidung besteht aus Trapezblechen, die das Biegedrillknicken verhindern und das Torsionsmoment aus der Exzentrizität der Eigenlast aufnehmen. Das Trapezblech wird i. Allg. nicht als Scheibe gerechnet. Deshalb muss das Wandgewicht vom Riegel getragen werden. Für die Durchbiegung soll gelten:

$$f \leq \frac{l}{200}$$

Für die veränderlichen Einwirkungen aus Wind wird das vereinfachte Verfahren angewendet. Zum Beispiel gilt für den Standort Gießen die Windzone WZ1 und für Bauwerke mit $h \leq 10$ m der Geschwindigkeitsdruck $q_{\mathrm{p}} = 0{,}5$ kN/m^2 nach Tabelle B.3 der DIN EN 1991-1-4/NA.

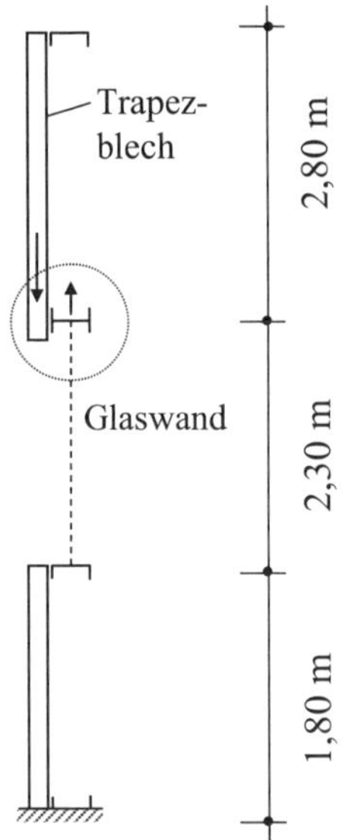

Werkstoff: S 235
Nachweisverfahren: Elastisch-Plastisch
Profil: HEA 100
Grenzwerte max c/t sind eingehalten.

Ständige Einwirkungen:

Eigenlast Trapezblech	$0{,}15 \cdot 2{,}8 =$	0,42	kN/m
Trägereigenlast	$\approx$	0,18	kN/m
g_{k}	$=$	0,60	kN/m

Abb. 7.8 Schnitt durch die Längswand

Veränderliche Einwirkungen aus Wind nach DIN EN 1991-1-4/NA:

$c_{\mathrm{pe,1}} = 1{,}0$ Bereich D nach Tabelle zu 7.2.2(2), sichere Seite

$$w_{\mathrm{e}} = 1{,}0 \cdot 0{,}5 \cdot \frac{2{,}80 + 2{,}30}{2} = 1{,}28 \text{ kN/m}$$

Bemessungswerte der Einwirkungen für den Durchbiegungsnachweis:

$$e_{z,k} = 1,28 \text{ kN/m}$$

$$e_{y,k} = 0,60 \text{ kN/m}$$

Bemessungswerte der Einwirkungen für den Tragsicherheitsnachweis:

$$e_{z,Ed} = 1,50 \cdot 1,28 = 1,92 \text{ kN/m}$$

$$e_{y,Ed} = 1,35 \cdot 0,60 = 0,81 \text{ kN/m}$$

Beanspruchungen:
Maßgebend sind die Beanspruchungen in Feldmitte.

$$M_{y,Ed} = 1,92 \cdot 5,00^2 / 8 = 6,00 \text{ kNm}$$

$$M_{z,Ed} = 0,81 \cdot 5,00^2 / 8 = 2,53 \text{ kNm}$$

Die zugehörigen Querkräfte sind null.

$$V_{z,Ed} = 1,92 \cdot 5,00 / 2 = 4,80 \text{ kN}$$

$$V_{y,Ed} = 0,81 \cdot 5,00 / 2 = 2,03 \text{ kN}$$

Tragsicherheitsnachweis:
Für doppeltsymmetrische I-Querschnitte darf für zweiachsige Biegung die folgende Interaktion angewendet werden:

$$\left(\frac{M_{y,Ed}}{M_{pl,y,Rd}}\right)^2 + \frac{M_{z,Ed}}{M_{pl,z,Rd}} \leq 1, \quad \text{wenn } \frac{V_{y,Ed}}{V_{pl,y,Rd}} \leq 0,5 \text{ und } \frac{V_{z,Ed}}{V_{pl,z,Rd}} \leq 0,5 \text{ sind.}$$

Sie ist ein Sonderfall der Gleichung (2.84) für Normalkraft und zweiachsige Biegung.
Querschnittswerte:

$$I_y = 349 \text{ cm}^4 ; I_z = 134 \text{ cm}^4$$

$$M_{pl,y,Rd} = W_{pl,y} \cdot \sigma_{Rd} = 83,0 \cdot 23,5 = 1951 \text{ kNcm}$$

$$M_{pl,z,Rd} = W_{pl,z} \cdot \sigma_{Rd} = 41,1 \cdot 23,5 = 966 \text{ kNcm}$$

$$V_{pl,z,Rd} = A_v \cdot \tau_{Rd} = 7,56 \cdot 13,6 = 103 \text{ kN}$$

$$V_{pl,y,Rd} = A_y \cdot \tau_{Rd} = 16,0 \cdot 13,6 = 218 \text{ kN}$$

Der Nachweis lautet:

$$\left(\frac{M_{y,Ed}}{M_{pl,y,Rd}}\right)^2 + \frac{M_{z,Ed}}{M_{pl,z,Rd}} = \left(\frac{600}{1951}\right)^2 + \frac{253}{966} = 0,36 \leq 1$$

Durchbiegungsnachweis:
Es ist zu beachten, dass die resultierende Verformung zu berechnen ist.

$$f_y = \frac{5 \cdot e_{y,k} \cdot l^4}{384 \cdot EI_z} = \frac{5 \cdot 0,0060 \cdot 500^4}{384 \cdot 21\,000 \cdot 134} = 1,74 \text{ cm}$$

$$f_z = \frac{5 \cdot e_{z,k} \cdot l^4}{384 \cdot EI_y} = \frac{5 \cdot 0,0128 \cdot 500^4}{384 \cdot 21\,000 \cdot 349} = 1,42 \text{ cm}$$

$$f = \sqrt{f_y^2 + f_z^2} = \sqrt{1,74^2 + 1,42^2} = 2,25 \text{ cm} \leq \frac{l}{200} = \frac{500}{200} = 2,50 \text{ cm}$$

Hier ist der Durchbiegungsnachweis maßgebend.

Beispiel 7.6.3: Durchlaufträger mit zweiachsiger Biegung
Beispiel mit $\gamma_{\mathrm{M}} = \gamma_{\mathrm{M0}} = 1{,}00$

Wandriegel werden besonders bei hohen Wänden zusätzlich zu den Befestigungen an Stützen oder Wandstielen dazwischen mit Rundstahl, z. B. ∅ 16 mm, abgehängt. Die Wandriegel sollen zwischen den Stützen einer Halle mit dem Abstand von $l = 6{,}50$ m als Durchlaufträger über fünf Feldern ausgebildet werden. Die Wandverkleidung besteht aus 2-schaligen Trapezblechen mit Dämmung, die das Biegedrillknicken verhindern und das Torsionsmoment aus der Exzentrizität des Eigengewichtes aufnehmen. Das Trapezblech wird i. Allg. nicht als Scheibe gerechnet. Deshalb muss das Wandgewicht vom Riegel getragen werden. Der Nachweis wird für die Wandriegel in der Höhe von 10 m < h < 18 m über Gelände geführt. Für die veränderlichen Einwirkungen aus Wind wird das vereinfachte Verfahren angewendet. Zum Beispiel gilt für den Standort Bitterfeld die Windzone WZ2 und für Bauwerke in dieser Höhe der Geschwindigkeitsdruck q_{p} = 0,8 kN/m² nach Tabelle B.3 der DIN EN 1991-1-4/NA.
Für die Durchbiegung soll gelten:

$$f \leq \frac{l}{200}$$

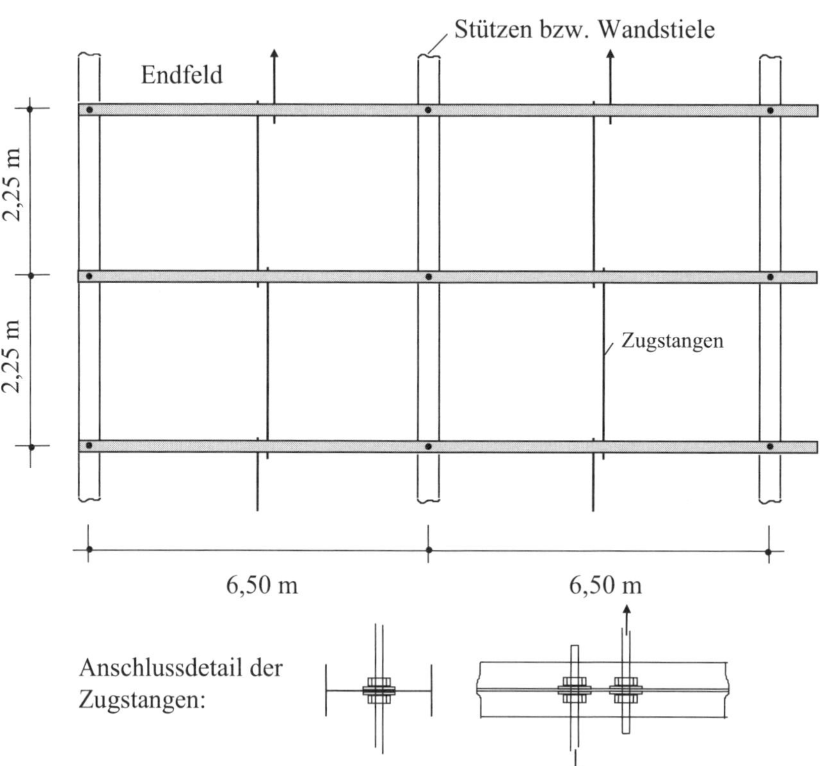

Abb. 7.9 Wandriegel als Durchlaufträger

Werkstoff: S 235
Nachweisverfahren: Elastisch-Plastisch
Profil: IPE 120
Grenzwerte max c/t sind eingehalten.

Ständige Einwirkungen:

Trapezblech mit Dämmung	$0{,}25 \cdot 2{,}25 =$	0,56	kN/m
Trägereigenlast	$\approx$	0,14	kN/m
g_k	$=$	0,70	kN/m

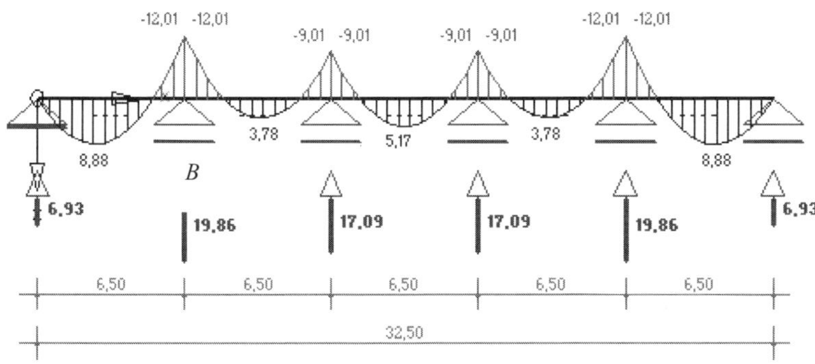

M_y-Fläche

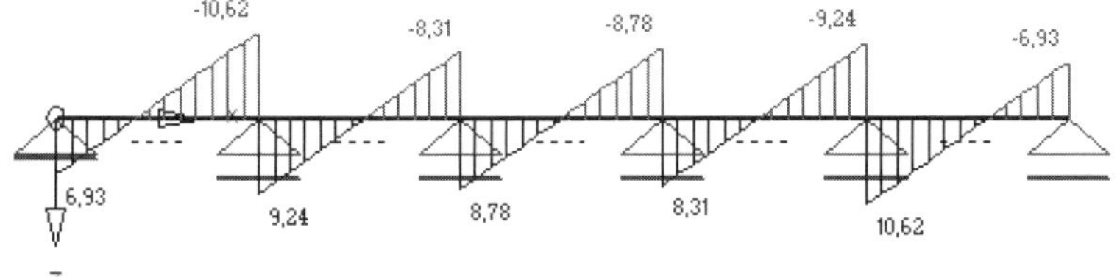

V_z-Fläche

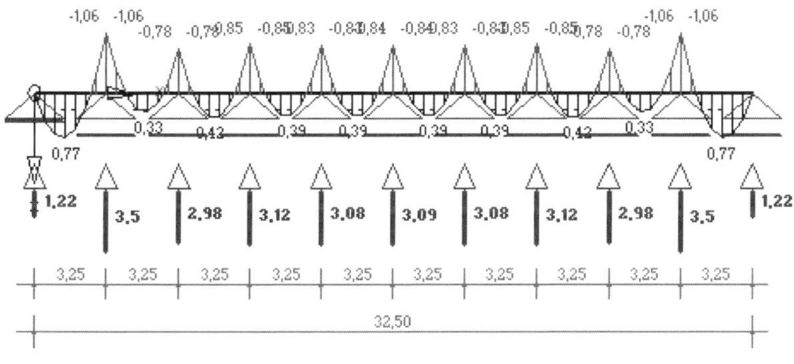

M_z-Fläche

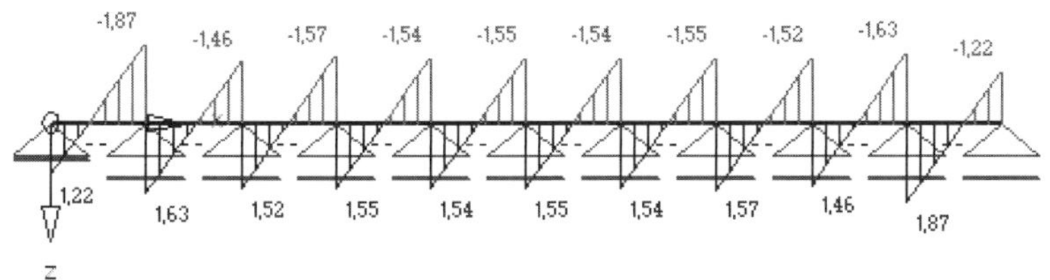

V_y-Fläche

Abb. 7.10 Beanspruchungen des Wandriegels in kN und m

Veränderliche Einwirkungen aus Wind:

$c_{\text{pe},1} = 1,0$ Bereich D nach Tabelle zu 7.2.2(2), sichere Seite

$w_{\text{e}} = 1,0 \cdot 0,8 \cdot 2,25 = 1,80 \text{ kN/m}$

Bemessungswerte der Einwirkungen für den Durchbiegungsnachweis:

$e_{\text{z,k}} = 1,80 \text{ kN/m}$

$e_{\text{y,k}} = 0,70 \text{ kN/m}$

Bemessungswerte der Einwirkungen für den Tragsicherheitsnachweis:

$e_{\text{z,Ed}} = 1,50 \cdot 1,80 = 2,70 \text{ kN/m}$

$e_{\text{y,Ed}} = 1,35 \cdot 0,70 = 0,945 \text{ kN/m}$

Die Berechnung der Schnittgrößen erfolgt mit dem Programm GWSTATIK. Maßgebend sind die Beanspruchungen über der Stütze B.

$M_{\text{y,d}} = 12,0 \text{ kNm}$ $V_{\text{z,d}} = 10,6 \text{ kN}$

$M_{\text{z,d}} = 0,78 \text{ kNm}$ $V_{\text{y,d}} = 1,52 \text{ kN}$

Tragsicherheitsnachweis:
Querschnittswerte:

$I_{\text{y}} = 318 \text{ cm}^4 ; I_{\text{z}} = 27,7 \text{ cm}^4$

$M_{\text{pl,y,Rd}} = W_{\text{pl,y}} \cdot \sigma_{\text{Rd}} = 60,7 \cdot 23,5 = 1426 \text{ kNcm}$

$M_{\text{pl,z,Rd}} = W_{\text{pl,z}} \cdot \sigma_{\text{Rd}} = 13,6 \cdot 23,5 = 320 \text{ kNcm}$

$V_{\text{pl,z,Rd}} = A_{\text{v}} \cdot \tau_{\text{R,d}} = 6,31 \cdot 13,6 = 85,8 \text{ kN}$

$V_{\text{pl,y,Rd}} = A_{\text{y}} \cdot \tau_{\text{R,d}} = 8,06 \cdot 13,6 = 110 \text{ kN}$

Die Bedingungen $\dfrac{V_{\text{y,Ed}}}{V_{\text{pl,y,Rd}}} \leq 0,5$ und $\dfrac{V_{\text{z,Ed}}}{V_{\text{pl,z,Rd}}} \leq 0,5$ sind erfüllt.

Der Nachweis lautet:

$$\left(\frac{M_{\text{y,Ed}}}{M_{\text{pl,y,Rd}}}\right)^2 + \frac{M_{\text{z,Ed}}}{M_{\text{pl,z,Rd}}} = \left(\frac{1200}{1426}\right)^2 + \frac{78,0}{320} = 0,95 \leq 1$$

Die maximale Durchbiegung tritt im Endfeld an der Stelle $x = 2,75$ m auf.

$f_{\text{z}} = 3,16 \text{ cm}$ $f_{\text{y}} = 0,26 \text{ cm}$

$$f = \sqrt{f_{\text{y}}^2 + f_{\text{z}}^2} = \sqrt{3,16^2 + 0,26^2} = 3,17 \text{ cm} \leq \frac{l}{200} = \frac{650}{200} = 3,25 \text{ cm}$$

8 Torsion

8.1 *St.Venant*sche Torsion

8.1.1 Voraussetzung

Voraussetzungen für die Berechnung nach der *St.Venant*schen Torsion sind:

1. Die Stabachse ist ideal gerade.
2. Die Querschnittsform bleibt erhalten, was steife Konstruktionen an den Einleitungsstellen der Torsionsmomente erfordert.
3. Die Verdrehung ϑ des Stabs erfolgt um den Schubmittelpunkt M, sofern kein Zwangsdrehpunkt D vorhanden ist.
4. Es treten nur Verdrehungen ϑ um die Längsachse des Stabes auf.
5. Die Verdrehungen sind klein gegenüber den Abmessungen des Stabes.
6. Es gilt das *Hooke*sche Gesetz.

$$\tau = G \cdot \gamma \tag{8.1}$$

8.1.2 Dünnwandiger Kreisringquerschnitt

Es soll zunächst ein dünnwandiger Kreisringquerschnitt mit der Wanddicke t, dem Außendurchmesser D und dem Innendurchmesser d unter einer konstanten Torsionsbeanspruchung M_x betrachtet werden.

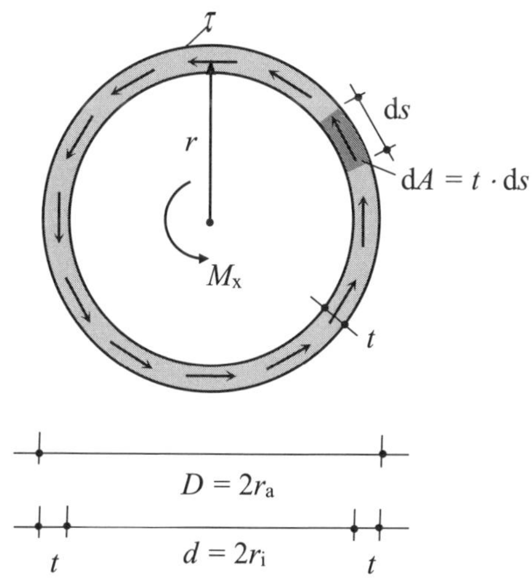

Ein dünnwandiger Querschnitt liegt vor, wenn $t << D$ ist. Dies kann bei den im Stahlbau üblichen Stahlrohren angenommen werden. Da an der Oberfläche des Rohres in Längsrichtung des Stabes die Schubspannungen null sind, können am Rand des Querschnittes nur tangentiale und keine radialen Schubspannungen auftreten. Dies folgt aus der Gleichheit der Schubspannungen.

Abb. 8.1 Dünnwandiger Kreisringquerschnitt unter Torsionsbeanspruchung

Für dünnwandige Querschnitte kann man vereinfachend annehmen, dass die tangentialen Schubspannungen τ konstant über die Wanddicke t sind. Das Torsionsmoment M_x folgt aus dem Integral der differenziellen Momente aus den Schubspannungen über die Fläche des Querschnittes, s. Abb. 8.1.

$$M_x = \int_A \tau \cdot r \cdot \mathrm{d}A \tag{8.2}$$

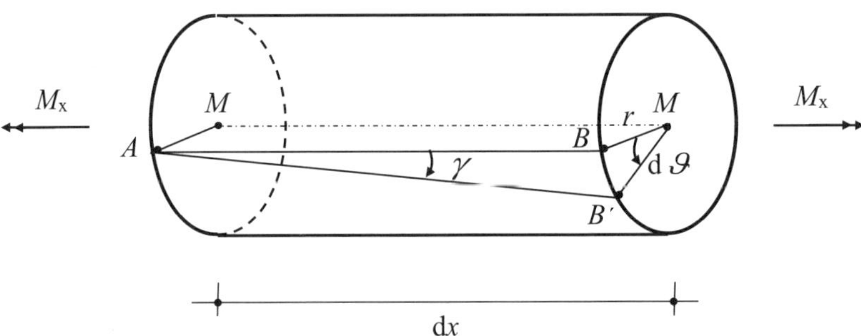

Abb. 8.2 Differenzielles Element für St. Venantsche Torsion

$\mathrm{d}s = \overline{BB'}$ – differenzielles Element des Umfanges

Es gilt damit folgende Beziehung für die Gleitung γ und die infinitesimale Verdrehung $\mathrm{d}\vartheta$ nach Abb. 8.2:

$$r \cdot \mathrm{d}\vartheta = \mathrm{d}s = \gamma \cdot \mathrm{d}x$$

$$\gamma = r \cdot \frac{\mathrm{d}\vartheta}{\mathrm{d}x} \tag{8.3}$$

Mit dem *Hooke*schen Gesetz (8.1) erhält man:

$$\tau = G \cdot r \cdot \vartheta' \tag{8.4}$$

und mit Gleichung (8.2) das Torsionsmoment

$$M_x = \int_A \tau \cdot r \cdot \mathrm{d}A = \int_A G \cdot \vartheta' \cdot r^2 \cdot \mathrm{d}A = G \cdot \vartheta' \int_A r^2 \cdot \mathrm{d}A$$

Das Integral

$$I_t = \int_A r^2 \cdot \mathrm{d}A \tag{8.5}$$

wird als Torsionsflächenmoment 2. Grades bezeichnet.

$$\vartheta' = \frac{M_x}{G \cdot I_t} \tag{8.6}$$

Dies ist die elastostatische Grundgleichung für die *St. Venant*sche Torsion. Für die Schubspannung gilt mit Gleichung (8.6):

$$\tau = G \cdot r \cdot \vartheta' = \frac{M_x \cdot r}{I_t} \tag{8.7}$$

Das Torsionswiderstandsmoment lautet:

$$W_t = \frac{I_t}{r}$$

$$\max\ \tau = \frac{M_x}{W_t} \tag{8.8}$$

Berechnung des Torsionsflächenmomentes 2. Grades für das dünnwandige Stahlrohr:

$$I_t = \int_A r^2 \cdot \mathrm{d}A = \int_S r^2 \cdot t \cdot \mathrm{d}s = r^2 \cdot t \cdot 2 \cdot r \cdot \pi$$

$$I_t = 2 \cdot \pi \cdot r^3 \cdot t$$

$$W_t = \frac{I_t}{r} = 2 \cdot \pi \cdot r^2 \cdot t \tag{8.9}$$

8.1.3 Kreisquerschnitt

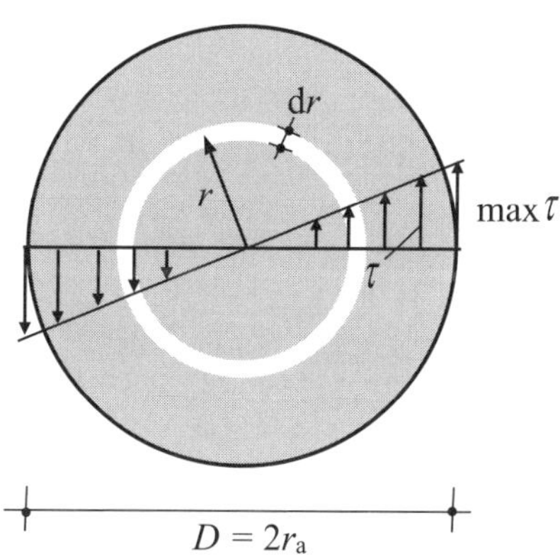

Die Herleitung gilt auch für den Kreisquerschnitt, wenn man berücksichtigt, dass die Verteilung der Schubspannung τ nach Gleichung (8.4) eine lineare Funktion von r ist.

Abb. 8.3 St.Venantsche Torsion des Kreisquerschnittes

Nach Abb. 8.3 gilt für einen dünnwandigen Hohlquerschnitt mit $t = \mathrm{d}r$:

$$\mathrm{d}A = 2 \cdot r \cdot \pi \cdot \mathrm{d}r$$

$$I_\mathrm{t} = \int_A r^2 \cdot \mathrm{d}A = \int_0^{r_\mathrm{a}} 2 \cdot r^3 \cdot \pi \cdot \mathrm{d}r = \frac{1}{2} \cdot \pi \cdot {r_\mathrm{a}}^4 = \frac{1}{32} \pi \cdot D^4$$

$$W_\mathrm{t} = \frac{I_\mathrm{t}}{r_\mathrm{a}} = \frac{1}{2} \cdot \pi \cdot {r_\mathrm{a}}^3 = \frac{1}{16} \cdot \pi \cdot D^3 \tag{8.10}$$

Ist in Abb. 8.1 t gegenüber D nicht klein, dann gilt:

$$I_\mathrm{t} = \int_{r_\mathrm{i}}^{r_\mathrm{a}} r^2 \cdot \mathrm{d}A = \frac{1}{2} \cdot \pi \cdot \left(r_\mathrm{a}^4 - r_\mathrm{i}^4\right) = \frac{1}{32} \cdot \pi \cdot \left(D^4 - d^4\right)$$

$$W_\mathrm{t} = \frac{I_\mathrm{t}}{r_\mathrm{a}} = \frac{1}{2 \cdot r_\mathrm{a}} \cdot \pi \cdot \left(r_\mathrm{a}^4 - r_\mathrm{i}^4\right) = \frac{1}{16 \cdot D} \cdot \pi \cdot \left(D^4 - d^4\right) \tag{8.11}$$

8.1.4 Dünnwandiger Hohlquerschnitt

Die Gleichung (8.2)

$$M_\mathrm{x} = \int_A \tau(s) \cdot r(s) \cdot \mathrm{d}A = \int_S \tau(s) \cdot r(s) \cdot t(s) \cdot \mathrm{d}s \tag{8.12}$$

gilt auch für veränderliche Wanddicke t von dünnwandigen, einzelligen geschlossenen Hohlquerschnitten.

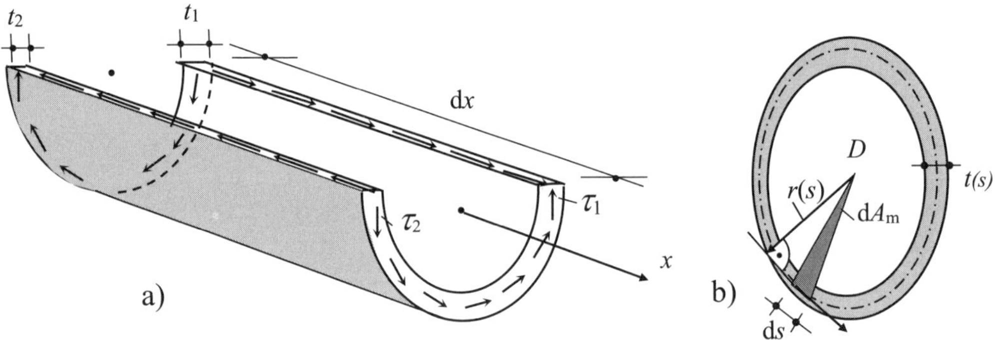

Abb. 8.4 Differenzielles Element des dünnwandigen Hohlquerschnittes

Wird ein Teilstück eines Stabes mit einem dünnwandigen Hohlquerschnitt herausgeschnitten, dann gilt für die $\Sigma X = 0$ in Längsrichtung des Stabes, s. Abb. 8.4 a):

$$\tau_1 \cdot t_1 \cdot \mathrm{d}x - \tau_2 \cdot t_2 \cdot \mathrm{d}x = 0$$

$$\tau_1 \cdot t_1 = \tau_2 \cdot t_2 = T = \mathrm{const.} \tag{8.13}$$

Das Produkt aus der Schubspannung τ und der zugehörigen Wanddicke t wird als Schubfluss T bezeichnet. Der Schubfluss T ist bei dünnwandigen Hohlquerschnitten konstant, damit gilt:

$$M_x = T \cdot \int_S r(s) \cdot ds = T \cdot 2 \cdot A_m = \tau \cdot t \cdot 2 \cdot A_m \tag{8.14}$$

$$2 \cdot A_m = \int_S r(s) \cdot ds \tag{8.15}$$

Aus Abb. 8.4 b) geht hervor, dass das Integral gleich der zweifachen Fläche A_m ist, die von der Mittellinie des Querschnittes umschlossen wird.

$$\tau = \frac{M_x}{2 \cdot A_m \cdot t(s)} \tag{8.16}$$

$$\max \tau = \frac{M_x}{2 \cdot A_m \cdot t_{min}} = \frac{M_x}{W_t} \tag{8.17}$$

Die Gleichung (8.16) wird als 1. *Bredt*sche Formel bezeichnet. Für den dünnwandigen Kreisringquerschnitt mit konstanter Wanddicke t gilt:

$$W_t = 2 \cdot A_m \cdot t = 2 \cdot \pi \cdot r^2 \cdot t$$

was schon in Gleichung (8.9) hergeleitet wurde.

Die 2. *Bredt*sche Formel bezieht sich auf das Torsionsflächenmoment 2. Grades von dünnwandigen, einzelligen geschlossenen Hohlquerschnitten.

Ein Weg der Herleitung ist in [8] angegeben. Es gilt die Beziehung (8.4):

$$\tau = G \cdot r(s) \cdot \vartheta'$$

Diese Gleichung wird mit ds multipliziert und integriert.

$$\int_S \tau \cdot ds = G \cdot \vartheta' \int_S r(s) \cdot ds = G \cdot \vartheta' \cdot 2 \cdot A_m$$

Mit (8.16) $\tau = \frac{M_x}{2 \cdot A_m \cdot t(s)}$ erhält man:

$$\int_S \frac{M_x}{2 \cdot A_m \cdot t(s)} \cdot ds = G \cdot \vartheta' \cdot 2 \cdot A_m$$

$$\vartheta' = \frac{M_x}{G \cdot \frac{4 \cdot A_m^2}{\int_S \frac{ds}{t(s)}}}$$

$$I_t = \frac{4 \cdot A_m^2}{\int_S \frac{ds}{t(s)}} \tag{8.18}$$

Als Beispiel wird das dünnwandige Stahlrohr gewählt.

$$I_t = \frac{4 \cdot \left(\pi \cdot r^2\right)^2}{\frac{2 \cdot r \cdot \pi}{t}} = 2 \cdot \pi \cdot r^3 \cdot t$$

Dieses Ergebnis wurde schon mit Gleichung (8.9) direkt hergeleitet. Besteht der Hohlquerschnitt abschnittsweise aus Teilen s_i mit konstanter Wanddicke t_i, gilt:

$$I_t = \frac{4 \cdot A_m^2}{\sum_i \frac{s_i}{t_i}} \tag{8.19}$$

8.1.5 Dünnwandiger Rechteckquerschnitt

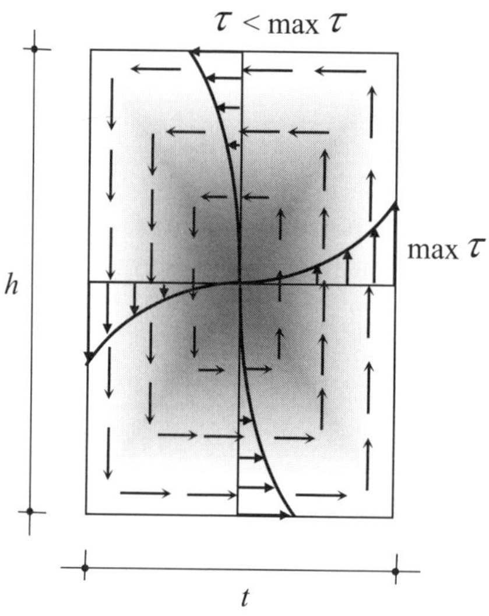

Für die Herleitung der Querschnittswerte des Rechteckquerschnittes, die sehr aufwendig ist, sei auf die Literatur [3] verwiesen . Für I_T und W_T gelten die folgenden Werte mit den Koeffizienten α und β nach Tabelle 8.1.

Abb. 8.5 St.Venantsche Torsion des Rechteckquerschnittes

$$I_t = \alpha \cdot h \cdot t^3 \quad W_t = \beta \cdot h \cdot t^2 \tag{8.20}$$

Tabelle 8.1 Koeffizienten α und β

$\frac{h}{t}$	1,0	1,5	2,0	3,0	4,0	6,0	8,0	10,0	∞
α	0,140	0,196	0,229	0,263	0,281	0,299	0,307	0,313	1/3
β	0,208	0,231	0,246	0,267	0,282	0,299	0,307	0,313	1/3

Bei dem Rechteckquerschnitt wird das Torsionsmoment durch den Schubfluss von gedachten, aneinandergereihten dünnwandigen Hohlquerschnitten übertragen. Die Schubspannungen am Rande des Rechteckquerschnittes sind am größten, die maximale Schubspannung tritt an der kürzeren Seite des Querschnittes auf.
Ein dünnwandiger Querschnitt liegt vor, wenn $t < h/10$ ist. Auch beim **dünnwandigen Rechteckquerschnitt** stellt sich ein umlaufender Schubfluss ein. Den größten Anteil liefern die Schubspannungen am Rande des Querschnittes.

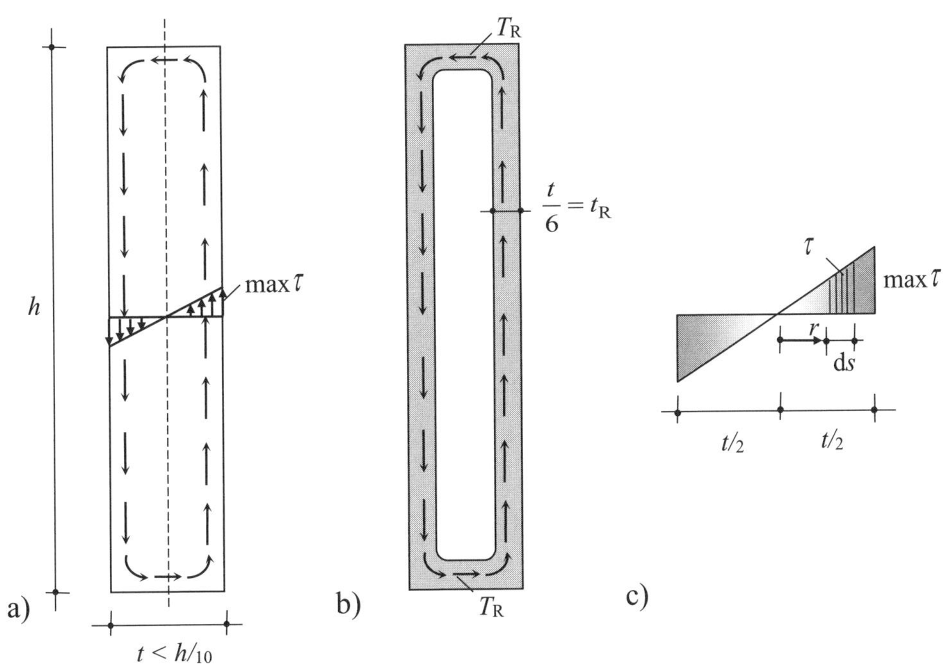

Abb. 8.6 St.Venantsche Torsion des dünnwandigen Rechteckquerschnittes

Nach Tabelle 8.1 gilt für den dünnwandigen Querschnitt:

$$I_t = \frac{1}{3} \cdot h \cdot t^3 \tag{8.21}$$

$$W_t = \frac{1}{3} \cdot h \cdot t^2 \tag{8.22}$$

$$\max \tau = \frac{M_x}{W_t} = \frac{M_x}{\frac{1}{3} h \cdot t^2} \tag{8.23}$$

Integriert man nur die linearen Schubspannungen über die Wanddicke t des Querschnittes, gilt:

$$M_x = \frac{1}{2} \cdot \max\,\tau \cdot \frac{t}{2} \cdot \frac{2}{3} \cdot t \cdot h = \frac{1}{6} \cdot h \cdot t^2 \max\,\tau$$

$$\max\,\tau = \frac{M_x}{\frac{1}{6} \cdot h \cdot t^2}$$

Dieses Ergebnis ist **nicht richtig**. Der Schubfluss T_R am schmalen Rand liefert nochmals den gleichen Betrag, weil ein großer innerer Hebelarm h für das Moment vorhanden ist.

$$T_R \cdot h = \max\tau \cdot h \cdot t_R = \max\tau \cdot \frac{1}{6} \cdot h \cdot t$$

$$t_R = \frac{t}{6}$$

Anschaulich ist nur ein umlaufender Streifen von $\frac{t}{6}$ erforderlich.

8.1.6 Dünnwandige offene Querschnitte

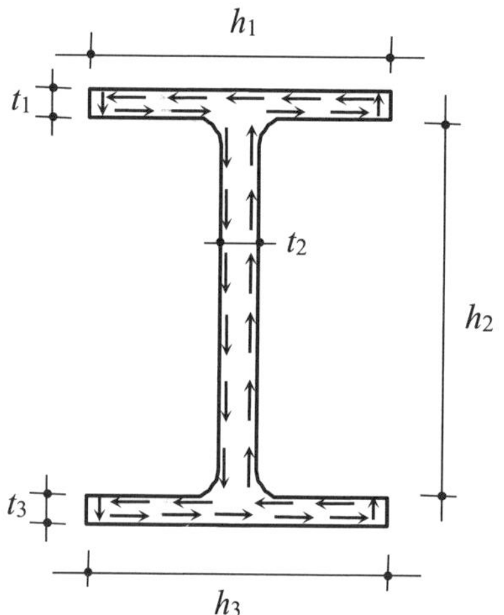

Abb. 8.7 Dünnwandige offene Querschnitte

Dünnwandige offene Querschnitte treten im Stahlbau sehr häufig auf. Es wird vorausgesetzt, dass die Verdrehung ϑ und die Verdrillung ϑ' für alle Teilquerschnitte und den Gesamtquerschnitt gleich sind.

$$\vartheta' = \frac{M_x}{G \cdot I_t} = \frac{M_{xi}}{G \cdot I_{ti}}$$

$$M_{xi} = M_x \cdot \frac{I_{ti}}{I_t} \qquad (8.24)$$

Die Teiltorsionsmomente M_{xi} verteilen sich im Verhältnis der Torsionssteifigkeiten. Das Torsionsmoment M_x ist die Summe der Teiltorsionsmomente:

$$M_x = \sum_i M_{xi}$$

Man erhält das Torsionsflächenmoment 2. Grades mit

$$\sum M_{xi} = \frac{M_x}{I_t} \cdot \sum I_{ti}$$

$$I_t = \sum I_{ti} = \sum \frac{1}{3} \cdot h_i \cdot t_i^3 \tag{8.25}$$

Die Schubspannungen τ_i der Teilquerschnitte lauten:

$$\tau_i = \frac{M_{xi}}{I_{ti}} \cdot t_i = \frac{M_x}{I_t} \cdot t_i$$

Die maximale Schubspannung max τ tritt damit an dem Teilquerschnitt mit der größten Wanddicke max t auf.

$$\max\ \tau = \frac{M_x}{I_t} \cdot \max\ t \tag{8.26}$$

Für Walzprofile sind wegen der günstig wirkenden Bereiche der Ausrundungen die Werte für I_t um den Faktor η größer. Dieser Faktor η liegt zwischen $\eta = 1{,}0$ bis 1,3. Die genauen Werte von I_t sind in den Tabellen für wichtige Walzprofile angegeben.

8.1.7 Berechnung der Beanspruchungen

Grundlage für die Berechnung der Schnittgrößen M_x für einen Torsionsstab, der nach der *St.Venant*schen Torsionstheorie berechnet werden darf, ist die elastostatische Grundgleichung (8.6):

$$\vartheta' = \frac{M_x}{G \cdot I_t}$$

$$M_x = G \cdot I_t \cdot \vartheta' \tag{8.27}$$

Die Lagerung des Torsionsstabes bezieht sich auf die Verdrehung ϑ und die Verdrillung ϑ'. Um eine freie Verwölbung des Torsionsstabes sicherzustellen, soll ein besonderes Lager, das Gabellager, eingeführt werden.

Das Gabellager verhindert die Verdrehung ϑ, aber nicht die Verdrillung ϑ' und die Verwölbung. Für eine statisch bestimmte Lagerung ist demnach nur ein Gabellager erforderlich. Das System in Abb. 8.8 ist damit einfach statisch unbestimmt.

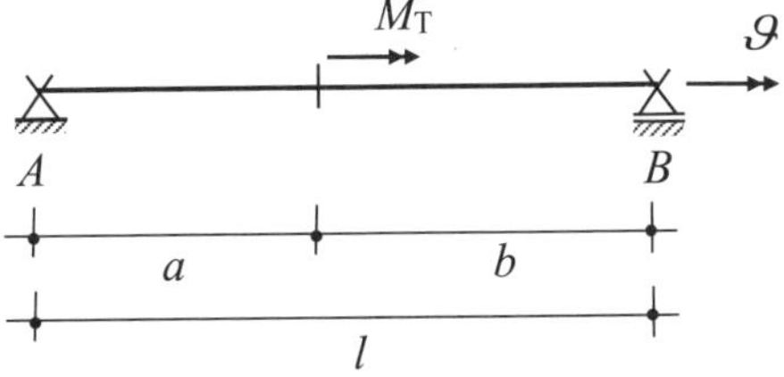

Abb. 8.8 Gabelgelagerter Träger

Die Berechnung der Beanspruchungen kann mit dem Kraftgrößenverfahren oder dem Weggrößenverfahren erfolgen. Das vorliegende Beispiel soll nach dem Kraftgrößenverfahren mit Hilfe der Kopplungswerte berechnet werden.

$$\delta_{ik} = \int_l M_{x,0} \cdot \overline{M}_x \cdot \frac{dx}{G \cdot I_t} \tag{8.28}$$

Als unbekanntes Moment X wird das Torsionsmoment des Lagers B gewählt.

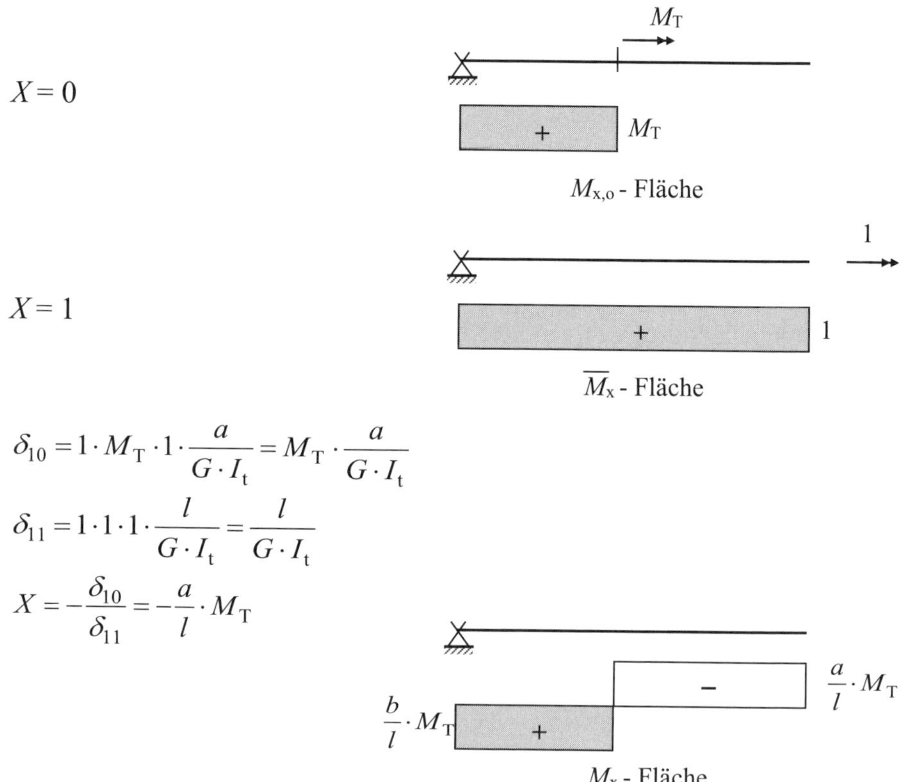

$$\delta_{10} = 1 \cdot M_T \cdot 1 \cdot \frac{a}{G \cdot I_t} = M_T \cdot \frac{a}{G \cdot I_t}$$

$$\delta_{11} = 1 \cdot 1 \cdot 1 \cdot \frac{l}{G \cdot I_t} = \frac{l}{G \cdot I_t}$$

$$X = -\frac{\delta_{10}}{\delta_{11}} = -\frac{a}{l} \cdot M_T$$

Die Schnittgrößen eines Torsionsstabes können auch mit einem ebenen Stabwerksprogramm mit der folgenden Analogie berechnet werden.

Analogie

*St. Venant*sche Torsion	Normalkraftstab
System	
m_t ; $M_{x,1}$ 1 — 2 $M_{x,2}$	n_x ; N_1 1 — 2 N_2
$M_x = G \cdot I_t \vartheta'$	$N_x = E \cdot A \cdot u'$
Lagerungsbedingungen	
$\vartheta = 0$	$u = 0$
Querschnittswerte	
E – Elastizitätsmodul	E – Elastizitätsmodul
G – Schubmodul	G – Schubmodul
I_T – Torsionsflächenmoment 2. Grades	A – Fläche
Einwirkungen	
M_T – Einzeltorsionsmoment	F_x – Einzellast
m_t – Streckentorsionsmoment	n_x – Gleichstreckenlast in x-Richtung
Beanspruchungen	
ϑ – Verdrehung	u – Verschiebung
M_x – Torsionsmoment	N – Normalkraft

8.2 Wölbkrafttorsion

8.2.1 I- und H-Querschnitt

Torsionsstäbe aus offenen dünnwandigen, aber nicht wölbfreien Querschnitten sind, wenn die Verwölbung des Querschnittes behindert ist, auf Wölbkrafttorsion zu untersuchen. Verwölbung bedeutet dabei, dass die Querschnittsfasern sich in Längsrichtung des Stabes verschieben können.
Wölbbehinderung tritt auf, wenn durch die Einwirkungen veränderliche Torsionsmomente entstehen oder die Verwölbung des Querschnittes durch eine Einspannung verhindert ist. Die Verdrehung ϑ und die Verdrillung ϑ' sind in Richtung der Stabachse nicht mehr konstant. Durch die Dehnung $\varepsilon = \mathrm{d}u / \mathrm{d}x$ in Längsrichtung entstehen Wölbnormalspannungen. Als eine weitere Voraussetzung gilt, dass für dünnwandige offene Profile die Gleitung γ der Profilmittellinie gleich null ist. Die Wölbkrafttorsion wird an dem folgenden Beispiel erläutert.

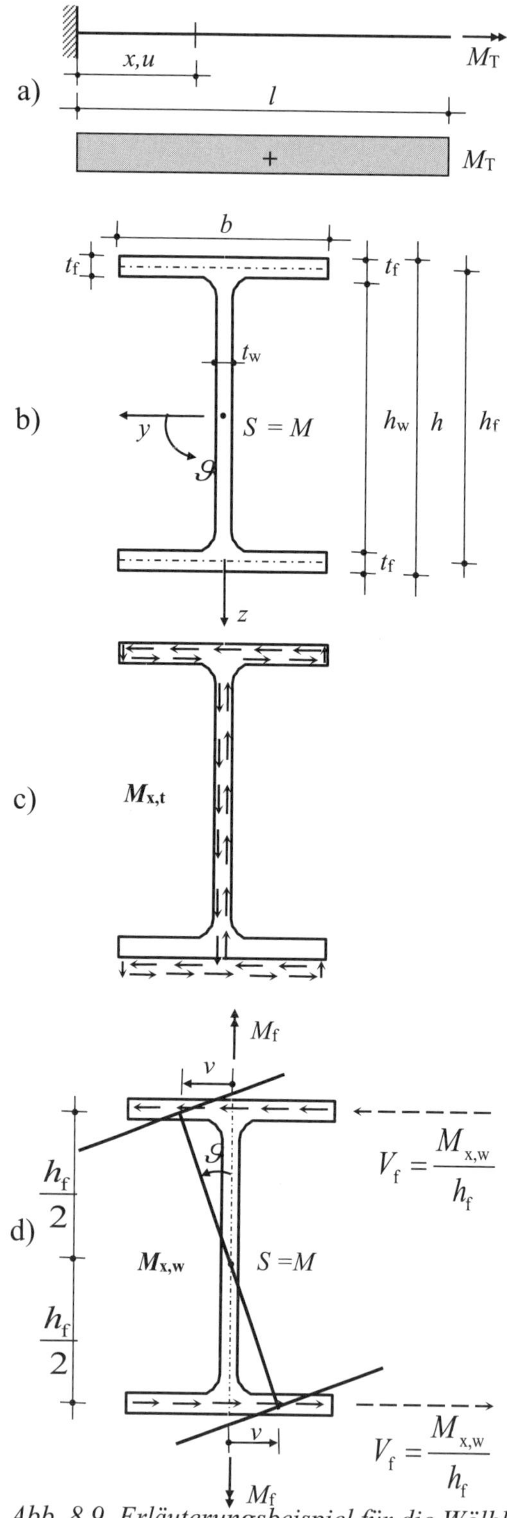

Es handelt sich um einen eingespannten Torsionsstab mit einem konstanten Torsionsmoment $M_x = M_T$ entsprechend Abb. 8.9 a). Der Querschnitt ist ein doppeltsymmetrischer I-Querschnitt. Es werden die üblichen Bezeichnungen wie bei Walzprofilen verwendet, Abb. 8.9 b). Das I-Profil besitzt neben der Torsionssteifigkeit $G \cdot I_t$ eine weitere Widerstandsgröße für die Beanspruchung durch ein Torsionsmoment, die Wölbsteifigkeit $E \cdot I_w$. Wie aus Abb. 8.9 d) ersichtlich ist, kann der I-Querschnitt einen Anteil des Torsionsmomentes durch ein inneres Kräftepaar der Querkräfte in den Flanschen

$$M_{x,w} = V_f \cdot h_f \tag{8.29}$$

aufnehmen. Dieser Anteil wird als sekundäres Torsionsmoment bezeichnet. Die zugehörige Steifigkeit ist die Flanschbiegesteifigkeit des oberen und unteren Flansches um die z-Achse. Das Torsionsmoment M_x wird damit in zwei Anteile aufgeteilt. Der erste Anteil ist das primäre Torsionsmoment $M_{x,t}$ und der zweite Anteil das sekundäre Torsionsmoment $M_{x,w}$.

$$M_x = M_{x,t} + M_{x,w} \tag{8.30}$$

Unter dem sekundären Torsionsmoment entstehen über die Flanschdicke konstante sekundäre Schubspannungen τ_s. Das sekundäre Torsionsmoment erzeugt Verschiebungen v der Schwerpunkte der Flansche, die entgegengesetzt sind, siehe Abb. 8.10.

Abb. 8.9 Erläuterungsbeispiel für die Wölbkrafttorsion

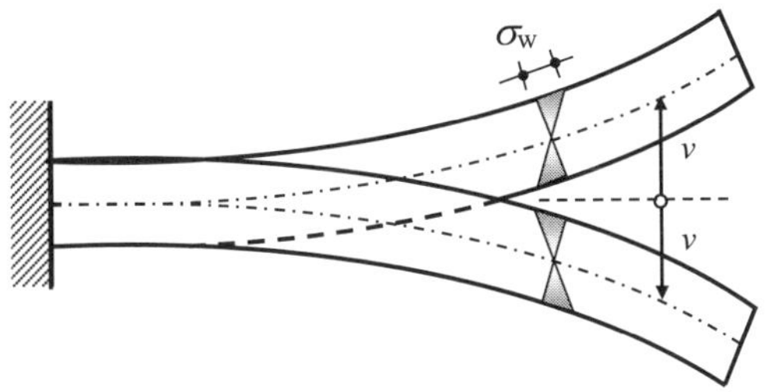

Abb. 8.10 Flanschverformungen

Zwischen der Verdrehung ϑ des Stabes und der Verschiebung v der Flansche besteht die Beziehung nach Abb. 8.9 d)

$$v = \frac{h_{\mathrm{f}}}{2} \cdot \vartheta \tag{8.31}$$

Daraus folgt, dass die Teilquerschnitte wohl eben bleiben, aber der Gesamtquerschnitt nicht. Unter der Querkraft V_{f} entstehen Flanschbiegemomente M_{f}, die entgegengesetzt sind und zusammen ein „ -Momentenpaar- " mit dem Abstand h_{f} bilden. Man bezeichnet dieses „ –Momentenpaar- " als Wölbbimoment M_{w}.

$$M_{\mathrm{w}} = M_{\mathrm{f}} \cdot h_{\mathrm{f}} \tag{8.32}$$

Unter dem Flanschbiegemoment bzw. dem Wölbbimoment M_{w} entstehen Wölbnormalspannungen σ_{w}, die ebenfalls in den beiden Flanschen entgegengesetzt sind. Für jeden Flansch gilt die elastostatische Grundgleichung für die Biegebeanspruchung mit dem Flächenmoment 2. Grades I_{f} des Flansches.

$$M_{\mathrm{f}} = -E \cdot I_{\mathrm{f}} \cdot v''$$

$$V_{\mathrm{f}} = -E \cdot I_{\mathrm{f}} \cdot v'''$$

$$M_{\mathrm{x,w}} = V_{\mathrm{f}} \cdot h_{\mathrm{f}} = -E \cdot I_{\mathrm{f}} \cdot h_{\mathrm{f}} \cdot v''' \tag{8.33}$$

Mit der 3. Ableitung der Gleichung (8.31)

$$v''' = \frac{h_{\mathrm{f}}}{2} \cdot \vartheta'''$$

erhält man die elastostatische Grundgleichung für das sekundäre Torsionsmoment

$$M_{\mathrm{x,w}} = -E \cdot I_{\mathrm{f}} \cdot \frac{h_{\mathrm{f}}^2}{2} \cdot \vartheta''' = -E \cdot I_{\mathrm{w}} \cdot \vartheta''' \tag{8.34}$$

I_{w} – Wölbflächenmoment 2. Grades. Für das I-Profil gilt

$$I_{\mathrm{w}} = I_{\mathrm{f}} \cdot \frac{h_{\mathrm{f}}^2}{2} = \frac{t_{\mathrm{f}} \cdot b^3}{12} \cdot \frac{h_{\mathrm{f}}^2}{2} = \frac{1}{24} \cdot t_{\mathrm{f}} \cdot b^3 \cdot \left(h - t_{\mathrm{f}}\right)^2 \tag{8.35}$$

Für das Gesamttorsionsmoment gilt mit Gleichung (8.30):

$$M_{\mathrm{x}} = M_{\mathrm{x,t}} + M_{\mathrm{x,w}}$$

$$M_{\mathrm{x}} = G \cdot I_{\mathrm{t}} \cdot \vartheta' - E \cdot I_{\mathrm{w}} \cdot \vartheta''' \tag{8.36}$$

Ist M_x = const., gilt

$$E \cdot I_w \cdot \vartheta^{IV} - G \cdot I_t \cdot \vartheta'' = 0 \qquad (8.37)$$

und für ein Streckentorsionsmoment m_T mit der Gleichgewichtsbedingung:

$$M_x{}' = -m_t$$

$$E \cdot I_w \cdot \vartheta^{IV} - G \cdot I_t \cdot \vartheta'' = m_t \qquad (8.38)$$

Berechnung der Spannungen

Sind an einer Stelle x die Schnittgrößen $M_{x,t}$, $M_{x,w}$ und M_w bekannt , werden die Spannungen folgendermaßen ermittelt:

*St.Venant*sches Torsionsmoment $M_{x,t}$ (s. Abschnitte 8.1.4 und 8.1.6)

$$\tau_t = \frac{M_{x,t}}{I_t} \cdot t \qquad (8.39)$$

Sekundäres Torsionsmoment $M_{x,w}$ für I-Profil

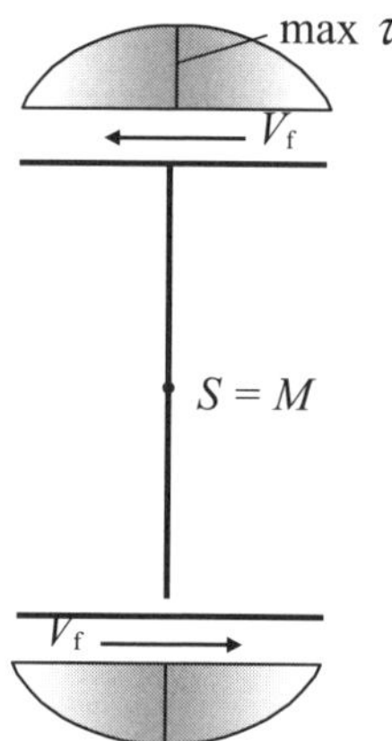

Der Flansch des I-Profils ist ein Rechteckquerschnitt.

Die Schubspannungen sind konstant über die Wanddicke t.

$$\max \tau_w = \frac{3}{2} \cdot \frac{V_f}{b \cdot t} = \frac{3}{2} \cdot \frac{M_{x,w}}{h_f \cdot b \cdot t_f} \qquad (8.40)$$

Abb. 8.11 Sekundäre Schubspannungen

Wölbbimoment M_w

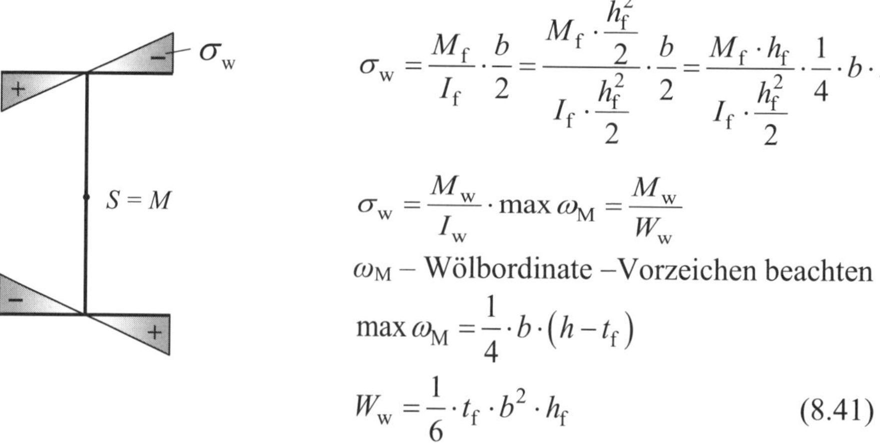

$$\sigma_w = \frac{M_f}{I_f} \cdot \frac{b}{2} = \frac{M_f \cdot \frac{h_f^2}{2}}{I_f \cdot \frac{h_f^2}{2}} \cdot \frac{b}{2} = \frac{M_f \cdot h_f}{I_f \cdot \frac{h_f^2}{2}} \cdot \frac{1}{4} \cdot b \cdot h_f$$

$$\sigma_w = \frac{M_w}{I_w} \cdot \max \omega_M = \frac{M_w}{W_w}$$

ω_M – Wölbordinate –Vorzeichen beachten

$$\max \omega_M = \frac{1}{4} \cdot b \cdot (h - t_f)$$

$$W_w = \frac{1}{6} \cdot t_f \cdot b^2 \cdot h_f \qquad (8.41)$$

Abb. 8.12 Normalspannungen bei Wölbkrafttorsion

8.2.2 Wölbkrafttorsion offener Querschnitte

Die sekundären Schubspannungen τ_w sind i. Allg. sehr klein, sodass die zugehörigen Gleitungen

$$\gamma_w = \frac{\tau_w}{G} \qquad (8.42)$$

vernachlässigt werden können. Die Gleitung

$$\gamma_t = \frac{\tau_t}{G} \qquad (8.43)$$

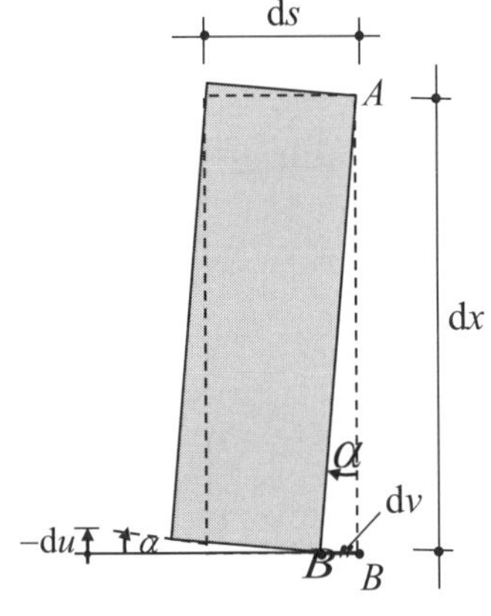

der *St.Venant*schen Torsion ist in der Profilmittellinie ebenfalls gleich null, da $\tau_p = 0$ ist. Als weitere Voraussetzung gilt daher, dass die Gleitung γ der Profilmittellinie dünnwandiger offener Profile gleich null ist. Das Element $ds \cdot dx$ in Abb. 8.13 ist daher auch nach der Verformung $d\vartheta$ ein Rechteck.

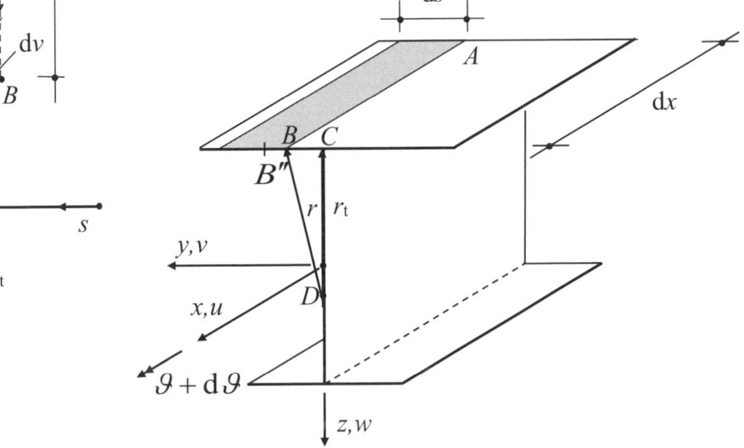

Abb. 8.13 Differenzielles Element für Wölbkrafttorsion

$$\overline{BB'} = r \cdot d\vartheta$$

$$\overline{BB''} = dv - \text{Verschiebung des Punktes } B \text{ in } y\text{-Richtung}$$

Die Dreiecke BCD und $B'B''B$ sind ähnlich. Es gilt:

$$\frac{\overline{BB''}}{\overline{BB'}} = \frac{\overline{CD}}{\overline{DB}} \quad \text{d. h.} \quad \frac{dv}{r \cdot d\vartheta} = \frac{r_t}{r}$$

$$dv = r_t \cdot d\vartheta$$

$$\alpha = \frac{dv}{dx} = r_t \cdot \frac{d\vartheta}{dx} = r_t \cdot \vartheta'$$

$$-\mathrm{d}u = \alpha \cdot \mathrm{d}s = r_\mathrm{t} \cdot \vartheta' \cdot \mathrm{d}s$$

$$\frac{\mathrm{d}u}{\mathrm{d}s} = -\vartheta' \cdot r_\mathrm{t} \tag{8.44}$$

r_t ist der senkrechte Abstand der Profilmittellinie vom Drehpunkt. Man erhält die Verwölbung der Profilmittellinie an der Stelle *s* mit:

$$u(s) = -\int_0^S \mathrm{d}u = -\int_0^S \vartheta' \cdot r_\mathrm{t} \cdot \mathrm{d}s + u_0 \tag{8.45}$$

Für einen konstanten Querschnitt ist die Verdrillung ϑ' unabhängig von d*s*.

$$u(s) = -\vartheta' \cdot \int_0^S r_\mathrm{t} \cdot \mathrm{d}s + u_0 \tag{8.46}$$

Die Verwölbung *u(s)* für $\vartheta' = -1$ wird hier als **Einheitsverwölbung** definiert.

$$\omega_\mathrm{D}(s) = \int_0^S r_\mathrm{t} \cdot \mathrm{d}s + \omega_\mathrm{D0} = \omega_\mathrm{DG} + \omega_\mathrm{D0} \tag{8.47}$$

$$\omega_\mathrm{DG} = \int_0^S r_\mathrm{t} \cdot \mathrm{d}s = 2A_\mathrm{t} \tag{8.48}$$

wird als die **Grundverwölbung** bezeichnet. A_t ist die Fläche, die vom Fahrstrahl r_t auf dem Weg von 0 bis *s* überstrichen wird. Der Integrationsanfangspunkt s = 0 kann beliebig gewählt werden.

Vorzeichenregel:

Die Verwölbung ist bei Integrationsrichtung +*s* im Gegenuhrzeigersinn positiv.

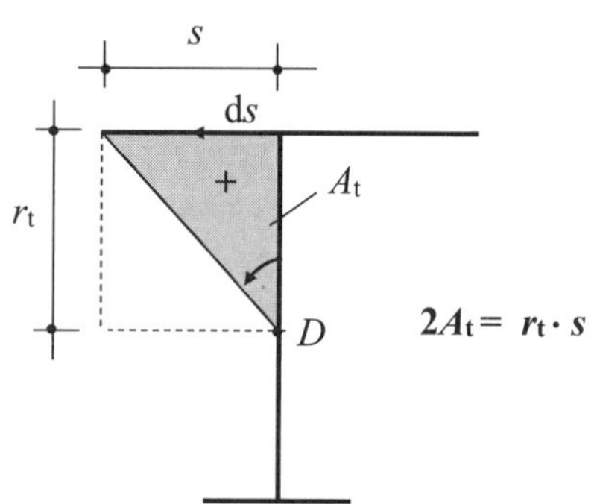

Abb. 8.14 Vorzeichenregel

Die Konstante ω_D0 ist die zugehörige Einheitsverwölbung am Integrationsanfangspunkt. Diese Konstante folgt aus der Bedingung, dass die Resultierende aus den Wölbnormalspannungen σ_w null sein muss, da keine Normalkraft vorhanden ist.

$$\int_A \sigma_\mathrm{w} \cdot dA = 0$$

$$\sigma_\mathrm{w} = E \cdot \varepsilon$$

Mit Gleichung (8.46) und (8.47) ist

$$u(s) = -\vartheta' \cdot \omega_D(s)$$
$$\varepsilon = \frac{du(s)}{dx} = -\vartheta'' \cdot \omega_D(s)$$
$$\sigma_w = -E \cdot \vartheta'' \cdot \omega_D(s) \tag{8.49}$$

Es gilt damit die Bedingung

$$\int_A \omega_D(s) \cdot dA = 0$$
$$\int_A (\omega_{DG} + \omega_{D0}) \cdot dA = \int_A \omega_{DG} \cdot dA + \omega_{D0} \cdot A = 0$$
$$\omega_{D0} = -\frac{1}{A} \cdot \int_A \omega_{DG} \cdot dA \tag{8.50}$$

Die Berechnung der Konstanten ω_{D0} vereinfacht sich, wenn bei einem symmetrischen Querschnitt sowohl der Drehpunkt *D* als auch der Integrationsanfangspunkt $s = 0$ auf der Symmetrieachse liegen. Ist keine Zwangsdrillachse *D* vorhanden, dann verdreht sich der Torsionsstab um die natürliche Drillruheachse, den Schubmittelpunkt *M*. Die Einheitsverwölbung um diesen Punkt *M* wird als Hauptverwölbung ω_M bezeichnet.

$$\omega_M(s) = \omega_{MG} + \omega_{M0} \tag{8.51}$$

In den Gleichungen (8.48) und (8.50) ist dann *D* durch *M* zu ersetzen. Es sind alle Querschnittswerte für die Berechnung der Wölbspannungen auf den Schubmittelpunkt *M* zu beziehen.

Berechnung der Spannungen

Alle Querschnittswerte zur Berechnung der Torsionsspannungen sind, wenn kein Zwangsdrehpunkt vorhanden ist, auf den Schubmittelpunkt zu beziehen.

Wölbbimoment M_w

Das Wölbbimoment wird wie bei dem Biegemoment als Spannungsresultierende definiert.

$$\sigma_w = -E \cdot \vartheta'' \cdot \omega_M \tag{8.52}$$
$$M_w = \int_A \sigma_w \cdot \omega_M \cdot dA = -\int_A E \cdot \vartheta'' \cdot \omega_M^2 \cdot dA = -E \cdot \vartheta'' \cdot \int_A \omega_M^2 \cdot dA$$
$$M_w = -E \cdot I_w \cdot \vartheta'' \tag{8.53}$$
$$I_w = \int_A \omega_M^2 \cdot dA \tag{8.54}$$

I_w – Wölbflächenmoment 2. Grades

$$\sigma_w = +\frac{M_w}{I_w} \cdot \omega_M \tag{8.55}$$

Der Spannungsverlauf σ_w ist damit beim dünnwandigen Querschnitt affin zur Wölbfläche ω_M verteilt und konstant über die Wanddicke t.

*St. Venant*sches Torsionsmoment $M_{x,t}$

Für jeden dünnwandigen Teilquerschnitt gilt die Gleichung:

$$\tau_t = \frac{M_{x,t}}{I_t} \cdot t \tag{8.56}$$

Sekundäres Torsionsmoment $M_{x,w}$

Da die Gleitungen γ_w für das sekundäre Torsionsmoment $M_{x,w}$ vernachlässigt werden, können die Wölbschubspannungen τ_w nur aus der Gleichgewichtsbedingung am differenziellen Element in x-Richtung ermittelt werden.

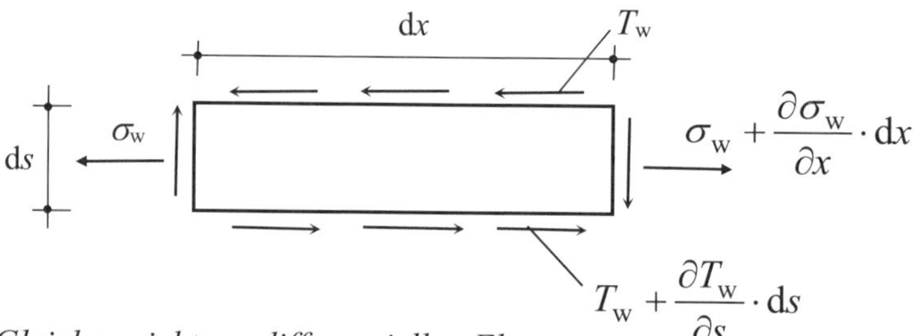

Abb. 8.15 Gleichgewicht am differenziellen Element

$T_w = \tau_w \cdot t$ – Schubfluss des sekundären Torsionsmomentes

$$\left(\sigma_w + \frac{\partial \sigma_w}{\partial x} \cdot dx\right) \cdot t \cdot ds - \sigma_w \cdot t \cdot ds + \left(T_w + \frac{\partial T_w}{\partial s} \cdot ds\right) \cdot dx - T_w \cdot dx = 0$$

$$\frac{\partial \sigma_w}{\partial x} \cdot dx \cdot t \cdot ds + \frac{\partial T_w}{\partial s} \cdot ds \cdot dx = 0$$

$$\frac{\partial T_w}{\partial s} = -\frac{\partial \sigma_w}{\partial x} \cdot t$$

$$T_w = -\int_0^S \frac{\partial \sigma_w}{\partial x} \cdot t \cdot ds + T_{wo}$$

Beginnt die Integration über s am Profilrand, dann ist die Konstante $T_{wo} = 0$, da am freien Längsrand die Schubspannungen τ_w null sind. Mit Gleichung (8.52) erhält man:

$$T_{\mathrm{w}} = +\int_0^S E \cdot \vartheta''' \cdot \omega_{\mathrm{M}}(s) \cdot t \cdot \mathrm{d}s$$

$$T_{\mathrm{w}} = +E \cdot \vartheta''' \int_A \omega_{\mathrm{M}}(s) \cdot \mathrm{d}A = +E \cdot \vartheta''' \cdot S_{\mathrm{w}} \tag{8.57}$$

$$S_{\mathrm{w}} = \int_A \omega_{\mathrm{M}}(s) \cdot \mathrm{d}A \tag{8.58}$$

S_{w} – Wölbflächenmoment 1. Grades

Der Schubfluss T_{w} ist positiv in Richtung s und die Wölbschubspannung τ_{w} konstant über die Wanddicke t.

$$\tau_{\mathrm{w}} = \frac{T_{\mathrm{w}}}{t} \tag{8.59}$$

Werden die Momente aus den Schubflüssen T_{w} mit dem Abstand r_{t} vom Schubmittelpunkt M über die Fläche des Querschnittes an der Stelle x integriert, erhält man das sekundäre Torsionsmoment $M_{\mathrm{x,w}}$.
Diese Gleichung wird mit Hilfe der partiellen Integration umgeformt.

$$M_{\mathrm{x,w}} = \int_0^S T_{\mathrm{w}}(s) \cdot r_{\mathrm{t}} \cdot \mathrm{d}s = \int u \cdot v' \cdot \mathrm{d}s = u \cdot v - \int v \cdot u' \cdot \mathrm{d}s$$

$$M_{\mathrm{x,w}} = \left| T_{\mathrm{w}}(s) \cdot \int r_{\mathrm{t}} \cdot \mathrm{d}s \right|_0^S - \int_0^S \left(\frac{\partial T_{\mathrm{w}}}{\partial s} \cdot \int r_{\mathrm{t}} \cdot \mathrm{d}s \right) \cdot \mathrm{d}s$$

Da die Schubspannungen τ_{w} an den Rändern null sind, vereinfacht sich diese Gleichung.

$$M_{\mathrm{x,w}} = -\int_0^S \frac{\partial T_{\mathrm{w}}}{\partial s} \cdot \omega_{\mathrm{M}} \cdot \mathrm{d}s$$

mit Gleichung (8.52)

$$M_{\mathrm{x,w}} = -\int_0^S E\vartheta''' \cdot \omega_{\mathrm{M}} \cdot t \cdot \omega_{\mathrm{M}} \cdot \mathrm{d}s = -E\vartheta''' \cdot \int_0^S \omega_{\mathrm{M}}^2 \cdot t \cdot \mathrm{d}s = -E\vartheta''' \int_A \omega_{\mathrm{M}}^2 \cdot \mathrm{d}A$$

$$M_{\mathrm{x,w}} = -EI_{\mathrm{w}} \cdot \vartheta'''$$

Der Vergleich mit Gleichung (8.53) zeigt

$$M_{\mathrm{w}}' = M_{\mathrm{x,w}}$$

Mit Gleichung (8.59) und (8.57) gilt:

$$\tau_{\mathrm{w}} = \frac{T_{\mathrm{w}}}{t} = E \cdot \vartheta''' \cdot \frac{S_{\mathrm{w}}}{t} = -\frac{M_{\mathrm{x,w}} \cdot S_{\mathrm{w}}}{I_{\mathrm{w}} \cdot t} \tag{8.60}$$

8.2.3 Berechnung der Beanspruchungen

Die Differenzialgleichung für die Wölbkrafttorsion lautet nach Gleichung (8.38)

$$E \cdot I_{\mathrm{w}} \cdot \vartheta^{\mathrm{IV}} - G \cdot I_{\mathrm{t}} \cdot \vartheta'' = m_{\mathrm{t}}$$

Für einen Torsionsstab mit konstantem Querschnitt und konstantem Gleichstreckenmoment m_{T} lautet die Lösung der Differenzialgleichung:

$$\vartheta(x) = \frac{C_1}{\lambda^2} \cdot \sinh(\lambda \cdot x) + \frac{C_2}{\lambda^2} \cdot \cosh\cdot(\lambda \cdot x) + C_3 \cdot x + C_4 - \frac{m_{\mathrm{t}} \cdot x^2}{2 \cdot G \cdot I_{\mathrm{t}}}$$

mit der Abkürzung

$$\lambda = \sqrt{\frac{G \cdot I_{\mathrm{t}}}{E \cdot I_{\mathrm{w}}}}$$

Die Konstanten werden durch die Rand- und Übergangsbedingungen bestimmt.

Gabellager

$\vartheta(0) = 0$

$M_{\mathrm{w}}(0) = 0 \rightarrow \vartheta''(0) = 0$

Starre Einspannung

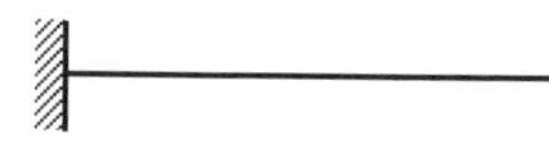

$\vartheta(0) = 0$

$\vartheta'(0) = 0$ Verwölbung behindert

Freies Ende

$M_{\mathrm{x}}(0) = G \cdot I_{\mathrm{t}} \cdot \vartheta'(0) - E \cdot I_{\mathrm{w}} \cdot \vartheta'''(0) = -M_{\mathrm{t}}$

$M_{\mathrm{t}} = 0 \rightarrow \lambda^2 \cdot \vartheta'(0) - \vartheta'''(0) = 0$

$M_{\mathrm{w}}(0) = 0 \rightarrow \vartheta''(0) = 0$

Die Berechnung der Beanspruchungen ist sehr aufwändig. Deshalb ist hier die Anwendung von EDV-Programmen angebracht. Die Beispiele werden hier mit dem Programm DRILL [4] berechnet. Mit dem Programm DRILL können Beanspruchungen nach Biegetorsionstheorie I. und II. Ordnung ermittelt werden. Wenn Einwirkungen Biege- und Torsionsbeanspruchungen hervorrufen, sind Systeme mit Stäben aus dünnwandigen offenen Profilen nach Theorie II. Ordnung zu berechnen.

Beispiel Nr. 1: Kragträger mit Einzeltorsionsmoment

$$\lambda = \sqrt{\frac{G \cdot I_t}{E \cdot I_w}}$$

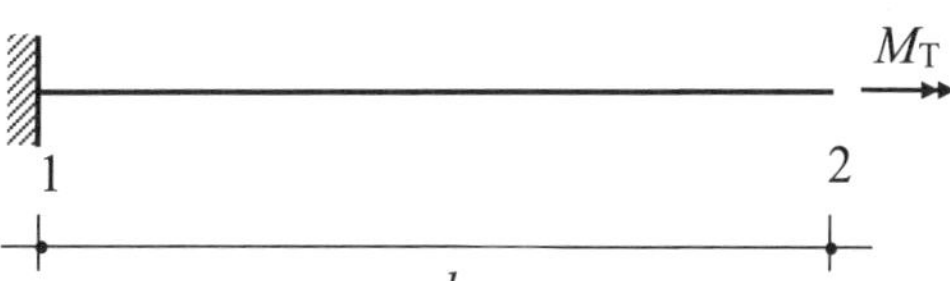

Stelle 1:

$$M_{x,t} = 0$$

$$M_{x,w} = M_T$$

$$M_w = -\frac{M_t}{\lambda} \cdot \tanh(\lambda \cdot l)$$

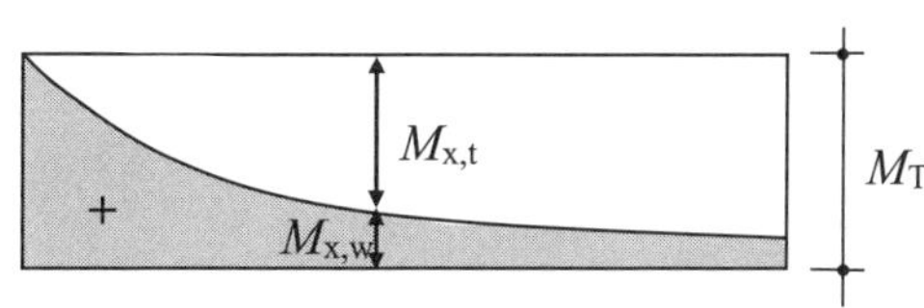

M_x -Fläche

Stelle 2:

$$M_{x,t} = M_T \cdot \left(1 - \frac{1}{\cosh(\lambda \cdot l)}\right)$$

$$M_{x,w} = M_T \cdot \frac{1}{\cosh(\lambda \cdot l)}$$

$$M_w = 0$$

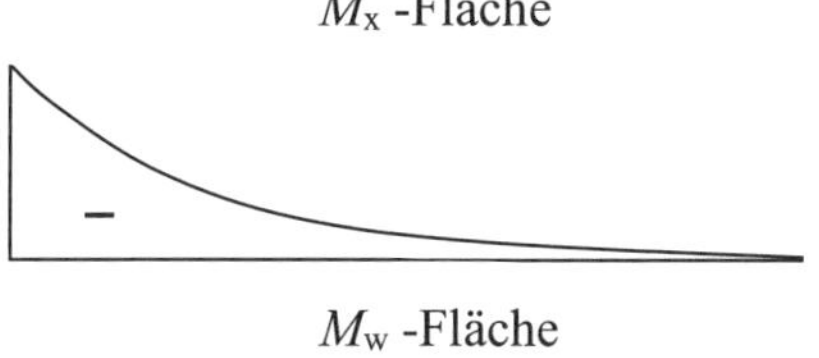

M_w -Fläche

Beispiel Nr. 2: Gabelgelagerter Einfeldträger mit konstantem Streckentorsionsmoment

$$\lambda = \sqrt{\frac{G \cdot I_t}{E \cdot I_w}}$$

m_t

1 2 3

$l/2$ $l/2$

Stelle 1:

$$M_{x,t} = \frac{m_t \cdot l}{2} - \frac{m_t}{\lambda} \cdot \frac{\cosh(\lambda \cdot l) - 1}{\sinh(\lambda \cdot l)}$$

$$M_{x,w} = \frac{m_t}{\lambda} \cdot \frac{\cosh(\lambda \cdot l) - 1}{\sinh(\lambda \cdot l)}$$

$$M_w = 0$$

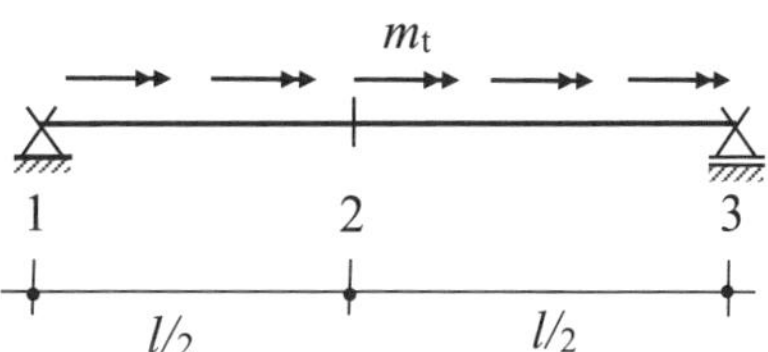

M_x -Fläche

Stelle 2:

$$M_{x,t} = 0$$

$$M_{x,w} = 0$$

$$M_w = \frac{m_t}{\lambda^2} \cdot \left[1 - \frac{2 \cdot \sinh\left(\lambda \cdot \frac{l}{2}\right)}{\sinh(\lambda \cdot l)} \right]$$

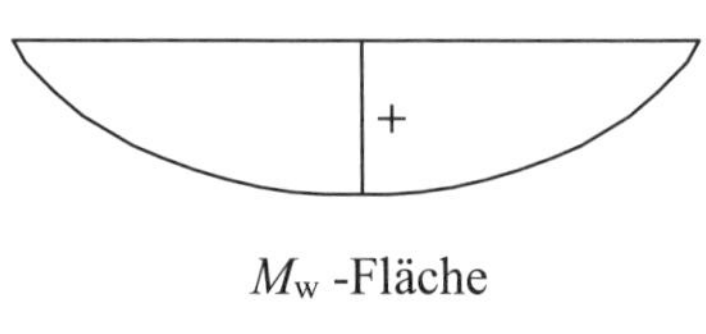

M_w -Fläche

Beispiel Nr. 3: Gabelgelagerter Einfeldträger mit mittigem Einzeltorsionsmoment

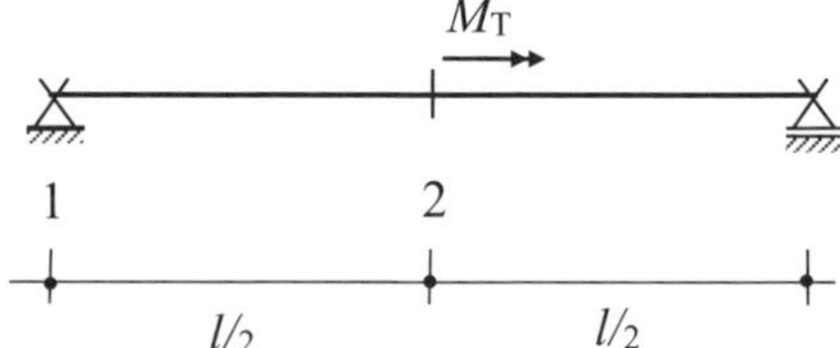

$$\lambda = \sqrt{\frac{G \cdot I_t}{E \cdot I_w}}$$

Stelle 1:

$$M_{x,t} = \frac{M_T}{2} - M_t \cdot \frac{\sinh\left(\lambda \cdot \frac{l}{2}\right)}{\sinh(\lambda \cdot l)}$$

$$M_{x,w} = +M_T \cdot \frac{\sinh\left(\lambda \cdot \frac{l}{2}\right)}{\sinh(\lambda \cdot l)}$$

$$M_w = 0$$

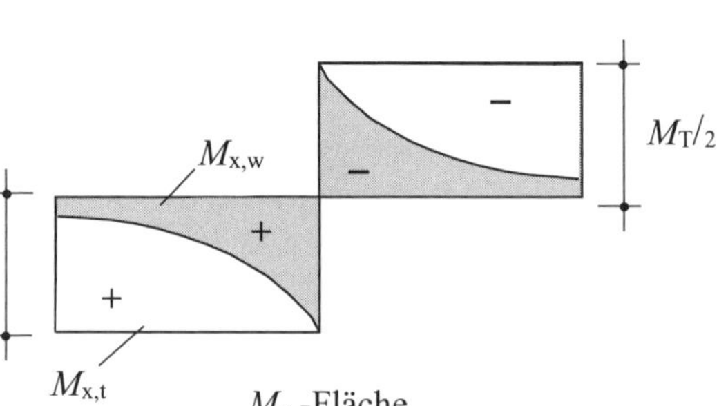

M_x -Fläche

Stelle 2:

$$M_{x,t} = 0 \quad M_{x,w} = \frac{M_T}{2}$$

$$M_w = \frac{M_T}{\lambda} \cdot \frac{\sinh^2\left(\lambda \cdot \frac{l}{2}\right)}{\sinh(\lambda \cdot l)}$$

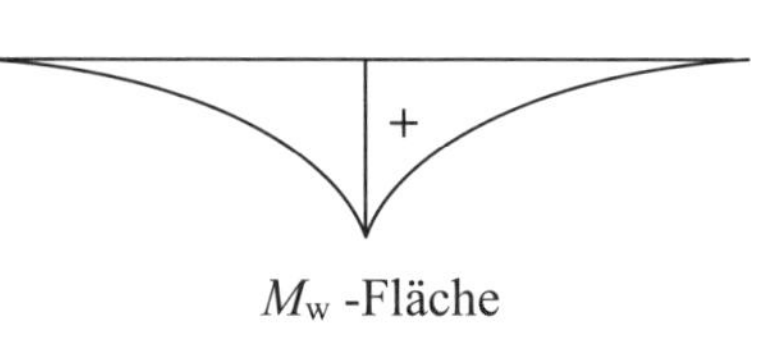

M_w -Fläche

8.2.4 Berechnung des Schubmittelpunktes

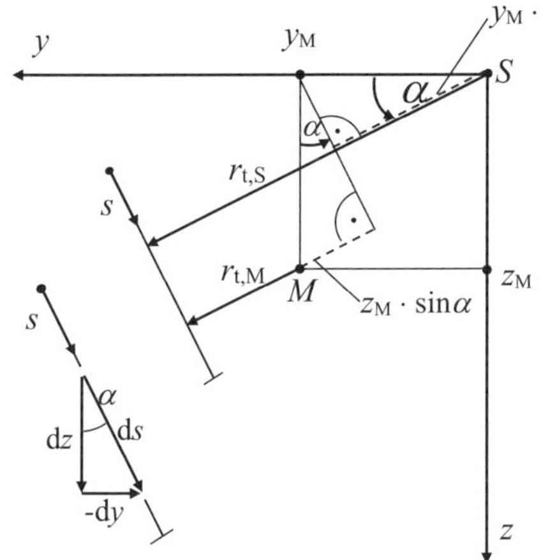

Nach Abb. 8.16 gelten folgende geometrische Beziehungen:

$$r_{t,M} = r_{t,S} - y_M \cdot \cos\alpha - z_M \cdot \sin\alpha \qquad (8.61)$$

$$\sin\alpha = -\frac{dy}{ds}$$

$$\cos\alpha = \frac{dz}{ds}$$

Abb. 8.16 Schubmittelpunkt M

$$r_{t,M} = r_{t,S} - y_M \cdot \frac{dz}{ds} + z_M \cdot \frac{dy}{ds}$$

Nach Gleichung (8.48) gilt:

$$\omega_M = \int_S r_{t,M} \cdot ds$$

$$\omega_M = \int_S r_{t,S} \cdot ds - \int y_M \cdot dz + \int z_M \cdot dy$$

$$\omega_M = \omega_S - y_M \cdot z + z_M \cdot y \qquad (8.62)$$

Durch die Wölbnormalspannungen σ_w, die aus einer Torsionsbelastung resultieren, dürfen keine Biegemomente entstehen. Diese Bedingungen führen zu den Koordinaten für den Schubmittelpunkt *M*, die auf ein Koordinatensystem durch den Schwerpunkt *S* bezogen sind. Es müssen nicht die Hauptachsen sein.

$$M_y = \int_A \sigma_w \cdot z \cdot dA = -E \cdot \vartheta'' \int_A \omega_M \cdot z \cdot dA = 0$$

Mit Gleichung (8.62) gilt:

$$\int_A \omega_M \cdot z \cdot dA = \int_S \omega_S \cdot z \cdot dA - y_M \int_S z^2 \cdot dA + z_M \int_S y \cdot z \cdot dA = 0$$

Abkürzungen:

$$R_{Sy} = \int_A \omega_S \cdot z \cdot dA; \quad I_y = \int_A z^2 \cdot dA; \quad I_{yz} = \int_A y \cdot z \cdot dA$$

$$R_{Sy} - y_M \cdot I_y + z_M \cdot I_{yz} = 0 \qquad (8.63)$$

Entsprechend gilt:

$$M_Z = \int_A \sigma_w \cdot y \cdot dA = -E \cdot \vartheta'' \int_A \omega_M \cdot y \cdot dA = 0$$

$$\int_A \omega_M \cdot y \cdot dA = \int_S \omega_S \cdot y \cdot dA - y_M \int_S y \cdot z \cdot dA + z_M \int_S y^2 \cdot dA = 0$$

$$R_{Sz} = \int_A \omega_S \cdot y \cdot dA; \quad I_z = \int_A y^2 \cdot dA; \quad I_{yz} = \int_A y \cdot z \cdot dA$$

$$R_{Sz} + z_M \cdot I_z - y_M \cdot I_{yz} = 0 \tag{8.64}$$

Die Auflösung der Gleichungen (8.63) und (8.64) liefert die Koordinaten des Schubmittelpunktes M bezogen auf den Schwerpunkt S des Querschnittes.

$$z_M = \frac{y_M \cdot I_{yz} - R_{Sz}}{I_z}$$

$$R_{Sy} - y_M \cdot I_y + \frac{y_M \cdot I_{yz}^2 - R_{Sz} \cdot I_{yz}}{I_z} = 0$$

$$R_{Sy} \cdot I_z - y_M \cdot I_y \cdot I_z + y_M \cdot I_{yz}^2 - R_{Sz} \cdot I_{yz} = 0$$

$$y_M = \frac{R_{Sy} \cdot I_z - R_{Sz} \cdot I_{yz}}{I_y \cdot I_z - I_{yz}^2} \qquad z_M = \frac{-R_{Sz} \cdot I_y + R_{Sy} \cdot I_{yz}}{I_y \cdot I_z - I_{yz}^2} \tag{8.65}$$

Sind die Bezugsachsen im Schwerpunkt auch die Hauptachsen, dann ist $I_{yz} = 0$ und die Berechnung vereinfacht sich.

$$y_M = \frac{R_{Sy}}{I_y} \qquad z_M = -\frac{R_{Sz}}{I_z} \tag{8.66}$$

Beispiel: I- und H -Querschnitt

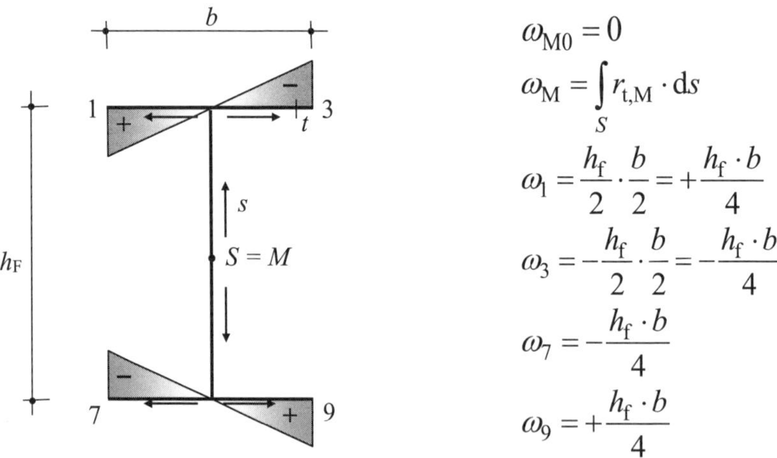

$$\omega_{M0} = 0$$

$$\omega_M = \int_S r_{t,M} \cdot ds$$

$$\omega_1 = \frac{h_f}{2} \cdot \frac{b}{2} = +\frac{h_f \cdot b}{4}$$

$$\omega_3 = -\frac{h_f}{2} \cdot \frac{b}{2} = -\frac{h_f \cdot b}{4}$$

$$\omega_7 = -\frac{h_f \cdot b}{4}$$

$$\omega_9 = +\frac{h_f \cdot b}{4}$$

Abb. 8.17 Bezeichnungen der Abmessungen des I-Querschnittes und ω_M-Fläche

Berechnung von I_w

$$I_\mathrm{w} = \int\limits_A \omega_\mathrm{M}^2 \cdot \mathrm{d}A = \int\limits_S \omega_\mathrm{M}^2 \cdot t \cdot \mathrm{d}s$$

Die Integration kann mit Hilfe der Integraltafeln erfolgen.

$$I_\mathrm{w} = 4 \cdot \frac{1}{3} \cdot \left(\frac{h_\mathrm{f} \cdot b}{4} \right)^2 \cdot t_\mathrm{f} \cdot \frac{b}{2} = \frac{1}{24} \cdot t_\mathrm{f} \cdot b^3 \cdot h_\mathrm{f}^2 \tag{8.67}$$

Berechnung von S_w

$$S_\mathrm{w} = \int\limits_A \omega_\mathrm{M} \cdot \mathrm{d}A$$

Auch hier können die Integraltafeln mit $\bar{M}_\mathrm{x} = 1$ angewendet werden. Die Integration beginnt am freien Rand, da sonst die Integrationskonstante nicht null ist.

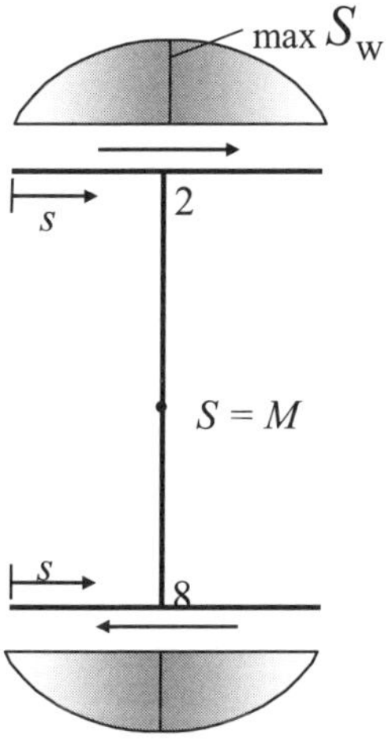

$$S_1 = S_3 = S_7 = S_9 = 0$$

$$S_2 = \frac{1}{2} \cdot \frac{h_\mathrm{f} \cdot b}{4} \cdot t \cdot \frac{b}{2} = \frac{1}{16} \cdot t \cdot b^2 \cdot h_\mathrm{f} \tag{8.68}$$

$$S_8 = \frac{1}{2} \cdot \left(-\frac{h_\mathrm{f} \cdot b}{4} \right) \cdot t_\mathrm{f} \cdot \frac{b}{2} = -\frac{1}{16} \cdot t_\mathrm{f} \cdot b^2 \cdot h_\mathrm{f}$$

Abb. 8.18 S_w-Fläche

Das Minuszeichen bedeutet, dass S_w in entgegen gesetzter Richtung verläuft. Mit den Gleichungen (8.67) und (8.68) erhält man:

$$\max \tau_\mathrm{w} = -\frac{M_\mathrm{x,w} \cdot S_\mathrm{w}}{I_\mathrm{w} \cdot t} = -M_\mathrm{x,w} \cdot \frac{24 \cdot t_\mathrm{f} \cdot b^2 \cdot h_\mathrm{f}}{16 \cdot t_\mathrm{f} \cdot b^3 \cdot h_\mathrm{f}^2 \cdot t_\mathrm{f}}$$

$$\max \tau_\mathrm{w} = -\frac{3}{2} \cdot \frac{M_\mathrm{x,w}}{b \cdot h_\mathrm{f} \cdot t_\mathrm{f}} \tag{8.69}$$

8.2.5 Spezielle Querschnitte

Zunächst sollen Querschnitte untersucht werden, die aus zwei sich kreuzenden dünnwandigen Rechtecken $t_i \cdot h_i$ bestehen. Die Wanddicken können unterschiedlich sein, Abb. 8.19.

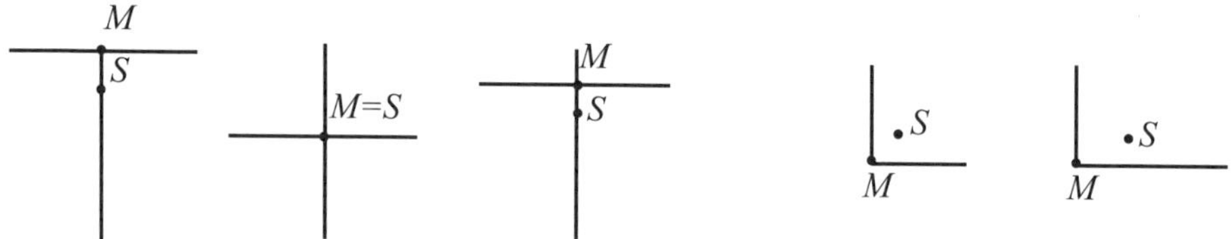

Abb. 8.19 Wölbfreie Querschnitte

Diese Querschnitte sind nahezu wölbfrei und können ein Torsionsmoment nur durch *St.Venant*sche Torsion aufnehmen. Ein sekundäres Torsionsmoment, das durch ein inneres Kräftepaar gebildet wird, kann bei diesen Querschnitten nicht entstehen. Deshalb ist $I_W = 0$. Der Schnittpunkt der beiden dünnwandigen Rechteckquerschnitte ist der Schubmittelpunkt M. Dies soll für den T-Querschnitt hergeleitet werden, Abb. 8.20. Die Abmessungen gelten für die Profilmittellinie. Aus Gründen der Symmetrie ist $y_M = 0$.

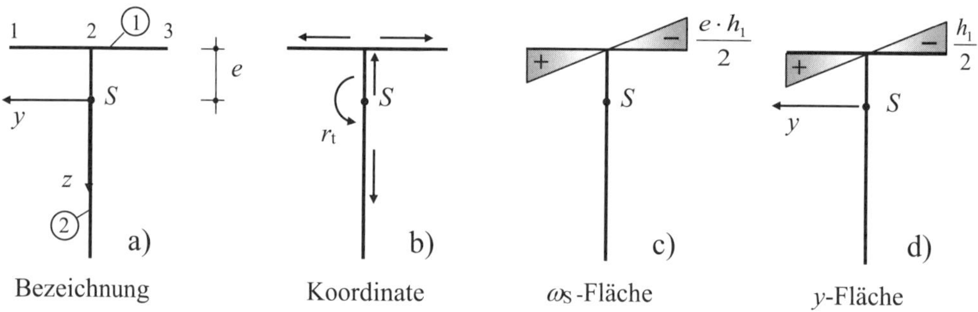

Abb. 8.20 T-Querschnitt

Die Koordinate z_M folgt aus den Gleichungen (8.64) und (8.66):

$$R_{Sz} = \int_S \omega_S \cdot y \cdot dA = 2 \cdot \frac{1}{3} \cdot \frac{e \cdot h_1}{2} \cdot \frac{h_1}{2} \cdot \frac{h_1}{2} \cdot t_1 = \frac{1}{12} \cdot t_1 \cdot h_1^3 \cdot e$$

$$I_1 = \frac{1}{12} \cdot t_1 \cdot h_1^3 = I_z$$

$$z_M = -\frac{R_{Sz}}{I_z} = -e$$

Dies ist, wie in Abb. 8.20 dargestellt, der Schnittpunkt der beiden dünnwandigen Rechteckquerschnitte. Aus Gleichung (8.62) folgt:

$$\omega_M = \omega_S - y_M \cdot z + z_M \cdot y = \omega_S + z_M \cdot y$$

$$\omega_{M,1} = +\frac{e \cdot h_1}{2} - e \cdot \frac{h_1}{2} = 0$$

$$\omega_{M,3} = -\frac{e \cdot h_1}{2} - e \cdot \left(-\frac{h_1}{2}\right) = 0$$

Die ω_M-Fläche ist gleich null und damit folgt aus Gleichung (8.54) $I_w = 0$. Für das Torsionsflächenmoment 2. Grades gilt

$$I_t = \sum \frac{1}{3} \cdot h_i \cdot t_i^3 \tag{8.70}$$

In Abb. 8.21 ist ein einfachsymmetrischer I-Querschnitt und in Abb. 8.22 ein U-Querschnitt dargestellt. Die Herleitung von y_M, z_M und I_w ist sehr umfangreich. Deshalb sollen hier nur die Ergebnisse angegeben werden.

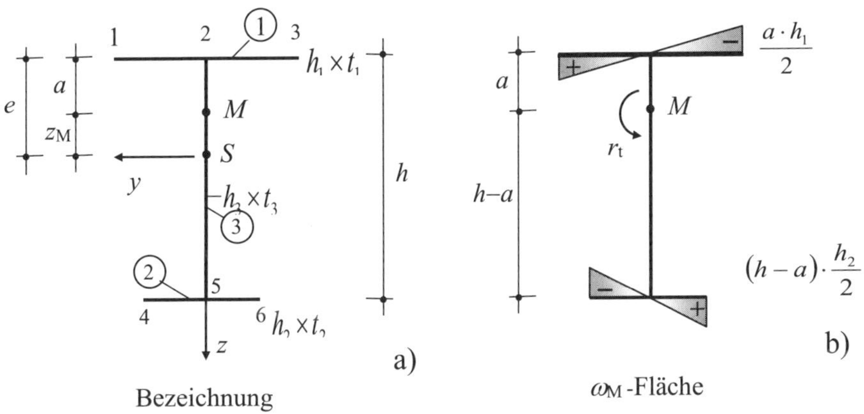

Abb. 8.21 Einfachsymmetrischer I-Querschnitt

$$\begin{aligned} & z_M = -e + a \\ & I_1 = \frac{1}{12} \cdot t_1 \cdot h_1^3; \; I_2 = \frac{1}{12} \cdot t_2 \cdot h_2^3; \; I_z = I_1 + I_2 \\ & a = \frac{I_2}{I_z} \cdot h \\ & I_w = \frac{I_1 \cdot I_2}{I_z} \cdot h^2; \; I_t = \sum \frac{1}{3} \cdot h_i \cdot t_i^3 \end{aligned} \tag{8.71}$$

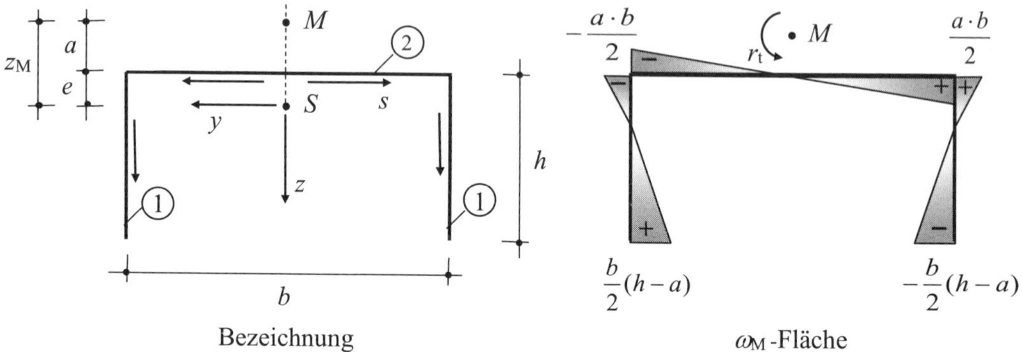

Abb. 8.22 U-Querschnitt

$$z_M = -e - a$$

$$I_1 = t_1 \cdot h_1 \cdot \frac{b^2}{4}; \quad I_2 = \frac{1}{12} \cdot t_2 \cdot h_2^3; \quad I_z = 2 \cdot I_1 + I_2$$

$$a = \frac{I_1}{I_z} \cdot h \tag{8.72}$$

$$I_w = \frac{I_1^2 + 2 \cdot I_1 \cdot I_2}{I_z} \cdot \frac{h^2}{3}; \quad I_t = \sum \frac{1}{3} \cdot h_i \cdot t_i^3$$

8.3 Grenzschnittgrößen der Torsion

8.3.1 *St.Venant*sche Torsion

Für den dünnwandigen Kreisringquerschnitt nach Abb. 8.1 kann man annehmen, dass die tangentialen Schubspannungen τ über die Wanddicke konstant sind. Die Grenzschnittgröße $M_{pl,x,Rd}$ erhält man, wenn alle Fasern des Querschnittes die Grenzschubspannung τ_{Rd} erreicht haben. Mit den Gleichungen (8.8) und (8.9) gilt:

$$M_{pl,x,Rd} = W_t \cdot \tau_{Rd} = 2 \cdot \pi \cdot r^2 \cdot \tau_{Rd} \tag{8.73}$$

In diesem Fall sind die elastische und die plastische Grenzschnittgröße gleich groß. Dies gilt auch für den dünnwandigen Hohlquerschnitt mit konstanter Wanddicke t.

$$M_{pl,x,Rd} = W_t \cdot \tau_{Rd} = 2 \cdot A_m \cdot t \cdot \tau_{Rd} \tag{8.74}$$

Für den dünnwandigen Rechteckquerschnitt nach Abb. 8.23 kann die elastische Grenztragfähigkeit noch erheblich gesteigert werden, bis der Querschnitt durchplastiziert ist.

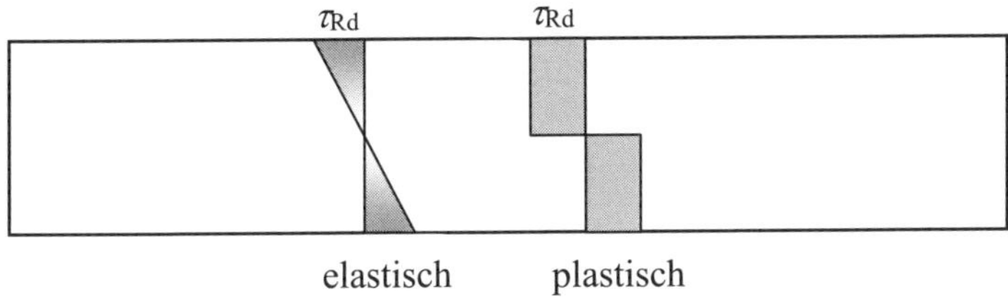

Abb. 8.23 Dünnwandiger Rechteckquerschnitt

Für den Rechteckquerschnittes erhält man für das *St. Venant*sche Torsionsmoment nach (1-1, (6.26)) mit dem Formbeiwert $\alpha_{\text{pl,t}} = 1,25$:

$$M_{\text{pl,x,Rd}} = \alpha_{\text{pl,t}} \cdot W_{\text{t}} \cdot \tau_{\text{Rd}} = 1,25 \cdot \frac{1}{3} \cdot h \cdot t^2 \cdot \tau_{\text{Rd}} = \frac{1}{2,4} \cdot h \cdot t^2 \cdot \tau_{\text{Rd}} \tag{8.75}$$

Bei dünnwandigen offenen Querschnitten folgt das Grenztorsionsmoment aus der Summe der Beträge der Einzelquerschnitte:

$$M_{\text{pl,x,Rd}} = \sum \frac{1}{2,4} \cdot h_{\text{i}} \cdot t_{\text{i}}^2 \cdot \tau_{\text{Rd}} \tag{8.76}$$

Es ist nachzuweisen:

$$V_{\text{Ed}} \le V_{\text{pl,Rd}} \cdot \sqrt{1 - \frac{\tau_{\text{t,Ed}}}{\alpha_{\text{pl,t}} \cdot \tau_{\text{Rd}}}} \tag{8.77}$$

Die Abminderung der Tragfähigkeit des Querschnittes infolge Querkraft und *St. Venant*sches Torsionsmoment darf vernachlässigt werden, wenn gilt:

$$\frac{V_{\text{Ed}}}{V_{\text{pl,Rd}}} \le 0,5 \cdot \sqrt{1 - \frac{\tau_{\text{t,Ed}}}{\alpha_{\text{pl,t}} \cdot \tau_{\text{Rd}}}} \tag{8.78}$$

In Gleichung (8.78) darf nach (1-1, 6.2.7 (7)) die Wurzel entfallen. Dies bedeutet in der Praxis, dass im Allgemeinen der Einfluss der Schubspannungen vernachlässigt werden kann.

8.3.2 Wölbkrafttorsion

Für die plastische Grenztragfähigkeit bei Wölbkrafttorsion soll der I-Querschnitt betrachtet werden. Infolge des Wölbbimomentes $M_{\text{w,Ed}}$ entstehen Normalspannungen σ in den Flanschen des Querschnittes. Das Wölbbimoment entspricht Biegemomenten in den beiden Flanschen um die z-Achse, die entgegengesetzt gerichtet sind, Abb. 8.24. Die Flansche sind Rechteckquerschnitte und es gilt:

$$\alpha_{\text{pl,w}} = \frac{W_{\text{pl,w}}}{W_{\text{w}}} = 1,5$$

Damit erhält man das Grenzwölbbimoment $M_{\text{pl,w,Rd}}$ mit Gleichung (8.41):

$$M_{\text{pl,w,Rd}} = W_{\text{pl,w}} \cdot \sigma_{\text{Rd}} = 1{,}5 \cdot W_{\text{w}} \cdot \sigma_{\text{Rd}} = \frac{1}{4} \cdot t_{\text{f}} \cdot b^2 \cdot h_{\text{f}} \cdot \sigma_{\text{Rd}} \tag{8.79}$$

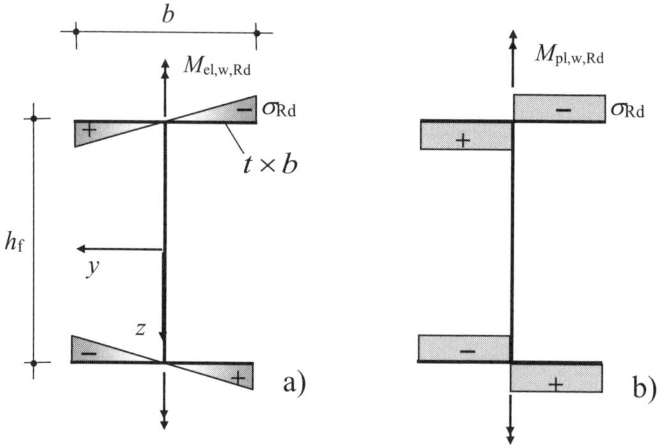

Abb. 8.24 Grenzwölbbimoment

Infolge des sekundären Torsionsmomentes $M_{\text{x,w,Ed}}$ entstehen Schubspannungen τ in den Flanschen, die ebenfalls entgegengesetzt sind.

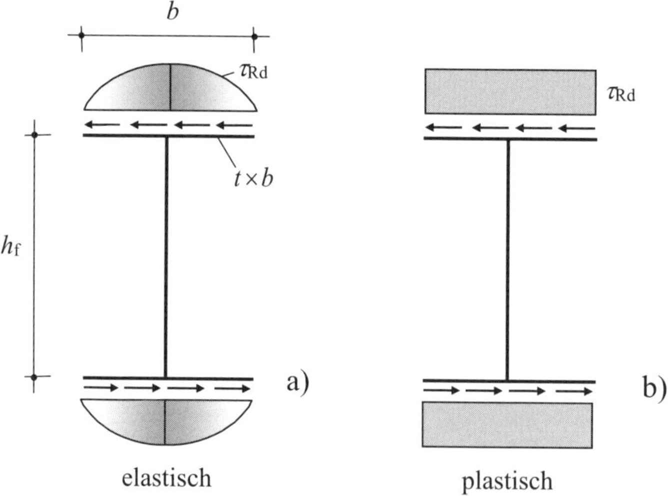

Abb. 8.25 Sekundäres Grenztorsionsmoment

Die Schubspannungen sind in den Flanschen wie beim Rechteckquerschnitt verteilt. Aus Gleichung (8.69) folgt mit konstanter Grenzschubspannung τ_{Rd}:

$$M_{\text{pl,x,w,Rd}} = t_{\text{f}} \cdot b \cdot h_{\text{f}} \cdot \tau_{\text{Rd}} \tag{8.80}$$

8.4 Beispiele

In den folgenden Beispielen wird angenommen, dass die Berechnung des Systems nach Theorie I. Ordnung erfolgt und die Stabilität mit dem Ersatzstabverfahren nachgewiesen wird. Bei einer Berechnung nach Theorie II. Ordnung gilt der Teilsicherheitsbeiwert $\gamma_{M1} = 1{,}10$ bzw. $\gamma_{M1} = 1{,}10 + 0{,}1 = 1{,}20$ für Querschnitte mit einer plastischen Reserve von $\alpha_{pl} > 1{,}25$.

Beispiel 8.4.1: Dünnwandiger Kastenquerschnitt

Beispiel mit $\gamma_M = \gamma_{M0} = 1{,}00$

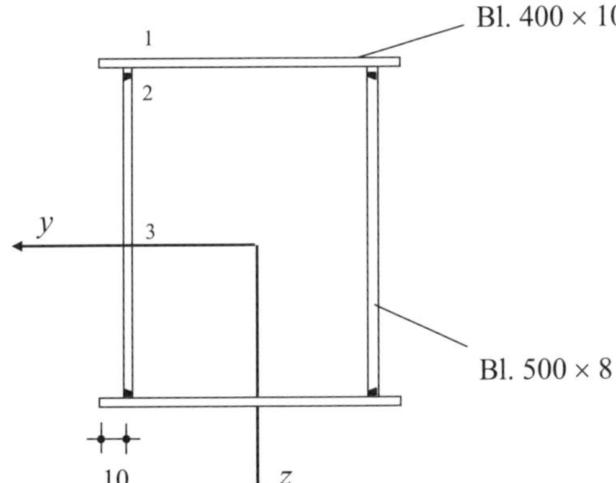

Werkstoff : S 235
Berechnungsmethode: Elastisch-Elastisch
Beanspruchung: $M_{y,Ed} = +484$ kNm
$V_{z,Ed} = +185$ kN
$M_{x,Ed} = +162$ kNm

Abb. 8.30 Geschweißter Kastenquerschnitt

Der Querschnitt ist doppeltsymmetrisch. Es werden die Nachweise in den Punkten 1, 2, 3 geführt, da sich die Schubspannungen an dieser Seite addieren. Die Schubspannungen aus Querkraft sind in den beiden Stegen aus Symmetriegründen gleich groß.

Querschnittswerte:

$$A = 2 \cdot 40{,}0 \cdot 1{,}0 + 2 \cdot 50{,}0 \cdot 0{,}8 = 160\ \text{cm}^2$$

$$I_y = 40{,}0 \cdot \frac{51{,}0^2}{2} + 2 \cdot 0{,}8 \cdot \frac{50{,}0^3}{12} = 68\ 690\ \text{cm}^4$$

$$z_1 = -26{,}0\ \text{cm} \quad z_2 = -25{,}0\ \text{cm}$$

$$S_1 = 19{,}0 \cdot 1{,}0 \cdot 25{,}5 = 485\ \text{cm}^3$$

$$S_2 = 40{,}0 \cdot 1{,}0 \cdot 25{,}5 = 1020\ \text{cm}^3$$

$$S_3 = 1020 + 2 \cdot 0{,}8 \cdot \frac{25^2}{2} = 1520\ \text{cm}^3$$

$$W_{t,1} = 2 \cdot A_m \cdot t = 2 \cdot 37{,}2 \cdot 51{,}0 \cdot 1{,}0 = 3794\ \text{cm}^3$$

$$W_{t,2} = W_{t,3} = 2 \cdot A_m \cdot t = 2 \cdot 37{,}2 \cdot 51{,}0 \cdot 0{,}8 = 3040\ \text{cm}^3$$

Nachweis der Vergleichsspannung am Punkt 1:

$$\sigma_1 = \frac{M_{y,Ed}}{I_y} \cdot z_1 = \frac{48\ 400}{68\ 690} \cdot (-26{,}0) = -18{,}3\ \text{kN/cm}^2$$

$$\tau_1 = \frac{V_{z,Ed} \cdot S_1}{I_y \cdot b_1} + \frac{M_{x,Ed}}{W_{t,1}} = \frac{185 \cdot 485}{68\ 690 \cdot 1{,}0} + \frac{16\ 200}{3794} = 5{,}58\ \text{kN/cm}^2$$

$$\sigma_V = \sqrt{\sigma_2{}^2 + 3 \cdot \tau_2{}^2} = \sqrt{18,3^2 + 3 \cdot 5,58^2} = 20,7 \text{ kN/cm}^2$$

$$\frac{\sigma_V}{\sigma_{Rd}} = \frac{20,7}{23,5} = 0,88 \le 1,0$$

Nachweis der Vergleichsspannung am Punkt 2:

$$\sigma_2 = \frac{M_{y,Ed}}{I_y} \cdot z_2 = \frac{48\,400}{68\,690} \cdot (-25,0) = -17,6 \text{ kN/cm}^2$$

$$\tau_2 = \frac{V_{z,Ed} \cdot S_2}{I_y \cdot b_2} + \frac{M_{x,Ed}}{W_{t,2}} = \frac{185 \cdot 1020}{68\,690 \cdot 2 \cdot 0,8} + \frac{16\,200}{3040} = 7,05 \text{ kN/cm}^2$$

$$\sigma_V = \sqrt{\sigma_2{}^2 + 3 \cdot \tau_2{}^2} = \sqrt{17,6^2 + 3 \cdot 7,05^2} = 21,4 \text{ kN/cm}^2$$

$$\frac{\sigma_V}{\sigma_{Rd}} = \frac{21,4}{23,5} = 0,91 \le 1,0$$

Nachweis der maximalen Schubspannung im Punkt 3:

$$\max\, \tau = \frac{V_{z,Ed} \cdot S_3}{I_y \cdot b} + \frac{M_{x,Ed}}{W_{t,3}} = \frac{185 \cdot 1520}{68\,690 \cdot 2 \cdot 0,8} + \frac{16\,200}{3040} = 7,89 \text{ kN/cm}^2$$

$$\frac{\tau_d}{\tau_{R,d}} = \frac{7,89}{13,6} = 0,58 \le 1,0$$

Nachweis max c/t: Querschnittsklasse 3

Nachweis des Gurtes: Bl. 400 × 10

$$\text{vorh } c/t = \frac{400 - 2 \cdot 10 - 2 \cdot 8}{10} = 36,4$$

max c/t wird nach Tabelle 4.3 berechnet.

$\psi = 1$, Kurve (1) max $c/t = 42$

Nachweis: vorh $c/t = 36,4 \le \max c/t = 42$

Nachweis des Steges: Bl. 500 × 8

$$\text{vorh } c/t = \frac{500}{8} = 62,5 \qquad \psi = -1,0$$

max $c/t = 124$ nach Tabelle 4.3 Kurve (1)

vorh $c/t = 62,5 < \max c/t = 124$

Interaktion mit Schubspannung entfällt:

vorh $c/t = 62,5 < \max c/t = 71,8$

Beispiel 8.4.2: Gabelgelagerter Einfeldträger mit mittigem Einzeltorsionsmoment

Beispiel mit $\gamma_M = \gamma_{M0} = 1,00$

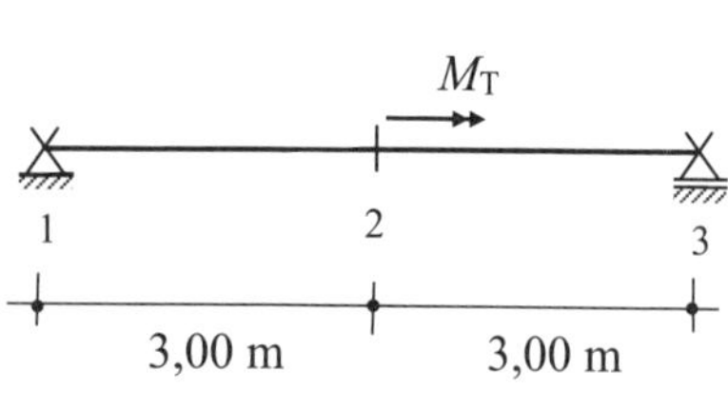

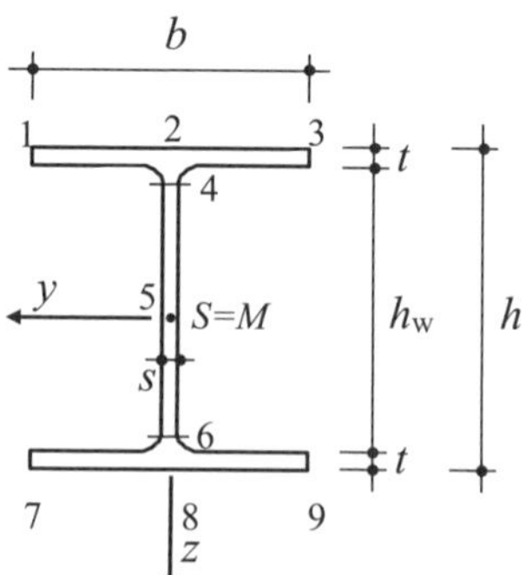

Abb. 8.31 System, Belastung und Querschnitt

Werkstoff: S235; Profil: HEA 260

$$M_{\mathrm{T}} = 900 \text{ kNcm}$$

Querschnittswerte:
Die Querschnittswerte können den Tabellen entnommen werden.

$$h = 250 \text{ mm};\; b = 260 \text{ mm};\; t_{\mathrm{w}} = 7{,}5 \text{ mm};\; t_{\mathrm{f}} = 12{,}5 \text{ mm}$$

$$h_{\mathrm{f}} = (h - t_{\mathrm{f}}) = (250 - 12{,}5) = 237{,}5 \text{ mm}$$

$$I_{\mathrm{t}} = 52{,}4 \text{ cm}^4;\; I_{\mathrm{w}} = 516\,400 \text{ cm}^6;\; \omega_{\mathrm{M}} = \pm 154 \text{ cm}^2$$

Berechnung der Schnittgrößen:

$$\lambda = \sqrt{\frac{G \cdot I_{\mathrm{t}}}{E \cdot I_{\mathrm{w}}}} = \sqrt{\frac{8100 \cdot 52{,}4}{21\,000 \cdot 516\,400}} = 0{,}006256 \text{ cm}^{-1} = 0{,}6256 \text{ m}^{-1}$$

Stelle 1:

$$M_{\mathrm{x,t}} = \frac{M_{\mathrm{T}}}{2} - M_{\mathrm{T}} \cdot \frac{\sinh(\lambda \cdot l/2)}{\sinh(\lambda \cdot l)} = M_{\mathrm{T}} \cdot \left(\frac{1}{2} - \frac{\sinh(1{,}877)}{\sinh(3{,}754)}\right) = M_{\mathrm{T}} \cdot \left(\frac{1}{2} - 0{,}150\right)$$

$$M_{\mathrm{x,t}} = 0{,}350 \cdot M_{\mathrm{T}}$$

$$M_{\mathrm{x,w}} = +M_{\mathrm{T}} \cdot \frac{\sinh(\lambda \cdot l/2)}{\sinh(\lambda \cdot l)} = 0{,}150 M_{\mathrm{T}}$$

$$M_{\mathrm{w}} = 0$$

Stelle 2:

$$M_{\mathrm{x,t}} = 0 \qquad M_{\mathrm{x,w}} = \frac{M_{\mathrm{T}}}{2} = 0{,}500 \cdot M_{\mathrm{T}} \qquad M_{\mathrm{w}} = 0$$

$$M_{\mathrm{w}} = \frac{M_{\mathrm{T}}}{\lambda} \cdot \frac{\sinh^2(\lambda \cdot l/2)}{\sinh(\lambda \cdot l)} = \frac{M_{\mathrm{T}}}{0{,}6256} \cdot \frac{\sinh^2(1{,}877)}{\sinh(3{,}754)} = 0{,}763 \cdot M_{\mathrm{T}} \text{ in kNm}^2$$

Spannungsnachweis
Stelle 1:

$$M_{\mathrm{x,t}} = 0{,}350 \cdot M_{\mathrm{T}} = 0{,}350 \cdot 900 = 315 \text{ kNcm}$$

$$\tau_{\mathrm{t}} = \frac{M_{\mathrm{x,t}}}{I_{\mathrm{t}}} \cdot \max t = \frac{315}{52{,}4} \cdot 1{,}25 = \pm 7{,}51 \text{ kN/cm}^2$$

$$M_{\mathrm{x,w}} = 0{,}150 \cdot M_{\mathrm{T}} = 0{,}150 \cdot 900 = 135 \text{ kNcm}$$

$$\tau_{\mathrm{w}} = -\frac{3}{2} \cdot \frac{M_{\mathrm{x,w}}}{b \cdot h_{\mathrm{f}} \cdot t_{\mathrm{f}}} = -\frac{3}{2} \cdot \frac{135}{26 \cdot 23{,}75 \cdot 1{,}25} = -0{,}26 \text{ kN/cm}^2$$

$$\max \tau = \tau_{\mathrm{t}} + \tau_{\mathrm{w}} = -7{,}51 - 0{,}26 = -7{,}77 \text{ kN/cm}^2 \leq 13{,}6 \text{ kN/cm}^2$$

Stelle 2:

$$M_{\mathrm{x,t}} = 0 \qquad M_{\mathrm{x,w}} = 0{,}500 \cdot M_{\mathrm{T}} = 0{,}500 \cdot 900 = 450 \text{ kNcm}$$

$$M_{\mathrm{w}} = 0{,}763 \cdot M_{\mathrm{T}} = 0{,}763 \cdot 90\,000 = 68\,700 \text{ kNcm}^2$$

$$\tau_{\mathrm{w}} = -\frac{3}{2} \cdot \frac{M_{\mathrm{x,w}}}{b \cdot h_{\mathrm{f}} \cdot t_{\mathrm{f}}} = -\frac{3}{2} \cdot \frac{450}{26 \cdot 23{,}75 \cdot 1{,}25} = -0{,}87 \text{ kN/cm}^2$$

$$\max \sigma_{\mathrm{w}} = \frac{M_{\mathrm{w}}}{I_{\mathrm{w}}} \cdot \max \omega_{\mathrm{M}} = \frac{68\,700}{516\,400} \cdot 154 = 20{,}5 \text{ kN/cm}^2 \leq 23{,}5 \text{ kN/cm}^2$$

Der Nachweis der Vergleichsspannung ist an dieser Stelle nicht erforderlich, da die zugehörigen Spannungen gleich null sind.

Nachweis max c/t ist eingehalten.

Beispiel 8.4.3: Nachweis Elastisch-Elastisch eines I-Querschnittes mit zweiachsiger Biegung , Normalkraft und Torsion

Beispiel mit $\gamma_M = \gamma_{M0} = 1{,}00$

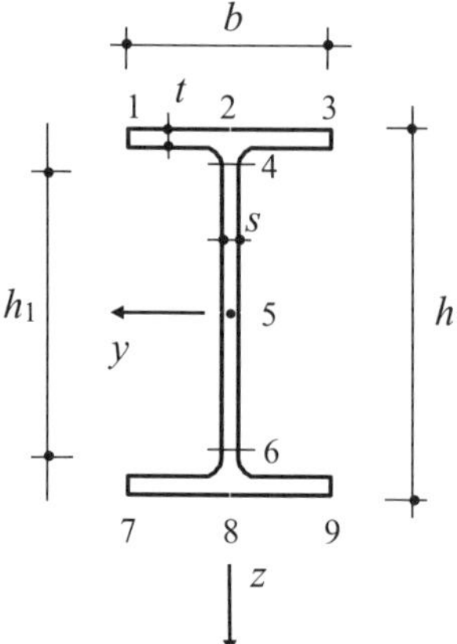

Werkstoff: S 235
Berechnungsmethode: Elastisch-Elastisch
Beanspruchungen: zweiachsige Biegung, Normalkraft und Torsion
$N_{Ed} = -480$ kN; $M_{y,Ed} = +240$ kNm; $M_{z,Ed} = +20{,}0$ kNm;
$M_{w,Ed} = -9{,}10$ kNm²; $V_{z,Ed} = +167$ kN; $V_{y,Ed} = -13{,}3$ kN
$M_{x,t,Ed} - -4{,}00$ kNm; $M_{x,w,Ed} = -16{,}0$ kNm
Profil: HEA 400
Der Nachweis von max c/t ist stets zu führen. Er ist hier eingehalten; siehe Abschnitt Querschnittsklassifizierung.

Abb. 8.32 Bezeichnungen der Abmessungen und Querschnittspunkte

Querschnittswerte:

$h = 390$ mm; $b = 300$ mm; $t_w = 11$ mm ; $t_f = 19$ mm; $h_1 = 298$ mm

$A = 159$ cm²; $I_y = 45\,070$ cm^4; $I_z = 8560$ cm^4; $S_y = S_5 = 1280$ cm^3

$I_t = 189$ cm^4; $I_w = 2\,942\,000$ cm^6; $\omega_M = \pm 278$ cm^2

Berechnung weiterer Querschnittswerte:

$$h_f = (h - t_f) = (39{,}0 - 1{,}9) = 37{,}1 \text{ cm}$$

$$S_4 = S_y - t_w \cdot \frac{h_1^2}{8} = 1280 - 1{,}1 \cdot \frac{29{,}8^2}{8} = 1158 \text{ cm}^3 \quad S_6 = 1158 \text{ cm}^3$$

$$S_2 = \frac{b}{2} \cdot t_f \cdot \left(\frac{h}{2} - \frac{t_f}{2}\right) = \frac{30}{2} \cdot 1{,}9 \cdot \left(\frac{39{,}0}{2} - \frac{1{,}9}{2}\right) = 529 \text{ cm}^3 \quad S_8 = 529 \text{ cm}^3$$

Tabellarische Berechnung der Spannung mit folgenden Gleichungen:
Es gilt für alle Querschnittspunkte:

$$\sigma = \frac{N}{A} + \frac{M_y}{I_y} \cdot z - \frac{M_z}{I_z} \cdot y + \frac{M_w}{I_\omega} \cdot \omega_M = \sigma_N + \sigma_{My} + \sigma_{Mz} + \sigma_{Mw}$$

Querschnittspunkte: 1 , 3 , 7 , 9

$$\tau = \pm \frac{M_{x,t}}{I_t} \cdot t$$

Querschnittspunkte: 4 , 5 , 6

$$\tau = \frac{V_z \cdot S_y(z)}{I_y \cdot t_w} \pm \frac{M_{x,t}}{I_t} \cdot t_w$$

Querschnittspunkte: 2 , 8

$$\tau_2 = \frac{3}{2} \cdot \frac{V_y}{2 \cdot t_f \cdot b} + \frac{3}{2} \cdot \frac{M_{x,w}}{h_f \cdot t_f \cdot b} \pm \frac{V_z \cdot S_y(z)}{I_y \cdot t_f} \pm \frac{M_{x,t}}{I_t} \cdot t_f$$

$$\tau_8 = \frac{3}{2} \cdot \frac{V_y}{2 \cdot t_f \cdot b} - \frac{3}{2} \cdot \frac{M_{x,w}}{h_f \cdot t_f \cdot b} \pm \frac{V_z \cdot S_y(z)}{I_y \cdot t_f} \pm \frac{M_{x,t}}{I_t} \cdot t_f$$

$$\sigma_V = \sqrt{\sigma^2 + 3\tau^2}$$

Tabelle 8.2 Spannungen nach der Berechnungsmethode Elastisch-Elastisch

Nr.	y_i cm	z_i cm	ω_i cm²	σ_N kN/cm²	σ_{My} kN/cm²	σ_{Mz} kN/cm²	σ_{Mw} kN/cm²	σ kN/cm²	τ kN/cm²	σ_V kN/cm²	σ_{Rd} kN/cm²
1	15,0	-19,5	278	-3,02	-10,4	-3,50	-8,60	**-25,5**	4,02	-	23,5
2	0,00	-19,5	0	-3,02	-10,4	0,00	0,00	-13,4	6,36	17,4	23,5
3	-15,0	-19,5	-278	-3,02	-10,4	3,50	8,60	-1,32	4,02	-	23,5
4	0,00	-14,9	0	-3,02	-7,93	0,00	0,00	-11,0	6,22	-	23,5
5	0,00	0,00	0	-3,02	0,00	0,00	0,00	-3,02	6,62	-	23,5
6	0,00	14,9	0	-3,02	7,93	0,00	0,00	4,91	6,22	-	23,5
7	15,0	19,5	-278	-3,02	10,4	-3,50	8,60	12,5	4,02	-	23,5
8	0,00	19,5	0	-3,02	10,4	0,00	0,00	7,38	6,00	-	23,5
9	-15,0	19,5	278	-3,02	10,4	3,50	-8,60	2,28	4,02	-	23,5

Für die Schubspannungen werden stets die maximalen Werte berechnet. Sie sind in der Tabelle 8.2 als Absolutwerte angegeben. Hier ist nicht die Vergleichsspannung, sondern der Nachweis der Normalspannung in dem Punkt 1 maßgebend.

$$\frac{\sigma_{Ed}}{\sigma_{Rd}} = \frac{25,5}{23,5} = 1,09 > 1 \qquad \text{Der Nachweis ist nicht erfüllt!}$$

Als konservative Lösung darf, wenn die Schubspannungen vernachlässigt werden können, für die Querschnittsklassen 1, 2 und 3 die folgende Interaktionsaktionsbeziehung angewendet werden, die eine Erweiterung der Gleichung (1-1, Gl. (6.2)) darstellt:

$$\frac{N_{Ed}}{N_{pl,Rd}} + \frac{M_{y,Ed}}{M_{pl,y,Rd}} + \frac{M_{z,Ed}}{M_{pl,z,Rd}} + \frac{M_{w,Ed}}{M_{pl,w,Ed}} \le 1$$

$$N_{pl,Rd} = A \cdot \sigma_{Rd} = 159 \cdot 23,5 = 3737 \text{ kN}$$

$$M_{pl,y,Rd} = W_{pl,y} \cdot \sigma_{Rd} = 2562 \cdot 23,5 / 100 = 602 \text{ kNm}$$

$$M_{pl,z,Rd} = W_{pl,z} \cdot \sigma_{Rd} = 873 \cdot 23,5 / 100 = 205 \text{ kNm}$$

$$M_{pl,w,Rd} = W_{pl,w} \cdot \sigma_{Rd} = 15\,860 \cdot 23,5 = 372\,710 \text{ kNcm}^2 = 37,2 \text{ kNm}^2$$

$$\frac{N_{Ed}}{N_{pl,Rd}} + \frac{M_{y,Ed}}{M_{pl,y,Rd}} + \frac{M_{z,Ed}}{M_{pl,z,Rd}} + \frac{M_{w,Ed}}{M_{pl,w,Ed}} = \frac{480}{3737} + \frac{240}{602} + \frac{20}{205} + \frac{9,10}{37,2} = 0,87 \le 1$$

Der Nachweis ist erfüllt!

9 Biegedrillknicken

9.1 Stabilitätsproblem

Der Begriff „Stabilität" wurde im Kapitel 3 *Druckstab* erläutert. Stabilität ist ein übergeordneter Begriff und beschreibt das Versagen des Stabes als Verzweigungsproblem und als Traglastproblem. Zur Lösung des Stabilitätsproblems ist die Gleichgewichtsbetrachtung am verformten System erforderlich, wobei i. Allg. die Berechnung nach Theorie II. Ordnung ausreichend ist. **Biegedrillknicken ist vor allem auch ein Torsionsproblem**. Durch eine kleine Störung des Gleichgewichtes entstehen am verformten System Torsionsmomente und Biegemomente um die schwache Achse. Deshalb ist jeder Träger so zu lagern, dass Torsion aufgenommen und weitergeleitet werden kann. Ist keine Torsionslagerung vorhanden, ist das System kinematisch. Dabei ist zwischen dem idealen und dem realen Biegestab zu unterscheiden.

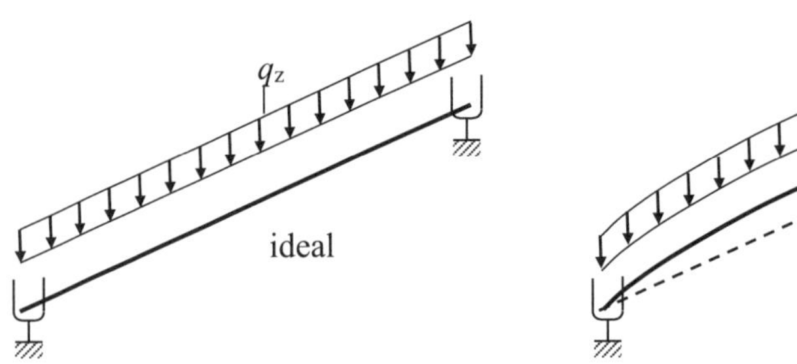

Abb. 9.1 Idealer und realer Biegestab

Für den **idealen** Biegestab gelten die folgenden Voraussetzungen:

- Hypothese vom Ebenbleiben des Teilquerschnittes
- kleine Verformungen
- keine strukturellen Imperfektionen
- ideal gerader Stab
- ideal-elastisches Verhalten.

Dieses Stabilitätsproblem ist das Verzweigungsproblem für den Biegestab. Die Lösung dieses Problems ist der Verzweigungslastfaktor α_{cr}. Der Verzweigungslastfaktor ist eine Systemgröße, mit dem die Belastung multipliziert wird. In dem Beispiel in der Abb. 9.1 gilt:

$$q_{cr} = \alpha_{cr} \cdot q \tag{9.1}$$

Die zugehörige $M_{\mathrm{cr,y}}$-Fläche erhält man, wenn die M_{y}-Fläche des Systems mit dem Verzweigungslastfaktor α_{cr} multipliziert wird.

$$M_{\mathrm{cr,y}} = \alpha_{\mathrm{cr}} \cdot M_{\mathrm{y}} \tag{9.2}$$

Das Biegedrillknickmoment $M_{\mathrm{cr,y}}$ ist das Biegemoment an einer Stelle x des Stabes. Es ist die wichtigste Bezugsgröße für den Tragsicherheitsnachweis des realen Biegestabes. In der Literatur wird meist das maximale Biegedrillknickmoment $M_{\mathrm{cr,y}}$ angegeben.

Für den **realen** Biegestab gelten die folgenden Voraussetzungen:

- Hypothese vom Ebenbleiben des Teilquerschnittes
- kleine Verformungen.

Es werden berücksichtigt:

- Geometrische Imperfektionen, wie z. B. die Vorkrümmung des Stabes v_0
- strukturelle Imperfektionen wie Eigenspannungen und Fließgrenzenstreuung
- exzentrische Krafteinleitung
- reales elastisch-plastisches Werkstoffverhalten.

In Abb. 9.1 ist als geometrische Imperfektion die Vorkrümmung um die schwache Achse des I- und H-Querschnittes mit dem maximalen Wert v_0 gewählt. Durch diese Imperfektion entsteht für den realen Biegestab ein komplexes Problem mit den Beanspruchungen zweiachsige Biegung und Torsion. Dieses Stabilitätsproblem ist das Traglastproblem für den Biegestab. Die Lösung dieses Problems ist die Traglast $M_{\mathrm{b,Rk}}$.

Die Berechnung des realen Biegestabes ist auch mit entsprechend leistungsfähigen EDV-Programmen sehr aufwändig und muss durch Versuche abgesichert sein. Für den Biegestab liegen nicht so viele Versuche vor wie für den Druckstab. Die Traglasten M_{Rk} wurden vor allem durch umfangreiche Traglastberechnungen festgelegt, die die geometrischen Imperfektionen, die Eigenspannungen und ausgebreitete Fließzonen in Stablängsrichtung berücksichtigten. Weiterhin wurden alle verfügbaren Versuche statistisch ausgewertet [6]. Das Ergebnis dieser Untersuchungen sind die Abminderungskurven χ_{LT} für den Nachweis des zentrisch beanspruchten Biegestabes. Eine Darstellung der Traglast $M_{\mathrm{b,Rk}}$ in Abhängigkeit des Schlankheitsgrades $\bar{\lambda}_{\mathrm{LT}}$, ist in Abb. 9.2 angegeben. Dieses Nachweisformat entspricht dem Tragsicherheits-nachweis für den Druckstab. Dieser Nachweis ist ein Ersatzstabnachweis, da neben dem Ansatz der Imperfektionen auch der Einfluss der Theorie II. Ordnung für Druck und Biegung in dem Abminderungsfaktor χ_{LT} berücksichtigt wird.

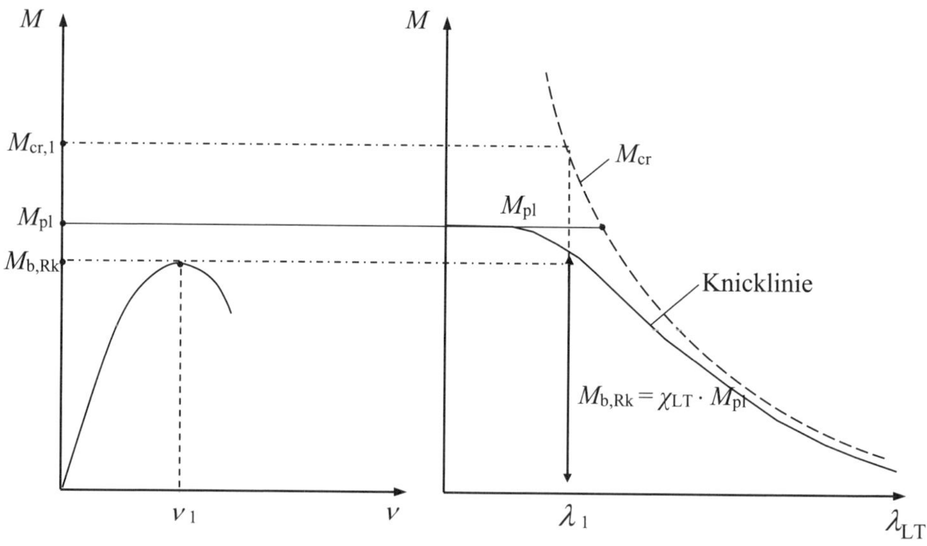

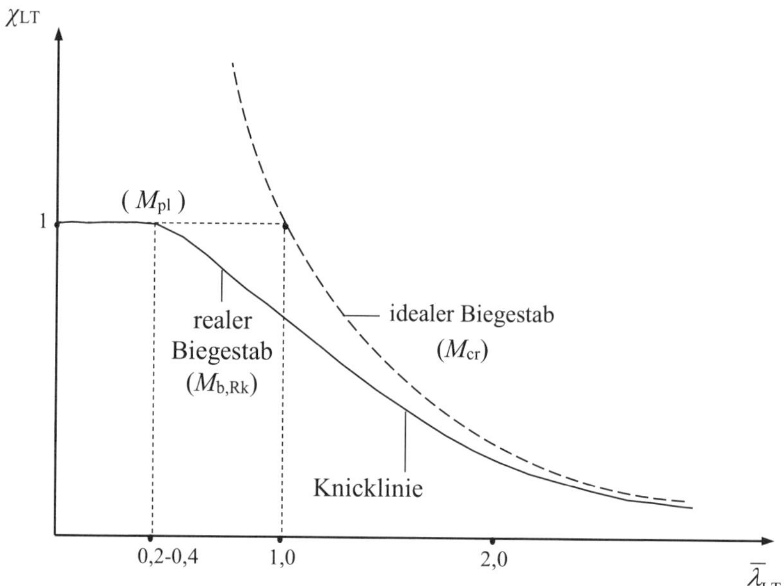

Abb. 9.2 Nachweisformat des Biegestabes

Die Traglastkurve für $M_{b,Rk}$ wird durch zwei Kurven begrenzt. Die obere Grenze ist das vollplastische Biegemoment M_{pl} des Querschnittes. Die Traglastkurve schmiegt sich asymptotisch an die *Euler*hyperbel des idealen Biegedrillknickmomentes M_{cr} an. Diese Knicklinien sind die Grundlage des

Tragsicherheitsnachweises für den zentrisch belasteten Biegestab in der Stahlbaunorm.

9.2 Nachweis für das Biegedrillknicken

Unter Berücksichtigung des Teilsicherheitskonzeptes lautet der Nachweis:

$$M_{\mathrm{b,Rd}} = \chi_{\mathrm{LT}} \cdot W_{\mathrm{y}} \frac{f_{\mathrm{y}}}{\gamma_{\mathrm{M1}}} \tag{9.3}$$

$$\frac{M_{\mathrm{Ed}}}{M_{\mathrm{b,Rd}}} \leq 1{,}0 \tag{9.4}$$

M_{Ed} der Bemessungswert des einwirkenden Biegemomentes

$M_{\mathrm{b,Rd}}$ der Bemessungswert der Beanspruchbarkeit auf Biegedrillknicken

Das maßgebende Widerstandsmoment W_{y} richtet sich nach der Querschnittsklasse.

Querschnittsklassen 1 und 2 $W_{\mathrm{y}} = W_{\mathrm{pl,y}}$

Querschnittsklasse 3 $W_{\mathrm{y}} = W_{\mathrm{el,y}}$

Querschnittsklasse 4 $W_{\mathrm{y}} = W_{\mathrm{eff,y}}$

Die im EC 3 angegebenen Empfehlungen für den Nachweis des Biegedrillknickens werden im deutschen und österreichischem NA übernommen.

Biegedrillknicken für den allgemeinen Fall

Der Abminderungsfaktor χ_{LT} ist für den allgemeinen Fall in (1-1, 6.3.2.2) mit folgender Funktion angegeben:

$$\bar{\lambda}_{\mathrm{LT}} = \sqrt{\frac{W_{\mathrm{y}} \cdot f_{\mathrm{y}}}{M_{\mathrm{cr}}}} \tag{9.5}$$

M_{cr} das ideale Biegedrillknickmoment

$$\phi_{\mathrm{LT}} = 0{,}5 \cdot \left[1 + \alpha_{\mathrm{LT}} \cdot \left(\bar{\lambda}_{\mathrm{LT}} - 0{,}2\right) + \bar{\lambda}_{\mathrm{LT}}^2\right]$$

$$\chi_{\mathrm{LT}} = \frac{1}{\phi_{\mathrm{LT}} + \sqrt{\phi_{\mathrm{LT}}^2 - \bar{\lambda}_{\mathrm{LT}}^2}} \quad \text{jedoch } \chi_{\mathrm{LT}} \leq 1{,}0 \tag{9.6}$$

Der Imperfektionsbeiwert α_{LT} zur Berechnung des Abminderungsfaktors χ_{LT} ist in Tabelle 9.1 (1-1, Tabelle 6.3) angegeben.

Tabelle 9.1 Empfohlene Imperfektionsbeiwerte für das Biegedrillknicken

Knicklinie	a	b	c	d
Imperfektionsbeiwert α_{LT}	0,21	0,34	0,49	0,76

Die Zuordnung der Querschnitte ist der Tabelle 9.2 (1-1, Tabelle 6.4) zu entnehmen.

Tabelle 9.2 Empfohlene Zuordnung der Querschnitte im allgemeinen Fall

Querschnitt	Grenzen	Knicklinien
gewalztes I-Profil	$h/b \leq 2$ $h/b > 2$	a b
geschweißtes I-Profil	$h/b \leq 2$ $h/b > 2$	c d
andere Querschnitte	-	d

Tabelle 9.3 Werte der Knicklinien im allgemeinen Fall nach Gleichung (9.6)

$\overline{\lambda}_{LT}$	a	b	c	d
0,20	1,000	1,000	1,000	1,000
0,30	0,977	0,964	0,949	0,923
0,40	0,953	0,926	0,897	0,850
0,50	0,924	0,884	0,843	0,779
0,60	0,890	0,837	0,785	0,710
0,70	0,848	0,784	0,725	0,643
0,80	0,796	0,724	0,662	0,580
0,90	0,734	0,661	0,600	0,521
1,00	0,666	0,597	0,540	0,467
1,10	0,596	0,535	0,484	0,419
1,20	0,530	0,478	0,434	0,376
1,30	0,470	0,427	0,389	0,339
1,40	0,418	0,382	0,349	0,306
1,50	0,372	0,342	0,315	0,277
1,60	0,333	0,308	0,284	0,251
1,70	0,299	0,278	0,258	0,229
1,80	0,270	0,252	0,235	0,209
1,90	0,245	0,229	0,214	0,192
2,00	0,223	0,209	0,196	0,177
2,10	0,204	0,192	0,180	0,163
2,20	0,187	0,176	0,166	0,151
2,30	0,172	0,163	0,154	0,140
2,40	0,159	0,151	0,143	0,130
2,50	0,147	0,140	0,132	0,121

Biegedrillknicken gewalzter oder gleichartiger geschweißter Querschnitte

Der Abminderungsfaktor χ_{LT} für das Biegedrillknicken gewalzter oder gleichartiger geschweißter Querschnitte ist in (1-1, 6.3.2.3) mit folgender Funktion angegeben:

$$\phi_{LT} = 0,5 \cdot \left[1 + \alpha_{LT} \cdot \left(\overline{\lambda}_{LT} - \overline{\lambda}_{LT,0}\right) + \beta \cdot \overline{\lambda}_{LT}^{2}\right]$$

$$\chi_{LT} = \frac{1}{\phi_{LT} + \sqrt{\phi_{LT}^2 - \beta \cdot \overline{\lambda}_{LT}^2}} \quad \text{jedoch} \begin{cases} \chi_{LT} \leq 1{,}0 \\ \chi_{LT} \leq \dfrac{1}{\overline{\lambda}_{LT}^2} \end{cases} \tag{9.7}$$

Empfohlene Werte: $\overline{\lambda}_{LT,0} = 0{,}4 \quad \beta = 0{,}75$

Die Zuordnung der Querschnitte ist der Tabelle 9.4 (1-1, Tabelle 6.5) zu entnehmen.

Tabelle 9.4 Empfohlene Zuordnung der gewalzten Querschnitte oder gleichartigen geschweißten Querschnitte

Querschnitt	Grenzen	Knicklinien
gewalztes I-Profil	$h/b \leq 2$	b
	$h/b > 2$	c
geschweißtes I-Profil	$h/b \leq 2$	c
	$h/b > 2$	d

Tabelle 9.5 Werte der Knicklinien der gewalzten Querschnitte oder gleichartigen geschweißten Querschnitte nach Gleichung (9.7)

$\overline{\lambda}_{LT}$	b	c	d
0,40	1,000	1,000	1,000
0,50	0,960	0,944	0,916
0,60	0,917	0,886	0,836
0,70	0,870	0,826	0,760
0,80	0,817	0,764	0,688
0,90	0,760	0,701	0,621
1,00	0,700	0,639	0,560
1,10	0,639	0,580	0,505
1,20	0,579	0,525	0,455
1,30	0,524	0,475	0,412
1,40	0,473	0,429	0,373
1,50	0,427	0,389	0,339
1,60	0,387	0,353	0,309
1,70	0,346	0,322	0,282
1,80	0,309	0,294	0,259
1,90	0,277	0,269	0,238
2,00	0,250	0,247	0,219
2,10	0,227	0,227	0,203
2,20	0,207	0,207	0,188
2,30	0,189	0,189	0,175
2,40	0,174	0,174	0,163
2,50	0,160	0,160	0,152

Um die Momentenverteilung zwischen den seitlichen Lagerungen von Bauteilen zu berücksichtigen, darf der Abminderungsfaktor χ_{LT} wie folgt modifiziert werden:

$$\chi_{\mathrm{LT,mod}} = \frac{\chi_{\mathrm{LT}}}{f} \qquad \text{jedoch } \chi_{\mathrm{LT,mod}} \leq 1{,}0 \tag{9.8}$$

Empfohlen: $$f = 1 - 0{,}5 \cdot (1 - k_{\mathrm{c}}) \cdot \left[1 - 2{,}0 \cdot \left(\bar{\lambda}_{\mathrm{LT}} - 0{,}8\right)^2\right] \quad \text{jedoch } f \leq 1{,}0 \tag{9.9}$$

Dabei ist k_c ein Korrekturbeiwert nach Tabelle 9.6 (1-1, Tabelle 6.6).

Tabelle 9.6 Korrekturbeiwerte k_c

Momentenverteilung	k_c
	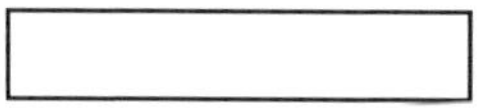 1,00
$\psi = 1$	
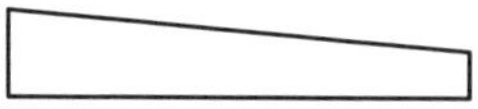 $-1 \leq \psi \leq 1$	$\frac{1}{1{,}33 - 0{,}33 \cdot \psi}$
	0,94
	0,90
	0,91
	0,86
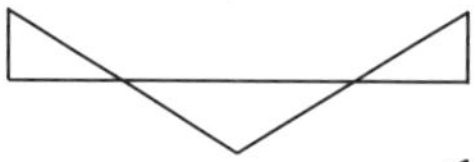	0,77
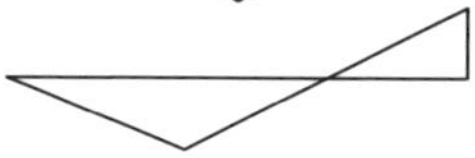	0,82

Nach dem NA Deutschland darf der Faktor f auch für den allgemeinen Fall angewendet werden.

9.3 Einfeldträger mit konstantem Biegemoment

Entscheidend für den Biegedrillknicknachweis ist es, das maßgebende Biegedrillknickmoment M_{cr} zu berechnen. Deshalb sollen in diesem Abschnitt die grundlegenden Zusammenhänge erläutert werden.

Der Einfeldträger mit Gabellagerung und konstantem Biegemoment nach Abb. 9.3 hat die gleiche Bedeutung für das Biegedrillknicken wie der *Euler*stab für das Biegeknicken.

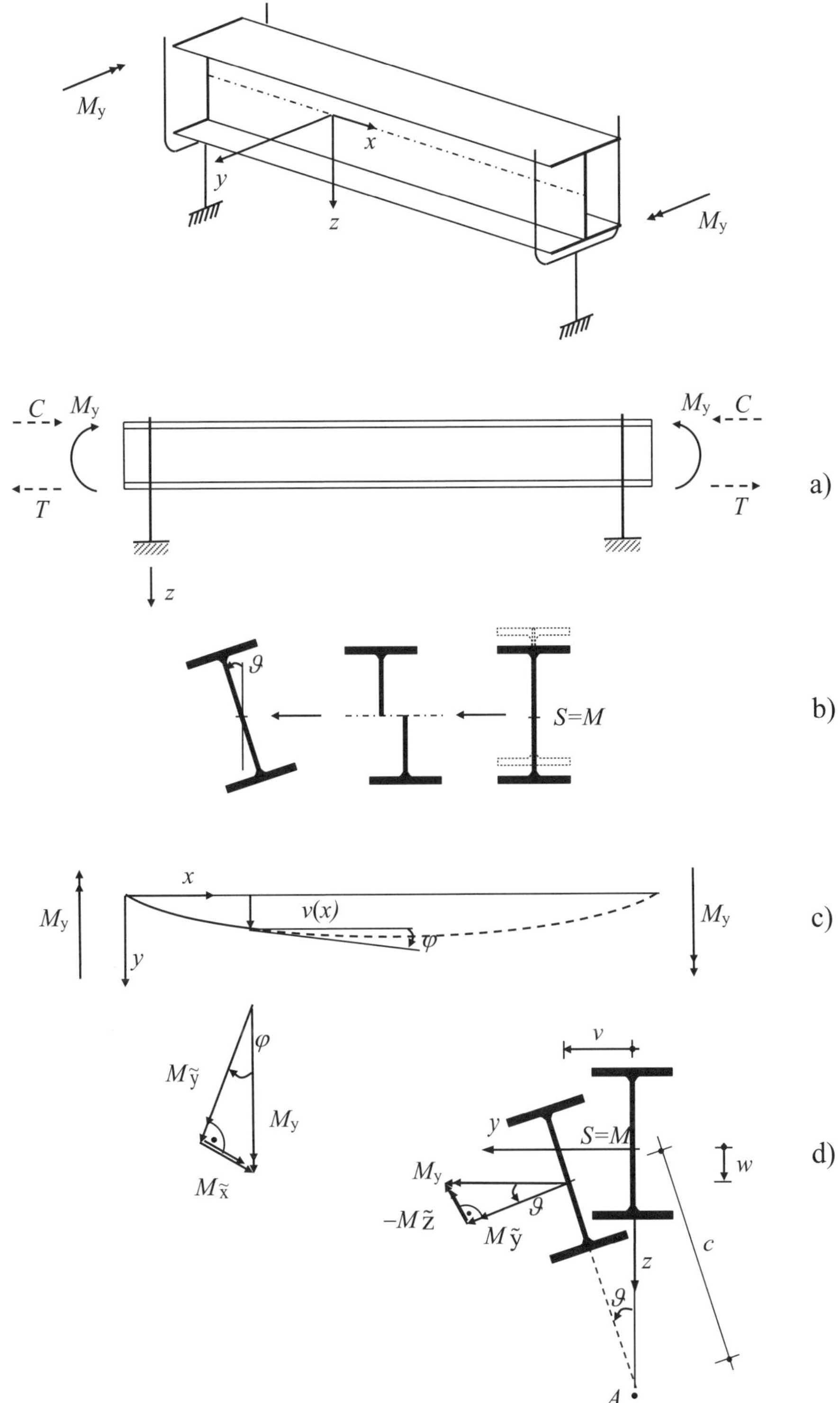

Abb. 9.3 Vergleichsstab zum Biegedrillknicken

Er ist der Vergleichsstab, auf den die Biegedrillknickmomente unter allgemeiner Belastung und Lagerung des Einfeldträgers bezogen werden. In Abb. 9.3a) ist das System und die Belastung dargestellt. Vereinfacht kann man das konstante Biegemoment als ein Kräftepaar abbilden. Der Obergurt des Querschnittes wird durch eine konstante Druckkraft beansprucht. Dieser Druckgurt des Querschnittes kann seitlich ausweichen, d. h. um die z-Achse ausknicken. In Abb. 9.3b) ist dies dargestellt, wenn man annimmt, dass der Träger in der Stegmitte getrennt ist.
Da der Druckgurt aber über den Steg mit dem Zuggurt verbunden ist, muss sich der Träger beim Biegedrillknicken gleichzeitig verdrehen. Das Biegedrillknicken ist stets mit der Verschiebung v und der Verdrehung ϑ verbunden.
Wie schon in dem Abschnitt Grundlagen erläutert, wird das Gleichgewicht am verformten System betrachtet, um die Verzweigungslast zu ermitteln. Die Koordinaten des Querschnittes am verformten System sollen mit $\tilde{x}, \tilde{y}, \tilde{z}$ bezeichnet werden. In Abb. 9.3c) ist das verformte System mit der Verschiebung v und in Abb. 9.3d) mit der Verdrehung ϑ dargestellt. Der Momentenvektor M_{y} der äußeren Belastung wirkt in Richtung der unverformten Achse y des Systems. Dadurch entstehen am verformten System ein Torsionsmoment $M_{\tilde{\mathrm{x}}}$ und ein Biegemoment $M_{\tilde{\mathrm{z}}}$.
Das Gleichgewicht um die Achse $\tilde{y}$ lautet:

$$M_{\tilde{\mathrm{y}}} - M_{\mathrm{y}} \cdot \cos\varphi = 0$$

$$\cos\varphi \approx 1$$

$$M_{\tilde{\mathrm{y}}} - M_{\mathrm{y}} = 0$$

Mit der elastostatischen Grundgleichung um die Achse $\tilde{y}$ erhält man:

$$M_{\tilde{\mathrm{y}}} = -E \cdot I_{\mathrm{y}} \cdot w''$$

$$E \cdot I_{\mathrm{y}} \cdot w'' + M_{\mathrm{y}} = 0$$

Differenziert man zweimal nach x, erhält man mit dem konstanten Biegemoment:

$$E \cdot I_{\mathrm{y}} \cdot w^{\mathrm{IV}} = 0 \tag{9.10}$$

Das Gleichgewicht um die Achse $\tilde{x}$ lautet:

$$M_{\tilde{\mathrm{x}}} - M_{\mathrm{y}} \cdot \sin\varphi = 0$$

$$\sin\varphi \approx \varphi = v'$$

$$M_{\tilde{\mathrm{x}}} - M_{\mathrm{y}} \cdot v' = 0$$

Mit der elastostatischen Grundgleichung für Wölbkrafttorsion nach Kapitel 8 um die Achse $\tilde{x}$ erhält man:

$$M_{\tilde{\mathrm{x}}} = G \cdot I_{\mathrm{T}} \cdot \vartheta' - E \cdot I_{\omega} \cdot \vartheta'''$$

$$E \cdot I_{\mathrm{w}} \cdot \vartheta''' - G \cdot I_{\mathrm{t}} \cdot \vartheta' + M_{\mathrm{y}} \cdot v' = 0$$

Differenziert man einmal nach x, erhält man mit dem konstanten Biegemoment:

$$E \cdot I_w \cdot \vartheta^{IV} - G \cdot I_t \cdot \vartheta'' + M_y \cdot v'' = 0 \tag{9.11}$$

Das Gleichgewicht um die Achse $\tilde{z}$ lautet:

$$M_{\tilde{z}} + M_y \cdot \sin\vartheta = 0$$

$$\sin\vartheta \approx \vartheta$$

$$M_{\tilde{z}} + M_y \cdot \vartheta = 0$$

Mit der elastostatischen Grundgleichung um die Achse $\tilde{z}$ erhält man:

$$M_{\tilde{z}} = E \cdot I_z \cdot v''$$

$$E \cdot I_z \cdot v'' + M_y \cdot \vartheta = 0$$

Differenziert man zweimal nach x, erhält man mit dem konstanten Biegemoment:

$$E \cdot I_z \cdot v^{IV} + M_y \cdot \vartheta'' = 0 \tag{9.12}$$

Die Gleichung (9.10) ist unabhängig von den beiden anderen Gleichungen und beschreibt die Biegung um die starke Achse. Dagegen sind die Gleichungen (9.11) und (9.12) voneinander abhängig.

$$E \cdot I_z \cdot v^{IV} + M_y \cdot \vartheta'' = 0$$

$$E \cdot I_w \cdot \vartheta^{IV} - G \cdot I_t \cdot \vartheta'' + M_y \cdot v'' = 0$$

Die folgenden Ansätze für die Verformungen v und ϑ erfüllen die Randbedingungen für die beidseitige Gabellagerung.

$$v = A \cdot \sin\frac{\pi \cdot x}{l} \qquad \vartheta = B \cdot \sin\frac{\pi \cdot x}{l} \tag{9.13}$$

$$v'' = -A \cdot \frac{\pi^2}{l^2} \cdot \sin\frac{\pi \cdot x}{l} \qquad \vartheta'' = -B \cdot \frac{\pi^2}{l^2} \cdot \sin\frac{\pi \cdot x}{l}$$

$$v^{IV} = A \cdot \frac{\pi^4}{l^4} \cdot \sin\frac{\pi \cdot x}{l} \qquad \vartheta^{IV} = B \cdot \frac{\pi^4}{l^4} \cdot \sin\frac{\pi \cdot x}{l}$$

Diese Ansätze werden in die beiden Differenzialgleichungen eingesetzt und man erhält das folgende homogene Gleichungssystem:

$$\left[\begin{array}{c|c} E \cdot I_z \cdot \dfrac{\pi^2}{l^2} & -M_{cr} \\ \hline -M_{cr} & E \cdot I_w \cdot \dfrac{\pi^2}{l^2} + G \cdot I_t \end{array}\right] \cdot \left[\begin{array}{c} A \\ \hline B \end{array}\right] = 0 \tag{9.14}$$

Die Nennerdeterminante $\Delta N = 0$ liefert die Lösung für das Verzweigungsproblem.

$$E \cdot I_z \cdot \frac{\pi^2}{l^2}\left(E \cdot I_w \cdot \frac{\pi^2}{l^2} + G \cdot I_t\right) - M_{cr}^2 = 0$$

$$M_{cr}^2 = E \cdot I_z \cdot \frac{\pi^2}{l^2} \cdot G \cdot I_t + E \cdot I_z \cdot \frac{\pi^2}{l^2} \cdot E \cdot I_w \cdot \frac{\pi^2}{l^2}$$

$$M_{cr}^2 = E \cdot I_z \cdot \frac{\pi^2}{l^2} \cdot G \cdot I_t \left(1 + \frac{\pi^2 \cdot E \cdot I_w}{l^2 \cdot G \cdot I_t}\right)$$

$$M_{cr} = \sqrt{\frac{\pi^2 E \cdot I_z}{l^2} \cdot G \cdot I_t \left(1 + \frac{\pi^2 \cdot E \cdot I_w}{l^2 \cdot G \cdot I_t}\right)} \tag{9.15}$$

Das Biegedrillknickmoment M_{cr} ist vor allem abhängig von:

- der Länge l des Trägers
- der Biegesteifigkeit $E \cdot I_z$
- der Torsionssteifigkeit $G \cdot I_t$
- der Wölbsteifigkeit $E \cdot I_w$

Es sollen zwei Querschnitte, die ungefähr die gleiche Biegesteifigkeit $E \cdot I_y$ um die starke Achse haben, miteinander verglichen werden. Folgende Abkürzung wird eingeführt:

$$\beta_w = 1 + \frac{\pi^2 \cdot E \cdot I_w}{l^2 \cdot G \cdot I_t} \tag{9.16}$$

Der Wert β_w erklärt den Einfluss der Wölbsteifigkeit $E \cdot I_w$ und der Länge l auf das Biegedrillknickmoment M_{cr}, das in dem folgenden Vergleich gezeigt werden soll.
Querschnittswerte:

Profil: IPE 240

$I_y = 3890\ \text{cm}^4$; $I_z = 284\ \text{cm}^4$; $I_t = 12{,}9\ \text{cm}^4$; $I_w = 37\ 390\ \text{cm}^6$

Profil: HEA 200

$I_y = 3690\ \text{cm}^4$; $I_z = 1340\ \text{cm}^4$; $I_t = 21{,}0\ \text{cm}^4$; $I_w = 108\ 000\ \text{cm}^6$

Tabelle 9.7 Vergleich der Biegedrillknickmomente

	IPE 240		**HEA 200**	
l cm	β_w	M_{cr} kNm	β_w	M_{cr} kNm
400	1,464	75,0	1,822	232
600	1,206	45,4	1,366	134
800	1,116	32,7	1,206	94,4
1000	1,074	25,7	1,132	73,0

Der Einfluss der Wölbsteifigkeit $E \cdot I_w$ nimmt mit zunehmender Länge des Trägers ab. Bei doppelter Länge des Trägers verringert sich das Biegedrillknickmoment M_{cr} um mehr als die Hälfte. Wenn keine Maßnahmen getroffen werden, das Biegedrillknicken zu verhindern, sind HEA- und HEB-Profile günstiger als IPE-Profile, da diese eine wesentlich höhere Flanschbiegesteifigkeit besitzen.
In der deutschen Fachliteratur wird das Biegedrillknickmoment M_{cr} der Gleichung (9.15) folgendermaßen umgeformt:

$$M_{cr} = \sqrt{\frac{\pi^2 E \cdot I_z}{l^2} \cdot G \cdot I_t \left(1 + \frac{\pi^2 \cdot E \cdot I_w}{l^2 \cdot G \cdot I_t}\right)}$$

$$N_{cr,z} = \frac{\pi^2 \cdot E \cdot I_z}{l^2}$$

$$M_{cr} = \sqrt{N_{cr,z}\left(\frac{\pi^2 \cdot E \cdot I_w}{l^2} + G \cdot I_t\right)} = N_{cr,z}\sqrt{\frac{\frac{\pi^2 \cdot E \cdot I_w}{l^2} + G \cdot I_t}{\frac{\pi^2 \cdot E \cdot I_z}{l^2}}}$$

$$M_{cr} = N_{cr,z}\sqrt{\frac{I_w + \frac{G}{E} \cdot \frac{l^2}{\pi^2} \cdot I_t}{I_z}} = N_{cr,z} \cdot \sqrt{c^2} = N_{cr,z} \cdot c \qquad (9.17)$$

$$c^2 = \frac{I_w + \frac{G}{E} \cdot \frac{l^2}{\pi^2} \cdot I_t}{I_z} = \frac{I_w + \frac{8100}{21\,000} \cdot \frac{l^2}{\pi^2} \cdot I_t}{I_z}$$

$$c^2 = \frac{I_w + 0{,}039 \cdot l^2 \cdot I_t}{I_z} \qquad (9.18)$$

c kann als Drehradius interpretiert werden, mit dem sich der Querschnitt um den Punkt A in Abb. 9.3 d) verdreht.

9.4 Momentenbeiwerte für Einfeldträger

Das Biegedrillknickmoment M_{cr} ist bei allgemeiner Belastung abhängig vom Biegemomenten- und Querkraftverlauf. Ähnlich wie beim Biegeknicken der Knicklängenbeiwert β wird hier ein Momentenbeiwert ζ definiert, der auf den Vergleichsstab mit konstantem Biegemoment bezogen ist. Der Momentenbeiwert ζ ist hier stets auf das maximale Biegemoment des Stabes bezogen.

$$M_{\text{cr}} = \zeta \cdot N_{\text{cr,z}} \cdot c \tag{9.19}$$

mit $c^2 = \dfrac{I_{\text{w}} + 0{,}039 \cdot l^2 \cdot I_{\text{t}}}{I_{\text{z}}}$

Tabelle 9.8 Momentenbeiwerte ζ

Momentenverlauf	ζ
M	1,00
M	1,12
M	1,35
M … $\psi \cdot M$ $-1 \leq \psi \leq 1$	$1{,}77 - 0{,}77 \cdot \psi$
M	1,35

a/l	ζ
0,1	1,63
0,2	1,50
0,3	1,42
0,4	1,37
0,5	1,35

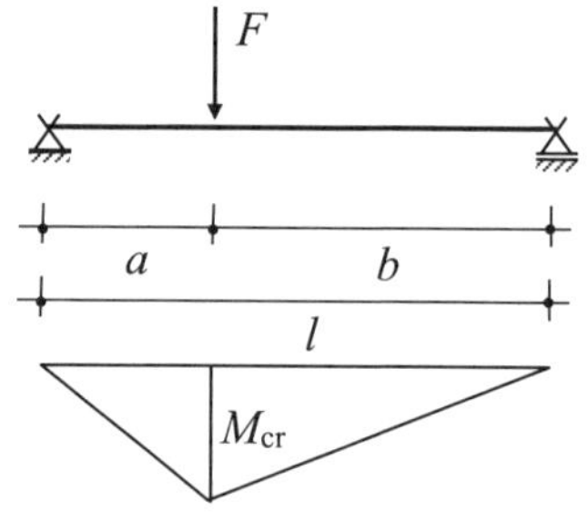

a/l	ζ
0,1	0,96*
0,2	1,02
0,3	1,07
0,4	1,16
0,5	1,35

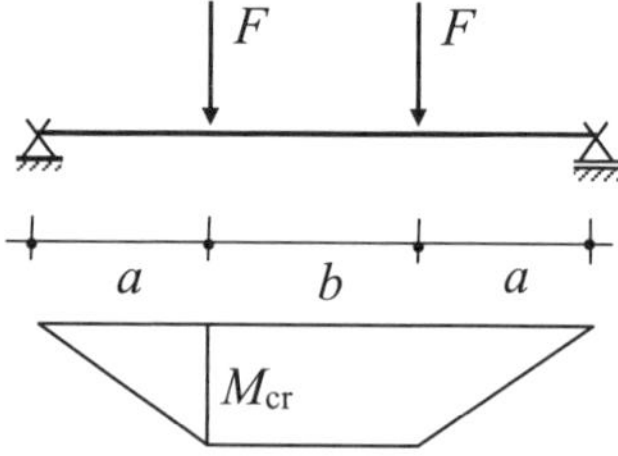

*Dieser Momentenbeiwert ist wegen des Einflusses der Querkraft noch kleiner als 1,0.

In der Tabelle 9.8 sind einige Momentenbeiwerte ζ für den gabelgelagerten Einfeldträger angegeben. Die Momentenbeiwerte ζ für die Einzellasten wurden mit dem Programm DRILL berechnet, s. auch [7].

9.5 Angriffspunkt der Querbelastung

Der Angriffspunkt der Querbelastung beeinflusst die Größe des Biegedrillknickmomentes, wie aus der Abb. 9.4 hervorgeht.

Fall a)
Meist greift die Querbelastung q_z bis auf das Eigengewicht des Trägers am Obergurt an. Es entsteht ein zusätzliches Moment am verformten System um den Schubmittelpunkt M mit destabilisierender Wirkung, d. h. das zugehörige Biegedrillknickmoment wird kleiner als im Fall b).

Fall b)
Es entsteht kein zusätzliches Moment.

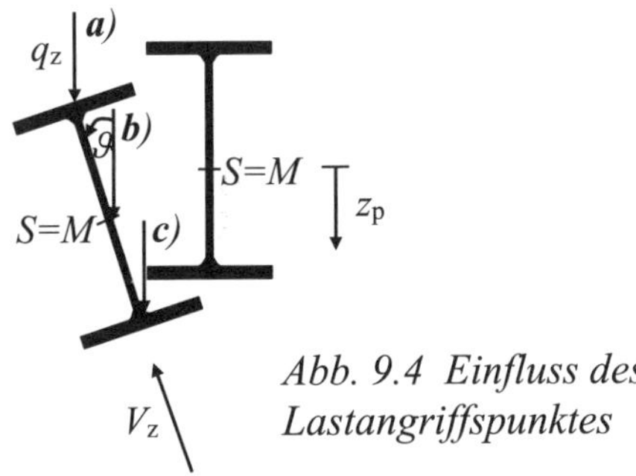

Abb. 9.4 Einfluss des Lastangriffspunktes

Fall c)
Die Querbelastung q_z greift am Untergurt des Trägers an. Es entsteht ein zusätzliches Moment am verformten System mit stabilisierender Wirkung, d. h. das zugehörige Biegedrillknickmoment wird größer als im Fall b).

In der deutschen Fachliteratur wird die Abhängigkeit des Biegedrillknickmomentes vom Lastangriffspunkt folgendermaßen berücksichtigt:

$$M_{\mathrm{cr}} = \zeta \cdot N_{\mathrm{cr,z}} \cdot \left(\sqrt{c^2 + 0{,}25 \cdot z_{\mathrm{p}}^2} + 0{,}5 \cdot z_{\mathrm{p}} \right) \tag{9.20}$$

mit $N_{\mathrm{cr,z}} = \dfrac{\pi^2 \cdot E \cdot I_z}{l^2}$ und $c^2 = \dfrac{I_{\mathrm{w}} + 0{,}039 \cdot l^2 \cdot I_{\mathrm{t}}}{I_z}$

z_{p} – Abstand des Angriffspunktes der Querbelastung vom Schwerpunkt; auf der Biegezugseite positiv

Es soll der Einfluss des Lastangriffspunktes an einem Standardbeispiel aufgezeigt werden, das noch häufig zur Erläuterung angewendet wird.

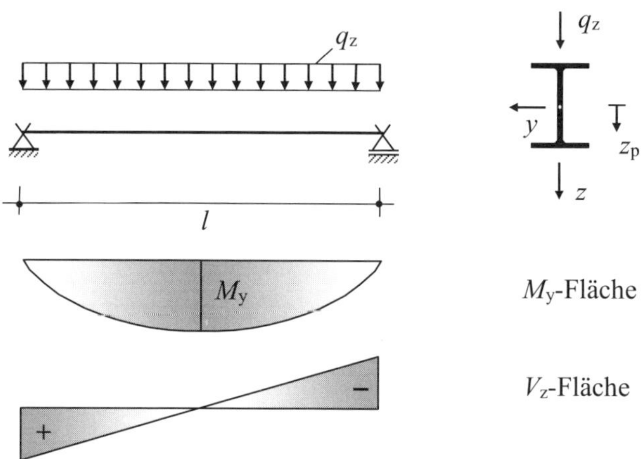

Abb. 9.5 Standardbeispiel für Einfeldträger

Profil: IPE 200
Länge: $l = 600$ cm
Querschnittswerte:

$$I_z = 142 \text{ cm}^4;\ I_t = 6{,}98 \text{ cm}^4;\ I_w = 12\ 990 \text{ cm}^6;\ h = 200 \text{ mm}$$

$$N_{cr,z} = \frac{\pi^2 \cdot E \cdot I_z}{l^2} = \frac{\pi^2 \cdot 21\ 000 \cdot 142}{600^2} = 81{,}75 \text{ kN}$$

$$c^2 = \frac{I_w + 0{,}039 \cdot l^2 \cdot I_t}{I_z} = \frac{12\ 990 + 0{,}039 \cdot 600^2 \cdot 6{,}98}{142} = 781{,}6 \text{ cm}^2$$

$$c = 27{,}96 \text{ cm}$$

1.) Konstanter Momentenverlauf

$$M_{cr} = \zeta \cdot N_{cr,z} \cdot c = 1{,}0 \cdot 81{,}75 \cdot 27{,}96 / 100 = 22{,}9 \text{ kNm}$$

2.) Parabelförmiger Momentenverlauf

Angriffspunkt am Schubmittelpunkt $z_p = 0$

$$M_{cr} = \zeta \cdot N_{cr,z} \cdot c = 1{,}12 \cdot 81{,}75 \cdot 27{,}96 / 100 = 25{,}6 \text{ kNm} \mathrel{\hat{=}} 100\ \%$$

Angriffspunkt am Obergurt $z_p = -\dfrac{h}{2} = -10$ cm

$$M_{cr} = \zeta \cdot N_{cr,z} \cdot \left(\sqrt{c^2 + 0{,}25 \cdot z_p^2} + 0{,}5 \cdot z_p \right)$$

$$M_{\text{cr}} = 1{,}12 \cdot 81{,}75 / 100 \cdot \left(\sqrt{781{,}6 + 0{,}25 \cdot 10^2} - 0{,}5 \cdot 10 \right) = 21{,}4 \text{ kNm}$$

$$M_{\text{cr}} = 21{,}4 \text{ kNm} \mathrel{\hat{=}} 84\ \%$$

Angriffspunkt am Untergurt $z_{\text{p}} = +\frac{h}{2} = +10$ cm

$$M_{\text{cr}} = \zeta \cdot N_{\text{cr,z}} \cdot \left(\sqrt{c^2 + 0{,}25 \cdot z_{\text{p}}^2} + 0{,}5 \cdot z_{\text{p}} \right)$$

$$M_{\text{cr}} = 1{,}12 \cdot 81{,}75 / 100 \cdot \left(\sqrt{781{,}6 + 0{,}25 \cdot 10^2} + 0{,}5 \cdot 10 \right) = 30{,}6 \text{ kNm}$$

$$M_{\text{cr}} = 30{,}6 \text{ kNm} \mathrel{\hat{=}} 120\ \%$$

Der Vergleich zeigt, dass der Einfluss des Lastangriffspunktes einer Querbelastung stets zu berücksichtigen ist. Für den Angriffspunkt am Obergurt ist das Biegedrillknickmoment sogar kleiner als für den konstanten Momentenverlauf.

9.6 Gleichstreckenlast mit Randmomenten

Es soll zunächst das Biegedrillknickmoment für einen gabelgelagerten Einfeldträger mit Gleichstreckenlast und ohne Randmomente nach Abb. 9.5 hergeleitet werden. Damit soll auch geklärt werden, warum der Momentenbeiwert ζ bei parabelförmigem Momentenverlauf gegenüber dem konstanten Momentenverlauf nur von 1,00 auf 1,12 anwächst, während beim Biegeknicken die Knicklast mit parabelförmigem Normalkraftverlauf gegenüber der konstanten Normalkraft den 2fachen Wert erreicht.

Näherungsweise kann das Biegedrillknickmoment mit Hilfe der virtuellen Arbeit und Ansätzen für die Verformungen, die die Randbedingungen erfüllen und der Verzweigungsfigur möglichst ähnlich sind, berechnet werden. Es herrscht Gleichgewicht, hier am verformten System, wenn die Summe der virtuellen Arbeiten der inneren und äußeren Kräfte null ist. Die virtuelle Arbeit für das vorliegende Eigenwertproblem lautet nach [8]:

$$\begin{aligned} -\delta W = & \int_0^l \delta v'' \cdot E \cdot I_{\text{z}} \cdot v'' \cdot \text{d}x - \int_0^l \delta v' \cdot M_{\text{y}} \cdot \vartheta' \cdot \text{d}x - \int_0^l \delta v' \cdot V_{\text{z}} \cdot \vartheta \cdot \text{d}x \\ & + \int_0^l \delta\vartheta'' \cdot E \cdot I_{\text{w}} \cdot \vartheta'' \cdot \text{d}x + \int_0^l \delta\vartheta' \cdot G \cdot I_{\text{t}} \cdot \vartheta' \cdot \text{d}x \\ & - \int_0^l \delta\vartheta' \cdot M_{\text{y}} \cdot v' \cdot \text{d}x - \int_0^l \delta\vartheta \cdot V_{\text{z}} \cdot v' \cdot \text{d}x + \int_0^l \delta\vartheta \cdot q_{\text{z}} \cdot z_{\text{p}} \cdot \vartheta \cdot \text{d}x \end{aligned} \tag{9.21}$$

Für die Verformungen werden die gleichen Ansätze (9.13) gewählt:

$$v = A \cdot \sin\frac{\pi \cdot x}{l} \qquad \vartheta = B \cdot \sin\frac{\pi \cdot x}{l}$$

$$v' = A \cdot \frac{\pi}{l} \cdot \cos\frac{\pi \cdot x}{l} \qquad \vartheta' = B \cdot \frac{\pi}{l} \cdot \cos\frac{\pi \cdot x}{l}$$

$$v'' = -A \cdot \frac{\pi^2}{l^2} \cdot \sin\frac{\pi \cdot x}{l} \qquad \vartheta'' = -B \cdot \frac{\pi^2}{l^2} \cdot \sin\frac{\pi \cdot x}{l}$$

Die virtuellen Arbeiten der konstanten Beanspruchbarkeiten lauten:

$$\int_0^l \delta v'' \cdot E \cdot I_z \cdot v'' \cdot dx = \delta A \cdot A \cdot E \cdot I_z \cdot \frac{\pi^4}{l^4} \cdot \int_0^l \sin^2\frac{\pi \cdot x}{l} \cdot dx$$

$$= \delta A \cdot A \cdot E \cdot I_z \cdot \frac{\pi^4}{l^4} \cdot \frac{l}{2}$$

$$\int_0^l \delta \vartheta'' \cdot E \cdot I_w \cdot \vartheta'' \cdot dx = \delta B \cdot B \cdot E \cdot I_w \cdot \frac{\pi^4}{l^4} \cdot \frac{l}{2}$$

$$\int_0^l \delta \vartheta' \cdot G \cdot I_t \cdot \vartheta' \cdot dx = \delta B \cdot B \cdot G \cdot I_t \cdot \frac{\pi^2}{l^2} \cdot \int_0^l \cos^2\frac{\pi \cdot x}{l} \cdot dx$$

$$= \delta B \cdot B \cdot G \cdot I_t \cdot \frac{\pi^2}{l^2} \cdot \frac{l}{2}$$

Die Verzweigungslast $q_{cr,z}$ erhält man mit dem Verzweigungslastfaktor α_{cr}, der z. B. mit dem Programm DRILL für den Biegedrillknicknachweis ermittelt wird. Es soll für die geschlossene Lösung direkt das maximale Biegedrillknickmoment M_{cr} berechnet werden. Es gilt

$$q_{cr,z} = \alpha_{cr} \cdot q_z$$

$$M_{cr} = \frac{q_{cr,z} \cdot l^2}{8}$$

Der Biegemomenten- und Querkraftverlauf kann in Abhängigkeit von M_{cr} wie folgt formuliert werden:

$$M_y = 4 \cdot M_{cr} \cdot \left(\frac{x}{l} - \frac{x^2}{l^2}\right)$$

$$V_z = 4 \cdot \frac{M_{cr}}{l} \cdot \left(1 - 2\frac{x}{l}\right)$$

Die virtuellen Arbeiten der Beanspruchungen für die Gleichstreckenlast q_z lauten:

$$\int_0^l \delta v' \cdot M_y \cdot \vartheta' \cdot \mathrm{d}x =$$

$$= \delta A \cdot B \cdot M_{cr} \cdot \frac{\pi^2}{l^2} \cdot 4 \cdot \left(\int_0^l \frac{x}{l} \cos^2 \frac{\pi \cdot x}{l} \cdot \mathrm{d}x - \int_0^l \frac{x^2}{l^2} \cos^2 \frac{\pi \cdot x}{l} \cdot \mathrm{d}x \right)$$

$$= \delta A \cdot B \cdot M_{cr} \cdot \frac{\pi^2}{l^2} \cdot 4 \left(\frac{l}{4} - l \left(\frac{1}{6} + \frac{1}{4 \cdot \pi^2} \right) \right)$$

$$= \delta A \cdot B \cdot M_{cr} \cdot \frac{\pi^2}{l^2} \cdot \frac{l}{2} \left(\frac{2}{3} - \frac{2}{\pi^2} \right)$$

$$\int_0^l \delta v' \cdot V_z \cdot \vartheta \cdot \mathrm{d}x =$$

$$= \delta A \cdot B \cdot M_{cr} \cdot \frac{4}{l} \cdot \frac{\pi}{l} \cdot \left(\int_0^l \sin \frac{\pi \cdot x}{l} \cos \frac{\pi \cdot x}{l} \cdot \mathrm{d}x - 2 \cdot \int_0^l \frac{x}{l} \cdot \sin \frac{\pi \cdot x}{l} \cos \frac{\pi \cdot x}{l} \cdot \mathrm{d}x \right)$$

$$= \delta A \cdot B \cdot M_{cr} \cdot \frac{\pi}{l^2} \cdot 4 \left(0 + 2 \cdot \frac{l}{4 \cdot \pi} \right)$$

$$= \delta A \cdot B \cdot M_{cr} \cdot \frac{\pi^2}{l^2} \cdot \frac{l}{2} \cdot \frac{4}{\pi^2}$$

Zusammenfassung der virtuellen Arbeiten der Beanspruchungen:

$$\int_0^l \delta v' \cdot M_y \cdot \vartheta' \cdot \mathrm{d}x + \int_0^l \delta v' \cdot V_z \cdot \vartheta \cdot \mathrm{d}x = \delta A \cdot B \cdot M_{\mathrm{Ki,y}} \cdot \frac{\pi^2}{l^2} \cdot \frac{l}{2} \cdot \left(\frac{2}{3} + \frac{2}{\pi^2} \right)$$

Es wird der Momentenbeiwert ζ eingeführt.

$$\int_0^l \delta v' \cdot M_y \cdot \vartheta' \cdot \mathrm{d}x + \int_0^l \delta v' \cdot V_z \cdot \vartheta \cdot \mathrm{d}x = \delta A \cdot B \cdot \frac{M_{cr}}{\zeta} \cdot \frac{\pi^2}{l^2} \cdot \frac{l}{2} = \delta B \cdot A \cdot \frac{M_{cr}}{\zeta} \cdot \frac{\pi^2}{l^2} \cdot \frac{l}{2}$$

mit $\zeta = \dfrac{1}{\dfrac{2}{3} + \dfrac{2}{\pi^2}} = 1{,}15$

Dieser Wert stimmt gut mit dem genauerenWert $\zeta = 1{,}12$ überein.

Es sollen zur Erläuterung die Anteile für die Biegebeanspruchung und für die Querkraftbeanspruchung nochmals getrennt angegeben werden. Der Momentenbeiwert ζ_1 nur für die Biegebeanspruchung beträgt:

$$\zeta_1 = \frac{1}{\dfrac{2}{3} - \dfrac{2}{\pi^2}} = 2{,}155$$

Nur dieser Wert ist vergleichbar mit der Knicklast mit parabelförmigem Normalkraftverlauf und ist auch ungefähr 2,0.

Der Momentenbeiwert ζ_2 nur für die Querkraftbeanspruchung beträgt:

$$\zeta_2 = \frac{1}{\frac{4}{\pi^2}} = 2{,}467$$

Die destabilisierende Wirkung der Querkraft V_z nach Abb. 9.4 ist nahezu genauso groß. Der Momentenbeiwert ζ folgt aus:

$$\frac{1}{\zeta} = \frac{1}{\zeta_1} + \frac{1}{\zeta_2} = \frac{1}{2{,}155} + \frac{1}{2{,}467} \qquad \zeta = 1{,}15$$

Es ist also sehr wichtig, stets den Einfluss der Querkraft zu beachten.
Da bei einem konstanten Biegemoment die Querkraft gleich null ist, ist der Momentenbeiwert für das Biegedrillknicken $\zeta = 1{,}00$ und bei einer konstanten Normalkraft der entsprechende Normalkraftbeiwert für das Biegeknicken ebenfalls $1/\beta^2 - 1{,}00$.
Die virtuelle Arbeit der Gleichstreckenlast, die den Lastangriffspunkt berücksichtigt, lautet:

$$\int_0^l \delta\vartheta \cdot q_z \cdot z_p \cdot \vartheta \cdot dx = \delta B \cdot B \cdot q_{cr,z} \cdot z_p \cdot \int_0^l \sin^2 \frac{\pi \cdot x}{l} \cdot dx$$

$$= \delta B \cdot B \cdot q_{cr,z} \cdot z_p \cdot \frac{l}{2}$$

Mit $M_{cr} = \dfrac{q_{Ki,z} \cdot l^2}{8}$ gilt:

$$\int_0^l \delta\vartheta \cdot q_z \cdot z_p \cdot \vartheta \cdot dx = \delta B \cdot B \cdot M_{cr} \cdot \frac{\pi^2}{l^2} \cdot \frac{l}{2} \cdot \frac{8}{\pi^2} \cdot z_p$$

Das homogene Gleichungssystem für die Unbekannten A und B erhält man, wenn alle Größen mit den virtuellen Koeffizienten δA und δB zusammengefasst und jeweils für sich gleich null gesetzt werden.

$$\begin{bmatrix} E \cdot I_z \cdot \dfrac{\pi^2}{l^2} & -\dfrac{M_{cr}}{\zeta} \\ -\dfrac{M_{cr}}{\zeta} & E \cdot I_w \cdot \dfrac{\pi^2}{l^2} + G \cdot I_t + \dfrac{8}{\pi^2} \cdot z_p \cdot M_{cr} \end{bmatrix} \cdot \begin{bmatrix} A \\ B \end{bmatrix} = 0 \qquad (9.22)$$

Die Nennerdeterminante $\Delta N = 0$ liefert als Lösung einer quadratischen Gleichung das Biegedrillknickmoment M_{cr}.

$$M_{cr} = \zeta \cdot N_{Ki,z} \cdot \left(\sqrt{c^2 + \left(\zeta \cdot 0{,}4 \cdot z_p\right)^2} + \zeta \cdot 0{,}4 \cdot z_p \right) \qquad (9.23)$$

mit $N_{cr,z} = \dfrac{\pi^2 \cdot E \cdot I_z}{l^2}$ und $c^2 = \dfrac{I_w + 0{,}039 \cdot l^2 \cdot I_t}{I_z}$

Diese Gleichung wurde in [9] hergeleitet und darauf hingewiesen, dass der Momentenbeiwert ζ auch bei dem Vorfaktor von z_p auftritt. Die Gleichung (9.20) ist eine gute Näherung. Für $\zeta > 1{,}35$ ist der genauere Einfluss auf die Vorfaktoren jedoch zu berücksichtigen.

Momentenbeiwerte $\zeta > 1{,}35$ treten vor allem bei Einfeldträgern mit Gleichstreckenlast und negativen Randmomenten auf. Der Ansatz (9.13) eignet sich auch nicht als Näherung für diese Beanspruchungskombination. Die Ergebnisse liegen zum Teil erheblich auf der unsicheren Seite. Deshalb werden diese Momentenbeiwerte mit einem EDV-Programm berechnet. Für die tägliche Praxis ist der Einsatz eines solchen Programms zu empfehlen, da es wirtschaftlicher ist und die Berechnung von alternativen Lösungen in kurzer Zeit erlaubt. Es werden hier die Momentenbeiwerte und der Bezugswert aus [9] angegeben.

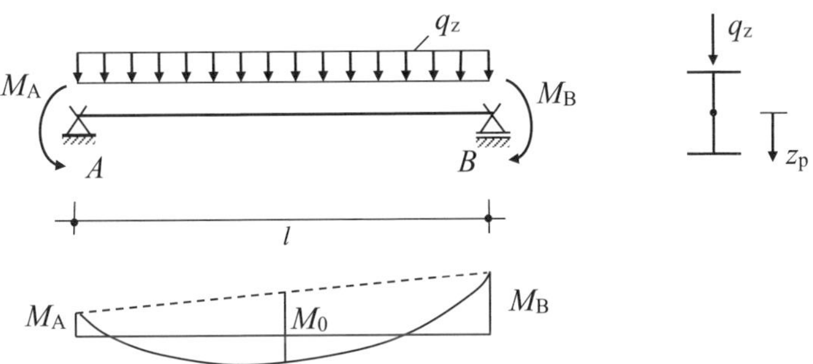

Abb. 9.6 Einfeldträger mit Gleichstreckenlast und negativen Randmomenten

Der Biegemomentenverlauf des Einfeldträgers mit Gleichstreckenlast wird durch die beiden Randmomente M_A, M_B und die eingehängte Parabel mit dem maximalen Wert M_0 eindeutig beschrieben. Mit dem Verzweigungslastfaktor α_{cr} erhält man die M_{cr}-Fläche für den Träger.

$$M_{cr} = \alpha_{cr} \cdot M$$

Der Verzweigungslastfaktor α_{cr} kann demnach mit einem beliebigen Wert der M-Fläche beschrieben werden. Im Allgemeinen ist dies das maximale Biegemoment $\max M$. Hier empfiehlt es sich, das Biegemoment M_0 zu wählen, da dies eine einfache Lösung für den Vorfaktor von z_p ergibt. Der Berechnungsablauf sieht dann folgendermaßen aus:

$$M_{\mathrm{cr,0}} = \zeta_0 \cdot N_{\mathrm{cr,z}} \cdot \left(\sqrt{c^2 + \left(\zeta_0 \cdot 0{,}4 \cdot z_\mathrm{p}\right)^2} + \zeta_0 \cdot 0{,}4 \cdot z_\mathrm{p} \right) \tag{9.24}$$

mit $N_{\mathrm{cr,z}} = \dfrac{\pi^2 \cdot E \cdot I_\mathrm{z}}{l^2}$ und $c^2 = \dfrac{I_\mathrm{w} + 0{,}039 \cdot l^2 \cdot I_\mathrm{t}}{I_\mathrm{z}}$

$$\alpha_{\mathrm{cr}} = \frac{M_{\mathrm{cr,0}}}{M_0} \text{ mit } M_0 = q_\mathrm{z} \cdot \frac{l^2}{8} \tag{9.25}$$

$$M_{\mathrm{cr}} = \alpha_{\mathrm{cr}} \cdot M \text{ mit } M_{\mathrm{cr}} = \alpha_{\mathrm{cr}} \cdot \max M \tag{9.26}$$

Die Momentenbeiwerte ζ_0 sind in Tabelle 9.9 angegeben.

Tabelle 9.9 Momentenbeiwerte ζ_0 für negative Randmomente

$\psi = \dfrac{M_\mathrm{B}}{M_0}$	$M_\mathrm{A} = 0$	$M_\mathrm{A} = \dfrac{M_\mathrm{B}}{2}$	$M_\mathrm{A} = M_\mathrm{B}$
0	1,12	1,12	1,12
0,1	1,19	1,22	1,26
0,2	1,26	1,34	1,44
0,3	1,34	1,49	1,67
0,4	1,43	1,67	2,00
0,5	1,53	1,90	2,46
0,6	1,64	2,19	3,17
0,7	1,76	2,57	4,30
0,8	1,91	3,09	5,61
0,9	2,06	3,78	5,15
1,0	2,24	4,43	4,10
$\dfrac{1}{\psi} = \dfrac{M_0}{M_\mathrm{B}}$	$M_\mathrm{A} = 0$	$M_\mathrm{A} = \dfrac{M_\mathrm{B}}{2}$	$M_\mathrm{A} = M_\mathrm{B}$
0,9	2,42	4,19	3,12
0,8	2,66	3,42	2,31
0,7	2,78	2,63	1,68
0,6	2,38	1,93	1,21
0,5	1,80	1,35	0,87
0,4	1,26	0,91	0,60
0,3	0,82	0,58	0,40
0,2	0,47	0,33	0,24
0,1	0,20	0,14	0,11
0	$\zeta_\mathrm{B} = 1{,}77$ *	$\zeta_\mathrm{B} = 1{,}32$ *	$\zeta_\mathrm{B} = 1{,}00$ *
	* $M_{\mathrm{Kcr,B}} = \zeta_\mathrm{B} \cdot N_{\mathrm{cr,z}} \cdot c$		

Bei **positiven Randmomenten** mit Gleichstreckenlast, aber auch mit Einzellasten, liefert die *Dunkerley*sche Überlagerungsformel (3.6) eine gute Näherung für den Verzweigungslastfaktor α_{cr}. Voraussetzung ist jedoch, dass sich die Momentenanteile addieren. Die Momente sind auf eine maßgebende Stelle zu beziehen.

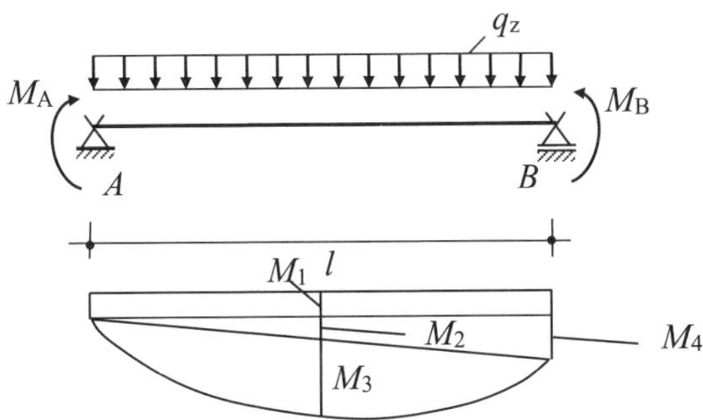

Abb. 9.7 Einfeldträger mit Gleichstreckenlast und positiven Randmomenten

$$\frac{1}{\alpha_{cr}} = \frac{M_1}{M_{1,cr}} + \frac{M_2}{M_{2,cr}} + \frac{M_3}{M_{3,cr}} \tag{9.27}$$

Hierbei gilt: $\frac{M_2}{M_{2,cr}} = \frac{M_4}{M_{4,cr}}$

9.7 Biegedrillknicknachweis von Durchlaufträgern

Bei Durchlaufträgern sind alle Lastkombinationen aus ständigen und veränderlichen Einwirkungen zu berücksichtigen. Nur bei Pfetten von Hallendächern ist i. Allg. die Lastkombination aus Eigengewicht und Schneelast maßgebend. Die Beispiele werden mit dem Programm berechnet und mit Näherungslösungen, soweit dies möglich ist, verglichen. Weiterhin sollen spezielle Lagerungsbedingungen untersucht werden. Eine Näherung für gabelgelagerte Durchlaufträger, die in [9] angegeben ist und auf der sicheren Seite liegt, ist der Nachweis von Teilsystemen. Dabei sind alle Einzelfelder zu untersuchen, wenn nicht ein Teilfeld offensichtlich maßgebend ist.
Als Erläuterungsbeispiel wird ein Zweifeldträger nach Abb. 9.8 mit gleicher Spannweite und feldweise veränderlicher Verkehrslast berechnet und mit dem Ergebnis des Programms verglichen.
$\gamma_{M1} = 1{,}10$
Werkstoff: S 235
Berechnungsmethode: Elastisch-Plastisch
Beanspruchungen: einachsige Biegung
Profil: IPE 220

Der Nachweis von max c/t ist stets zu führen. Er ist hier eingehalten; siehe Abschnitt Querschnittsklassifizierung.
Bemessungslasten:

$$g_{\mathrm{Ed}} = 0{,}97\ \mathrm{kN/m}$$

$$q_{\mathrm{Ed}} = 4{,}50\ \mathrm{kN/m}$$

Es ist zunächst nicht erkennbar, welche Lastfallkombination hier maßgebend ist.
1. Lastkombination mit einseitiger Verkehrslast

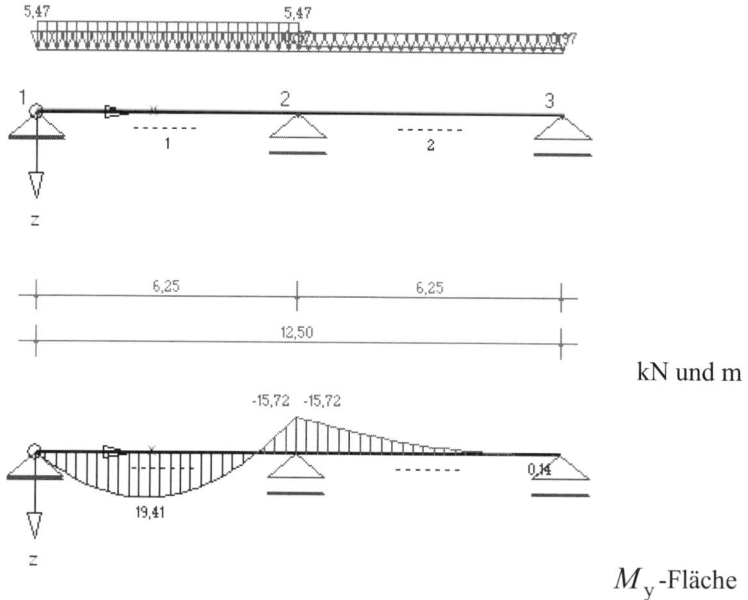

Abb. 9.8 Zweifeldträger mit einseitiger Verkehrslast

Näherungslösung für das linke Teilfeld:

$$M_{\mathrm{A}} = 0$$

$$M_{\mathrm{B}} = 15{,}7\ \mathrm{kNm}$$

$$M_0 = e_{\mathrm{Ed}} \cdot \frac{l^2}{8} = \frac{5{,}47 \cdot 6{,}25^2}{8} = 26{,}7\ \mathrm{kNm}$$

$$\psi = \frac{M_{\mathrm{B}}}{M_0} = \frac{15{,}7}{26{,}7} = 0{,}588$$

$$\zeta_0 = 1{,}63 \text{ nach Tabelle 9.9}$$

$$z_{\mathrm{p}} = -11\ \mathrm{cm}$$

$$N_{\mathrm{cr,z}} = \frac{\pi^2 \cdot E \cdot I_{\mathrm{z}}}{l^2} = \frac{\pi^2 \cdot 21\,000 \cdot 205}{625^2} = 109\ \mathrm{kN}$$

$$c^2 = \frac{I_w + 0{,}039 \cdot l^2 \cdot I_t}{I_z} = \frac{22\ 670 + 0{,}039 \cdot 625^2 \cdot 9{,}07}{205} = 785\ \text{cm}^2$$

$$M_{cr,0} = \zeta_0 \cdot N_{cr,z} \cdot \left(\sqrt{c^2 + \left(\zeta_0 \cdot 0{,}4 \cdot z_p\right)^2} + \zeta_0 \cdot 0{,}4 \cdot z_p \right)$$

$$M_{cr,0} = 1{,}63 \cdot \frac{109}{100} \cdot \left(\sqrt{785 + \left(1{,}63 \cdot 0{,}4 \cdot 11\right)^2} - 1{,}63 \cdot 0{,}4 \cdot 11 \right) = 38{,}6\ \text{kNm}$$

$$\alpha_{cr} = \frac{M_{cr,0}}{M_0} = \frac{38{,}6}{26{,}7} = 1{,}45$$

Maßgebend ist hier der Biegedrillknicknachweis im Feld.

$$M_{cr} = \alpha_{cr} \cdot \max M = 1{,}45 \cdot 19{,}4 = 28{,}1\ \text{kNm}$$

$$\bar{\lambda}_{LT} = \sqrt{\frac{W_{pl,y} \cdot f_y}{M_{cr}}} = \sqrt{\frac{285 \cdot 23{,}5}{28{,}1 \cdot 100}} = 1{,}54$$

$\chi_{LT} = 0{,}411$ nach Tabelle 9.5

$k_c = 0{,}91$ nach Tabelle 9.6

$$f = 1 - 0{,}5 \cdot (1 - k_c) \cdot \left[1 - 2{,}0 \cdot \left(\bar{\lambda}_{LT} - 0{,}8\right)^2 \right]$$

$$f = 1 - 0{,}5 \cdot (1 - 0{,}91) \cdot \left[1 - 2{,}0 \cdot (1{,}54 - 0{,}8)^2 \right] = 1{,}004 \text{ jedoch} < 1{,}0$$

$$\chi_{LT,mod} = \frac{\chi_{LT}}{f} = \frac{0{,}411}{1{,}0} = 0{,}411$$

$$M_{b,Rd} = \chi_{LT,mod} \cdot W_{pl,y} \frac{f_y}{\gamma_{M1}} = 0{,}411 \cdot 285 \frac{23{,}5}{1{,}10 \cdot 100} = 25{,}0\ \text{kNm}$$

$$\frac{M_{Ed}}{M_{b,Rd}} = \frac{19{,}4}{25{,}0} = 0{,}78 \le 1{,}0$$

2. Lastkombination mit Volllast

M_y-Fläche

Abb. 9.9 Zweifeldträger mit Volllast

$$\frac{M_{Ed}}{M_{b,Rd}} = \frac{26{,}7}{37{,}2} = 0{,}72 \le 1{,}0$$

Maßgebend ist hier mit der Näherung die Lastkombination einseitige Verkehrslast, auch wenn das maximale Biegemoment unter Volllast auftritt.
Die Ergebnisse der Berechnung mit dem Programm DRILL sind in der Tabelle 9.10 zusammengestellt. Es zeigt sich, dass bei der genaueren Berechnung das Profil IPE 200 ausreichend ist. In Abb. 9.10 sind die Biegedrillknickfigur und die zugehörigen Verformungen beispielhaft für das Profil IPE 200 unter Volllast dargestellt. Diese Darstellungen der Biegedrillknickfigur und der Verformungen fördern das Verständnis für das Biegedrillknicken.

Tabelle 9.10 Ergebnisse der Berechnung mit dem Programm DRILL

Profil	**Lastkombination**	α_{cr}	M_{cr} **in kNm**	**Nachweis**
IPE 220	Einseitige Verkehrslast	1,68	32,7	0,690 < 1,0
	Volllast	1,81	48,3	0,716 < 1,0
IPE 200	Einseitige Verkehrslast	1,23	23,2	0,957 < 1,0
	Volllast	1,35	36,0	0,948 < ,0

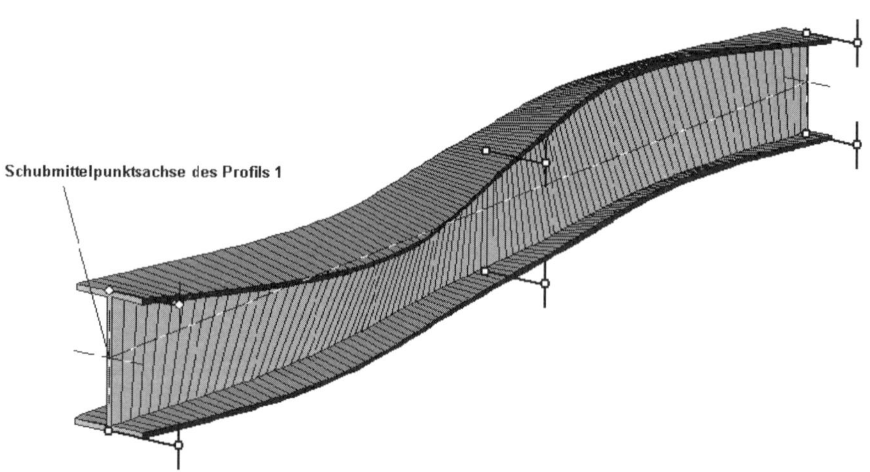

Es soll einmal angenommen werden, dass das mittlere Lager am Untergurt seitlich unverschieblich gelagert ist und die Verdrehung auch durch eine Drehfeder nicht behindert ist. Es ist kein Gabellager mehr in der Mitte vorhanden. Für die Lastkombination Volllast erhält man:

mit Gabellager $\alpha_{cr} = 1,35$

ohne Gabellager $\alpha_{cr} = 0,275$

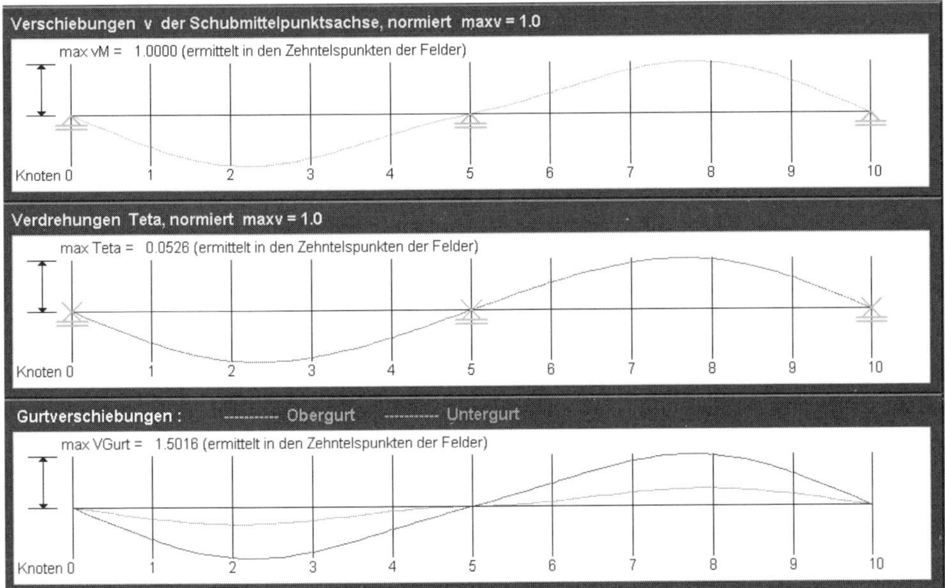

Abb. 9.10 Biegedrillknickfigur und Verformungen unter Volllast

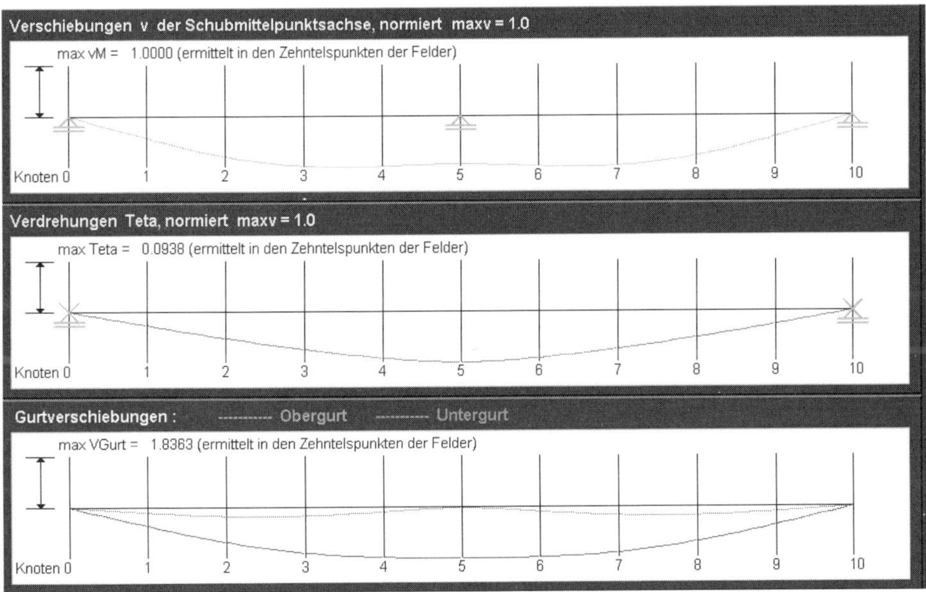

Abb. 9.11 Biegedrillknickverformungen unter Volllast ohne mittiges Gabellager

Das Biegedrillknickmoment beträgt damit nur noch ein Viertel des Trägers mit mittigem Gabellager. Dies liegt daran, dass der gedrückte Obergurt über die ganze Länge des Trägers seitlich ausweichen kann. Dies ist deutlich in der Abb. 9.11 zu erkennen.
Dieses Beispiel zeigt, wie wichtig die Lagerung des Trägers ist. **Biegedrillknicken ist ein mit Torsion verbundenes Stabilitätsproblem**. Die Lager sind so auszubilden, dass Torsion aufgenommen und i. Allg. ein Gabellager angenommen werden kann. Die Konstruktion wird im Band II behandelt.

9.8 Seitliche Stützung

Durch eine seitliche Stützung wird das Biegedrillknickmoment eines Trägers deutlich erhöht. Die seitliche Stützung erfolgt i. Allg. am gedrückten Gurt des Trägers. Die Verschiebung v_a der Halterung ist dann null. Wird der Träger an beiden Gurten durch einen anderen Träger seitlich gehalten, dann ist auch die Verdrehung ϑ verhindert. Es darf dann an dieser Stelle ein Gabellager angenommen werden.

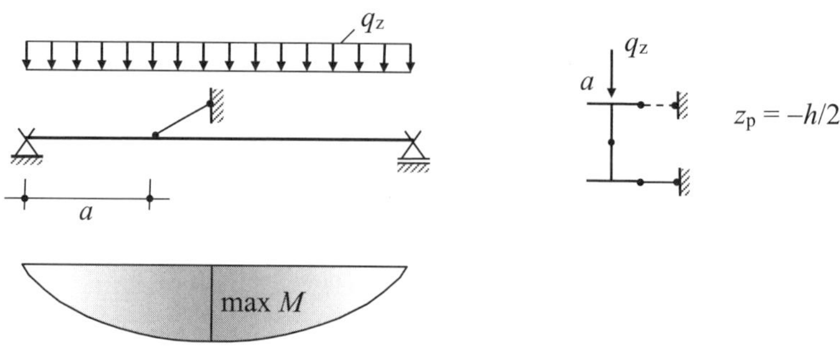

Abb. 9.12 Seitliche Stützung eines Trägers

Aus Gleichung (9.15) und Tabelle 9.7 geht hervor, dass das Quadrat der Länge des Trägers unter der Wurzel erscheint. Halbiert die Stützung die Länge des Trägers, dann erhöht sich das Biegedrillknickmoment um mehr als das Doppelte. Seitliche Halterungen sind eine wirksame konstruktive Maßnahme, um einen biegedrillknickgefährdeten Träger zu stabilisieren. Für das Standardbeispiel nach Abb. 9.12 soll die Wirksamkeit der seitlichen Stützungen aufgezeigt werden. Die Gleichstreckenlast greift am Obergurt an.

Profil: IPE 200
Länge: $l = 600$ cm
Für das maximale Biegedrillknickmoment M_{cr} erhält man mit dem Programm DRILL für die seitliche Stützung in der Mitte des Trägers:

1. ohne seitliche Stützung $M_{cr} = 22,0$ kNm
2. seitliche Stützung am Druckgurt $M_{cr} = 65,4$ kNm
3. seitliche Stützung am Zuggurt $M_{cr} = 27,4$ kNm

Das Biegedrillknickmoment wächst hier bei seitlicher Stützung am Druckgurt auf das 3fache, bei Stützung am Zuggurt jedoch nur um 25 %.
Ist nur der Obergurt gehalten, dann kann sich der Untergurt verdrehen. Sind dagegen der Obergurt und der Untergurt gehalten, dann ist zusätzlich die Verdrehung ϑ verhindert, und es kann an dieser Stelle ein seitlich **unverschiebliches** Gabellager angenommen werden.

In der Tabelle 9.11 sind die Ergebnisse der Berechnung zusammengestellt, wenn die seitliche Stützung an der Stelle a angreift. **Der Obergurt ist der Druckgurt**. Es wird unterschieden zwischen „Obergurt gestützt" und „Obergurt und Untergurt gestützt". Man erkennt, dass in diesem Beispiel die Unterschiede gering sind, d. h. es treten nur geringfügige Verdrehungen an der Stützstelle auf, wenn nur der Obergurt gehalten ist.

Tabelle 9.11 Ergebnisse einer seitlichen Stützung für das Standardbeispiel

M_{cr} in kNm			
Nr.	a / l	Obergurt gestützt	Obergurt und Untergurt gestützt
1.0	0	22,0	22,0
1.1	0,1	36,0	36,1
1.2	0,2	41,7	42,1
1.3	0,3	49,6	50,1
1.4	0,4	59,4	59,6
1.5	0,5	65,4	65,4

In der Tabelle 9.12 sind die Ergebnisse angegeben, wenn mehrere Stützungen den Träger in gleiche Abschnitte unterteilt.

Tabelle 9.12 Ergebnisse mehrerer seitlicher Stützungen für das Standardbeispiel

M_{cr} in kNm				
Nr.	Stützung	Obergurt gestützt	Obergurt und Untergurt gestützt	Näherung
2.0	ohne	22,0	22,0	
2.1	Mitte	65,4	65,4	61,2
2.2	Drittelpunkt	113	121	92,3
2.3	Viertelpunkt	188	192	164

Auch hier zeigt sich, dass der Einfluss der Verdrehungen gering ist. Diese Ergebnisse erlauben eine Näherungsberechnung, die für die beiden Fälle

„Obergurt gestützt“ und „Obergurt und Untergurt gestützt“ gilt. Voraussetzung ist jedoch, wie noch gezeigt wird, dass **keine negativen Randmomente** auftreten. Die Näherung besteht darin, für alle Teilfelder bzw. das ungünstigste mit beidseitiger Gabellagerung den Verzweigungslastfaktor α_{cr} zu berechnen. Die Näherungsberechnung soll an dem Beispiel Nr. 2.3 der Tabelle 9.12 exemplarisch aufgezeigt werden. In Abb. 9.13 ist die Biegemomentenfläche für das ungünstigste Teilfeld angegeben.

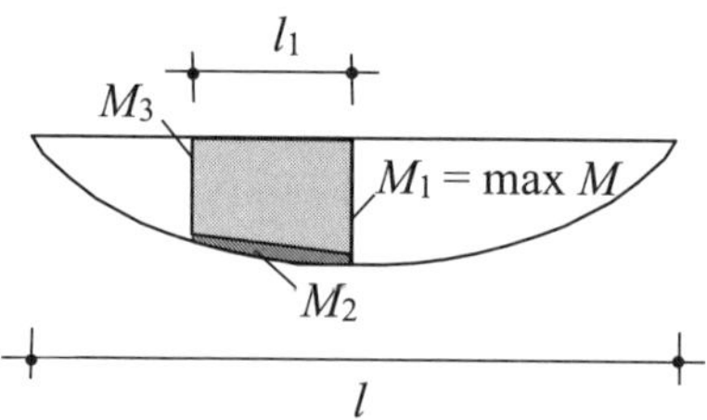

Abb. 9.13 Biegemomentenfläche bei seitlicher Stützung in den Viertelpunkten

Die Biegemomentenfläche des ungünstigsten Teilfeldes besteht aus zwei Teilflächen, der linear veränderlichen Momentenfläche mit dem Maximalwert M_1 und der parabelförmigen Momentenfläche mit dem Maximalwert M_2. Bei einem Nachweis des Trägers wird für die Berechnung die vorhandene Gleichstreckenlast angenommen. Für die Berechnung des Biegedrillknickmomentes M_{cr} kann man den Wert für q_z aber auch beliebig wählen.

$$l = 600 \text{ cm};\ l_1 = 150 \text{ cm}$$

$$q_z = 10 \text{ kN/m}$$

$$M_1 = \frac{q_z \cdot l^2}{8} = \frac{10 \cdot 6^2}{8} = 45 \text{ kNm}$$

$$M_3 = A \cdot x - \frac{q_z \cdot x^2}{2} = 30 \cdot 1{,}5 - \frac{10 \cdot 1{,}5^2}{2} = 33{,}75 \text{ kNm}$$

$$M_2 = \frac{q_z \cdot l_1^2}{8} = \frac{10 \cdot 1{,}5^2}{8} = 2{,}81 \text{ kNm}$$

Hier kann die Überlagerungsformel (9.27) angewendet werden.

Profil: IPE 200
Länge: $l_1 = 150$ cm
Querschnittswerte:

$$I_z = 142 \text{ cm}^4;\ I_T = 6{,}98 \text{ cm}^4;\ I_\omega = 12\,990 \text{ cm}^6;\ h = 200 \text{ mm}$$

$$N_{cr,z} = \frac{\pi^2 \cdot E \cdot I_z}{l_1^2} = \frac{\pi^2 \cdot 21\,000 \cdot 142}{150^2} = 1308 \text{ kN}$$

$$c^2 = \frac{I_w + 0,039 \cdot l_1^2 \cdot I_t}{I_z} = \frac{12\,990 + 0,039 \cdot 150^2 \cdot 6,98}{142} = 134,6 \text{ cm}^2$$

$$c = 11,6 \text{ cm}$$

1. Veränderlicher Momentenverlauf

$$\zeta = 1,77 - 0,77 \cdot \psi = 1,77 - 0,77 \cdot \frac{33,75}{45} = 1,193$$

$$M_{1,\text{cr}} = \zeta \cdot N_{\text{cr,z}} \cdot c = 1,193 \cdot 1308 \cdot 11,6 / 100 = 181 \text{ kNm}$$

2. Parabelförmiger Momentenverlauf

Angriffspunkt am Obergurt $z_p = -\frac{h}{2} = -10$ cm

$$M_{2,\text{cr}} = \zeta \cdot N_{\text{cr,z}} \cdot \left(\sqrt{c^2 + 0,25 \cdot z_p^2} + 0,5 \cdot z_p\right)$$

$$M_{2,\text{cr}} = 1,12 \cdot 1308 \cdot \left(\sqrt{134,6 + 0,25 \cdot 10^2} - 0,5 \cdot 10\right) / 100 = 112 \text{ kNm}$$

$$\frac{1}{\alpha_{\text{cr}}} = \frac{M_1}{M_{1,\text{cr}}} + \frac{M_2}{M_{2,\text{cr}}} = \frac{45}{181} + \frac{2,81}{112} \qquad \alpha_{\text{cr}} = 3,65$$

$$M_{\text{cr,y}} = \alpha_{\text{cr}} \cdot \max M = 3,65 \cdot 45 = 164 \text{ kNm}$$

Es soll nun ein Einfeldträger mit negativen Randmomenten untersucht werden. Als Beispiel für die Randmomente wird gewählt

$$M_A = M_B = -\frac{q_z \cdot l^2}{16}$$

Das Feldmoment in der Mitte ist damit betragsmäßig gleich groß.

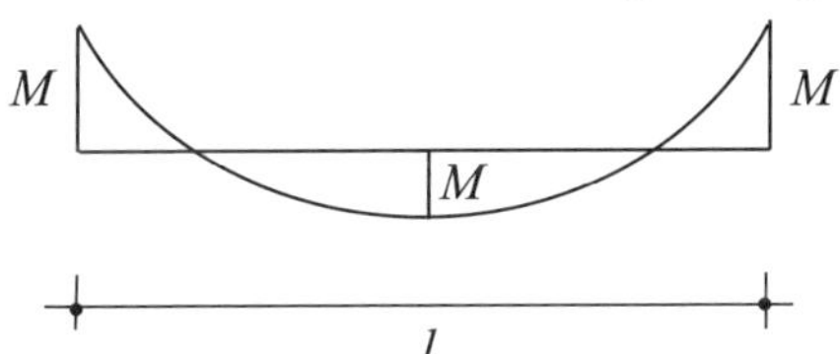

Abb. 9.14 Einfeldträger mit negativen Randmomenten

Tabelle 9.13 Ergebnisse mehrerer seitlicher Stützungen für das Standardbeispiel mit Randmomenten

$M_{cr,y}$ in kNm				
Nr.	Stützung	Obergurt gestützt	Obergurt und Untergurt gestützt	Näherung
3.0	ohne	20,0	20,0	
3.1	Mitte	73,5	73,5	54,0
3.2	Drittelpunkt	69,9	138	89,9
3.3	Viertelpunkt	90,5	215	170

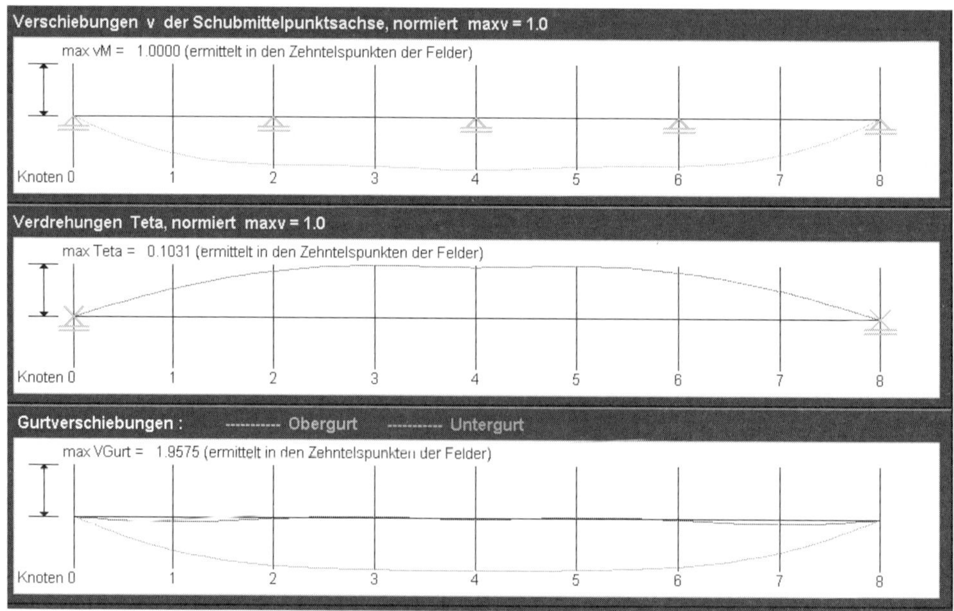

Abb. 9.15 Knickfigur für den Fall Nr. 3.3, Obergurt gestützt

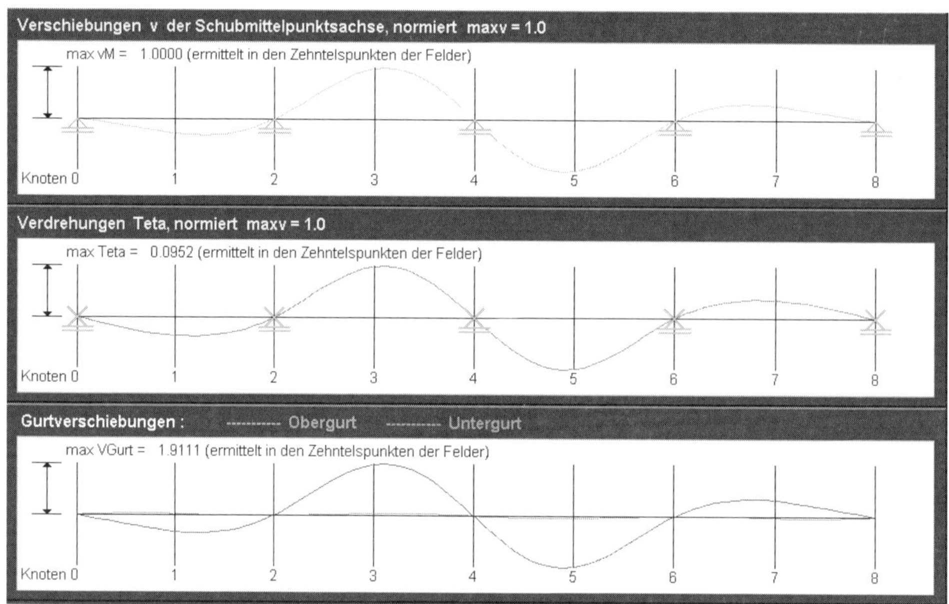

Abb. 9.16 Knickfigur für den Fall Nr. 3.3, Obergurt und Untergurt gestützt

In der Tabelle 9.13 sind die Ergebnisse angegeben, wenn mehrere Stützungen den Träger in gleiche Abschnitte unterteilt.
Der Fall Nr. 3.1 ist ein Sonderfall, da sich bei der Stützung am Obergurt in der Mitte schon die Verdrehung $\vartheta = 0$ einstellt. Die Fälle Nr. 3.2 und 3.3

verdeutlichen, dass große Verdrehungen auftreten, wenn nur der Obergurt gehalten ist. In Abb. 9.15 sind die Verformungen der Knickfigur für den Fall Nr. 3.3 dargestellt, wenn der Obergurt gehalten ist. Die Achse des Obergurtes ist nahezu unverschieblich, während der gedrückte Untergurt über die gesamte Länge des Trägers ausweicht. In Abb. 9.16 sind die Verformungen der Knickfigur für den Fall Nr. 3.3 dargestellt, wenn der Obergurt und der Untergurt gehalten sind. Die Achse des Untergurtes ist nahezu unverschieblich, während der gedrückte Obergurt zwischen den Stützstellen, die Gabellager darstellen, ausweicht. Die Näherungsberechnung für Teilfelder mit beidseitiger Gabellagerung ist hier für den i. Allg. üblichen Fall mit Stützung am Obergurt nicht anwendbar, da sie auf der unsicheren Seite liegt.

9.9 Drehfeder

Sind biegedrillknickgefährdete Träger mit anderen Bauteilen so verbunden, dass ein Biegemoment übertragen werden kann, wirken die abstützenden Bauteile stabilisierend auf den biegedrillknickgefährdeten Träger. Das abstützende Bauteil wirkt wie eine Drehfeder oder drehelastische Bettung, wenn eine kontinuierliche drehfedernde Stützung vorliegt.

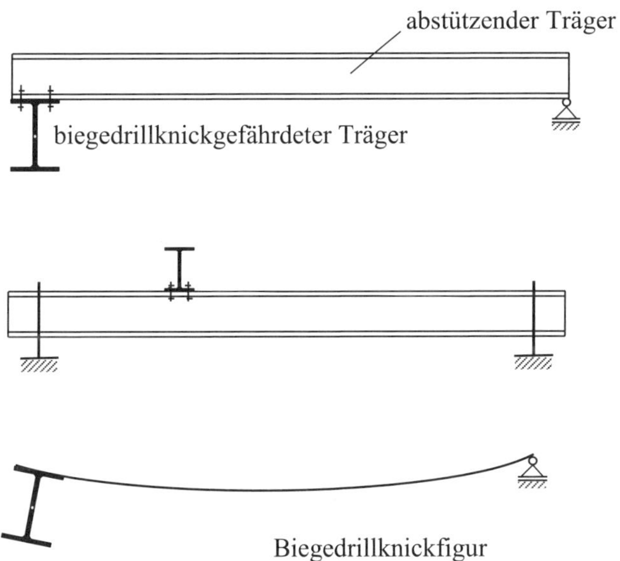

Abb. 9.17 Beispiel für eine Drehfeder

Oft wirkt das Bauteil zugleich als seitliche elastische oder starre Stützung. Es soll zunächst angenommen werden, dass das abstützende Bauteil ein Träger ist, der seitlich verschieblich gelagert ist, s. Abb. 9.17.

Für die Berechnung der Federsteifigkeit k_ϑ sind

1. die Biegesteifigkeit des abstützenden Bauteils
2. die Anschlusssteifigkeit zwischen dem abstützenden Bauteil und dem biegedrillknickgefährdeten Träger und
3. die Profilverformung des biegedrillknickgefährdeten Trägers

zu beachten. Die Berechnung wird im Abschnitt 9.11 drehelastische Bettung behandelt. Es soll hier der Einfluss der Drehfedern auf das Biegedrillknickmoment M_{cr} mit dem Standardbeispiel unter Gleichstreckenlast untersucht werden.

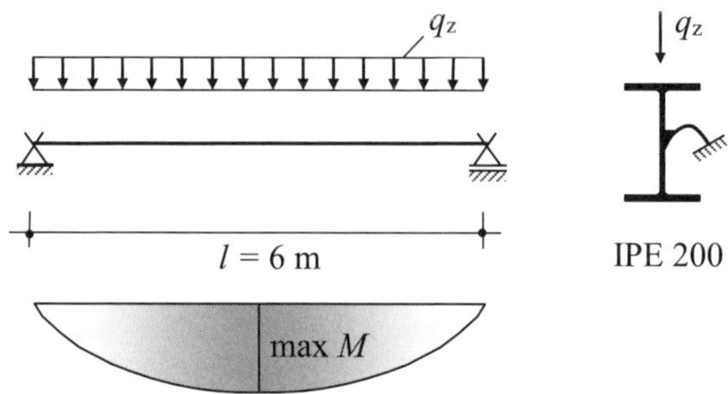

Abb. 9.18 Standardbeispiel mit Drehfedern

Es sollen drei Fälle untersucht werden:

Fall a: Einzelfeder in Feldmitte
Fall b: Einzelfeder in den Viertelpunkten
Fall c: Einzelfeder im Fall b als drehelastische Bettung

Tabelle 9.14 Ergebnisse des Standardbeispiels mit Drehfedern

M_{cr} in kNm						
Nr.	k_ϑ kNm	Fall a	Fall b	c_ϑ kNm/m	Fall c	Näherung
4.0	0	22,0	22,0	0	22,0	21,4
4.1	10	39,0	51,9	6,67	52,3	51,7
4.2	20	49,1	69,6	13,3	70,7	70,5
4.3	30	56,1	83,2	20	85,3	85,7
4.4	40	61,2	94,3	26,7	97,6	98,6
4.5	∞	65,4	181	$100 \approx \infty$	183	190

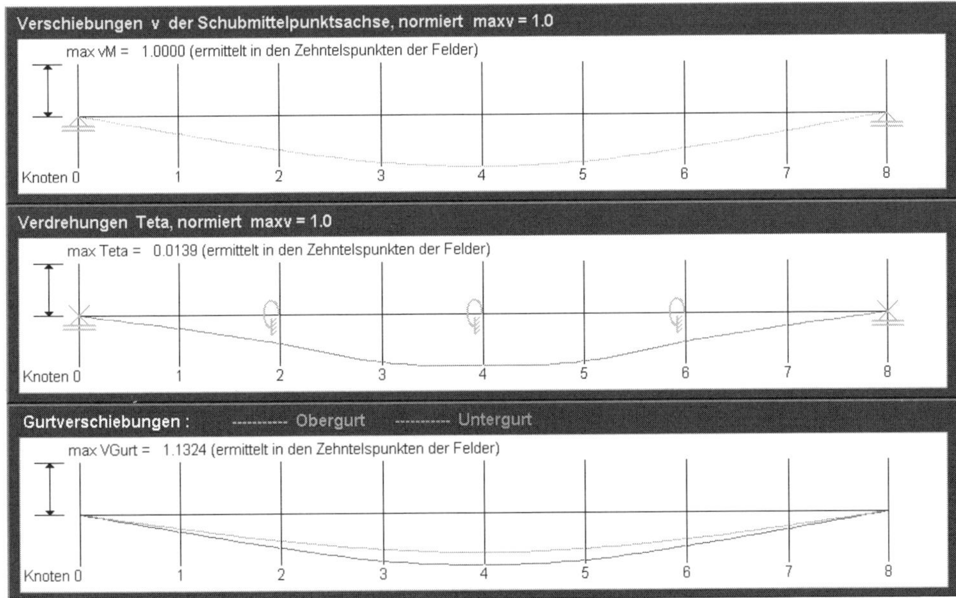

Abb. 9.19 Knickfigur für den Fall Nr. 4.2, Fall b

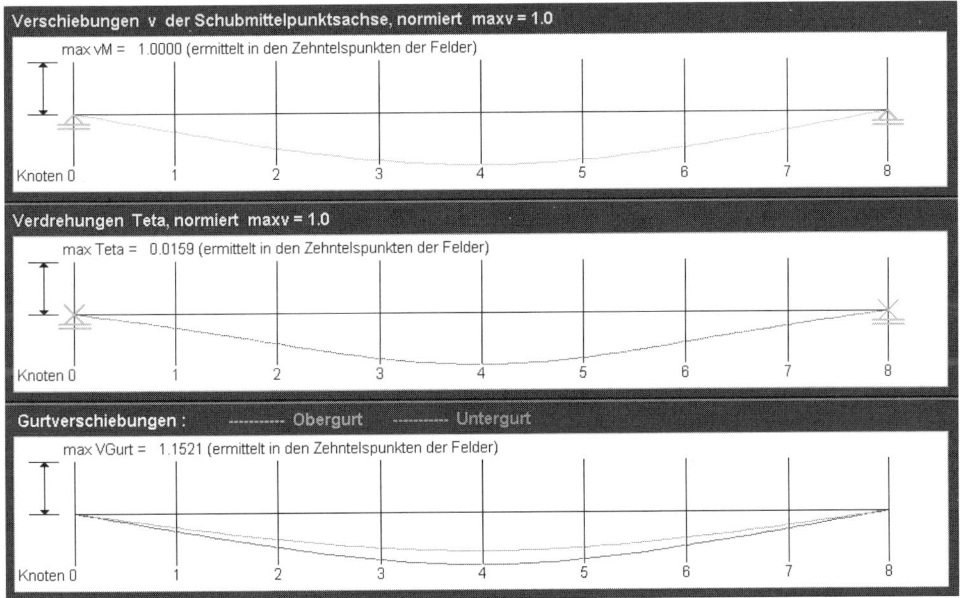

Abb. 9.20 Knickfigur für den Fall Nr. 4.2, Fall c

Eine Näherungsberechnung für Einzelfedern ist nicht möglich. Sind dagegen mehrere Einzelfedern in gleichem Abstand b vorhanden, kann ersatzweise eine drehelastische Bettung berechnet werden.

$$c_{\vartheta} = \frac{k_{\vartheta}}{b} \text{ in kNm/m oder kNcm/cm} \qquad (9.28)$$

Es zeigt sich, dass die Ergebnisse von Fall b und Fall c gut übereinstimmen. Dies ist auch aus den Knickfiguren ersichtlich, die in Abb. 9.19 und 9.20 beispielhaft angegeben sind. Dies führt zu einer Näherungsberechnung mit einer ideellen Torsionssteifigkeit, die im Abschnitt 9.11 drehelastische Bettung erklärt wird.

9.10 Wölbfeder

Voll angeschweißte Stirnplatten an den Trägerenden und durchgehende Rippen im Trägerbereich wirken als Wölbfedern. Die Verwölbung $u(s)$ eines I-Querschnittes, die im Abschnitt Torsion hergeleitet wurde, stellt für die Stirnplatte eine *St. Venant*sche Torsionsbeanspruchung dar.

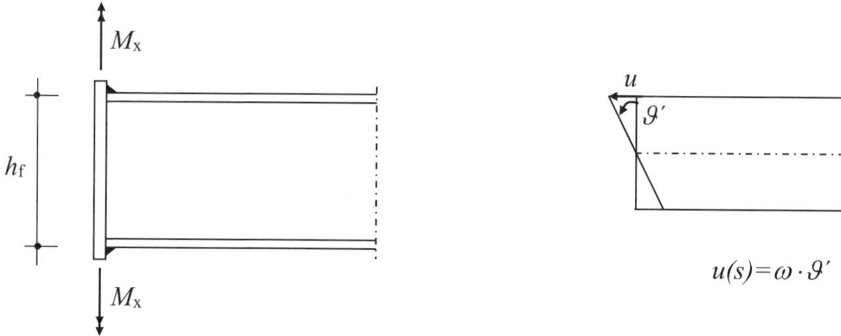

Abb. 9.21 Stirnplatte als Wölbfeder

Es gilt die elastostatische Grundgleichung (8.6):

$$M_x = G \cdot I_t \cdot \vartheta'$$

Die Beanspruchung der Stirnplatte kann als „Momentenpaar“ angesehen werden.

$$M_w = M_x \cdot h_f$$

$$M_w = M_x \cdot h_f = G \cdot I_t \cdot h_f \cdot \vartheta'$$

Die elastostatische Grundgleichung für die Wölbfeder lautet entsprechend den Dehn- und Drehfedern:

$$M_w = k_w \cdot \vartheta'$$

Der Vergleich ergibt die Wölbfedersteifigkeit k_w

$$k_w = G \cdot I_t \cdot h_f \qquad (9.29)$$

Für eine Stirnplatte mit den Abmessungen $b \times t$ gilt:

$$k_\mathrm{w} = \frac{1}{3} \cdot G \cdot b \cdot t^3 \cdot h_\mathrm{f} \tag{9.30}$$

Der Einfluss der Wölbfedern soll an dem Standardbeispiel untersucht werden.

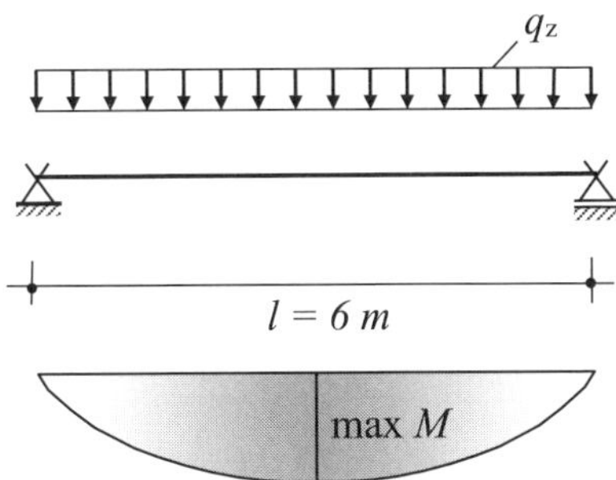

Abb. 9.22 Standardbeispiel mit Gabellagerung und Wölbfedern

Stirnplatte und Rippen: $b = 100$ mm; $h_\mathrm{f} = 100$ mm;
$t = 10,\ 20,\ 30$ mm

Es sollen zwei Fälle untersucht werden.
Fall a: Stirnplatten an den Stabenden
Fall b: Stirnplatten an den Stabenden und Rippen in den Viertelpunkten

Tabelle 9.15 Untersuchung der Wölbfedern

M_{cr} in kNm					
Nr.	t mm	k_w kNm³	Fall a	Zunahme	Fall b
5.0	0	0	22,0	100 %	22,0
5.1	10	0,518	22,6	103 %	22,9
5.2	20	4,15	24,9	113 %	27,5
5.3	30	14,0	26,8	122 %	33,2
5.4	starre Wölbeinspannung		28,6	130 %	

In der Konstruktionspraxis werden i. Allg. Stirnplatten mit $t = 10$ mm verwendet, um ein Gabellager zu realisieren. Die Zunahme des Biegedrillknickmomentes ist gering. Dies gilt auch für $t = 20$ mm, wenn man berücksichtigt, dass das Biegedrillknickmoment im Schlankheitsgrad $\bar{\lambda}_\mathrm{LT}$ unter der Quadratwurzel erscheint. Der Einfluss der Wölbfedern wird deshalb zu Recht in der Praxis vernachlässigt.
Der Fall b soll zeigen, dass auch zusätzliche Rippen im Trägerbereich keine wesentliche Erhöhung des Biegedrillknickmomentes bringen. Weiterhin ist eine solche Lösung sehr unwirtschaftlich.

Eine Näherungslösung ist in Normen mit dem Wölbeinspanngrad β_0 angegeben, die sich auf die Verwölbung am Stabende bei seitlicher Stützung bezieht.

$$0{,}5 < \beta_0 < 1{,}0 \tag{9.31}$$

$\beta_0 = 1{,}0$ Gabellager

$\beta_0 = 0{,}5$ starre Wölbeinspannung

Der Wölbeinspanngrad β_0 wird bei der Berechnung im Drehradius c berücksichtigt.

$$c^2 = \frac{I_\mathrm{w} / \beta_0^2 + 0{,}039 \cdot l^2 \cdot I_\mathrm{t}}{I_\mathrm{z}} \tag{9.32}$$

In [14] sind Gleichungen zur Abschätzung des Wölbeinspanngrades β_0 angegeben.

$$\kappa_\vartheta = \frac{k_\mathrm{w} \cdot l}{2 \cdot \pi \cdot E \cdot I_\mathrm{w}} \tag{9.33}$$

$$\kappa_\vartheta = \frac{\sin \frac{\pi}{2} \cdot (1 - \beta_0)}{2 \cdot \cos \pi \cdot (1 - \beta_0)} \quad \text{s. Abb. 9.23} \tag{9.34}$$

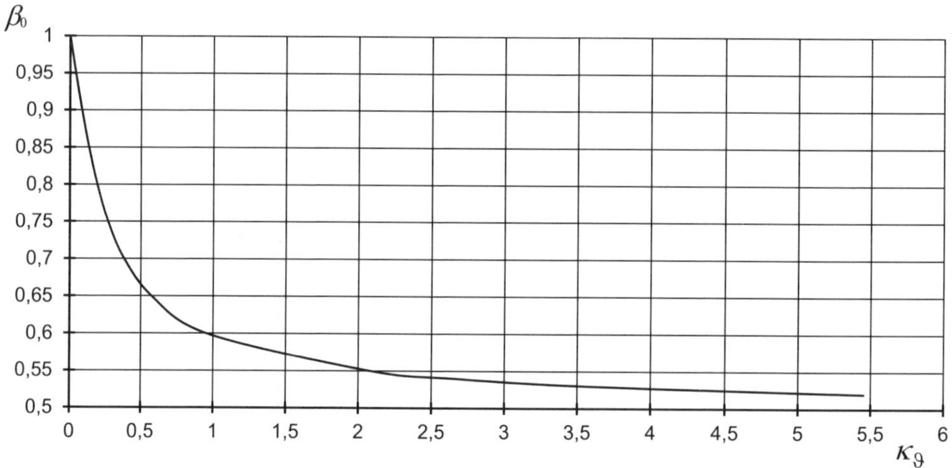

Abb. 9.23 Wölbeinspannungsgrad β_0

Für den Fall Nr. 5.3 erhält man als Näherungslösung für das Standardbeispiel:
Profil: IPE 200
Länge: $l = 600$ cm
Querschnittswerte:

$$I_\mathrm{z} = 142 \text{ cm}^4;\ I_\mathrm{t} = 6{,}98 \text{ cm}^4;\ I_\mathrm{w} = 12\,990 \text{ cm}^6;\ h = 200 \text{ mm}$$

$$\kappa_\vartheta = \frac{k_\mathrm{w} \cdot l}{2 \cdot \pi \cdot E \cdot I_\mathrm{w}} = \frac{14 \cdot 10^6 \cdot 600}{2 \cdot \pi \cdot 21\,000 \cdot 12\,990} = 4{,}90$$

$$\kappa_\vartheta = 4{,}90 = \frac{\sin \frac{\pi}{2} \cdot (1-\beta_0)}{2 \cdot \cos \pi \cdot (1-\beta_0)} \rightarrow \beta_0 = 0{,}52$$

$$N_{\text{cr,z}} = \frac{\pi^2 \cdot E \cdot I_z}{l_1^2} = \frac{\pi^2 \cdot 21\,000 \cdot 142}{600^2} = 81{,}75 \text{ kN}$$

$$c^2 = \frac{I_w / \beta_0^2 + 0{,}039 \cdot l^2 \cdot I_t}{I_z} = \frac{12\,990 / 0{,}52^2 + 0{,}039 \cdot 600^2 \cdot 6{,}98}{142} = 1028 \text{ cm}^2$$

Angriffspunkt am Obergurt $z_p = -\frac{h}{2} = -10$ cm

$$M_{\text{cr}} = \zeta \cdot N_{\text{cr,z}} \cdot \left(\sqrt{c^2 + 0{,}25 \cdot z_p^2} + 0{,}5 \cdot z_p \right)$$

$$M_{\text{cr}} = 1{,}12 \cdot 81{,}75 / 100 \cdot \left(\sqrt{1028 + 0{,}25 \cdot 10^2} - 0{,}5 \cdot 10 \right) = 25{,}1 \text{ kNm}$$

Eine elastische und starre Einspannung um die y-Achse des I-Querschnittes am Stabende kann in dem Programm DRILL durch eine entsprechende Drehfeder berücksichtigt werden.

9.11 Drehelastische Bettung

Das abstützende Bauteil wirkt wie eine drehelastische Bettung, wenn eine kontinuierliche drehfedernde Stützung vorliegt. Dies ist z. B. bei Trapezblechen als Dachabdeckung oder Wandverkleidung der Fall. Für die Berechnung des Biegedrillknickmomentes M_{cr} muss die drehelastische Bettung $c_{\vartheta,k}$ bestimmt werden.

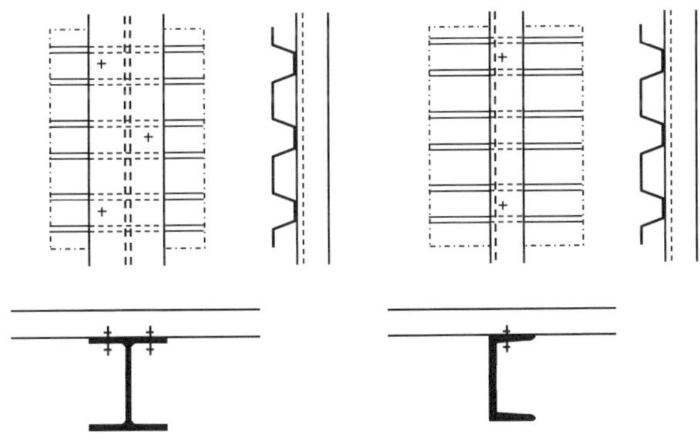

Abb. 9.24 Trapezbleche als drehelastische Bettung

Für die Berechnung der drehelastischen Bettung $c_{\vartheta,k}$ sind nach (1-1,BB.2.2(2)B)

1. die Biegesteifigkeit des abstützenden Bauteils $c_{\vartheta R,k}$
2. die Anschlusssteifigkeit zwischen dem abstützenden Bauteil und dem biegedrillknickgefährdeten Träger $c_{\vartheta C,k}$ und
3. die Profilverformung des biegedrillknickgefährdeten Trägers $c_{\vartheta D,k}$

zu berücksichtigen. Diese drei Federn verhalten sich wie hintereinander geschaltete Federn, s. Abschnitt 1.5, da das Moment konstant bleibt und die Verformungen sich addieren. Bei hintereinander geschalteten Federn ist die kleinste Federsteifigkeit für die Gesamtsteifigkeit maßgebend.

$$\frac{1}{c_{\vartheta,k}} = \frac{1}{c_{\vartheta R,k}} + \frac{1}{c_{\vartheta C,k}} + \frac{1}{c_{\vartheta D,k}} \tag{9.35}$$

Drehbettung $c_{\vartheta R,k}$ aus der Biegesteifigkeit des abstützenden Bauteils

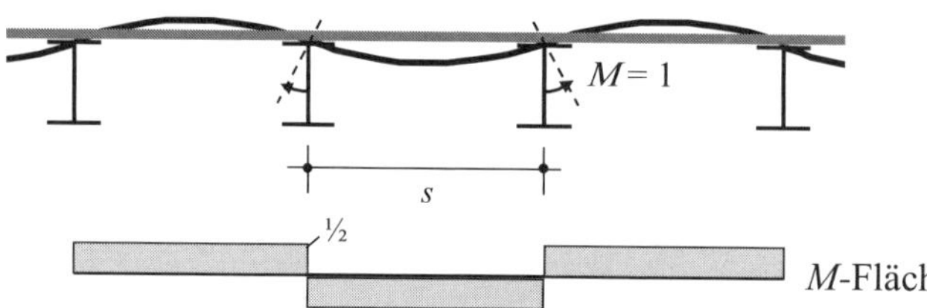

Abb. 9.25 Drehbettung aus der Biegesteifigkeit des abstützenden Bauteils

Für die Drehbettung aus der Biegesteifigkeit pro m des abstützenden Bauteils gilt bei Annahme einer starren Verbindung (1-3, (10.14)):

$$c_{\vartheta R,k} = k \cdot \frac{E \cdot I_{eff}}{s} \tag{9.36}$$

mit

$k = 2$	für Ein- und Zweifeldträger
$k = 4$	für Durchlaufträger mit drei oder mehr Feldern
$E \cdot I_{eff}$	Biegesteifigkeit pro m des abstützenden Bauteils, bei Einzelträgern s. Beispiel S. 255
s	Stützweite des abstützenden Bauteils

Drehbettung $c_{\vartheta C,k}$ aus der Anschlusssteifigkeit

$c_{\vartheta C,k}$ ist die Drehbettung, die aus den Verformungen des Anschlusses folgt. Für einen geschraubten oder geschweißten Anschluss kann dieser Anteil bei abstützenden Trägern vernachlässigt werden, d. h. $c_{\vartheta C,k} = \infty$.

Bei Trapezblechen erfolgt dagegen die Weiterleitung des Biegemomentes über sehr dünne Bleche im Anschlussbereich. Dies ist rechnerisch nicht erfassbar.

Deshalb kann die Drehbettung $c_{\vartheta C,k}$ für Trapezbleche nur über Versuche ermittelt werden. Die Versuche, die den Berechnungswerten der DIN 18800 zugrunde liegen, wurden mit Blechdicken $t = 0,75$ mm durchgeführt. Weitere Angaben, auch über andere Drehbettungswerte, sind in [6] zu finden.
In (1-3, 10.1.5.2 (5)) sind die Gleichungen und charakteristischen Werte für die Berechnung der Anschlusssteifigkeiten $c_{\vartheta C,k}$ für Trapezbleche und Sandwichelemente mit Stahldeckschichten angegeben. Diese Angaben gelten nur für die in (1-3, Tabelle 10.3), hier Tabelle 9.16, angegebene Schraubenverbindung. Dabei ist zu unterscheiden, ob die Befestigung der Trapezbleche in jeder oder jeder zweiten Profilrippe erfolgt, s. Abb. 9.24. Die Werte $\overline{c}_{\vartheta C,k}$ sind auf die Gurtbreite $b = 100$ mm bezogen. Für andere Gurtbreiten verändert sich der Hebelarm des Kräftepaares zwischen dem Druckpunkt und dem Angriffspunkt der Schraube. Dies wird durch die folgenden Gleichungen berücksichtigt.

$$c_{\vartheta C,k} = c_{100} \cdot k_{ba} \cdot k_t \cdot k_{bR} \cdot k_A \cdot k_{bT} \tag{9.37}$$

mit

$k_{ba} = \left(\frac{b_a}{100}\right)^2$ wenn $b_a < 125$ mm

$k_{ba} = 1,25 \cdot \left(\frac{b_a}{100}\right)$ wenn $125 \text{ mm} \le b_a < 200$ mm

$k_t = \left(\frac{t_{nom}}{0,75}\right)^{1,1}$ wenn $t_{nom} \ge 0,75$ mm; positive Lage

$k_t = \left(\frac{t_{nom}}{0,75}\right)^{1,5}$ wenn $t_{nom} \ge 0,75$ mm; negative Lage

$k_t = \left(\frac{t_{nom}}{0,75}\right)^{1,5}$ wenn $t_{nom} < 0,75$ mm

$k_{bR} = 1,0$ wenn $b_R \le 185$ mm

$k_{bR} = \frac{185}{b_R}$ wenn $b_R > 185$ mm

bei Auflast

$k_A = 1,0 + (A - 1,0) \cdot 0,08$ wenn $t_{nom} = 0,75$ mm; positive Lage

$k_A = 1,0 + (A - 1,0) \cdot 0,16$ wenn $t_{nom} = 0,75$ mm; negative Lage

$k_A = 1,0 + (A - 1,0) \cdot 0,095$ wenn $t_{nom} = 1,00$ mm; positive Lage

$k_A = 1,0 + (A - 1,0) \cdot 0,095$ wenn $t_{nom} = 1,00$ mm; negative Lage

- Lineare Interpolation zwischen $t_{nom} = 0,75$ mm und $t_{nom} = 1,00$ mm ist zulässig.
- Diese Gleichung gilt nicht für $t_{nom} < 0,75$ mm.
- Bei $t_{nom} > 1,00$ mm ist in der Gleichung $t_{nom} = 1,00$ mm einzusetzen

bei abhebender Last.

$k_A = 1,0$

$$k_{bT} = \sqrt{\frac{b_{T,max}}{b_T}} \quad \text{wenn } b_T > b_{T,max} \text{ sonst } k_{bT} = 1,0$$

$A \leq 12$ in kN ist die Last zwischen Obergurt und Pfette

Dabei ist

b_a die Breite des Profilgurtes in mm

b_R der Rippenabstand des Profilbleches in mm

b_T Breite des Profilblechgurtes, der mit dem Profilgurt verbunden ist

$b_{T,max}$ nach Tabelle 9.16

c_{100} die Drehsteifigkeit mit $b_a = 100$ mm

Für den Fall, dass zwischen dem Profilobergurt und den Profilblechen keine Dämmung angeordnet ist, gelten die Werte für c_{100} nach Tabelle 9.16.

Tabelle 9.16 Drehfedersteifigkeit c_{100} für Trapezblechprofile

Zeile	Lage der Profilbleche		Befestigung am		Abstand der Befestigungen		Scheiben-durchmesser mm	c_{100} kNm/m	$b_{T,max}$ mm
	positiv	negativ	Untergurt	Obergurt	b_R	$2b_R$			
	Bei Auflast								
1	×		×		×		22	5,2	40
2	×		×			×	22	3,1	40
3		×		×	×		K_a	10,0	40
4		×		×		×	K_a	5,2	40
5		×	×		×		22	3,1	120
6		×	×			×	22	2,0	120
	Bei abhebender Last								
7	×		×		×		16	2,6	40
8	×		×			×	16	1,7	40

K_a Abdeckkappen aus Stahl mit $t \geq 0,75$ mm

Die angegebenen Werte gelten für Schrauben mit dem Durchmesser 6,3 mm, die nach Abb. 9.24 angeordnet sind, sowie für Unterlegscheiben aus Stahl mit der Dicke $t \geq 1,0$ mm.

In der Norm fehlen Angaben für die Befestigungen der Trapezbleche mit Setzbolzen. Für Setzbolzen ENP2-21L15 sind in [11] charakteristische Werte angegeben.

Tabelle 9.17 Drehfedersteifigkeit c_{100} für Trapezblechprofile mit Setzbolzen

Zeile	Lage der Profilbleche		Befestigung am		Abstand der Befestigungen		c_{100} kNm/m	$b_{T,max}$ mm
	positiv	negativ	Untergurt	Obergurt	b_R	$2b_R$	positiv	negativ
	Bei Auflast							
1	×		×		×		4,0	40
2	×		×			×	3,1	40
5		×	×		×		3,1	120
6		×	×			×	2,0	120

Anschlussmoment

Die vorhandene Drehbettung kann nur übertragen werden, wenn zwischen dem abstützenden Bauteil und dem biegedrillknickgefährdeten Träger das Anschlussmoment übertragen wird. Dies kann durch Kontakt über die Auflast und/oder die Verbindungsmittel erfolgen. Das Kontaktmoment m_k ist nach Abb. 9.26:

$$m_k = q_z \cdot \frac{b}{2} \quad \text{in kNcm/cm} \tag{9.38}$$

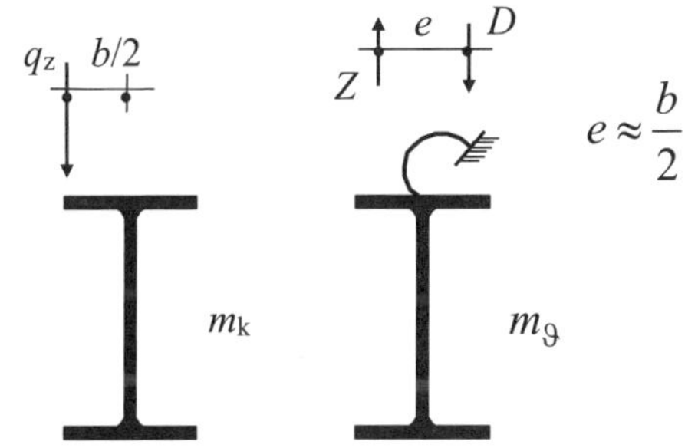

Abb. 9.26 Anschlussmomente bei der Aussteifung von Biegeträgern

Ein Nachweis der Verbindungsmittel ist nur erforderlich, wenn

$$m_\vartheta > m_k \tag{9.39}$$

ist. Dann ist die Zugkraft entsprechend der gewählten Befestigungsart für das Anschlussmoment m_ϑ nachzuweisen, s. auch [13]. Ein genauer Nachweis ist i. Allg. nur durch eine Berechnung nach Biegetorsionstheorie II. Ordnung möglich.

Drehbettung $c_{\vartheta D,k}$ aus der Profilverformung

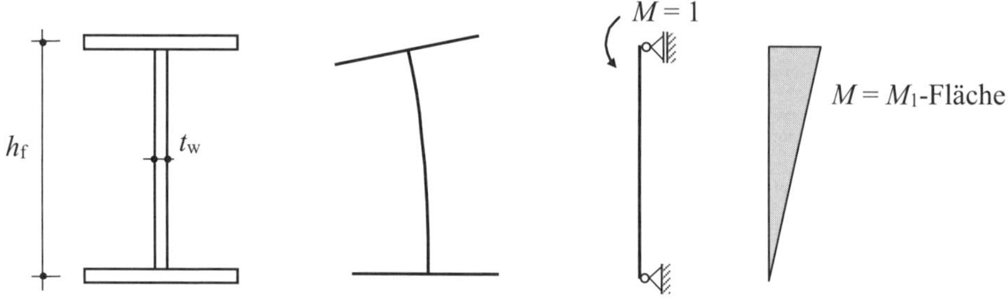

Abb. 9.27 Drehbettung aus der Profilverformung

Eine weitere Nachgiebigkeit folgt aus der Profilverformung des biegedrillknickgefährdeten Trägers. Die Profilverformung hängt von der Biegesteifigkeit des Steges bei dem seitlichen Ausweichen ab. Näherungsweise darf die Drehbettung $c_{\vartheta D,k}$ für übliche Stahlträger über die Drehfedersteifigkeit eines 1cm breiten Streifens des Steges nach Abb. 9.27 ermittelt werden.

$$I_w = \frac{t_w^3}{12} \; ; \quad \vartheta = \frac{1}{3} \cdot \frac{h_f}{E \cdot I_w} = 4 \cdot \frac{h_f}{E \cdot t_w^3} \; ; \quad c_{\vartheta D,k} = \frac{1}{\vartheta}$$

$$c_{\vartheta D,k} = \frac{E \cdot t_w^3}{4 \cdot h_f} \tag{9.40}$$

Beispiel: **Trapezblech als stützendes Bauteil**
Biegedrillknickgefährdeter Träger: IPE 240
Querschnittswerte: $b = 120$ mm; $h_f = 230$ mm; $t_w = 6{,}2$ mm

Stützendes Bauteil: Trapezblech von ThyssenKrupp Hoesch Bausysteme T35.1-1,0 mm in Positivlage als Durchlaufträger mit $s = 2{,}00$ m; Schraubenbefestigung in jeder zweiten Profilrippe nach Tabelle 9.16.

$$c_{\vartheta R,k} = k \cdot \frac{E \cdot I_{eff}}{s} = 4 \cdot \frac{21\,000 \cdot 20{,}3}{200 \cdot 100} = 85{,}3 \text{ kNcm/cm}$$

$c_{100} = 3{,}1$ kNcm/cm nach Tabelle 9.16

$$k_{ba} = \left(\frac{b_a}{100}\right)^2 = \left(\frac{120}{100}\right)^2 = 1{,}44 \quad \text{wenn } b_a = 120 \text{ mm} < 125 \text{ mm}$$

$$k_t = \left(\frac{t_{nom}}{0{,}75}\right)^{1{,}1} = \left(\frac{1{,}0}{0{,}75}\right)^{1{,}1} = 1{,}37 \text{ wenn } t_{nom} \geq 0{,}75 \text{ mm; positive Lage}$$

$$k_{bR} = \frac{185}{b_R} = \frac{185}{207} = 0{,}894 \qquad \text{wenn } b_R = 207 \text{ mm} > 185 \text{ mm}$$

$$k_A = 1{,}0 + (A - 1{,}0) \cdot 0{,}095 \qquad \text{wenn } t_{nom} = 1{,}00 \text{ mm; positive Lage}$$

$k_A = 1{,}0 + (12 - 1{,}0) \cdot 0{,}095 = 2{,}05$

A ergibt sich aus dem konkreten Beispiel, hier zum Vergleich mit $A = 12$ kN/m angenommen.

$k_{bT} = 1{,}0$

$c_{\vartheta C,k} = c_{100} \cdot k_{ba} \cdot k_t \cdot k_{bR} \cdot k_A \cdot k_{bT}$

$c_{\vartheta C,k} = 3{,}1 \cdot 1{,}44 \cdot 1{,}37 \cdot 0{,}894 \cdot 2{,}05 \cdot 1{,}0 = 11{,}2$ kNcm/cm

$$c_{\vartheta D,k} = \frac{E \cdot t_w^3}{4 \cdot h_f} = \frac{21\,000 \cdot 0{,}62^3}{4 \cdot 23{,}0} = 54{,}4 \text{ kNcm/cm}$$

$$\frac{1}{c_{\vartheta,k}} = \frac{1}{c_{\vartheta R,k}} + \frac{1}{c_{\vartheta C,k}} + \frac{1}{c_{\vartheta D,k}} = \frac{1}{85{,}3} + \frac{1}{11{,}2} + \frac{1}{54{,}4}$$

$c_{\vartheta,k} = 8{,}38$ kNcm/cm

Beispiel: Träger **als stützendes Bauteil**

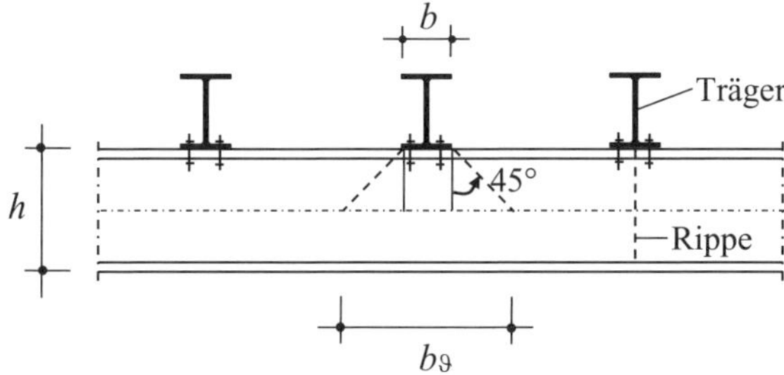

Abb. 9.28 Träger als stützendes Bauteil

Biegedrillknickgefährdeter Träger: IPE 240

Querschnittswerte: $b = 120$ mm; $h = 240$ mm; $h_f = 230$ mm; $t_w = 6{,}2$ mm

Stützendes Bauteil: IPE 160 im Abstand $c = 2{,}00$ m als Durchlaufträger mit Stützweite $s = 4{,}00$ m; Anschluss geschraubt am Obergurt.

Querschnittswerte: $I_a = 869$ cm^4; $b = 82$ mm

Es wird zunächst die Drehfedersteifigkeit $k_{\vartheta,k}$ eines Trägers gerechnet und anschließend die Drehbettung $c_{\vartheta,k}$ ermittelt.

$$k_{\vartheta R,k} = k \cdot \frac{E \cdot I_a}{s} = 4 \cdot \frac{21\,000 \cdot 869}{400} = 182\,490 \text{ kNcm}$$

$k_{\vartheta C,k} = \infty$ (da verschraubt)

Für die Drehsteifigkeit $k_{\vartheta D,k}$ wird angenommen, dass die Drehbettung $c_{\vartheta D,k}$ aus der Profilverformung auf eine Breite von b_ϑ im Anschlussbereich wirksam wird.

$$c_{\vartheta D,k} = \frac{E \cdot t_w^3}{4 \cdot h_f} = \frac{21\,000 \cdot 0{,}62^3}{4 \cdot 23{,}0} = 54{,}4 \text{ kNcm/cm}$$

$$b_\vartheta = b + h = 8,2 + 24,0 = 32,2 \text{ cm}$$
$$k_{\vartheta D,k} = b_\vartheta \cdot c_{\vartheta D,k} = 32,2 \cdot 54,4 = 1752 \text{ kNcm}$$
$$\frac{1}{k_{\vartheta,k}} = \frac{1}{k_{\vartheta R,k}} + \frac{1}{k_{\vartheta C,k}} + \frac{1}{k_{\vartheta D,k}} = \frac{1}{182\,490} + \frac{1}{\infty} + \frac{1}{1752}$$
$$k_{\vartheta,k} = 1735 \text{ kNcm}$$
$$c_{\vartheta,k} = \frac{k_{\vartheta,k}}{c} = \frac{1735}{200} = 8,68 \text{ kNcm/cm}$$

Ist der stützende Träger mit einer Stirnplatte am Steg des biegedrillknickgefährdeten Trägers befestigt, s. Abb. 9.29, verringert sich die mögliche Profilverformung.

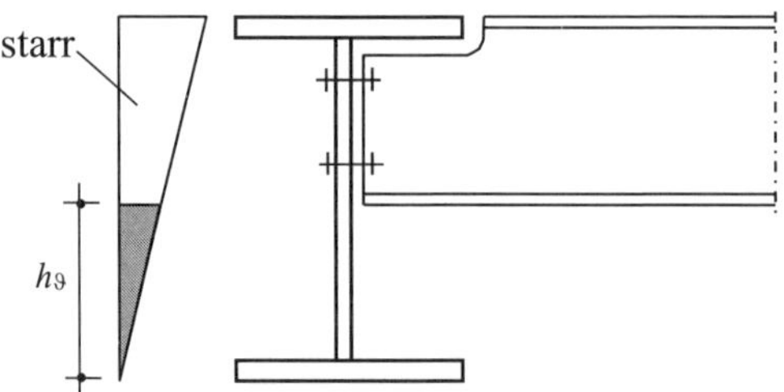

Abb. 9.29 Träger als stützendes Bauteil mit Stirnplatte

Es ist in Gleichung (9.40) nur die freie Länge h_ϑ einzusetzen. Ist eine durchgehende Rippe vorhanden, gilt $k_{\vartheta D,k} = \infty$.

Näherungslösung

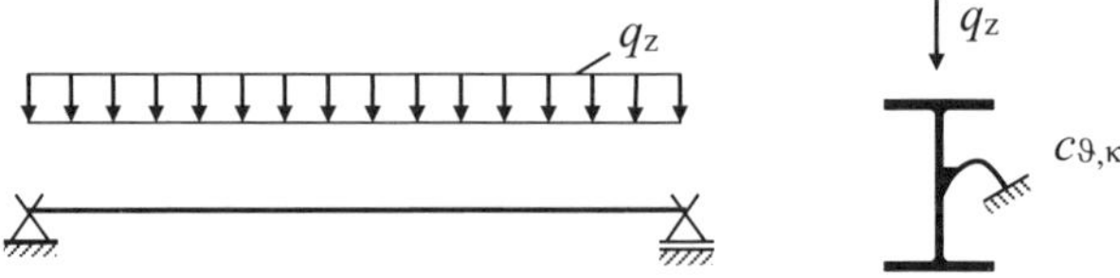

Abb. 9.30 Einfeldträger mit Gleichstreckenlast

Es soll nun das Biegedrillknickmoment für einen gabelgelagerten Einfeldträger ohne Randmomente hergeleitet werden. Die zusätzliche virtuelle Arbeit für das vorliegende Eigenwertproblem nach Gleichung (9.21) lautet:

$$\int_0^l \delta\vartheta \cdot c_\vartheta \cdot \vartheta \cdot \mathrm{d}x = \delta B \cdot B \cdot c_\vartheta \cdot \int_0^l \sin^2 \frac{\pi \cdot x}{l} \cdot \mathrm{d}x$$
$$= \delta B \cdot B \cdot c_\vartheta \cdot \frac{l}{2} = \delta B \cdot B \cdot \frac{\pi^2}{l^2} \cdot c_\vartheta \frac{l^2}{\pi^2} \cdot \frac{l}{2}$$

Das homogene Gleichungssystem für die Unbekannten A und B lautet damit:

$$\begin{bmatrix} E \cdot I_z \cdot \frac{\pi^2}{l^2} & -\frac{M_{cr}}{\zeta} \\ -\frac{M_{cr}}{\zeta} & E \cdot I_w \cdot \frac{\pi^2}{l^2} + G \cdot I_t + c_\vartheta \cdot \frac{l^2}{\pi^2} + \frac{8}{\pi^2} \cdot z_p \cdot M_{cr} \end{bmatrix} \cdot \begin{bmatrix} A \\ B \end{bmatrix} = 0 \tag{9.41}$$

Die Gleichungen (9.20) und (9.23) können für die Berechnung des Biegedrillknickmomentes weiterhin verwendet werden, wenn man die Ersatztorsionssteifigkeit I_t * einführt.

$$G \cdot I_t * = G \cdot I_t + c_\vartheta \cdot \frac{l^2}{\pi^2}$$

$$I_t * = I_t + \frac{c_\vartheta \cdot l^2}{G \cdot \pi^2} \tag{9.42}$$

$$c^2 = \frac{I_w + 0{,}039 \cdot l^2 \cdot I_t *}{I_z} \tag{9.43}$$

Diese Näherungsberechnung bringt gute Übereinstimmung für den gabelgelagerten Einfeldträger mit Gleichstreckenlast, wenn keine negativen Randmomente vorhanden sind. Dagegen liegen die Ergebnisse bei großen negativen Randmomenten und großen Drehbettungen auf der unsicheren Seite. In Abschnitt 9.13 wird eine Näherungsberechnung angegeben.

9.12 Schubfeldsteifigkeit

Trapezbleche, die für Dach- und Wandeindeckungen verwendet werden, besitzen in ihrer Ebene auch eine Schubsteifigkeit. Wenn das Trapezblech als Schubfeldträger ausgebildet wird, können biegedrillknickgefährdete Träger durch die Schubsteifigkeit S der Trapezbleche sehr wirkungsvoll gegen Biegedrillknicken gesichert werden. Darauf wird in [13] ausführlich eingegangen.

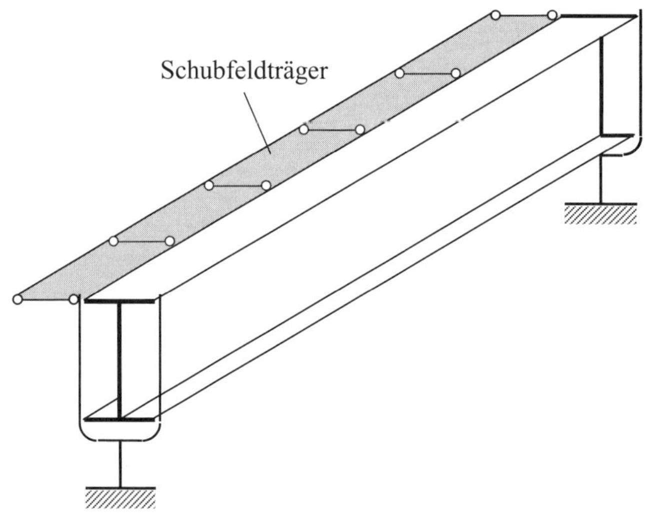

Abb. 9.31 Trapezblech als Schubfeldträger

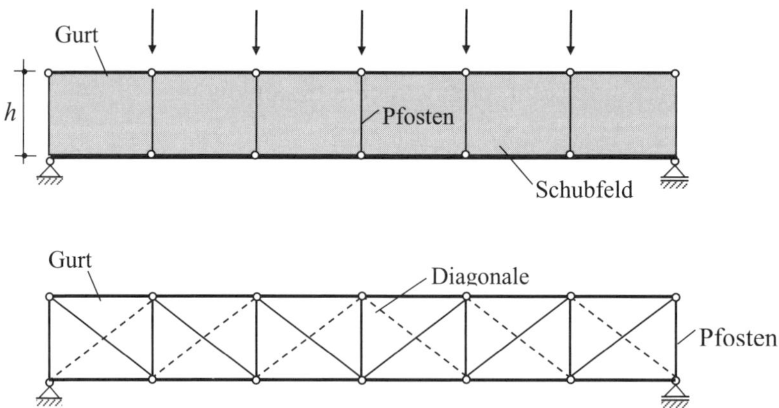

Abb. 9.32 Schubfeldträger und Fachwerkträger

Zunächst soll die Tragwirkung eines Schubfeldträgers untersucht werden. Ein Schubfeldträger besteht aus Randträgern, wie Gurten und Pfosten sowie

Schubfeldern. Die Schubfelder sind mit den Randträgern schubfest verbunden, z. B. bei Trapezblechen durch Schrauben oder Setzbolzen.
Es sei darauf hingewiesen, dass ein Schubfeldträger stets an allen vier Seiten durch Randträger eingefasst sein muss und i. Allg. an den Enden unverschieblich gelagert ist. Denn es ist stets eine Torsionslagerung des Trägers erforderlich. **Schubfeldträger können keine Torsionsmomente aufnehmen.**
Ein Schubfeldträger ist einem Fachwerkträger sehr ähnlich, s. Abb. 9.32. Während bei einem Fachwerkträger die Zugdiagonalen die Querkraftübertragung übernehmen, ist dies beim Schubfeldträger das Schubfeld. In beiden Fällen wird das Biegemoment durch die Randträger übertragen.
Man schneidet ein Schubfeld frei, s. Abb. 9.33, und betrachtet die Gleichgewichtsbedingungen an diesem Schubfeldelement.

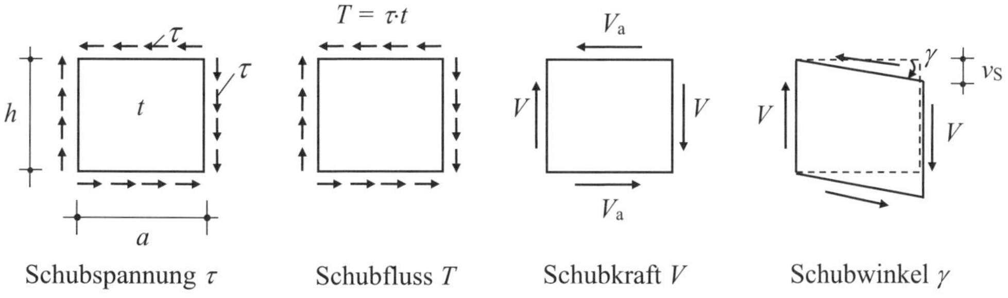

Abb. 9.33 Schubfeldelement

Es wird angenommen, dass die Schubspannungen τ über die Ränder des Schubfeldelementes konstant sind. Aus dem Momentengleichgewicht folgt die paarweise Gleichheit der Schubspannungen. Der Schubfluss T und die Schubkraft V sind definiert als:

$$T = \tau \cdot t \quad \text{in kN/m} \tag{9.44}$$

$$V = T \cdot h; \quad V_a = T \cdot a \quad \text{in kN} \tag{9.45}$$

Das Schubfeldelement verformt sich unter der Schubbeanspruchung zu einem Parallelogramm mit dem Schubwinkel γ. Die elastostatische Grundgleichung des Schubfeldelementes lautet:

$$\gamma = \frac{V}{G \cdot A_v} = \frac{V}{S} = v_S' \tag{9.46}$$

$$V = G \cdot A_v \cdot v_S' = S \cdot v_S' \quad \text{mit } S = G \cdot A_v \text{ in kN} \tag{9.47}$$

S – Schubfeldsteifigkeit

Im Unterschied zum Fachwerkträger entstehen in den Randträgern keine konstanten, sondern linear veränderliche Normalkräfte. Für die Berechnung von Schubfeldträgern sei auf die Literatur [14] verwiesen.

Die Schubsteifigkeiten S von Trapezblechen sind in den Unterlagen der Hersteller zur Berechnung der Querschnitts- und Bemessungswerte angegeben. Es wird ein ideeller Schubmodul G_S verwendet, der multipliziert mit der Schubfeldlänge L_S die Schubsteifigkeit S ergibt.

$$G_S = \frac{10^4}{K_1 + K_2 / L_S} \quad \text{in kN/m; } L_S \text{ in m} \tag{9.48}$$

$$S = G_S \cdot L_S / n \quad \text{in kN} \tag{9.49}$$

n – Anzahl der auszusteifenden Träger

Im Allgemeinen wird die Länge der Profiltafeln als Schubfeldlänge L_S angenommen. Die ideelle Schubsteifigkeit G_S ist abhängig von der Art der Befestigung. Die übliche Ausführung ist in Abb. 9.24 dargestellt. Aus wirtschaftlichen Gründen werden die Trapezbleche meist in jeder zweiten Profilrippe befestigt. Dann ist nach (1-3, 10.1.1 (6)) der Wert S durch $0{,}2 \cdot S$ zu ersetzen.

Beispiel: Dacheindeckung mit Trapezblechen

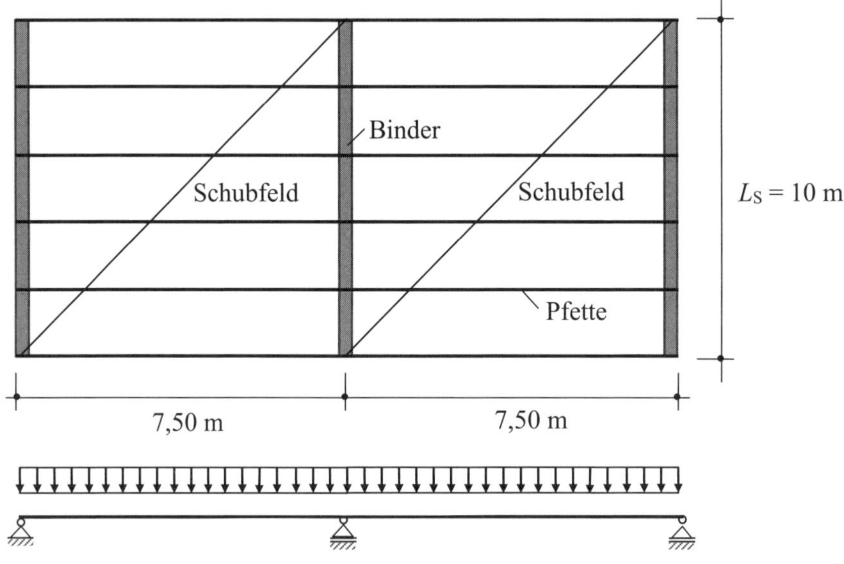

Abb. 9.34 Dacheindeckung mit Trapezblechen

Trapezblech: ThyssenKrupp Hoesch Bausysteme T35.1-1,0 mm
Befestigung: übliche Ausführung
Schubfeldwerte: $K_1 = 0{,}149$; $K_2 = 2{,}67$; $L_S = 10$ m

$$G_S = \frac{10^4}{K_1 + K_2 / L_S} = \frac{10^4}{0{,}149 + 2{,}67 / 10} = 24\,040 \text{ kN/m}$$

Befestigung in jeder Rippe:

$$S = G_S \cdot L_S = 24\,040 \cdot 10 = 240\,400 \text{ kN}$$

Befestigung in jeder zweiten Rippe:

$$S = 0{,}2 \cdot G_S \cdot L_S = 0{,}2 \cdot 24\,040 \cdot 10 = 48\,080 \text{ kN}$$

Für eine Pfette gilt mit $n = 6$ und Befestigung in jeder zweiten Rippe:

$$S = 0{,}2 \cdot G_S \cdot L_S / n = 0{,}2 \cdot 24\,040 \cdot 10 / 6 = 8\,010 \text{ kN}$$

Ein weiteres wichtiges Konstruktionselement sind Verbände, z. B. Dachverbände, um biegedrillknickgefährdete Träger gegen Biegedrillknicken zu sichern. Verbände sind Fachwerkträger, wobei die Diagonalen vorzugsweise als gekreuzte Zugdiagonalen ausgeführt werden. Sind alle Diagonalen und Pfosten gleich, kann eine ideelle Schubfeldsteifigkeit S des Verbandes berechnet werden. Sonst sind die kleinsten Querschnittswerte zu wählen.

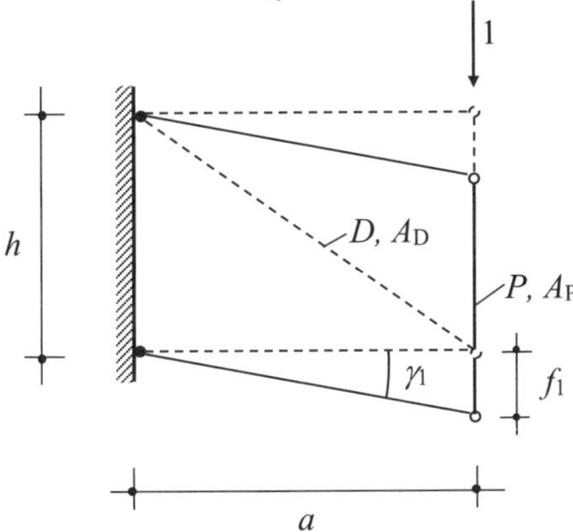

Abb. 9.35 Berechnung der Schubsteifigkeit eines Verbandsfeldes

Man ermittelt die Verformung des Verbandsfeldes unter der Querkraft $V = 1$. Es gilt nach Abb. 9.35 und Gleichung (9.46):

$$\gamma = \frac{V}{S};\; \gamma_1 = \frac{1}{S};\; S = \frac{1}{\gamma_1} = \frac{a}{f_1}$$

Für die Berechnung der Verformungen eines Fachwerkes gilt allgemein:

$$f = \sum N \cdot \bar{N} \cdot \frac{l}{E \cdot A}$$

Hier werden nur die Verformungen der Füllstäbe berücksichtigt.

$$P = 1;\quad D = 1 \cdot \frac{d}{h};\; \text{mit } d = \sqrt{a^2 + h^2} \quad \bar{P} = 1;\quad \bar{D} = 1 \cdot \frac{d}{h}$$

$$f_1 = 1 \cdot 1 \cdot \frac{h}{E \cdot A_P} + \frac{d}{h} \cdot \frac{d}{h} \cdot \frac{d}{E \cdot A_D}$$

$$S = \frac{E \cdot a \cdot h^2}{\dfrac{d^3}{A_D} + \dfrac{h^3}{A_P}} \tag{9.50}$$

Die Schubsteifigkeit des Verbandes ist entsprechend der Anzahl der zu stabilisierenden Träger aufzuteilen. Sind die Schubsteifigkeit des Trapezbleches und des Verbandes wirksam, können diese addiert werden, da sie sich wie parallel geschaltete Federn verhalten.

Näherungslösung

Zunächst wird das Biegedrillknickmoment für einen gabelgelagerten Einfeldträger mit Gleichstreckenlast und ohne Randmomente hergeleitet.

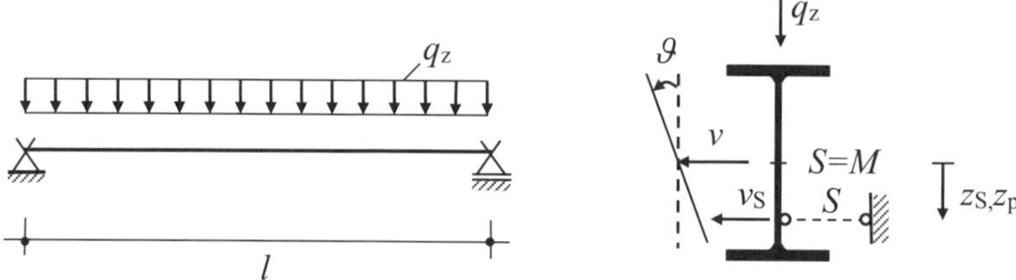

Abb. 9.36 Gabelgelagerter Träger mit Schubsteifigkeit S

Die Schubsteifigkeit S greift im Abstand z_S vom Schubmittelpunkt an. Es gilt für die Verformung v_S an dem Angriffspunkt:

$$v_S = v - z_S \cdot \vartheta \tag{9.51}$$

Die zusätzliche virtuelle Arbeit für das vorliegende Eigenwertproblem lautet mit Gleichung (9.51):

$$\int_0^l \delta v_S' \cdot S \cdot v_S' \cdot \mathrm{d}x = \int_0^l \delta\left(v - z_S \cdot \vartheta\right)' \cdot S \cdot \left(v - z_S \cdot \vartheta\right)' \cdot \mathrm{d}x \tag{9.52}$$

$$= \int_0^l \delta v' \cdot S \cdot v' \cdot \mathrm{d}x - \int_0^l \delta v' \cdot S \cdot z_S \cdot \vartheta' \cdot \mathrm{d}x - \int_0^l \delta\vartheta' \cdot S \cdot z_S \cdot v \cdot \mathrm{d}x + \int_0^l \delta\vartheta' \cdot S \cdot z_S^2 \cdot \vartheta' \cdot \mathrm{d}x$$

Hier ist es möglich, nur für den Anteil der Schubsteifigkeit S das Biegedrillknickmoment $M_{cr,S}$ zu bestimmen. Mit dem Ansatz (9.13) für die Verformungen erhält man das homogene Gleichungssystem für die Unbekannten A und B:

$$\left[\begin{array}{c|c} S & -\left(\dfrac{M_{\mathrm{cr,S}}}{\zeta_{\mathrm{S}}}+S\cdot z_{\mathrm{S}}\right) \\ \hline -\left(\dfrac{M_{\mathrm{cr,S}}}{\zeta_{\mathrm{S}}}+S\cdot z_{\mathrm{S}}\right) & \begin{array}{c} S\cdot z_{\mathrm{S}}^2 \\ +\dfrac{8}{\pi^2}\cdot z_{\mathrm{p}}\cdot M_{\mathrm{cr,S}} \end{array} \end{array}\right]\cdot\left[\begin{array}{c} A \\ \hline B \end{array}\right]=0 \tag{9.53}$$

Die Nennerdeterminante $\Delta N = 0$ liefert als Lösung einer quadratischen Gleichung das Biegedrillknickmoment $M_{\mathrm{cr,S}}$ der Schubsteifigkeit.

$$M_{\mathrm{cr,S}}=\zeta_{\mathrm{S}}\cdot\left(-2\cdot z_{\mathrm{S}}+\frac{8}{\pi^2}\cdot\zeta_{\mathrm{S}}\cdot z_{\mathrm{p}}\right)\cdot S \tag{9.54}$$

Diese Gleichung gilt nur, wenn $M_{\mathrm{cr,S}}$ positiv ist.

Am häufigsten ist es der Fall, dass die Schubsteifigkeit und die Querbelastung am Obergurt angreifen. Für diesen Fall gilt für Gleichstreckenlast mit:

$$z_{\mathrm{S}}=z_{\mathrm{p}}=-\frac{h}{2} \text{ und } \zeta_{\mathrm{S}}=1{,}12$$

$$M_{\mathrm{cr,S}}=0{,}612\cdot S\cdot h \tag{9.55}$$

Biegedrillknicken ist nach Gleichung $\bar{\lambda}_{\mathrm{LT}}\leq 0{,}4$ verhindert, d.h. wenn $M_{\mathrm{cr}}\geq 6{,}25\cdot M_{\mathrm{pl}}$ ist. Dies führt zu einer sehr einfachen Beziehung für die erforderliche Schubsteifigkeit S^* des gabelgelagerten Einfeldträgers mit Gleichstreckenlast, die erstmals in [15] hergeleitet und angegeben wurde:

$$\text{vorh } S\geq S^*=10{,}2\cdot\frac{M_{\mathrm{pl}}}{h} \tag{9.56}$$

Diese Schubsteifigkeit S^* wird in der Praxis durch Trapezbleche und/oder Dachverbände meist erreicht.

Zweifeldträger und Durchlaufträger sind dagegen mit Gleichung (9.55) i. Allg. nicht ausreichend zu bemessen. Dies liegt daran, dass im Auflagerbereich der Untergurt gedrückt ist. Auch wenn die Schubsteifigkeit im Obergurt so groß ist, dass der Obergurt unverschieblich ist, dies wird als gebundene Drehachse bezeichnet, ist eine zusätzliche Drehbettung erforderlich, um die Bedingung $M_{\mathrm{cr}}\geq 6{,}25\cdot M_{\mathrm{pl}}$ zu erfüllen. Deshalb gibt es für den Biegedrillknicknachweis konstruktiv zwei Möglichkeiten:

a) Große Schubsteifigkeit für gebundene Drehachse erfordert nur eine kleine Drehbettung.
b) Schubsteifigkeit vorh S mit einer größeren Drehbettung.

Für den Fall a) ist in (1-1, BB.2) ein Nachweis angegeben, der keine Berechnung des Biegedrillknickmomentes erfordert und durch den Nachweis einer ausreichenden Drehbettung ersetzt wird. Voraussetzung ist, dass am Obergurt eine gebundene Drehachse vorliegt. Diese ist in (1-1, (BB.2)) folgendermaßen definiert:

$$\text{vorh}\, S \geq \left(E \cdot I_{\text{w}} \cdot \frac{\pi^2}{l^2} + G \cdot I_{\text{t}} + E \cdot I_{\text{z}} \cdot \frac{\pi^2}{l^2} \cdot 0{,}25 \cdot h^2 \right) \cdot \frac{70}{h^2} \quad (9.57)$$

Um das Biegedrillknicken zu verhindern, ist eine zusätzliche Drehbettung nach (1-1, (BB.3)) erforderlich.

$$\text{erf}\, c_{\vartheta,\text{k}} = \frac{M_{\text{pl,k}}^2}{E \cdot I_{\text{z}}} \cdot k_{\vartheta} \cdot k_{\text{v}} \quad (9.58)$$

$k_{\text{v}} = 0{,}35$ für elastische Berechnung

$k_{\text{v}} = 1{,}00$ für plastische Berechnung

$k_{\vartheta} = 0{,}12$ für ein Endfeld nach (1-1, Tabelle BB.1)

$k_{\vartheta} = 0{,}23$ für ein Innenfeld nach (1-1, Tabelle BB.1)

Der Biegedrillknicknachweis kann für Fall a) und Fall b) mit einem EDV-Programm stets mit der vorhandenen Schubsteifigkeit und Drehbettung geführt werden. Dieser Weg soll hier beschritten werden. Es soll auch eine Näherungslösung für die Berechnung des Biegedrillknickmomentes angegeben werden, wobei jedoch Grenzen einzuhalten sind.

9.13 Drehelastische Bettung und Schubfeldsteifigkeit

9.13.1 System und Belastung

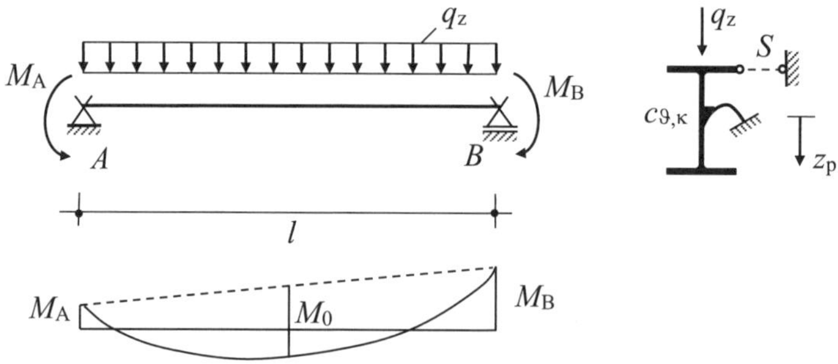

Abb. 9.37 Einfeldträger mit Gleichstreckenlast und negativen Randmomenten

Der Biegemomentenverlauf des Einfeldträgers mit Gleichstreckenlast nach Abb. 9.37 wird durch die beiden Randmomente $M_{\text{A}}, M_{\text{B}}$ und die eingehängte Parabel mit dem maximalen Wert M_0 eindeutig beschrieben. Mit dem Verzweigungslastfaktor α_{cr} erhält man die M_{cr}-Fläche für den Träger.

$$M_{\text{cr}} = \alpha_{\text{cr}} \cdot M$$

Der Verzweigungslastfaktor α_{cr} kann mit einem beliebigen Wert der *M*-Fläche beschrieben werden. Im Allgemeinen ist dies das maximale Biegemoment max *M*. Hier empfiehlt es sich, das Biegemoment M_0 zu wählen, da dies eine einfache Lösung für den Vorfaktor von z_{p} ergibt. Alle Momentenbeiwerte und alle Beispiele werden mit dem Programm DRILL berechnet.

9.13.2 Träger mit Drehbettung

Die Momentenbeiwerte $\zeta_{0\vartheta}$ für einen Träger mit Drehbettung, der durch den Index ϑ gekennzeichnet werden soll, sind in Tabelle 9.18 angegeben. Für den Momentenbereich in den Tabellen wurden Vergleichsrechnungen mit einem Profil IPE 200 und verschiedenen Längen durchgeführt, da das Biegedrillknickmoment von dem Faktor β_{w} abhängig ist.

$$\beta_{\text{w}} = 1 + \frac{\pi^2 \cdot E \cdot I_{\text{w}}}{l^2 \cdot G \cdot I_{\text{t}}} \tag{9.59}$$

Es wurden drei Bereiche gewählt:

$$\beta_{\text{w}} \geq 1{,}02 \qquad \beta_{\text{w}} \geq 1{,}15 \qquad \beta_{\text{w}} \geq 1{,}30,$$

um eine möglichst gute Näherungslösung zu erreichen.

Die Werte der Tabellen 9.18 gelten für I-Querschnitte mit den folgenden Einschränkungen:

1. $\beta_{\text{w}} = 1 + \dfrac{\pi^2 \cdot E \cdot I_{\text{w}}}{l^2 \cdot G \cdot I_{\text{t}}} \geq 1{,}02$

2. vorh $c_{\vartheta,\text{k}} \leq c_{\vartheta\text{D,k}}$. Für vorh $c_{\vartheta,\text{k}} > c_{\vartheta\text{D,k}}$ gilt $c_{\vartheta,\text{k}} = c_{\vartheta\text{D,k}}$

Der Berechnungsablauf sieht dann folgendermaßen aus:

$$\beta_{\text{w}} = 1 + \frac{\pi^2 \cdot E \cdot I_{\text{w}}}{l^2 \cdot G \cdot I_{\text{t}}} \qquad I_{\text{t}}{*} = I_{\text{t}} + \frac{c_\vartheta \cdot l^2}{G \cdot \pi^2}$$

$$c^2 = \frac{I_{\text{w}} / \beta_0^2 + 0{,}039 \cdot l^2 \cdot I_{\text{t}}{*}}{I_{\text{z}}}$$

$$N_{\text{cr,z}} = \frac{\pi^2 \cdot E \cdot I_{\text{z}}}{l^2}$$

$$M_{\text{cr,0}\vartheta} = \zeta_{0\vartheta} \cdot N_{\text{cr,z}} \cdot \left(\sqrt{c^2 + \left(\zeta_{0\vartheta} \cdot 0{,}4 \cdot z_{\text{p}} \right)^2} + \zeta_{0\vartheta} \cdot 0{,}4 \cdot z_{\text{p}} \right) \tag{9.60}$$

$$a_{\text{cr},\vartheta} = \frac{M_{\text{cr,0}\vartheta}}{M_0} \text{ mit } M_0 = q \frac{l^2}{8}$$

$$M_{\text{cr},\vartheta} = \alpha_{\text{Ki},\vartheta} \cdot M \text{ mit } M_{\text{cr},\vartheta} = \alpha_{\text{cr},\vartheta} \cdot \max M$$

9.13.3 Träger mit Schubsteifigkeit

Die Momentenbeiwerte ζ_{0S} für einen Träger mit Schubsteifigkeit, der durch den Index S gekennzeichnet werden soll, sind in Tabelle 9.18 angegeben. Für den Momentenbereich in den Tabellen wurden ebenfalls Vergleichsrechnungen mit einem Profil IPE 200 für die gleichen drei Bereiche durchgeführt.
Es wird entsprechend Gleichung (9.55) angenommen:

$$M_{\text{cr,0S}} = \zeta_{0S} \cdot \text{vorh } S \cdot h \tag{9.61}$$

Die Werte der Tabellen 9.18 gelten für I-Querschnitte mit den folgenden Einschränkungen:

1. $z_{\text{S}} = -\dfrac{h}{2}$
2. $\beta_{\text{w}} = 1 + \dfrac{\pi^2 \cdot E \cdot I_{\text{w}}}{l^2 \cdot G \cdot I_{\text{t}}} \geq 1{,}02$
3. $\text{vorh } S \leq S^* = 10{,}2 \cdot \dfrac{M_{\text{pl}}}{h}$ für $\text{vorh } S > S^*$ gilt $\text{vorh } S = S^*$
4. Werkstoff S 235

Die angegebenen Momentenbeiwerte ζ_{0S} dürfen auch für den Werkstoff S 355 verwendet werden, wenn maximal die Schubsteifigkeit S^* für S 235 eingesetzt wird. Diese Berechnung liegt auf der sicheren Seite.
Der Berechnungsablauf sieht dann folgendermaßen aus:

$$\beta_{\text{w}} = 1 + \frac{\pi^2 \cdot E \cdot I_{\text{w}}}{l^2 \cdot G \cdot I_{\text{t}}}$$

$$M_{\text{cr,0S}} = \zeta_{0S} \cdot S \cdot h$$

$$\alpha_{\text{cr,S}} = \frac{M_{\text{cr,0S}}}{M_0} \text{ mit } M_0 = q\frac{l^2}{8}$$

$$M_{\text{cr,S}} = \alpha_{\text{cr,S}} \cdot M \text{ mit } M_{\text{cr,S}} = \alpha_{\text{cr,S}} \cdot \max M$$

9.13.4 Träger mit Drehbettung und Schubsteifigkeit

Träger mit Drehbettung und Schubsteifigkeit verhalten sich wie parallel geschaltete Federn. Die Biegedrillknickmomente addieren sich.

$$M_{\text{cr}} = M_{\text{cr},\vartheta} + M_{\text{cr,S}} \tag{9.62}$$

Dies kann auch folgendermaßen formuliert werden:

$$\alpha_{\text{cr}} = \alpha_{\text{cr},\vartheta} + \alpha_{\text{cr,S}} \tag{9.63}$$

$$M_{\text{cr}} = \alpha_{\text{cr}} \cdot M \text{ mit } M_{\text{cr}} = \alpha_{\text{cr}} \cdot \max M \tag{9.64}$$

Ist keine Drehbettung vorhanden, sind statt $\zeta_{0\vartheta}$ die Werte ζ_0 nach Tabelle 9.9 einzusetzen.
Die Momentenbeiwerte ζ_{0S} wurden über die folgende Gleichung ermittelt:

$$M_{cr,S} = M_{cr} - M_{cr,0} \tag{9.65}$$

Tabelle 9.18 Momentenbeiwerte $\zeta_{0\vartheta}$ und ζ_{0S} für negative Randmomente mit positivem Feldmoment

$\psi = \frac{M_B}{M_0}$	$M_A = 0$			$M_A = \frac{M_B}{2}$			$M_A = M_B$		
	$\zeta_{0\vartheta}$			$\zeta_{0\vartheta}$			$\zeta_{0\vartheta}$		
	$\beta_w \geq 1{,}02$	$\beta_w \geq 1{,}15$	$\beta_w \geq 1{,}30$	$\beta_w \geq 1{,}02$	$\beta_w \geq 1{,}15$	$\beta_w \geq 1{,}30$	$\beta_w \geq 1{,}02$	$\beta_w \geq 1{,}15$	$\beta_w \geq 1{,}30$
0	1,12	1,12	1,12	1,12	1,12	1,12	1,12	1,12	1,12
0,1	1,18	1,18	1,18	1,21	1,22	1,22	1,25	1,25	1,26
0,2	1,24	1,25	1,25	1,32	1,33	1,34	1,41	1,42	1,43
0,3	1,31	1,32	1,33	1,45	1,47	1,48	1,61	1,64	1,66
0,4	1,39	1,40	1,41	1,61	1,63	1,65	1,89	1,93	1,96
0,5	1,47	1,49	1,50	1,80	1,84	1,86	2,28	2,36	2,41
0,6	1,56	1,58	1,60	2,04	2,10	2,14	2,87	3,01	3,09
0,7	1,66	1,69	1,71	2,36	2,45	2,50	2,85	4,13	4,23
0,8	1,77	1,80	1,83	2,46	2,93	3,00	2,34	4,00	5,10
0,9	1,89	1,93	1,96	2,08	3,57	3,71	1,98	3,18	4,03
1,0	1,89	2,07	2,11	1,80	2,95	3,76	1,71	2,61	3,22

$\psi = \frac{M_B}{M_0}$	$M_A = 0$			$M_A = \frac{M_B}{2}$			$M_A = M_B$		
	ζ_{0S}			ζ_{0S}			ζ_{0S}		
	$\beta_w \geq 1{,}02$	$\beta_w \geq 1{,}15$	$\beta_w \geq 1{,}30$	$\beta_w \geq 1{,}02$	$\beta_w \geq 1{,}15$	$\beta_w \geq 1{,}30$	$\beta_w \geq 1{,}02$	$\beta_w \geq 1{,}15$	$\beta_w \geq 1{,}30$
0	0,528	0,558	0,576	0,528	0,558	0,576	0,528	0,558	0,576
0,1	0,509	0,553	0,575	0,500	0,531	0,574	0,488	0,545	0,572
0,2	0,467	0,539	0,567	0,447	0,528	0,562	0,410	0,509	0,549
0,3	0,400	0,513	0,550	0,368	0,489	0,535	0,310	0,442	0,498
0,4	0,315	0,471	0,523	0,282	0,429	0,490	0,223	0,350	0,417
0,5	0,240	0,415	0,483	0,211	0,354	0,425	0,158	0,253	0,315
0,6	0,185	0,350	0,430	0,158	0,276	0,347	0,110	0,167	0,215
0,7	0,145	0,285	0,369	0,119	0,206	0,268	0,071	0,098	0,130
0,8	0,115	0,228	0,307	0,088	0,146	0,195	0,038		
0,9	0,093	0,181	0,250	0,062	0,097	0,138	0,013		
1,0	0,075	0,142	0,199	0,041	0,058	0,085	0,005		

Um den Einfluss der Drehbettung und Schubsteifigkeit exemplarisch aufzuzeigen, soll die Pfette der Dacheindeckung nach Abb. 9.34 als Zweifeldträger nach Abb. 9.38 untersucht werden.

$\gamma_{M1} = 1{,}10$

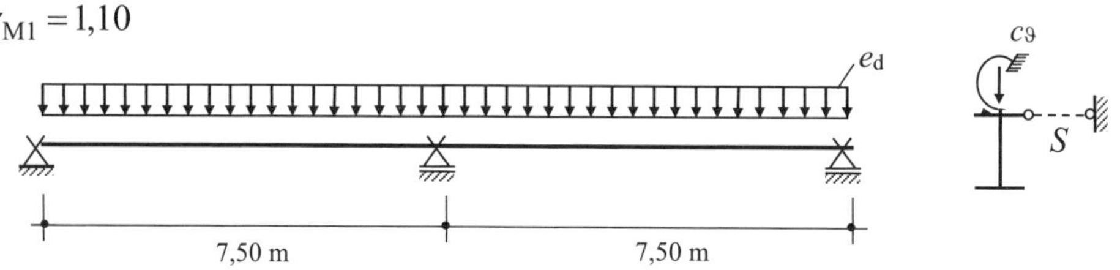

7,50 m 7,50 m

Abb. 9.38 Pfette als Zweifeldträger mit Drehbettung und Schubsteifigkeit

Als drehelastische Bettung werden die zwei Werte für das Trapezblech von ThyssenKrupp Hoesch Bausysteme T35.1-1,0 mm, s. S. 255, gewählt.

$c_{\vartheta,k} = 0$ kNcm/cm; $c_{\vartheta,k} = 8{,}38$ kNcm/cm

Für die Schubsteifigkeit erhält man für eine Pfette und Befestigung in jeder zweiten Rippe, s. S. 261:

$S = 8010$ kN

Werkstoff: S 235

Nachweisverfahren: Elastisch-Plastisch und Plastisch-Plastisch

Profil: IPE 240

Grenzwerte max c/t sind eingehalten.

Querschnittswerte:

$$S_y = 183 \text{ cm}^3;\ I_t = 12{,}9 \text{ cm}^4;\ I_z = 284 \text{ cm}^4;\ I_w = 37\ 390 \text{ cm}^6$$

$$h = 24 \text{ cm};\ M_{pl} = 2 \cdot S_y \cdot f_y = 2 \cdot 183 \cdot 23{,}5 / 100 = 86{,}0 \text{ kNm}$$

Es soll auch für den Träger die Schubsteifigkeit

$$S^* = 10{,}2 \cdot \frac{M_{pl}}{h} = 10{,}2 \frac{8600}{24} = 3655 \text{ kN}$$

berücksichtigt werden.

Weiterhin soll der Nachweis einer ausreichenden Drehbettung nach (1-1, BB.2) mit der genauen Berechnung mit dem Programm DRILL verglichen werden. Für die gebundene Drehachse gilt nach (9.57):

$$\text{erf } S = \left(E \cdot I_w \cdot \frac{\pi^2}{l^2} + G \cdot I_t + E \cdot I_z \cdot \frac{\pi^2}{l^2} \cdot 0{,}25 \cdot h^2 \right) \cdot \frac{70}{h^2}$$

$$\text{erf } S = \left(21\ 000 \cdot 37\ 390 \cdot \frac{\pi^2}{750^2} + 8100 \cdot 12{,}9 + 21\ 000 \cdot 284 \cdot \frac{\pi^2}{750^2} \cdot 0{,}25 \cdot 24^2 \right) \cdot \frac{70}{24^2}$$

$\text{erf } S = 16\ 200$ kN

Um das Biegedrillknicken zu verhindern, ist eine zusätzliche Drehbettung nach (9.58) erforderlich.

Elastisch-Plastisch:

$$\text{erf}\, c_{\vartheta,\text{k}} = \frac{M_{\text{pl,k}}^2}{E \cdot I_z} \cdot k_\vartheta \cdot k_\text{v} = \frac{8600^2}{21\,000 \cdot 284} \cdot 0{,}12 \cdot 0{,}35 = 0{,}52 \text{ kNcm/cm}$$

Plastisch-Plastisch:

$$\text{erf}\, c_{\vartheta,\text{k}} = \frac{M_{\text{pl,k}}^2}{E \cdot I_z} \cdot k_\vartheta \cdot k_\text{v} = \frac{8600^2}{21\,000 \cdot 284} \cdot 0{,}12 \cdot 1{,}0 = 1{,}49 \text{ kNcm/cm}$$

Für die Näherungsberechnung werden die Momentenbeiwerte $\zeta_{0\vartheta}$ und $\zeta_{0\text{S}}$ mit Interpolation berechnet. Im Allgemeinen ist es ausreichend, bei der Interpolation β_w nicht zu berücksichtigen. Man erhält den Wert $\beta_\text{w} = 1{,}132$:

Nachweis Elastisch-Plastisch $\psi = 1{,}00$ $\zeta_0 = 2{,}24$; $\zeta_{0\vartheta} = 2{,}05$; $\zeta_{0\text{S}} = 0{,}133$

Nachweis Plastisch-Plastisch $\psi = 0{,}686$ $\zeta_0 = 1{,}74$; $\zeta_{0\vartheta} = 1{,}65$; $\zeta_{0\text{S}} = 0{,}285$

Die Berechnungsergebnisse sind in Tabelle 9.19 und 9.20 zusammengestellt.

Die Ergebnisse zeigen deutlich, wie wirksam die Schubsteifigkeit des Trapezbleches das Biegedrillknicken verhindert. Nach Nr. 7.4 wird schon 95 % der Traglast ohne eine zusätzliche Drehbettung erreicht. Die Steigerung der Schubsteifigkeit über S^* hinaus erhöht bei Nr. 7.8 das Biegedrillknickmoment um ca. 20 %, die Ausnutzung χ_LT dagegen nur wenig. Die zusätzliche Drehbettung steigert das Biegedrillknickmoment nochmals erheblich.

Der Wert $\chi_\text{LT} = 1{,}00$ wird nur bei sehr hohen Drehbettungen erreicht. Um diese zu vermeiden, ist näherungsweise das Biegedrillknicken verhindert, wenn $\chi_\text{LT} \geq 0{,}95$ ist. Dann ist die Berechnung nach der Fließgelenktheorie möglich.

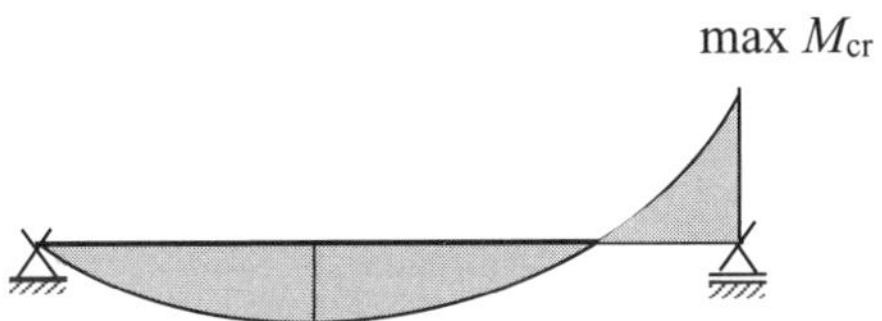

Tabelle 9.19 Nachweis Elastisch-Plastisch des Zweifeldträgers

Nr.	S kN	$c_{\vartheta,\text{k}}$ kNcm/cm	DRILL max M_cr kNm	DRILL χ_LT	Näherung max M_cr kNm	Näherung χ_LT
6.1	0	0	57,5	0,582	57,8	0,584
6.2	0	8,38	149	0,877	142	0,868
6.3	3655	0	169	0,903	171	0,905
6.4	3655	8,38	322	0,990	259	0,966
6.5	8010	0	175	0,909	-	-
6.6	8010	8,38	328	0,992	-	-
6.7	16200	0	178	0,912	-	-
6.8	16200	0,52	195	0,927	-	-

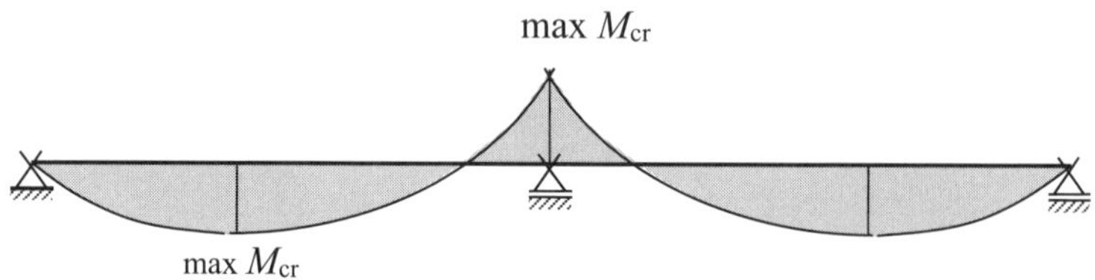

Tabelle 9.20 Nachweis Plastisch-Plastisch des Zweifeldträgers

Nr.	S kN	$c_{9,k}$ kNcm/cm	DRILL max M_{cr} kNm	DRILL χ_{LT}	Näherung max M_{cr} kNm	Näherung χ_{LT}
7.1	0	0	33,0	0,381	33,3	0,384
7.2	0	8,38	83,2	0,717	80,4	0,707
7.3	3655	0	195	0,927	204	0,934
7.4	3655	8,38	362	1,000	252	0,963
7.5	8010	0	219	0,945	-	-
7.6	8010	8,38	385	1,000	-	-
7.7	16200	0	231	0,952	-	-
7.8	16200	1,49	274	0,973	-	-

Die Näherungsberechnung ist auf Schubsteifigkeiten vorh $S < S^*$ begrenzt. Die Ergebnisse stimmen, wenn man die maßgebende Ausnutzung χ_{LT} betrachtet, gut überein. Es können mit den Werten nach Tabelle 9.18 nur Durchlaufträger berechnet werden, die positive Feldmomente aufweisen.

Der Berechnungsablauf für die Näherungsberechnung soll für dieses Beispiel mit Nr. 7.6 aufgezeigt werden.

$\gamma_M = \gamma_{M1} = 1{,}10$

Bemessungswert der Einwirkung: $e_{Ed} = 14{,}5$ kN/m

Nachweis nach Fließgelenktheorie

Werkstoff: S 235

Nachweisverfahren: Plastisch-Plastisch

Profil: IPE 240

Länge: 7,50 m

Grenzwerte max c/t sind eingehalten.

Querschnittswerte:

$$S_y = 183 \text{ cm}^3;\ I_t = 12{,}9 \text{ cm}^4;\ I_z = 284 \text{ cm}^4;\ I_w = 37\ 390 \text{ cm}^6; h = 24 \text{ cm}$$

$$M_{pl,Rk} = 2 \cdot S_y \cdot f_y = 2 \cdot 183 \cdot \frac{23{,}5}{100} = 86{,}0 \text{ kNm}$$

$$M_{pl,Rd} = 2 \cdot S_y \cdot \sigma_{Rd} = 2 \cdot 183 \cdot \frac{21{,}4}{100} = 78{,}3 \text{ kNm}$$

$$V_{pl,Rd} = A_v \cdot \tau_{Rd} = 19{,}1 \cdot 12{,}3 = 235 \text{ kN}$$

Es wird die ungünstigste kinematische Kette untersucht und das Fließgelenk an dem Mittenauflager B angenommen. Damit erhält man ein statisch bestimmtes System. Zunächst wird der Einfluss der Querkraft vernachlässigt.

$$M_{\text{pl,V,Rd}} = M_{\text{pl,Rd}} = 78,3 \text{ kNm}$$

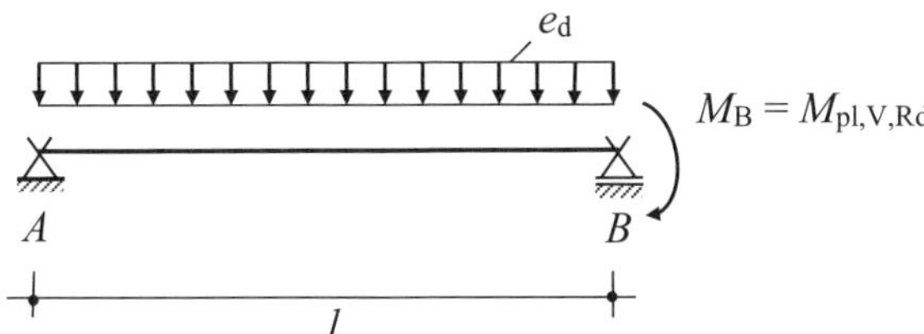

Die zugehörige Querkraft folgt aus der maximalen Querkraft am Auflager B.

$$B = \frac{14,5 \cdot 7,50}{2} + \frac{78,3}{7,5} = 54,8 \text{ kN}$$

$$\frac{V_{\text{Ed}}}{V_{\text{pl,Rd}}} = \frac{54,8}{235} = 0,23 < 0,5$$

$$A = \frac{14,5 \cdot 7,50}{2} - \frac{78,3}{7,5} = 43,9 \text{ kN}$$

An der Stelle des maximalen Feldmomentes ist die Querkraft gleich null.

$$M_{\text{F}} = \frac{A^2}{2 \cdot e_{\text{d}}} = \frac{43,9^2}{2 \cdot 16} = 60,2 \text{ kNm} < M_{\text{pl,Rd}} = 78,3 \text{ kNm}$$

Biegedrillknicknachweis:

$$\beta_{\text{w}} = 1 + \frac{\pi^2 \cdot E \cdot I_{\text{w}}}{l^2 \cdot G \cdot I_{\text{t}}} = 1 + \frac{\pi^2 \cdot 21\,000 \cdot 37\,390}{750^2 \cdot 8\,100 \cdot 12,9} = 1,13$$

$$c_{\vartheta,\text{k}} = 8,38 \text{ kNcm/cm}$$

$$I_{\text{t}}{*} = I_{\text{t}} + \cdot \frac{c_{\vartheta} \cdot l^2}{G \cdot \pi^2} = 12,9 + \frac{8,38 \cdot 750^2}{8\,100 \cdot \pi^2} = 71,9 \text{ cm}^4$$

$$\beta_0 = 1,00$$

$$c^2 = \frac{I_{\text{w}} / \beta_0^2 + 0,039 \cdot l^2 \cdot I_{\text{t}}{*}}{I_{\text{z}}} = \frac{37\,390 + 0,039 \cdot 750^2 \cdot 71,9}{284} = 5686 \text{ cm}^2$$

$$N_{\text{cr,z}} = \frac{\pi^2 \cdot E \cdot I_{\text{z}}}{l^2} = \frac{\pi^2 \cdot 21\,000 \cdot 284}{750^2} = 105 \text{ kN}$$

$$M_{\text{B}} = 78,3 \text{ kNm}; \; M_0 = e_{\text{d}} \frac{l^2}{8} = 14,5 \cdot \frac{7,50^2}{8} = 102 \text{ kNm}; \; \psi = \frac{78,3}{102} = 0,768$$

$\zeta_{0\vartheta} = 1,77$ nach Tabelle 9.18 mit Interpolation

$$M_{\text{cr},0\vartheta} = \zeta_{0\vartheta} \cdot N_{\text{cr,z}} \cdot \left(\sqrt{c^2 + \left(\zeta_{0\vartheta} \cdot 0,4 \cdot z_{\text{p}}\right)^2} + \zeta_{0\vartheta} \cdot 0,4 \cdot z_{\text{p}} \right)$$

$$M_{\text{cr},0\vartheta} = 1,77 \cdot 105 / 100 \cdot \left(\sqrt{5686 + (1,77 \cdot 0,4 \cdot 12)^2} - 1,77 \cdot 0,4 \cdot 12 \right) = 125 \text{ kNm}$$

$$\alpha_{\text{cr},\vartheta} = \frac{M_{\text{cr},0\vartheta}}{M_0} = \frac{125}{102} = 1{,}225$$

$$M_{\text{cr},\vartheta} = \alpha_{\text{cr},\vartheta} \cdot \max M = 1{,}225 \cdot 78{,}3 = 95{,}9 \text{ kNm}$$

$$S^* = 10{,}2 \cdot \frac{M_{\text{pl,Rk}}}{h} = 10{,}2 \frac{8600}{24} = 3665 \text{ kN}$$

$\zeta_{0S} = 0{,}229$ nach Tabelle 9.18 mit Interpolation

$$M_{\text{cr,0S}} = \zeta_{0S} \cdot S \cdot h = 0{,}229 \cdot 3665 \cdot 23{,}5 / 100 = 197 \text{ kNm}$$

$$\alpha_{\text{cr,S}} = \frac{M_{\text{cr,0S}}}{M_0} = \frac{197}{102} = 1{,}93$$

$$M_{\text{cr,S}} = \alpha_{\text{cr,S}} \cdot \max M = 1{,}93 \cdot 78{,}3 = 151 \text{ kNm}$$

$$M_{\text{cr}} = M_{\text{cr},\vartheta} + M_{\text{cr,S}} = 95{,}9 + 151 = 247 \text{ kNm}$$

$$\bar{\lambda}_{\text{LT}} = \sqrt{\frac{W_{\text{pl,y}} \cdot f_y}{M_{\text{cr}}}} = \sqrt{\frac{366 \cdot 23{,}5}{247 \cdot 100}} = 0{,}590$$

$\chi_{\text{LT}} = 0{,}921$ nach Tabelle 9.5

$k_c = 0{,}91$ nach (1-1, Tabelle 6.6) bzw. Tabelle 9.6

$$f = 1 - 0{,}5 \cdot (1 - k_c) \cdot \left[1 - 2{,}0 \cdot \left(\bar{\lambda}_{\text{LT}} - 0{,}8\right)^2\right]$$

$$f = 1 - 0{,}5 \cdot (1 - 0{,}91) \cdot \left[1 - 2{,}0 \cdot (0{,}590 - 0{,}8)^2\right] = 959 \text{ jedoch} < 1{,}0$$

$$\chi_{\text{LT,mod}} = \frac{\chi_{\text{LT}}}{f} = \frac{0{,}921}{0{,}959} = 0{,}960$$

$$M_{\text{b,Rd}} = \chi_{\text{LT,mod}} \cdot W_{\text{pl,y}} \frac{f_y}{\gamma_{\text{M1}}} = 0{,}960 \cdot 366 \frac{23{,}5}{1{,}1 \cdot 100} = 75{,}1 \text{ kNm}$$

$$\frac{M_{\text{Ed}}}{M_{\text{b,Rd}}} = \frac{78{,}3}{75{,}1} = 1{,}04 > 1{,}0$$

Der Nachweis ist nicht eingehalten. Die genauere Berechnung mit DRILL ergibt $\chi_{\text{LT}} = 1{,}00$.

9.14 Beispiel

Beispiel 9.14: Einfeldträger mit Gleichstreckenlast

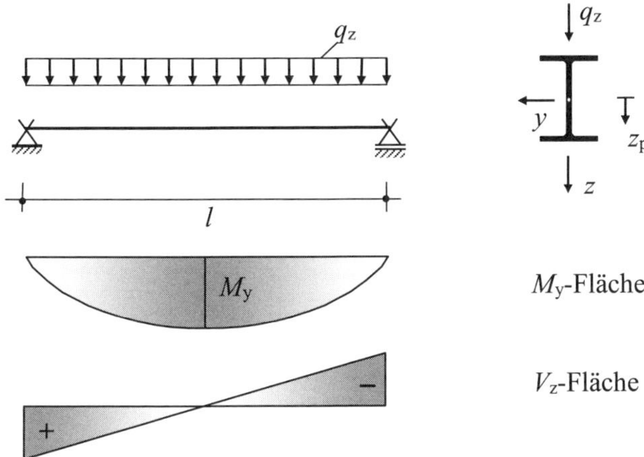

Abb. 9.39 Einfeldträger mit Gleichstreckenlast

Nachweisverfahren: Elastisch-Plastisch
Profil: IPE 200
Werkstoff: S 235
Länge: 6,00 m
Grenzwerte max c/t sind eingehalten.
Querschnittswerte: $I_z = 142$ cm^4; $I_t = 6,98$ cm^4; $I_w = 12\,990$ cm^6; $h = 200$ mm
$W_{pl,y} = 221$ cm^3
Einwirkungen: $q_{z,Ed} = 4,2$ kN/m

$$M_{y,Ed} = q_{z,Ed} \cdot \frac{l^2}{8} = \frac{4,20 \cdot 6,00^2}{8} = 18,9 \text{ kNm}$$

$$N_{cr,z} = \frac{\pi^2 \cdot E \cdot I_z}{l^2} = \frac{\pi^2 \cdot 21\,000 \cdot 142}{600^2} = 81,75 \text{ kN}$$

$$c^2 = \frac{I_w + 0,039 \cdot l^2 \cdot I_t}{I_z} = \frac{12\,990 + 0,039 \cdot 600^2 \cdot 6,98}{142} = 781,6 \text{ cm}^2$$

Angriffspunkt am Obergurt: $z_p = -\frac{h}{2} = -10$ cm

$$M_{cr} = \zeta \cdot N_{cr,z} \cdot \left(\sqrt{c^2 + 0,25 \cdot z_p^2} + 0,5 \cdot z_p\right)$$

$$M_{cr} = 1,12 \cdot 81,75 / 100 \cdot \left(\sqrt{781,6 + 0,25 \cdot 10^2} - 0,5 \cdot 10\right) = 21,4 \text{ kNm}$$

$$\bar{\lambda}_{\mathrm{LT}} = \sqrt{\frac{W_{\mathrm{pl,y}} \cdot f_{\mathrm{y}}}{M_{\mathrm{cr}}}} = \sqrt{\frac{221 \cdot 23{,}5}{21{,}4 \cdot 100}} = 1{,}56$$

Kurve b

$\alpha_{\mathrm{LT}} = 0{,}34$

Empfohlener Wert : $\bar{\lambda}_{\mathrm{LT,0}} = 0{,}4$

Empfohlener Wert : $\beta = 0{,}75$

$$\phi_{\mathrm{LT}} = 0{,}5 \cdot \left[1 + \alpha_{\mathrm{LT}} \cdot \left(\bar{\lambda}_{\mathrm{LT}} - \bar{\lambda}_{\mathrm{LT,0}} \right) + \beta \cdot \bar{\lambda}_{\mathrm{LT}}^{2} \right]$$

$$\phi_{\mathrm{LT}} = 0{,}5 \cdot \left[1 + 0{,}34 \cdot (1{,}56 - 0{,}4) + 0{,}75 \cdot 1{,}56^{2} \right] = 1{,}61$$

$$\chi_{\mathrm{LT}} = \frac{1}{\phi_{\mathrm{LT}} + \sqrt{\phi_{\mathrm{LT}}^{2} - \beta \cdot \bar{\lambda}_{\mathrm{LT}}^{2}}} \quad \text{jedoch} \quad \begin{cases} \chi_{\mathrm{LT}} \leq 1{,}0 \\ \chi_{\mathrm{LT}} \leq \dfrac{1}{\bar{\lambda}_{\mathrm{LT}}^{2}} \end{cases}$$

$$\chi_{\mathrm{LT}} = \frac{1}{1{,}61 + \sqrt{1{,}61^{2} - 0{,}75 \cdot 1{,}56^{2}}} = 0{,}402$$

$$\chi_{\mathrm{LT}} \leq \frac{1}{\bar{\lambda}_{\mathrm{LT}}^{2}} = \frac{1}{1{,}56^{2}} 0{,}411$$

$\chi_{\mathrm{LT}} = 0{,}402$

$k_{\mathrm{c}} = 0{,}94$ nach Tabelle 9.6

$$f = 1 - 0{,}5 \cdot (1 - k_{\mathrm{c}}) \cdot \left[1 - 2{,}0 \cdot \left(\bar{\lambda}_{\mathrm{LT}} - 0{,}8 \right)^{2} \right]$$

$$f = 1 - 0{,}5 \cdot (1 - 0{,}94) \cdot \left[1 - 2{,}0 \cdot (1{,}56 - 0{,}8)^{2} \right] = 1{,}004 \text{ jedoch} < 1{,}0$$

$$\chi_{\mathrm{LT,mod}} = \frac{\chi_{\mathrm{LT}}}{f} = \frac{0{,}402}{1{,}0} = 0{,}402$$

$$M_{\mathrm{b,Rd}} = \chi_{\mathrm{LT,mod}} \cdot W_{\mathrm{pl,y}} \frac{f_{\mathrm{y}}}{\gamma_{\mathrm{M1}}} = 0{,}402 \cdot 221 \frac{23{,}5}{1{,}10 \cdot 100} = 19{,}0 \text{ kNm}$$

$$\frac{M_{\mathrm{y,Ed}}}{M_{\mathrm{b,Rd}}} = \frac{18{,}9}{19{,}0} = 0{,}99 \leq 1{,}0$$

10 Biegung und Normalkraft

10.1 Beanspruchungen nach Theorie II. Ordnung

Im Abschnitt 1.3.3 wurde ausführlich über die Berechnung der Beanspruchungen für druckbeanspruchte Stäbe nach Theorie II. Ordnung und die Abgrenzungskriterien gesprochen. Die Gleichgewichtsbedingungen werden am verformten Tragwerk formuliert. Dies führt bei Druckkräften zu einer Vergrößerung der Biegemomente, s. Abb. 10.1. Schon für Einfeldträger unter allgemeiner Belastung ist die exakte Lösung sehr aufwändig. Deshalb ist zu empfehlen, Stabwerksprogramme für die Berechnung nach Theorie II. Ordnung anzuwenden.

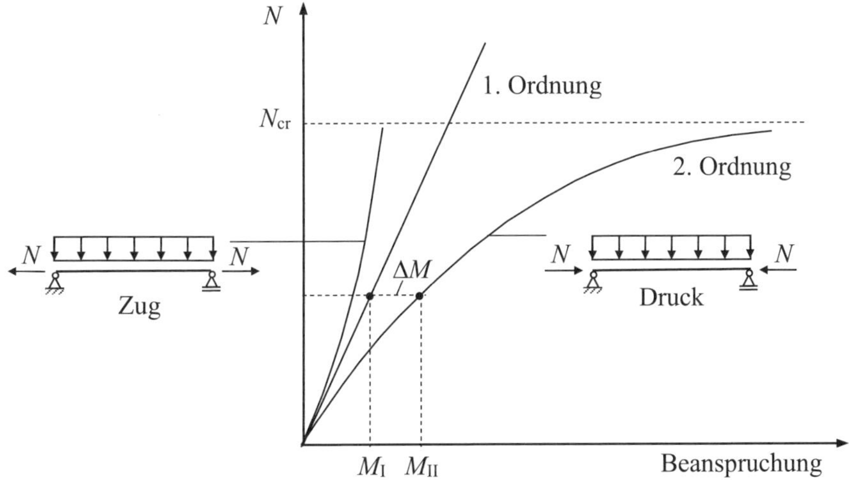

Abb. 10.1 Beanspruchungen nach Theorie II. Ordnung

Um die Theorie II. Ordnung zu erläutern, soll der Einfeldträger unter einem konstanten Moment M_I nach Abb. 10.2 betrachtet werden. Die Beziehung zwischen dem Biegemoment M und der zugehörigen Elementverformung w'' lautet:

$$M = -E \cdot I \cdot w'' \tag{10.1}$$

Für das Gleichgewicht am verformten System werden kleine Verformungen angenommen, d. h. das System wird nach Theorie II. Ordnung berechnet.

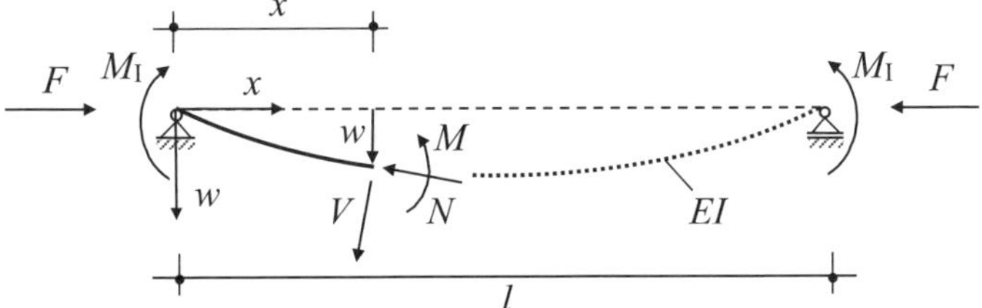

Abb. 10.2 Gleichgewicht am verformten System

Es gilt für das Biegemoment M an der Stelle x dieses Systems, wenn die Normalkraft N als Druckkraft positiv eingeführt wird:

$$F \approx N \qquad M(x) = M_{\mathrm{I}} + N \cdot w \tag{10.2}$$

Mit der elastostatischen Grundgleichung (10.1) erhält man

$$w'' + \frac{N}{E \cdot I} \cdot w + \frac{M_{\mathrm{I}}}{E \cdot I} = 0 \tag{10.3}$$

und mit der Abkürzung $\alpha^2 = \dfrac{N}{E \cdot I}$

die Differenzialgleichung der Biegelinie für das konstante Moment:

$$w'' + \alpha^2 \cdot w + \frac{M_{\mathrm{I}}}{E \cdot I} = 0$$

Lösungsansatz:

$$w = C_1 \cdot \sin \alpha x + C_2 \cdot \cos \alpha x - \frac{M_{\mathrm{I}}}{N}$$

C_1 und C_2 werden mit den Randbedingungen bestimmt.

$$w(0) = 0 \text{ ergibt } C_2 = \frac{M_{\mathrm{I}}}{N}$$

$$w(l) = 0 \text{ ergibt } C_1 = \frac{M_{\mathrm{I}}}{N} \cdot \tan \alpha \frac{l}{2}$$

Durchbiegung:

$$w = \frac{M_{\mathrm{I}}}{N} \cdot \left(\tan \alpha \frac{l}{2} \cdot \sin \alpha x + \cos \alpha x - 1 \right)$$

$$f = w(l/2) = \frac{M_{\mathrm{I}}}{N} \cdot \left[\frac{1}{\cos \alpha \frac{l}{2}} - 1 \right]$$

Der **Biegemomentenverlauf** kann auf folgende Weise berechnet werden:

$$M_{\mathrm{II}} = -E \cdot I \cdot w''$$

oder

$$M_{\mathrm{II}} = M_{\mathrm{I}} + N \cdot w = M_{\mathrm{I}} \cdot \left(\tan \alpha \frac{l}{2} \cdot \sin \alpha x + \cos \alpha x \right)$$

$$\max M_{\mathrm{II}} = \frac{M_{\mathrm{I}}}{\cos \frac{\varepsilon}{2}} \tag{10.4}$$

$$\text{mit } \varepsilon = \sqrt{\frac{N}{E \cdot I}} \cdot l \tag{10.5}$$

Querkraftverlauf:

$$V_{\mathrm{II}} = \frac{\mathrm{d}M}{\mathrm{d}x} = M_{\mathrm{I}} \cdot \alpha \cdot \left(\tan\alpha \frac{l}{2} \cdot \cos\alpha x - \sin\alpha x \right)$$

$$\max V_{\mathrm{II}} = M_{\mathrm{I}} \cdot \alpha \cdot \tan\frac{\varepsilon}{2}$$

Für den einfachen Stab gibt es geschlossene Lösungen, in denen stets als Parameter die Stabkennzahl ε vorkommt. Sie ist ein Maß für die „Empfindlichkeit" eines gedrückten Stabes bezüglich Theorie II. Ordnung, wobei jedoch die Knicklänge zu berücksichtigen ist.

$$\varepsilon_{\mathrm{cr}} = L_{\mathrm{cr}} \cdot \sqrt{\frac{N}{E \cdot I}} \tag{10.6}$$

In diesem Beispiel ist $L_{\mathrm{cr}} = l.$ Die Zunahme des Momentes k nach Theorie II. Ordnung beträgt:

$$k = \frac{M_{\mathrm{II}}}{M_{\mathrm{I}}} = \frac{1}{\cos\varepsilon/2} \tag{10.7}$$

Tabelle 10.1 Zunahme des Momentes nach Theorie II. Ordnung

$\varepsilon_{\mathrm{cr}}$	$k = \frac{M_{\mathrm{II}}}{M_{\mathrm{I}}}$
0,00	1,000
0,25	1,008
0,50	1,032
0,75	1,075
1,00	1,139
1,50	1,367
2,00	1,851
2,50	3,171
2,75	5,140

Die Tabelle 10.1 zeigt deutlich, dass mit zunehmender Druckkraft die Biegemomente überproportional ansteigen. Das Superpositonsgesetz gilt bei Theorie II. Ordnung nicht mehr. Die Einwirkungen sind zunächst zu kombinieren, bevor die Berechnung nach Theorie II. Ordnung erfolgt. Die Berechnung nach Theorie I. Ordnung ist erlaubt, wenn $\varepsilon_{\mathrm{cr}} \leq 1{,}00$ ist. Dies ist gleichbedeutend mit der Bedingung (1.21) $q_{\mathrm{cr}} \leq 0{,}1$. Die Gleichung (10.7) soll im nächsten Abschnitt benutzt werden, um die Genauigkeit der Näherungsberechnung aufzuzeigen.

10.2 Näherungsberechnung

Um die aufwendige Berechnung mit komplizierten trigonometrischen Funktionen zu vermeiden – ich selbst denke noch an die Berechnung mit dem Rechenschieber –, wurden einfache Näherungsberechnungen entwickelt. Als Erläuterungsbeispiel wird der gleiche Einfeldträger mit einem konstanten Moment M_{I} und der konstanten Druckkraft N nach Abb. 10.3 gewählt.
Das maximale Biegemoment in der Mitte nach Theorie II. Ordnung beträgt:

$$M_{\mathrm{II}} = M_{\mathrm{I}} + N \cdot f = M_{\mathrm{I}} + \Delta M \tag{10.8}$$

Unbekannt ist die sich einstellende endgültige Verformung f. Diese soll iterativ berechnet werden. Die Verformung f_I unter dem konstanten Moment M_I beträgt:

$$f_I = \frac{1}{8} \cdot \frac{M_I \cdot l^2}{E \cdot I}$$

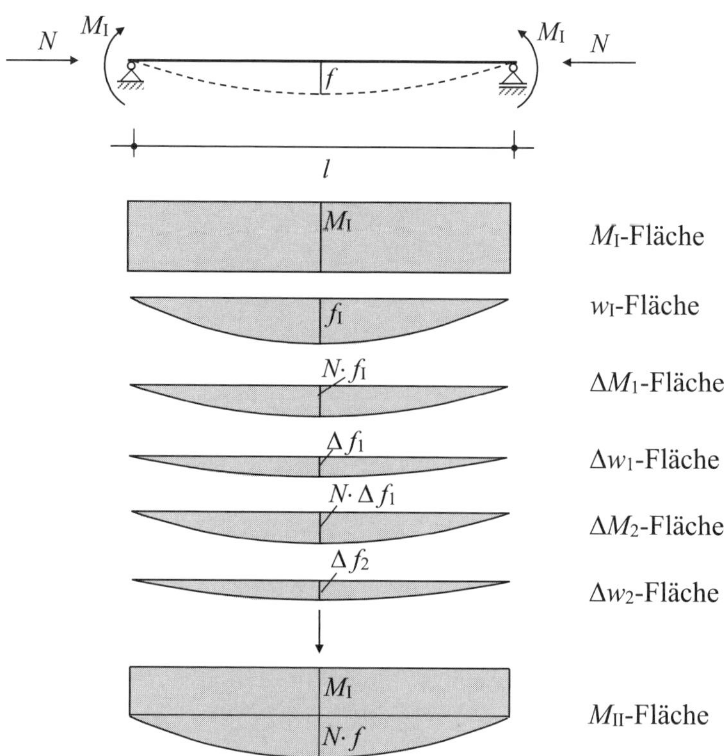

Abb. 10.3 Näherungsberechnung für Theorie II. Ordnung

Daraus folgt das Zusatzmoment

$$\Delta M_1 = N \cdot f_I$$

Der Momentenverlauf von ΔM_1 ist entsprechend der Verformung eine quadratische Parabel. Unter dem Zusatzmoment ΔM_1 entsteht eine Zusatzverformung Δf_1. Mit den Integraltafeln für das Prinzip der virtuellen Kräfte folgt:

$$\Delta f_1 = \frac{5}{12} \cdot N \cdot f_I \cdot \frac{l}{4} \cdot \frac{l}{E \cdot I} = \frac{5}{48} \cdot \frac{N \cdot l^2}{E \cdot I} \cdot f_I = q \cdot f_I \tag{10.9}$$

Als Abkürzung wird eingeführt:

$$q = \frac{5}{48} \cdot \frac{N \cdot l^2}{E \cdot I} \tag{10.10}$$

$$\Delta M_2 = N \cdot \Delta f_1 = N \cdot q \cdot f_I$$

Unter dem Zusatzmoment ΔM_2 entsteht eine weitere Zusatzverformung Δf_2. Es ist offensichtlich, dass die w-Flächen sich ähnlich sind und für den Maximalwert der Verformung folgende Annahme getroffen werden kann:

$$\frac{\Delta f_1}{f_{\mathrm{I}}} \approx \frac{\Delta f_2}{\Delta f_1};\ \Delta f_2 = \frac{\Delta f_1}{f_{\mathrm{I}}} \cdot \Delta f_1 = q \cdot \Delta f_1$$

$$\Delta M_3 = N \cdot \Delta f_2 = N \cdot q \cdot \Delta f_1 = N \cdot q^2 \cdot f_{\mathrm{I}}$$

Für den Zuwachs ΔM nach Theorie II. Ordnung gilt damit:

$$\Delta M = \Delta M_1 + \Delta M_2 + \Delta M_3 \ldots\ldots$$

$$\Delta M = N \cdot f_{\mathrm{I}} + N \cdot q \cdot f_{\mathrm{I}} + N \cdot q^2 \cdot f_{\mathrm{I}} \ldots\ldots$$

$$\Delta M = N \cdot f_{\mathrm{I}}(1 + q + q^2 \ldots\ldots)$$

Der Klammerausdruck ist eine geometrische Reihe mit dem Faktor q.

$$M_{\mathrm{II}} = M_{\mathrm{I}} + \Delta M = M_{\mathrm{I}} + \frac{\Delta M_1}{1-q} = M_{\mathrm{I}} + \frac{N \cdot f_{\mathrm{I}}}{1-q} \qquad (10.11)$$

$$\text{mit } q = \frac{\Delta f_1}{f_{\mathrm{I}}} \qquad (10.12)$$

Die Gleichung (10.11) ist eine sehr gute Näherungsberechnung nach Theorie II. Ordnung von einfachen Systemen.

Es soll nun q noch auf eine andere Art berechnet werden. Wenn $q \to 1$ geht, dann wachsen selbst bei sehr kleinem Anfangsmoment $\Delta M_1 = N \cdot f_{\mathrm{I}}$ die Biegemomente und Verformungen grenzenlos an. Der Stab knickt!

$$q = \frac{5}{48} \cdot \frac{N \cdot l^2}{E \cdot I} = N \cdot \alpha \to 1 = N_{\mathrm{cr}} \cdot \alpha \to \alpha = \frac{1}{N_{\mathrm{cr}}} \qquad q = q_{\mathrm{cr}} = \frac{N}{N_{\mathrm{cr}}} \qquad (10.13)$$

Diese Gleichung wurde schon im Abschnitt 1.3.3 hergeleitet. Es gibt damit zwei Wege zur Berechnung. Ist die Verzweigungslast bekannt, wird q mit Gleichung (10.13) sonst mit Gleichung (10.12) berechnet. Die Gleichung (10.12) liefert auch eine Näherung für den Verzweigungslastfaktor η_{cr}.

$$q_{\mathrm{cr}} \approx \frac{\Delta f_1}{f_{\mathrm{I}}} \to \alpha_{\mathrm{cr}} = \frac{f_{\mathrm{I}}}{\Delta f_1} \qquad (10.14)$$

Für das Erläuterungsbeispiel gilt mit Gleichung (10.9):

$$a_{\mathrm{cr}} = \frac{f_{\mathrm{I}}}{\Delta f_1} = \frac{48 \cdot E \cdot I}{5 \cdot l^2 \cdot N}$$

$$N_{\mathrm{cr}} = \alpha_{\mathrm{cr}} \cdot N = \frac{48 \cdot E \cdot I}{5 \cdot l^2} = \frac{9{,}6 \cdot E \cdot I}{l^2}$$

Die genaue Lösung lautet

$$N_{\mathrm{cr}} = \frac{\pi^2 \cdot E \cdot I}{l^2} = \frac{9{,}87 \cdot E \cdot I}{l^2}$$

In der Praxis sind häufig Wandstiele oder Giebelwandstützen mit einer Druckkraft und Gleichstreckenlast aus Wind zu bemessen und nachzuweisen.
System und Belastung sind in Abb. 10.4 dargestellt.

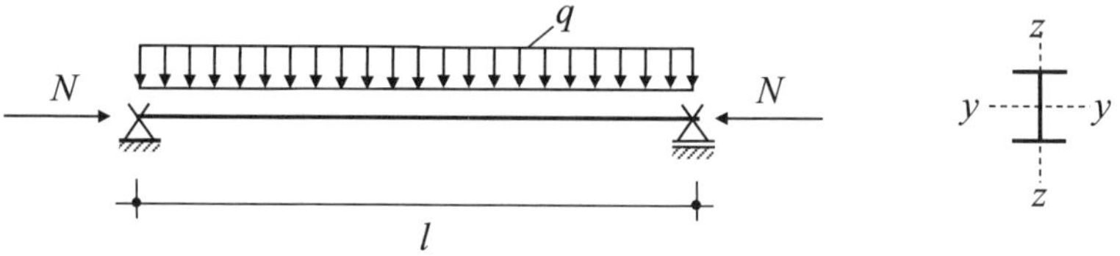

Abb. 10.4 Stütze mit Gleichstreckenlast

Die Gleichung (10.11) kann noch folgendermaßen umgeformt werden.

$$M_{\mathrm{II}} = M_{\mathrm{I}} + \frac{N \cdot f_{\mathrm{I}}}{1-q} \qquad f_{\mathrm{I}} = \frac{5}{384} \cdot \frac{q \cdot l^4}{E \cdot I}$$

$$N \cdot f_{\mathrm{I}} = N \cdot \frac{5}{384} \cdot \frac{q \cdot l^4}{E \cdot I} = N \cdot \frac{5}{48} \cdot \frac{l^2}{E \cdot I} \cdot M_{\mathrm{I}} \cdot \frac{\pi^2}{\pi^2} = \frac{5 \cdot \pi^2}{48} \cdot \frac{N}{N_{\mathrm{cr}}} \cdot M_{\mathrm{I}}$$

$$N \cdot f_{\mathrm{I}} = 1{,}028 \cdot q_{\mathrm{cr}} \cdot M_{\mathrm{I}} \qquad M_{\mathrm{II}} = M_{\mathrm{I}} + \frac{1{,}028 \cdot q_{\mathrm{cr}}}{1-q_{\mathrm{cr}}} \cdot M_{\mathrm{I}} = M_{\mathrm{I}} \left(1 + \frac{1{,}028 \cdot q_{\mathrm{cr}}}{1-q_{\mathrm{cr}}} \right)$$

$$\frac{M_{\mathrm{II}}}{M_{\mathrm{I}}} = \frac{1-q_{\mathrm{cr}} + 1{,}028 \cdot q_{\mathrm{cr}}}{1-q_{\mathrm{cr}}} = \frac{1+0{,}028 \cdot q_{\mathrm{cr}}}{1-q_{\mathrm{cr}}} \approx \frac{1}{1-q_{\mathrm{cr}}}$$

$$M_{\mathrm{II}} = \frac{M_{\mathrm{I}}}{1-q_{\mathrm{cr}}} \qquad (10.15)$$

Die Gleichung (10.15) ist eine sehr einfache und genaue Formel zur Berechnung der Momente nach Theorie II. Ordnung für gelenkig gelagerte Stützen mit Gleichstreckenlast. Sie darf auch für verschiebliche Systeme wie eingespannte Stützen unter Horizontalbelastung angewendet werden. Für die Stütze mit konstantem Moment erhält man entsprechend.

$$k = \frac{M_{\mathrm{II}}}{M_{\mathrm{I}}} = \frac{1+0{,}234 \cdot q_{\mathrm{cr}}}{1-q_{\mathrm{cr}}}$$

Das folgende Beispiel dient dem Vergleich für die angegebene Näherungsberechnung mit der exakten Lösung und zeigt eine sehr gute Übereinstimmung.
Z. B. $q_{\mathrm{cr}} = 0{,}6$

$$k = \frac{1+0{,}234 \cdot q_{\mathrm{cr}}}{1-q_{\mathrm{cr}}} = \frac{1+0{,}234 \cdot 0{,}6}{1-0{,}6} = 2{,}851$$

Die exakte Lösung erfordert noch folgende Umformung:

$$q_{\mathrm{cr}} = \frac{N}{N_{\mathrm{cr}}} = \frac{N \cdot l^2}{\pi^2 \cdot E \cdot I} = \frac{1}{\pi^2} \cdot \varepsilon^2$$

$$\varepsilon^2 = \pi^2 \cdot q_{\mathrm{cr}} \qquad (10.16)$$

$$\varepsilon^2 = \pi^2 \cdot q_{cr} = \pi^2 \cdot 0{,}6 = 5{,}9212$$

$$k = \frac{1}{\cos\varepsilon / 2} = \frac{1}{\cos 2{,}433 / 2} = 2{,}884$$

Bei der Berechnung nach **Theorie II. Ordnung** sind als Bemessungswerte der Steifigkeiten die aus den Nennwerten der Querschnittsabmessungen und den charakteristischen Werten der Elastizitäts- und Schubmoduln berechneten **charakteristischen Werte der Steifigkeiten** zu verwenden.

10.3 Ansatz von Imperfektionen

10.3.1 Allgemeines

Der Übergang vom gedrückten Biegestab zum zentrischen Druckstab wird durch die Annahme einer geometrischen Ersatzimperfektion ermöglicht. Dabei unterscheidet man zwischen Vorkrümmungen $e_{0,d}$ und Vorverdrehungen ϕ, siehe Abb. 10.5. Die geometrischen Ersatzimperfektionen sind in ungünstigster Richtung so anzusetzen, dass sie sich der zum niedrigsten Knickeigenwert gehörenden Knickfigur möglichst gut anpassen. Diese Vorverformungen sind in der Regel jeweils in allen maßgebenden Richtungen zu untersuchen, brauchen aber nur in einer Richtung gleichzeitig betrachtet zu werden.
Wie schon im Abschnitt 3.1 für den Druckstab erläutert, sind auch für den druckbeanspruchten Biegestab die folgenden Imperfektionen zu berücksichtigen:

- geometrische Imperfektionen
- strukturelle Imperfektionen wie Eigenspannungen und Fließgrenzenstreuung
- exzentrische Krafteinleitung
- reales elastisch-plastisches Werkstoffverhalten.

Zur Erfassung dieser Imperfektionen dürfen vergrößerte **Ersatzimperfektionen** angenommen werden.

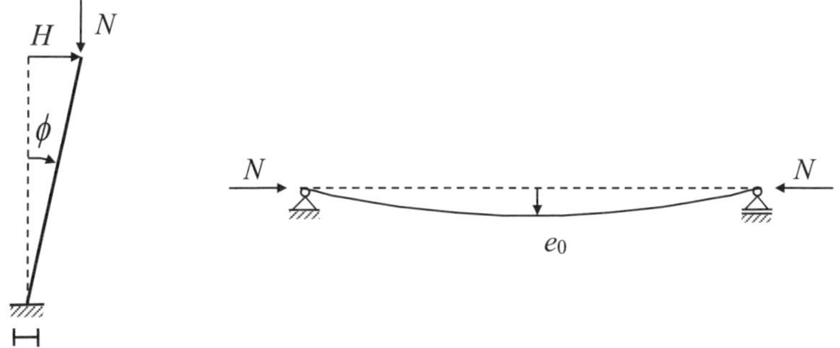

Abb. 10.5 Geometrische Ersatzimperfektionen

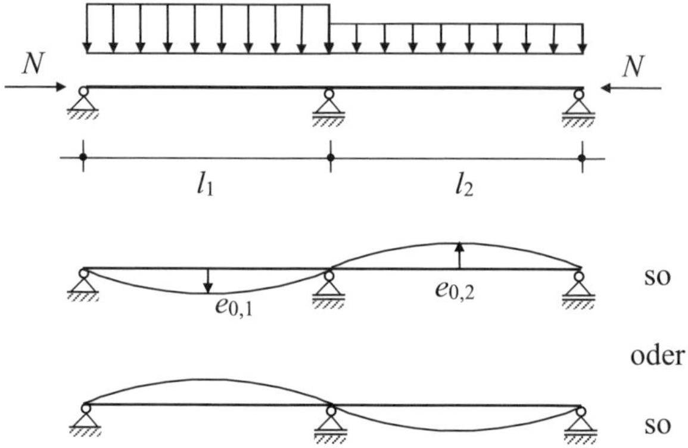

Abb. 10.6 Ansatz von Vorkrümmungen

Die Abb. 10.6 zeigt deutlich, dass die Knickfigur **nicht der Biegeverformung** des Systems entspricht.

Weiterhin brauchen die Ersatzimperfektionen mit den geometrischen Randbedingungen des Systems, wie z. B. in Abb. 10.7, nicht verträglich zu sein.

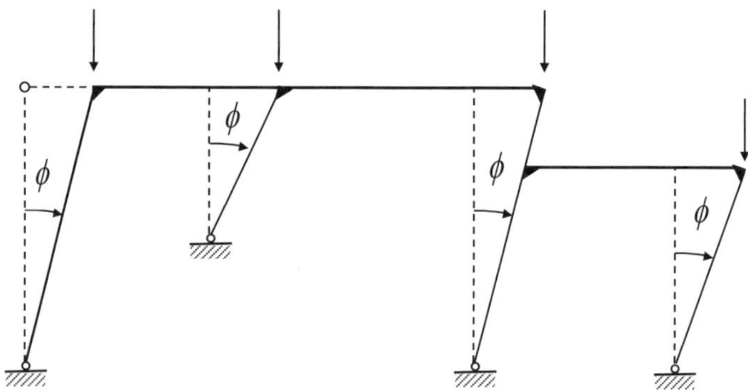

Abb. 10.7 Ansatz von Vorverdrehungen

Die geometrischen Ersatzimperfektionen können in EDV-Programmen, z. B. GWSTATIK, in der Elementsteifigkeitsmatrix direkt berücksichtigt werden und müssen nicht über die Geometrie des Systems eingegeben werden, s. auch Kapitel 13. Falls dies in dem Stabwerksprogamm nicht möglich ist, können Ersatzimperfektionen durch eine entsprechende Eingabe der Koordinaten der Knotenpunkte realisiert werden, s. Abb.10.8. Dabei ist stets die ungünstigste Richtung zu wählen, bei der sich die Beanspruchungen aus äußeren Einwirkungen und Ersatzimperfektionen addieren. Dies erhöht in der statischen Berechnung eines Tragwerkes die Anzahl der Lastkombinationen.
Ist die Berechnung nach Theorie I. Ordnung erlaubt, müssen keine Ersatzimperfektionen angesetzt werden (1-1, 5.2.2 (1)). Dies gilt für:

$$\alpha_{\text{cr}} = \frac{N_{\text{cr}}}{N_{\text{Ed}}} \geq 10 \tag{10.17}$$

Es gilt aber weiterhin der Teilsicherheitsbeiwert $\gamma_{\text{M}} = \gamma_{\text{M1}}$. Ansonsten ist das Tragwerk nach dem Berechnungsverfahren c (1-1, 5.2.2 (3)c) und (8)) nachzuweisen.

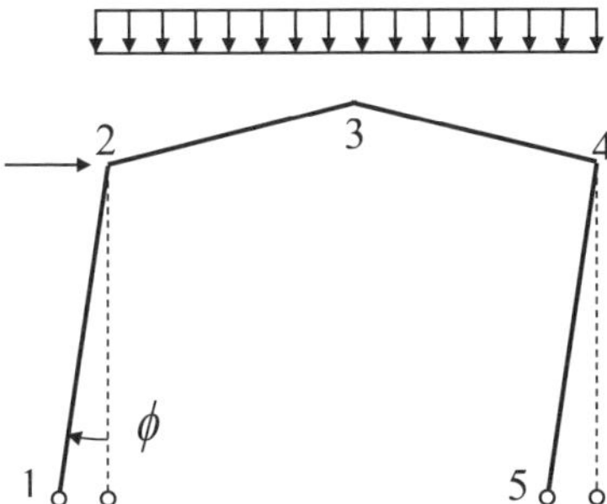

Abb. 10.8 Eingabe der Ersatzimperfektionen durch die Geometrie des Systems

10.3.2 Unverschiebliche Systeme

Systeme werden als unverschieblich bezeichnet, wenn die Systempunkte sich nicht verschieben, sondern nur verdrehen können, s. z. B. Abb. 10.9.

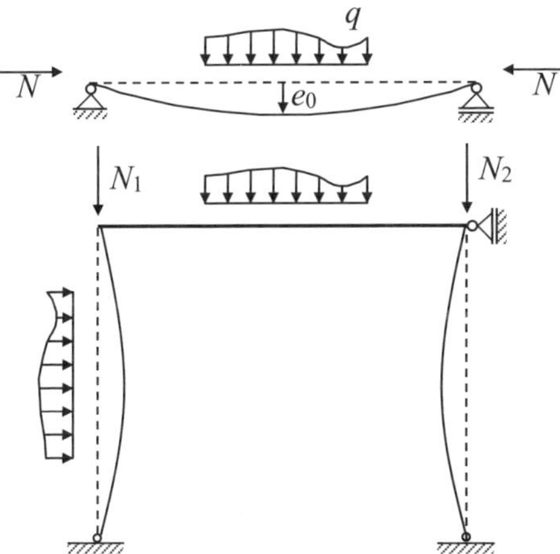

Abb. 10.9 Unverschiebliche Systeme

Das einfachste unverschiebliche System ist der gelenkig gelagerte Biegestab. Für die Ersatzimperfektionen sind festzulegen:

1. Form der Vorkrümmung des Stabes
2. Stich der Vorkrümmung.

Die Form der Vorkrümmung folgt aus der Knickfigur des *Euler*stabes und ist eine sin-Halbwelle. Auch eine quadratische Parabel ist möglich, da diese der Knickfigur sehr nahe kommt. Diese Form darf auch für andere unverschiebliche Systeme angewendet werden, wenn sie näherungsweise die Knickfigur beschreibt. Für den Stich der Vorkrümmung gilt die folgende Grenzbedingung:
Ist die Querbelastung gleich null, dann liegt ein planmäßig mittig gedrückter Stab vor. Der Stich e_0 muss deshalb für die Berechnung des vorgekrümmten Stabes so gewählt werden, dass für die maximale Normalkraft

$$N_{b,Rd} = \chi \cdot N_{pl,Rd}$$

kein Biegemoment mehr aufgenommen werden kann.

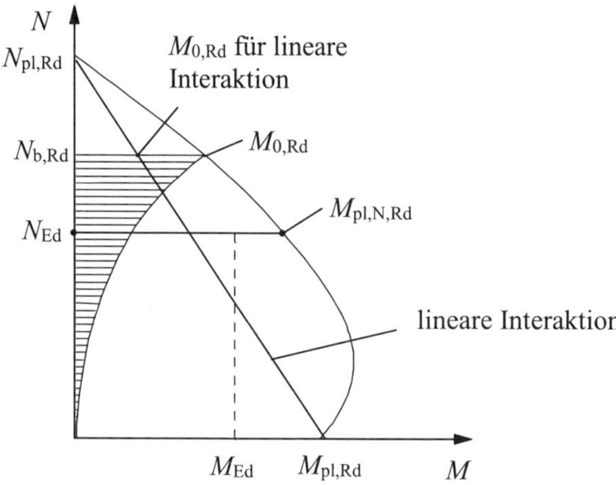

Abb. 10.10 Festlegung der geometrischen Ersatzimperfektion

Sind $N_{b,Rd}$ und die *M*-*N*-Interaktion bekannt, kann das zugehörige Imperfektionsmoment $M_{0,Rd}$ nach Abb. 10.10 und daraus folgend der Stich e_0 der Ersatzimperfektion berechnet werden. Der Stich e_0 ist wie der Abminderungsfaktor χ von der Schlankheit $\bar{\lambda}$ und der Knicklinie abhängig. Die Größe der Vorkrümmung wird zusätzlich von der gewählten Referenzbiegesteifigkeit $(EI)_{cr}$ und dem Teilsicherheitsbeiwert γ_{M1} bestimmt. Die Biegesteifigkeit für die Berechnung der Ersatzimperfektion ist in EC 3 die gleiche wie für die Berechnung der Verzweigungslast. Diese Biegesteifigkeit ist für die Berechnung nach Theorie II. Ordnung anzunehmen.

Die Ersatzimperfektion, die Referenzbiegesteifigkeit und die *M*-*N*-Interaktion sind einander zugeordnet.

Wird dagegen der Stich e_0 mit den charakteristischen Werten $N_{b,Rk}$ und $M_{0,Rk}$ bestimmt, ist der Tragsicherheitsnachweis mit γ_{M1}-fachen Einwirkungen mit charakeristischen Werten der *M*-*N*-Interaktion zu führen.

Die Ersatzimperfektion wird hier beispielhaft am Ersatzsystem des *Euler*stabes und das Biegemoment nach Theorie II. Ordnung mithilfe der Vergrößerungsfunktion berechnet, siehe Abb. 10.5. Diese Vorgehensweise entspricht dem allgemeinen Verfahren zur Ermittlung der maßgebenden Eigenfigur und deren maximaler Amplitude nach (1-1, 5.3.2 (11)), wobei im EC 3 die lineare Interaktion nach Gleichung (10.19) anzuwenden ist. Der Vorschlag in [26] für Stäbe mit Druck und einachsiger Biegung, wobei auch nichtlineare Interaktionsbeziehungen berücksichtigt werden, stellt eine Weiterentwicklung dieser Regelung dar.

Berechnung der Vorkrümmung e_0 des *Euler*stabes:
Moment nach Theorie I. Ordnung:

$$M_{\text{I},0} = N_{\text{b,Rd}} \cdot e_0$$

Moment nach Theorie II. Ordnung:

$$M_{\text{II},0} = \frac{M_{\text{I},0}}{1 - \dfrac{N_{\text{b,Rd}}}{N_{\text{cr}}}} = \frac{N_{\text{b,Rd}} \cdot e_0}{1 - \dfrac{N_{\text{b,Rd}}}{N_{\text{cr}}}}$$

mit $N_{\text{cr}} = \dfrac{\pi^2 \cdot (EI)_{\text{cr}}}{L_{\text{cr}}^2}$

Für dieses Moment nach Theorie II. Ordnung und den Stich $e_{0,\text{d}}$ gilt:

$$e_0 = \frac{M_{0,\text{Rd}}}{N_{\text{b,Rd}}} \cdot \left(1 - \frac{N_{\text{b,Rd}}}{N_{\text{cr}}}\right) \tag{10.18}$$

Der Stich ist abhängig von

- der Knicklinie
- der Schlankheit $\bar{\lambda}$
- der gewählten Referenzbiegesteifigkeit
- der gewählten *M*-*N*-Interaktion
- der Stahlgüte
- dem Teilsicherheitsbeiwert γ_{M1}

Diese Abhängigkeit zeigt sehr deutlich, dass es schwierig ist, den Bemessungswert der Vorkrümmung festzulegen. Zusätzlich ist die unterschiedliche Plastizierung des Stabes infolge der Querbelastung zu beachten. Dies führt zu einer weiteren Veränderung der Biegesteifigkeit des Stabes, die die Biegemomente nach Theorie II. Ordnung stark beeinflusst. Deshalb gibt es viele unterschied-liche Festlegungen für die Vorkrümmung in den Normen. Im EC 4 werden z. B. für den Nachweis von Verbundstützen die Referenzbiegesteifigkeit auf ca. 0,9 · *EI* und das vollplastische Biegemoment auf den 0,9fachen Wert reduziert.
Die Bemessungswerte der Vorkrümmung für die einzelnen Knicklinien sollten so gewählt werden, dass die Abhängigkeit von der Schlankheit $\bar{\lambda}$ sicher abgedeckt

ist. Die Überschreitung gegenüber Traglastberechnungen bei Biegung und Normalkraft sollte maximal 5 % betragen, wie es auch in [6] dokumentiert ist. Für die Referenzbiegesteifigkeit wird im EC 3 die charakteristische Biegesteifigkeit *EI* gewählt.

Tabelle 10.2 Bemessungswerte der Vorkrümmung e_0/L für Bauteile (korrigiert)

<table>
<tr><th rowspan="3">Knicklinie nach Tabelle</th><th>EC 3</th><th>EC 3</th><th>NA Deutschland</th><th>NA Deutschland</th></tr>
<tr><th>elastische Querschnitts-ausnutzung E-E</th><th>plastische Querschnitts-ausnutzung E-P</th><th>elastische Querschnitts-ausnutzung E-E</th><th>plastische Querschnitts-ausnutzung E-P</th></tr>
<tr><th>e_0/L</th><th>e_0/L</th><th>e_0/L</th><th>e_0/L</th></tr>
<tr><td>a_0</td><td>1/350</td><td>1/300</td><td>1/900</td><td rowspan="5">wie bei elastischer Querschnittsausnutzung, jedoch $\frac{M_{pl,k}}{M_{el,k}}$-fach</td></tr>
<tr><td>a</td><td>1/300</td><td>1/250</td><td>1/550</td></tr>
<tr><td>b</td><td>1/250</td><td>1/200</td><td>1/350</td></tr>
<tr><td>c</td><td>1/200</td><td>1/150</td><td>1/250</td></tr>
<tr><td>d</td><td>1/150</td><td>1/100</td><td>1/150</td></tr>
</table>

Bei der elastischen und plastischen Berechnung nach (1-1, Tabelle 5.1) handelt es sich ebenfalls wie im NA Deutschland um die elastische und die plastische Querschnittsausnutzung (korrigiert in Tabelle 10.2). Der Nachweis wird für die plastische Querschnittsausnutzung mit den Gleichungen (2.40) bis (2.51) geführt. Zusätzlich sind im Nationalen Anhang von Deutschland Bemessungswerte der Vorkrümmung für eine lineare Querschnittsinteraktion nach Gleichung (10.19) angegeben (grau hinterlegt). Für unverschiebliche Systeme gilt dann die folgende Interaktion:

$$\frac{N_{Ed}}{N_{pl,Rd}} + \frac{M_{y,Ed}}{M_{pl,y,Rd}} + \frac{M_{z,Ed}}{M_{pl,z,Rd}} \leq 1 \qquad (10.19)$$

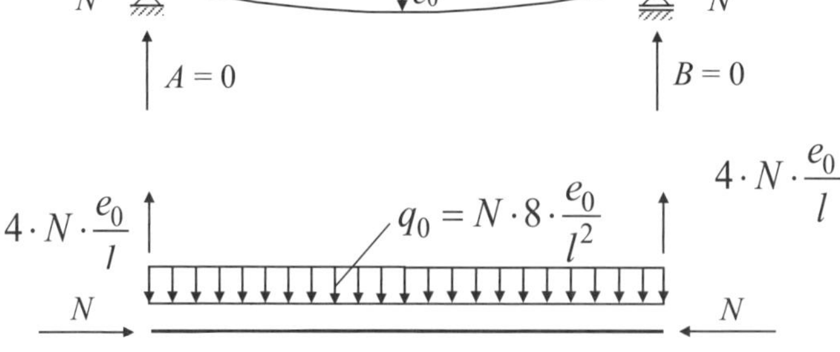

Abb. 10.11 Ersatzbelastung für eine Vorkrümmung

Ersatzimperfektionen können auch durch den Ansatz gleichwertiger Ersatzlasten berücksichtigt werden (1-1, Bild 5.4), was insbesondere für Handrechnungen sinnvoll ist.
Die Ersatzbelastung ist hier eine Gleichgewichtsgruppe, da keine resultierenden Auflagerkräfte auftreten dürfen. Es gilt:

$$M = N \cdot e_0 = q_0 \cdot \frac{l^2}{8} \rightarrow q_0 = 8 \cdot N \cdot \frac{e_0}{l^2} \qquad (10.20)$$

10.3.3 Verschiebliche Systeme

Systeme werden als verschieblich bezeichnet, wenn die Systempunkte sich verschieben können. Es treten im System Stabdrehwinkel auf. Im Allgemeinen sind Hallenrahmen und rahmenartige Tragwerke verschiebliche Systeme. Das einfachste verschiebliche System ist die eingespannte Stütze, s. Abb. 10.12.

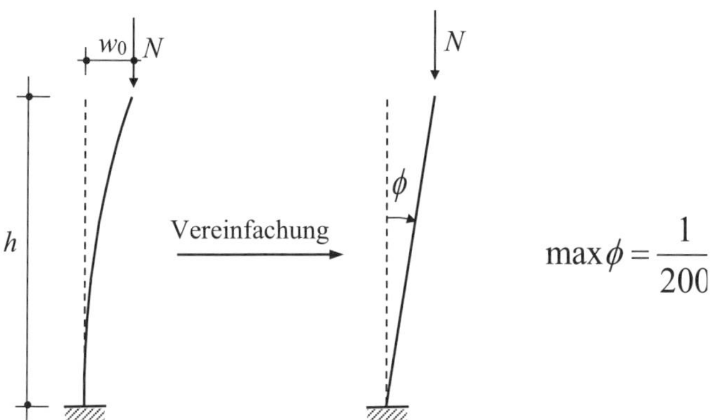

Abb. 10.12 Eingespannte Stütze

Die Ersatzimperfektion setzt sich bei verschieblichen Tragwerken aus der Anfangsschiefstellung des Tragwerkes und der Vorkrümmung der einzelnen Bauteile zusammen. Der Ausgangswert der globalen Anfangsschiefstellung lautet:

$$\phi_0 = 1/200 \qquad (10.21)$$

Der Ausgangswert $\phi_0 = 1/200$ enthält sowohl geometrische Schiefstellungen, die auch aus Messungen an verschiedenen Bauwerken hergeleitet wurden, als auch strukturelle Imperfektionen sowie Anteile der Fließzonenausbreitung. Während bei den Vorkrümmungen der Stich in Abhängigkeit von der Knicklinie festgelegt wurde, wird bei der geometrischen Schiefstellung nicht nach den Profilen und der Ausweichrichtung unterschieden.

Dieser Wert darf in Abhängigkeit von der Höhe *h* des Tragwerkes und der Anzahl *m* der Stützen in einer Reihe abgemindert werden. Dabei dürfen nur Stützen berücksichtigt werden, deren Normalkraft größer als 50 % der durchschnittlichen Normalkraft der betrachteten Reihe sind.

$$\phi = \phi_0 \cdot \alpha_\mathrm{h} \cdot \alpha_\mathrm{m} \tag{10.22}$$

$$\alpha_\mathrm{h} = \frac{2}{\sqrt{h}} \quad \text{jedoch} \quad \frac{2}{3} \leq \alpha_\mathrm{h} \leq 1{,}0$$

h die Höhe der Tragwerkes in m; $\alpha_\mathrm{m} = \sqrt{0{,}5 \cdot \left(1 + \frac{1}{m}\right)}$

Ersatzimperfektionen können auch durch den Ansatz gleichwertiger Ersatzlasten berücksichtigt werden (1-1, Bild 5.4).

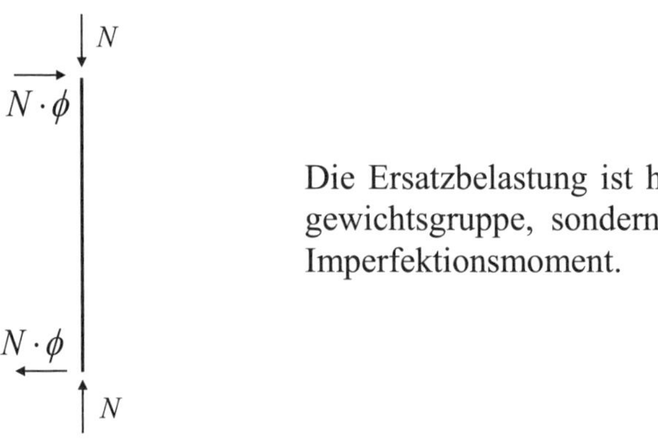

Die Ersatzbelastung ist hier keine Gleichgewichtsgruppe, sondern ein zusätzliches Imperfektionsmoment.

Abb. 10.13 Ersatzbelastung für eine Vorverdrehung

Ein gleichzeitiger Ansatz nach Abb. 10.13 von Vorkrümmung und Vorverdrehung ist bei verschieblichen Systemen nur erforderlich, wenn

$$\frac{N_\mathrm{Ed}}{\frac{\pi^2 \cdot E \cdot I}{l^2}} > 0{,}25 \quad \text{ist, s. (1-1, 5.3.2. (6)).} \tag{10.23}$$

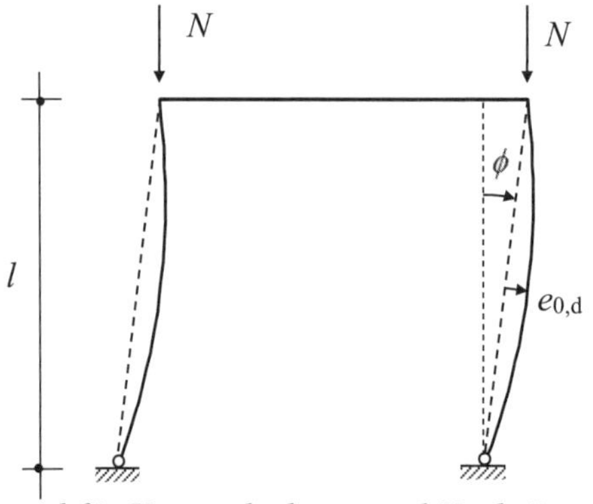

Abb. 10.14 Beispiel für Vorverdrehung und Vorkrümmung

Ein Sonderfall liegt vor, wenn keine Horizontallasten an einem System angreifen („Haus-in-Haus"-Konstruktionen). Dann sollte m. E. als Vorverdrehung der Wert

$$\phi_0 = \frac{1}{100} \qquad (10.24)$$

angesetzt werden.

10.4 Tragwerksberechnung

Der EC 3 bietet für die Berechnung von Tragwerken mit Druck und Biegung drei unterschiedliche Berechnungsverfahren an:

1. Berechnung des Tragwerkes nach Theorie II. Ordnung ohne zusätzliche Ersatzstabnachweise – Berechnungsverfahren a (1-1, 5.2.2 (3)a) und (7)a))

Das Tragwerk ist nach Biegetorsionstheorie II. Ordnung, bei verdrehweichen Stäben mit Wölbkrafttorsion, zu berechnen, wobei die maßgebenden Bauteilimperfektionen **vollständig** zu berücksichtigen sind.
Dies bedeutet:

- Systemschiefstellung ϕ
- zusätzliche Stabvorkrümmung e_0 nach Tabelle 10.2
- zusätzliche Imperfektion für das Biegedrillknicken nach (1-1, 5.3.4 (3)).

Der Querschnittsnachweis kann mit einer elastischen oder plastischen Querschnittsinteraktion erfolgen. Es sind keine weiteren Stabilitätsnachweise erforderlich.
Die Vorverformungen sind in der Regel jeweils in allen maßgebenden Richtungen zu untersuchen, brauchen aber nur in einer Richtung gleichzeitig betrachtet zu werden (1-1, 5.3.2 (8)).

2. Berechnung des Tragwerkes nach Theorie II. Ordnung mit zusätzlichen Ersatzstabnachweisen – Berechnungsverfahren b (1-1, 5.2.2 (3)b) und (7)b))

Das Tragwerk ist nach Theorie II. Ordnung zu berechnen, wobei die Bauteilimperfektionen **nicht vollständig** berücksichtigt werden. Dies soll für ein ebenes Tragwerk erläutert werden.
Voraussetzung ist, dass das Gesamttragwerk in ebene Teiltragwerke aufgeteilt werden kann, die senkrecht zur Tragwerksebene durch Fachwerkverbände oder massive Scheiben ausgesteift sind. Diese Systeme werden i. Allg. im Stahlhochbau verwendet. Das ebene Tragwerk ist nach Biegetheorie II. Ordnung

zu berechnen, wobei die maßgebenden Bauteilimperfektionen in der Tragwerksebene **vollständig** zu berücksichtigen sind.

Dies bedeutet:

- Systemschiefstellung ϕ
- zusätzliche Stabvorkümmung e_0 nach Tabelle 10.2.

Der Querschnittsnachweis in der Tragwerksebene kann mit einer elastischen oder plastischen Querschnittsinteraktion erfolgen.

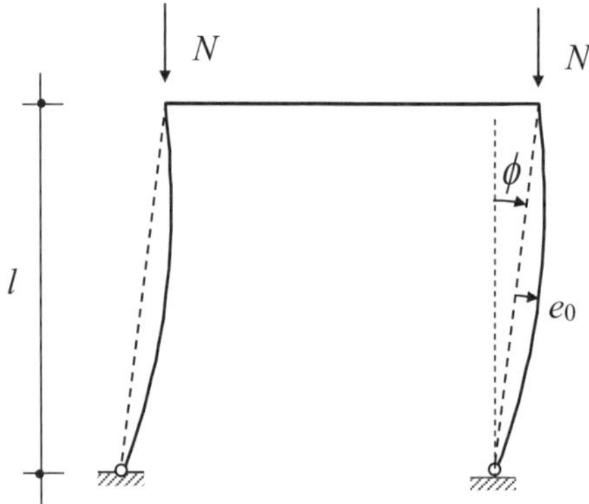

Abb. 10.15 Systemschiefstellung und zusätzliche Stabvorkrümmung

Senkrecht zur Tragwerksebene ist der Ersatzstabnachweis, der Biegeknicknachweis bzw. der Biegedrillknicknachweis, mit den Beanspruchungen in der Tragwerksebene zu führen. Der zugehörige Ersatzstabnachweis ist in Abschnitt 10.5 angegeben. Dieses Nachweisverfahren wird hier bevorzugt behandelt.

Werden dagegen keine zusätzlichen Stabvorkrümmungen angesetzt, ist ein zusätzlicher Ersatzstabnachweis für den herausgeschnittenen Einzelstab auch in der Tragwerksebene zu führen. In diesem Fall ist für die **Knicklänge des Stabes die Systemlänge** einzusetzen (1-1, 5.2.2 (7)b).

3. Berechnung des Tragwerkes nach Theorie I. Ordnung mit zusätzlichen Ersatzstabnachweisen – Berechnungsverfahren c (1-1, 5.2.2 (3)c) und (8))

Das Tragwerk ist nach Biegetheorie I. Ordnung ohne Ansatz von Imperfek-tionen zu berechnen. Der Nachweis erfolgt in beiden Tragwerksebenen mithilfe des Ersatzstabnachweises. Die **Knicklängen sind aus der Knickfigur des Gesamttragwerkes** zu ermitteln.

Dieses Verfahren ist nur beschränkt anwendbar. Ist ein Biegedrillknicknachweis erforderlich, dann sind die Stabendmomente nach Theorie II. Ordnung zu berechnen. Dies ist i. Allg. auch bei Anschlüssen der Fall.

10.5 Biegedrillknicken mit Normalkraft

Der Nachweis des Biegedrillknickens mit planmäßiger Torsion sowie mit und ohne Normalkraft ist i. Allg. mit geometrischen Ersatzimperfektionen nach der Biegetorsionstheorie II. Ordnung zu berechnen. Die anzusetzenden Imperfektionen sind in (1-1, 5.3.4(3)) geregelt. Die Imperfektion für Biegedrillknicken darf mit $k \cdot e_0$ angenommen werden, wobei e_0 die äquivalente Vorkrümmung um die schwache Achse des Profils ist. Im EC 3 wird der Wert $k = 0,5$ empfohlen, der nicht richtig ist, siehe auch [29]. Deshalb darf diese Regelung nach dem deutschen NA nicht angewendet werden. Im deutschen NA sind differenzierte Regelungen angegeben, die in Tabelle 10.3 angegeben sind.
Vereinfacht darf bei Biegedrillknicken mit oder ohne Normalkraft für gewalzte I- und H-Profile folgende Vorkrümmung angesetzt werden:

$$\frac{e_0}{L} = \frac{1}{150} \tag{10.25}$$

Tabelle 10.3 Bemessungswerte der Vorkrümmung e_0/L für Biegedrillknicken

Querschnitt	Abmessungen	NA Deutschland elastische Querschnittsausnutzung	NA Deutschland plastische Querschnittsausnutzung
gewalzte I-und H-Profile	$h/b \le 2$	1/500	1/400
	$h/b > 2$	1/400	1/300
geschweißte I-Profile	$h/b \le 2$	1/400	1/300
	$h/b > 2$	1/300	1/200
Die Werte sind im Bereich $0,7 \le \bar{\lambda}_{LT} \le 1,3$ zu verdoppeln.			

Diese Berechnung ist nur mit einem EDV-Programm möglich. Die erforderlichen Grundkenntnisse sind im Kapitel 8 *Torsion*, insbesondere der Wölbkrafttorsion, angegeben. Der Nachweis der Schubspannungen kann im Allgemeinen vernachlässigt werden. Der Nachweis kann mit der folgenden Gleichung, die aber sehr auf der sicheren Seite liegt, geführt werden.

$$\frac{N_{Ed}}{N_{pl,Rd}} + \frac{M_{y,Ed}}{M_{pl,y,Rd}} + \frac{M_{z,Ed}}{M_{pl,z,Rd}} + \frac{M_{w,Ed}}{M_{pl,w,Rd}} \le 1 \tag{10.26}$$

Eine bessere Ausnutzung erhält man mit der folgenden Interaktionsbeziehung, die alle Sonderfälle enthält:

$$\left(\frac{M_{\mathrm{z,Ed}}}{M_{\mathrm{pl,z,Rd}}}+\frac{M_{\mathrm{w,Ed}}}{M_{\mathrm{pl,w,Rd}}}\right)\cdot\frac{1}{1-\left(\frac{N_{\mathrm{Ed}}}{N_{\mathrm{pl,Rd}}}\right)^{2}}+\left(\frac{M_{\mathrm{y,Ed}}}{M_{\mathrm{pl,y,Rd}}\cdot\left(1-\frac{N_{\mathrm{Ed}}}{N_{\mathrm{pl,Rd}}}\right)}\right)^{2}\le 1 \qquad (10.27)$$

Für die Berechnung von Kranbahnträgern folgt mit $N_{\mathrm{Ed}}=0$:

$$\frac{M_{\mathrm{z,Ed}}}{M_{\mathrm{pl,z,Rd}}}+\frac{M_{\mathrm{w,Ed}}}{M_{\mathrm{pl,w,Rd}}}+\left(\frac{M_{\mathrm{y,Ed}}}{M_{\mathrm{pl,y,Rd}}}\right)^{2}\le 1 \qquad (10.28)$$

Weiterhin kann die Reduktionsmethode nach Kapitel 2.5.5 empfohlen werden, da die plastischen Reserven des Querschnittes voll ausgenutzt werden. Die Berechnung entspricht dem Teilschnittgrößenverfahren in [5].

In [29] werden zweiachsige Biegung biegedrillknickgefährdeter Träger und in [26] Druck und einachsige Biegung untersucht mit folgendem Ergebnis:

Es wird für den Nachweis mit Ersatzimperfektionen empfohlen, den Teilsicherheitsbeiwert γ_{M1} um 0,1 zu erhöhen, wenn keine linearen Interaktionsbeziehungen angewendet werden.

Liegt keine planmäßige Torsion vor, kann die Berechnung mit den Ersatzstabnachweisen des EC 3 geführt werden. Ist ein Stab durch eine konstante Normalkraft und durch eine Gleichstreckenlast belastet (Abb. 10.16), dann kann dieser Stab senkrecht zur Biegeebene um die *z*-*z*-Achse ausweichen.

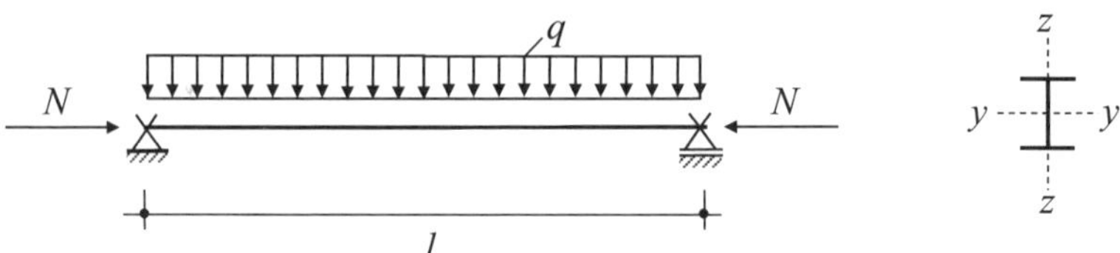

Abb. 10.16 Beispiel für Biegedrillknicken mit Normalkraft

Ist $q=0$ gilt: $\dfrac{N_{\mathrm{Ed}}}{N_{\mathrm{b,z,Rd}}}\le 1$

Ist $N=0$ gilt: $\dfrac{M_{\mathrm{Ed}}}{M_{\mathrm{b,Rd}}}\le 1$

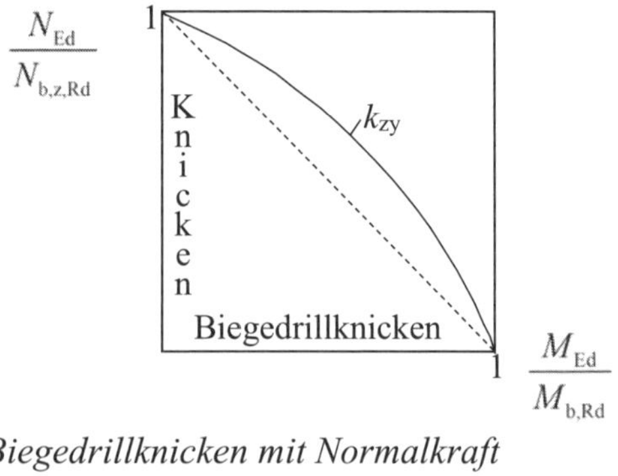

$\dfrac{N_{\mathrm{Ed}}}{N_{\mathrm{b,z,Rd}}}$ 1

Knicken

k_{zy}

Biegedrillknicken

1 $\dfrac{M_{\mathrm{Ed}}}{M_{\mathrm{b,Rd}}}$

Abb. 10.17 Interaktionsbeziehung für Biegedrillknicken mit Normalkraft

Der Stab knickt unter der Normalkraft und kippt gleichzeitig unter der Biegebeanspruchung durch die Gleichstreckenlast. Biegedrillknicken mit Normalkraft beschreibt den Tragfähigkeitsnachweis des Stabes beim Ausweichen senkrecht zur Biegeebene.
In Abb. 10.17 ist die Interaktionsbeziehung nach (1-1, (6.6.2)) dargestellt. Für die Anwendung gelten die folgenden Einschränkungen:

- keine planmäßige Torsion
- konstante Normalkraft
- doppeltsymmetrischer I-förmiger Querschnitt.

Für Normalkraft mit zweiachsiger Biegung kann in Anlehnung an die DIN 18800 für I- und H-Querschnitte die folgende Gleichung angewendet werden:

$$\frac{N_{\mathrm{Ed}}}{N_{\mathrm{b,min,Rd}}}+\frac{M_{\mathrm{y,Ed}}}{M_{\mathrm{b,Rd}}}+1{,}5\cdot\frac{M_{\mathrm{z,Ed}}}{M_{\mathrm{z,Rd}}}\leq 1 \qquad (10.29)$$

$N_{\mathrm{b,min,Rd}}$ kleinste zentrische Tragfähigkeit

$M_{\mathrm{z,Rd}}=W_{\mathrm{pl,z}}\cdot\sigma_{\mathrm{Rd}}$ für Querschnittsklassen 1 und 2

$M_{\mathrm{z,Rd}}=W_{\mathrm{el,z}}\cdot\sigma_{\mathrm{Rd}}$ für Querschnittsklasse 3

Für **I-Querschnitte** der Querschnittsklasse 1, 2 und 3 lautet die genauere Interaktionsbeziehung, wenn das Moment $M_{\mathrm{z,Ed}}=0$ ist:

$$\frac{N_{\mathrm{Ed}}}{N_{\mathrm{b,z,Rd}}}+k_{\mathrm{zy}}\cdot\frac{M_{\mathrm{y,Ed}}}{M_{\mathrm{b,Rd}}}\leq 1 \qquad (10.30)$$

$$N_{\mathrm{b,z,Rd}}=\frac{\chi_{\mathrm{z}}\cdot A\cdot f_{\mathrm{y}}}{\gamma_{\mathrm{M1}}}$$

$$M_{\mathrm{b,Rd}}=\frac{\chi_{\mathrm{LT}}\cdot W_{\mathrm{pl,y}}\cdot f_{\mathrm{y}}}{\gamma_{\mathrm{M1}}}$$ für Querschnittsklassen 1 und 2

$$M_{\mathrm{b,Rd}}=\frac{\chi_{\mathrm{LT}}\cdot W_{\mathrm{el,y}}\cdot f_{\mathrm{y}}}{\gamma_{\mathrm{M1}}}$$ für Querschnittsklasse 3

Der Interaktionsbeiwert k_{zy} wird hier dem Verfahren 2 (1-1, Anhang B) entnommen, der nach dem österreichischen NA normativ anzuwenden ist. Der Beiwert k_{zy} berücksichtigt den Einfluss des Momentenverlaufs, $k_{\mathrm{zy}}=1$ liegt auf der sicheren Seite.
Es wird folgende Abkürzung eingeführt:

$$n_{\mathrm{z}}=\frac{N_{\mathrm{Ed}}}{N_{\mathrm{b,z,Rd}}}$$

Für Querschnittsklassen 1 und 2 gilt:

$$\bar{\lambda}_{\mathrm{z}}\geq 0{,}4 \qquad k_{\mathrm{zy}}=1-\frac{0{,}1\cdot\bar{\lambda}_{\mathrm{z}}\cdot n_{\mathrm{z}}}{C_{\mathrm{mLT}}-0{,}25}\geq 1-\frac{0{,}1\cdot n_{\mathrm{z}}}{C_{\mathrm{mLT}}-0{,}25}$$

$$\bar{\lambda}_z < 0{,}4 \qquad k_{zy} = 0{,}6 + \bar{\lambda}_z \le 1 - \frac{0{,}1 \cdot n_z}{C_{mLT} - 0{,}25}$$

Für Querschnittsklasse 3 gilt:

$$k_{zy} = 1 - \frac{0{,}05 \cdot \bar{\lambda}_z \cdot n_z}{C_{mLT} - 0{,}25} \ge 1 - \frac{0{,}05 \cdot n_z}{C_{mLT} - 0{,}25}$$

Weiterhin ist auch der Einfluss des Biegedrillknickens für den Nachweis um die y-y-Achse zu untersuchen. Für Querschnittsklassen 1, 2 und 3 lautet die Interaktionsbeziehung, wenn das Moment $M_{z,Ed} = 0$ ist:

$$\frac{N_{Ed}}{N_{b,y,Rd}} + k_{yy} \cdot \frac{M_{y,Ed}}{M_{b,Rd}} \le 1 \tag{10.31}$$

$$N_{b,y,Rd} = \frac{\chi_y \cdot A \cdot f_y}{\gamma_{M1}}$$

$$M_{b,Rd} = \frac{\chi_{LT} \cdot W_{pl,y} \cdot f_y}{\gamma_{M1}} \quad \text{für Querschnittsklassen 1 und 2}$$

$$M_{b,Rd} = \frac{\chi_{LT} \cdot W_{el,y} \cdot f_y}{\gamma_{M1}} \quad \text{für Querschnittsklasse 3}$$

Der Interaktionsbeiwert k_{yy} wird hier dem Verfahren 2 (1-1, Anhang B) entnommen, der nach dem österreichischen NA normativ anzuwenden ist. Der Beiwert k_{yy} berücksichtigt den Einfluss des Momentenverlaufs.

Es wird folgende Abkürzung eingeführt:

$$n_y = \frac{N_{Ed}}{N_{b,y,Rd}}$$

Für Querschnittsklassen 1 und 2 gilt:

$$k_{yy} = C_{my} \cdot \left(1 + \left(\bar{\lambda}_y - 0{,}2\right) \cdot n_y\right) \le C_{my} \cdot \left(1 + 0{,}8 \cdot n_y\right)$$

Für Querschnittsklasse 3 gilt:

$$k_{yy} = C_{my} \cdot \left(1 + 0{,}6 \cdot \bar{\lambda}_y \cdot n_y\right) \le C_{my} \cdot \left(1 + 0{,}6 \cdot n_y\right)$$

Für Normalkraft mit zweiachsiger Biegung sind für I-Querschnitte die Gleichungen (10.30) und (10.31) entsprechend zu erweitern:

$$\frac{N_{Ed}}{N_{b,z,Rd}} + k_{zy} \cdot \frac{M_{y,Ed}}{M_{b,Rd}} + k_{zz} \cdot \frac{M_{z,Ed}}{M_{z,Rd}} \le 1 \tag{10.32}$$

$$\frac{N_{Ed}}{N_{b,y,Rd}} + k_{yy} \cdot \frac{M_{y,Ed}}{M_{b,Rd}} + k_{yz} \cdot \frac{M_{z,Ed}}{M_{z,Rd}} \le 1 \tag{10.33}$$

$$M_{z,Rd} = \frac{W_{pl,z} \cdot f_y}{\gamma_{M1}} \quad \text{für Querschnittsklassen 1 und 2}$$

$$M_{z,Rd} = \frac{W_{el,z} \cdot f_y}{\gamma_{M1}} \quad \text{für Querschnittsklasse 3}$$

Für Querschnittsklassen 1 und 2 gilt:

$$k_{zz} = C_{mz} \cdot \left(1 + \left(2 \cdot \bar{\lambda}_z - 0,6\right) \cdot n_z\right) \leq C_{mz} \cdot \left(1 + 1,4 \cdot n_z\right)$$

$$k_{yz} = 0,6 \cdot k_{zz}$$

Für Querschnittsklasse 3 gilt:

$$k_{zz} = C_{mz} \cdot \left(1 + 0,6 \cdot \bar{\lambda}_z \cdot n_z\right) \leq C_{mz} \cdot \left(1 + 0,6 \cdot n_z\right) \qquad k_{yz} = k_{zz}$$

Tabelle 10.4 Äquivalente Momentenbeiwerte C_m

Momentenverlauf	Bereich		C_{my} und C_{mz} und C_{mLT} Gleichlast	Einzellast
M ; $\psi \cdot M$	$-1 \leq \psi \leq 1$		$0,6 + 0,4 \cdot \psi \geq 0,4$	
M_h ; $\psi \cdot M_h$; M_s ; $\alpha_s = M_s / M_h$	$0 \leq \alpha_s \leq 1$	$-1 \leq \psi \leq 1$	$0,2 + 0,8 \cdot \alpha_s \geq 0,4$	$0,2 + 0,8 \cdot \alpha_s \geq 0,4$
	$-1 \leq \alpha_s < 0$	$0 \leq \psi \leq 1$	$0,1 - 0,8 \cdot \alpha_s \geq 0,4$	$-0,8 \cdot \alpha_s \geq 0,4$
		$-1 \leq \psi < 0$	$0,1 \cdot (1 - \psi) - 0,8 \cdot \alpha_s \geq 0,4$	$0,2 \cdot (-\psi) - 0,8 \cdot \alpha_s \geq 0,4$
M_h ; M_s ; $\psi \cdot M_h$; $\alpha_h = M_h / M_s$	$0 \leq \alpha_h \leq 1$	$-1 \leq \psi \leq 1$	$0,95 + 0,05 \cdot \alpha_h$	$0,90 + 0,10 \cdot \alpha_h$
	$-1 \leq \alpha_h < 0$	$0 \leq \psi \leq 1$	$0,95 + 0,05 \cdot \alpha_h$	$0,90 + 0,10 \cdot \alpha_h$
		$-1 \leq \psi < 0$	$0,95 + 0,05 \cdot \alpha_h \cdot (1 + 2 \cdot \psi)$	$0,90 + 0,10 \cdot \alpha_h \cdot (1 + 2 \cdot \psi)$

Für Bauteile mit Knicken in Form seitlichen Ausweichens sollte der äquivalente Momentenbeiwert $C_{my} = 0,9$ bzw. $C_{mz} = 0,9$ angenommen werden.

C_{my}, C_{mz} und C_{mLT} sind in der Regel unter Berücksichtigung der Momentenverteilung zwischen den maßgebenden seitlich gehaltenen Punkten wie folgt zu ermitteln:

Momentenbeiwert	Biegeachse	In der Ebene gehalten
C_{my}	y-y	z-z
C_{mz}	z-z	y-y
C_{mLT}	y-y	y-y

Für die Berechnung von Stäben eines Stabwerkes werden diese für die Rechnung gedanklich herausgelöst. Dabei sind die realen Randbedingungen des betreffenden Stabes zu beachten. Deshalb wird die Berechnung nach Gleichung (10.30) auch als **Ersatzstabnachweis** bezeichnet.

Für den Ersatzstabnachweis von kreisförmigen Hohlquerschnitte sind in (1-1, Anhang B) keine Interaktionsbeiwerte k_{ij} für verdrehsteife Bauteile angegeben. Die Untersuchung in [30] zeigt, dass die Werte für rechteckige Hohlquerschnitte auch für kreisförmige Hohlquerschnitte angewendet werden können.

Ein ausführlicher Vergleich in Formeln und Beispielen zwischen DIN 18800 und EC 3 ist in [36] angegeben.

10.6 Knicken mit Drehbettung und Schubsteifigkeit

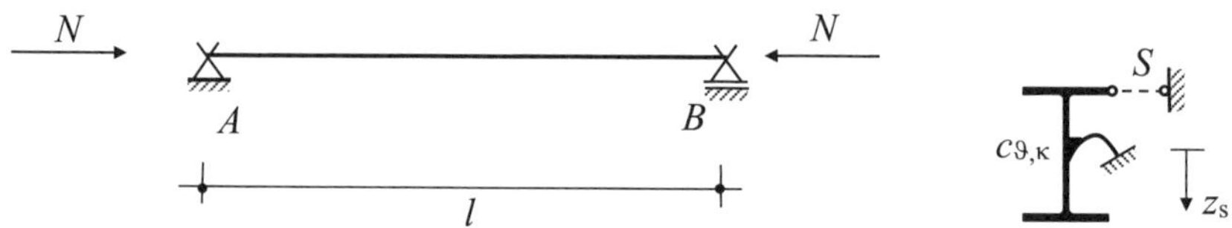

Abb. 10.18 Knicken mit Drehbettung und Schubsteifigkeit

Die Verzweigungslast $N_{cr,z}$ für den I-Querschnitt nach Abb. 10.18 kann mit Hilfe der virtuellen Arbeit und Ansätzen für die Verformungen, die die Randbedingungen erfüllen, berechnet werden. Es herrscht Gleichgewicht, hier am verformten System, wenn die Summe der virtuellen Arbeiten der inneren und äußeren Kräfte null ist. Die virtuelle Arbeit für das vorliegende Eigenwertproblem lautet:

$$
\begin{aligned}
-\delta W = & \int_0^l \delta v'' \cdot E \cdot I_z \cdot v'' \cdot \mathrm{d}x - \int_0^l \delta v' \cdot N \cdot v' \cdot \mathrm{d}x - \int_0^l \delta \vartheta' \cdot N \cdot i_p^2 \cdot \vartheta' \cdot \mathrm{d}x \\
& + \int_0^l \delta \vartheta'' \cdot E \cdot I_w \cdot \vartheta'' \cdot \mathrm{d}x + \int_0^l \delta \vartheta' \cdot G \cdot I_t \cdot \vartheta' \cdot \mathrm{d}x \\
& + \int_0^l \delta \vartheta \cdot c_\vartheta \cdot \vartheta \cdot \mathrm{d}x + \int_0^l \delta v_S' \cdot S \cdot v_S' \cdot \mathrm{d}x
\end{aligned}
\qquad (10.34)
$$

Für die Verformungen wird der mehrwellige Ansatz gewählt, der hier zu der exakten Lösung führt:

$$v = A \cdot \sin \frac{n \cdot \pi \cdot x}{l} \qquad \vartheta = B \cdot \sin \frac{n \cdot \pi \cdot x}{l}$$

$$v' = A \cdot \frac{n \cdot \pi}{l} \cdot \cos \frac{n \cdot \pi \cdot x}{l} \qquad \vartheta' = B \cdot \frac{n \cdot \pi}{l} \cdot \cos \frac{n \cdot \pi \cdot x}{l}$$

$$v'' = -A \cdot \frac{n^2 \cdot \pi^2}{l^2} \cdot \sin \frac{n \cdot \pi \cdot x}{l} \qquad \vartheta'' = -B \cdot \frac{n^2 \cdot \pi^2}{l^2} \cdot \sin \frac{n \cdot \pi \cdot x}{l}$$

Das homogene Gleichungssystem für die Unbekannten A und B lautet damit:

$$\begin{bmatrix} E \cdot I_z \cdot \frac{(n \cdot \pi)^2}{l^2} + S - N_{cr,z} & -S \cdot z_S \\ -S \cdot z_S & E \cdot I_w \cdot \frac{(n \cdot \pi)^2}{l^2} + G \cdot I_t + c_\vartheta \cdot \frac{l^2}{(n \cdot \pi)^2} + S \cdot z_S^2 - N_{cr,z} \cdot i_p^2 \end{bmatrix} \cdot \begin{bmatrix} A \\ B \end{bmatrix} = 0 \qquad (10.35)$$

Die Nennerdeterminante $\Delta N = 0$ liefert als Lösung einer quadratischen Gleichung die Verzweigungslast $N_{Ki,z}$ mit Drehbettung und Schubbettung, die in [13] angegeben wurde. Hier wird die Lösung etwas anders dargestellt. Der niedrigste Eigenwert ist maßgebend. Der Wölbeinspanngrad β_0 kann auch hier berücksichtigt werden.

Lösung: $n = 1,2,3........$ wird gewählt

$$i_p^2 = \frac{I_y + I_z}{A}$$

$$a = E \cdot I_z \cdot \frac{(n \cdot \pi)^2}{l^2} \qquad b = \frac{1}{i_p^2}\left(E \cdot \frac{I_w}{\beta_0^2} \cdot \frac{(n \cdot \pi)^2}{l^2} + G \cdot I_t + c_\vartheta \cdot \frac{l^2}{(n \cdot \pi)^2} \right)$$

$$c = S \qquad d = S \cdot \frac{z_S^2}{i_p^2}$$

$$p = a + b + c + d \qquad p = a + b + c + d$$

$$N_{cr,z} = \frac{p}{2} \pm \sqrt{\left(\frac{p}{2}\right)^2 - q} \qquad (10.36)$$

Der kleinste Wert ist maßgebend.

Wenn die Schubfeldsteifigkeit $S = 0$ ist, entkoppelt sich das Gleichungssystem (10.35) für die Verschiebung v und die Verdrehung ϑ. Für $S \to \infty$, entsteht um den Angriffspunkt eine gebundene Drehachse. Die zugehörigen Verzweigungslasten sind als Sonderfall in Gleichung (10.36) enthalten.

Knicken um die z-Achse:

$$N_{cr,z} = \frac{\pi^2 \cdot E \cdot I_z}{l^2} \qquad (10.37)$$

Knicken um die x-Achse:

$$N_{\mathrm{cr,z}} = \frac{1}{i_{\mathrm{p}}^2} \cdot \left(E \cdot \frac{I_{\mathrm{w}}}{\beta_0^2} \cdot \frac{(n \cdot \pi)^2}{l^2} + G \cdot I_{\mathrm{t}} + c_{\vartheta} \cdot \frac{l^2}{(n \cdot \pi)^2} \right) \tag{10.38}$$

Knicken um die gebundene Drehachse mit der Koordinate z_{S}:

$$N_{\mathrm{cr,z}} = \frac{1}{i_{\mathrm{p}}^2 + z_{\mathrm{S}}^2} \cdot \left(\left(E \cdot I_{\mathrm{w}} / \beta_0^2 + E \cdot I_{\mathrm{z}} \cdot z_{\mathrm{S}}^2 \right) \cdot \frac{(n \cdot \pi)^2}{l^2} + G \cdot I_{\mathrm{t}} + c_{\vartheta} \cdot \frac{l^2}{(n \cdot \pi)^2} \right) \tag{10.39}$$

10.7 Allgemeines Verfahren für Biegedrillknicken

Das allgemeine Verfahren für Knick- und Biegedrillknicknachweise für Bauteile ist in (1-1, 6.3.4) geregelt. Dieses Verfahren kann angewendet werden für Bauteile, die in ihrer Hauptebene belastet werden, mit beliebigem einfach-symmetrischem Querschnitt, veränderlicher Bauhöhe und beliebigen Randbedingungen. Weiterhin können vollständige ebene Tragwerke oder Teiltragwerke, die aus solchen Bauteilen bestehen, nachgewiesen werden. Es ermöglicht den Knick- und Biegedrillknicknachweis für Druck und/oder Biegung. Der Nachweis wird mit folgendem Kriterium geführt:

$$\frac{\chi_{\mathrm{op}} \cdot \alpha_{\mathrm{ult,k}}}{\gamma_{\mathrm{M1}}} \geq 1{,}0 \tag{10.40}$$

Der Abminderungsfaktor χ_{op} folgt aus dem Schlankheitsgrad:

$$\bar{\lambda}_{\mathrm{op}} = \sqrt{\frac{\alpha_{\mathrm{ult,k}}}{\alpha_{\mathrm{cr,op}}}} \tag{10.41}$$

Dieser Nachweis soll an dem folgenden Beispiel eines Trägers mit teilweise veränderlicher Bauhöhe erläutert werden.

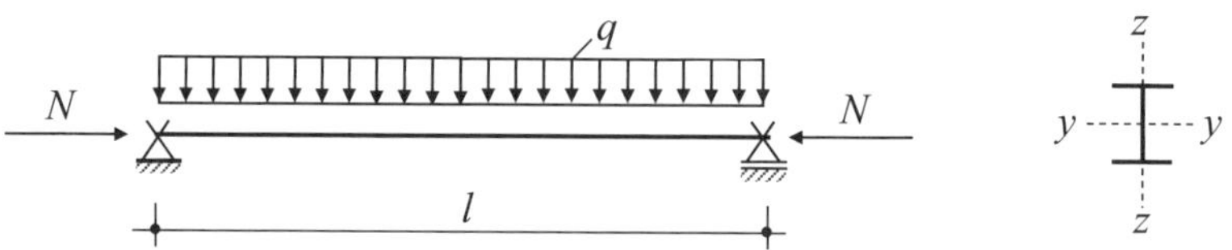

Abb. 10.19 Beispiel nach dem allgemeinen Verfahren

Zunächst ist das Tragwerk in der Biegeebene unter Berücksichtigung der Imperfektionen nach Theorie 2. Ordnung zu berechnen. Der Nachweis lautet vereinfacht mit der linearen Interaktion:

$$\frac{N_{\mathrm{Ed}}}{N_{\mathrm{pl,Rd}}}+\frac{M_{\mathrm{y,Ed}}}{M_{\mathrm{pl,y,Rd}}}\leq 1 \qquad (10.42)$$

Die charakteristische Tragfähigkeit des maximal beanspruchten Querschnittes lautet dann:

$$\frac{N_{\mathrm{Ed}}}{N_{\mathrm{Rk}}}+\frac{M_{\mathrm{y,Ed}}}{M_{\mathrm{Rk}}}=\frac{1}{\alpha_{\mathrm{ult,k}}} \qquad (10.43)$$

$\alpha_{\mathrm{ult,k}}$ ist der kleinste Vergrößerungsfaktor der Bemessungswerte der Belastung, mit dem die charakteristische Tragfähigkeit des Querschnittes erreicht wird. $\alpha_{\mathrm{cr,op}}$ ist der kleinste Vergrößerungsfaktor der Bemessungswerte der Belastung, mit dem die Verzweigungslast senkrecht zur Biegeebene erreicht wird. Die Werte $\alpha_{\mathrm{ult,k}}$ und $\alpha_{\mathrm{cr,op}}$ können mit Hilfe von Programmen berechnet werden.
Mit dem Schlankheitsgrad $\bar{\lambda}_{\mathrm{op}}$ werden die Abminderungsfaktoren bestimmt.

χ für Knicken nach (1-1, 6.3.1)
χ_{LT} für Biegedrillknicken nach (1-1, 6.3.2)

Der EC 3 sieht zwei Verfahren für den Nachweis nach (10.40) vor.
a) Der Abminderungsfaktor χ_{op} ist der kleinste dieser beiden Werte.
b) Zwischen den beiden Werten darf interpoliert werden.

Der NA Deutschland erlaubt nur das Verfahren a).

Dieser allgemeine Stabilitätsnachweis für Druck und Biegung geht in die Einzelfälle Druck und Biegung über. Dies soll für den zentrischen Druck gezeigt werden:

$$N_{\mathrm{Rk}}=\alpha_{\mathrm{ult,k}}\cdot N_{\mathrm{Ed}}$$

$$N_{\mathrm{cr}}=\alpha_{\mathrm{cr,op}}\cdot N_{\mathrm{Ed}}$$

$$\bar{\lambda}_{\mathrm{op}}=\sqrt{\frac{\alpha_{\mathrm{ult,k}}}{\alpha_{\mathrm{cr,op}}}}=\sqrt{\frac{N_{\mathrm{Rk}}}{N_{\mathrm{cr}}}}=\sqrt{\frac{N_{\mathrm{pl}}}{N_{\mathrm{cr}}}}$$

$$\frac{\chi_{\mathrm{op}}\cdot\alpha_{\mathrm{ult,k}}}{\gamma_{\mathrm{M1}}}=\frac{\chi_{\mathrm{op}}\cdot\alpha_{\mathrm{ult,k}}}{\gamma_{\mathrm{M1}}}=\frac{\chi_{\mathrm{op}}\cdot N_{\mathrm{Rk}}}{N_{\mathrm{Ed}}\cdot\gamma_{\mathrm{M1}}}=\frac{\chi_{\mathrm{op}}\cdot N_{\mathrm{pl,Rd}}}{N_{\mathrm{Ed}}}\geq 1{,}0$$

$$\frac{N_{\mathrm{Ed}}}{\chi_{\mathrm{op}}\cdot N_{\mathrm{pl,Rd}}}\leq 1{,}0$$

Wird der Nachweis mit der maximalen Spannung σ_{Ed} aus Druck und Biegung geführt, was bei Querschnittsklasse 3 erforderlich und bei FEM-Berechnungen sinnvoll ist, kann der Nachweis nach Gleichung (10.40) folgendermaßen formuliert werden:

$$f_y = \alpha_{\text{ult,k}} \cdot \sigma_{\text{Ed}}$$

$$\sigma_{\text{cr}} = \alpha_{\text{cr,op}} \cdot \sigma_{\text{Ed}} \qquad (10.44)$$

$$\bar{\lambda}_{\text{op}} = \sqrt{\frac{f_y}{\sigma_{\text{cr}}}} \qquad (10.45)$$

$$\frac{\sigma_{\text{Ed}}}{\chi_{\text{op}} \cdot \sigma_{\text{Rd}}} \leq 1{,}0 \qquad (10.46)$$

Ist der Verzweigungslastfaktor $\alpha_{\text{cr,op}}$ für Druck und Biegung nicht bekannt, dagegen die einzelnen Werte, gilt mit der *Dunkerley*schen Überlagerungsformel:

$$\frac{1}{\alpha_{\text{cr,op}}} = \frac{N_{\text{Ed}}}{N_{\text{cr}}} + \frac{M_{\text{y,Ed}}}{M_{\text{cr}}} = \frac{1}{\alpha_{\text{cr,N}}} + \frac{1}{\alpha_{\text{cr,M}}} \qquad (10.47)$$

$$\frac{1}{\alpha_{\text{ult,k}}} = \frac{N_{\text{Ed}}}{N_{\text{Rk}}} + \frac{M_{\text{y,Ed}}}{M_{\text{Rk}}} \qquad (10.48)$$

$$\bar{\lambda}_{\text{op}} = \sqrt{\frac{\dfrac{N_{\text{Ed}}}{N_{\text{cr}}} + \dfrac{M_{\text{y,Ed}}}{M_{\text{cr}}}}{\dfrac{N_{\text{Ed}}}{N_{\text{Rk}}} + \dfrac{M_{\text{y,Ed}}}{M_{\text{Rk}}}}} \qquad (10.49)$$

Der folgende Nachweis kann anstelle von Gleichung (10.40) angewendet werden:

$$\frac{N_{\text{Ed}}}{\chi_{\text{op}} \cdot N_{\text{pl,Rd}}} + \frac{M_{\text{y,Ed}}}{\chi_{\text{op}} \cdot M_{\text{pl,y,Rd}}} \leq 1 \qquad (10.50)$$

Diese Gleichung kann auch in folgender Form für die Interaktion nach Verfahren b) benutzt werden:

$$\frac{N_{\text{Ed}}}{\chi \cdot N_{\text{pl,Rd}}} + \frac{M_{\text{y,Ed}}}{\chi_{\text{LT}} \cdot M_{\text{pl,yRd}}} \leq 1 \qquad (10.51)$$

Kommentar

Die Zuordnung der gevouteten Träger zu den Knicklinien ist im EC 3 nicht eindeutig geregelt. Im NA Deutschland wird deshalb angegeben, dass für das Biegedrillknicken die Abminderungsfaktoren für den allgemeinen Fall anzuwenden sind. In [33] wird vorgeschlagen, dass nur geschweißte Träger mit voutenförmiger Ausbildung über die gesamte Länge in den allgemeinen Fall einzuordnen sind. Bei Rahmenriegeln, die nur im Endbereich geschweißte Vouten haben, dürfen nach [33] dagegen die Werte der Knicklinien für den speziellen Fall angewendet werden. Dabei ist für *h*/*b* der konstante Querschnitt maßgebend. Der Faktor *f* darf ebenfalls berücksichtigt werden.

10.8 Plastische Tragwerksberechnung

Die plastische Tragwerksberechnung wird im Abschnitt (1-1, 5.4.3) behandelt. Die plastische Berechnung darf neben dem elastisch-plastischen Fließgelenkverfahren mit voll plastizierten Querschnitten auch durch eine nichtlineare plastische Berechnung, die die Teilplastizierung von Bauteilen in Fließzonen berücksichtigt, erfolgen. Die Einflüsse des verformten Systems und die Stabilität des Tragwerks sind dabei nachzuweisen. Die plastische Berechnung ist nur mit leistungsfähigen FEM-Programmen möglich.

Im Eurocode 3 sind aber keine genaueren Angaben gemacht, welche geometrischen und strukturellen Imperfektionen bei der plastischen Berechnung anzusetzen sind, siehe auch Berechnungen mit der Finite-Element-Methode (1-5, Anhang C). Nach Ansicht des Verfassers sind die Imperfektionen bei der plastischen Berechnung so festzulegen, dass unter planmäßig zentrischem Druck gerade die Biegeknickbeanspruchbarkeit $N_{b,Rd}$ entsprechend der zugehörigen Knicklinie (1-1, 6.3.1) erreicht wird. Dabei ist es ausreichend, die geometrischen und strukturellen Imperfektionen durch eine repräsentative Ersatzimperfektion darzustellen.

Dies bedeutet, dass die Größe der repräsentativen Ersatzimperfektion für jedes Profil und jede Schlankheit $\bar{\lambda}$ stets neu berechnet und an der Knicklinie „kalibriert" werden muss.

Traglastdiagramme

Für einfache Systeme ist es möglich, eine entsprechende systematische Berechnung nach der Fließzonentheorie durchzuführen und in Traglastdiagrammen darzustellen [27].

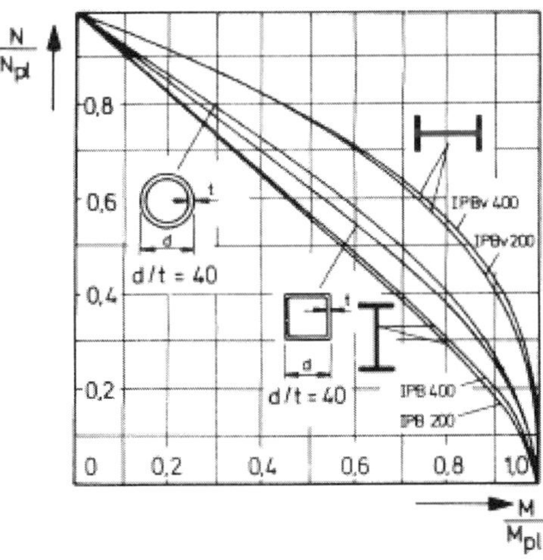

Abb. 10.20 M-N-Interaktion der repräsentativen Querschnitte

Aus der Vielzahl der Profile wurden zur Berechnung der Traglastkurven repräsentative Querschnitte ausgewählt, die für die entsprechende Profilart eine möglichst geringe plastische Reserve besitzen, s. Abb. 10.20.
Die Berechnung wird am beidseitig unverschieblich, gelenkig gelagerten Stab mit der Stablänge L_{cr} durchgeführt. In Abb. 10.21 sind acht Lastfälle angegeben, für welche die Traglastkurven aufgestellt wurden, siehe Beuth-Mediathek. Das Biegedrillknicken ist nicht berücksichtigt.

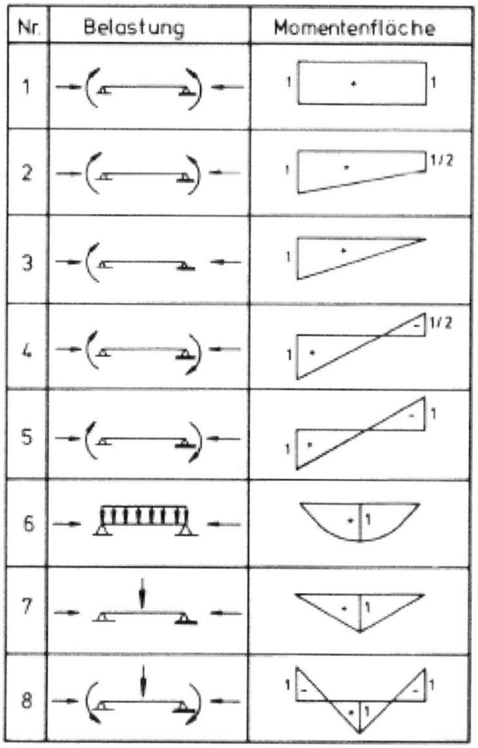

Nr.	Belastung	Momentenfläche
1		1 + 1
2		1 + 1/2
3		1 +
4		1 + − 1/2
5		1 + − 1
6		+ 1
7		+ 1
8		1 − + 1 − 1

Abb. 10.21 Belastungsfälle

Aus der Vielzahl der Traglastkurven werden zwei Beispiele ausgewählt, für die kein Biegedrillknicknachweis erforderlich ist, s. Abb. 10.22.
Der Nachweis mit diesen Traglastdiagrammen wird für den Praktiker dadurch vereinfacht, dass nur die Biegemomente nach Theorie I. Ordnung ohne geometrische Ersatzimperfektionen eingesetzt zu werden brauchen. Es handelt sich dabei um ein Ersatzstabverfahren und es gilt der Teilsicherheitsbeiwert γ_{M1}. Da der Nachweis mit Traglastdiagrammen erfolgt, sind γ_{M1}-fache Beanspruchungen einzusetzen. Die Bezeichnungen haben sich geändert. Für die Anwendung der Diagramme ist das Folgende zu beachten:

M – γ_{M1}-facher Bemessungswert des Biegemomentes M_{Ed}

N – γ_{M1}-facher Bemessungswert der Normalkraft N_{Ed}

N_{kr} – zentrische Traglast $N_{b,Rk} = \chi \cdot N_{pl,Rk}$

M_{kr} – vollplastisches Biegemoment $M_{pl,Rk}$

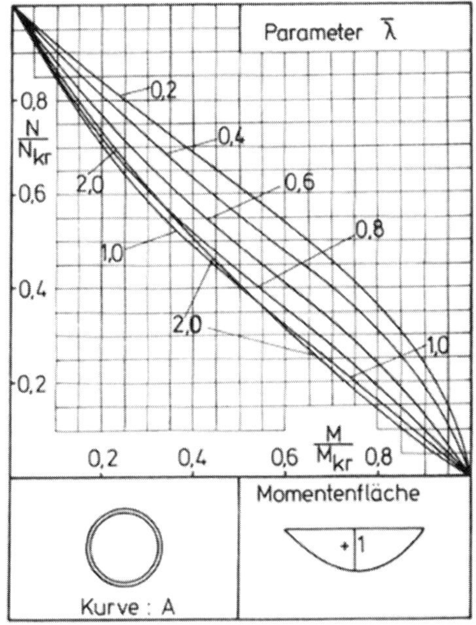

LAMBDA QUER	N/NKR				
	M/MKR				
	0.2	0.4	0.6	0.8	0.9
0.0	0.872	0.738	0.590	0.410	0.287
0.2	0.829	0.681	0.536	0.361	0.242
0.4	0.804	0.630	0.473	0.298	0.179
0.6	0.762	0.569	0.408	0.234	0.124
0.8	0.710	0.514	0.355	0.185	0.090
1.0	0.691	0.486	0.326	0.158	0.073
1.2	0.690	0.484	0.315	0.146	0.065
1.4	0.701	0.492	0.313	0.140	0.062
1.6	0.712	0.501	0.314	0.138	0.060
1.8	0.721	0.507	0.314	0.136	0.059
2.0	0.721	0.507	0.311	0.134	0.058
2.2	0.733	0.514	0.313	0.134	0.058
2.4	0.737	0.516	0.313	0.134	0.058
2.6	0.742	0.518	0.313	0.134	0.058
2.8	0.744	0.519	0.314	0.133	0.058
3.0	0.761	0.531	0.320	0.136	0.059

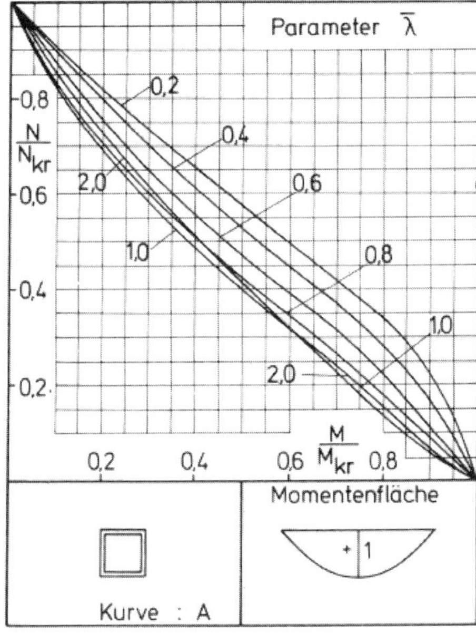

LAMBDA QUER	N/NKR				
	M/MKR				
	0.2	0.4	0.6	0.8	0.9
0.0	0.853	0.704	0.553	0.389	0.275
0.2	0.825	0.671	0.519	0.351	0.231
0.4	0.814	0.642	0.484	0.313	0.192
0.6	0.779	0.593	0.434	0.263	0.148
0.8	0.741	0.549	0.392	0.223	0.116
1.0	0.722	0.528	0.371	0.199	0.099
1.2	0.728	0.530	0.368	0.189	0.090
1.4	0.739	0.540	0.371	0.186	0.086
1.6	0.751	0.553	0.375	0.185	0.085
1.8	0.761	0.564	0.378	0.183	0.084
2.0	0.770	0.573	0.381	0.183	0.084
2.2	0.775	0.578	0.383	0.182	0.083
2.4	0.780	0.583	0.384	0.182	0.083
2.6	0.784	0.586	0.385	0.183	0.083
2.8	0.788	0.588	0.386	0.183	0.083
3.0	0.788	0.590	0.385	0.183	0.083

Abb. 10.22 Beispiele für Traglastkurven

10.9 Beispiele

Beispiel 10.9.1: Hallenrahmen mit eingespannter Stütze und Pendelstütze

In dem folgenden Beispiel sollen exemplarisch einzelne Nachweise geführt werden. Die eingespannte Stütze wird mit der Näherungsberechnung nach Theorie II. Ordnung in der Tragwerksebene nachgewiesen. Der Nachweis senkrecht zur Tragwerksebene erfolgt mit dem Ersatzstabnachweis. Für die Pendelstütze werden in der Biegeebene der Nachweis nach Theorie II. Ordnung und senkrecht zur Biegeebene der Biegedrillknicknachweis geführt. Der Untergurt des Fachwerkbinders ist nur senkrecht zur Tragwerksebene durch eine Schraube in einem Langloch gehalten.

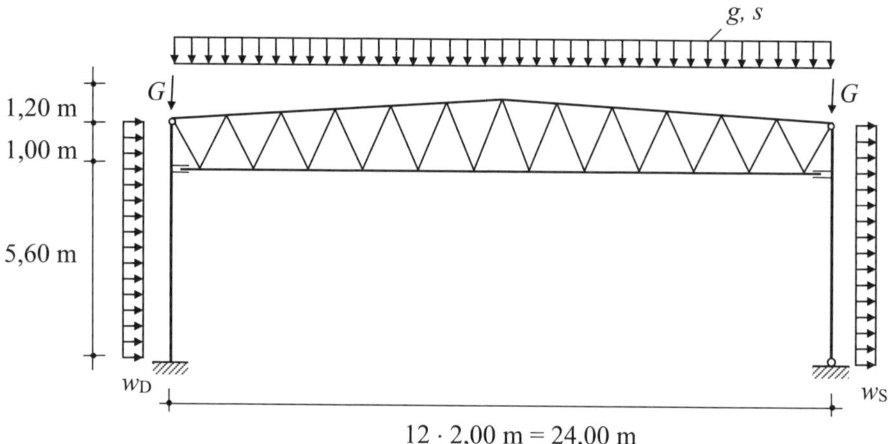

Abb. 10.23 Beispiel Hallenrahmen mit eingespannter Stütze und Pendelstütze

Binderabstand: $a = 6{,}00$ m, Anzahl der Felder: 8
Werkstoff: S 235
Nachweisverfahren: Elastisch-Plastisch
Profil: HEA 260 für die eingespannte Stütze
Profil: HEA 180 für die Pendelstütze
c/t-Verhältnis ist eingehalten.

Einwirkungen
Für die veränderlichen Einwirkungen aus Wind wird das vereinfachte Verfahren angewendet. Zum Beispiel gilt für den Standort Gießen die Windzone WZ1 und für Bauwerke mit $h \leq 10$ m der Geschwindigkeitsdruck $q = 0{,}5$ kN/m^2 nach Tabelle B.3 der DIN EN 1991-1-4/NA.
Nach Bild NA.1der DIN EN 1991-1-3/NA erhält man für die Schneelasten:
Höhe über NN 150 m
Schneelastzone 2, $s_k = 0{,}85$ kN/m^2
Nach DIN EN 1991-1-3 erhält man für die Schneelasten:
$C_t = 1{,}0$ $C_e = 1{,}0$ Formbeiwert $\mu_1 = 0{,}8$

Es soll beispielhaft die folgende Lastkombination LT2 $(1{,}35 \cdot g + 1{,}50 \cdot w + 0{,}75 \cdot s)$ für die Stützen untersucht werden. Der günstig wirkende Lastanteil des Windes am Dach für den Nachweis der Stützen wird zu null gesetzt. Für die Schneelasten auf Satteldächern wird der Fall (ii) nach DIN EN 1991-1-3, Bild 5.3, untersucht.

Ständige Einwirkungen G_k :

Dacheindeckung	$g = 0,50$ kN/m²
Fachwerkbinder	$g = 1,20$ kN/m
Wandeigenlast + Stützeneigenlast	$G = 10$ kN

Veränderliche Einwirkungen Q_k :

Schnee $s = \mu_1 \cdot s_k = 0,8 \cdot 0,85 = 0,68$ kN/m²

Winddruck $h / d = 7,8 / 24 = 0,325$

$c_{pe,10} = 0,710$ Bereich D nach Tabelle 7.1 der DIN EN 1991-1-4

$w_D = c_{pe,10} \cdot q = 0,710 \cdot 0,5 = 0,355$ kN/m²

Windsog $c_{pe,10} = 0,320$ Bereich E nach Tabelle 7.1 der DIN EN 1991-1-4

$w_S = c_{pe,10} \cdot q = 0,320 \cdot 0,5 = 0,160$ kN/m²

Charakteristische Einwirkungen

Bei der Berechnung der charakteristischen Einwirkungen ist das statische System der Dacheindeckung zu beachten. Vereinfachend wird hier ein Einfeldträger angenommen. Die Einwirkungen werden dann mit dem Binderabstand $a = 6,00$ m des Hallenrahmens berechnet.

$$g_k = 0,50 \cdot 6,00 + 1,20 = 4,20 \text{ kN/m}$$

$$s_k = 0,68 \cdot 6,00 = 4,08 \text{ kN/m}$$

$$G_k = 10 \text{ kN}$$

$$w_{Dk} = 0,355 \cdot 6,00 = 2,13 \text{ kN/m}$$

$$w_{Sk} = 0,160 \cdot 6,00 = 0,96 \text{ kN/m}$$

Nachweis der eingespannten Stütze in der Tragwerksebene nach Theorie II.Ordnung – Berechnungsverfahren b

$\gamma_M = \gamma_{M1} = 1,10$

Ersatzimperfektionen

Systemschiefstellung:

$$\alpha_h = \frac{2}{\sqrt{h}} = \frac{2}{\sqrt{6,6}} = 0,778 \quad \frac{2}{3} \leq \alpha_h \leq 1,0$$

$$\alpha_m = \sqrt{0,5 \cdot \left(1 + \frac{1}{m}\right)} = \sqrt{0,5 \cdot \left(1 + \frac{1}{2}\right)} = 0,866$$

$$\phi = \phi_0 \cdot \alpha_h \cdot \alpha_m = \frac{1}{200} \cdot 0,778 \cdot 0,866 = \frac{1}{297}$$

Stabvorkrümmung: Die lokalen Vorkrümmungen dürfen vernachlässigt werden, s. Bedingung (10.23). Sie werden hier vereinfacht nach Tabelle 10.2 mit dem maximalen Wert für die plastische Berechnung berücksichtigt.

Eingespannte Stütze: Knicklinie b $e_0 = \frac{l}{200} = \frac{6,60}{200} = 0,033$ m

Pendelstütze: Knicklinie b $e_0 = \frac{l}{200} = \frac{6,60}{200} = 0,033$ m

Die Ersatzimperfektionen werden bei einer Berechnung ohne EDV am einfachsten durch den Ansatz gleichwertiger Ersatzlasten berücksichtigt. Das Tragwerk besteht aus statisch bestimmten Teilsystemen. Die Ersatzbelastung ist abhängig von der Normalkraft in den Stützen.

Bemessungslasten
Die folgende Lastkombination wird untersucht.

$$\text{LT2}(1{,}35 \cdot g + 1{,}50 \cdot w + 0{,}75 \cdot s)$$

$$e_{\text{Ed}} = 1{,}35 \cdot 4{,}20 + 0{,}75 \cdot 4{,}08 = 8{,}73 \text{ kN/m}$$

$$w_{\text{D,Ed}} = 1{,}50 \cdot 2{,}13 = 3{,}20 \text{ kN/m}$$

$$w_{\text{S,Ed}} = 1{,}50 \cdot 0{,}96 = 1{,}44 \text{ kN/m}$$

$$G_{\text{Ed}} = 1{,}35 \cdot 10 = 13{,}5 \text{ kN}$$

Ersatzlasten

$$N_{1,\text{Ed}} = N_{2,\text{Ed}} = 13{,}5 + 8{,}73 \cdot \frac{24}{2} = 118 \text{ kN}$$

$$H_{\phi 1} = N_{1,\text{Ed}} \cdot \phi = \frac{118}{297} = 0{,}397 \text{ kN}$$

$$H_{\phi 2} = N_{2,\text{Ed}} \cdot \phi = \frac{118}{297} = 0{,}397 \text{ kN}$$

$$q_{0,1} = N_{1,\text{Ed}} \cdot 8 \cdot \frac{e_{0,\text{d}}}{l^2} = 118 \cdot 8 \cdot \frac{0{,}033}{6{,}60^2} = 0{,}715 \text{ kN/m}$$

$$A_{0,1} = 4 \cdot N_{1,\text{Ed}} \cdot \frac{e_{0,\text{d}}}{l} = 4 \cdot 118 \cdot \frac{0{,}033}{6{,}60} = 2{,}36 \text{ kN}$$

$$q_{0,2} = N_{2,\text{Ed}} \cdot 8 \cdot \frac{e_{0,\text{d}}}{l^2} = 118 \cdot 8 \cdot \frac{0{,}033}{6{,}60^2} = 0{,}715 \text{ kN/m}$$

$$A_{0,2} = 4 \cdot N_{2,\text{Ed}} \cdot \frac{e_{0,\text{d}}}{l} = 4 \cdot 118 \cdot \frac{0{,}033}{6{,}60} = 2{,}36 \text{ kN}$$

Statisches System und Belastung in kN und m mit Ersatzimperfektionen (EDV)

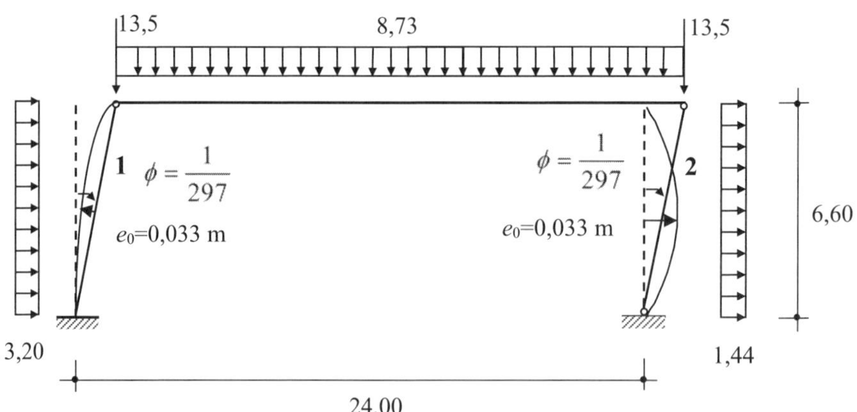

Statisches System und Belastung mit Ersatzlasten

$$H_w = 1,44 \cdot \frac{6,60}{2} = 4,75 \text{ kN}$$

Die Ersatzlasten aus der Vorkrümmung müssen nicht berücksichtigt werden, da die Bedingung

$$\frac{N_{Ed}}{\frac{\pi^2 \cdot E \cdot I_y}{l^2}} = \frac{118}{\frac{\pi^2 \cdot 21\,000 \cdot 10\,450}{660^2}} = 0,024 > 0,25$$

nicht erfüllt ist. Exemplarisch wird dies aber hier gezeigt.
Die Ersatzlast an der Pendelstütze kann hier für die Berechnung der eingespannten Stütze entfallen, da diese Ersatzlast nur ein zusätzliches Moment erzeugt. Die Pendelstütze wird in diesem Fall getrennt nachgewiesen.

$$M_I = (4,75 + 0,397 + 2,76) \cdot 6,60 + 2,49 \cdot \frac{6,60^2}{2} = 52,2 + 54,2 = 106 \text{ kNm}$$

$$N_I = 118 \text{ kN}$$

$$V_I = 4,75 + 0,397 + 2,76 + 2,49 \cdot 6,60 = 24,3 \text{ kN}$$

Näherungsberechnung nach Theorie II. Ordnung

Profil: HEA 260
c/t-Verhältnis ist eingehalten.
Querschnittswerte:

$$I_y = 10\,450 \text{ cm}^4 \qquad E \cdot I_y = 21\,000 \cdot 10\,450 / 10^4 = 21\,945 \text{ kNm}^2$$

$$N_{pl,Rd} = A \cdot \sigma_{Rd} = 86,8 \cdot 21,4 = 1858 \text{ kN}$$

$$M_{pl,y,Rd} = W_{pl,y} \cdot \sigma_{Rd} = 920 \cdot 21,4 = 19\,688 \text{ kNcm} = 197 \text{ kNm}$$

Der Einfluss der Querkraft kann vernachlässigt werden.
Die Beanspruchungen werden mit Gleichungen (10.11) und (10.13) berechnet.

$$M_{II} = M_I + \Delta M = M_I + \frac{\Delta M_1}{1-q} \text{ mit } q = \frac{N_{Ed}}{N_{cr}}$$

Der Knicklängenbeiwert β für dieses System ist im Abschnitt Druckstab (3.18) hergeleitet.

$$\chi = \sum \frac{N_\text{i}}{N_1} \cdot \frac{l_1}{l_\text{i}} = \frac{118}{118} \cdot \frac{6,60}{6,60} = 1,00$$

$$\beta = 2 \cdot \sqrt{1 + \frac{\pi^2}{12} \cdot \chi} = 2 \cdot \sqrt{1 + \frac{\pi^2}{12} \cdot 1,00} = 2,70$$

$$N_\text{cr} = \frac{\pi^2 \cdot E \cdot I_\text{y}}{L_\text{cr}^2} = \frac{\pi^2 \cdot 21\,000 \cdot 10\,450}{2,70^2 \cdot 660^2} = 682 \text{ kN}$$

$$q = \frac{N_\text{Ed}}{N_\text{cr}} = \frac{118}{682} = 0,173 > 0,1$$

Es ist die Berechnung nach Theorie II. Ordnung erforderlich. ΔM_1 ist die Momentenfläche, die sich aus der Multiplikation der *N*-Fläche mit der f_I-Fläche ergibt.
Berechnung der Verformung f_I:

kN und m

+ M_I-Fläche $\overline{M}$-Fläche

52,2 54,2 6,60

$$E \cdot I_\text{y} \cdot f_\text{I} = \frac{1}{3} \cdot 52,2 \cdot 6,60^2 + \frac{1}{4} \cdot 54,2 \cdot 6,60^2 = 1348 \text{ kNm}^3$$

$$f_\text{I} = \frac{1348}{21\,945} = 0,0614 \text{ m}$$

$$\Delta M_1 = 118 \cdot 0,0614 + 118 \cdot \frac{0,0614}{6,60} \cdot 6,60 = 7,25 + 7,25 = 14,5 \text{ kNm}$$

$$\Delta V_1 = 118 \cdot \frac{0,0614}{6,60} = 1,10 \text{ kN}$$

$$M_\text{II} = M_\text{I} + \Delta M = M_\text{I} + \frac{\Delta M_1}{1-q} = 106 + \frac{14,5}{1-0,173} = 124 \text{ kNm}$$

$$V_\text{II} = V_\text{I} + \Delta V = V_\text{I} + \frac{\Delta V_1}{1-q} = 24,3 + \frac{1,10}{1-0,173} = 25,6 \text{ kNm}$$

Ist die Verzeigungslast nicht bekannt, dann wird q mit der folgenden Gleichung berechnet.

$$q = \frac{\Delta f_1}{f_\text{I}}$$ kN und m

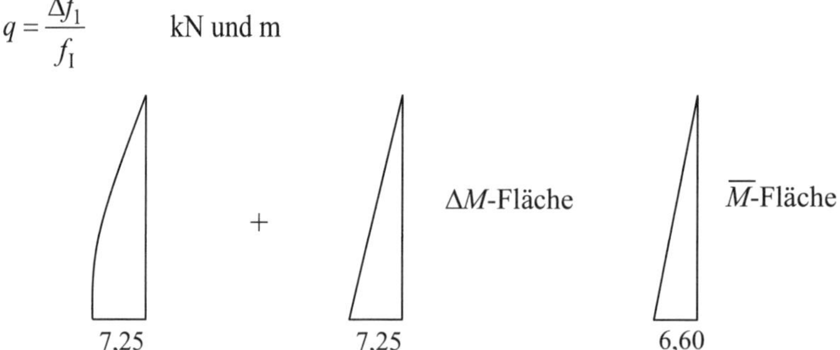

Berechnung der Verformung Δf_1:

$$E \cdot I_y \cdot \Delta f_1 = \frac{2}{5} \cdot 7{,}25 \cdot 6{,}60^2 + \frac{1}{3} \cdot 7{,}25 \cdot 6{,}60^2 = 232 \text{ kNm}^3$$

$$\Delta f_1 = \frac{232}{21\,945} = 0{,}0106 \text{ m}$$

$$q = \frac{\Delta f_1}{f_I} = \frac{0{,}0106}{0{,}0614} = 0{,}173$$

$$M_{II} = M_I + \Delta M = M_I + \frac{\Delta M_1}{1-q} = 106 + \frac{14{,}5}{1-0{,}173} = 124 \text{ kNm}$$

$$V_{II} = V_I + \Delta V = V_I + \frac{\Delta V_1}{1-q} = 24{,}3 + \frac{1{,}10}{1-0{,}173} = 25{,}6 \text{ kNm}$$

Die Berechnung mit GWSTATIK ergibt $M_{II} = 123{,}8$ kNm und $V_{II} = 27{,}6$ kNm.

Tragsicherheitsnachweis

$$\frac{V_{z,Ed}}{V_{pl,z,Rd}} \leq 0{,}5$$

y-y-Achse:

$$N_{Ed} = 118 \text{ kN} \leq 0{,}25 \cdot N_{pl,Rd} = 0{,}25 \cdot A \cdot \sigma_{Rd} = 0{,}25 \cdot 86{,}8 \cdot 21{,}4 = 464 \text{ kN}$$

$$N_{Ed} = 118 \text{ kN} \leq \frac{0{,}5 \cdot h_w \cdot t_w \cdot f_y}{\gamma_M} = \frac{0{,}5 \cdot 22{,}5 \cdot 0{,}75 \cdot 23{,}5}{1{,}10} = 180 \text{ kN}$$

Es ist keine Interaktion mit der Normalkraft erforderlich.

$$\frac{M_{y,Ed}}{M_{pl,y,Rd}} = \frac{124}{197} = 0{,}629 \leq 1{,}00$$

Ersatzstabnachweis der eingespannten Stütze um die *z-z*-Achse

$\gamma_{M1} = 1{,}10$

Konstruktiv ist in der Tragwerksebene eine Fußriegeleinspannung vorgesehen. Senkrecht zur Tragwerksebene wird eine gelenkige Lagerung angenommen. Es wird vorausgesetzt, dass am oberen Ende ein Gabellager vorhanden ist.

Knicken *z-z*-Achse

Querschnittswerte: $I_z = 3670 \text{ cm}^4$

Nach Tabelle 3.2 ist dieses Profil bei Knicken um die *z-z*-Achse der Kurve c zugeordnet.

$$N_{cr,z} = \frac{\pi^2 \cdot E \cdot I_z}{L_{cr}^2} = \frac{\pi^2 \cdot 21\,000 \cdot 3670}{660^2} = 1746 \text{ kN}$$

$$\bar{\lambda}_z = \sqrt{\frac{N_{pl}}{N_{cr,z}}} = \sqrt{\frac{86{,}8 \cdot 23{,}5}{1746}} = 1{,}08 \quad \text{Tabelle 3.1} \quad \chi_z = 0{,}495$$

$$N_{b,z,Rd} = \frac{\chi_z \cdot A \cdot f_y}{\gamma_{M1}} = \frac{0{,}495 \cdot 86{,}8 \cdot 23{,}5}{1{,}10} = 918 \text{ kN}$$

$$\frac{N_{Ed}}{N_{b,z,Rd}} = \frac{118}{918} = 0{,}129 \leq 1{,}00$$

Biegedrillknicken ohne Normalkraft

Querschnittswerte:

$$I_\text{t} = 52{,}4\ \text{cm}^4;\ I_\text{z} = 3670\ \text{cm}^4;\ I_\text{w} = 516\ 400\ \text{cm}^6$$

$$h = 25{,}0\ \text{cm};\ W_\text{pl,y} = 920\ \text{cm}^3$$

$$c^2 = \frac{I_\text{w} + 0{,}039 \cdot l^2 \cdot I_\text{t}}{I_\text{z}} = \frac{516\ 400 + 0{,}039 \cdot 660^2 \cdot 52{,}4}{3670} = 383\ \text{cm}^2$$

$$N_\text{cr,z} = \frac{\pi^2 \cdot E \cdot I_\text{z}}{l^2} = \frac{\pi^2 \cdot 21\ 000 \cdot 3670}{660^2} = 1746\ \text{kN}$$

$\zeta = 1{,}77$ nach Tabelle 9.8, sichere Seite

$$M_\text{cr} = \zeta \cdot N_\text{cr,z} \cdot \left(\sqrt{c^2 + 0{,}25 \cdot z_\text{p}^2} + 0{,}5 \cdot z_\text{p}\right)$$

$$M_\text{cr} = 1{,}77 \cdot 1746 / 100 \cdot \left(\sqrt{383 + 0{,}25 \cdot 12{,}5^2} - 0{,}5 \cdot 12{,}5\right) - 442\ \text{kNm}$$

$$\bar{\lambda}_\text{LT} = \sqrt{\frac{W_\text{pl,y} \cdot f_\text{y}}{M_\text{cr}}} = \sqrt{\frac{920 \cdot 23{,}5}{442 \cdot 100}} = 0{,}699$$

$\chi_\text{LT} = 0{,}870$ nach Tabelle 9.5 nach Kurve b

$k_\text{c} = 0{,}75$ nach Tabelle 9.6

$$f = 1 - 0{,}5 \cdot (1 - k_\text{c}) \cdot \left[1 - 2{,}0 \cdot \left(\bar{\lambda}_\text{LT} - 0{,}8\right)^2\right]$$

$$f = 1 - 0{,}5 \cdot (1 - 0{,}75) \cdot \left[1 - 2{,}0 \cdot (0{,}700 - 0{,}8)^2\right] = 0{,}878 \text{ jedoch} < 1{,}0$$

$$\chi_\text{LT,mod} = \frac{\chi_\text{LT}}{f} = \frac{0{,}870}{0{,}878} = 0{,}991 \leq 1{,}0$$

$$M_\text{b,Rd} = \chi_\text{LT,mod} \cdot W_\text{pl,y} \frac{f_\text{y}}{\gamma_\text{M1}} = 0{,}991 \cdot 920 \frac{23{,}5}{1{,}10 \cdot 100} = 195\ \text{kNm}$$

$$\frac{M_\text{Ed}}{M_\text{b,Rd}} = \frac{124}{195} = 0{,}636 \leq 1{,}0$$

Interaktionsbeziehung für Biegedrillknicken mit Normalkraft

$k_\text{zy} = 1{,}00$ sichere Seite

$$\frac{N_\text{Ed}}{N_\text{b,z,Rd}} + k_\text{zy} \cdot \frac{M_\text{y,Ed}}{M_\text{b,Rd}} = \frac{118}{918} + 1{,}00 \cdot \frac{124}{195} = 0{,}764 \leq 1$$

<u>Ersatzstabnachweis der eingespannten Stütze um die *y-y*-Achse</u>

$\gamma_\text{M1} = 1{,}10$

Da die Berechnung des Systems in der Tragwerksebene mit den geometrischen Ersatzimperfektionen nach Theorie II. Ordnung erfolgte, ist für die Knicklänge des Stabes die Systemlänge einzusetzen.

Knicken *y-y*-Achse

Querschnittswerte:

$$I_y = 10\,450 \text{ cm}^4$$

Nach Tabelle 3.2 ist dieses Profil bei Knicken um die *y-y*-Achse der Kurve b zugeordnet.

$$N_{cr,y} = \frac{\pi^2 \cdot E \cdot I_y}{L_{cr}^2} = \frac{\pi^2 \cdot 21\,000 \cdot 10\,450}{660^2} = 4972 \text{ kN}$$

$$\bar{\lambda}_y = \sqrt{\frac{N_{pl}}{N_{cr,y}}} = \sqrt{\frac{86,8 \cdot 23,5}{4972}} = 0,641 \text{ Tabelle 3.1} \qquad \chi_y = 0,815$$

$$N_{b,y,Rd} = \frac{\chi_y \cdot A \cdot f_y}{\gamma_{M1}} = \frac{0,815 \cdot 86,8 \cdot 23,5}{1,10} = 1511 \text{ kN}$$

$$\frac{N_{Ed}}{N_{b,y,Rd}} = \frac{118}{1511} = 0,078 \le 1,00$$

Interaktionsbeziehung für Biegedrillknicken mit Normalkraft

$$n_y = \frac{N_{Ed}}{N_{b,y,Rd}} = \frac{118}{1511} = 0,078$$

Für Querschnittsklasse 1 und 2 gilt:

$$C_{my} \approx 0,6$$

$$k_{yy} = C_{my} \cdot \left(1 + \left(\bar{\lambda}_y - 0,2\right) \cdot n_y\right) = 0,6 \cdot \left(1 + \left(0,641 - 0,2\right) \cdot 0,078\right) = 0,621$$

$$\le C_{my} \cdot \left(1 + 0,8 \cdot n_y\right) = 0,6 \cdot \left(1 + 0,8 \cdot 0,078\right) = 0,637$$

$$\frac{N_{Ed}}{N_{b,y,Rd}} + k_{yy} \cdot \frac{M_{y,Ed}}{M_{b,Rd}} = \frac{118}{1511} + 0,621 \cdot \frac{124}{195} = 0,473 \le 1$$

Berechnung nach Biegetorsionstheorie II. Ordnung–
Berechnungsverfahren a

Die Berechnung nach Biegetorsionstheorie II. Ordnung ist das Berechnungsverfahren a. Für den Nachweis Elastisch-Plastisch wird zusätzlich zu den Ersatzimperfektionen in der Tragwerksebene eine seitliche sinusförmige Imperfektion für die eingespannte Stütze angesetzt. Nach NA Deutschland gilt:

Biegedrillknicken:

$$\bar{\lambda}_{LT} = 0,699 \le 0,7$$

$$h/b \le 2 \qquad e_0 = \frac{l}{400} = \frac{660}{400} = 1,65 \text{ cm}$$

Biegeknicken:

Knicken um die *z-z*-Achse der Kurve c.

$$e_0 = \frac{l}{150} = \frac{660}{150} = 4,40 \text{ cm}$$

Da bisher keine Interaktionsbeziehungen für Imperfektionen bekannt sind, wird auf der sicheren Seite liegend der größere Wert gewählt.

Der Einfluss der Pendelstütze in der Tragwerksebene kann mit dem Programm DRILL oder KSTAB [28] durch eine iterative Berechnung berücksichtigt werden. Es ist eine zusätzliche Horizontalkraft anzusetzen:

$$H_P = N \cdot \frac{w}{l} = 118 \cdot \frac{w}{660} = 0{,}179 \cdot w \text{ kN} \qquad w \text{ in cm}$$

Mit dem Programm DRILL erhält man folgende Schnittgrößen an der Einspannstelle:

$$N_{Ed} = 118 \text{ kN} \quad M_{y,Ed} = 120{,}6 \text{ kNm} \quad M_{z,Ed} = 0 \text{ kNm} \quad M_{w,Ed} = 1{,}71 \text{ kNm}^2$$

Lineare Interaktionsbeziehung:

$\gamma_M = \gamma_{M1} = 1{,}10$

$$N_{pl,Rd} = A \cdot \sigma_{Rd} = 86{,}8 \cdot 21{,}4 = 1858 \text{ kN}$$

$$M_{pl,y,Rd} = W_{pl,y} \cdot \sigma_{Rd} = 920 \cdot 21{,}4 / 100 = 197 \text{ kNm}$$

$$M_{pl,z,Rd} = W_{pl,z} \cdot \sigma_{Rd} = 430 \cdot 21{,}4 / 100 = 92{,}0 \text{ kNm}$$

$$M_{pl,w,Rd} = W_{pl,w} \cdot \sigma_{Rd} = 5017 \cdot 21{,}4 / 10000 = 10{,}7 \text{ kNm}^2$$

$$\frac{N_{Ed}}{N_{pl,Rd}} + \frac{M_{y,Ed}}{M_{pl,y,Rd}} + \frac{M_{z,Ed}}{M_{pl,z,Rd}} + \frac{M_{w,Ed}}{M_{pl,w,Rd}} = \frac{118}{1858} + \frac{120{,}6}{197} + \frac{0}{92{,}0} + \frac{1{,}71}{10{,}7} = 0{,}836 \le 1$$

Mit der genaueren nichtlinearen Interaktion nach (10.27) erhält man:

$\gamma_M = 1{,}10$

$$\left(\frac{M_{z,Ed}}{M_{pl,z,Rd}} + \frac{M_{w,Ed}}{M_{pl,w,Rd}}\right) \cdot \frac{1}{1 - \left(\frac{N_{Ed}}{N_{pl,Rd}}\right)^2} + \left(\frac{M_{y,Ed}}{M_{pl,y,Rd} \cdot \left(1 - \frac{N_{Ed}}{N_{pl,Rd}}\right)}\right)^2 \le 1$$

$$\left(\frac{0}{92{,}0} + \frac{1{,}71}{10{,}7}\right) \cdot \frac{1}{1 - \left(\frac{118}{1858}\right)^2} + \left(\frac{120{,}6}{197 \cdot \left(1 - \frac{118}{1858}\right)}\right)^2 = 0{,}584 \le 1$$

Nachweis der Pendelstütze nach Theorie I. Ordnung mit Ersatzstabnachweisen–Berechnungsverfahren c

$\gamma_M = \gamma_{M0} = 1{,}00$

Es sind stets alle Lastkombinationen zu untersuchen. Es soll hier die gleiche Lastkombination wie für die eingespannte Stütze berechnet werden. Dabei ist aber Folgendes zu beachten. Maßgebend ist der Lastfall, wenn der Wind von rechts kommt. Gegebenenfalls sind Exzentrizitäten aus dem Anschluss des Fachwerkbinders an die Pendelstütze zu berücksichtigen. Die Bemessung, d.h. die Auswahl der Größe des Profils, ist ohne EDV sehr aufwändig und erfordert oft eine mehrmalige Berechnung.

$$w_{\mathrm{Ed}} = 1{,}50 \cdot 2{,}13 = 3{,}20\ \mathrm{kN/m}$$

$$N_{\mathrm{Ed}} = 118\ \mathrm{kN}$$

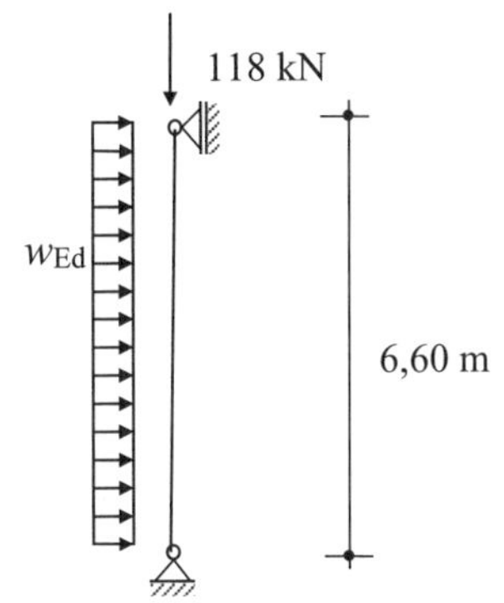

System und Belastung
Werkstoff: S 235
Nachweisverfahren: Elastisch-Plastisch
Profil: HEA 180
c/*t*-Verhältnis ist eingehalten.

Querschnittswerte:

$$I_{\mathrm{y}} = 2510\ \mathrm{cm}^4;\ S_{\mathrm{y}} = 162\ \mathrm{cm}^3$$

$$N_{\mathrm{pl,Rd}} = A \cdot \sigma_{\mathrm{Rd}} = 45{,}3 \cdot 23{,}5 = 1065\ \mathrm{kN}$$

$$M_{\mathrm{I}} = \frac{w_{\mathrm{Ed}} \cdot l^2}{8} = \frac{3{,}20 \cdot 6{,}60^2}{8} = 17{,}4\ \mathrm{kNm}$$

Tragsicherheitsnachweis

$$\frac{V_{\mathrm{z,Ed}}}{V_{\mathrm{pl,z,Ed}}} \le 0{,}5$$

y-*y*-Achse:

$$N_{\mathrm{Ed}} = 118\ \mathrm{kN} \le 0{,}25 \cdot N_{\mathrm{pl,Rd}} = 0{,}25 \cdot A \cdot \sigma_{\mathrm{Rd}} = 0{,}25 \cdot 45{,}3 \cdot 23{,}5 = 266\ \mathrm{kN}$$

$$N_{\mathrm{Ed}} = 118\ \mathrm{kN} \le \frac{0{,}5 \cdot h_{\mathrm{w}} \cdot t_{\mathrm{w}} \cdot f_{\mathrm{y}}}{\gamma_{\mathrm{M}}} = \frac{0{,}5 \cdot 15{,}3 \cdot 0{,}6 \cdot 23{,}5}{1{,}00} = 108\ \mathrm{kN}$$

Es ist die Interaktion mit der Normalkraft erforderlich.
Es gilt:

$$n = \frac{N_{\mathrm{Ed}}}{N_{\mathrm{pl,Rd}}} = \frac{118}{1065} = 0{,}111$$

$$a = \frac{A - 2 \cdot b \cdot t_{\mathrm{f}}}{A} = \frac{45{,}3 - 2 \cdot 18{,}0 \cdot 0{,}95}{45{,}3} = 0{,}245 \le 0{,}5 \quad \text{jedoch} \quad a \le 0{,}5$$

$$M_{\mathrm{pl,y,Rd}} = W_{\mathrm{pl,y}} \cdot \sigma_{\mathrm{Rd}} = 325 \cdot 23{,}5 = 7638\ \mathrm{kNcm} = 76{,}4\ \mathrm{kNm}$$

y-*y* -Achse:

$$M_{\mathrm{N,y,Rd}} = M_{\mathrm{pl,y,Rd}} \cdot \frac{1-n}{1-0{,}5 \cdot a} = 76{,}4 \cdot \frac{1-0{,}111}{1-0{,}5 \cdot 0{,}245} = 77{,}4\ \mathrm{kNm}$$

aber $M_{\mathrm{N,y,Rd}} \le M_{\mathrm{pl,y,Rd}} = 76{,}4\ \mathrm{kNm}$

$$\frac{M_{\mathrm{y,Ed}}}{M_{\mathrm{N,y,Rd}}} = \frac{17{,}4}{76{,}4} = 0{,}228 \le 1{,}00$$

<u>Ersatzstabnachweis der Pendelstütze um die *z*-*z*-Achse</u>

$\gamma_{\mathrm{M1}} = 1{,}10$

Knicken *z*-*z*-Achse

Querschnittswerte $I_{\mathrm{z}} = 925\ \mathrm{cm}^4$

Nach Tabelle 3.2 ist dieses Profil bei Knicken um die *z* -Achse der Kurve c zugeordnet.

$$N_{\text{cr,z}} = \frac{\pi^2 \cdot E \cdot I_z}{L_{\text{cr}}^2} = \frac{\pi^2 \cdot 21\,000 \cdot 925}{660^2} = 440 \text{ kN}$$

$$\bar{\lambda}_z = \sqrt{\frac{N_{\text{pl}}}{N_{\text{cr,z}}}} = \sqrt{\frac{45{,}3 \cdot 23{,}5}{440}} = 1{,}56 \quad \text{Tabelle 3.1} \qquad \chi_z = 0{,}296$$

$$N_{\text{b,z,Rd}} = \frac{\chi_z \cdot A \cdot f_y}{\gamma_{\text{M1}}} = \frac{0{,}296 \cdot 45{,}3 \cdot 23{,}5}{1{,}10} = 286 \text{ kN}$$

$$\frac{N_{\text{Ed}}}{N_{\text{b,z,Rd}}} = \frac{118}{286} = 0{,}413 \leq 1{,}00$$

Biegedrillknicken ohne Normalkraft

Querschnittswerte:

$$I_t = 14{,}8 \text{ cm}^4;\ I_z = 925 \text{ cm}^4;\ I_w = 60\ 210 \text{ cm}^6$$

$$h = 17{,}1 \text{ cm};\ W_{\text{pl,y}} = 325 \text{ cm}^3$$

$$c^2 = \frac{I_w + 0{,}039 \cdot l^2 \cdot I_t}{I_z} = \frac{60\ 210 + 0{,}039 \cdot 660^2 \cdot 14{,}8}{925} = 337 \text{ cm}^2$$

$$N_{\text{cr,z}} = \frac{\pi^2 \cdot E \cdot I_z}{l^2} = \frac{\pi^2 \cdot 21\,000 \cdot 925}{660^2} = 440 \text{ kN}$$

$\zeta = 1{,}12$ nach Tabelle 9.3

$$M_{\text{cr}} = \zeta \cdot N_{\text{cr}} \cdot \left(\sqrt{c^2 + 0{,}25 \cdot z_p^2} + 0{,}5 \cdot z_p\right)$$

$$M_{\text{cr}} = 1{,}12 \cdot 440 / 100 \cdot \left(\sqrt{337 + 0{,}25 \cdot 8{,}6^2} - 0{,}5 \cdot 8{,}6\right) = 71{,}7 \text{ kNm}$$

$$\bar{\lambda}_{\text{LT}} = \sqrt{\frac{W_{\text{pl,y}} \cdot f_y}{M_{\text{cr}}}} = \sqrt{\frac{325 \cdot 23{,}5}{71{,}7 \cdot 100}} = 1{,}03$$

$\chi_{\text{LT}} = 0{,}682$ nach Tabelle 9.5

$k_c = 0{,}94$ nach Tabelle 9.6

$$f = 1 - 0{,}5 \cdot (1 - k_c) \cdot \left[1 - 2{,}0 \cdot \left(\bar{\lambda}_{\text{LT}} - 0{,}8\right)^2\right]$$

$$f = 1 - 0{,}5 \cdot (1 - 0{,}94) \cdot \left[1 - 2{,}0 \cdot (0{,}682 - 0{,}8)^2\right] = 0{,}971 \text{ jedoch} < 1{,}0$$

$$\chi_{\text{LT,mod}} = \frac{\chi_{\text{LT}}}{f} = \frac{0{,}682}{0{,}971} = 0{,}702 \leq 1{,}0$$

$$M_{\text{b,Rd}} = \chi_{\text{LT,mod}} \cdot W_{\text{pl,y}} \frac{f_y}{\gamma_{\text{M1}}} = 0{,}702 \cdot 325 \frac{23{,}5}{1{,}10 \cdot 100} = 48{,}7 \text{ kNm}$$

$$\frac{M_{\text{y,Ed}}}{M_{\text{b,Rd}}} = \frac{17{,}4}{48{,}7} = 0{,}357 \leq 1{,}0$$

Interaktionsbeziehung für Biegedrillknicken mit Normalkraft

Imperfektionsbeiwert k_{zy}:

$$n_z = \frac{N_{Ed}}{N_{b,z,Rd}} = \frac{118}{286} = 0,413$$

Für Querschnittsklasse 1 und 2 gilt:

$$\bar{\lambda}_z \geq 0,4 \qquad \psi = 0 \qquad \alpha_h = +0$$

$C_{mLT} = 0,95$ nach Tabelle 10.4

$$k_{zy} = 1 - \frac{0,1 \cdot \bar{\lambda}_z \cdot n_z}{C_{mLT} - 0,25} = 1 - \frac{0,1 \cdot 1,56 \cdot 0,413}{0,95 - 0,25} = 0,908$$

$$\geq 1 - \frac{0,1 \cdot n_z}{C_{mLT} - 0,25} = 1 - \frac{0,1 \cdot 0,413}{0,95 - 0,25} = 0,941$$

$$\frac{N_{Ed}}{N_{b,z,Rd}} + k_{zy} \cdot \frac{M_{y,Ed}}{M_{b,Rd}} = \frac{118}{286} + 0,941 \cdot \frac{17,4}{48,7} = 0,749 \leq 1$$

Ersatzstabnachweis der Pendelstütze um die *y-y*-Achse

$\gamma_{M1} = 1,10$

Knicken *y-y*-Achse

Querschnittswerte:

$$I_y = 2510 \text{ cm}^4$$

Nach Tabelle 3.2 ist dieses Profil bei Knicken um die *y-y*-Achse der Kurve b zugeordnet.

$$N_{cr,y} = \frac{\pi^2 \cdot E \cdot I_y}{L_{cr}^2} = \frac{\pi^2 \cdot 21\,000 \cdot 2510}{660^2} = 1194 \text{ kN}$$

$$\bar{\lambda}_y = \sqrt{\frac{N_{pl}}{N_{cr,y}}} = \sqrt{\frac{45,3 \cdot 23,5}{1194}} = 0,944 \quad \text{Tabelle 3.1} \qquad \chi_y = 0,633$$

$$N_{b,y,Rd} = \frac{\chi_y \cdot A \cdot f_y}{\gamma_{M1}} = \frac{0,633 \cdot 45,3 \cdot 23,5}{1,10} = 613 \text{ kN}$$

$$\frac{N_{Ed}}{N_{b,y,Rd}} = \frac{118}{613} = 0,192 \leq 1,00$$

Interaktionsbeziehung für Biegedrillknicken mit Normalkraft

$$n_y = \frac{N_{Ed}}{N_{b,y,Rd}} = \frac{118}{613} = 0,192$$

Für Querschnittsklassen 1 und 2 gilt:

$$\bar{\lambda}_z \geq 0,4 \qquad \psi = 0 \qquad \alpha_h = +0$$

$C_{my} = 0,95$ nach Tabelle 10.4

$$k_{yy} = C_{my} \cdot \left(1 + \left(\bar{\lambda}_y - 0,2\right) \cdot n_y\right) = 0,95 \cdot \left(1 + \left(0,944 - 0,2\right) \cdot 0,192\right) = 1,09$$

$$\leq C_{my} \cdot \left(1 + 0,8 \cdot n_y\right) = 0,95 \cdot \left(1 + 0,8 \cdot 0,192\right) = 1,10$$

$$\frac{N_{Ed}}{N_{b,y,Rd}} + k_{yy} \cdot \frac{M_{y,Ed}}{M_{b,Rd}} = \frac{118}{613} + 1,09 \cdot \frac{17,4}{48,7} = 0,582 \leq 1$$

Nachweis der Pendelstütze in der Tragwerksebene nach Theorie II. Ordnung- Berechnungsverfahren b nach EC3

$\gamma_M = \gamma_{M1} = 1{,}10$

$w_{Ed} = 1{,}50 \cdot 2{,}13 = 3{,}20$ kN/m

$N_{Ed} = 118$ kN

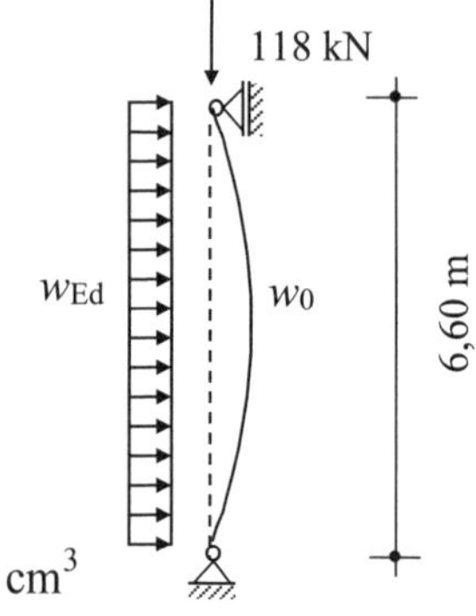

System und Belastung
Werkstoff: S 235
Nachweisverfahren: Elastisch-Plastisch
Profil: HEA 180
c/t-Verhältnis ist eingehalten.

Querschnittswerte:

$I_y = 2510 \text{ cm}^4;\; W_{pl,y} = 325 \text{ cm}^3;\; W_{el,y} = 294 \text{ cm}^3$

$N_{pl,Rd} = A \cdot \sigma_{Rd} = 45{,}3 \cdot 21{,}4 = 969$ kN

$M_{pl,Rd} = W_{pl,y} \cdot \sigma_{Rd} = 325 \cdot 21{,}4 / 100 = 69{,}6$ kN

Theorie I. oder II. Ordnung ?

$$N_{cr} = \frac{\pi^2 \cdot E \cdot I_y}{L_{cr}^{\;2}} = \frac{\pi^2 \cdot 21\,000 \cdot 2510}{660^2} = 1194 \text{ kN}$$

$$\frac{N_{cr}}{N_{Ed}} = \frac{1194}{118} = 10{,}1 > 10$$

Die Berechnung darf nach Theorie I. Ordnung erfolgen. Da es sich aber um den Stabilitätsnachweis in der Tragwerksebene handelt und $\bar{\lambda} \geq 0{,}2$ ist, ist für den Teilsicherheitsbeiwert $\gamma_M = \gamma_{M1} = 1{,}10$ anzusetzen.

$$M_{y,Ed} = \frac{w_{Ed} \cdot l^2}{8} = \frac{3{,}20 \cdot 6{,}60^2}{8} = 17{,}4 \text{ kNm}$$

Anmerkung:
Nach Theorie II. Ordnung erhält man ein wesentlich größeres Bemessungsmoment. Die Ersatzimperfektion e_0 richtet sich nach der Knickspannungslinie. Nach Tafel 5.15b ist dieses Profil bei Knicken um die y-y-Achse der Kurve b zugeordnet.

$$w_0 = \frac{l}{200} = \frac{6{,}60}{200} = 0{,}033 \text{ m}$$

$$M_{I,Ed} = \frac{w_{Ed} \cdot l^2}{8} + N_{Ed} \cdot w_0 = \frac{3{,}20 \cdot 6{,}60^2}{8} + 118 \cdot 0{,}033 = 21{,}3 \text{ kNm}$$

Sehr genau ist für diesen Lastfall die folgende Näherung:

$$M_{II} = \frac{M_I}{1-q} \quad \text{mit } q = \frac{N_{Ed}}{N_{cr}} = \frac{118}{1194} = 0{,}0988$$

$$M_{y,Ed} = \frac{M_I}{1-q} = \frac{21{,}3}{1-0{,}0988} = 23{,}6 \text{ kNm}$$

Vereinfachter Tragsicherheitsnachweis mit linearer Interaktion

$$\frac{V_{z,Ed}}{V_{pl,z,Ed}} \leq 0,5$$

y-y-Achse:

$$\frac{N_{Ed}}{N_{pl,Rd}} + \frac{M_{y,Ed}}{M_{pl,y,Rd}} = \frac{118}{969} + \frac{17,4}{69,6} = 0,37 \leq 1,00$$

Nach Theorie II. Ordnung erhält man dagegen:

$$\frac{N_{Ed}}{N_{pl,Rd}} + \frac{M_{y,Ed}}{M_{pl,y,Rd}} = \frac{118}{969} + \frac{23,6}{69,6} = 0,46 \leq 1,00$$

$$\frac{V_{z,Ed}}{V_{pl,z,Ed}} \leq 0,5$$

Tragsicherheitsnachweis nach (1-1, 6.2.9.1)

y-y-Achse:

$$N_{Ed} = 118 \text{ kN} \leq 0,25 \cdot N_{pl,Rd} = 0,25 \cdot 969 = 242 \text{ kN}$$

$$N_{Ed} = 118 \text{ kN} \leq \frac{0,5 \cdot h_w \cdot t_w \cdot f_y}{\gamma_M} = \frac{0,5 \cdot 15,2 \cdot 0,6 \cdot 23,5}{1,10} = 97,4 \text{ kN}$$

Es ist die Interaktion mit der Normalkraft erforderlich. Es gilt:

$$n = \frac{N_{Ed}}{N_{pl,Rd}} = \frac{118}{969} = 0,122$$

$$a = \frac{A - 2 \cdot b \cdot t_f}{A} = \frac{45,3 - 2 \cdot 18,0 \cdot 0,95}{45,3} = 0,245 \leq 0,5 \quad \text{jedoch} \quad a \leq 0,5$$

$$M_{pl,y,Rd} = W_{pl,y} \cdot \sigma_{Rd} = 325 \cdot 21,4 / 100 = 69,6 \text{ kN}$$

y-y-Achse:

$$M_{N,y,Rd} = M_{pl,y,Rd} \cdot \frac{1-n}{1-0,5 \cdot a} = 69,6 \cdot \frac{1-0,122}{1-0,5 \cdot 0,245} = 69,6 \text{ kNm}$$

aber $M_{N,y,Rd} \leq M_{pl,y,Rd} = 69,6 \text{ kNm}$

$$\frac{M_{y,Ed}}{M_{N,y,Rd}} = \frac{23,6}{69,6} = 0,34 \leq 1,0$$

Tragsicherheitsnachweis mit Reduktionsmethode

$$\text{erf } A_N = \frac{N_{Ed}}{\sigma_{Rd}} = \frac{118}{21,4} = 5,51 \text{ cm}^2$$

$$\text{erf } A_N = 5,51 \text{ cm}^2 \leq h_w \cdot t_w = 15,2 \cdot 0,6 = 9,12 \text{ cm}^2$$

$$\text{erf } h_N = \frac{\text{erf } A_N}{t_w} = \frac{5,51}{0,6} = 9,18 \text{ cm}$$

$$S_M = S_y - \frac{t_w \cdot h_N^2}{8} = 162 - \frac{0,6 \cdot 9,18^2}{8} = 156 \text{ cm}^3$$

$$M_{N,y,Rd} = 2 \cdot S_M \cdot \sigma_{Rd} = 2 \cdot 156 \cdot 21,4 / 100 = 66,8 \text{ kNm}$$

$$\frac{M_{\text{y,Ed}}}{M_{\text{N,y,Rd}}} = \frac{23,6}{66,8} = 0,35 \leq 1,0$$

Ersatzstabnachweise s. Seiten vorher.

Nachweis der Pendelstütze nach Theorie I. Ordnung mit Ersatzstabnachweisen für ein Hohlprofil – Berechnungsverfahren c

$\gamma_{\text{M}} = \gamma_{\text{M0}} = 1,00$

$$w_{\text{Ed}} = 1,50 \cdot 2,13 = 3,20 \text{ kN/m}$$

$$N_{\text{Ed}} = 118 \text{ kN}$$

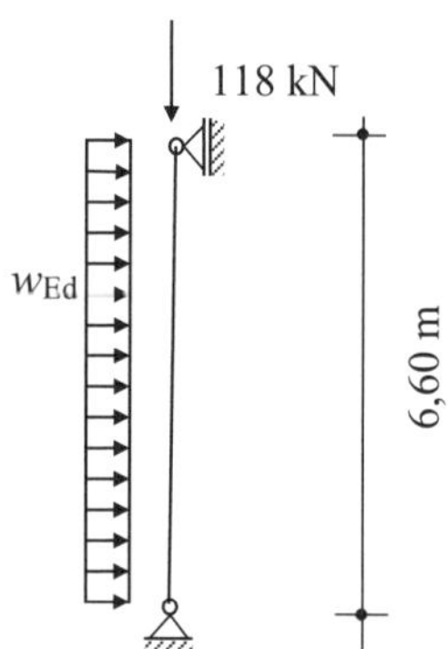

System und Belastung
Werkstoff: S 235
Nachweisverfahren: Elastisch-Plastisch
Profil: RHP 150x100x8 warmgefertigt
c/t-Verhältnis ist eingehalten.

Querschnittswerte:

$$I_{\text{y}} = 1087 \text{ cm}^4; \quad W_{\text{pl,y}} = 180 \text{ cm}^3$$

$$N_{\text{pl,Rd}} = A \cdot \sigma_{\text{Rd}} = 36,8 \cdot 23,5 = 865 \text{ kN}$$

Beanspruchung:

$$M_{\text{y,Ed}} = \frac{w_{\text{Ed}} \cdot l^2}{8} = \frac{3,20 \cdot 6,60^2}{8} = 17,4 \text{ kNm}$$

Tragsicherheitsnachweis

$$n = \frac{N_{\text{Ed}}}{N_{\text{pl,Rd}}} = \frac{118}{865} = 0,136$$

$$M_{\text{pl,y,Rd}} = W_{\text{pl,y}} \cdot \sigma_{\text{Rd}} = 180 \cdot 23,5 = 4230 \text{ kNcm} = 42,3 \text{ kNm}$$

$$a_{\text{w}} = \left(A - 2 \cdot b \cdot t\right) / A = \left(36,8 - 2 \cdot 10 \cdot 0,8\right) / 36,8 = 0,57 \quad \text{jedoch} \quad a_{\text{w}} \leq 0,5$$

$$M_{\text{N,y,Rd}} = M_{\text{pl,y,Rd}} \cdot \frac{1-n}{1-0,5 \cdot a_{\text{w}}} = 42,3 \cdot \frac{1-0,136}{1-0,5 \cdot 0,5} = 49,0 \text{ kNm} \quad \text{jedoch}$$

$$M_{\text{N,y,Rd}} \leq M_{\text{pl,y,Rd}} = 42,3 \text{ kNm}$$

$$\frac{M_{\text{y,Ed}}}{M_{\text{N,y,Rd}}} = \frac{17,4}{42,3} = 0,411 \leq 1,0$$

Ersatzstabnachweis der Pendelstütze um die *y-y*-Achse

$\gamma_{\text{M1}} = 1,10$

Knicken *y-y*-Achse
Querschnittswerte:

$$I_{\text{y}} = 1087 \text{ cm}^4 \qquad M_{\text{pl,y,Rd}} = W_{\text{pl,y}} \cdot \sigma_{\text{Rd}} = 180 \cdot 21,4 = 3852 \text{ kNcm} = 38,5 \text{ kNm}$$

Nach Tabelle 3.2 ist dieses Profil bei Knicken um die y-y-Achse der Kurve a zugeordnet.

$$N_{cr} = \frac{\pi^2 \cdot E \cdot I_y}{L_{cr}^{\ 2}} = \frac{\pi^2 \cdot 21\,000 \cdot 1087}{660^2} = 517 \text{ kN}$$

$$\bar{\lambda}_y = \sqrt{\frac{N_{pl}}{N_{cr,y}}} = \sqrt{\frac{36,8 \cdot 23,5}{517}} = 1,29 \quad \text{Tabelle 3.1} \quad \chi_y = 0,476$$

$$N_{b,y,Rd} = \frac{\chi_y \cdot A \cdot f_y}{\gamma_{M1}} = \frac{0,476 \cdot 36,8 \cdot 23,5}{1,10} = 374 \text{ kN}$$

$$\frac{N_{Ed}}{N_{b,y,Rd}} = \frac{118}{374} = 0,316 \le 1,00$$

Interaktionsbeziehung für Biegeknicken mit Normalkraft

$$n_y = \frac{N_{Ed}}{N_{b,y,Rd}} = \frac{118}{374} = 0,316$$

Für Querschnittsklasse 1 und 2 gilt:

$$C_{my} = 0,95 \quad \text{nach Tabelle 10.4}$$

$$k_{yy} = C_{my} \cdot \left(1 + \left(\bar{\lambda}_y - 0,2\right) \cdot n_y\right) = 0,95 \cdot \left(1 + \left(1,29 - 0,2\right) \cdot 0,316\right) = 1,28$$

$$\le C_{my} \cdot \left(1 + 0,8 \cdot n_y\right) = 0,95 \cdot \left(1 + 0,8 \cdot 0,316\right) = 1,19$$

$$\frac{N_{Ed}}{N_{b,y,Rd}} + k_{yy} \cdot \frac{M_{y,Ed}}{M_{pl,y,Rd}} = \frac{118}{374} + 1,19 \cdot \frac{17,4}{38,5} = 0,853 \le 1$$

Ersatzstabnachweis der Pendelstütze um die *z-z*-Achse

$\gamma_{M1} = 1,10$

Knicken *z-z*-Achse

Querschnittswerte:

$$I_z = 569 \text{ cm}^4$$

Nach Tabelle 3.2 ist dieses Profil bei Knicken um die *z*-Achse der Kurve a zugeordnet.

$$N_{cr} = \frac{\pi^2 \cdot E \cdot I_z}{L_{cr}^{\ 2}} = \frac{\pi^2 \cdot 21\,000 \cdot 569}{660^2} = 271 \text{ kN}$$

$$\bar{\lambda}_z = \sqrt{\frac{N_{pl}}{N_{cr,z}}} = \sqrt{\frac{36,8 \cdot 23,5}{271}} = 1,79 \quad \text{Tabelle 3.1} \quad \chi_z = 0,273$$

$$N_{b,z,Rd} = \frac{\chi_z \cdot A \cdot f_y}{\gamma_{M1}} = \frac{0,273 \cdot 36,8 \cdot 23,5}{1,10} = 215 \text{ kN}$$

$$\frac{N_{Ed}}{N_{b,z,Rd}} = \frac{118}{215} = 0,549 \le 1,00$$

Interaktionsbeziehung für Biegeknicken mit Normalkraft

Imperfektionsbeiwert k_{zy}:

$$k_{zy} = 0,6 \cdot k_{yy} = 0,6 \cdot 1,19 = 0,714$$

$$\frac{N_{Ed}}{N_{b,z,Rd}} + k_{zy} \cdot \frac{M_{y,Ed}}{M_{pl,y,Rd}} = \frac{118}{215} + 0,714 \cdot \frac{17,4}{38,5} = 0,872 \le 1$$

Nachweis der Pendelstütze nach Theorie II. Ordnung für ein Hohlprofil– Berechnungsverfahren a mit (1-1, 6.2.9.1)

***y-y*-Achse**

$\gamma_M = \gamma_{M1} = 1{,}10$

Bei unverschieblichen Systemen mit Stäben aus drehsteifen Querschnitten sind bei der globalen Tragwerksberechnung die Vorkrümmungen in der Regel jeweils in allen maßgebenden Richtungen zu untersuchen, brauchen aber nur in einer Richtung gleichzeitig betrachtet zu werden. Exemplarisch soll dieser Nachweis für die Pendelstütze geführt werden.

$$w_{Ed} = 1{,}50 \cdot 2{,}13 = 3{,}20 \text{ kN/m}$$

$$N_{Ed} = 118 \text{ kN}$$

System und Belastung

Werkstoff: S 235

Nachweisverfahren: Elastisch-Plastisch

Profil: RHP 150x100x8 warmgefertigt

c/t-Verhältnis ist eingehalten.

Querschnittswerte:

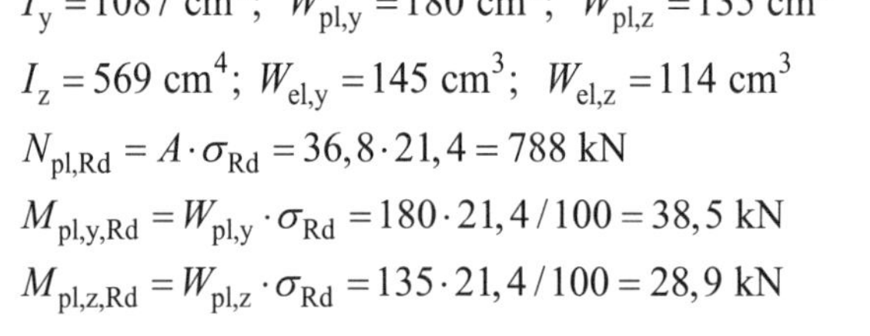

$$I_y = 1087 \text{ cm}^4;\ W_{pl,y} = 180 \text{ cm}^3;\ W_{pl,z} = 135 \text{ cm}^3$$

$$I_z = 569 \text{ cm}^4;\ W_{el,y} = 145 \text{ cm}^3;\ W_{el,z} = 114 \text{ cm}^3$$

$$N_{pl,Rd} = A \cdot \sigma_{Rd} = 36{,}8 \cdot 21{,}4 = 788 \text{ kN}$$

$$M_{pl,y,Rd} = W_{pl,y} \cdot \sigma_{Rd} = 180 \cdot 21{,}4 / 100 = 38{,}5 \text{ kN}$$

$$M_{pl,z,Rd} = W_{pl,z} \cdot \sigma_{Rd} = 135 \cdot 21{,}4 / 100 = 28{,}9 \text{ kN}$$

Beanspruchung um die y-y-Achse

Theorie I. oder II. Ordnung ?

$$N_{cr,y} = \frac{\pi^2 \cdot E \cdot I_y}{L_{cr}^2} = \frac{\pi^2 \cdot 21\,000 \cdot 1087}{660^2} = 517 \text{ kN}$$

$$\frac{N_{Ed}}{N_{cr,y}} = \frac{118}{517} = 0{,}228 > 0{,}1 \text{ bzw. } \frac{N_{cr,y}}{N_{Ed}} = \frac{517}{118} = 4{,}38 < 10$$

Die Berechnung muss nach Theorie II. Ordnung erfolgen. Die Ersatzimperfektion w_0 richtet sich nach der Knickspannungslinie. Nach Tafel 5.14b ist dieses Profil bei Knicken um die y-y-Achse der Kurve a zugeordnet. Senkrecht zur Biegeebene wird keine Ersatzimperfektion angesetzt.

$$w_0 = \frac{l}{250} = \frac{6{,}60}{250} = 0{,}0264 \text{ m}$$

$$M_{I,y,Ed} = \frac{w_{Ed} \cdot l^2}{8} + N_{Ed} \cdot w_0 = \frac{3{,}20 \cdot 6{,}60^2}{8} + 118 \cdot 0{,}0264 = 20{,}5 \text{ kNm}$$

Sehr genau ist für diesen Lastfall die folgende Näherung:

$$M_{II} = \frac{M_I}{1-q} \text{ mit } q = \frac{N_{Ed}}{N_{cr,y}}$$

$$M_{y,Ed} = \frac{M_I}{1-q} = \frac{20,5}{1-0,228} = 26,6 \text{ kNm}$$

Beanspruchung um die *z-z*-Achse:
Keine Beanspruchung um die *z-z*-Achse.
Es ist der Nachweis für einachsige Biegung mit Normalkraft zu führen.

Vereinfachter Tragsicherheitsnachweis mit linearer Interaktion

$$\frac{N_{Ed}}{N_{pl,Rd}} + \frac{M_{y,Ed}}{M_{pl,y,Rd}} = \frac{118}{788} + \frac{26,6}{38,5} = 0,841 \leq 1,00$$

Tragsicherheitsnachweis nach (1-1, 6.2.9.1)

$$n = \frac{N_{Ed}}{N_{pl,Rd}} = \frac{118}{788} = 0,150$$

$$M_{pl,y,Rd} = W_{pl,y} \cdot \sigma_{Rd} = 180 \cdot 21,4 / 100 = 38,5 \text{ kNm}$$

$$a_w = \left(A - 2 \cdot b \cdot t\right) / A = \left(36,8 - 2 \cdot 10 \cdot 0,8\right) / 36,8 = 0,57 \quad \text{jedoch} \quad a_w \leq 0,5$$

$$M_{N,y,Rd} = M_{pl,y,Rd} \cdot \frac{1-n}{1-0,5 \cdot a_w} = 38,5 \cdot \frac{1-0,150}{1-0,5 \cdot 0,5} = 43,6 \text{ kNm} \quad \text{jedoch}$$

$$M_{N,y,Rd} \leq M_{pl,y,Rd} = 38,5 \text{ kNm}$$

$$M_{N,y,Rd} = 38,5 \text{ kNm}$$

$$\frac{M_{y,Ed}}{M_{N,y,Rd}} = \frac{26,6}{38,5} = 0,691 \leq 1,0$$

***z-z*-Achse**

$$N_{Ed} = 118 \text{ kN}$$

System und Belastung

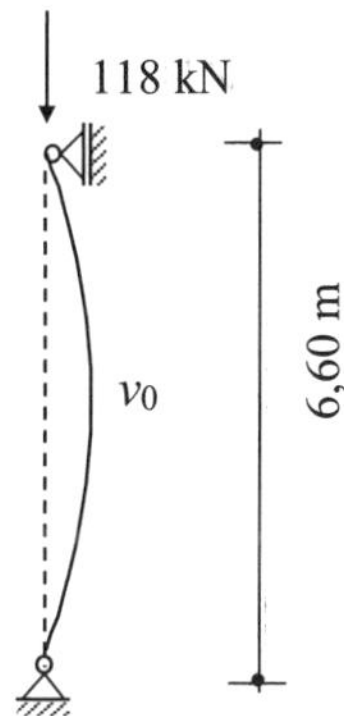

Beanspruchung um die z-z-Achse
<u>Theorie I. oder II. Ordnung ?</u>

$$N_{cr,z} = \frac{\pi^2 \cdot E \cdot I_z}{L_{cr}^2} = \frac{\pi^2 \cdot 21\,000 \cdot 569}{660^2} = 271 \text{ kN}$$

$$\frac{N_{Ed}}{N_{cr,z}} = \frac{118}{271} = 0,435 > 0,1 \text{ bzw. } \frac{N_{cr,z}}{N_{Ed}} = \frac{271}{118} = 2,30 < 10$$

Die Berechnung muss nach Theorie II. Ordnung erfolgen. Die Ersatzimperfektion v_0 richtet sich nach der Knickspannungslinie. Nach Tafel 5.14b ist dieses Profil bei Knicken um die *z-z*-Achse der Kurve a zugeordnet. Senkrecht zur Biegeebene wird keine Ersatzimperfektion angesetzt.

$$v_0 = \frac{l}{250} = \frac{6,60}{250} = 0,0264 \text{ m}$$

$$M_{\mathrm{I,z,Ed}} = N_{\mathrm{Ed}} \cdot v_0 = 118 \cdot 0,0264 = 3,12 \text{ kNm}$$

Sehr genau ist für diesen Lastfall die folgende Näherung:

$$M_{\mathrm{II}} = \frac{M_{\mathrm{I}}}{1-q} \quad \text{mit} \quad q = \frac{N_{\mathrm{Ed}}}{N_{\mathrm{cr,z}}}$$

$$M_{\mathrm{z,Ed}} = \frac{M_{\mathrm{I}}}{1-q} = \frac{3,12}{1-0,435} = 5,52 \text{ kNm}$$

Beanspruchung um die y-y-Achse:

$$M_{\mathrm{I,y,Ed}} = \frac{w_{\mathrm{Ed}} \cdot l^2}{8} = \frac{3,20 \cdot 6,60^2}{8} = 17,4 \text{ kNm}$$

$$M_{\mathrm{y,Ed}} = \frac{M_{\mathrm{I}}}{1-q} = \frac{17,4}{1-0,228} = 22,5 \text{ kNm}$$

Es ist der Nachweis für zweiachsige Biegung mit Normalkraft zu führen.

Vereinfachter Tragsicherheitsnachweis mit linearer Interaktion

$$\frac{N_{\mathrm{Ed}}}{N_{\mathrm{pl,Rd}}} + \frac{M_{\mathrm{y,Ed}}}{M_{\mathrm{pl,y,Rd}}} + \frac{M_{\mathrm{z,Ed}}}{M_{\mathrm{pl,z,Rd}}} = \frac{118}{788} + \frac{22,5}{38,5} + \frac{5,52}{28,9} = 0,925 \le 1,00$$

Tragsicherheitsnachweis nach (1-1, 6.2.9.1)

$$n = \frac{N_{\mathrm{Ed}}}{N_{\mathrm{pl,Rd}}} = \frac{118}{788} = 0,150$$

$$M_{\mathrm{pl,z,Rd}} = W_{\mathrm{pl,z}} \cdot \sigma_{\mathrm{Rd}} = 135 \cdot 21,4 / 100 = 28,9 \text{ kNm}$$

$$a_{\mathrm{f}} = \left(A - 2 \cdot h \cdot t\right) / A = \left(36,8 - 2 \cdot 15 \cdot 0,8\right) / 36,8 = 0,348 \quad \text{jedoch} \quad a_{\mathrm{w}} \le 0,5$$

$$M_{\mathrm{N,z,Rd}} = M_{\mathrm{pl,z,Rd}} \cdot \frac{1-n}{1-0,5 \cdot a_{\mathrm{f}}} = 28,9 \cdot \frac{1-0,150}{1-0,5 \cdot 0,348} = 29,7 \text{ kNm} \quad \text{jedoch}$$

$$M_{\mathrm{N,z,Rd}} \le M_{\mathrm{pl,z,Rd}} = 28,9 \text{ kNm}$$

$$M_{\mathrm{N,z,Rd}} = 28,9 \text{ kNm}$$

$$\alpha = \beta = \frac{1,66}{1-1,13 \cdot n^2} = \frac{1,66}{1-1,13 \cdot 0,150^2} = 1,70$$

$$\left(\frac{M_{\mathrm{y,Ed}}}{M_{\mathrm{N,y,Rd}}}\right)^{\alpha} + \left(\frac{M_{\mathrm{z,Ed}}}{M_{\mathrm{N,z,Rd}}}\right)^{\beta} = \left(\frac{22,5}{38,5}\right)^{1,70} + \left(\frac{5,52}{29,8}\right)^{1,70} = 0,708 \le 1,0$$

Nachweis der Pendelstütze nach Theorie II. Ordnung für ein Hohlprofil– Berechnungsverfahren a nach NA Deutschland

***y-y*-Achse**

$\gamma_M = \gamma_{M1} = 1{,}10$

Bei unverschieblichen Systemen mit Stäben aus drehsteifen Querschnitten sind bei der globalen Tragwerksberechnung die Vorkrümmungen in der Regel jeweils in allen maßgebenden Richtungen zu untersuchen, brauchen aber nur in einer Richtung gleichzeitig betrachtet zu werden. Exemplarisch soll dieser Nachweis für die Pendelstütze geführt werden.

$$w_{Ed} = 1{,}50 \cdot 2{,}13 = 3{,}20 \text{ kN/m}$$

$$N_{Ed} = 118 \text{ kN}$$

System und Belastung

Werkstoff: S 235

Nachweisverfahren: Elastisch-Plastisch

Profil: RHP 150x100x8 warmgefertigt

c/t-Verhältnis ist eingehalten.

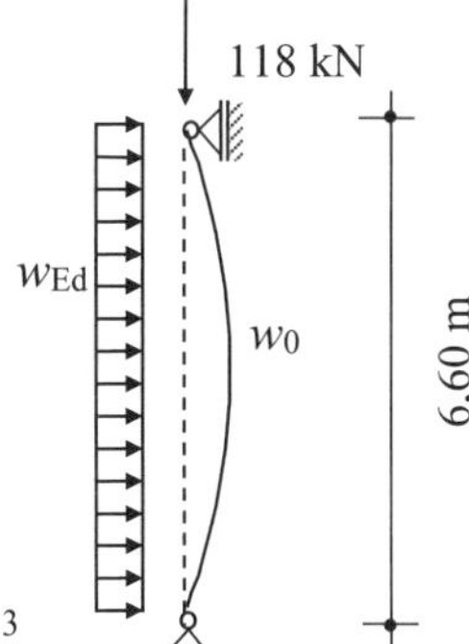

Querschnittswerte:

$$I_y = 1087 \text{ cm}^4;\ W_{pl,y} = 180 \text{ cm}^3;\ W_{pl,z} = 135 \text{ cm}^3$$

$$I_z = 569 \text{ cm}^4;\ W_{el,y} = 145 \text{ cm}^3;\ W_{el,z} = 114 \text{ cm}^3$$

$$N_{pl,Rd} = A \cdot \sigma_{Rd} = 36{,}8 \cdot 21{,}4 = 788 \text{ kN}$$

$$M_{pl,y,Rd} = W_{pl,y} \cdot \sigma_{Rd} = 180 \cdot 21{,}4 / 100 = 38{,}5 \text{ kN}$$

$$M_{pl,z,Rd} = W_{pl,z} \cdot \sigma_{Rd} = 135 \cdot 21{,}4 / 100 = 28{,}9 \text{ kN}$$

Beanspruchung um die y-y-Achse

<u>Theorie I. oder II. Ordnung ?</u>

$$N_{cr,y} = \frac{\pi^2 \cdot E \cdot I_y}{L_{cr}^2} = \frac{\pi^2 \cdot 21\,000 \cdot 1087}{660^2} = 517 \text{ kN}$$

$$\frac{N_{Ed}}{N_{cr,y}} = \frac{118}{517} = 0{,}228 > 0{,}1 \text{ bzw. } \frac{N_{cr,y}}{N_{Ed}} = \frac{517}{118} = 4{,}38 < 10$$

Die Berechnung muss nach Theorie II. Ordnung erfolgen. Die Ersatzimperfektion w_0 richtet sich nach der Knickspannungslinie. Nach Tabelle 3.2 ist dieses Profil bei Knicken um die y-y-Achse der Kurve a zugeordnet. Senkrecht zur Biegeebene wird keine Ersatzimperfektion angesetzt.

$$w_0 = \frac{l}{550} \cdot \frac{W_{pl,y}}{W_{el,y}} = \frac{6{,}60}{550} \cdot \frac{180}{145} = 0{,}0149 \text{ m}$$

$$M_{I,y,Ed} = \frac{w_{Ed} \cdot l^2}{8} + N_{Ed} \cdot w_0 = \frac{3{,}20 \cdot 6{,}60^2}{8} + 118 \cdot 0{,}0149 = 19{,}2 \text{ kNm}$$

Sehr genau ist für diesen Lastfall die folgende Näherung:

$$M_{II} = \frac{M_I}{1-q} \text{ mit } q = \frac{N_{Ed}}{N_{cr,y}}$$

$$M_{\text{y,Ed}} = \frac{M_\text{I}}{1-q} = \frac{19,2}{1-0,228} = 24,9 \text{ kNm}$$

Beanspruchung um die z-z-Achse:
Keine Beanspruchung um die z-z-Achse.
Es ist der Nachweis für einachsige Biegung mit Normalkraft zu führen.

Tragsicherheitsnachweis

$$\frac{N_\text{Ed}}{N_\text{pl,Rd}} + \frac{M_\text{y,Ed}}{M_\text{pl,y,Rd}} = \frac{118}{788} + \frac{24,9}{38,5} = 0,796 \le 1,00$$

***z-z*-Achse**

$$N_\text{Ed} = 118 \text{ kN}$$

System und Belastung

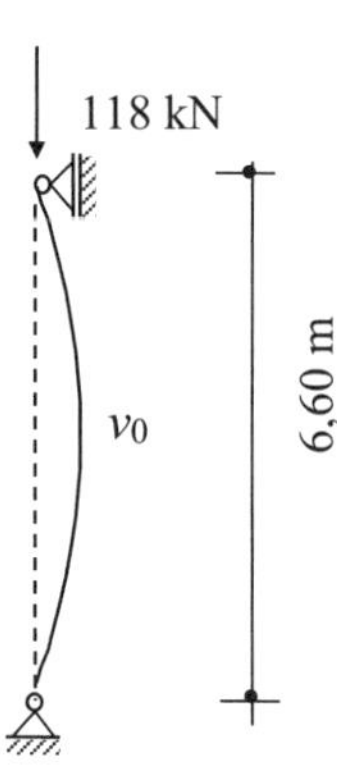

Beanspruchung um die z-z-Achse
Theorie I. oder II. Ordnung ?

$$N_\text{cr,z} = \frac{\pi^2 \cdot E \cdot I_\text{z}}{L_\text{cr}{}^2} = \frac{\pi^2 \cdot 21\,000 \cdot 569}{660^2} = 271 \text{ kN}$$

$$\frac{N_\text{Ed}}{N_\text{cr,z}} = \frac{118}{271} = 0,435 > 0,1 \text{ bzw. } \frac{N_\text{cr,z}}{N_\text{Ed}} = \frac{271}{118} = 2,30 < 10$$

Die Berechnung muss nach Theorie II. Ordnung erfolgen. Die Ersatzimperfektion v_0 richtet sich nach der Knickspannungslinie. Nach Tabelle 3.2 ist dieses Profil bei Knicken um die z-z-Achse der Kurve a zugeordnet. Senkrecht zur Biegeebene wird keine Ersatzimperfektion angesetzt.

$$v_0 = \frac{l}{550} \cdot \frac{W_\text{pl,z}}{W_\text{el,z}} = \frac{6,60}{550} \cdot \frac{135}{114} = 0,0142 \text{ m}$$

$$M_\text{I,z,Ed} = N_\text{Ed} \cdot v_0 = 118 \cdot 0,0142 = 1,68 \text{ kNm}$$

Sehr genau ist für diesen Lastfall die folgende Näherung:

$$M_\text{II} = \frac{M_\text{I}}{1-q} \quad \text{mit } q = \frac{N_\text{Ed}}{N_\text{cr,z}}$$

$$M_\text{z,Ed} = \frac{M_\text{I}}{1-q} = \frac{1,68}{1-0,435} = 2,97 \text{ kNm}$$

Beanspruchung um die y-y-Achse:

$$M_\text{I,y,Ed} = \frac{w_\text{Ed} \cdot l^2}{8} = \frac{3,20 \cdot 6,60^2}{8} = 17,4 \text{ kNm}$$

$$M_\text{y,Ed} = \frac{M_\text{I}}{1-q} = \frac{17,4}{1-0,228} = 22,5 \text{ kNm}$$

Es ist der Nachweis für zweiachsige Biegung mit Normalkraft zu führen.

Tragsicherheitsnachweis

$$\frac{N_{\text{Ed}}}{N_{\text{pl,Rd}}}+\frac{M_{\text{y,Ed}}}{M_{\text{pl,y,Rd}}}+\frac{M_{\text{z,Ed}}}{M_{\text{pl,z,Rd}}}=\frac{118}{788}+\frac{22,5}{38,5}+\frac{2,97}{28,9}=0,834\leq 1,00$$

Nachweis der Pendelstütze nach Theorie I. Ordnung für ein Rohrprofil – Ersatzstabverfahren mit Traglastdiagramm

$\gamma_{\text{M}}=\gamma_{\text{M1}}=1,10$

$$w_{\text{Ed}}=1,50\cdot 2,13=3,20\text{ kN/m}$$

$$N_{\text{Ed}}=118\text{ kN}$$

System und Belastung

Werkstoff: S 235

Nachweisverfahren: Elastisch-Plastisch

Profil: Rohr 177,8x5 warmgefertigt

c/t-Verhältnis ist eingehalten.

Querschnittswerte:

$$I=1014\text{ cm}^4;\;\; W_{\text{pl}}=149\text{ cm}^3$$

$$A=27,1\text{ cm}^2;\;\; i=6,11\text{ cm}$$

$$N_{\text{pl,Rk}}=A\cdot f_{\text{y}}=27,1\cdot 23,5=637\text{ kN}$$

$$M_{\text{pl,Rk}}=W_{\text{pl}}\cdot f_{\text{y}}=149\cdot 23,5=3502\text{ kNcm}=35,0\text{ kNm}$$

Beanspruchung:

$$N_{\text{Ed}}=118\text{ kN}$$

$$M_{\text{y,Ed}}=\frac{w_{\text{Ed}}\cdot l^2}{8}=\frac{3,20\cdot 6,60^2}{8}=17,4\text{ kNm}$$

γ_{M1}-fache Beanspruchung:

$$N=\gamma_{\text{M1}}\cdot N_{\text{Ed}}=1,10\cdot 118=130\text{ kN}$$

$$M=\gamma_{\text{M1}}\cdot M_{\text{y,Ed}}=1,10\cdot 17,4=19,1\text{ kNm}$$

Knicklinie a

$$\bar{\lambda}=\frac{L_{\text{cr}}}{i\cdot\lambda_1}=\frac{660}{6,11\cdot 93,9}=1,15 \qquad N_{\text{b,Rk}}=\chi\cdot A\cdot f_{\text{y}}=0,563\cdot 27,1\cdot 23,5=359\text{ kN}$$

$$\frac{N}{N_{\text{b,Rk}}}=\frac{130}{359}=0,362 \qquad \frac{M}{M_{\text{pl,Rk}}}=\frac{19,1}{35,0}=0,546$$

Rechnerischer Nachweis

Es ist am einfachsten, für die vorhandene Schlankheit $\bar{\lambda}$ und das vorhandene bezogene Moment $\dfrac{M}{M_{\text{pl,Rk}}}$ die maximal aufnehmbare bezogene Normalkraft grenz $\dfrac{N}{N_{\text{b,Rk}}}$ durch Interpolation zu berechnen. Der Nachweis lautet dann:

$$\text{vorh}\frac{N}{N_{\text{b,Rk}}} \leq \text{grenz}\frac{N}{N_{\text{b,Rk}}} \qquad \bar{\lambda} = 1{,}15 \qquad \frac{M}{M_{\text{pl,Rk}}} = \frac{19{,}1}{35{,}0} = 0{,}546$$

Nach Abb. 10.22 erhält man:

$\bar{\lambda}$	$\frac{M}{M_{\text{pl,Rk}}}$	
	0,4	0,6
1,0	0,486	0,326
1,2	0,484	0,315

$$\text{vorh}\frac{N}{N_{\text{b,Rk}}} = 0{,}362 \leq \text{grenz}\frac{N}{N_{\text{b,Rk}}} = 0{,}363$$

Graphischer Nachweis

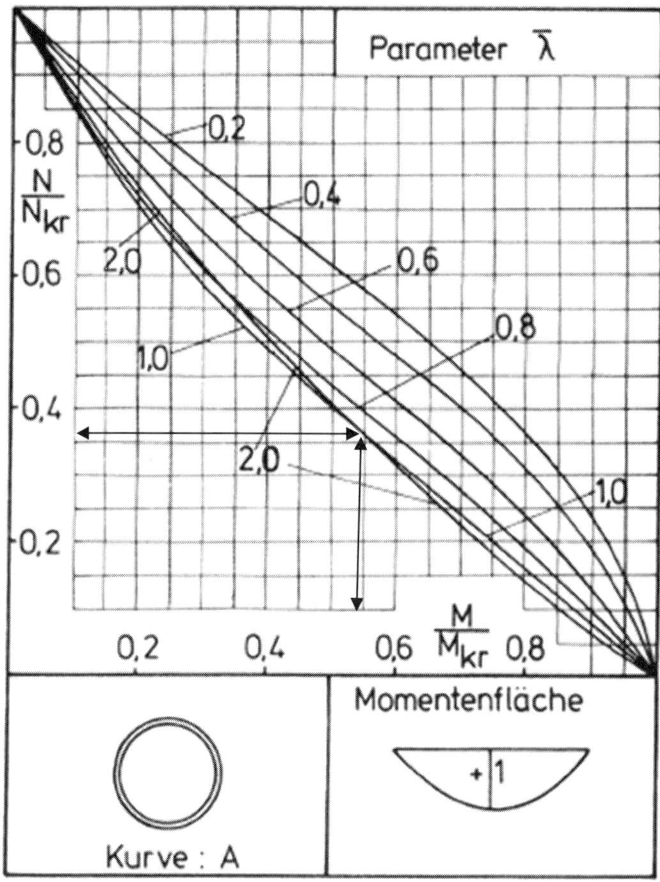

Nachweis der Pendelstütze nach Theorie II. Ordnung für ein Rohrprofil – Berechnungsverfahren a nach NA Deutschland

Lineare Interaktion

$\gamma_{\mathrm{M}} = \gamma_{\mathrm{M1}} = 1{,}10$

$$w_{\mathrm{Ed}} = 1{,}50 \cdot 2{,}13 = 3{,}20 \text{ kN/m}$$

$$N_{\mathrm{Ed}} = 118 \text{ kN}$$

System und Belastung

Werkstoff: S 235

Nachweisverfahren: Elastisch-Plastisch

Profil: Rohr 177,8x5 warmgefertigt

c/t-Verhältnis ist eingehalten.

118 kN

w_{Ed} w_0 6,60 m

Querschnittswerte:

$$I = 1014 \text{ cm}^4; \quad W_{\mathrm{pl}} = 149 \text{ cm}^3$$

$$A = 27{,}1 \text{ cm}^2; \quad W_{\mathrm{el}} = 114 \text{ cm}^3$$

$$N_{\mathrm{pl,Rd}} = A \cdot \sigma_{\mathrm{Rd}} = 27{,}1 \cdot 21{,}4 = 580 \text{ kN}$$

$$M_{\mathrm{pl,Rd}} = W_{\mathrm{pl}} \cdot \sigma_{\mathrm{Rd}} = 149 \cdot 21{,}4 = 3189 \text{ kNcm} = 31{,}9 \text{ kNm}$$

Theorie I. oder II. Ordnung ?

$$N_{\mathrm{cr}} = \frac{\pi^2 \cdot E \cdot I}{L_{\mathrm{cr}}{}^2} = \frac{\pi^2 \cdot 21\,000 \cdot 1014}{660^2} = 482 \text{ kN}$$

$$\frac{N_{\mathrm{Ed}}}{N_{\mathrm{cr}}} = \frac{118}{482} = 0{,}245 > 0{,}1$$

Die Berechnung muss nach Theorie II. Ordnung erfolgen. Die Ersatzimperfektion w_0 richtet sich nach der Knickspannungslinie. Nach Tabelle 3.2 ist dieses Profil der Kurve a zugeordnet. Nach Tabelle 10.2 erhält man:

$$w_0 = \frac{l}{550} \cdot \frac{W_{\mathrm{pl}}}{W_{\mathrm{el}}} = \frac{6{,}60}{550} \cdot \frac{149}{114} = 0{,}0157 \text{ m}$$

$$M_{\mathrm{I,Ed}} = \frac{w_{\mathrm{Ed}} \cdot l^2}{8} + N_{\mathrm{Ed}} \cdot w_0 = \frac{3{,}20 \cdot 6{,}60^2}{8} + 118 \cdot 0{,}0157 = 19{,}3 \text{ kNm}$$

Sehr genau ist für diesen Lastfall die folgende Näherung:

$$M_{\mathrm{II}} = \frac{M_{\mathrm{I}}}{1-q} \quad \text{mit} \quad q = \frac{N_{\mathrm{Ed}}}{N_{\mathrm{cr}}}$$

$$M_{\mathrm{Ed}} = \frac{M_{\mathrm{I}}}{1-q} = \frac{19{,}3}{1-0{,}245} = 25{,}6 \text{ kNm}$$

Tragsicherheitsnachweis

Für die lineare Interaktion gilt:

$$n = \frac{N_{\mathrm{Ed}}}{N_{\mathrm{pl,Rd}}} = \frac{118}{580} = 0{,}203$$

$$M_{\text{N,Rd}} = M_{\text{pl,Rd}} \cdot (1-n) = 31{,}9 \cdot (1-0{,}203) = 25{,}4 \text{ kNm}$$

$$\frac{M_{\text{Ed}}}{M_{\text{N,Rd}}} = \frac{25{,}6}{25{,}4} = 1{,}01 \approx 1{,}0$$

Dieses Ergebnis stimmt gut mit der Berechnung nach der Fließzonentheorie überein.

<u>Pendelstütze durch einen Längswandverband in der Mitte gehalten</u>

Wenn der Wandstiel durch einen Längswandverband und zusätzliche Wandriegel in der Mitte gehalten ist, kann der Wandstiel noch günstiger dimensioniert werden.

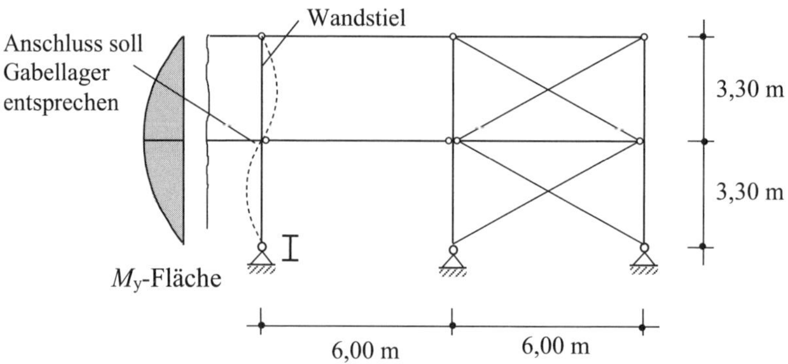

Werkstoff: S 235
Nachweisverfahren: Elastisch-Plastisch
Profil: HEA 160
c/t-Verhältnis ist eingehalten.

Das Berechnungsverfahren c kann hier nicht angewendet werden, da für den Ersatzstabnachweis um die z-z-Achse das Stabendmoment nach Theorie II. Ordnung erforderlich ist.

<u>Nachweis der Pendelstütze nach Theorie II. Ordnung – Berechnungsverfahren b nach NA Deutschland</u>

$\gamma_{\text{M}} = \gamma_{\text{M1}} = 1{,}10$

Querschnittswerte:

$$I_{\text{y}} = 1670 \text{ cm}^4; \; W_{\text{pl,y}} = 245 \text{ cm}^3; \; W_{\text{el,y}} = 220 \text{ cm}^3$$

$$N_{\text{pl,Rd}} = A \cdot \sigma_{\text{Rd}} = 38{,}8 \cdot 21{,}4 = 830 \text{ kN}$$

$$M_{\text{pl,y,Rd}} = W_{\text{pl,y}} \cdot \sigma_{\text{Rd}} = 245 \cdot 21{,}4 / 100 = 52{,}4 \text{ kNm}$$

<u>Theorie I. oder II. Ordnung ?</u>

$$N_{\text{cr,y}} = \frac{\pi^2 \cdot E \cdot I_{\text{y}}}{L_{\text{cr,y}}^{\;2}} = \frac{\pi^2 \cdot 21\,000 \cdot 1670}{660^2} = 795 \text{ kN}$$

$$\frac{N_{\text{Ed}}}{N_{\text{cr,y}}} = \frac{118}{795} = 0{,}148 > 0{,}1$$

Die Berechnung muss nach Theorie II. Ordnung erfolgen. Die Ersatzimperfektion w_0 richtet sich nach der Knickspannungslinie. Nach Tabelle 3.2 ist dieses Profil bei Knicken um die y-y-Achse der Kurve b zugeordnet.

$$w_0 = \frac{l}{350} \cdot \frac{W_{\text{pl,y}}}{W_{\text{el,y}}} = \frac{6,60}{350} \cdot \frac{245}{220} = 0,021 \text{ m}$$

$$M_{\text{I}} = \frac{w_{\text{Ed}} \cdot l^2}{8} + N_{\text{Ed}} \cdot w_0 = \frac{3,20 \cdot 6,60^2}{8} + 118 \cdot 0,021 = 19,9 \text{ kNm}$$

Sehr genau ist für diesen Lastfall die folgende Näherung:

$$M_{\text{II}} = \frac{M_{\text{I}}}{1-q} \quad \text{mit } q = \frac{N_{\text{Ed}}}{N_{\text{cr,y}}}$$

$$M_{\text{II}} = \frac{M_{\text{I}}}{1-q} = \frac{19,9}{1-0,148} = 23,4 \text{ kNm}$$

Tragsicherheitsnachweis

$$\frac{N_{\text{Ed}}}{N_{\text{pl,Rd}}} + \frac{M_{\text{y,Ed}}}{M_{\text{pl,y,Rd}}} = \frac{118}{830} + \frac{23,4}{52,4} = 0,589 \leq 1,00$$

Ersatzstabnachweis der Pendelstütze um die z-z-Achse

$\gamma_{\text{M1}} = 1,10$

Knicken z-z-Achse

Querschnittswerte:

$$I_{\text{z}} = 616 \text{ cm}^4$$

Nach Tabelle 3.2 ist dieses Profil bei Knicken um die z-z-Achse der Kurve c zugeordnet.

$$N_{\text{cr,z}} = \frac{\pi^2 \cdot E \cdot I_{\text{z}}}{L_{\text{cr,z}}^2} = \frac{\pi^2 \cdot 21\,000 \cdot 616}{330^2} = 1172 \text{ kN}$$

$$\bar{\lambda}_{\text{z}} = \sqrt{\frac{N_{\text{pl}}}{N_{\text{cr,z}}}} = \sqrt{\frac{38,8 \cdot 23,5}{1172}} = 0,882 \quad \text{Tabelle 3.1} \qquad \chi_{\text{z}} = 0,611$$

$$N_{\text{b,z,Rd}} = \frac{\chi_{\text{z}} \cdot A \cdot f_{\text{y}}}{\gamma_{\text{M1}}} = \frac{0,611 \cdot 38,8 \cdot 23,5}{1,10} = 506 \text{ kN}$$

$$\frac{N_{\text{Ed}}}{N_{\text{b,z,Rd}}} = \frac{118}{506} = 0,233 \leq 1,00$$

Biegedrillknicken ohne Normalkraft

Querschnittswerte:

$$I_{\text{t}} = 12,2 \text{ cm}^4;\; I_{\text{z}} = 616 \text{ cm}^4;\; I_{\text{w}} = 31\,410 \text{ cm}^6$$

$$h = 15,2 \text{ cm};\; W_{\text{pl,y}} = 245 \text{ cm}^3$$

$$c^2 = \frac{I_{\text{w}} + 0,039 \cdot l^2 \cdot I_{\text{t}}}{I_{\text{z}}} = \frac{31\,410 + 0,039 \cdot 330^2 \cdot 12,2}{616} = 135 \text{ cm}^2$$

$$N_{\text{cr,z}} = \frac{\pi^2 \cdot E \cdot I_{\text{z}}}{l^2} = \frac{\pi^2 \cdot 21\,000 \cdot 616}{330^2} = 1172 \text{ kN}$$

$\zeta = 1{,}35$ nach Tabelle 9.3

$$M_{\text{cr}} = \zeta \cdot N_{\text{cr}} \cdot \left(\sqrt{c^2 + 0{,}25 \cdot z_{\text{p}}^2} + 0{,}5 \cdot z_{\text{p}} \right)$$

$$M_{\text{cr}} = 1{,}35 \cdot 1172 / 100 \cdot \left(\sqrt{135 + 0{,}25 \cdot 7{,}6^2} - 0{,}5 \cdot 7{,}6 \right) = 133 \text{ kNm}$$

$$\bar{\lambda}_{\text{LT}} = \sqrt{\frac{W_{\text{pl,y}} \cdot f_{\text{y}}}{M_{\text{cr}}}} = \sqrt{\frac{245 \cdot 23{,}5}{133 \cdot 100}} = 0{,}658$$

$\chi_{\text{LT}} = 0{,}890$ nach Tabelle 9.5

$$k_{\text{c}} = \frac{1}{\sqrt{1{,}35}} = 0{,}86 \text{ nach Tabelle 9.6}$$

$$f = 1 - 0{,}5 \cdot (1 - k_{\text{c}}) \cdot \left[1 - 2{,}0 \cdot \left(\bar{\lambda}_{\text{LT}} - 0{,}8 \right)^2 \right]$$

$$f = 1 - 0{,}5 \cdot (1 - 0{,}86) \cdot \left[1 - 2{,}0 \cdot (0{,}658 - 0{,}8)^2 \right] = 0{,}933 \text{ jedoch} < 1{,}0$$

$$\chi_{\text{LT,mod}} = \frac{\chi_{\text{LT}}}{f} = \frac{0{,}890}{0{,}933} = 0{,}954 \le 1{,}0$$

$$M_{\text{b,Rd}} = \chi_{\text{LT,mod}} \cdot W_{\text{pl,y}} \frac{f_{\text{y}}}{\gamma_{\text{M1}}} = 0{,}954 \cdot 245 \cdot \frac{23{,}5}{1{,}10 \cdot 100} = 49{,}9 \text{ kNm}$$

$$\frac{M_{\text{Ed}}}{M_{\text{b,Rd}}} = \frac{23{,}4}{49{,}9} = 0{,}469 \le 1{,}0$$

Interaktionsbeziehung für Biegedrillknicken mit Normalkraft

Imperfektionsbeiwert k_{zy}:

$$n_{\text{z}} = \frac{N_{\text{Ed}}}{N_{\text{b,z,Rd}}} = \frac{118}{506} = 0{,}233$$

Für Querschnittsklasse 1 und 2 gilt:

$\bar{\lambda}_{\text{z}} \ge 0{,}4 \qquad \psi = 0 \quad \alpha_{\text{s}} = 0{,}75$

$C_{\text{mLT}} = 0{,}2 + 0{,}8 \cdot 0{,}75 = 0{,}80$ nach Tabelle 10.4

$$k_{\text{zy}} = 1 - \frac{0{,}1 \cdot \bar{\lambda}_{\text{z}} \cdot n_{\text{z}}}{C_{\text{mLT}} - 0{,}25} = 1 - \frac{0{,}1 \cdot 0{,}882 \cdot 0{,}233}{0{,}8 - 0{,}25} = 0{,}963$$

$$\ge 1 - \frac{0{,}1 \cdot n_{\text{z}}}{C_{\text{mLT}} - 0{,}25} = 1 - \frac{0{,}1 \cdot 0{,}233}{0{,}8 - 0{,}25} = 0{,}957$$

$$\frac{N_{\text{Ed}}}{N_{\text{b,z,Rd}}} + k_{\text{zy}} \cdot \frac{M_{\text{y,Ed}}}{M_{\text{b,Rd}}} = \frac{118}{506} + 0{,}963 \cdot \frac{23{,}4}{49{,}9} = 0{,}685 \le 1$$

Ersatzstabnachweis der Pendelstütze um die *y*-*y*-Achse

$\gamma_{\text{M1}} = 1{,}10$

In diesem Ersatzstabnachweis sind die Stabendmomente nach Theorie II. Ordnung, maßgebendes Feldmoment nach Theorie I. Ordnung ohne Ansatz von Imperfektionen.

$$M_{\text{I}} = \frac{w_{\text{Ed}} \cdot l^2}{8} = \frac{3{,}20 \cdot 6{,}60^2}{8} = 17{,}4 \text{ kNm}$$

Knicken *y-y*-Achse
Querschnittswerte:

$$I_y = 1670 \text{ cm}^4$$

Nach Tabelle 3.2 ist dieses Profil bei Knicken um die *y-y*-Achse der Kurve b zugeordnet.

$$N_{cr,y} = \frac{\pi^2 \cdot E \cdot I_y}{L_{cr,y}^2} = \frac{\pi^2 \cdot 21\,000 \cdot 1670}{660^2} = 795 \text{ kN}$$

$$\bar{\lambda}_y = \sqrt{\frac{N_{pl}}{N_{cr,y}}} = \sqrt{\frac{38,8 \cdot 23,5}{795}} = 1,07 \quad \text{Tabelle 3.1} \quad \chi_y = 0,554$$

$$N_{b,y,Rd} = \frac{\chi_y \cdot A \cdot f_y}{\gamma_{M1}} == \frac{0,554 \cdot 38,8 \cdot 23,5}{1,10} = 459 \text{ kN}$$

$$\frac{N_{Ed}}{N_{b,y,Rd}} = \frac{118}{459} = 0,257 \leq 1,00$$

Interaktionsbeziehung für Biegedrillknicken mit Normalkraft

$$n_y = \frac{N_{Ed}}{N_{b,y,Rd}} = \frac{118}{459} = 0,257$$

Für Querschnittsklassen 1 und 2 gilt:

$$C_{my} = 0,95 \quad \text{nach Tabelle 10.4}$$

$$k_{yy} = C_{my} \cdot \left(1 + \left(\bar{\lambda}_y - 0,2\right) \cdot n_y\right) = 0,95 \cdot \left(1 + \left(1,07 - 0,2\right) \cdot 0,257\right) = 0,844$$

$$\leq C_{my} \cdot \left(1 + 0,8 \cdot n_y\right) = 0,95 \cdot \left(1 + 0,8 \cdot 0,257\right) = 0,931$$

$$\frac{N_{Ed}}{N_{b,y,Rd}} + k_{yy} \cdot \frac{M_{y,Ed}}{M_{b,Rd}} = \frac{118}{719} + 0,844 \cdot \frac{17,4}{49,9} = 0,458 \leq 1$$

Für die Pendelstütze ist auch ein Nachweis nach Biegetorsionstheorie II. Ordnung möglich.

Beispiel 10.9.2: Durchlaufträger nach Theorie II. Ordnung

$\gamma_M = 1,10$

Das Beispiel Nr. 7.4 der Pfette mit Drehbettung und Schubsteifigkeit nach Tabelle 9.20 wird untersucht. Diese Berechnung nach der Fließgelenktheorie ist nur erlaubt, wenn Biegedrillknicken verhindert ist. Dies ist nachzuweisen.

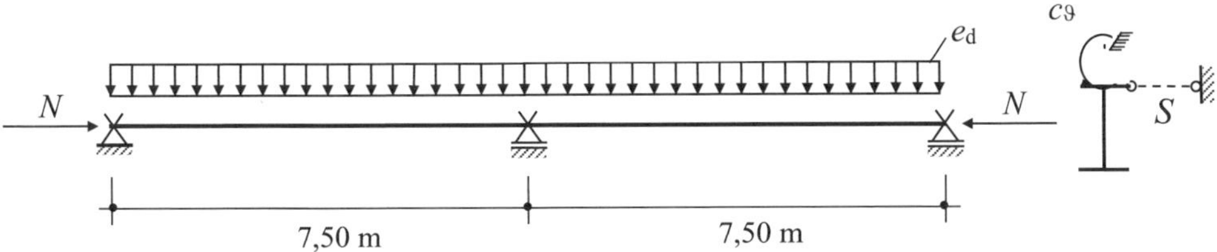

Abb. 10.24 Durchlaufträger nach Fließgelenktheorie II. Ordnung

Werkstoff: S 235
Nachweisverfahren: Elastisch-Plastisch
Profil: IPE 240
c/*t*-Verhältnis ist eingehalten.
Querschnittswerte:

$$I_y = 3890 \text{ cm}^4; \; W_{pl,y} = 367 \text{ cm}^3$$

$$N_{pl,Rd} = A \cdot \sigma_{Rd} = 39{,}1 \cdot 21{,}4 = 837 \text{ kN}$$

$$M_{pl,y,Rd} = W_{pl,y} \cdot \sigma_{Rd} = 367 \cdot 21{,}4 / 100 = 78{,}5 \text{ kNm}$$

$$V_{pl,v,d} = A_v \cdot \tau_{Rd} = 19{,}1 \cdot 12{,}3 = 235 \text{ kN}$$

Fließgelenktheorie II. Ordnung
Tragsicherheitsnachweis in der Tragwerksebene

Beispielhaft soll der Träger für $N = 150$ kN untersucht und die maximale Gleichstreckenlast e_d nach Fließgelenktheorie II. Ordnung berechnet werden. Die Interaktion für den Tragsicherheitsnachweis erfolgt mit dem abgeminderten vollplastischen Moment:

$$\frac{V_{z,Ed}}{V_{pl,z,Ed}} \leq 0{,}5$$

$$n = \frac{N_{Ed}}{N_{pl,Rd}} = \frac{150}{837} = 0{,}179$$

$$M_{N,y,Rd} = M_{pl,y,Rd} \cdot (1 - n) = 78{,}5 \cdot (1 - 0{,}179) = 64{,}4 \text{ kNm}$$

Für die Berechnung der maximalen Gleichstreckenlast e_d ist eine iterative Berechnung erforderlich, die mit dem Programm GWSTATIK durchgeführt wird. Es sind die Normalkräfte und Querkräfte auf die verformte Achse bezogen. Der Unterschied zur unverformten Achse ist hier gering. Es sind geometrische Ersatzimperfektionen anzusetzen, da $\alpha_{cr} < 10$ ist.

$$N_{cr,y} = \frac{\pi^2 \cdot E \cdot I_y}{l^2} = \frac{\pi^2 \cdot 21\,000 \cdot 3890}{750^2} = 1433 \text{ kN}$$

$$\alpha_{cr} = \frac{N_{cr,y}}{N_{Ed}} = \frac{1433}{150} = 9{,}55 < 10$$

Für die Ersatzimperfektion gilt für das Profil IPE 240 um die *y-y*-Achse die Knickspannungslinie a.

$$w_0 = \frac{l}{550} \cdot \frac{W_{pl,y}}{W_{el,y}} = \frac{l}{550} \cdot \frac{367}{324} = \frac{l}{486} = \frac{7{,}50}{486} = 0{,}0154 \text{ m}$$

$$\frac{V_{z,Ed}}{V_{pl,z,Ed}} = \frac{55{,}7}{235} = 0{,}237 \leq 0{,}5$$

Die Berechnung der maximalen Biegemomente und Querkräfte kann auch ohne EDV für Durchlaufträger mit dem Näherungsverfahren für Theorie II. Ordnung nach Gleichung (10.11) und (10.13) berechnet werden, wenn die Randmomente bekannt sind. Für die Interaktion ist eine iterative Berechnung erforderlich.

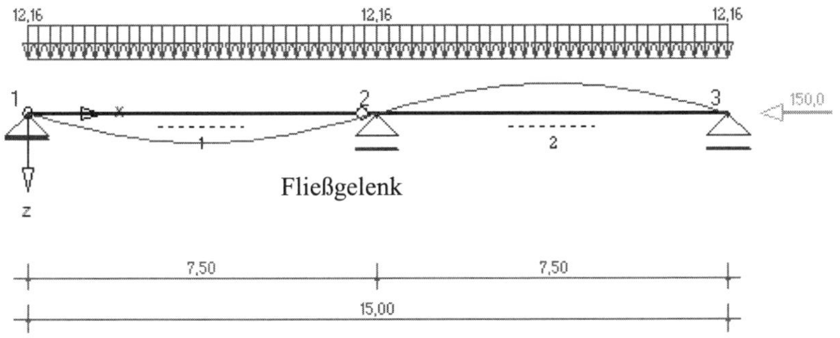

Fließgelenk

kN und m

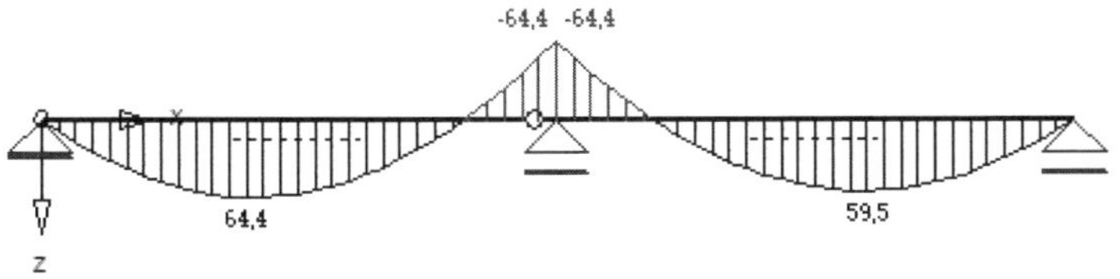

M_y -Fläche

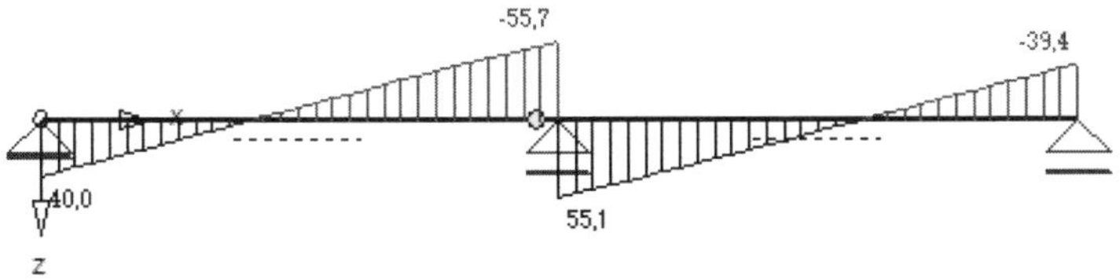

V_z -Fläche

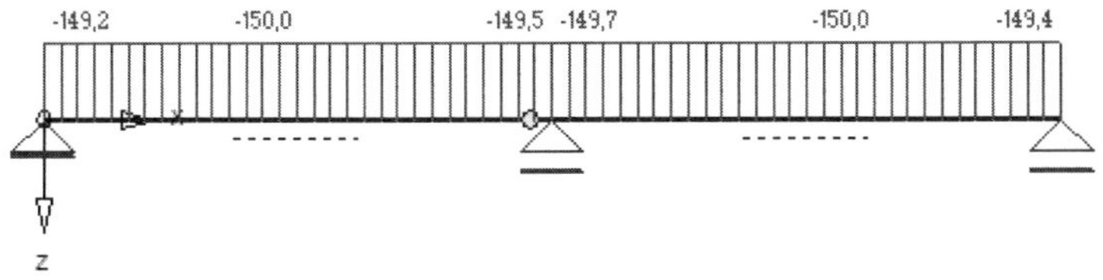

N -Fläche

Berechnung des maximalen Feldmomentes des Endfeldes:

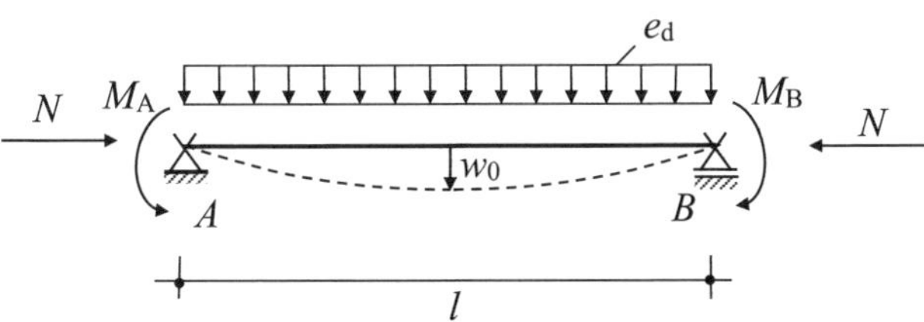

Vereinfachend wird das Imperfektionsmoment und das Moment ΔM in Feldmitte addiert.

$$M_A = 0 \; ; \; M_B = M_R$$

$$A = \frac{e_d \cdot l}{2} - \frac{M_R}{l} = \frac{12{,}2 \cdot 7{,}50}{2} - \frac{64{,}4}{7{,}50} = 37{,}2 \text{ kN}$$

$$M_{F,I} = \frac{A^2}{2 \cdot e_d} + N \cdot w_0 = \frac{37,2^2}{2 \cdot 12,2} + 150 \cdot 0,0154 = 59,0 \text{ kNm}$$

Berechnung der Verformung f_I in Feldmitte:

$$M_0 = \frac{e_d \cdot l^2}{8} + N \cdot w_0 = \frac{12,2 \cdot 7,50^2}{8} + 150 \cdot 0,0154 = 88,1 \text{ kNm}$$

$$E \cdot I \cdot f_I = \frac{5}{48} \cdot M_0 \cdot l^2 - \frac{1}{16} \cdot M_R \cdot l^2 > 0$$

$$E \cdot I \cdot f_I = \frac{5}{48} \cdot 88,1 \cdot 7,50^2 - \frac{1}{16} \cdot 64,4 \cdot 7,50^2 = 290 \text{ kNm}^3$$

$$E \cdot I = 21\,000 \cdot 3890 / 10\,000 = 8169 \text{ kNm}^2$$

$$f_I = 0,0355 \text{ m}$$

$$\Delta M_1 = N \cdot f_I = 150 \cdot 0,0355 = 5,33 \text{ kNm}$$

$$N_{cr} = \frac{\pi^2 \cdot E \cdot I_y}{l^2} = \frac{\pi^2 \cdot 21\,000 \cdot 3890}{750^2} = 1433 \text{ kN}$$

$$q = \frac{N_{Ed}}{N_{cr}} = \frac{150}{1433} = 0,105 > 0,1$$

$$M_{F,II} = M_{F,I} + \frac{\Delta M_1}{1-q} = 59,0 + \frac{5,33}{1-0,105} = 65,0 \text{ kNm}$$

$$V_B \approx \frac{e_d \cdot l}{2} + \frac{M_R}{l} = \frac{12,2 \cdot 7,50}{2} + \frac{64,4}{7,50} = 54,3 \text{ kN}$$

Berechnung des maximalen Feldmomentes des Innenfeldes:

$$M_A = M_B = M_R$$

$$M_0 = \frac{e_d \cdot l^2}{8} + N \cdot w_0$$

$$M_{F,I} = M_0 - M_R$$

Berechnung der Verformung f_I in Feldmitte:

$$E \cdot I \cdot f_I = \frac{5}{48} \cdot M_0 \cdot l^2 - \frac{1}{8} \cdot M_R \cdot l^2 > 0 \qquad \Delta M_1 = N \cdot f_I$$

$$N_{cr} = \frac{\pi^2 \cdot E \cdot I_y}{l^2} \qquad q = \frac{N_{Ed}}{N_{cr}}$$

$$M_{F,II} = M_{F,I} + \frac{\Delta M_1}{1-q} \qquad V_B \approx \frac{e_d \cdot l}{2}$$

Biegedrillknicknachweis mit Normalkraft senkrecht zur Tragwerksebene

Der Biegedrillknicknachweis ist für $e_d = 12,2$ kN/m nicht erfüllt.

Elastizitätstheorie II. Ordnung

$\gamma_M = \gamma_{M1} = 1,10$

Tragsicherheitsnachweis mit Normalkraft in der Tragwerksebene

Exemplarisch wird der Nachweis mit $e_d = 8,00$ kN/m geführt (z. B. Pfette mit Normalkraft).

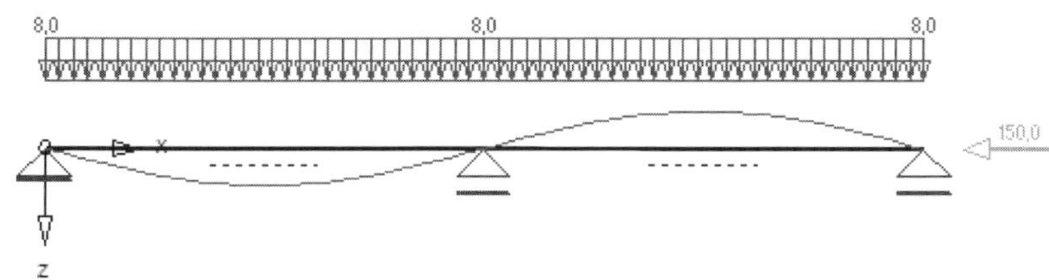

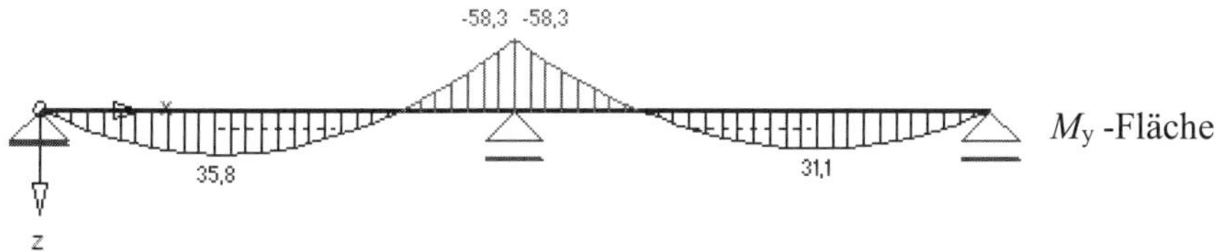

M_y -Fläche

Moment in Feldmitte links: $M_y = 32,2$ kNm

Querschnittswerte:

$$I_y = 3890 \text{ cm}^4;\ I_z = 284 \text{ cm}^4;\ I_t = 12,9 \text{ cm}^4;\ I_w = 37\,390 \text{ cm}^6;\ h = 24 \text{ cm}$$

$$I_y = 3890 \text{ cm}^4;\ W_{pl,y} = 367 \text{ cm}^3$$

$$N_{pl,Rd} = A \cdot \sigma_{Rd} = 39,1 \cdot 21,4 = 837 \text{ kN}$$

$$M_{pl,y,Rd} = W_{pl,y} \cdot \sigma_{Rd} = 367 \cdot 21,4 = 7854 \text{ kNcm} = 78,5 \text{ kNm}$$

$$c_\vartheta = 9,08 \text{ kNm/m};\ S = 3665 \text{ kN}$$

Der Tragsicherheitsnachweis ist erfüllt.

$$\frac{N_{Ed}}{N_{pl,Rd}} + \frac{M_{y,Ed}}{M_{pl,y,Rd}} = \frac{150}{837} + \frac{58,3}{78,5} = 0,92 \le 1,00$$

Biegedrillknicknachweis mit Normalkraft senkrecht zur Tragwerksebene

$\gamma_{M1} = 1,10$

Knicken

Es liegt ein elastisch gebetteter Druckstab vor.

Lösung: $n = 1,2,3........$ wird gewählt. Der kleinste Wert ist maßgebend.

$n = 2$

$$i_p^2 = \frac{I_y + I_z}{A} = \frac{3890 + 284}{39,1} = 106,8 \text{ cm}^2$$

$$a = E \cdot I_z \cdot \frac{(n \cdot \pi)^2}{l^2} = 21\ 000 \cdot 284 \cdot \frac{(2 \cdot \pi)^2}{750^2} = 418{,}6 \text{ kN}$$

$$b = \frac{1}{i_p^2}\left(E \cdot \frac{I_w}{\beta_0^2} \cdot \frac{(n \cdot \pi)^2}{l^2} + G \cdot I_t + c_\vartheta \cdot \frac{l^2}{(n \cdot \pi)^2} \right)$$

$$b = \frac{1}{106{,}8}\left(21\ 000 \cdot \frac{37\ 390}{1^2} \cdot \frac{(2 \cdot \pi)^2}{750^2} + 8100 \cdot 12{,}9 + 9{,}08 \cdot \frac{750^2}{(2 \cdot \pi)^2} \right) = 2706 \text{ kN}$$

$$c = S = 3665 \text{ kN}$$

$$d = S \cdot \frac{z_S^2}{i_p^2} = 3665 \cdot \frac{12^2}{106{,}8} = 4942 \text{ kN}$$

$$p = a + b + c + d = 418{,}6 + 2706 + 3665 + 4942 = 11\ 732 \text{ kN}$$

$$q = a \cdot b + a \cdot d + b \cdot c = 418{,}6 \cdot 2706 + 418{,}6 \cdot 4942 + 2706 \cdot 3665 = 13\ 110\ 000 \text{ kN}^2$$

$$N_{cr,z} = \frac{p}{2} \pm \sqrt{\left(\frac{p}{2}\right)^2 - q} = \frac{11\ 732}{2} - \sqrt{\left(\frac{11\ 732}{2}\right)^2 - 13\ 110\ 000} = 1251 \text{ kN}$$

Nach Tabelle 3.2 ist dieses Profil bei Knicken um die *z-z*-Achse der Kurve b zugeordnet.

$$\bar{\lambda}_z = \sqrt{\frac{N_{pl}}{N_{cr,z}}} = \sqrt{\frac{39{,}1 \cdot 23{,}5}{1251}} = 0{,}857 \quad \text{Tabelle 3.1} \qquad \chi_z = 0{,}688$$

$$N_{b,z,Rd} = \frac{\chi_z \cdot A \cdot f_y}{\gamma_{M1}} = \frac{0{,}688 \cdot 39{,}1 \cdot 23{,}5}{1{,}10} = 575 \text{ kN}$$

$$\frac{N_{Ed}}{N_{b,z,Rd}} = \frac{150}{575} = 0{,}261 \le 1{,}00$$

Biegedrillknicken mit Drehbettung

Die Werte der Tabelle 9.18 gelten für I-Querschnitte mit den folgenden Einschränkungen:

1. $\beta_w = 1 + \frac{\pi^2 \cdot E \cdot I_w}{l^2 \cdot G \cdot I_t} = 1 + \frac{\pi^2 \cdot 21\ 000 \cdot 37\ 390}{750^2 \cdot 8100 \cdot 12{,}9} = 1{,}132 \ge 1{,}02$
2. vorh $c_{\vartheta,k} = 9{,}08$ kNm/m $\le c_{\vartheta D,k} = 56{,}0$ kNm/m. Für vorh $c_{\vartheta,k} > c_{\vartheta D,k}$ gilt $c_{\vartheta,k} = c_{\vartheta D,k}$
3. vorh $S = 3665 \text{ kN} \le S^* = 10{,}2 \cdot \frac{M_{pl}}{h} = 10{,}2 \cdot \frac{86{,}3}{0{,}24} = 3667$ kN. Für vorh $S > S^*$ gilt

vorh $S = S^*$

$$I_t^* = I_t + \frac{c_\vartheta \cdot l^2}{G \cdot \pi^2} = 12{,}9 + \frac{9{,}08 \cdot 750^2}{8100 \cdot \pi^2} = 76{,}8 \text{ cm}^4$$

$$\beta_0 = 1{,}00$$

$$c^2 = \frac{I_w / \beta_0^2 + 0{,}039 \cdot l^2 \cdot I_t^*}{I_z} = \frac{37\ 390 / 1^2 + 0{,}039 \cdot 750^2 \cdot 76{,}6}{284} = 6049 \text{ cm}^2$$

$$N_{\mathrm{cr,z}}=\frac{\pi^2\cdot E\cdot I_{\mathrm{z}}}{l^2}=\frac{\pi^2\cdot 21\,000\cdot 284}{750^2}=104{,}6\ \mathrm{kN}$$

Der Wert $\zeta_{0\vartheta}$ nach Tabelle 9.18:

Das Referenzbiegemoment M_0 muss hier näherungsweise aus der Berechnung nach Theorie II. Ordnung entnommen werden. Es ist das Biegemoment in der Mitte des Stabes plus das halbe Stützmoment.

$$M_{\mathrm{A}}=0 \qquad M_{\mathrm{B}}=58{,}3\ \mathrm{kNm}$$

$$M_0=32{,}2+\frac{58{,}3}{2}=61{,}4\ \mathrm{kNm}$$

$$\psi=\frac{M_{\mathrm{B}}}{M_0}=\frac{58{,}3}{61{,}4}=0{,}950$$

$$\zeta_{0\vartheta}=1{,}98$$

$$M_{\mathrm{cr},0\vartheta}=\zeta_{0\vartheta}\cdot N_{\mathrm{cr,z}}\cdot\left(\sqrt{c^2+\left(\zeta_{0\vartheta}\cdot 0{,}4\cdot z_{\mathrm{p}}\right)^2}+\zeta_{0\vartheta}\cdot 0{,}4\cdot z_{\mathrm{p}}\right)$$

$$M_{\mathrm{cr},0\vartheta}=1{,}98\cdot\frac{104{,}6}{100}\cdot\left(\sqrt{6049+(1{,}98\cdot 0{,}4\cdot 12)^2}-1{,}98\cdot 0{,}4\cdot 12\right)=143\ \mathrm{kNm}$$

$$a_{\mathrm{cr},\vartheta}=\frac{M_{\mathrm{cr},0\vartheta}}{M_0}=\frac{143}{61{,}4}=2{,}33$$

Biegedrillknicken mit Schubbettung

Der Wert $\zeta_{0\mathrm{S}}$ nach Tabelle 9.18: $\zeta_{0\mathrm{S}}=0{,}151$

$$M_{\mathrm{cr,0S}}=\zeta_{0\mathrm{S}}\cdot S\cdot h=0{,}151\cdot 3665\cdot 0{,}24=133\ \mathrm{kNm}$$

$$\alpha_{\mathrm{cr,S}}=\frac{M_{\mathrm{cr,0S}}}{M_0}=\frac{133}{61{,}4}=2{,}17$$

Biegedrillknicken mit Drehbettung und Schubbettung

$$\alpha_{\mathrm{cr}}=a_{\mathrm{cr},\vartheta}+\alpha_{\mathrm{cr,S}}=2{,}33+2{,}17=4{,}50$$

$$M_{\mathrm{cr}}=\alpha_{\mathrm{cr}}\cdot\max M=4{,}50\cdot 58{,}3=262\ \mathrm{kNm}$$

$$\bar{\lambda}_{\mathrm{LT}}=\sqrt{\frac{W_{\mathrm{pl,y}}\cdot f_{\mathrm{y}}}{M_{\mathrm{cr}}}}=\sqrt{\frac{367\cdot 23{,}5}{262\cdot 100}}=0{,}574>0{,}4$$

$\chi_{\mathrm{LT}}=0{,}928$ nach Tabelle 9.5 für Kurve b

$k_{\mathrm{c}}=0{,}91$ nach Tabelle 9.6

$$f=1-0{,}5\cdot(1-k_{\mathrm{c}})\cdot\left[1-2{,}0\cdot\left(\bar{\lambda}_{\mathrm{LT}}-0{,}8\right)^2\right]$$

$$f=1-0{,}5\cdot(1-0{,}91)\cdot\left[1-2{,}0\cdot(0{,}928-0{,}8)^2\right]=0{,}956 \text{ jedoch } <1{,}0$$

$$\chi_{\mathrm{LT,mod}}=\frac{\chi_{\mathrm{LT}}}{f}=\frac{0{,}928}{0{,}956}=0{,}971\le 1{,}0$$

$$M_{\text{b,Rd}} = \chi_{\text{LT,mod}} \cdot W_{\text{pl,y}} \frac{f_{\text{y}}}{\gamma_{\text{M1}}} = 0,971 \cdot 367 \frac{23,5}{1,10 \cdot 100} = 76,1 \text{ kNm}$$

$$\frac{M_{\text{Ed}}}{M_{\text{b,Rd}}} = \frac{58,3}{76,1} = 0,766 \leq 1,0$$

Interaktionsbeziehung für Biegedrillknicken mit Normalkraft

$k_{\text{zy}} = 1,00$ sichere Seite

$$\frac{N_{\text{Ed}}}{N_{\text{b,z,Rd}}} + k_{\text{zy}} \cdot \frac{M_{\text{y,Ed}}}{M_{\text{b,Rd}}} = \frac{150}{575} + 1,00 \cdot \frac{58,3}{76,1} = 1,03 > 1$$

Es wird der Imperfektionsbeiwert k_{zy} berechnet.

$$n_{\text{z}} = \frac{N_{\text{Ed}}}{N_{\text{b,z,Rd}}} = \frac{150}{575} = 0,261$$

Für Querschnittsklassen 1 und 2 gilt:

$\bar{\lambda}_{\text{z}} \geq 0,4$ $\psi = 0$ $\alpha_{\text{s}} = -32,2 / 58,3 = -0,552$

$C_{\text{mLT}} = 0,542$ nach Tabelle 10.4

$$k_{\text{zy}} = 1 - \frac{0,1 \cdot \bar{\lambda}_{\text{z}} \cdot n_{\text{z}}}{C_{\text{mLT}} - 0,25} = 1 - \frac{0,1 \cdot 0,857 \cdot 0,261}{0,542 - 0,25} = 0,923$$

$$\geq 1 - \frac{0,1 \cdot n_{\text{z}}}{C_{\text{mLT}} - 0,25} = 1 - \frac{0,1 \cdot 0,261}{0,542 - 0,25} = 0,911$$

$$\frac{N_{\text{Ed}}}{N_{\text{b,z,Rd}}} + k_{\text{zy}} \cdot \frac{M_{\text{y,Ed}}}{M_{\text{b,Rd}}} = \frac{150}{575} + 0,923 \cdot \frac{58,3}{76,1} = 0,968 \leq 1$$

Für dieses System ist auch ein Nachweis nach Biegetorsionstheorie II. Ordnung möglich.

11 Rahmenartige Tragwerke

11.1 Stabilisierung von Tragwerken

Jedes Tragwerk ist eine räumliche Konstruktion, auf welche Kräfte aus allen Richtungen einwirken. Die Tragkonstruktionen des Stahlbaus bestehen vorwiegend aus Trägern und Stützen, die meist in einer Richtung des Bauwerkes als ebene Tragwerke konstruiert und durch aussteifende Bauteile zu einem räumlichen Tragwerk zusammengefügt werden. Diese aussteifenden Bauteile dienen zur Stabilisierung des Tragwerkes und der Weiterleitung von Horizontalkräften, i. Allg. aus Wind, aber auch aus Stabilisierungslasten und Bremskräften bei Kranbahnen. Die aussteifenden Bauteile können nach Abb. 11.1 in unterschiedlichen Tragwerksrichtungen verschiedene statische Systeme sein.

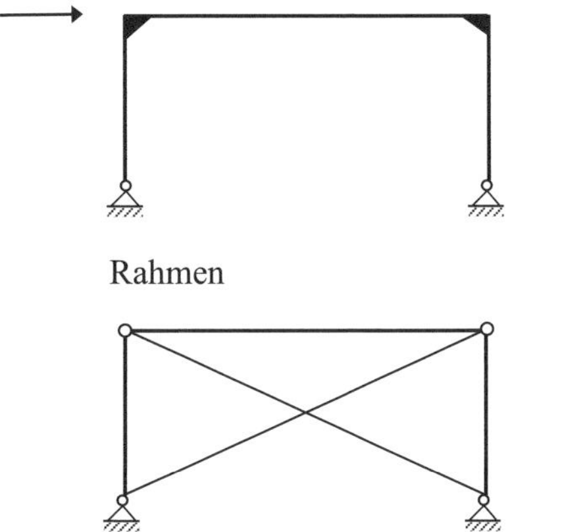

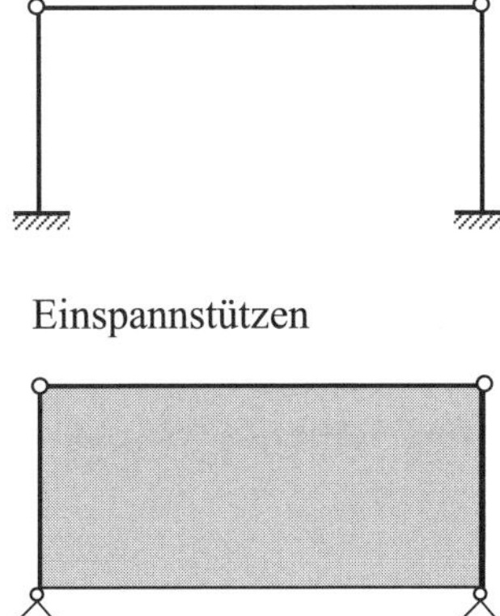

Rahmen

Einspannstützen

Fachwerk, z. B. gekreuzte Diagonale

Scheiben, z. B. aus Stahlbeton, aus Mauerwerk, Schubfelder aus Stahltrapezprofilen

Abb. 11.1 Aussteifungselemente

Als **Verbände** bezeichnet man im Stahlbau die Fachwerke, die zur Aussteifung des Tragwerkes dienen. Diese Verbände bestehen oft aus gekreuzten Diagonalen, wobei nur die Zugdiagonalen wirksam sind. Die Gurte und auch die Pfosten können dabei gleichzeitig Pfetten, Riegel oder Stützen sein. Die Anschlüsse der Verbände müssen für die Weiterleitung der Kräfte am Fachwerkknoten bemessen werden, s. Band 2.

Als Erläuterungsbeispiel wird eine einfache Halle nach Abb. 11.2 gewählt. Die Halle ist wie jedes Bauwerk ein räumliches Tragwerk. Sie ist in allen Richtungen auszusteifen. Kräfte an einem beliebigen Punkt in beliebiger Richtung müssen sicher in den Baugrund eingeleitet werden. Deshalb sind stets die Wandelemente,

Fassadenelemente und Dachelemente in der statischen Berechnung zu berücksichtigen und nachzuweisen.

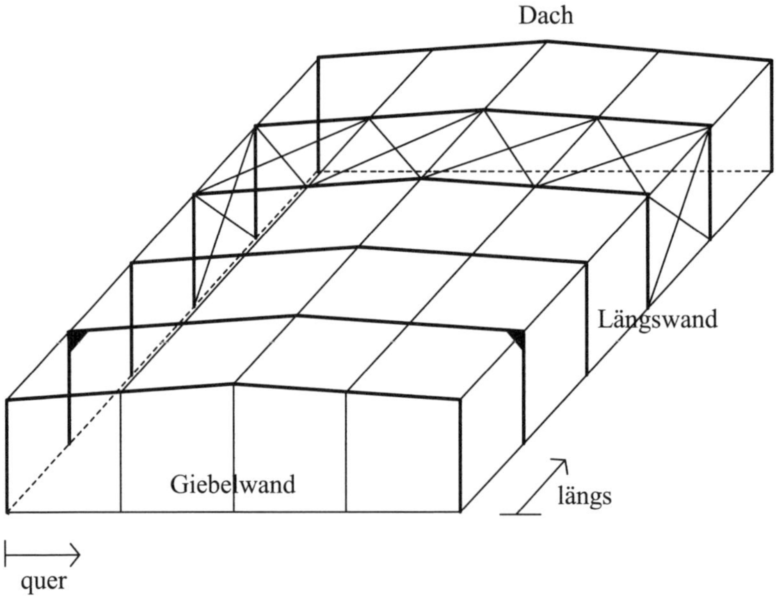

Abb. 11.2 Aussteifung einer Halle

Aussteifungselemente in Querrichtung der Halle

Rahmen

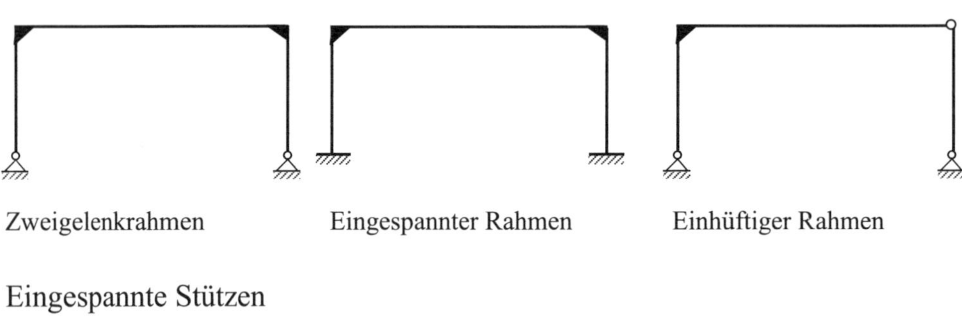

Eingespannte Stützen

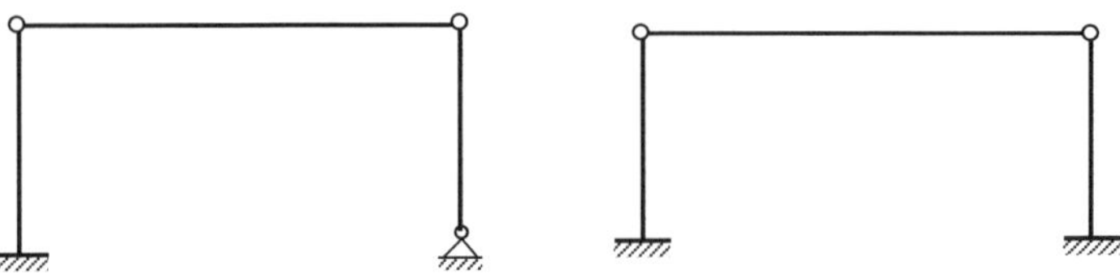

Dachverband

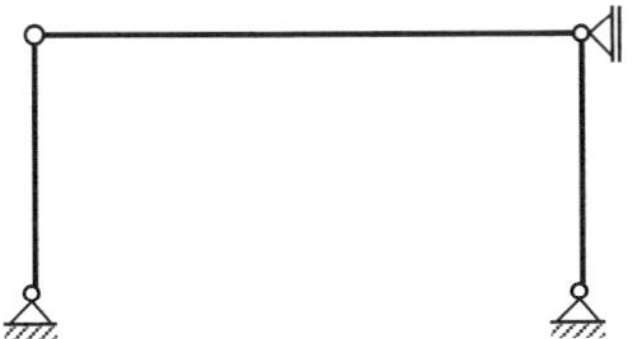

Der Dachverband übernimmt die Funktion des horizontalen Lagers.

Kreuzverband

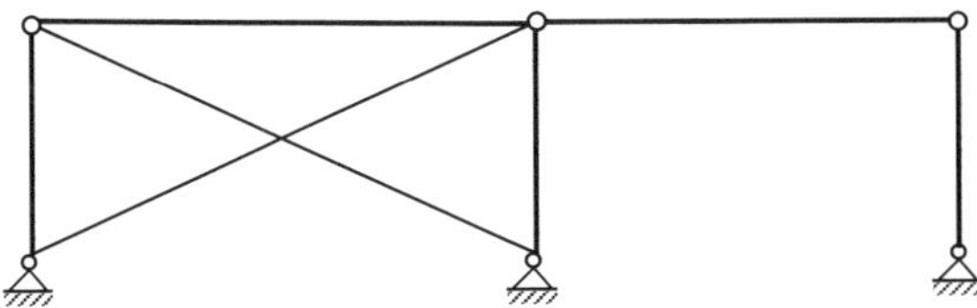

Kreuzverbände in der Halle sind selten wegen des Freiraums.

Außenabstützung

Abstützungen zugsteif oder druck- und zugsteif.

Aussteifungselemente des Daches der Halle

Längsaussteifung mit Dachverband

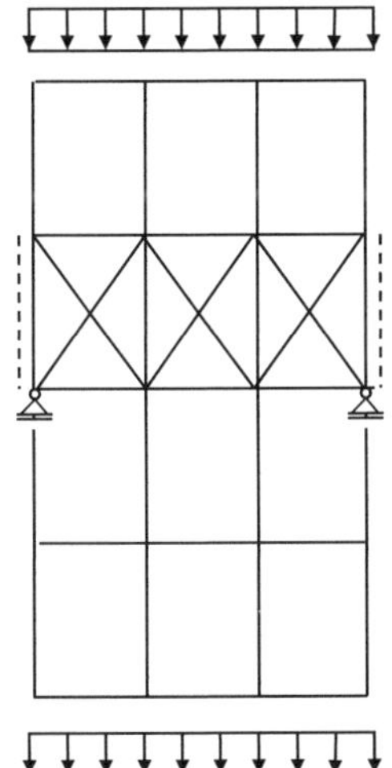

Ein Fachwerk aus Kreuzverbänden. Bei größeren Hallen, i. Allg. mit mehr als 5 Feldern, werden 2 oder mehr Verbände angeordnet. Der Dachverband leitet die Windkräfte auf die Giebelwand weiter an die Längswandaussteifungen, die die Funktion der Auflager übernehmen. Der Dachverband wird zusätzlich durch Stabilisierungskräfte, s. Kapitel 12, beansprucht. Die Längswandaussteifung kann auch in einem anderen Feld sein als der Dachverband selbst. Die Weiterleitung der Kräfte übernehmen dann die Stäbe an der Traufe.
Die Dachverbände können auch mit Schubfeldern aus Stahltrapezprofilen gebildet werden, wobei jedoch besondere Anforderungen nach DIN EN 1993-1-3 zu erfüllen sind.

Queraussteifung auch mit Dachverband

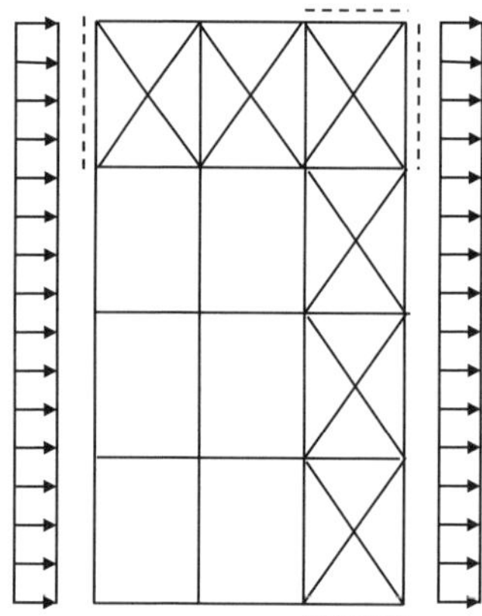

Fachwerke aus Kreuzverbänden.
Der Dachverband leitet die Windkräfte auf die Längswand und die Stabilisierungskräfte weiter auf die Giebelwandaussteifungen, die die Funktion der Auflager übernehmen.

Aussteifungselemente in Längsrichtung der Halle

Es können alle Aussteifungselemente der Querrichtung angewendet werden.

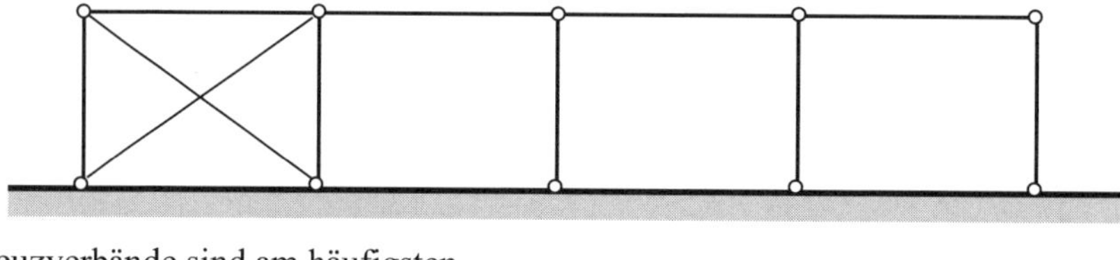

Kreuzverbände sind am häufigsten.

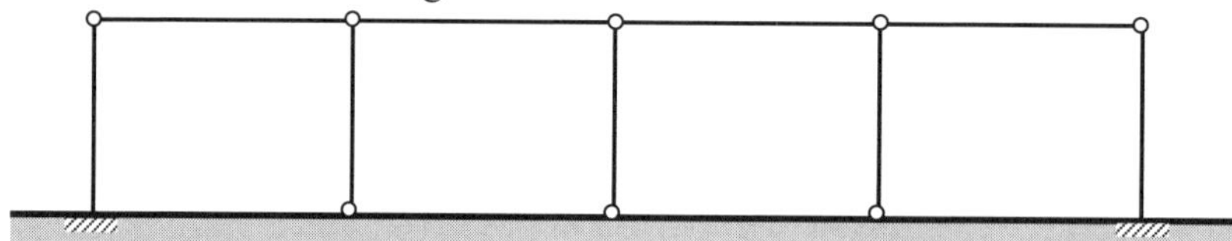

Eine oder mehrere Einspannstützen

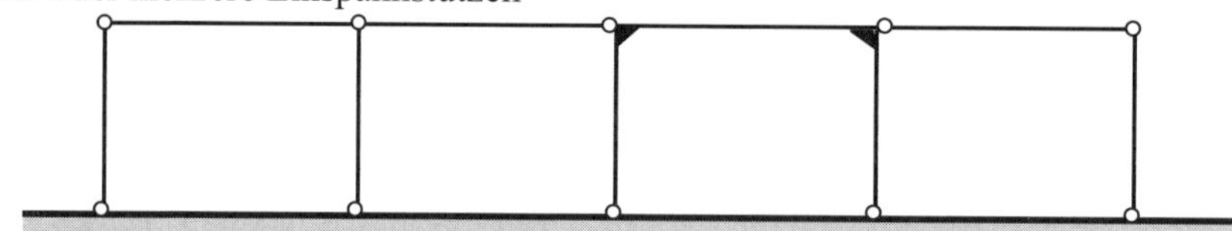

Verbandsrahmen

Giebelwände

Es können alle Aussteifungselemente der Querrichtung angewendet werden.

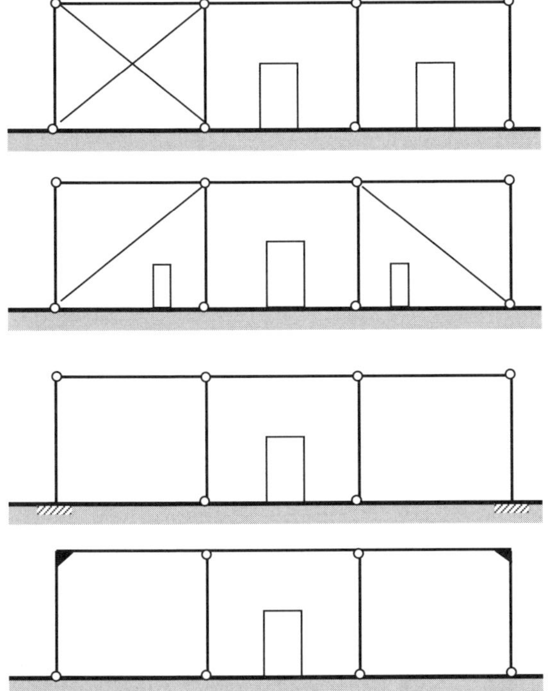

Kreuzverbände sind am häufigsten. Die Anordnung der Verbände richtet sich nach den Anforderungen für die Öffnungen in der Giebelwand.

Eingespannte Stützen bieten den größten Freiraum, sind aber weicher als Kreuzverbände.

Rahmen werden häufig angeordnet, wenn eine Erweiterung der Halle vorgesehen ist.

11.2 Berechnung rahmenartiger Tragwerke

Die Berechnung der Schnittgrößen rahmenartiger Tragwerke erfolgt üblicherweise mit Stabwerksprogrammen nach Theorie II. Ordnung. Die Berechnung nach Theorie I. Ordnung ist erlaubt, wenn der Zuwachs der Beanspruchungen $\alpha_{cr} > 10$ ist. Es sind Ersatzimperfektionen nach Abschnitt 10.3 anzusetzen. Der Nachweis wird i. Allg. nach dem Berechnungsverfahren Elastisch-Plastisch, gegebenenfalls Elastisch-Elastisch geführt, siehe Abschnitt 10.4. Die Grenzwerte max c/t sind entsprechend dem Berechnungsverfahren einzuhalten. Die Fließgelenktheorie II. Ordnung wird selten angewendet, da voraussetzungsgemäß das Biegedrillknicken der Stäbe verhindert sein muss. Das Biegedrillknicken wird, sofern keine planmäßige Torsion vorliegt, mit dem Ersatzstabnachweis nach Abschnitt 10.5 nachgewiesen.

11.3 Zweigelenkrahmen mit langer Voute

In dem folgenden Beispiel sollen exemplarisch einzelne Nachweise geführt werden. Die Halle sei ein geschlossener Baukörper. Der Rahmen wird nach **Theorie II. Ordnung** in der Biegeebene nachgewiesen. Für die Stütze und den Rahmenriegel werden senkrecht zur Biegeebene die Biegedrillknicknachweise geführt. Die Berechnung der konstruktiven Details, wie Rahmenecke, Rippen, Stützenfuß, Montagestöße, Schweißverbindungen usw., erfolgt im Band 2.

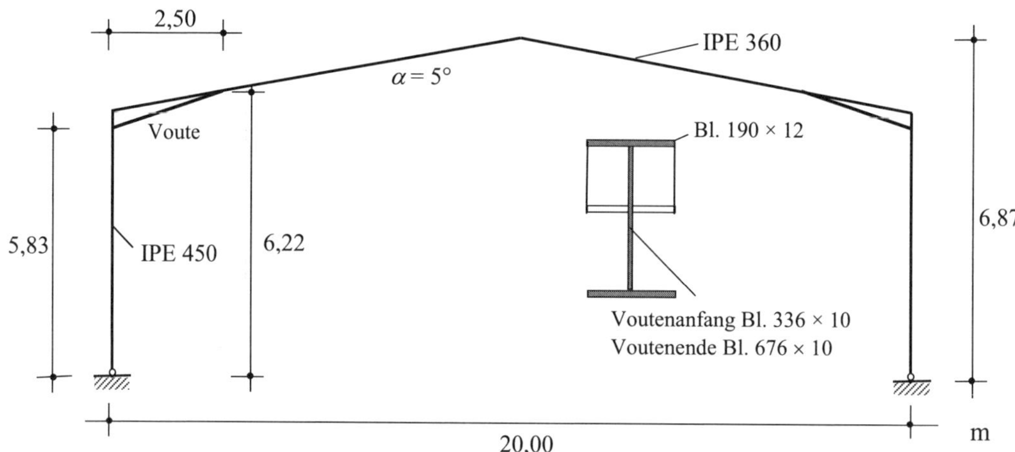

Abb. 11.3 Beispiel Hallenrahmen mit langer Voute

Binderabstand: $a = 4{,}50$ m

Anzahl der Felder: 9

Einwirkungen
Für die veränderlichen Einwirkungen aus Wind wird das vereinfachte Verfahren angewendet. Z.B. gilt für den Standort Gießen die Windzone WZ1 und für Bauwerke mit $h \leq 10$ m der Geschwindigkeitsdruck $q = 0{,}5$ kN/m^2 nach Tabelle B.3 der DIN EN 1991-1-4/NA.
Nach Bild NA.1 der DIN EN 1991-1-3/NA erhält man für die Schneelasten:
Höhe über NN 150 m
Schneelastzone 2, $s_k = 0{,}85$ kN/m^2
Nach DIN EN 1991-1-3 erhält man für die Schneelasten:
$C_t = 1{,}0$ $\quad$ $C_e = 1{,}0$ $\quad$ Formbeiwert $\mu_1 = 0{,}8$
Für die Schneelasten auf Satteldächern wird der Fall (ii) nach DIN EN 1991-1-3, Bild 5.3, untersucht.

Ständige Einwirkungen G_k :

Dacheindeckung	$g_\perp = 0{,}50$ kN/m^2
Trägereigengewicht IPE 360	$g_\perp = 0{,}60$ kN/m
Wandeigenlast + Stützeneigenlast	$G = 17$ kN

Veränderliche Einwirkungen : Q_k

Schnee $s = \mu_1 \cdot s_k = 0{,}8 \cdot 0{,}85 = 0{,}68 \text{ kN/m}^2$

Wind $h / d \simeq 6{,}87 / 20 = 0{,}344$

$\alpha = 5°$

nach Tabelle 7.1 der DIN EN 1991-1-4

Bereich D $c_{pe,10} = +0{,}713$

$w_D = c_{pe,10} \cdot q = +0{,}713 \cdot 0{,}5 = +0{,}357 \text{ kN/m}^2$

Bereich E $c_{pe,10} = -0{,}325$

$w_E = c_{pe,10} \cdot q = -0{,}325 \cdot 0{,}5 = -0{,}163 \text{ kN/m}^2$

nach Tabelle 7.4a der DIN EN 1991-1-4

Bereich G $c_{pe,10} = -1{,}2$

$w_G = c_{pe,10} \cdot q = -1{,}2 \cdot 0{,}5 = -0{,}6 \text{ kN/m}^2$

Bereich H $c_{pe,10} = -0{,}6$

$w_H = c_{pe,10} \cdot q = -0{,}6 \cdot 0{,}5 = -0{,}30 \text{ kN/m}^2$

Bereich I $c_{pe,10} = -0{,}6$

$w_J = c_{pe,10} \cdot q = -0{,}6 \cdot 0{,}5 = -0{,}30 \text{ kN/m}^2$

Bereich J

$c_{pe,10} = -0{,}6$

$w_I = c_{pe,10} \cdot q = -0{,}6 \cdot 0{,}5 = -0{,}30 \text{ kN/m}^2$

alternativ

$c_{pe,10} = +0{,}2$

$w_I = c_{pe,10} \cdot q = +0{,}2 \cdot 0{,}5 = +0{,}10 \text{ kN/m}^2$

Charakteristische Einwirkungen

Bei der Berechnung der charakteristischen Einwirkungen ist das statische System der Dacheindeckung zu beachten. Vereinfachend wird hier ein Einfeldträger angenommen. Die Einwirkungen werden dann mit dem Binderabstand $a = 4{,}50$ m des Hallenrahmens berechnet.

$g_k = 0{,}50 \cdot 4{,}50 + 0{,}6 = 2{,}85 \text{ kN/m}$

$s_k = 0{,}68 \cdot 4{,}50 = 3{,}06 \text{ kN/m}$

$G_k = 17 \text{ kN}$

$w_{Dk} = +0{,}357 \cdot 4{,}5 = +1{,}61 \text{ kN/m}$

$w_{Ek} = -0{,}163 \cdot 4{,}5 = -0{,}734 \text{ kN/m}$

$w_{Gk} = + - 0{,}60 \cdot 4{,}5 = -2{,}70 \text{ kN/m}$

$w_{Hk} = + - 0{,}30 \cdot 4{,}5 = -1{,}35 \text{ kN/m}$

$w_{Jk} = + - 0{,}30 \cdot 4{,}5 = -1{,}35 \text{ kN/m}$

$w_{Ik} = + - 0{,}30 \cdot 4{,}5 = -1{,}35 \text{ kN/m}$

alternativ

$w_{Ik} = +0{,}20 \cdot 4{,}5 = +0{,}90 \text{ kN/m}$

Ersatzimperfektionen
Systemschiefstellung:

$$\alpha_{\mathrm{h}} = \frac{2}{\sqrt{h}} = \frac{2}{\sqrt{6,0}} = 0,816 \qquad \frac{2}{3} \leq \alpha_{\mathrm{h}} \leq 1,0$$

$$\alpha_{\mathrm{m}} = \sqrt{0,5 \cdot \left(1 + \frac{1}{m}\right)} = \sqrt{0,5 \cdot \left(1 + \frac{1}{2}\right)} = 0,866$$

$$\phi = \phi_0 \cdot \alpha_{\mathrm{h}} \cdot \alpha_{\mathrm{m}} = \frac{1}{200} \cdot 0,816 \cdot 0,866 = \frac{1}{283}$$

Stabvorkrümmung: Die lokalen Vorkrümmungen dürfen vernachlässigt werden, s. Bedingung (10.23). Sie werden hier exemplarisch berücksichtigt.

Stütze: Knicklinie a $e_{0,\mathrm{d}} = \frac{l}{250} = \frac{6,00}{250} = 0,024$ m

Lastkombinationen
Es sind die folgende Lastkombination für den Nachweis der Stütze und des Riegels des Rahmens zu untersuchen:

$$\mathrm{LT1}(1,35 \cdot g + 1,50 \cdot s + 0,90 \cdot w)$$

$$\mathrm{LT2}(1,35 \cdot g + 1,50 \cdot w + 0,75 \cdot s)$$

$$\mathrm{LT3}(1,35 \cdot g + 1,50 \cdot s)$$

Bei der Eingabe ist die Systemlinie der Voute zu berücksichtigen. Die Berechnung erfolgt mit dem Programm GWSTATIK. Maßgebend ist in diesem Beispiel die Lastkombination

$$\mathrm{LT3}(1,35 \cdot g + 1,50 \cdot s)$$

Querschnittswerte
Werkstoff: S 235
Nachweisverfahren: Elastisch-Plastisch

$$\gamma_{\mathrm{M}} = \gamma_{\mathrm{M1}} = 1,10$$

Profil der Stütze: IPE 450
c/t-Verhältnis ist eingehalten.

$$I_{\mathrm{y}} = 33\ 740\ \mathrm{cm}^4; \quad S_{\mathrm{y}} = 851\ \mathrm{cm}^3$$

$$N_{\mathrm{pl,Rd}} = A \cdot \sigma_{\mathrm{Rd}} = 98,8 \cdot 21,4 = 2114\ \mathrm{kN}$$

$$M_{\mathrm{pl,y,Rd}} = 2 \cdot S_{\mathrm{y}} \cdot \sigma_{\mathrm{Rd}} = 2 \cdot 851 \cdot 21,4 / 100 = 364\ \mathrm{kNm}$$

$$V_{\mathrm{pl,v,Rd}} = A_{\mathrm{v}} \cdot \tau_{\mathrm{Rd}} = 50,8 \cdot 12,3 = 625\ \mathrm{kN}$$

Profil Riegel: IPE 360
c/t-Verhältnis ist eingehalten.

$$I_{\mathrm{y}} = 16\ 270\ \mathrm{cm}^4; \quad S_{\mathrm{y}} = 510\ \mathrm{cm}^3$$

$$N_{\mathrm{pl,Rd}} = A \cdot \sigma_{\mathrm{R,d}} = 72,7 \cdot 21,4 = 1556\ \mathrm{kN}$$

$$M_{\mathrm{pl,y,rd}} = 2 \cdot S_{\mathrm{y}} \cdot \sigma_{\mathrm{Rd}} = 2 \cdot 510 \cdot 21,4 / 100 = 218\ \mathrm{kNm}$$

$$V_{\mathrm{pl,v,d}} = A_{\mathrm{v}} \cdot \tau_{\mathrm{Rd}} = 35,1 \cdot 12,3 = 432\ \mathrm{kN}$$

Profil Voutenanfang nach Abb. 11.3:
c/t-Verhältnis ist eingehalten.

$$A = 2 \cdot 19,0 \cdot 1,2 + 33,6 \cdot 1,0 = 79,2\ \mathrm{cm}^2$$

$$I = 19{,}0 \cdot 1{,}2 \cdot \frac{34{,}8^2}{2} + \frac{1{,}0 \cdot 33{,}6^3}{12} = 16\,970 \text{ cm}^4$$

$$N_{\text{pl,Rd}} = A \cdot \sigma_{\text{Rd}} = 79{,}2 \cdot 21{,}4 = 1695 \text{ kN}$$

$$S_{\text{y}} = 19{,}0 \cdot 1{,}2 \cdot 17{,}4 + 1{,}0 \cdot \frac{16{,}8^2}{2} = 538 \text{ cm}^3$$

$$M_{\text{pl,y,Rd}} = W_{\text{pl,y}} \cdot \sigma_{\text{Rd}} = 2 \cdot 538 \cdot 21{,}4 / 100 = 230 \text{ kNm}$$

$$V_{\text{pl,v,Rd}} = A_{\text{v}} \cdot \tau_{\text{Rd}} = 33{,}6 \cdot 1{,}0 \cdot 12{,}3 = 413 \text{ kN}$$

Profil Voutenende nach Abb. 11.3:
c/*t*-Verhältnis ist eingehalten.

$$A = 2 \cdot 19{,}0 \cdot 1{,}2 + 67{,}6 \cdot 1{,}0 = 113 \text{ cm}^2$$

$$I = 19{,}0 \cdot 1{,}2 \cdot \frac{68{,}8^2}{2} + \frac{1{,}0 \cdot 68{,}8^3}{12} = 81\,100 \text{ cm}^4$$

$$N_{\text{pl,Rd}} = A \cdot \sigma_{\text{Rd}} = 113 \cdot 21{,}4 = 2418 \text{ kN}$$

$$S_{\text{y}} = 19{,}0 \cdot 1{,}2 \cdot 34{,}4 + 1{,}0 \cdot \frac{33{,}8^2}{2} = 1356 \text{ cm}^3$$

$$M_{\text{pl,y,Rd}} = W_{\text{pl,y}} \cdot \sigma_{\text{Rd}} = 2 \cdot 1356 \cdot 21{,}4 / 100 = 580 \text{ kNm}$$

$$V_{\text{pl,v,d}} = A_{\text{v}} \cdot \tau_{\text{Rd}} = 67{,}6 \cdot 1{,}0 \cdot 12{,}3 = 831 \text{ kN}$$

Nachweis des Rahmens in der Tragwerksebene nach Theorie II. Ordnung

System und Belastung in kN und m

$$e_{\text{Ed}} = 1{,}35 \cdot 2{,}85 + 1{,}50 \cdot 3{,}06 = 8{,}44 \text{ kN/m}$$

$$G_{\text{Ed}} = 1{,}35 \cdot 17 = 23{,}0 \text{ kN}$$

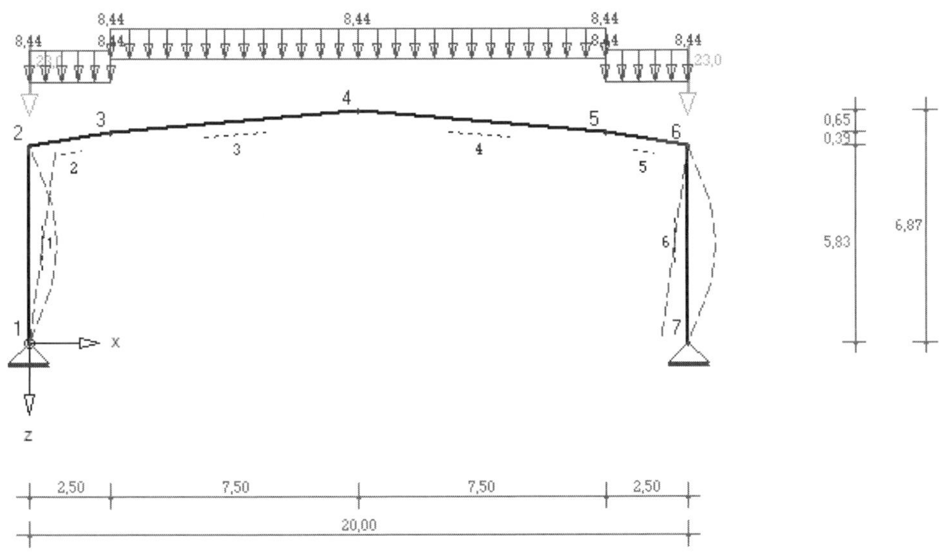

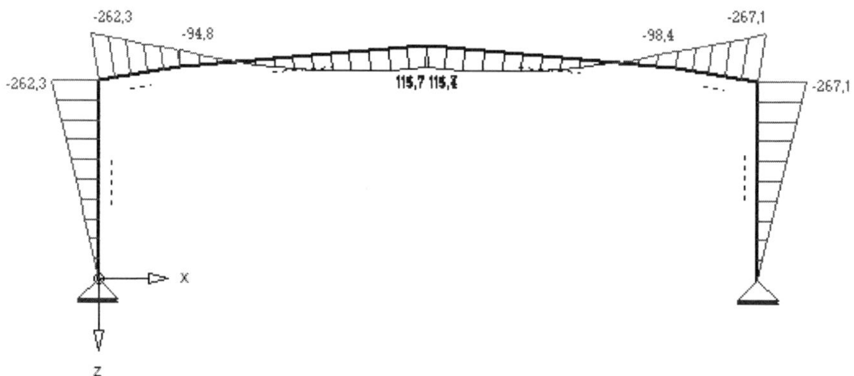

M_y -Fläche

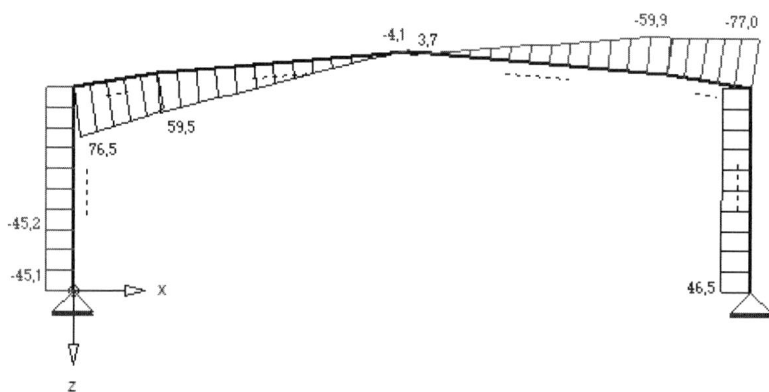

V_z -Fläche

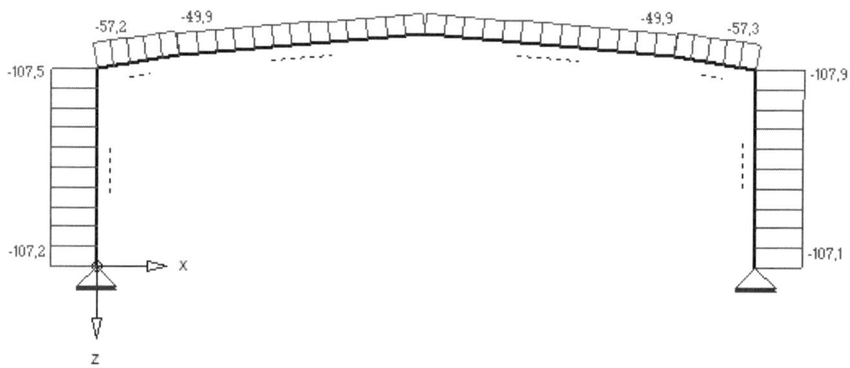

N -Fläche

Nachweis der Stütze in der Tragwerksebene nach Theorie II. Ordnung – Berechnungsverfahren b

Der Nachweis wird mit den Schnittgrößen am Anschnitt geführt.
Nachweis der Stütze, hier des Stabes 8 am Punkt 8:

$$M_{y,Ed} = 267 \cdot \frac{583-35}{583} = 251 \text{ kNm};\ N_{Ed} = 108 \text{ kN};\ V_{z,Ed} = 44,7 \text{ kN}$$

$$\frac{V_{z,Ed}}{V_{pl,v,Rd}} \leq 0,5$$

y-y-Achse:

$$N_{Ed} = 108 \text{ kN} \leq 0,25 \cdot N_{pl,Rd} = 0,25 \cdot A \cdot \sigma_{Rd} = 0,25 \cdot 98,8 \cdot 21,4 = 529 \text{ kN}$$

$$N_{Ed} = 108 \text{ kN} \leq \frac{0,5 \cdot h_w \cdot t_w \cdot f_y}{\gamma_M} = \frac{0,5 \cdot 42,1 \cdot 0,94 \cdot 23,5}{1,10} = 423 \text{ kN}$$

Es ist keine Interaktion mit der Normalkraft erforderlich.

$$\frac{M_{y,Ed}}{M_{pl,y,Rd}} = \frac{251}{364} = 0,689 \leq 1,0$$

Nachweis der Voute, hier des Stabes 7 am Punkt 8:

$$M_{y,Ed} = 267 - 77,0 \cdot \frac{0,45}{2} = 250 \text{ kNm};\ N_{Ed} = 57,3 \text{ kN};\ V_{z,Ed} = 77,0 \text{ kN}$$

$$\frac{V_{z,Ed}}{V_{pl,v,Rd}} \leq 0,5$$

Es ist keine Interaktion mit der Normalkraft erforderlich.

$$\frac{M_{y,Ed}}{M_{pl,y,d}} = \frac{250}{580} = 0,43 \leq 1,0$$

Der Nachweis des Riegels ist eingehalten.

Ersatzstabnachweis der Stütze um die *z-z*-Achse

$\gamma_{M1} = 1,10$

$$M_{y,Ed} = 251 \text{ kNm};\ N_{Ed} = 108 \text{ kN}$$

Knicken *z-z*-Achse

Querschnittswerte: $I_z = 1680 \text{ cm}^4$

Nach Tabelle 3.2 ist dieses Profil bei Knicken um die *z*-z-Achse der Kurve b zugeordnet. Die Stütze ist an den Stabenden seitlich gehalten.

$$N_{cr,z} = \frac{\pi^2 \cdot E \cdot I_z}{L_{cr}^2} = \frac{\pi^2 \cdot 21\,000 \cdot 1680}{583^2} = 1024 \text{ kN}$$

$$\bar{\lambda}_z = \sqrt{\frac{N_{pl}}{N_{cr,z}}} = \sqrt{\frac{98,8 \cdot 23,5}{1024}} = 1,51 \quad \text{Tabelle 3.1} \quad \chi_z = 0,339$$

$$N_{b,z,Rd} = \frac{\chi_z \cdot A \cdot f_y}{\gamma_{M1}} = \frac{0,339 \cdot 98,8 \cdot 23,5}{1,10} = 716 \text{ kN}$$

$$\frac{N_{Ed}}{N_{b,z,Rd}} = \frac{108}{716} = 0,151 \leq 1,00$$

Biegedrillknicken ohne Normalkraft

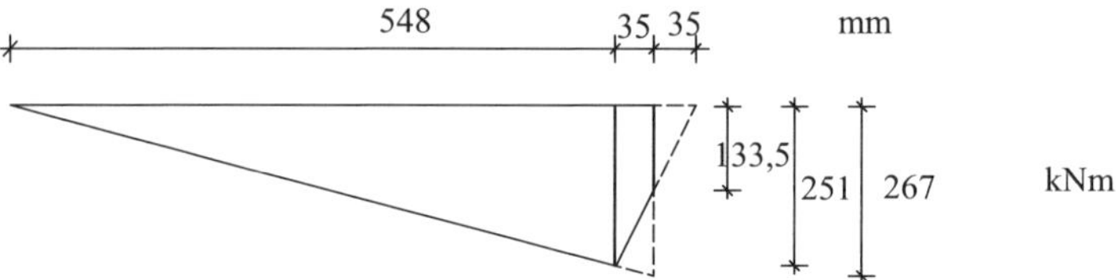

Das maßgebende Moment $M = 251$ kNm ist am Anschnitt. Die Berechnung von M_{cr} ist ebenfalls für den zugehörigen Momentenverlauf zu berechnen. Das Gabellager wird am Systempunkt angenommen. Die Momentenfläche teilt sich auf in die dreieckförmige Momentenfläche mit dem Maximalwert $M_1 = 133{,}5$ kNm und der unteren Momentenfläche M_2, die aus einer fiktiven Einzellast folgt. Dies kann mit einem Programm oder näherungsweise mit Gleichung (9.27) erfolgen.

$$M_2 = 251 - 133{,}5 \cdot \frac{548}{583} = 125{,}5 \text{ kNm}$$

Querschnittswerte:

$$I_\text{T} = 66{,}9 \text{ cm}^4;\ I_\text{z} = 1680 \text{ cm}^4;\ I_\text{w} = 791\,000 \text{ cm}^6$$

$$h = 45{,}0 \text{ cm};\ W_{\text{pl,y}} = 1702 \text{ cm}^3$$

$$c^2 = \frac{I_\text{w} + 0{,}039 \cdot l^2 \cdot I_\text{t}}{I_\text{z}} = \frac{791\,000 + 0{,}039 \cdot 583^2 \cdot 66{,}9}{1680} = 999 \text{ cm}^2$$

$$N_{\text{cr,z}} = \frac{\pi^2 \cdot E \cdot I_\text{z}}{l^2} = \frac{\pi^2 \cdot 21\,000 \cdot 1680}{583^2} = 1024 \text{ kN}$$

$$M_{1,\text{cr}} = \zeta_1 \cdot N_\text{cr} \cdot c$$

$\zeta = 1{,}77$ nach Tabelle 9.8

$$M_{1,\text{cr}} = 1{,}77 \cdot 1024 / 100 \cdot \sqrt{999} = 573 \text{ kNm}$$

$$M_{2,\text{cr}} = \zeta_2 \cdot N_\text{cr} \cdot c$$

$\zeta_2 = 1{,}69$ nach Tabelle 9.8 mit a/l $= 35/583 = 0{,}06$

$$M_{2,\text{cr}} = 1{,}69 \cdot 1024 / 100 \cdot \sqrt{999} = 547 \text{ kNm}$$

$$\frac{1}{\alpha_\text{cr}} = \frac{M_1}{M_{1,\text{cr}}} + \frac{M_2}{M_{2,\text{cr}}} = \frac{133{,}5}{573} + \frac{125{,}5}{548} \qquad \alpha_\text{cr} = 2{,}16$$

$$M_\text{cr} = \alpha_\text{cr} \cdot M = 2{,}16 \cdot 251 = 542 \text{ kNm}$$

$$\bar{\lambda}_\text{LT} = \sqrt{\frac{W_{\text{pl,y}} \cdot f_\text{y}}{M_\text{cr}}} = \sqrt{\frac{1702 \cdot 23{,}5}{542 \cdot 100}} = 0{,}859$$

$\chi_\text{LT} = 0{,}723$ nach Tabelle 9.5 Kurve c

$$M_\text{cr} = \zeta \cdot N_\text{cr} \cdot c$$

$$\zeta = \frac{M_\text{cr}}{N_\text{cr} \cdot c} = \frac{54200}{1024 \cdot \sqrt{999}} = 1{,}67$$

$$k_\text{c} = \frac{1}{\sqrt{\zeta}} = \frac{1}{\sqrt{1{,}67}} = 0{,}774$$

$$f = 1 - 0{,}5 \cdot (1 - k_c) \cdot \left[1 - 2{,}0 \cdot \left(\bar{\lambda}_{LT} - 0{,}8\right)^2\right]$$

$$f = 1 - 0{,}5 \cdot (1 - 0{,}774) \cdot \left[1 - 2{,}0 \cdot (0{,}859 - 0{,}8)^2\right] = 0{,}888 \text{ jedoch} < 1{,}0$$

$$\chi_{LT,mod} = \frac{\chi_{LT}}{f} = \frac{0{,}723}{0{,}888} = 0{,}814 \leq 1{,}0$$

$$M_{b,Rd} = \chi_{LT,mod} \cdot W_{pl,y} \frac{f_y}{\gamma_{M1}} = 0{,}814 \cdot 1702 \cdot \frac{23{,}5}{1{,}10 \cdot 100} = 296 \text{ kNm}$$

$$\frac{M_{y,Ed}}{M_{b,Rd}} = \frac{251}{296} = 0{,}845 \leq 1{,}0$$

Interaktionsbeziehung für Biegedrillknicken mit Normalkraft

Imperfektionsbeiwert k_{zy}:

$$n_z = \frac{N_{Ed}}{N_{b,z,Rd}} = \frac{108}{716} = 0{,}151$$

Für Querschnittsklassen 1 und 2 gilt:

$$\bar{\lambda}_z \geq 0{,}4$$

$$C_{mLT} = 0{,}60 \quad \text{nach Tabelle 10.4}$$

$$k_{zy} = 1 - \frac{0{,}1 \cdot \bar{\lambda}_z \cdot n_z}{C_{mLT} - 0{,}25} = 1 - \frac{0{,}1 \cdot 1{,}51 \cdot 0{,}151}{0{,}60 - 0{,}25} = 0{,}935$$

$$\geq 1 - \frac{0{,}1 \cdot n_z}{C_{mLT} - 0{,}25} = 1 - \frac{0{,}1 \cdot 0{,}151}{0{,}60 - 0{,}25} = 0{,}957$$

$$\frac{N_{Ed}}{N_{b,z,Rd}} + k_{zy} \cdot \frac{M_{y,Ed}}{M_{b,Rd}} = \frac{108}{716} + 0{,}957 \cdot \frac{251}{296} = 0{,}962 \leq 1$$

Ersatzstabnachweis der Stütze um die *y-y*-Achse

$\gamma_{M1} = 1{,}10$

Da die Berechnung des Systems in der Tragwerksebene mit den geometrischen Ersatzimperfektionen nach Theorie II. Ordnung erfolgte, ist für die Knicklänge des Stabes die Systemlänge einzusetzen.

Knicken *y-y*-Achse

Querschnittswerte:

$$I_y = 33\ 740 \text{ cm}^4$$

Nach Tabelle 3.2 ist dieses Profil bei Knicken um die *y-y*-Achse der Kurve a zugeordnet.
Die Stütze ist an den Stabenden seitlich gehalten.

$$N_{cr,y} = \frac{\pi^2 \cdot E \cdot I_y}{L_{cr}^2} = \frac{\pi^2 \cdot 21\ 000 \cdot 33\ 740}{583^2} = 20574 \text{ kN}$$

$$\bar{\lambda}_y = \sqrt{\frac{N_{pl}}{N_{cr,y}}} = \sqrt{\frac{98{,}8 \cdot 23{,}5}{20574}} = 0{,}336 \quad \text{Tabelle 3.1} \qquad \chi_y = 0{,}968$$

$$N_{\text{b,y,Rd}} = \frac{\chi_y \cdot A \cdot f_y}{\gamma_{M1}} = \frac{0{,}968 \cdot 98{,}8 \cdot 23{,}5}{1{,}10} = 2043 \text{ kN}$$

$$\frac{N_{\text{Ed}}}{N_{\text{b,y,Rd}}} = \frac{108}{2043} = 0{,}053 \leq 1{,}00$$

Interaktionsbeziehung für Biegedrillknicken mit Normalkraft

$$n_y = \frac{N_{\text{Ed}}}{N_{\text{b,y,Rd}}} = \frac{108}{2043} = 0{,}053$$

Für Querschnittsklassen 1 und 2 gilt:

$$C_{\text{my}} = 0{,}6$$

$$k_{yy} = C_{\text{my}} \cdot \left(1 + \left(\bar{\lambda}_y - 0{,}2\right) \cdot n_y\right) = 0{,}6 \cdot \left(1 + \left(0{,}336 - 0{,}2\right) \cdot 0{,}053\right) = 0{,}604$$

$$\leq C_{\text{my}} \cdot \left(1 + 0{,}8 \cdot n_y\right) = 0{,}6 \cdot \left(1 + 0{,}8 \cdot 0{,}053\right) = 0{,}625$$

$$\frac{N_{\text{Ed}}}{N_{\text{b,y,Rd}}} + k_{yy} \cdot \frac{M_{\text{y,Ed}}}{M_{\text{b,Rd}}} = \frac{108}{2043} + 0{,}604 \cdot \frac{251}{296} = 0{,}565 \leq 1$$

Ersatzstabnachweis des Riegels nach dem allgemeinen Verfahren

Da der Riegel mit langer Voute ausgebildet wurde, liegt ein Bauteil mit veränderlichem Querschnitt vor. Deshalb darf hier nur das allgemeine Verfahren angewendet werden. Es wird zunächst eine Handrechnung benutzt, wobei die Berechnung des Schlankheitsgrades zunächst mit der *Dunkerley*schen Überlagerungsformel erfolgt.

$\gamma_{M1} = 1{,}10$

Beispiel: Trapezblech als stützendes Bauteil
Berechnung der Drehbettung
Biegedrillknickgefährdeter Träger: IPE 360
Querschnittswerte: $b = 170$ mm; $h_f = 347$ mm; $t_w = 8$ mm
Stützendes Bauteil: Trapezblech HOESCH E100-1,0 in Positivlage als Dreifeldträger mit $s = 4{,}50$ m; Setzbolzen in jeder zweiten Profilrippe nach Tabelle 9.17.

$$c_{\vartheta\text{R,k}} = k \cdot \frac{E \cdot I_{\text{eff}}}{s} = 4 \cdot \frac{21\,000 \cdot 195}{450 \cdot 100} = 364 \text{ kNcm/cm}$$

$c_{100} = 3{,}1$ kNcm/cm nach Tabelle 9.17

$$k_{\text{ba}} = 1{,}25 \cdot \left(\frac{b_a}{100}\right) = 1{,}25 \cdot \left(\frac{170}{100}\right) = 2{,}13 \qquad \text{wenn} \quad 125 \text{ mm} \leq b_a < 200 \text{ mm}$$

$$k_t = \left(\frac{t_{\text{nom}}}{0{,}75}\right)^{1{,}1} = \left(\frac{1{,}0}{0{,}75}\right)^{1{,}1} = 1{,}37 \qquad \text{wenn} \quad t_{\text{nom}} \geq 0{,}75 \text{ mm; positive Lage}$$

$$k_{\text{bR}} = 1{,}0 \qquad \text{wenn} \quad b_R \leq 185 \text{ mm}$$

$$A = 1{,}1 \cdot (1{,}35 \cdot 0{,}5 + 1{,}50 \cdot 0{,}68) \cdot 4{,}50 = 8{,}39 \text{ kN/m}$$

$$k_A = 1{,}0 + (A - 1{,}0) \cdot 0{,}095 \qquad \text{wenn} \quad t_{\text{nom}} = 1{,}00 \text{ mm; positive Lage}$$

$$k_A = 1{,}0 + (8{,}39 - 1{,}0) \cdot 0{,}095 = 1{,}70$$

$$k_{\text{bT}} = 1{,}0$$

$$c_{\vartheta C,k} = c_{100} \cdot k_{ba} \cdot k_t \cdot k_{bR} \cdot k_A \cdot k_{bT} = 3{,}1 \cdot 2{,}13 \cdot 1{,}37 \cdot 1{,}0 \cdot 1{,}70 \cdot 1{,}0 = 15{,}4 \text{ kNcm/cm}$$

$$c_{\vartheta D,k} = \frac{E \cdot t_w^3}{4 \cdot h_f} = \frac{21\,000 \cdot 0{,}8^3}{4 \cdot 34{,}7} = 77{,}5 \text{ kNcm/cm}$$

$$\frac{1}{c_{\vartheta,k}} = \frac{1}{c_{\vartheta R,k}} + \frac{1}{c_{\vartheta C,k}} + \frac{1}{c_{\vartheta D,k}} = \frac{1}{364} + \frac{1}{15{,}4} + \frac{1}{77{,}5}$$

$$c_{\vartheta,k} = 12{,}4 \text{ kNcm/cm}$$

Befestigung: übliche Ausführung
Schubfeldwerte: $K_1 = 0{,}188$; $K_2 = 16{,}6$; $L_S = 13{,}5$ m

$$G_S = \frac{10^4}{K_1 + K_2 / L_S} = \frac{10^4}{0{,}188 + 16{,}6 / 13{,}5} = 7054 \text{ kN/m}$$

Für einen Riegel gilt mit $a = 4{,}50$ m und Befestigung in jeder zweiten Rippe:

$$S = 0{,}2 \cdot G_S \cdot a = 0{,}2 \cdot 7054 \cdot 4{,}50 = 6350 \text{ kN}$$

Der Dachverband kann zusätzlich für die Schubsteifigkeit angesetzt werden. Für die Berechnung der Verzweigungslast des Riegels wird in der Praxis i. Allg. eine Gabellagerung an den Stabenden angenommen. Die seitliche Halterung der Stütze durch den Längswandverband sollte möglichst im Bereich des gedrückten Voutengurtes erfolgen. Eine Näherungsberechnung ist möglich, wenn folgende Vereinfachungen getroffen werden. Die Wirkungen der Dreh- und Schubbettung werden für die Berechnung von $\alpha_{cr,M}$ zunächst getrennt erfasst. Für die veränderliche Normalkraft wird der Mittelwert im Riegel gewählt.

$$N_{Ed} = \frac{57{,}3 + 45{,}1}{2} = 51{,}2 \text{ kN}$$

Knicken *z-z*-Achse

Es liegt ein elastisch gebetteter Druckstab vor.
Lösung: $n = 1, 2, 3$........ wird gewählt. Der kleinste Wert ist maßgebend.

$$n = 3$$

$$i_p^2 = \frac{I_y + I_z}{A} = \frac{16\,270 + 1040}{72{,}7} = 238{,}1 \text{ cm}^2$$

$$a = E \cdot I_z \cdot \frac{(n \cdot \pi)^2}{l^2} = 21\,000 \cdot 1040 \cdot \frac{(3 \cdot \pi)^2}{2000^2} = 485 \text{ kN}$$

$$b = \frac{1}{i_p^2}\left(E \cdot \frac{I_w}{\beta_0^2} \cdot \frac{(n \cdot \pi)^2}{l^2} + G \cdot I_t + c_\vartheta \cdot \frac{l^2}{(n \cdot \pi)^2} \right)$$

$$b = \frac{1}{238{,}1}\left(21\,000 \cdot \frac{313\,600}{1^2} \cdot \frac{(3 \cdot \pi)^2}{2000^2} + 8100 \cdot 37{,}3 + 12{,}4 \cdot \frac{2000^2}{(3 \cdot \pi)^2} \right) = 4228 \text{ kN}$$

$$c = S = 6350 \text{ kN}$$

$$d = S \cdot \frac{z_S^2}{i_p^2} = 6350 \cdot \frac{18^2}{238{,}1} = 8641 \text{ kN}$$

$$p = a + b + c + d = 485 + 4228 + 6350 + 8641 = 19\,704 \text{ kN}$$

$$q = a \cdot b + a \cdot d + b \cdot c = 485 \cdot 4228 + 485 \cdot 8641 + 4228 \cdot 6350 = 33\,089\,265 \text{ kN}^2$$

$$N_{\text{cr,z}} = \frac{p}{2} \pm \sqrt{\left(\frac{p}{2}\right)^2 - q} = \frac{19\ 704}{2} - \sqrt{\left(\frac{19\ 704}{2}\right)^2 - 33\ 089\ 265} = 1854\ \text{kN}$$

$$\alpha_{\text{cr,N}} = \frac{N_{\text{cr,z}}}{N_{\text{Ed}}} = \frac{1854}{51,2} = 36,2$$

Biegedrillknicken ohne Normalkraft

Querschnittswerte:

$$I_{\text{T}} = 37,3\ \text{cm}^4;\ I_{\text{w}} = 313\ 600\ \text{cm}^6$$

$$h = 36,0\ \text{cm};\ W_{\text{pl,y}} = 1019\ \text{cm}^3$$

Das Biegedrillknickmoment wird näherungsweise mit Tabelle 9.16 berechnet. Die einge-hängte Parabel folgt aus dem Momentenverlauf.

$$M_{\text{A}} = 262\ \text{kNm};\ M_{\text{B}} = 267\ \text{kNm};\ M_0 = \frac{262 + 267}{2} + 116 = 381\ \text{kNm}$$

$$\psi = \frac{M_{\text{B}}}{M_0} = \frac{267}{381} = 0,700;\ \frac{M_{\text{A}}}{M_{\text{B}}} = \frac{262}{267} \approx 1,00$$

Da der Querschnitt des Rahmenriegels durch die langen Vouten nicht konstant ist, wird der Verzweigungslastfaktor $\alpha_{\text{cr,M}}$ näherungsweise für das konstante Profil IPE 360 berechnet und die höhere Steifigkeit im Bereich der Vouten vernachlässigt. Ungünstig wirkt dagegen der größere Angriffspunkt der Querbelastung. Mit diesem Verzweigungslastfaktor wird der Nachweis geführt.

Biegedrillknicken mit Drehbettung

Die Werte der Tabellen 9.18 gelten für I-Querschnitte mit den folgenden Einschränkungen:

1. $\beta_{\text{w}} = 1 + \frac{\pi^2 \cdot E \cdot I_{\text{w}}}{l^2 \cdot G \cdot I_{\text{t}}} = 1 + \frac{\pi^2 \cdot 21\ 000 \cdot 313\ 600}{2000^2 \cdot 8100 \cdot 37,3} = 1,054 \geq 1,02$

2. vorh $c_{\vartheta,\text{k}} = 12,4$ kNm/m $\leq c_{\vartheta\text{D,k}} = 77,5$ kNm/m. Für vorh $c_{\vartheta,\text{k}} > c_{\vartheta\text{D,k}}$ gilt $c_{\vartheta,\text{k}} = c_{\vartheta\text{D,k}}$

3. vorh $S = 6350\ \text{kN} \leq S^* = 10,2 \cdot \frac{M_{\text{pl}}}{h} = 10,2 \cdot \frac{239,5}{0,36} = 6786$ kN. Für vorh $S > S^*$ gilt

vorh $S = S^*$

$$I_{\text{t}}^* = I_{\text{t}} + \frac{c_\vartheta \cdot l^2}{G \cdot \pi^2} = 37,3 + \frac{12,4 \cdot 2000^2}{8100 \cdot \pi^2} = 658\ \text{cm}^4$$

$$\beta_0 = 1,00$$

$$c^2 = \frac{I_{\text{w}} / \beta_0^2 + 0,039 \cdot l^2 \cdot I_{\text{t}}^*}{I_{\text{z}}} = \frac{313\ 600 / 1^2 + 0,039 \cdot 2000^2 \cdot 658}{1040} = 99000\ \text{cm}^2$$

$$N_{\text{cr,z}} = \frac{\pi^2 \cdot E \cdot I_{\text{z}}}{l^2} = \frac{\pi^2 \cdot 21\ 000 \cdot 1040}{2000^2} = 53,9\ \text{kN}$$

$$\zeta_{0\vartheta} = 3,18$$

$$M_{\text{cr,0}\vartheta} = \zeta_{0\vartheta} \cdot N_{\text{cr,z}} \cdot \left(\sqrt{c^2 + \left(\zeta_{0\vartheta} \cdot 0,4 \cdot z_{\text{p}}\right)^2} + \zeta_{0\vartheta} \cdot 0,4 \cdot z_{\text{p}}\right)$$

$$M_{\text{cr,0}\vartheta} = 3,18 \cdot \frac{53,9}{100} \cdot \left(\sqrt{99\ 000 + (2,77 \cdot 0,4 \cdot 18)^2} - 2,77 \cdot 0,4 \cdot 18\right) = 506\ \text{kNm}$$

$$\alpha_{cr,\vartheta} = \frac{M_{cr,0\vartheta}}{M_0} = \frac{506}{381} = 1,33$$

Biegedrillknicken mit Schubbettung

$$\zeta_{0S} = 0,078$$

$$M_{cr,0S} = \zeta_{0S} \cdot S \cdot h = 0,078 \cdot 6350 \cdot 0,36 = 178 \text{ kNm}$$

$$\alpha_{cr,S} = \frac{M_{cr,0S}}{M_0} = \frac{178}{381} = 0,467$$

Biegedrillknicken mit Drehbettung und Schubbettung

$$\alpha_{cr,M} = \alpha_{cr,\vartheta} + \alpha_{cr,S} = 1,33 + 0,467 = 1,78$$

Biegedrillknicken mit Normalkraft

*Dunkerley*schen Überlagerungsformel:

$$\frac{1}{\alpha_{cr,op}} = \frac{1}{\alpha_{cr,N}} + \frac{1}{\alpha_{cr,M}} = \frac{1}{36,2} + \frac{1}{1,78} \qquad \alpha_{cr,op} = 1,70$$

Kleinster Vergrößerungsfaktor $\alpha_{ult,k}$

Anschnitt der geschweißten Voute:

$$M_{y,Ed} = 251 \text{ kNm} \qquad N_{Ed} = 51,2 \text{ kN}$$

$$N_{Rk} = A \cdot f_y = 113 \cdot 23,5 = 2656 \text{ kN}$$

$$M_{Rk} = W_{pl,y} \cdot f_y = 2 \cdot 1356 \cdot 23,5 / 100 = 637 \text{ kNm}$$

$$\frac{1}{\alpha_{ult,k}} = \frac{N_{Ed}}{N_{Rk}} + \frac{M_{y,Ed}}{M_{Rk}} = \frac{51,2}{2656} + \frac{251}{637} \qquad \alpha_{ult,k} = 2,42$$

$$\bar{\lambda}_{op} = \sqrt{\frac{\alpha_{ult,k}}{\alpha_{cr,op}}} = \sqrt{\frac{2,42}{1,70}} = 1,19$$

Die Zuordnung des Riegels zu einer Knicklinie im allgemeinen Fall ist schwierig, da der Riegel im Bereich der Voute geschweißt und im Feldbereich gewalzt ist. Berücksichtigt man die Untersuchungen in [33], die die Zuordnung dieser Riegel mit Voute nach den günstigeren Knicklinien für den speziellen Fall vorschlägt, ist es berechtigt, die günstigere Knicklinie des konstanten gewalzten Querschnittes im allgemeinen Fall anzuwenden, s. auch Kommentar auf S. 300.

$\chi = 0,484$ nach Tabelle 3.1 für Knicklinie b mit $h/b > 1,2$

$\chi_{LT} = 0,484$ nach Tabelle 9.3 für Knicklinie b mit $h/b > 2$

$k_c = 0,90$ nach Tabelle 9.6

$$f = 1 - 0,5 \cdot (1 - k_c) \cdot \left[1 - 2,0 \cdot \left(\bar{\lambda}_{op} - 0,8\right)^2\right]$$

$$f = 1 - 0,5 \cdot (1 - 0,90) \cdot \left[1 - 2,0 \cdot (1,07 - 0,8)^2\right] = 0,957 \text{ jedoch} < 1,0$$

$$\chi_{LT,mod} = \frac{\chi_{LT}}{f} = \frac{0,484}{0,957} = 0,506 \leq 1,0$$

a) Der Abminderungsfaktor χ_{op} ist der kleinste dieser beiden Werte.

$$\chi_{op} = 0,484$$

Der Nachweis lautet:

$$\frac{N_{Ed}}{\chi_{op} \cdot N_{pl,Rd}} + \frac{M_{y,Ed}}{\chi_{op} \cdot M_{pl,y,Rd}} = \frac{51,2}{0,484 \cdot 2415} + \frac{251}{0,484 \cdot 579} = 0,94 \geq 1$$

Feldmitte:

$$M_{y,Ed} = 116 \text{ kNm} \qquad N_{Ed} = 51,2 \text{ kN}$$

$$N_{Rk} = A \cdot f_y = 72,7 \cdot 23,5 = 1708 \text{ kN}$$

$$M_{Rk} = W_{pl,y} \cdot f_y = 2 \cdot 510 \cdot 23,5 / 100 = 240 \text{ kNm}$$

$$\frac{1}{\alpha_{ult,k}} = \frac{N_{Ed}}{N_{Rk}} + \frac{M_{y,Ed}}{M_{Rk}} = \frac{51,2}{1708} + \frac{116}{240} \qquad \alpha_{ult,k} = 1,95$$

$$\bar{\lambda}_{op} = \sqrt{\frac{\alpha_{ult,k}}{\alpha_{cr,op}}} = \sqrt{\frac{1,95}{1,70}} = 1,07$$

$\chi = 0,554$ nach Tabelle 3.1 für Knicklinie b mit $h/b > 1,2$

$\chi_{LT} = 0,554$ nach Tabelle 9.3 für Knicklinie b mit $h/b > 2$

$k_c = 0,90$ nach Tabelle 9.6

$$f = 1 - 0,5 \cdot (1 - k_c) \cdot \left[1 - 2,0 \cdot \left(\bar{\lambda}_{op} - 0,8\right)^2\right]$$

$$f = 1 - 0,5 \cdot (1 - 0,90) \cdot \left[1 - 2,0 \cdot (1,07 - 0,8)^2\right] = 0,957 \text{ jedoch} < 1,0$$

$$\chi_{LT,mod} = \frac{\chi_{LT}}{f} = \frac{0,554}{0,957} = 0,579 \leq 1,0$$

a) Der Abminderungsfaktor χ_{op} ist der kleinste dieser beiden Werte.

$$\chi_{op} = 0,554$$

Der Nachweis lautet:

$$\frac{N_{Ed}}{\chi_{op} \cdot N_{pl,Rd}} + \frac{M_{y,Ed}}{\chi_{op} \cdot M_{pl,y,Rd}} = \frac{51,2}{0,554 \cdot 1556} + \frac{116}{0,554 \cdot 218} = 1,02 \approx 1$$

Der Nachweis in Feldmitte ist hier maßgebend.

Die genaue Berechnung des Verzweigungslastfaktors $\alpha_{cr,op}$ für Biegung und Normalkraft kann mit dem Programm DRILL erfolgen. Das Programm DRILL, das voutenförmige Abschnitte des Trägers berücksichtigt, liefert als Verzweigungslastfaktor für dieses Beispiel:

$$\alpha_{cr,op} = 1,99$$

$$\bar{\lambda}_{op} = \sqrt{\frac{\alpha_{ult,k}}{\alpha_{cr,op}}} = \sqrt{\frac{1,95}{1,99}} = 0,990$$

$\chi = 0,603$ nach Tabelle 3.1 für Knicklinie b mit $h/b > 1,2$

$\chi_{LT} = 0,603$ nach Tabelle 9.3 für Knicklinie b mit $h/b > 2$

$k_c = 0,90$ nach Tabelle 9.6

$$f = 1 - 0,5 \cdot (1 - k_c) \cdot \left[1 - 2,0 \cdot \left(\bar{\lambda}_{op} - 0,8\right)^2\right]$$

$$f = 1 - 0,5 \cdot (1 - 0,90) \cdot \left[1 - 2,0 \cdot (0,99 - 0,8)^2\right] = 0,954 \text{ jedoch} < 1,0$$

$$\chi_{\text{LT,mod}} = \frac{\chi_{\text{LT}}}{f} = \frac{0,603}{0,954} = 0,632 \leq 1,0$$

a) Der Abminderungsfaktor χ_{op} ist der kleinste dieser beiden Werte nach NA Deutschland.

$$\chi_{\text{op}} = 0,603$$

Der Nachweis lautet:

$$\frac{N_{\text{Ed}}}{\chi_{\text{op}} \cdot N_{\text{pl,Rd}}} + \frac{M_{\text{y,Ed}}}{\chi_{\text{op}} \cdot M_{\text{pl,y,Rd}}} = \frac{51,2}{0,603 \cdot 1556} + \frac{116}{0,603 \cdot 218} = 0,94 \leq 1$$

b) Zwischen den beiden Werten darf nach EC 3 interpoliert werden, was aber nach dem NA Deutschland nicht erlaubt ist. Der Nachweis lautet dann:

$$\frac{N_{\text{Ed}}}{\chi_{\text{op}} \cdot N_{\text{pl,Rd}}} + \frac{M_{\text{y,Ed}}}{\chi_{\text{LT}} \cdot M_{\text{pl,y,Rd}}} = \frac{51,2}{0,603 \cdot 1556} + \frac{116}{0,632 \cdot 218} = 0,90 \leq 1$$

12 Schubweicher Biegestab

12.1 Schubweiches Balkenelement

Die Verformungen aus der Querkraft werden bei Stahlbauelementen i. Allg. vernachlässigt. Sie sind jedoch z. B. bei Sandwichelementen zu berücksichtigen. Die Theorie des schubweichen Biegestabes wurde in der Vergangenheit meist genutzt, um die Beanspruchungen von Fachwerken, Gitterstäben und Rahmenstäben näherungsweise zu berechnen. Durch die Entwicklung der Computertechnik und der FE-Methoden ist es jetzt möglich, solche feingliedrigen Tragsysteme genau mit allen Stabelementen zu berechnen. Die Theorie des schubweichen Stabes dient hier deshalb zur Berechnung einfacher Systeme und zur Kontrolle von FE-Berechnungen.

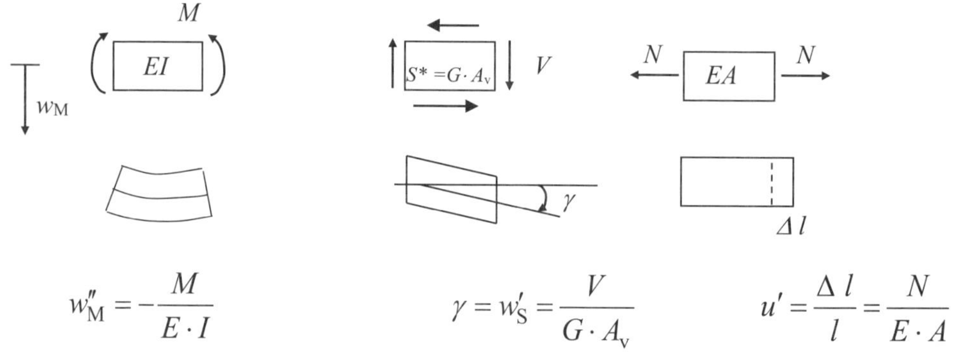

Abb. 12.1 Elastostatische Grundgleichungen

Die Verformung des Stabes nach Abb. 12.1 setzt sich aus Biegeverformungen, Schubverformungen und Normalkraftverformungen zusammen. Allgemein gilt für die Berechnung der Verformungen:

$$w = \int_0^x M \cdot \overline{M} \cdot \frac{\mathrm{d}x}{E \cdot I} + \int_0^x V \cdot \overline{V} \cdot \frac{\mathrm{d}x}{G \cdot A_\mathrm{v}} + \int_0^x N \cdot \overline{N} \cdot \frac{\mathrm{d}x}{E \cdot A} \tag{12.1}$$

Wenn der Anteil der Normalkraftverformungen für die Verformung w vernachlässigt wird, addieren sich die Anteile aus den Biege- und Schubverformungen.

$$w = w_\mathrm{M} + w_\mathrm{S} \tag{12.2}$$

In dem folgenden Beispiel des Balkens auf zwei Stützen mit Gleichstreckenlast nach Abb. 12.2 soll die maximale Durchbiegung in Stabmitte berechnet werden.

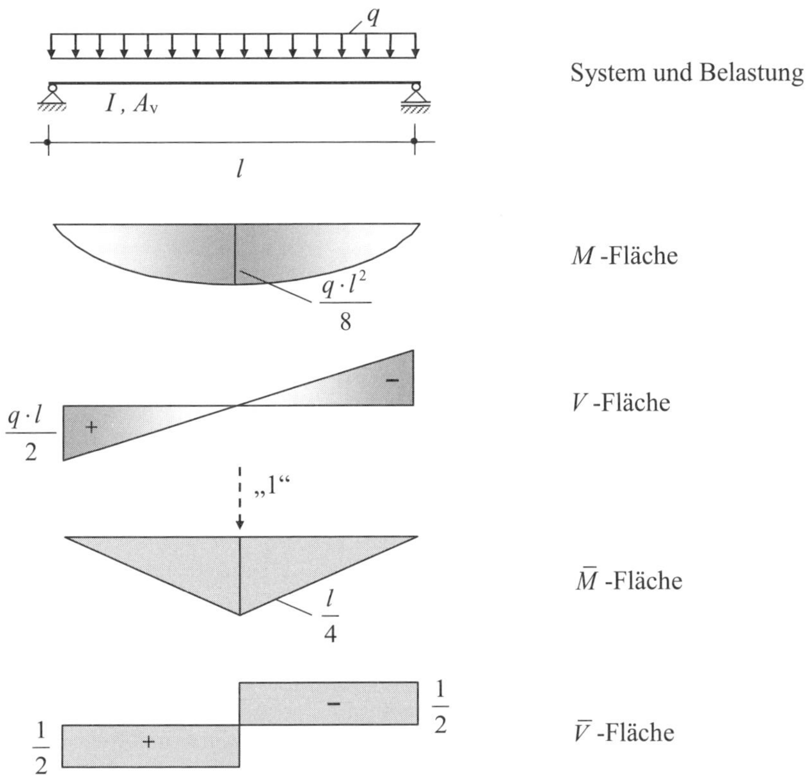

Abb. 12.2 Balken mit Schubverformungen

Durchbiegung f in der Mitte:

$$f = \frac{5}{384} \cdot \frac{q \cdot l^4}{E \cdot I} + 2 \cdot \frac{1}{2} \cdot q \cdot \frac{l}{2} \cdot \frac{1}{2} \cdot \frac{l}{G \cdot A_v \cdot 2}$$

$$f = \frac{5}{384} \cdot \frac{q \cdot l^4}{E \cdot I} + \frac{1}{8} \cdot \frac{q \cdot l^2}{G \cdot A_v} \tag{12.3}$$

Um den Anteil der Schubverformungen zu diskutieren, wird die Gleichung (12.3) folgendermaßen umgeformt:

$$f = \frac{5}{384} \cdot \frac{q \cdot l^4}{E \cdot I} \cdot \left(1 + 9{,}6 \frac{E \cdot I}{l^2 \cdot G \cdot A_v} \right) = f_M \cdot (1 + 9{,}6 \cdot \chi_S) \tag{12.4}$$

$$\text{mit} \quad \chi_S = \frac{E \cdot I}{l^2 \cdot G \cdot A_v} \tag{12.5}$$

Der Anteil der Schubverformungen hängt von dem Verhältnis der Biegesteifigkeit zur Schubsteifigkeit ab. Bei kurzen Trägern ist der prozentuale Anteil größer, der Absolutbetrag der Verformung dagegen klein. Die Vorzahl

(9,6) ist abhängig von der Belastung und der Lagerung. Für eine sinusförmige Belastung ergibt sie sich zu π^2.
Für Walzprofile ist der Einfluss der Schubsteifigkeit gering und kann vernachlässigt werden, wie das folgende Beispiel zeigt.
Beispiel:
Werkstoff: S 235
Profil: IPE 500
Querschnittswerte: $I = 48\ 200\ \text{cm}^4$; $A_V = 49{,}4\ \text{cm}^2$

$$\frac{f}{f_M} = 1 + 9{,}6 \frac{E \cdot I}{l^2 \cdot G \cdot A_V}$$

$$l = 200\ \text{cm} \rightarrow \frac{f}{f_M} = 1 + 9{,}6 \frac{21\ 000 \cdot 48\ 200}{200^2 \cdot 8100 \cdot 49{,}4} = 1{,}61$$

$$l = 500\ \text{cm} \rightarrow \frac{f}{f_M} = 1 + 9{,}6 \frac{21\ 000 \cdot 48\ 200}{500^2 \cdot 8100 \cdot 49{,}4} = 1{,}097$$

Als zweites Beispiel soll ein statisch unbestimmtes System berechnet werden, da die Schubsteifigkeit die Schnittgrößen verändert. Es ist der Zweifeldträger mit gleicher Spannweite und Gleichstreckenlast, s. Abb. 12.3.

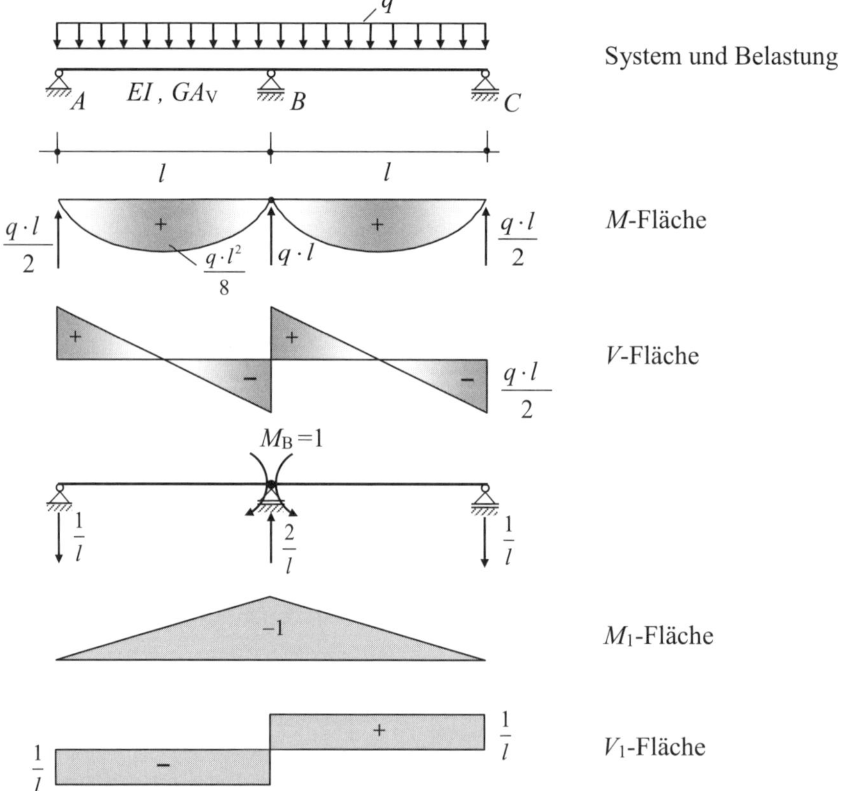

Abb. 12.3 Zweifeldträger mit Schubverformungen

Die statisch unbestimmte Berechnung ergibt:

$$\delta_{10} = \frac{1}{3}\cdot(-1)\cdot q\cdot\frac{l^2}{8}\cdot\frac{l}{E\cdot I}\cdot 2+0 = -\frac{1}{12}\cdot\frac{q\cdot l^3}{E\cdot I}$$

$$\delta_{11} = \frac{1}{3}\cdot(-1)\cdot(-1)\cdot\frac{l}{E\cdot I}\cdot 2+1\cdot\left(-\frac{1}{l}\right)\cdot\left(-\frac{1}{l}\right)\cdot\frac{l}{G\cdot A_{\mathrm{v}}}+1\cdot\frac{1}{l}\cdot\frac{1}{l}\cdot\frac{l}{G\cdot A_{\mathrm{v}}}$$

$$\delta_{11} = \frac{2}{3}\cdot\frac{l}{E\cdot I}+\frac{2}{l\cdot G\cdot A_{\mathrm{v}}}$$

$$M_{\mathrm{B}} = -\frac{\delta_{10}}{\delta_{11}} = q\cdot\frac{l^2}{8}\cdot\frac{1}{1+3\cdot\dfrac{E\cdot I}{l^2\cdot G\cdot A_{\mathrm{v}}}} \qquad (12.6)$$

Bei einem Zweifeldträger wird das Stützmoment kleiner und das Feldmoment größer. Für die Spannweite $l = 500$ cm und das Profil IPE 500 erhält man:

$$\frac{M_{\mathrm{B}}}{M_{\mathrm{B,M}}} = \frac{1}{1+3\cdot\chi_S} = 0{,}97$$

Für Walzprofile ist der Einfluss der Schubsteifigkeit gering und kann vernachlässigt werden.

Die Berechnung der Schubsteifigkeit $S = G\cdot A_{\mathrm{V}}$ von Fachwerkfüllstäben ist ausführlich im Abschnitt 9.12 besprochen. Hier einige Beispiele [16]:

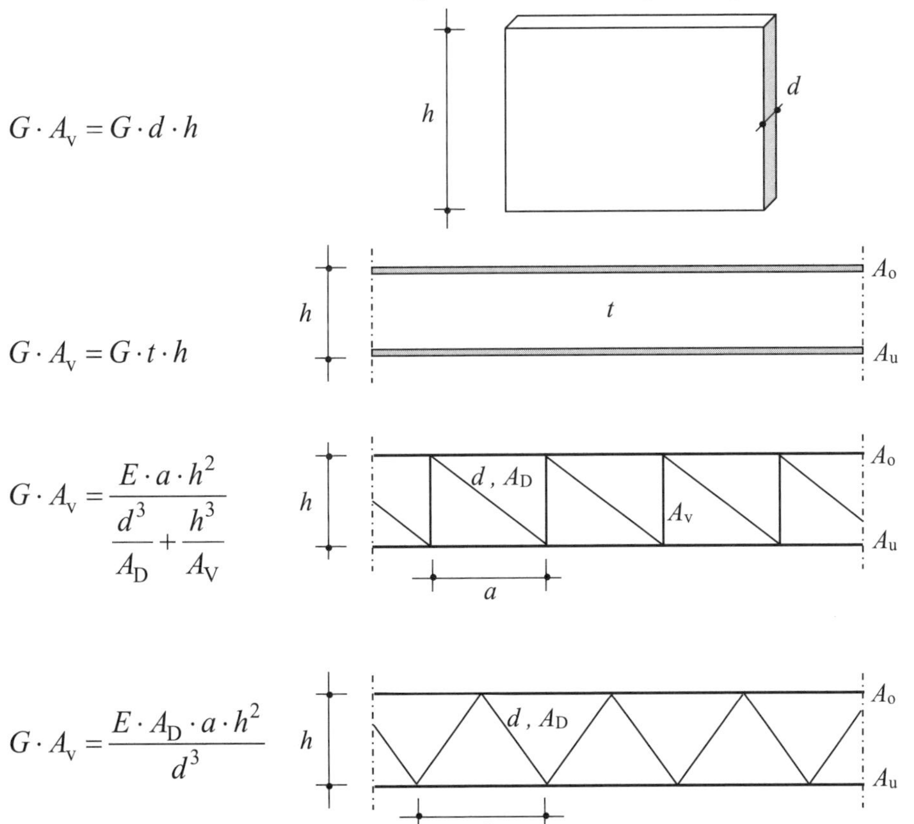

$$G\cdot A_v=\frac{E\cdot A_D\cdot a\cdot h^2}{d^3}$$

$$G\cdot A_v=\frac{E\cdot a\cdot h^2}{\dfrac{2\cdot d^3}{A_D}+\dfrac{h^3}{4\cdot A_V}}$$

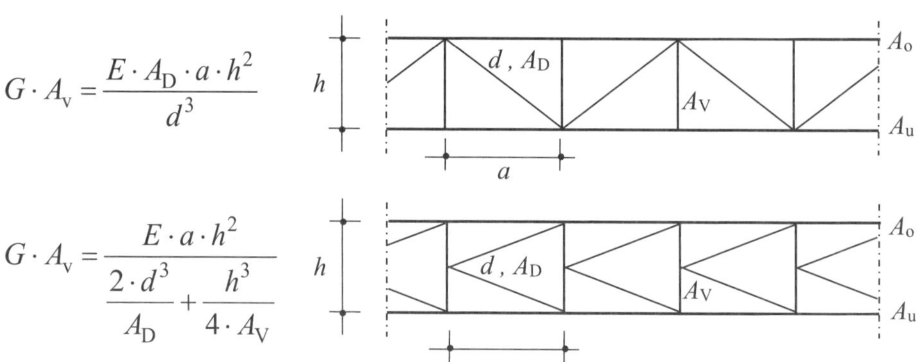

Beispiel: Verzweigungslast des schubweichen *Euler*stabes

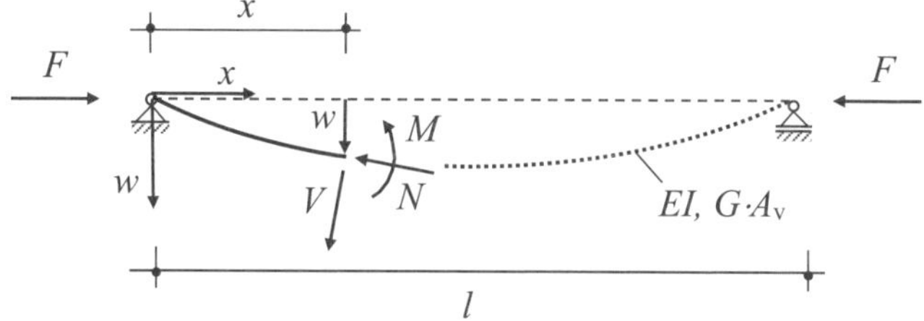

Abb. 12.4 Zentrisch gedrückter schubweicher Stab

Es gilt für das Biegemoment M an der Stelle x dieses Systems, wenn die Normalkraft N als Druckkraft positiv eingeführt wird:

$$F\approx N \qquad M(x)=N\cdot w$$

$$w''_M=-\frac{M}{E\cdot I}=-\frac{N\cdot w}{E\cdot I}$$

Für den Anteil der Schubverformungen erhält man:

$$w'_S=\frac{V}{G\cdot A_v} \qquad \text{mit } V=\frac{\mathrm{d}M}{\mathrm{d}x}=N\cdot w' \qquad \text{folgt}$$

$$w'_S=\frac{N\cdot w'}{G\cdot A_v} \text{ und } w''_S=\frac{N\cdot w''}{G\cdot A_v}$$

Die Gesamtverformung erhält man mit Gleichung (12.2).

$$w=w_M+w_S \qquad w''=w''_M+w''_S=-\frac{N}{E\cdot I}\cdot w+\frac{N}{G\cdot A_v}\cdot w''$$

$$w''+\frac{N}{E\cdot I\cdot\left(1-\dfrac{N}{G\cdot A_v}\right)}\cdot w=0$$

Dies bedeutet: Es können alle Lösungen für den Knickstab als auch für Theorie II. Ordnung benutzt werden, wenn für $\varepsilon=\alpha\cdot l$

$$\alpha = \sqrt{\frac{N}{E \cdot I \cdot \left(1 - \frac{N}{G \cdot A_\mathrm{v}}\right)}} \tag{12.7}$$

eingesetzt wird.
Als Lösung der Knickbedingung (3.14) erhält man:

$$\varepsilon = \pi = \alpha \cdot l = l \cdot \sqrt{\frac{N_\mathrm{cr}}{E \cdot I \cdot \left(1 - \frac{N_\mathrm{cr}}{G \cdot A_\mathrm{v}}\right)}} \tag{12.8}$$

$$N_\mathrm{cr} = \frac{\pi^2 \cdot E \cdot I}{l^2 \cdot \left(1 + \frac{\pi^2 \cdot E \cdot I}{l^2 \cdot G \cdot A_\mathrm{v}}\right)} = \frac{1}{\frac{l^2}{\pi^2 \cdot E \cdot I} + \frac{1}{G \cdot A_\mathrm{v}}} = \frac{1}{\frac{1}{N_\mathrm{cr,M}} + \frac{1}{N_\mathrm{cr,S}}} \tag{12.9}$$

Die Gleichung (12.9) kann auch folgendermaßen geschrieben werden:

$$\frac{1}{N_\mathrm{cr}} = \frac{1}{N_\mathrm{cr,M}} + \frac{1}{N_\mathrm{cr,S}} \tag{12.10}$$

mit $N_\mathrm{cr,M} = \frac{\pi^2 \cdot E \cdot I}{l^2}$ und $N_\mathrm{cr,S} = G \cdot A_\mathrm{v}$

$N_\mathrm{cr,M}$ ist die Verzweigungslast des schubstarren Biegestabes und $N_\mathrm{cr,S}$ die Verzweigungslast der Schubsteifigkeit. Diese verhalten sich wie hintereinander geschaltete Federn.

Beispiel: Elastizitätstheorie II. Ordnung mit geometrischen Ersatzimperfektionen

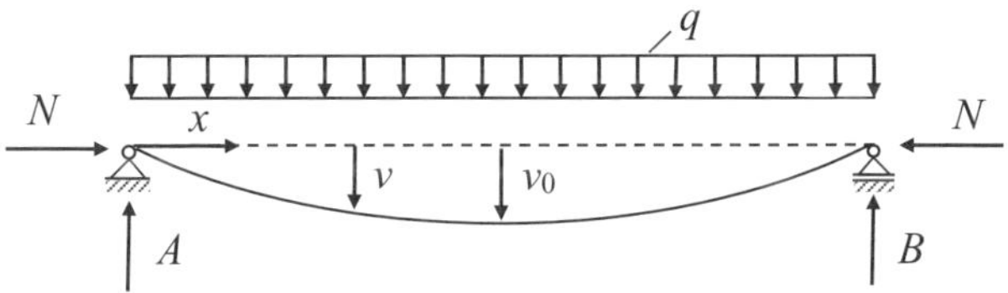

Abb. 12.5 Theorie II. Ordnung mit Ersatzimperfektionen

Als Ersatzimperfektion wird die sin-Halbwelle gewählt (s. Abb. 12.5).

$$v = v_0 \cdot \sin \frac{\pi \cdot x}{l}$$

Die Schnittgrößen für den zentrisch gedrückten Stab lauten für die Gleichstreckenlast.

$$M_\mathrm{I} = \frac{q \cdot l}{2} \cdot x - \frac{q}{2} \cdot x^2 + N \cdot v_0 \cdot \sin\left(\frac{\pi}{l} \cdot x\right)$$

$$\max M_{\mathrm{I}} = \frac{q \cdot l^2}{8} + N \cdot v_0$$

$$\max M_{\mathrm{II}} = \frac{\max M_{\mathrm{I}}}{1 - q_{\mathrm{cr}}} = \frac{\dfrac{q \cdot l^2}{8} + N \cdot v_0}{1 - \dfrac{N}{N_{\mathrm{cr}}}} \tag{12.11}$$

$$V_{\mathrm{I}} = \frac{\mathrm{d}M}{\mathrm{d}x} = \frac{q \cdot l}{2} - q \cdot x + N \cdot v_0 \cdot \frac{\pi}{l} \cdot \cos\left(\frac{\pi}{l} \cdot x\right) \qquad \max V_{\mathrm{I}} = \frac{q \cdot l}{2} + N \cdot v_0 \cdot \frac{\pi}{l}$$

$$\max V_{\mathrm{II}} = \frac{\max V_{\mathrm{I}}}{1 - q_{\mathrm{cr}}} = \frac{\dfrac{q \cdot l}{2} + N \cdot v_0 \cdot \dfrac{\pi}{l}}{1 - \dfrac{N}{N_{\mathrm{cr}}}} \tag{12.12}$$

12.2 Stabilisierende Verbände

12.2.1 Problemstellung

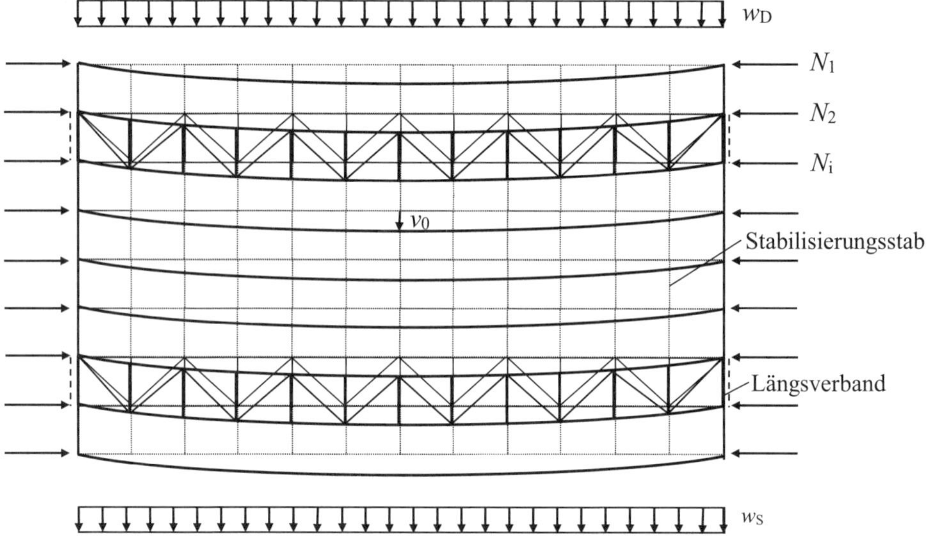

Abb. 12.6 Dachverband einer Halle

Der Dachverband einer Halle ist ein Beispiel für die Anwendung der Theorie des gedrückten schubweichen Stabes. Der Dachverband hat zwei Funktionen:

- Aufnahme der Windkräfte und Weiterleitung zu den Längswand-verbänden
- Aufnahme der Stabilisierungskräfte aus Imperfektionen des Binders.

Windkräfte

Durch die Belastung aus Wind entsteht auf der Giebelwand Winddruck und auf der gegenüberliegenden Seite Windsog. Bei drucksteifer Ausbildung der gesamten Dachscheibe wäre es hier möglich, die gesamte Belastung durch beide Verbände aufzunehmen. Dies gilt jedoch nur, wenn die Stabilisierungsstäbe „starr“ im Verhältnis zum Dachverband sind. Da dies nicht vorausgesetzt werden kann, ist es sinnvoll, jeden Verband auf den größeren Winddruck und die zugehörige Stabilisierungskraft zu bemessen, und beide Verbände gleich auszuführen.

Ist nur ein Verband vorhanden, was bis fünf Felder sinnvoll ist, müssen alle Kräfte von diesem Verband aufgenommen werden.

Die Windbelastung ergibt Auflagerkräfte, die in die Fundamente abgeleitet werden müssen. Das geschieht durch einen Längsverband, eingespannte Stützen oder Verbandsrahmen. Dieser Längsverband liegt oft nicht im gleichen Feld wie der Dachverband. Die Stäbe an der Traufe müssen dann diese Kräfte vom Dachverband bis zum Längswandverband weiterleiten.

Stabilisierungskräfte

Es sind Imperfektionen der Binder in der Dachebene zu berücksichtigen. Durch die Vorkrümmung der Binder nach Abb. 12.6 entstehen infolge der Normalkräfte N_i in den Gurten der Binder Abtriebskräfte.

Die Normalkraft N_i des Binders ist bei Fachwerkträgern die Normalkraft im Obergurt des Fachwerkes. Bei Rahmen aus I-Querschnitten ist die Normalkraft N_i die Druckkraft im oberen Flansch, s. Abb. 12.7.

Abb. 12.7 Berechnung der Normalkräfte der Gurte

$$N_i = \frac{N}{2} + \frac{M}{h_f} \tag{12.13}$$

Diese Kraft wird im Allgemeinen über den Binder als konstant angenommen.

Da alle über die Stabilisierungsstäbe angekoppelten Binder die gleiche Vorkrümmung haben, geht von jedem Binder die gleiche Abtriebswirkung aus. Der Verband entspricht damit einem schubweichen gedrückten Biegestab mit der ideellen Normalkraft

$$N^*_{Ed} = \sum N_i \tag{12.14}$$

Lastkombinationen

Für die Berechnung des Verbandes ist die ungünstigste Lastkombination zu untersuchen. Sind Pfetten gleichzeitig Stabilisierungsstäbe bzw. Pfosten des Dachverbandes, dann sind diese für Druck und Biegung nachzuweisen.

12.2.2 Annahme von Imperfektionen

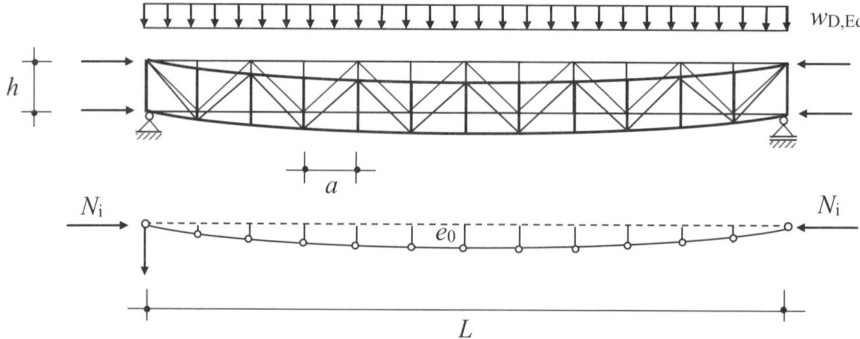

Abb. 12.8 System und Belastung und Ansatz der Ersatzimperfektion für Dachverbände

Die Form der Ersatzimperfektion ist nach (1-1, 5.3.3 (1)) eine Vorkrümmung e_0 nach Abb. 12.8 bezogen auf die Mitte des Dachverbandes. Die Imperfektionen werden bei der Eingabe der Koordinaten bei der Berechnung mit einem Fachwerkprogramm berücksichtigt.

Für den Bemessungswert e_0 gilt:

$$e_0 = \alpha_m \cdot \frac{L}{500} \qquad \alpha_m = \sqrt{0,5 \cdot \left(1 + \frac{1}{m}\right)} \tag{12.15}$$

m: Anzahl der Binder je Verband

Beispiel: Verband mit $L = 20$ m

$$m = 4 \qquad \alpha_m = \sqrt{0,5 \cdot \left(1 + \frac{1}{m}\right)} = \sqrt{0,5 \cdot \left(1 + \frac{1}{4}\right)} = 0,791$$

$$e_0 = 0,791 \cdot \frac{L}{500} = \frac{L}{632}$$

Die bisher übliche Annahme von $e_0 = \dfrac{L}{500}$ liegt auf der sicheren Seite [17].

12.2.3 Berechnung des Dachverbandes

Die Berechnung kann mit einem Stabwerksprogramm erfolgen, das Berechnungen nach Theorie II. Ordnung von Fachwerken ermöglicht. Anderenfalls werden die Stabkräfte von einfachen Systemen mit den Gleichungen (12.11) und (12.12) ermittelt.
Wenn der Erhöhungsfaktor $k \leq 1{,}10$ ist, darf nach Theorie 1. Ordnung gerechnet werden.

$$k = \frac{1}{1 - \frac{N}{N_{\text{cr}}}}$$

$N_{\text{Ki,d}}$ – *Euler*last des schubweichen Biegestabes nach Gleichung (12.10)

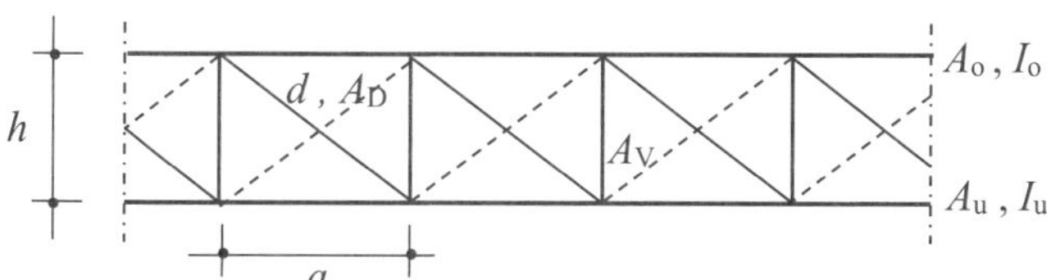

Abb. 12.9 Ersatzsteifigkeiten für den Dachverband

Biegesteifigkeit $E \cdot I$ nach Abb. 12.9:

$$I = \frac{h^2}{\frac{1}{A_o} + \frac{1}{A_u}} + I_o + I_u \qquad (12.16)$$

Schubsteifigkeit S nach Abb. 12.9:

$$S = \frac{E \cdot a \cdot h^2}{\frac{d^3}{A_D} + \frac{h^3}{A_V}} \qquad (12.17)$$

Für die Vorkrümmung mit quadratischer Parabel erhält man mit Abb. 10.11 und Gleichung (10.19) die Stabilisierungslasten.

$$q_{\text{S,Ed}} = 8 \cdot \frac{N^*_{\text{Ed}} \cdot e_0}{l^2} \qquad Q_{\text{S,0}} = 4 \cdot \frac{N^*_{\text{Ed}} \cdot e_0}{l} \qquad e_{\text{Ed}} = w_{\text{D,Ed}} + q_{\text{S,Ed}} \qquad (12.18)$$

Schnittgrößen:

Diagonale D_1 $\qquad V_1 = e_{\text{Ed}} \cdot \frac{l-a}{2} \qquad D_1 = V_1 \cdot \frac{d}{h} \qquad (12.19)$

Pfosten P_1 $\qquad P_1 = e_{\text{Ed}} \cdot \dfrac{l}{2}$

Auflagerkraft A $\qquad A = w_{\text{D}} \cdot \dfrac{l}{2}$

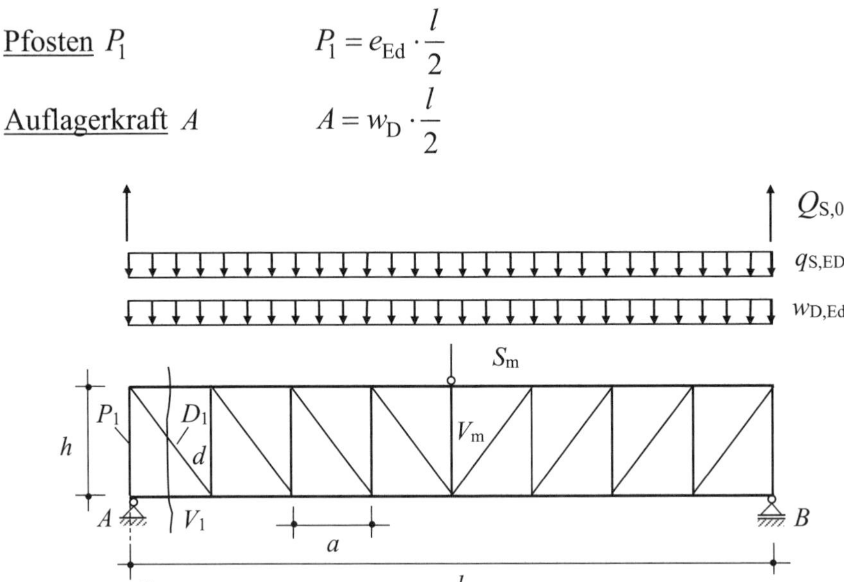

Abb. 12.10 System und Ersatzbelastung des Dachverbandes

Stabilisierungsstäbe $\qquad S_1 = V_1 = e_{\text{Ed}} \cdot \dfrac{l}{2} \qquad S_{\text{m}} = e_{\text{Ed}} \cdot a$

Obergurt $\qquad \max M = e_{\text{Ed}} \cdot \dfrac{l^2}{8} \qquad \Delta N_{\text{G}} = \dfrac{\max M}{h}$

12.3 Mehrteilige Druckstäbe

12.3.1 Konstruktion

Exemplarisch werden hier nur zweiteilige Druckstäbe behandelt. Sie bestehen aus zwei Einzelstäben, die an den Enden und einigen anderen Stellen schubfest verbunden sind. Bei Gitterstäben wird dies durch eine Fachwerkkonstruktion und bei Rahmenstäben durch Bindebleche erreicht, s. Abb.12.11.

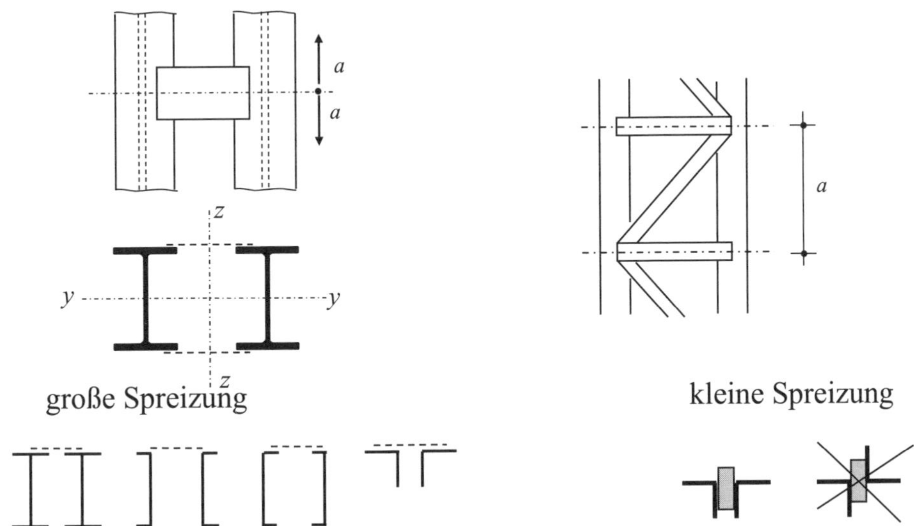

Abb. 12.11 Beispiele für mehrteilige Druckstäbe

Zweiteilige Druckstäbe werden für Fachwerkstäbe, gelegentlich für schwere Hallenstützen, verwendet. Die Stablänge muss durch Bindebleche oder Füllstäbe unterteilt werden, die Abstände sind dabei ungefähr gleich zu halten. Die Endbindebleche können nur dann entfallen, wenn ihre Aufgabe von Knotenblechen oder anderen Konstruktionen übernommen wird.

12.3.2 Ausweichen rechtwinklig zur Stoffachse

Eine Stoffachse ist eine Hauptachse, die durch alle Einzelstabquerschnitte verläuft.

Das Knicken um die y-y-Achse wird wie beim einteiligen Druckstab gerechnet.

$$i_y = \sqrt{\frac{2 \cdot I_{y,1}}{2 \cdot A_1}} = i_{y,1} \quad \text{bzw.} \qquad \bar{\lambda}_K = \sqrt{\frac{2 \cdot N_{pl,Rk}}{2 \cdot N_{cr}}} = \sqrt{\frac{N_{pl,Rk}}{N_{cr}}} \tag{12.20}$$

Zweckmäßig wird erst dieser Nachweis geführt.

12.3.3 Ausweichen rechtwinklig zur stofffreien Achse

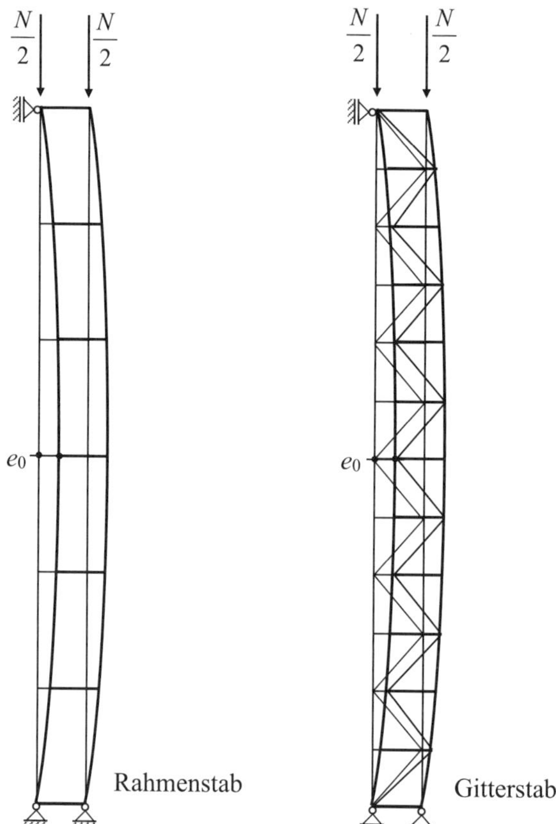

Abb. 12.12 System für die Berechnung nach Theorie II. Ordnung

Die Berechnung erfolgt nach der Elastizitätstheorie II. Ordnung mit einem Stabwerksprogramm. Dabei sind Ersatzimperfektionen nach (1-1, 6.4) zu berück-sichtigen.

$$e_0 = \frac{L}{500} \cdot \sin\frac{\pi \cdot x}{l} \tag{12.21}$$

Bei planmäßigen Biegemomenten werden die Schnittgrößen ebenfalls nach Elastizitätstheorie II. Ordnung berechnet.

Beim **Gitterstab** erfolgt der Nachweis der Stäbe sowie der Anschlüsse wie beim Fachwerk unter Berücksichtigung des Versagens des Einzelstabes.

Beim **Rahmenstab** werden die Grenztragfähigkeit der Querschnitte unter Berücksichtigung des Versagens des Einzelstabes und die Anschlüsse nachgewiesen.

In (1-1, 6.4) ist auch ein Ersatzstabverfahren angegeben, das auf der Theorie des gedrückten schubweichen Biegestabes aufbaut.

12.4 Dachverband einer Halle

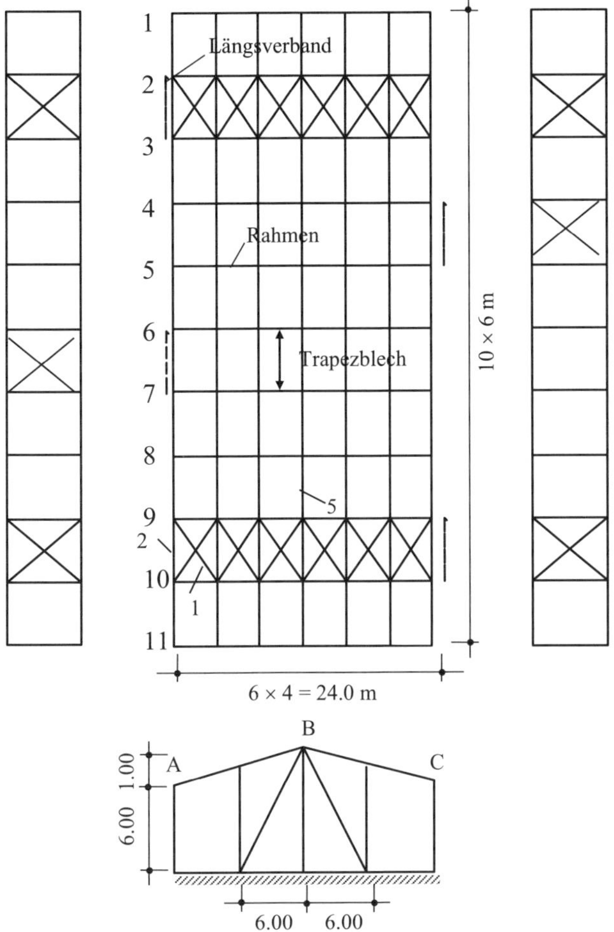

Abb. 12.13 Beispiel für den Dachverband einer Halle

Werkstoff: S 235
Riegel des Rahmens: IPE 450

In diesem Beispiel sei für den Rahmen die Berechnung nach Theorie I. Ordnung erlaubt. Damit ist das Superpositionsgesetz gültig. Sonst sind die Schnittgrößen für jede Lastfallkombination nach Theorie II. Ordnung zu berechnen. Die maximale Druckkraft im oberen Flansch in Rahmenmitte ist nach Gleichung (12.13) getrennt für Eigenlast und Schnee unter charakteristischer Einwirkung mit $\gamma = 1,0$:

$$N_g = 127 \text{ kN} \quad N_s = 191 \text{ kN}$$

Wind $\quad h/d \leq 0,25$

nach Tabelle 7.1 der DIN EN 1991-1-4

Bereich D $\quad c_{pe,10} = +0,7$

Die Windlasten auf die Giebelwand werden zur Hälfte auf den Ortgangriegel verteilt.

$$A_W = 6 \cdot 24 + 0,5 \cdot 24 \cdot 1,0 = 156 \text{ m}^2$$

$$W_D = c_{pe,10} \cdot q \cdot A_w = 0,7 \cdot 0,5 \cdot 156 = 54,6 \text{ kN}$$

$$w_{Dk} = \frac{54,6}{2 \cdot 24} = 1,14 \text{ kN/m}$$

Imperfektion e_0:

$$m = 5 \qquad \alpha_m = \sqrt{0,5 \cdot \left(1 + \frac{1}{m}\right)} = \sqrt{0,5 \cdot \left(1 + \frac{1}{5}\right)} = 0,774$$

$$e_0 = 0,774 \cdot \frac{L}{500} = 0,774 \cdot \frac{24}{500} = 0,0372 \text{ m}$$

Zunächst wird nach Theorie I. Ordnung gerechnet und dann geprüft, ob diese Annahme berechtigt war.

Lastkombinationen

Es sind die folgenden Lastkombinationen für den Nachweis der Stütze und des Riegels des Rahmens zu untersuchen:

Lastkombinationen:

LT1$(1,35 \cdot g + 1,50 \cdot s + 0,90 \cdot w)$

$$N_d^* = 5 \cdot (1,35 \cdot 127 + 1,50 \cdot 191) = 5 \cdot 458 = 2290 \text{ kN}$$

$$w_{D,Ed} = 0,9 \cdot 1,14 = 1,03 \text{ kN/m}$$

$$q_{S,Ed} = 8 \cdot \frac{N_d^* \cdot e_0}{l^2} = 8 \cdot 2290 \cdot \frac{0,0372}{24^2} = 1,183 \text{ kN/m}$$

$$e_{Ed} = w_{D,Ed} + q_{S,Ed} = 1,03 + 1,183 = 2,21 \text{ kN/m}$$

LT2$(1,35 \cdot g + 1,50 \cdot w + 0,75 \cdot s)$

$$N_d^* = 5 \cdot (1,35 \cdot 127 + 0,75 \cdot 191) = 5 \cdot 315 = 1575 \text{ kN}$$

$$w_{D,Ed} = 1,50 \cdot 1,14 = 1,71 \text{ kN/m}$$

$$q_{S,Ed} = 8 \cdot \frac{N_d^* \cdot e_0}{l^2} = 8 \cdot 1575 \cdot \frac{0,0372}{24^2} = 0,814 \text{ kN/m}$$

$$e_{Ed} = w_{D,Ed} + q_{S,Ed} = 1,71 + 0,814 = 2,52 \text{ kN/m} \qquad \text{maßgebend}$$

Pos. 1: Zugdiagonale

Werkstoff S 235

$$V_1 = e_{Ed} \cdot \frac{l - a}{2} = 2,52 \cdot \frac{24 - 4}{2} = 25,2 \text{ kN}$$

$$d = \sqrt{h^2 + a^2} = \sqrt{6^2 + 4^2} = 7,21 \text{ m}$$

$$D_1 = V_1 \cdot \frac{d}{h} = 25,2 \cdot \frac{7,21}{6,00} = 30,3 \text{ kN}$$

gewählt: ∅ M16-4.6

$$\gamma_{M0} = 1,00$$

$$N_{pl,Rd} = \frac{A \cdot f_y}{\gamma_{M0}} = \frac{2,01 \cdot 23,5}{1,00} = 47,2 \text{ kN}$$

$F_{t,Rd} = 45,2 \text{ kN}$ nach Tabelle 12.2 Band 2

$$\frac{N_{Ed}}{N_{t,Rd}} = \frac{30,3}{45,2} = 0,67 < 1,0$$

Alternativ gewählt: L 45x30x4 mit M12-10.9

Nach Gleichung (5.6) und den Querschnittswerten nach [21]gilt:

$$A = 2,87 \text{ cm}^2 \text{ ; } A_{net} = 2,87 - 1,3 \cdot 0,4 = 2,35 \text{ cm}^2$$

Für den Lochabstand $p_1 \geq 5,0\ d_0$ gilt nach Tabelle 5.1 $\beta_2 = 0,7$:

$$N_{u,Rd} = \frac{\beta_2 \cdot A_{net} \cdot f_u}{\gamma_{M2}} = \frac{0,7 \cdot 2,35 \cdot 36}{1,25} = 47,4 \text{ kN}$$

$$\frac{N_{Ed}}{N_{u,Rd}} = \frac{30,3}{47,4} = 0,64 < 1,0$$

Pos. 2 + 3: Pfosten des Verbandes

$\gamma_{M1} = 1,10$

Es wird hier angenommen, dass der Stabilisierungsstab an der Traufe keine zusätzliche Beanspruchung bekommt. Es sollen alle Pfosten gleich ausgebildet werden.

$$P_1 = e_{Ed} \cdot \frac{l}{2} = 2,52 \cdot \frac{24}{2} = 30,2 \text{ kN}$$

Gewählt: QHP 80×80×4 (warm gefertigt)

Querschnittswerte: $A = 12,0 \text{ cm}^2$; $i_y = i_z = 3,09 \text{ cm}$

Nachweis max c/t ist eingehalten.

$$L_{cr} = 6,00 \text{ m}$$

Knickspannungslinie a

$$\bar{\lambda} = \frac{L_{cr}}{i \cdot \lambda_1} = \frac{600}{3,09 \cdot 93,9} = 2,07 \quad \chi = 0,210$$

$$N_{b,Rd} = \frac{\chi \cdot A \cdot f_y}{\gamma_{M1}} = \frac{0,210 \cdot 12,0 \cdot 23,5}{1,10} = 53,8 \text{ kN}$$

$$\frac{N_{Ed}}{N_{b,Rd}} = \frac{30,2}{53,8} = 0,56 \leq 1,0$$

Pos. 5: Stabilisierungsstäbe

$\gamma_{M1} = 1,10$

$$S_m = e_{Ed} \cdot a = 2,52 \cdot 4 = 10,1 \text{ kN}$$

Gewählt: RR 76,1×2,6

Querschnittswerte: $A = 6,00 \text{ cm}^2$; $i = 2,60 \text{ cm}$

Nachweis grenz (b/t) ist eingehalten.

$$L_{cr} = 6,00 \text{ m}$$

Knickspannungslinie a

$$\bar{\lambda} = \frac{L_{cr}}{i \cdot \lambda_1} = \frac{600}{2,60 \cdot 93,9} = 2,46 \qquad \chi = 0,152$$

$$N_{b,Rd} = \frac{\chi \cdot A \cdot f_y}{\gamma_{M1}} = \frac{0,152 \cdot 6,0 \cdot 23,5}{1,10} = 19,5 \text{ kN}$$

$$\frac{N_{\text{Ed}}}{N_{\text{b,Rd}}} = \frac{10,1}{19,5} = 0,52 \le 1,0$$

Nachweis des Obergurtes

$$\max M = e_{\text{Ed}} \cdot \frac{l^2}{8} = 2,52 \cdot \frac{24^2}{8} = 181 \text{ kNm}$$

$$\Delta N_{\text{G}} = \frac{\max M}{h} = \frac{181}{6} = \pm\ 30,2 \text{ kN}$$

Der Riegel des Rahmens ist noch für diese zusätzliche Gurtkraft ΔN_{G} nachzuweisen. Diese Kraft erzeugt bei Satteldächern eine zusätzliche vertikale Belastung am First, für die die Rahmen des Verbandsfeldes nachzuweisen sind, s. Abb. 12.14.

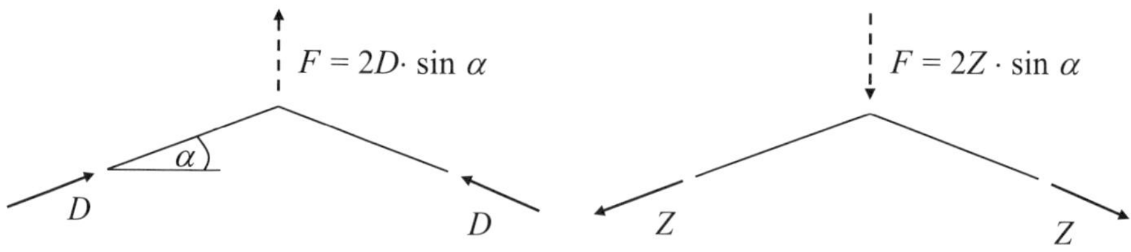

Abb. 12.14 Zusatzbelastung bei Satteldächern

Es soll nun untersucht werden, ob der Verband nach Theorie II. Ordnung nachzuweisen ist.

Gurtfläche des IPE 450: $A_{\text{o}} = A_{\text{u}} = b \cdot t = 19,0 \cdot 1,46 = 27,7 \text{ cm}^2$

Diagonale ∅ M16: $A_{\text{D}} = 2,01 \text{ cm}^2$

Pfosten QHP 80×80×4,0: $A_{\text{V}} = 12,0 \text{ cm}^2$

$a = 400$ cm; $h = 600$ cm; $d = 721$ cm; nach Abb. 12.9

$$N_{\text{cr,S}} = G \cdot A_{\text{V}} = \frac{E \cdot a \cdot h^2}{\frac{d^3}{A_{\text{D}}} + \frac{h^3}{A_{\text{V}}}} = \frac{21\ 000 \cdot 400 \cdot 600^2}{\frac{721^3}{2,01} + \frac{600^3}{12,0}} = 14\ 790 \text{ kN}$$

$$I = \frac{h^2}{\frac{1}{A_{\text{o}}} + \frac{1}{A_{\text{u}}}} + I_{\text{o}} + I_{\text{u}} \approx I = \frac{600^2}{\frac{1}{27,7} + \frac{1}{27,7}} = 4\ 986\ 000 \text{ cm}^4$$

$$N_{\text{cr,M}} = \frac{\pi^2 \cdot E \cdot I}{l^2} = \frac{\pi^2 \cdot 21\ 000 \cdot 4\ 986\ 000}{2400^2} = 179\ 400 \text{ kN}$$

$$\frac{1}{N_{\text{cr}}} = \frac{1}{N_{\text{cr,M}}} + \frac{1}{N_{\text{cr,S}}} = \frac{1}{179\ 400} + \frac{1}{14\ 790}$$

$$N_{\text{cr}} = 13\ 660 \text{ kN}$$

$$k = \frac{1}{1 - \frac{N}{N_{\text{cr}}}} = \frac{1}{1 - \frac{1575}{13\ 660}} = 1,13 > 1,1$$

Der Verband ist nach Theorie II. Ordnung nachzuweisen. Die Ausnutzung der Verbandsstäbe ist um den Faktor k zu erhöhen. Die Nachweise sind noch eingehalten. Die Lastkombination LT1 wird auch mit dem zugehörigen größeren Faktor k nicht maßgebend.

13 Programm GWSTATIK

13.1 Realisierung

Die Anwendung von Programmen in der täglichen Praxis wird hier beispielhaft aufgezeigt. Alle Beispiele werden mit dem Programm GWSTATIK berechnet. Das Programm GWSTATIK und alle gerechneten Beispiele können von www.ing-gg.de heruntergeladen werden. Die mechanischen Grundlagen des Stabwerksprogramms GWSTATIK, das auf der Grundlage von [18] basiert, werden im Folgenden dargestellt. Eine ausführliche Literaturangabe ist in [19] angegeben. Das Programm berechnet ebene Systeme mit Balkenelementen und Fachwerkstäben.

Es werden berücksichtigt:

System

1. Stäbe mit veränderlichem Querschnitt
2. Schubsteifigkeit des Querschnittes (Schubbalken nach *Timoshenko*)
3. Momenten-, Normalkraft- und Querkraftgelenke
4. elastische Verbindungen der Stäbe an den Knoten für Moment, Normalkraft und Querkraft
5. elastische Auflager
6. schräges, verschiebliches Auflager
7. Fachwerkstäbe, reine Zug- bzw. Druckstäbe
8. elastische Bettung mit und ohne Zugbeanspruchung
9. Fließ- und Federgelenke für Moment, Normalkraft und Querkraft

Belastung

1. Imperfektionen
2. Eigenspannungszustände
3. Temperaturbelastung
4. Berücksichtigung von Kriechen und Schwinden
5. Lastfallkombinationen mit Teilsicherheitsfaktoren

Berechnung

1. Elastizitätstheorie I. und II. Ordnung auch mit Berücksichtigung von Zugkräften
2. Berechnung der Knicklast

3. Fließgelenktheorie I. und II. Ordnung
4. Einflusslinien für Weg- und Schnittgrößen

13.2 Mathematische Formulierung

Die mechanischen Probleme, die hier behandelt werden sollen, führen zu gewöhnlichen Differenzialgleichungssystemen 1. Ordnung mit nicht konstanten Koeffizienten. Geschlossene Lösungen sind nur in Sonderfällen möglich. Differenzialgleichungssysteme 1. Ordnung sind mathematisch gut erforscht. Sie können bei der Anwendung von elektronischen Rechnern mittels vieler, allgemein verfügbarer Programme gelöst werden.
Das Differenzialgleichungssystem 1. Ordnung lautet:

$$z' = \boldsymbol{A}(x) \cdot z + \boldsymbol{p}(x) \tag{13.1}$$

z Vektor der gewählten unbekannten Funktionen
z' Ableitung dieses Vektors nach der Variablen x
$\boldsymbol{A}(x)$ Koeffizientenmatrix des Differenzialgleichungssystems
$\boldsymbol{p}(x)$ Vektor der Belastungsfunktionen

Die Lösung dieser Gleichung lautet:

$$z_x = \boldsymbol{U}_x \cdot z_i + z_{0x} \tag{13.2}$$

z_x Lösungsvektor an der Stelle x
$\boldsymbol{U}_x$ Integralmatrix
z_i Anfangsvektor an der Stelle $x = 0$
z_{0x} Vektor der partikulären Lösung an der Stelle x

Liegt ein mechanisches Problem in dieser mathematischen Formulierung vor, dann bezeichnet man die Integralmatrix U_x als die Übertragungsmatrix des Problems. Diese Formulierung führt zu einer einfachen, ingenieurmäßigen und anschaulichen Darstellung des mechanischen Problems, was anschließend in einem einfachen Beispiel demonstriert wird. Die mechanischen Größen lassen sich mit dieser Methode praktisch genügend genau bestimmen.

13.3 Differenzialgleichungssystem für das Stabelement

Anhand der Berechnung des geraden Stabes für einachsige Biegung mit konstantem Querschnitt nach Theorie I. Ordnung soll die Berechnungsweise exemplarisch aufgezeigt werden. Die Bezeichnungen für das gewählte Koordinatensystem, für das Biegemoment, die Querkraft und die Belastung können der Abb. 13.1 entnommen werden. Es sind ebenfalls die Bezeichnungen für die Weggrößen angegeben.

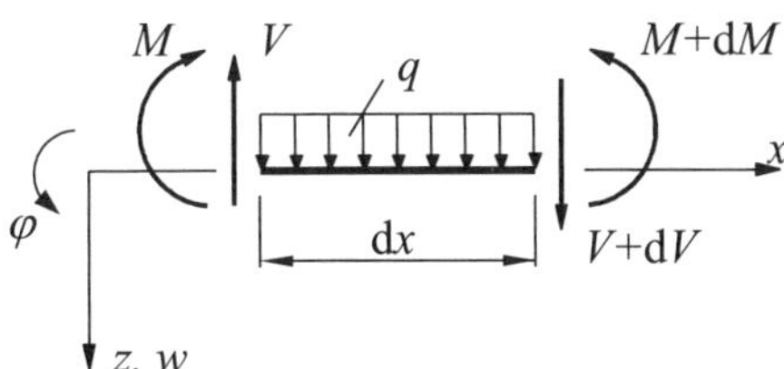

Abb. 13.1 Differenzielles Element nach Theorie I. Ordnung

Unter den üblichen Voraussetzungen der Stabstatik gilt:

Kinematik: $w' = -\varphi$

Werkstoffgesetz: $\sigma = -E \cdot z \cdot w''$

$$M = \int_A \sigma \cdot z \cdot \mathrm{d}A = \int_A E \cdot z^2 \cdot \varphi' \cdot \mathrm{d}A = E \cdot I \cdot \varphi'$$

mit $I = \int_A z^2 \cdot \mathrm{d}A$ als Flächenträgheitsmoment 2. Grades

Gleichgewicht: $M' = V$

$V' = -q$

Die Koeffizientenmatrix $\boldsymbol{A}$ und der Vektor der Belastungsfunktion $\boldsymbol{p}$ lauten:

$$\begin{bmatrix} w' \\ \varphi' \\ V' \\ M' \end{bmatrix} = \begin{bmatrix} 0 & -1 & 0 & 0 \\ 0 & 0 & 0 & \frac{1}{EI} \\ 0 & 0 & 0 & 0 \\ 0 & 0 & 1 & 0 \end{bmatrix} \cdot \begin{bmatrix} w \\ \varphi \\ V \\ M \end{bmatrix} + \begin{bmatrix} 0 \\ 0 \\ -q \\ 0 \end{bmatrix}$$

$$\boldsymbol{z}' = \boldsymbol{A}(x) \cdot \boldsymbol{z} + \boldsymbol{p}(x)$$

Diese Matrix gilt für konstanten und veränderlichen Querschnitt. Für die Herleitung der Gleichgewichtsbeziehungen gilt die Regelung, dass die Schnittgrößen am positiven Schnittufer stets in Richtung, am negativen entgegen der Richtung der gewählten Koordinaten positiv sind. Die Weggrößen sind positiv, wenn sie in Richtung der Koordinatenachsen wirken.

13.4 Übertragungsmatrix für das Stabelement

Für die Berechnung der Übertragungsmatrix wird die Vorzeichenkonvention in Abb. 13.2 eingeführt, wie sie der Berechnung der Steifigkeitsmatrix zugrunde liegt.

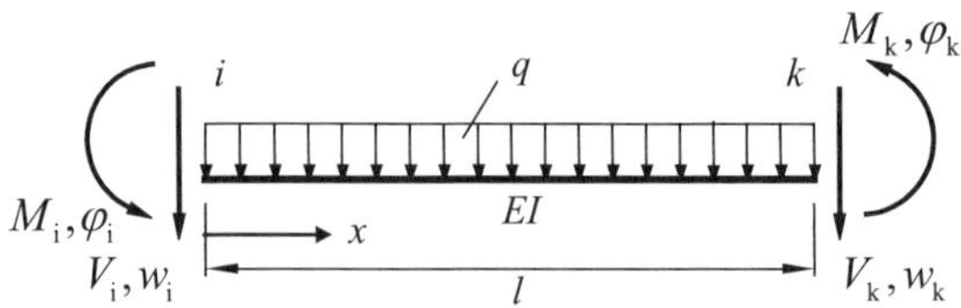

Abb. 13.2 Vorzeichenkonvention für die Randgrößen

Das Stabelement ist im Systemverband am Knoten *i* und Knoten *k* angeschlossen. An einem Knoten treten sowohl Knotenweggrößen als auch Knotenschnittgrößen als Randgrößen des Stabelementes auf. Der Vektor der Randgrößen eines Knotens des Elementes wird als Zustandsvektor bezeichnet. Im Unterschied zum Differenzialgleichungssystem gilt für die Übertragungsmatrix und die Steifigkeitsmatrix die Regelung, dass alle Randgrößen positiv sind, wenn sie in Richtung der gewählten Koordinatenachsen wirken. Die Matrizengleichung lautet für das Stabende mit $x = l$:

$$z_k = \boldsymbol{U} \cdot z_i + z_0 \tag{13.3}$$

z_k Zustandsvektor der Randgrößen am Knoten *k*
$\boldsymbol{U}$ Übertragungsmatrix
z_i Zustandsvektor der Randgrößen am Knoten *i*
z_0 Belastungsvektor

Setzt man als Anfangsvektoren z_i die Spaltenvektoren der Einheitsmatrix ein – für die Knotenschnittgrößen soll hier die Vorzeichenänderung des Weggrößenverfahrens berücksichtigt werden –, dann erhält man mit Hilfe der numerischen Integration die entsprechenden Spaltenvektoren der Übertragungsmatrix $\boldsymbol{U}$. Ist der Anfangsvektor z_i gleich null, dann folgt als partikuläre Lösung der Belastungsvektor z_0. Die Integration des Differenzialgleichungssystems 1. Ordnung für konstanten Querschnitt und Gleichstreckenlast liefert die folgenden Gleichungen:

$$V = -q \cdot x + C_1$$

$$M = -q \cdot \frac{x^2}{2} + C_1 \cdot x + C_2$$

$$\varphi = -\frac{1}{6} \cdot q \cdot \frac{x^3}{EI} + C_1 \cdot \frac{1}{2} \cdot \frac{x^2}{EI} + C_2 \cdot \frac{x}{EI} + C_3$$

$$w = \frac{1}{24} \cdot q \cdot \frac{x^4}{EI} - C_1 \cdot \frac{1}{6} \cdot \frac{x^3}{EI} - C_2 \cdot \frac{1}{2} \cdot \frac{x^2}{EI} - C_3 \cdot x + C_4$$

Mit dem Zustandsvektor z_i der Randgrößen am Knoten i lauten die Gleichungen:

$$\begin{aligned} w(0) &= w_i & \qquad C_4 &= w_i \\ \varphi(0) &= \varphi_i & C_3 &= \varphi_i \\ M(0) &= -M_i & C_2 &= -M_i \\ V(0) &= -V_i & C_1 &= -V_i \end{aligned}$$

Die Übertragungsmatrix $\boldsymbol{U}_x$ für das Beispiel lautet:

$$\begin{bmatrix} w \\ \varphi \\ V \\ M \end{bmatrix} = \begin{bmatrix} 1 & -x & \frac{x^3}{6 \cdot EI} & \frac{x^2}{2 \cdot EI} \\ 0 & 1 & -\frac{x^2}{2 \cdot EI} & -\frac{x}{EI} \\ 0 & 0 & -1 & 0 \\ 0 & 0 & -x & -1 \end{bmatrix} \cdot \begin{bmatrix} w_i \\ \varphi_i \\ V_i \\ M_i \end{bmatrix} + \begin{bmatrix} \frac{q \cdot x^4}{24 \cdot EI} \\ -\frac{q \cdot x^3}{6 \cdot EI} \\ -q \cdot x \\ -\frac{1}{2} \cdot q \cdot x^2 \end{bmatrix}$$

$$\boldsymbol{z}_x = \boldsymbol{U}_x \cdot \boldsymbol{z}_i + \boldsymbol{z}_{0x}$$

Mit dieser Integralmatrix $\boldsymbol{U}_x$ kann der Zustandsvektor $\boldsymbol{z}_x$ an jeder Stelle x bestimmt werden. Mit dem Zustandsvektor $\boldsymbol{z}_i$ berechnet man für $x = l$ den Zustandsvektor $\boldsymbol{z}_k$ und die Übertragungsmatrix $\boldsymbol{U}$.

Der Zustandsvektor $\boldsymbol{z}_k$ der Randgrößen am Stabende lautet:

$$\begin{bmatrix} w_k \\ \varphi_k \\ V_k \\ M_k \end{bmatrix} = \begin{bmatrix} 1 & -l & \frac{l^3}{6 \cdot EI} & \frac{l^2}{2 \cdot EI} \\ 0 & 1 & -\frac{l^2}{2 \cdot EI} & -\frac{l}{EI} \\ 0 & 0 & -1 & 0 \\ 0 & 0 & -l & -1 \end{bmatrix} \cdot \begin{bmatrix} w_i \\ \varphi_i \\ V_i \\ M_i \end{bmatrix} + \begin{bmatrix} \frac{q \cdot l^4}{24 \cdot EI} \\ -\frac{q \cdot l^3}{6 \cdot EI} \\ -q \cdot l \\ -\frac{1}{2} \cdot q \cdot l^2 \end{bmatrix}$$

$$\boldsymbol{z}_k = \boldsymbol{U} \cdot \boldsymbol{z}_i + \boldsymbol{z}_0$$

13.5 Berechnung der Elementsteifigkeitsmatrix

Ist die Übertragungsmatrix $\boldsymbol{U}$ und der Belastungsvektor z_0 bekannt, kann die Steifigkeitsmatrix mit Hilfe einfacher Matrizenoperationen berechnet werden. Die Steifigkeitsmatrix des Stabelementes beschreibt die matrizielle Beziehung zwischen den Knotenschnittgrößen und den Knotenweggrößen.

$$\boldsymbol{s} = \boldsymbol{K} \cdot \boldsymbol{v} + \boldsymbol{s}_0 \tag{13.4}$$

$\boldsymbol{s}$ Vektor der Knotenschnittgrößen
$\boldsymbol{K}$ Elementsteifigkeitsmatrix
$\boldsymbol{v}$ Vektor der Knotenweggrößen
$\boldsymbol{s}_0$ Vektor der Starreinspanngrößen

Die Übertragungsmatrix $\boldsymbol{U}$ und die Elementsteifigkeitsmatrix $\boldsymbol{K}$ mit der Ordnung $2n$ bestehen aus vier Untermatrizen der Ordnung n.

Übertragungsbeziehung:

$$\begin{bmatrix} \boldsymbol{v}_\text{k} \\ \hline \boldsymbol{s}_\text{k} \end{bmatrix} = \left[\begin{array}{c|c} \boldsymbol{U}_1 & \boldsymbol{U}_2 \\ \hline \boldsymbol{U}_3 & \boldsymbol{U}_4 \end{array}\right] \cdot \begin{bmatrix} \boldsymbol{v}_\text{i} \\ \hline \boldsymbol{s}_\text{i} \end{bmatrix} + \begin{bmatrix} z_1 \\ \hline z_2 \end{bmatrix}$$

Steifigkeitsbeziehung:

$$\begin{bmatrix} \boldsymbol{s}_\text{i} \\ \hline \boldsymbol{s}_\text{k} \end{bmatrix} = \left[\begin{array}{c|c} \boldsymbol{K}_1 & \boldsymbol{K}_2 \\ \hline \boldsymbol{K}_3 & \boldsymbol{K}_4 \end{array}\right] \cdot \begin{bmatrix} \boldsymbol{v}_\text{i} \\ \hline \boldsymbol{v}_\text{k} \end{bmatrix} + \begin{bmatrix} \boldsymbol{s}_1 \\ \hline \boldsymbol{s}_2 \end{bmatrix}$$

In (13.5) sind die Matrizenoperationen zur Berechnung der Untermatrizen der Steifigkeitsmatrix und der Teilvektoren des Vektors der Einspanngrößen angegeben.

$$\begin{bmatrix} \boldsymbol{s}_\text{i} \\ \hline \boldsymbol{s}_\text{k} \end{bmatrix} = \left[\begin{array}{c|c} -\boldsymbol{U}_2^{-1} \cdot \boldsymbol{U}_1 & \boldsymbol{U}_2^{-1} \\ \hline \boldsymbol{U}_3 - \boldsymbol{U}_4 \cdot \boldsymbol{U}_2^{-1} \cdot \boldsymbol{U}_1 & \boldsymbol{U}_4 \cdot \boldsymbol{U}_2^{-1} \end{array}\right] \cdot \begin{bmatrix} \boldsymbol{v}_\text{i} \\ \hline \boldsymbol{v}_\text{k} \end{bmatrix} + \begin{bmatrix} -\boldsymbol{U}_2^{-1} \cdot z_1 \\ \hline -\boldsymbol{U}_4 \cdot \boldsymbol{U}_2^{-1} \cdot z_1 + z_2 \end{bmatrix} \tag{13.5}$$

Die Indizes i und k bezeichnen die Teilvektoren am Knoten *i* bzw. *k*. Die Gleichung (13.5) lautet für dieses Beispiel:

$$\begin{bmatrix} V_i \\ M_i \\ \hline V_k \\ M_k \end{bmatrix} = \left[\begin{array}{cc|cc} \frac{12 \cdot EI}{l^3} & -\frac{6 \cdot EI}{l^2} & -\frac{12 \cdot EI}{l^3} & -\frac{6 \cdot EI}{l^2} \\ -\frac{6 \cdot EI}{l^2} & \frac{4 \cdot EI}{l} & \frac{6 \cdot EI}{l^2} & \frac{2 \cdot EI}{l} \\ \hline -\frac{12 \cdot EI}{l^3} & \frac{6 \cdot EI}{l^2} & \frac{12 \cdot EI}{l^3} & \frac{6 \cdot EI}{l^2} \\ -\frac{6 \cdot EI}{l^2} & \frac{2 \cdot EI}{l} & \frac{6 \cdot EI}{l^2} & \frac{4 \cdot EI}{l} \end{array}\right] \cdot \begin{bmatrix} w_i \\ \varphi_i \\ \hline w_k \\ \varphi_k \end{bmatrix} + \begin{bmatrix} -\frac{1}{2} \cdot q \cdot l \\ \frac{1}{12} \cdot q \cdot l^2 \\ \hline -\frac{1}{2} \cdot q \cdot l \\ -\frac{1}{12} \cdot q \cdot l^2 \end{bmatrix}$$

$$\boldsymbol{s} = \boldsymbol{K} \cdot \ \boldsymbol{v} \ + \ \boldsymbol{s}_0$$

13.6 Reduktion der Elementsteifigkeitsmatrix

Die Elemente k_{ik} der Steifigkeitsmatrix $\boldsymbol{K}$ müssen reduziert werden, wenn spezielle Elementrandbedingungen vorliegen. Diese Reduktion wird in der FE-Methode als statische Kondensation benannt. Die Elemente k_{ik}^* der reduzierten Matrix $\boldsymbol{K}^*$ berechnen sich aus den Elementen der Steifigkeitsmatrix folgendermaßen.

Reduktion der A-ten Zeile, wenn z. B. ein Gelenk vorhanden ist:

$$k_{ik}^* = k_{ik} - \frac{k_{iA}}{k_{AA}} \cdot k_{Ak} \tag{13.6}$$

Für den Vektor der Starreinspanngrößen gilt:

$$s_{i0}^* = s_{i0} - \frac{k_{iA}}{k_{AA}} \cdot (s_{A0} - s_A) \tag{13.7}$$

wobei s_A ein beliebiger Wert ist, z. B. das vollplastische Moment, der auch eine Funktion irgendwelcher Parameter sein kann.
Damit ist es möglich, Elementsteifigkeitsmatrizen für die Fließgelenktheorie, die im Stahlbau angewendet wird, aufzustellen, wobei die Interaktionsbeziehung mehrerer Schnittgrößen berücksichtigt werden kann. Diese Reduktion soll hier auf nachgiebige Knotenverbindungen erweitert werden. Liegt eine nachgiebige Knotenverbindung mit der Gelenksteifigkeit c_A vor, werden die Elemente k_{ik}^* und s_{i0}^* folgendermaßen ermittelt:

$$k_{ik}^* = k_{ik} - \frac{k_{iA}}{k_{AA} + c_A} \cdot k_{Ak}, \quad s_{i0}^* = s_{i0} - \frac{k_{iA}}{k_{AA} + c_A} \cdot s_{A0} \tag{13.8}$$

Bei mehrfacher Reduktion ist diese von der Reihenfolge unabhängig. Damit können z. B. Tragwerke mit nachgiebigen Knotenverbindungen im Stahlbau und Holzbau mit der in Abb. 13.3 dargestellten Charakteristik berechnet werden.

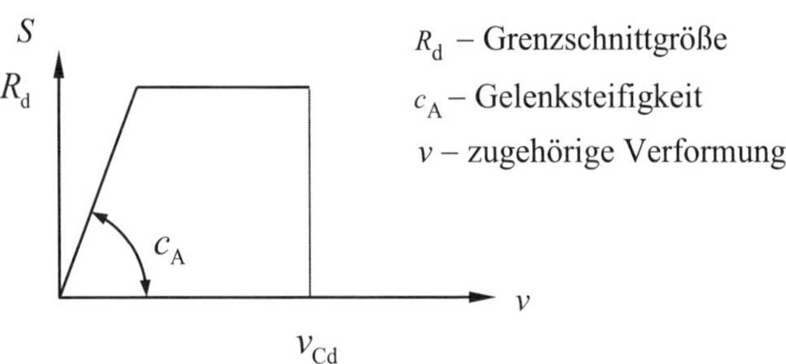

Abb. 13.3 Eigenschaften der Schnittgrößen-Verformungs-Charakteristik

13.7 Differenzialgleichungssystem nach Theorie II. Ordnung

Abb. 13.4 zeigt die Einwirkungen und Schnittgrößen am differenziellen Element bei beliebiger elastischer Lagerung des Stabes.

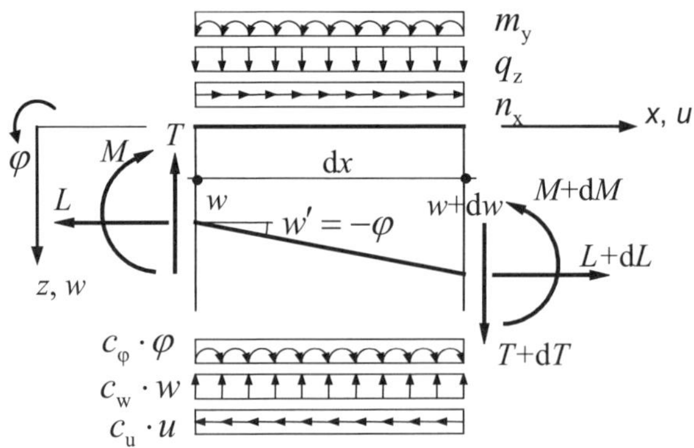

Abb. 13.4 Differenzielles Element nach Theorie II. Ordnung

Für die Kinematik und das Werkstoffgesetz des schubweichen Biegestabes gilt:

$$V = G \cdot A_V \cdot \gamma \qquad V = T + L \cdot \varphi$$
$$M = EI \cdot \varphi_M \qquad w' = -\varphi = -\varphi_M + \gamma$$

V und N sind hier definiert als Schnittgrößen an der verformten Achse aus Biegung und Querkraft. Das Differenzialgleichungssystem für den geraden ebenen Stab nach Theorie II. Ordnung lautet:

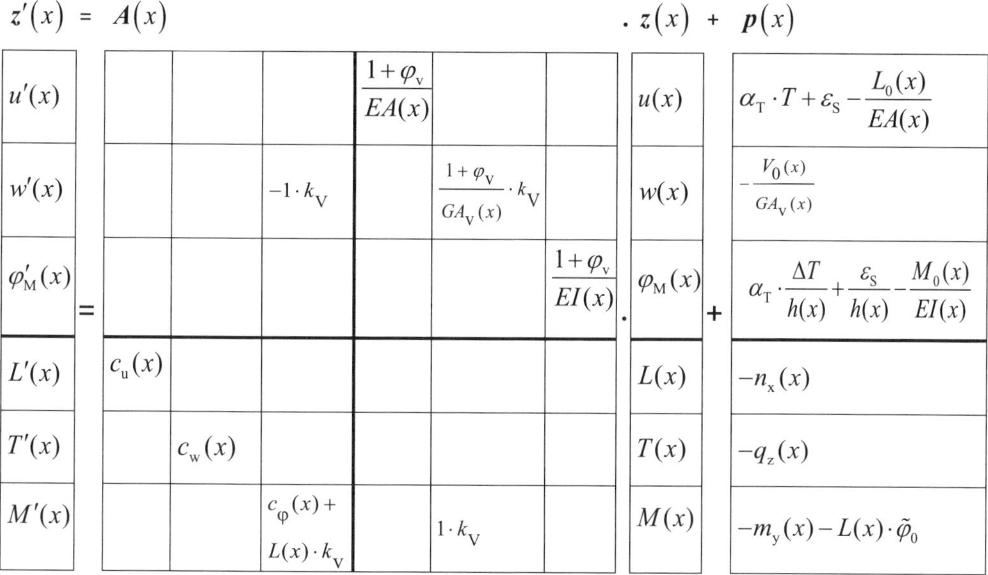

Mit $k_V = \dfrac{1}{1 + \dfrac{L(x)}{G \cdot A_V(x)}}$

und $\tilde{\varphi}_0 = \varphi_0 + w_0 \cdot \cos\left(\dfrac{\pi}{L} \cdot x\right) \cdot \dfrac{\pi}{L}$ als Tangentendrehung des Stabes infolge Schiefstellung und Vorkrümmung.

Die Koeffizientenmatrix $\boldsymbol{A}$ des Differenzialgleichungssystems gliedert sich in 4 Teile. Die Untermatrix $\boldsymbol{A}_{11-33}$ beschreibt die Kinematik. Der zweite Teil $\boldsymbol{A}_{14-36}$ formuliert die Beziehung zwischen den Schnittgrößen und den Weggrößen (Flexibilität). Die Untermatrizen $\boldsymbol{A}_{41-63}$ und $\boldsymbol{A}_{44-66}$ beinhalten die Gleichgewichtsbedingungen am differenziellen Element, wobei in der Untermatrix $\boldsymbol{A}_{41-63}$ die Elemente für die elastische Lagerung des Stabes und für die Theorie II. Ordnung enthalten sind. Das Differenzialgleichungssystem kann z. B. mit dem klassischen *Runge-Kutta*-Verfahren gelöst werden. Die aus dieser Lösung resultierende Übertragungsmatrix muss dann nur noch in die Elementsteifigkeitsmatrix $\boldsymbol{K}$ mit der Gleichung (13.5) umgeordnet werden. Dieses Differenzialgleichungssystem stellt den allgemeinen Fall für den geraden ebenen Stab dar. Jedes Element a_{ik} und p_i kann eine beliebige Funktion $f(x)$ in Längsrichtung x des Stabes sein.
Es werden damit berücksichtigt:

- veränderliche Querschnittssteifigkeit $EA(x)$, $GA_{\mathrm{V}}(x)$ und $EI(x)$
- veränderliche Belastung $n_{\mathrm{x}}(x)$, $q_{\mathrm{z}}(x)$ und $m_{\mathrm{y}}(x)$
- Theorie II. Ordnung mit veränderlicher Normalkraft $N(x)$
- veränderliche elastische Lagerungen des Stabes $c_{\mathrm{u}}(x)$, $c_{\mathrm{w}}(x)$ und $c_{\varphi}(x)$
- Imperfektionen $w_0(x)$ und $\varphi_0(x)$
- Anfangsdehnungen aus Schwinden ε_{s} und Temperatureinwirkungen T, ΔT
- Eigenspannungen $L_0(x)$, $T_0(x)$ und $M_0(x)$
- Kriechen mit der Kriechzahl φ_{v}

Die Aufstellung der Gesamtsteifigkeitsmatrix erfolgt nach dem bekannten Verfahren der FE-Methode. Nach der Bestimmung des Lösungsvektors der globalen Weggrößen werden elementweise die lokalen Randgrößen vom Zustandsvektor z_{i} ermittelt. Mit Gleichung (13.2) wird der Zustandsvektor z_{x} an jeder beliebigen Stelle x bestimmt. Der Zustandsvektor z_{k} am Stabende wird mit dem lokalen Vektor der Weggrößen verglichen und dient nach Abschluss der Berechnung zur Kontrolle für die Genauigkeit.

Es ist noch anzumerken, dass die angegebenen Schnittgrößen in Richtung der unverformten Achsen, d. h. in Richtung des lokalen Koordinatensystems, wirken. Für Schnittgrößen in Richtung der verformten Achsen gilt für kleine Verformungen:

$$N = L - T \cdot \varphi \quad \text{und} \quad V = T + L \cdot \varphi$$

Die berechneten Elementsteifigkeitsmatrizen ergeben eine Gesamtsteifigkeitsmatrix, die gegenüber der exakten Lösung „zu weich“ ist, d. h. die berechneten Verformungen sind zu groß. Erhöht man die Anzahl n der Integrationsabschnitte, nähert man sich der exakten Lösung des Problems. Dies zeigt das folgende Beispiel eines Einfeldträgers mit konstantem Moment und konstanter Normalkraft nach Theorie II. Ordnung, Abb. 13.5 und Abb. 13.6.

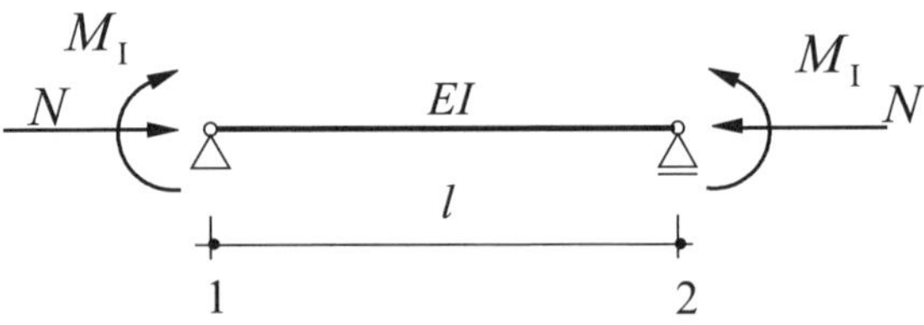

Abb. 13.5 System und Belastung

Die exakte Lösung lautet

$$k = \frac{M_{\mathrm{II}}}{M_{\mathrm{I}}} = \frac{1}{\cos\left(\frac{\varepsilon}{2}\right)} \quad \text{mit} \quad \varepsilon = l \cdot \sqrt{\frac{N}{EI}}$$

wobei k der Erhöhungsfaktor für die Berechnung nach Theorie II. Ordnung ist. Die Anzahl n der Integrationsabschnitte entspricht der in der FEM üblichen Elementunterteilung. Die mit Hilfe der numerischen Integration berechneten Elementsteifigkeitsmatrizen können als Makroelemente angesehen werden.

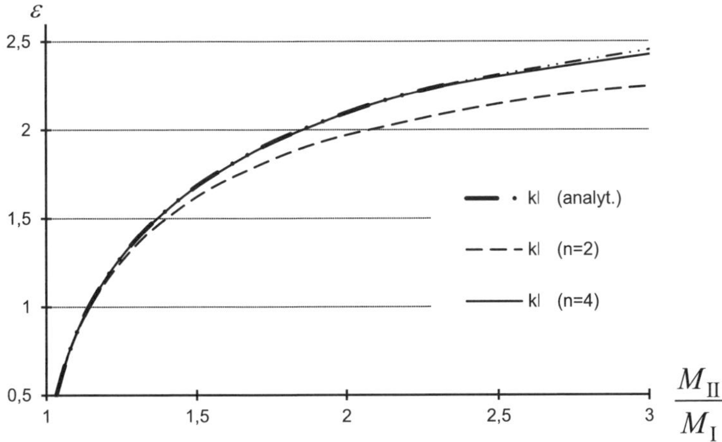

Abb. 13.6 Konvergenz des Berechnungsverfahrens

14 Programme für Biegedrillknicken

Es steht eine Vielzahl von Programmen zur Berechnung des Biegedrillknickens in der Praxis zur Verfügung. Hier soll kurz auf drei Programme hingewiesen werden.

14.1 DRILL

Das Programm DRILL, das hier zur Erläuterung des Biegedrillknickproblems vorwiegend benutzt wurde, wurde am Institut für Stahlbau und Werkstoffmechanik der Technischen Universität Darmstadt entwickelt, um im Rahmen eines neu entwickelten, computergestützten Lehrkonzeptes zum „Biegedrillknicken" eingesetzt zu werden.
Das eigentliche Ziel dieses Programms ist es, für in ihrer Ebene belastete gerade Träger oder Stützen die Biegedrillknicklasten zu ermitteln, den Biegedrillknickvorgang zu veranschaulichen und den Tragsicherheitsnachweis zu ermöglichen. Eine sehr ausführliche und umfangreiche Darstellung des theoretischen Hintergrundes ist in der Veröffentlichung [20] nachzulesen.

Einteilung des Trägers in Felder, Wahl der Profile

Der Träger kann in maximal zehn Felder eingeteilt werden. Knoten im Stabinneren sind überall dort anzusetzen, wo Einzellasten, Lager oder Einzelfedern am Träger ansetzen. Voraussetzungsgemäß muss bei dem Biegedrillknicken die gewählte Querschnittsform mindestens einfachsymmetrisch sein. Das Programm enthält zehn vordefinierte Profilformen, außerdem stehen alle I-Walzprofile der Profilliste von ARBED zur Verfügung. Ferner können alle Profile der UPE-Reihe und UNP-Reihe gewählt werden. Es besteht auch die Möglichkeit, die Querschnittswerte direkt einzugeben. Pro Feld können unterschiedliche Profile vorgegeben werden und es werden auch voutenförmige Trägerbereiche berücksichtigt.

Lagerungsbedingungen

Es sind alle Lagerungsbedingungen an den Knoten zugelassen, nur Gelenke innerhalb des Trägers sind ausgeschlossen.

- starre Einspannung
- gelenkige Lagerung oder Gabellagerung
- Querkraftgelenk oder starre Kopfplatte
- keine Lagerung

Außerdem können Einzelfedern an den Knoten und/oder kontinuierliche Federn pro Trägerfeld vorgegeben werden. Für die Vertikalverschiebung können Einzelfedern in allen Knoten vorgegeben werden.

Für die Seitenverschiebung v_M können folgende Federn am Profil vorgegeben werden, wobei die Ansatzpunkte beliebig wählbar sind:

- Drehfedern um die vertikale Achse
- Translationsfedern in jedem Knoten rechtwinklig zur Trägerebene
- Schubfeldsteifigkeiten pro Feld
- seitliche elastische Bettungen pro Feld.

Für die Verdrehung ϑ können folgende Federn vorgegeben werden:

- Drehfedern in jedem Knoten um die Stabachse x
- Wölbfedern an allen Knoten, z. B. in Form von Kopfplatten
- Elastische Drehbettungen pro Feld.

Lasten und Vorverformungen

Es können Lasten in der Trägerebene und rechtwinklig zur Trägerebene vorgegeben werden. An jedem Knoten können Einzelkräfte, Einzelmomente sowie Torsionseinzelmomente, pro Feld können Normalkräfte, konstante oder linear veränderliche Streckenlasten und konstante Torsionsstreckenmomente eingegeben werden.

Es können Vorverformungen w in der Trägerebene und Vorverformungen v_M und ϑ rechtwinklig zur Trägerebene vorgegeben werden, wobei Letztere affin zur räumlichen Knickfigur gewählt werden können.

Tragsicherheitsnachweis nach dem Ersatzstabverfahren

Der Interaktionsnachweis wird bisher nach DIN 18800-2, Abschnitt 3, geführt. Es werden die Momente M_y in der Trägerebene ermittelt und die Verzweigungslastfaktoren a_{cr} für die folgenden drei Fälle berechnet:

- a_{cr} für die Gesamtbelastung
- a_{cr} allein für die Normalkraftbelastung
- a_{cr} allein für die Querlasten q_z einschließlich der Momente M_y

Weiterhin werden die Knickfigur und die zugehörigen Verformungen ermittelt und dargestellt, siehe z. B. Kapitel 9. Die Darstellung der Verformungen dient der Anschauung und ist eine wichtige Kontrolle der Berechnung.

Tragsicherheitsnachweis nach dem Verfahren Elastisch-Elastisch

Alternativ zum Ersatzstabverfahren wird die Möglichkeit angeboten, den Tragsicherheitsnachweis über die Biegetorsionstheorie II. Ordnung zu führen. Eine wesentliche Voraussetzung für diesen Nachweis ist, dass zusätzlich zu allen Lasten Vorverformungen berücksichtigt werden. Der Nachweis ist für alle Querschnittsformen zulässig, vor allem auch für auf Torsion beanspruchte Träger, sodass hiermit auch Lastfälle nachgewiesen werden können, die aus dem Ersatzstabverfahren herausfallen.

14.2 LTBeam

Einfeldträger, Wahl der Profile

Das Programm [35] berechnet das Biegedrillknickmoment M_{cr}, bzw. den Verzweigungslastfaktor α_{cr} für einen Einfeldträger unter beliebigen Belastungen und Lagerbedingungen. Das Programm ist deshalb sehr gut geeignet für den Biegedrillknicknachweis nach Eurocode 3. Die Normalkraftbeanspruchung wird in diesem Programm nicht berücksichtigt. Voraussetzungsgemäß muss bei dem Biegedrillknicken die gewählte Querschnittsform mindestens einfach symmetrisch sein. Es werden I-Querschnitte und T-Querschnitte berücksichtigt.
Das Programm enthält vordefinierte Profilformen, außerdem stehen alle Eingabewerte für I-Walzprofile zur Verfügung. Es besteht auch die Möglichkeit, die Querschnittswerte direkt einzugeben.

Lagerungsbedingungen

Es sind alle Lagerungsbedingungen an den Endknoten zugelassen.

- starre Einspannung
- gelenkige Lagerung oder Gabellagerung
- elastische Lagerung
- keine Lagerung

Außerdem können Einzelfedern an zwei Knoten und/oder kontinuierliche Federn (drehelastische Bettung und Schubbettung) für den Einfeldträger vorgegeben werden.

Lasten

Es können folgende Lasten in der Trägerebene vorgegeben werden:

- zwei unterschiedliche Streckenlasten, konstant oder veränderlich, mit unterschiedlichem Angriffspunkt
- drei Einzellasten
- Endmomente
- ein Moment am Träger.

14.3 FE-STAB

Das Programm FE-STAB [28] wurde am Lehrstuhl für Stahl- und Verbundbau an der Ruhr-Universität Bochum entwickelt. Mit diesem Programm kann die Tragfähigkeit und Stabilität von Stäben bei zweiachsiger Biegung mit Normalkraft und Wölbkrafttorsion berechnet werden. Es können mit dem Programm Einfeldträger und Durchlaufträger nach Biegetorsionstheorie II. Ordnung berechnet werden, wobei geometrische Ersatzimperfektionen berücksichtigt werden können. Es können beliebige Lasten und Querschnitte eingegeben werden. Drehbettung und Schubbettung sowie Streckenfedern können berücksichtigt werden. Es sind alle Lagerungsbedingungen an den Lager- und Abschnittsknoten zugelassen.
Das Programm enthält vordefinierte Profilformen, außerdem stehen alle Eingabewerte für I-Walzprofile zur Verfügung. Es besteht auch die Möglichkeit, die Querschnittswerte direkt einzugeben.

Das Programm berechnet auch das Biegedrillknickmoment M_{cr}, bzw. den Verzweigungslastfaktor α_{cr} für die angegebenen Systeme und die zugehörigen biegedrillknickgefährdeten Querschnitte.

15 Tabellen

Querschnittswerte für IPE-Profile
nach DIN 1025-5:1994-03

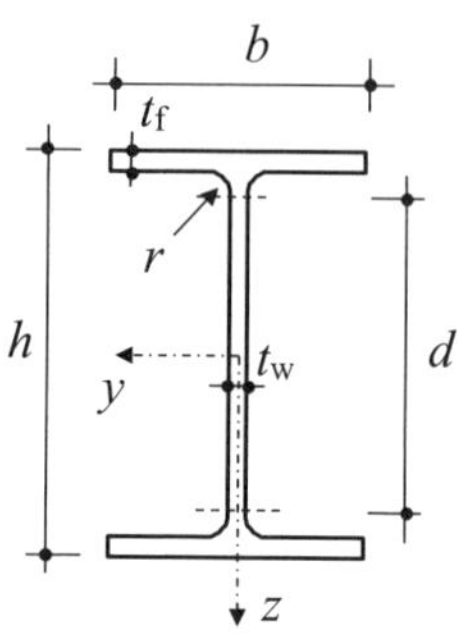

Nenn-höhe	h	b	t_w	t_f	r	d	A	I_y	W_y	i_y	S_y	I_z	W_z	i_z
	mm	mm	mm	mm	mm	mm	cm²	cm⁴	cm³	cm	cm³	cm⁴	cm³	cm
80	80	46	3,8	5,2	5	60	7,64	80,1	20,0	3,24	11,6	8,49	3,69	1,05
100	100	55	4,1	5,7	7	75	10,3	171	34,2	4,07	19,7	15,9	5,79	1,24
120	120	64	4,4	6,3	7	93	13,2	318	53,0	4,90	30,4	27,7	8,65	1,45
140	140	73	4,7	6,9	7	112	16,4	541	77,3	5,74	44,2	44,9	12,3	1,65
160	160	82	5,0	7,4	9	127	20,1	869	109	6,58	61,9	68,3	16,7	1,84
180	180	91	5,3	8,0	9	146	23,9	1 320	146	7,42	83,2	101	22,2	2,05
200	200	100	5,6	8,5	12	159	28,5	1 940	194	8,26	110	142	28,5	2,24
220	220	110	5,9	9,2	12	178	33,4	2 770	252	9,11	143	205	37,3	2,48
240	240	120	6,2	9,8	15	190	39,1	3 890	324	9,97	183	284	47,3	2,69
270	270	135	6,6	10,2	15	220	45,9	5 790	429	11,2	242	420	62,2	3,02
300	300	150	7,1	10,7	15	249	53,8	8 360	557	12,5	314	604	80,5	3,35
330	330	160	7,5	11,5	18	271	62,6	11 770	713	13,7	402	788	98,5	3,55
360	360	170	8,0	12,7	18	299	72,7	16 270	904	15,0	510	1 040	123	3,79
400	400	180	8,6	13,5	21	331	84,5	23 130	1 160	16,5	654	1 320	146	3,95
450	450	190	9,4	14,6	21	379	98,8	33 740	1 500	18,5	851	1 680	176	4,12
500	500	200	10,2	16,0	21	426	116	48 200	1 930	20,4	1 100	2 140	214	4,31
550	550	210	11,1	17,2	24	468	134	67120	2 440	22,3	1 390	2 670	254	4,45
600	600	220	12,0	19,0	24	514	156	92 080	3 070	24,3	1 760	3 390	308	4,66

Querschnittswerte für IPE-Profile

(1 kg/m = 0,01 kN/m)

Nenn-höhe	A_v	A_y	I_t	$I_w/1000$	ω_M	W_w	$W_{pl,y}$	$W_{pl,z}$	$W_{pl,w}$	M
	cm^2	cm^2	cm^4	cm^6	cm^2	cm^4	cm^3	cm^3	cm^4	kg/m
80	3,58	4,78	0,70	0,118	8,6	13,7	23,2	5,82	20,6	6,00
100	5,08	6,27	1,20	0,351	13,0	27,1	39,4	9,15	40,6	8,10
120	6,31	8,06	1,74	0,890	18,2	48,9	60,7	13,6	73,4	10,4
140	7,64	10,1	2,45	1,98	24,3	81,6	88,3	19,2	122	12,9
160	9,66	12,1	3,60	3,96	31,3	127	124	26,1	190	15,8
180	11,3	14,6	4,79	7,43	39,1	190	166	34,6	285	18,8
200	14,0	17,0	6,98	12,99	47,9	271	221	44,6	407	22,4
220	15,9	20,2	9,07	22,67	58,0	391	285	58,1	587	26,2
240	19,1	23,5	12,9	37,39	69,1	541	367	73,9	812	30,7
270	22,1	27,5	15,9	70,58	87,7	805	484	97,0	1 207	36,1
300	25,7	32,1	20,1	125,9	108	1 161	628	125	1 741	42,2
330	30,8	36,8	28,1	199,1	127	1 563	804	154	2 344	49,1
360	35,1	43,2	37,3	313,6	148	2 124	1 019	191	3 187	57,1
400	42,7	48,6	51,1	490,0	174	2 818	1 307	229	4 226	66,3
450	50,8	55,5	66,9	791,0	207	3 825	1 702	276	5 737	77,6
500	59,9	64,0	89,3	1 249	242	5 163	2 194	336	7 744	90,7
550	72,3	72,2	123	1 884	280	6 736	2 787	401	10 100	106
600	83,8	83,6	165	2 846	320	8 905	3 512	486	13 360	122

Querschnittswerte für HEA-Profile
nach DIN 1025-3:1994-03

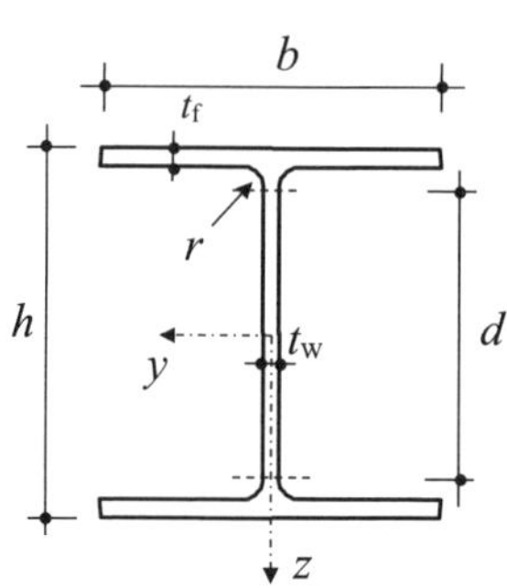

Nenn-höhe	h	b	t_w	t_f	r	d	A	I_y	W_y	i_y	S_y	I_z	W_z	i_z
	mm	mm	mm	mm	mm	mm	cm^2	cm^4	cm^3	cm	cm^3	cm^4	cm^3	cm
100	96	100	5	8	12	56	21,2	349	72,8	4,06	41,5	134	26,8	2,51
120	114	120	5	8	12	74	25,3	606	106	4,89	59,7	231	38,5	3,02
140	133	140	5,5	8,5	12	92	31,4	1 030	155	5,73	86,7	389	55,6	3,52
160	152	160	6	9	15	104	38,8	1 670	220	6,57	123	616	76,9	3,98
180	171	180	6	9,5	15	122	45,3	2 510	294	7,45	162	925	103	4,52
200	190	200	6,5	10	18	134	53,8	3 690	389	8,28	215	1 340	134	4,98
220	210	220	7	11	18	152	64,3	5 410	515	9,17	284	1 950	178	5,51
240	230	240	7,5	12	21	164	76,8	7 760	675	10,1	372	2 770	231	6,00
260	250	260	7,5	12,5	24	177	86,8	10 450	836	11,0	460	3 670	282	6,50
280	270	280	8	13	24	196	97,3	13 670	1 010	11,9	556	4 760	340	7,00
300	290	300	8,5	14	27	208	112	18 260	1 260	12,7	692	6 310	421	7,49
320	310	300	9	15,5	27	225	124	22 930	1 480	13,6	814	6 990	466	7,49
340	330	300	9,5	16,5	27	243	133	27 690	1 680	14,4	925	7 440	496	7,46
360	350	300	10	17,5	27	261	143	33 090	1 890	15,2	1 040	7 890	526	7,43
400	390	300	11	19	27	298	159	45 070	2 310	16,8	1 280	8 560	571	7,34
450	440	300	11,5	21	27	344	178	63 720	2 900	18,9	1 610	9 470	631	7,29
500	490	300	12	23	27	390	198	86 970	3 550	21,0	1 970	10 370	691	7,24
550	540	300	12,5	24	27	438	212	111 900	4 150	23,0	2 310	10 820	721	7,15
600	590	300	13	25	27	486	226	141 200	4 790	25,0	2 680	11 270	751	7,05
650	640	300	13,5	26	27	534	242	175 200	5 470	26,9	3 070	11 720	782	6,97
700	690	300	14,5	27	27	582	260	215 300	6 240	28,8	3 520	12 180	812	6,84
800	790	300	15	28	30	674	286	303 400	7 680	32,6	4 350	12 640	843	6,65
900	890	300	16	30	30	770	320	422 100	9 480	36,3	5 410	13 550	903	6,50
1000	990	300	16,5	31	30	868	347	553 800	11 190	40,0	6 410	14 000	934	6,35

Querschnittswerte für HEA-Profile

(1 kg/m = 0,01 kN/m)

Nenn-höhe	A_v	A_y	I_t	$I_w/1000$	ω_M	W_w	$W_{pl,y}$	$W_{pl,z}$	$W_{pl,w}$	M
	cm^2	cm^2	cm^4	cm^6	cm^2	cm^4	cm^3	cm^3	cm^4	kg/m
100	7,56	16,0	5,24	2,58	22,0	117	83,0	41,1	176	16,7
120	8,46	19,2	5,99	6,47	31,8	204	119	58,9	305	19,9
140	10,1	23,8	8,13	15,06	43,6	346	173	84,8	519	24,7
160	13,2	28,8	12,2	31,41	57,2	549	245	118	824	30,4
180	14,5	34,2	14,8	60,21	72,7	828	325	156	1 243	35,5
200	18,1	40,0	21,0	108,0	90,0	1 200	429	204	1 800	42,3
220	20,7	48,4	28,5	193,3	109	1 766	568	271	2 649	50,5
240	25,2	57,6	41,6	328,5	131	2 511	745	352	3 767	60,3
260	28,8	65,0	52,4	516,4	154	3 345	920	430	5 017	68,2
280	31,7	72,8	62,1	785,4	180	4 366	1 112	518	6 548	76,4
300	37,3	84,0	85,2	1 200	207	5 796	1 383	641	8 694	88,3
320	41,1	93,0	108	1 512	221	6 847	1 628	710	10 270	97,6
340	45,0	99,0	127	1 824	235	7 759	1 850	756	11 640	105
360	49,0	105	149	2 177	249	8 728	2 088	802	13 090	112
400	57,3	114	189	2 942	278	10 570	2 562	873	15 860	125
450	65,8	126	244	4 148	314	13 200	3 216	966	19 800	140
500	74,7	138	309	5 643	350	16 110	3 949	1 059	24 170	155
550	83,7	144	352	7 189	387	18 580	4 622	1 107	27 860	166
600	93,2	150	398	8 978	424	21 190	5 350	1 156	31 780	178
650	103	156	448	11 030	461	23 950	6 136	1 205	35 920	190
700	117	162	514	13 350	497	26 850	7 032	1 257	40 280	204
800	139	168	597	18 290	572	32 000	8 699	1 312	48 010	224
900	163	180	737	24 960	645	38 700	10 810	1 414	58 050	252
1000	185	186	822	32 070	719	44 600	12 820	1 470	66 890	272

Querschnittswerte für HEB-Profile
nach DIN 1025-2:1995-11

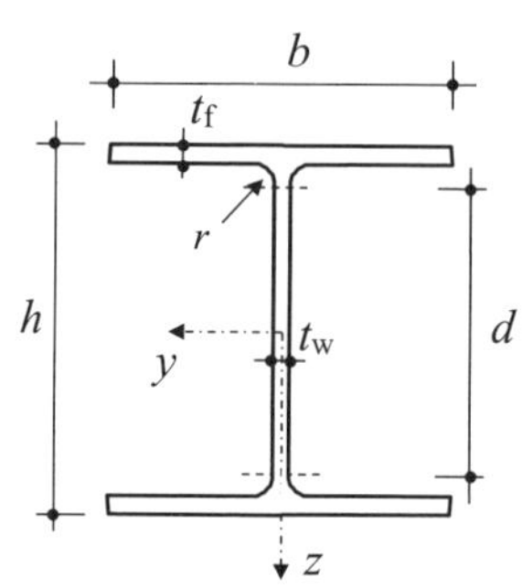

Nenn-höhe	h	b	t_w	t_f	r	d	A	I_y	W_y	i_y	S_y	I_z	W_z	i_z
	mm	mm	mm	mm	mm	mm	cm^2	cm^4	cm^3	cm	cm^3	cm^4	cm^3	cm
100	100	100	6	10	12	56	26,0	450	89,9	4,16	52,1	167	33,5	2,53
120	120	120	6,5	11	12	74	34,0	864	144	5,04	82,6	318	52,9	3,06
140	140	140	7,0	12	12	92	43,0	1 510	216	5,93	123	550	78,5	3,58
160	160	160	8,0	13	15	104	54,3	2 490	311	6,78	177	889	111	4,05
180	180	180	8,5	14	15	122	65,3	3 830	426	7,66	241	1 360	151	4,57
200	200	200	9,0	15	18	134	78,1	5 700	570	8,54	321	2 000	200	5,07
220	220	220	9,5	16	18	152	91,0	8 090	736	9,43	414	2 840	258	5,59
240	240	240	10	17	21	164	106	11 260	938	10,3	527	3 920	327	6,08
260	260	260	10	17,5	24	177	118	14 920	1 150	11,2	641	5 130	395	6,58
280	280	280	10,5	18	24	196	131	19 270	1 380	12,1	767	6 590	471	7,09
300	300	300	11	19	27	208	149	25 170	1 680	13,0	934	8 560	571	7,58
320	320	300	11,5	20,5	27	225	161	30 820	1 930	13,8	1 070	9 240	616	7,57
340	340	300	12	21,5	27	243	171	36 660	2 160	14,6	1 200	9 690	646	7,53
360	360	300	12,5	22,5	27	261	181	43 190	2 400	15,5	1 340	10 140	676	7,49
400	400	300	13,5	24	27	298	198	57 680	2 880	17,1	1 620	10 820	721	7,40
450	450	300	14,0	26	27	344	218	79 890	3 550	19,1	1 990	11 720	781	7,33
500	500	300	14,5	28	27	390	239	107 200	4 290	21,2	2 410	12 620	842	7,27
550	550	300	15	29	27	438	254	136 700	4 970	23,2	2 800	13 080	872	7,17
600	600	300	15,5	30	27	486	270	171 000	5 700	25,2	3 210	13 530	902	7,08
650	650	300	16	31	27	534	286	210 600	6 480	27,1	3 660	13 980	932	6,99
700	700	300	17	32	27	582	306	256 900	7 340	29,0	4 160	14 400	963	6,87
800	800	300	17,5	33	30	674	334	359 100	8 980	32,8	5 110	14 900	994	6,68
900	900	300	18,5	35	30	770	371	494 100	10 980	36,5	6 290	15 820	1 050	6,53
1 000	1 000	300	19	36	30	868	400	644 700	12 890	40,1	7 430	16 280	1 090	6,38

Querschnittswerte für HEB-Profile

(1 kg/m = 0,01 kN/m)

Nenn-höhe	A_v	A_y	I_t	$I_w/1000$	ω_M	W_w	$W_{pl,y}$	$W_{pl,z}$	$W_{pl,w}$	M
	cm^2	cm^2	cm^4	cm^6	cm^2	cm^4	cm^3	cm^3	cm^4	kg/m
100	9,04	20,0	9,25	3,38	22,5	150	104	51,4	225	20,4
120	11,0	26,4	13,8	9,41	32,7	288	165	81,0	432	26,7
140	13,1	33,6	20,1	22,48	44,8	502	245	120	753	33,7
160	17,6	41,6	31,2	47,94	58,8	815	354	170	1 223	42,6
180	20,2	50,4	42,2	93,75	74,7	1 255	481	231	1 882	51,2
200	24,8	60,0	59,3	171,1	92,5	1 850	643	306	2 775	61,3
220	27,9	70,4	76,6	295,4	112	2 633	827	394	3 949	71,5
240	33,2	81,6	103	486,9	134	3 639	1 053	498	5 459	83,2
260	37,6	91,0	124	753,7	158	4 781	1 283	602	7 172	93,0
280	41,1	100	144	1 130	183	6 162	1 534	718	9 243	103
300	47,4	114	185	1 688	211	8 009	1 869	870	12 010	117
320	51,8	123	225	2 069	225	9 210	2 149	939	13 810	127
340	56,1	129	257	2 454	239	10 270	2 408	986	15 410	134
360	60,6	135	292	2 883	253	11 390	2 683	1 032	17 090	142
400	70,0	144	356	3 817	282	13 540	3 232	1 104	20 300	155
450	79,7	156	440	5 258	318	16 540	3 982	1 198	24 800	171
500	89,8	168	538	7 018	354	19 820	4 815	1 292	29 740	187
550	100	174	600	8 856	391	22 660	5 591	1 341	34 000	199
600	111	180	667	10 970	428	25 650	6 425	1 391	38 480	212
650	122	186	739	13 360	464	28 780	7 320	1 441	43 180	225
700	137	192	831	16 060	501	32 060	8 327	1 495	48 100	241
800	162	198	946	21 840	575	37 970	10 230	1 553	56 950	262
900	189	210	1 137	29 460	649	45 410	12 580	1 658	68 120	291
1 000	212	216	1 254	37 640	723	52 060	14 860	1 716	78 080	314

Querschnittswerte für HEM-Profile
nach DIN 1025-4:1994-03

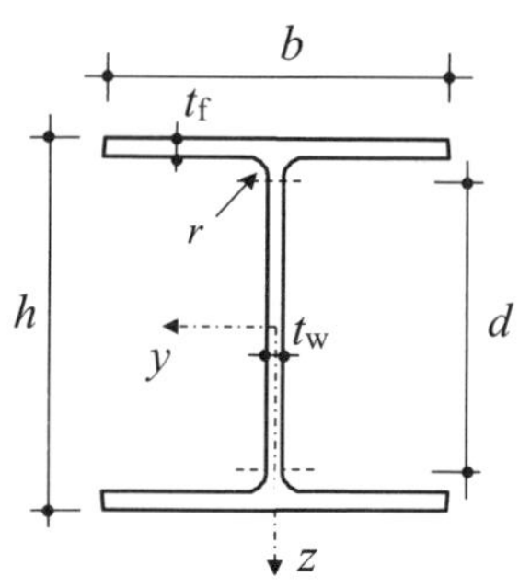

Nenn-höhe	h	b	t_w	t_f	r	d	A	I_y	W_y	i_y	S_y	I_z	W_z	i_z
	mm	mm	mm	mm	mm	mm	cm^2	cm^4	cm^3	cm	cm^3	cm^4	cm^3	cm
100	120	106	12	20	12	56	53,2	1 140	190	4,63	118	399	75,3	2,74
120	140	126	12,5	21	12	74	66,4	2 020	288	5,51	175	703	112	3,25
140	160	146	13	22	12	92	80,6	3 290	411	6,39	247	1 140	157	3,77
160	180	166	14	23	15	104	97,1	5 100	566	7,25	337	1 760	212	4,26
180	200	186	14,5	24	15	122	113	7 480	748	8,13	442	2 580	277	4,77
200	220	206	15	25	18	134	131	10 640	967	9,00	568	3 650	354	5,27
220	240	226	15,5	26	18	152	149	14 600	1 220	9,89	710	5 010	444	5,79
240	270	248	18	32	21	164	200	24 290	1 800	11,0	1 060	8 150	657	6,39
260	290	268	18	32,5	24	177	220	31 310	2 160	11,9	1 260	10 450	780	6,90
280	310	288	18,5	33	24	196	240	39 550	2 550	12,8	1 480	13 160	914	7,40
300	340	310	21	39	27	208	303	59 200	3 480	14,0	2 040	19 400	1 250	8,00
320	359	309	21	40	27	225	312	68 130	3 800	14,8	2 220	19 710	1 280	7,95
340	377	309	21	40	27	243	316	76 370	4 050	15,6	2 360	19 710	1 280	7,90
360	395	308	21	40	27	261	319	84 870	4 300	16,3	2 490	19 520	1 270	7,83
400	432	307	21	40	27	298	326	104 100	4 820	17,9	2 790	19 330	1 260	7,70
450	478	307	21	40	27	344	335	131 500	5 500	19,8	3 170	19 340	1 260	7,59
500	524	306	21	40	27	390	344	161 900	6 180	21,7	3 550	19 150	1 250	7,46
550	572	306	21	40	27	438	354	198 000	6 920	23,6	3 970	19 160	1 250	7,35
600	620	305	21	40	27	486	364	237 400	7 660	25,6	4 390	18 970	1 240	7,22
650	668	305	21	40	27	534	374	281 700	8 430	27,5	7 830	18 980	1 240	7,13
700	716	304	21	40	27	582	383	329 300	9 200	29,3	5 270	18 800	1 240	7,01
800	814	303	21	40	30	674	404	442 600	10 870	33,1	6 240	18 630	1 230	6,79
900	910	302	21	40	30	770	424	570 400	12 540	36,7	7 220	18 450	1 220	6,60
1 000	1 008	302	21	40	30	868	444	722 300	14 330	40,3	8 280	18 460	1 220	6,45

Querschnittswerte für HEM-Profile

(1 kg/m = 0,01 kN/m)

Nenn-höhe	A_v	A_y	I_t	$I_w/1000$	ω_M	W_w	$W_{pl,y}$	$W_{pl,z}$	$W_{pl,w}$	M
	cm^2	cm^2	cm^4	cm^6	cm^2	cm^4	cm^3	cm^3	cm^4	kg/m
100	18,0	42,4	68,2	9,93	26,5	375	236	116	562	41,8
120	21,2	52,9	91,7	24,79	37,5	661	351	172	992	52,1
140	24,5	64,2	120	54,33	50,4	1 079	494	240	1 620	63,2
160	30,8	76,4	162	108,1	65,2	1 658	675	325	2 490	76,2
180	34,7	89,3	203	199,3	81,8	2 436	883	425	3 650	88,9
200	41,0	103	259	346,3	100	3 448	1 135	543	5 170	103
220	45,3	118	315	572,7	121	4 736	1 419	679	7 110	117
240	60,1	159	628	1 152	148	7 807	2 117	1 006	11 710	157
260	66,9	174	719	1 728	173	10 020	2 524	1 192	15 030	172
280	72,0	190	807	2 520	199	12 640	2 966	1 397	18 960	189
300	90,5	242	1 410	4 386	233	18 800	4 078	1 913	28 200	238
320	94,8	247	1 500	5 004	246	20 310	4 435	1 951	30 460	245
340	98,6	247	1 510	5 584	260	21 450	4 718	1 953	32 180	248
360	102	246	1 510	6 137	273	22 450	4 989	1 942	33 680	250
400	110	246	1 510	7 410	301	24 630	5 571	1 934	36 950	256
450	120	246	1 530	9 251	336	27 520	6 331	1 939	41 280	263
500	129	245	1 540	11 190	370	30 210	7 094	1 932	45 320	270
550	140	245	1 550	13 520	407	33 210	7 933	1 937	49 810	278
600	150	244	1 560	15 910	442	35 970	8 772	1 930	53 960	285
650	160	244	1 580	18 650	479	38 950	9 657	1 936	58 420	293
700	170	243	1 590	21 400	514	41 650	10 540	1 929	62 470	301
800	194	242	1 650	27 780	586	47 370	12 490	1 930	71 060	317
900	214	242	1 670	34 750	657	52 900	14 440	1 929	79 350	333
1 000	235	242	1 700	43 020	731	58 860	16 570	1 940	88 290	349

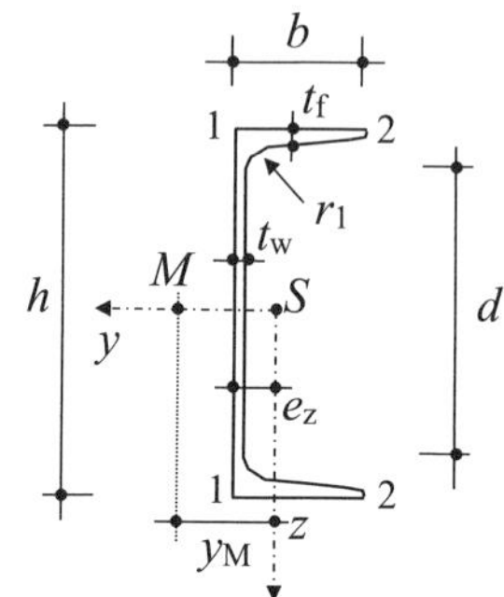

Querschnittswerte für U-Profile
nach DIN 1026

Nenn-höhe	h	b	t_w	$t_f=r_1$	r_2	d	A	I_y	W_y	i_y	S_y	I_z	W_z	i_z
	mm	mm	mm	mm	mm	mm	cm^2	cm^4	cm^3	cm	cm^3	cm^4	cm^3	cm
50	50	38	5	7	3,5	20	7,12	26,4	10,6	1,92	–	9,12	3,75	1,13
60	60	30	6	6	3	35	6,46	31,6	10,5	2,21	–	4,51	2,16	0,84
65	65	42	5,5	7,5	4	33	9,03	57,5	17,7	2,52	–	14,1	5,07	1,25
80	80	45	6	8	4	46	11,0	106	26,5	3,10	15,9	19,4	6,36	1,33
100	100	50	6	8,5	4,5	64	13,5	206	41,2	3,91	24,5	29,3	8,49	1,47
120	120	55	7	9	4,5	82	17,0	364	60,7	4,62	36,3	43,2	11,1	1,59
140	140	60	7	10	5	98	20,4	605	86,4	5,45	51,4	62,7	14,8	1,75
160	160	65	7,5	10,5	5,5	115	24,0	925	116	6,21	68,8	85,3	18,3	1,89
180	180	70	8	11	5,5	133	28,0	1 350	150	6,95	89,6	114	22,4	2,02
200	200	75	8,5	11,5	6	151	32,2	1 910	191	7,70	114	148	27,0	2,14
220	220	80	9	12,5	6,5	167	37,4	2 690	245	8,48	146	197	33,6	2,30
240	240	85	9,5	13	6,5	184	42,3	3 600	300	9,22	179	248	39,6	2,42
260	260	90	10	14	7	200	48,3	4 820	371	9,99	221	317	47,7	2,56
280	280	95	10	15	7,5	216	53,3	6 280	448	10,9	266	399	57,2	2,74
300	300	100	10	16	8	232	58,8	8 030	535	11,7	316	495	67,8	2,90
320	320	100	14	17,5	8,75	246	75,8	10 870	679	12,1	413	597	80,6	2,81
350	350	100	14	16	8	282	77,3	12 840	734	12,9	459	570	75,0	2,72
380	380	102	13,5	16	8	313	80,4	15 760	829	14,0	507	615	78,7	2,77
400	400	110	14	18	9	324	91,5	20 350	1 020	14,9	618	846	102	3,04

Querschnittswerte für U-Profile
nach DIN 1026

(1 kg/m = 0,01 kN/m)

Nenn-höhe	e_z	y_M	I_t	$I_w/1000$	$\omega_{M,1}$	$\omega_{M,2}$	$W_{pl,y}$	$W_{pl,z}$	M
	cm	cm	cm^4	cm^6	cm^2	cm^2	cm^3	cm^3	kg/m
50	1,37	2,47	1,12	0,0278	2,90	4,73	–	–	5,59
60	0,91	1,50	0,939	0,0219	2,40	4,89	–	–	5,07
65	1,42	2,60	1,61	0,0773	4,18	7,10	–		7,09
80	1,45	2,67	2,16	0,168	5,47	9,65	31,8	12,1	8,64
100	1,55	2,93	2,81	0,414	7,69	13,8	49,0	16,2	10,6
120	1,60	3,03	4,15	0,900	9,88	18,7	72,6	21,2	13,4
140	1,75	3,37	5,68	1,80	12,8	23,9	103	28,3	16,0
160	1,84	3,56	7,39	3,26	15,7	30,1	138	35,2	18,8
180	1,92	3,75	9,55	5,57	18,8	36,9	179	42,9	22,0
200	2,01	3,94	11,9	9,07	22,2	44,5	228	51,8	25,3
220	2,14	4,20	16,0	14,6	26,0	52,3	292	64,1	29,4
240	2,23	4,39	19,7	22,1	29,9	61,2	358	75,7	33,2
260	2,36	4,66	25,5	33,3	34,4	70,1	442	91,6	37,9
280	2,53	5,02	31,0	48,5	39,6	79,6	532	109	41,8
300	2,70	5,41	37,4	69,1	45,5	89,3	632	130	46,2
320	2,60	4,82	66,7	96,1	44,2	96,5	826	152	59,5
350	2,40	4,45	61,2	114	45,9	109	918	143	60,6
380	2,38	4,58	59,1	146	52,3	121	1 014	148	63,1
400	2,65	5,11	81,6	221	60,4	136	1 240	190	71,8

Die ω_M-Werte wurden näherungsweise unter der Annahme paralleler Flansche ermittelt, für die Vorzeichenregelung s. Abb. 8.22 auf Seite 218.

Querschnittswerte für kreisförmige Hohlprofile
Auszug aus:
DIN EN 10210-2:2019-07, warmgefertigt

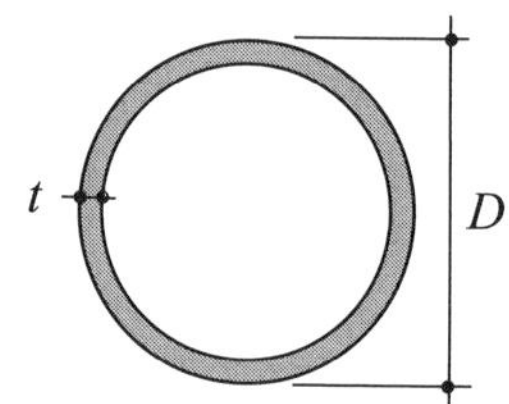

(1 kg/m = 0,01 kN/m)

D	t	M	A	I	i	W_{el}	I_t	W_t	W_{pl}
mm	mm	kg/m	cm²	cm⁴	cm	cm³	cm⁴	cm³	cm³
42,4	2,6	2,55	3,25	6,46	1,41	3,05	12,9	6,10	4,12
	4,0	3,79	4,83	8,99	1,36	4,24	18,0	8,48	5,92
48,3	2,6	2,93	3,73	9,78	1,62	4,05	19,6	8,10	5,44
	5,0	5,34	6,80	16,2	1,54	6,69	32,3	13,4	9,42
60,3	2,6	3,70	4,71	19,7	2,04	6,52	39,3	13,0	8,66
	5,0	6,82	8,69	33,5	1,96	11,1	67,0	22,2	15,3
76,1	2,6	4,71	6,00	40,6	2,60	10,7	81,2	21,3	14,1
	5,0	8,77	11,17	70,9	2,52	18,6	142	37,3	25,3
88,9	3,2	6,76	8,62	79,2	3,03	17,8	158	35,6	23,5
	5,0	10,3	13,2	116	2,97	26,2	233	52,4	35,2
	6,3	12,8	16,3	140	2,93	31,5	280	63,1	43,1
101,6	3,2	7,8	9,89	120	3,48	23,6	240	47,2	31,0
	6,3	14,8	18,9	215	3,38	42,3	430	84,7	57,3
	10,0	22,6	28,8	305	3,26	60,1	611	120	84,2
114,3	3,2	8,8	11,2	172	3,93	30,2	345	60	39,5
	6,3	16,8	21,4	313	3,82	54,7	625	109	73,6
	10,0	25,7	32,8	450	3,70	78,7	899	157	109
139,7	4,0	13,4	17,1	393	4,80	56,2	786	112	74
	8.0	26,0	33,1	720	4,66	103	1 441	206	139
	12,5	39,2	50,0	1 020	4,52	146	2 040	292	203
168,3	4.0	16,2	20,6	697	5,81	82,8	1 394	166	108
	8,0	31,6	40,3	1 297	5,67	154	2 595	308	206
	10,0	39,0	49,7	1 564	5,61	186	3 128	372	251
177,8	5,0	21,3	27,1	1 014	6,11	114	2 028	228	149
	8,0	33,5	42,7	1 541	6,01	173	3 083	347	231
	10,0	41,4	52,7	1 862	5,94	209	3 724	419	282
219,1	5,0	26,4	33,6	1 928	7,57	176	3 856	352	229
	8,0	41,6	53,1	2 960	7,47	270	5 919	540	357
	10,0	51,6	65,7	3 598	7,40	328	7 197	657	438
244,5	5,0	29,5	37,6	2 699	8,47	221	5 397	441	287
	8,0	46,7	59,4	4 160	8,37	340	8 321	681	448
	10,0	57,8	73,7	5 073	8,30	415	10 146	830	550

D	t	M	A	I	i	W_{el}	I_t	W_t	W_{pl}
mm	mm	kg/m	cm^2	cm^4	cm	cm^3	cm^4	cm^3	cm^3
273	5,0	33	42,1	3 781	9,48	277	7 562	554	359
	10,0	65	82,6	7 154	9,31	524	14 308	1 048	692
	16,0	101	129	10 707	9,10	784	21 414	1 569	1 058
323,9	5,0	39	50	6 369	11,3	393	12 739	787	509
	10,0	77	99	12 158	11,1	751	24 317	1 501	986
	16,0	121	155	18 390	10,9	1 136	36 780	2 271	1 518
355,6	6,0	51,7	65,9	10 071	12,4	566	20 141	1 133	733
	10,0	85	109	16 223	12,2	912	32 447	1 825	1 195
	16,0	134	171	24 663	12,0	1 387	49 326	2 774	1 847
406,4	6.0	59	75	15 128	14,2	745	30 257	1 489	962
	10,0	98	125	24 476	14,0	1 205	48 952	2 409	1 572
	16,0	154	196	37 449	13,8	1 843	74 898	3 686	2 440
457	6,0	67	85	21 618	15,9	946	43 236	1 892	1 220
	10.0	110	140	35 091	15,8	1 536	70 183	3 071	1 998
	16,0	174	222	53 959	15,6	2 361	107 919	4 723	3 113
508	6,0	74	95	29 812	17,7	1 174	59 623	2 347	1 512
	10,0	123	156	48 520	17,6	1 910	97 040	3 820	2 480
	16,0	194	247	74 909	17,4	2 949	149 818	5 898	3 874
	20,0	241	307	91 428	17,3	3 600	182 856	7 199	4 766
610	6,0	89	114	51 924	21,4	1 702	103 847	3 405	2 189
	10,0	148	188	84 847	21,2	2 782	169 693	5 564	3 600
	16,0	234	299	131 781	21,0	4 321	263 563	8 641	5 647
	20,0	291	371	161 490	20,9	5 295	322 979	10 589	6 965
711	6,0	104	133	82 568	24,9	2 323	165 135	4 645	2 982
	10,0	173	220	135 301	24,8	3 806	270 603	7 612	4 914
	16,0	274	349	211 040	24,6	5 936	422 080	11 873	7 730
	20,0	341	434	259 351	24,4	7 295	518 702	14 591	9 552
762	6,0	112	143	101 813	26,7	2 672	203 626	5 345	3 429
	10,0	185	236	167 028	26,6	4 384	334 057	8 768	5 655
	20,0	366	466	321 083	26,2	8 427	642 166	16 855	11 014
	30,0	542	690	462 853	25,9	12 148	925 706	24 297	16 084
813	8,0	159	202	163 901	28,5	4 032	327 801	8 064	5 184
	12,0	237	302	242 235	28,3	5 959	484 469	11 918	7 700
	16,0	314	401	318 222	28,2	7 828	636 443	15 657	10 165
	20,0	391	498	391 909	28,0	9 641	783 819	19 282	12 580
914	8,0	179	228	233 651	32,0	5 113	467 303	10 225	6 567
	12,0	267	340	345 890	31,9	7 569	691 779	15 137	9 764
	16,0	354	451	455 142	31,8	9 959	910 284	19 919	12 904
	20,0	441	562	561 461	31,6	12 286	1 122 922	24 572	15 987

Querschnittswerte für quadratische Hohlprofile
Auszug aus:
DIN EN 10210-2:2019-07, warmgefertigt

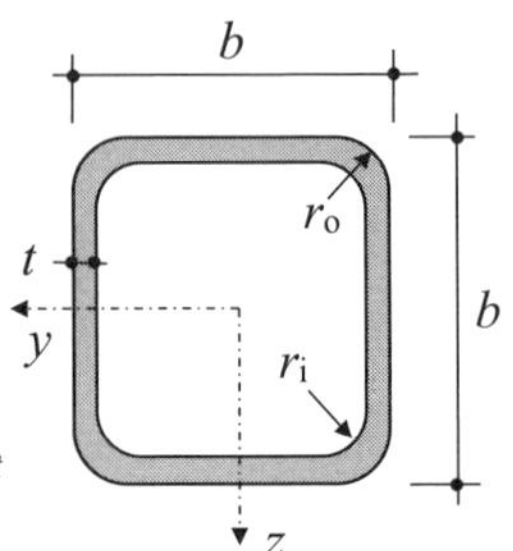

Radien für Berechnungen: $r_o = 1{,}5 \cdot t$
$r_i = 1{,}0 \cdot t$

(1 kg/m = 0,01 kN/m)

$b \times b$	t	M	A	$I_y=I_z$	W_{el}	i	I_t	W_{pl}
mm	mm	kg/m	cm^2	cm^4	cm^3	cm	cm^4	cm^3
40	4	4,39	5,59	11,8	5,91	1,45	19,5	7,44
	5	5,28	6,73	13,4	6,68	1,41	22,5	8,66
50	4	5,64	7,19	25,0	9,99	1,86	40,4	12,3
	5	6,85	8,73	28,9	11,6	1,82	47,6	14,5
	6	7,99	10,2	32,0	12,8	1,77	53,6	16,5
60	4	6,90	8,79	45,4	15,1	2,27	72,5	18,3
	6	9,87	12,6	59,9	20	2,18	98,6	25,5
	8	12,5	16,0	69,7	23,2	2,09	118	30,4
70	4	8,15	10,4	74,7	21,3	2,68	118	25,1
	6	11,8	15,0	101	28,7	2,59	163	35,5
	8	15,0	19,2	120	34,2	2,50	200	43,8
80	4	9,41	12,0	114	28,6	3,09	180	34,0
	6	13,6	17,4	156	39,1	3,00	252	47,8
	8	17,6	22,4	189	47,3	2,91	312	59,5
90	4	10,7	13,6	166	37,0	3,50	260	43,6
	6	15,5	19,8	230	51,1	3,41	367	61,8
	8	20,1	25,6	281	62,6	3,32	459	77,6
100	4	11,9	15,2	232	46,4	3,91	361	54,4
	6	17,4	22,2	323	64,6	3,82	513	77,6
	8	22,6	28,8	400	79,9	3,73	646	98,2
	10	27,4	34,9	462	92,4	3,64	761	116
120	6	21,2	27,0	579	96,6	4,63	911	115
	8	27,6	35,2	726	121	4,55	1 160	146
	10	33,7	42,9	852	142	4,46	1 382	175
	12	39,5	50,3	958	160	4,36	1 578	201
140	6	24,9	31,8	944	135	5,45	1 475	159
	8	32,6	41,6	1 195	171	5,36	1 892	204
	10	40,0	50,9	1 416	202	5,27	2 272	246
	12	47,0	59,9	1 609	230	5,18	2 616	284
150	6	26,8	34,2	1 174	156	5,86	1 828	184
	8	35,1	44,8	1 491	199	5,77	2 351	237
	10	43,1	54,9	1 773	236	5,68	2 832	286

$b \times b$	t	M	A	$I_y = I_z$	W_{el}	i	I_t	W_{pl}
mm	mm	kg/m	cm^2	cm^4	cm^3	cm	cm^4	cm^3
150	12	50,8	64,7	2 023	270	5,59	3 272	331
	16	65,2	83,0	2 430	324	5,41	4 026	411
160	6	28,7	36,6	1 437	180	6,27	2 233	210
	8	37,6	48,0	1 831	229	6,18	2 880	272
	10	46,3	58,9	2 186	273	6,09	3 478	329
	12	54,6	69,5	2 502	313	6,00	4 028	382
	16	70,2	89,4	3 028	379	5,82	4 988	476
180	6	32,5	41,4	2 077	231	7,09	3 215	269
	8	42,7	54,4	2 661	296	7,00	4 162	349
	10	52,5	66,9	3 193	355	6,91	5 048	424
	12	62,1	79,1	3 677	409	6,82	5 873	494
	16	80,2	102,0	4 504	500	6,64	7 343	621
200	8	47,7	60,8	3 709	371	7,81	5 778	436
	10	58,8	74,9	4 471	447	7,72	7 031	531
	12	69,6	88,7	5 171	517	7,64	8 208	621
	16	90,3	115,0	6 394	639	7,46	10 340	785
220	8	52,8	67,2	5 002	455	8,63	7 765	532
	10	65,1	82,9	6 050	550	8,54	9 473	650
	12	77,2	98,3	7 023	638	8,45	11 091	638
	16	100	128,0	8 749	795	8,27	14 054	969
250	8	60,3	76,8	7 455	596	9,86	11 525	694
	10	74,5	94,9	9 055	724	9,77	14 106	851
	12	88,5	113	10 556	844	9,68	16 567	1 000
	16	115	147	13 267	1 061	9,50	21 138	1 280
260	8	62,8	80,0	8 423	648	10,3	13 006	753
	10	77,7	98,9	10 242	788	10,2	15 932	924
	12	92,2	1197	11 954	920	10,1	18 729	1 087
	16	120	153	15 061	1 159	9,91	23 942	1 394
300	8	72,8	92,8	13 128	875	11,9	20 194	1 013
	10	90,3	115	16 026	1 068	11,8	24 807	1 246
	12	108	137	18 777	1 252	11,7	29 249	1470
	16	141	179	23 850	1 590	11,5	37 622	1 895
350	8	85,4	109	21 129	1 207	13,9	32 384	1 392
	10	106	135	25 884	1 479	13,9	39 886	1 715
	12	126	161	30 435	1 739	13,8	47 154	2 030
	16	166	211	38 942	2 225	13,6	60 990	2 630
400	10	122	155	39 128	1 956	15,9	60 092	2 260
	12	145	185	46 130	2 306	15,8	71 181	2 679
	16	191	243	59 344	2 967	15,6	92 442	3 484

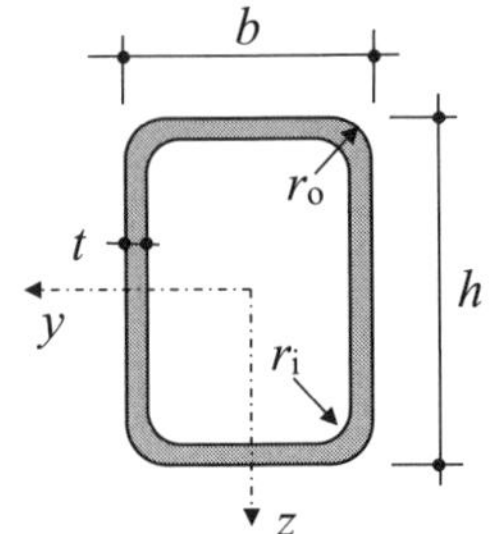

Querschnittswerte für rechteckige Hohlprofile
Auszug aus:
DIN EN 10210-2:2019-07, warmgefertigt

Radien für Berechnungen: $r_o = 1{,}5 \cdot t$
$r_i = 1{,}0 \cdot t$

(1 kg/m = 0,01 kN/m)

$h \times b$	t	M	A	I_y	W_y	i_y	I_z	W_z	i_z	I_T	$W_{pl,y}$	$W_{pl,z}$
mm	mm	kg/m	cm^2	cm^4	cm^3	cm	cm^4	cm^3	cm	cm^4	cm^3	cm^3
50x30	4	4,39	5,59	16,5	6,60	1,72	7,08	4,72	1,13	16,6	8,59	5,88
60x40	4	5,64	7,19	32,8	10,9	2,14	17,0	8,52	1,54	36,7	13,8	10,3
	6	7,99	10,2	42,3	14,1	2,04	21,4	10,7	1,45	48,2	18,6	13,7
80x40	4	6,90	8,79	68,2	17,1	2,79	22,2	11,1	1,59	55,2	21,8	13,2
	6	9,87	12,6	90,5	22,6	2,68	28,5	14,2	1,50	73,4	30,0	17,8
	8	12,5	16,0	106	26,5	2,58	32,1	16,1	1,42	85,8	36,5	21,2
90x50	4	8,15	10,4	107	23,8	3,21	41,9	16,8	2,01	97,5	29,8	19,6
	6	11,8	15,0	145	32,2	3,11	55,4	22,1	1,92	133	41,6	27,0
	8	15,0	19,2	174	38,6	3,01	64,6	25,8	1,84	160	51,4	32,9
100x50	4	8,78	11,2	140	27,9	3,53	46,2	18,5	2,03	113	35,2	21,5
	6	12,7	16,2	190	38,1	3,43	61,2	24,5	1,95	154	49,4	29,7
	8	16,3	20,8	230	46,0	3,33	71,7	28,7	1,86	186	61,4	36,3
100x60	4	9,41	12,0	158	31,6	3,63	70,5	23,5	2,43	156	39,1	27,3
	6	13,6	17,4	217	43,4	3,53	95,0	31,7	2,34	216	55,1	38,1
	8	17,5	22,4	264	52,8	3,44	113	37,8	2,25	265	68,7	47,1
120x60	4	10,7	13,6	249	41,5	4,28	83,1	27,7	2,47	201	51,9	31,7
	6	15,5	19,8	345	57,5	4,18	113	37,5	2,39	279	73,6	44,5
	8	20,1	25,6	425	70,8	4,08	135	45,0	2,30	344	92,7	55,4
	10	24,3	30,9	488	81,4	3,97	152	50,5	2,21	396	109	64,4
120x80	4	11,9	15,2	303	50,4	4,46	161	40,2	3,25	330	61,2	46,1
	6	17,4	22,2	423	70,6	4,37	222	55,6	3,17	468	87,3	65,5
	8	22,6	28,8	525	87,5	4,27	273	68,1	3,08	587	111	82,6
	10	27,4	34,9	609	102	4,18	313	78,1	2,99	688	131	97,3
140x80	4	13,2	16,8	441	62,9	5,12	184	46,0	3,31	411	77,1	52,2
	6	19,3	24,6	621	88,7	5,03	255	63,8	3,22	583	111	74,4
	8	25,1	32,0	776	111	4,93	314	78,5	3,14	733	141	94,1
	10	30,6	38,9	908	130	4,83	362	90,5	3,05	862	168	111
150x100	4	15,1	19,2	607	81,0	5,63	324	64,8	4,11	660	97,4	73,6
	6	22,1	28,2	862	115	5,53	456	91,2	4,02	946	141	106
	8	28,9	36,8	1 087	145	5,44	569	114	3,94	1 203	180	135
	10	35,3	44,9	1 282	171	5,34	665	133	3,85	1 432	216	161
	12	41,4	52,7	1 450	193	5,25	745	149	3,76	1 633	249	185

$h \times b$	t	M	A	I_y	W_y	i_y	I_z	W_z	i_z	I_T	$W_{pl,y}$	$W_{pl,z}$
mm	mm	kg/m	cm^2	cm^4	cm^3	cm	cm^4	cm^3	cm	cm^4	cm^3	cm^3
160x80	4	14,4	18,4	612	76,5	5,77	207	51,7	3,35	493	94,7	58,3
	6	21,2	27,0	868	108	5,67	288	72,0	3,27	701	136	83,3
	8	27,6	35,2	1 091	136	5,57	356	89,0	3,18	883	175	106
	10	33,7	42,9	1 284	161	5,47	411	103	3,10	1 041	209	125
	12	39,5	50,3	1 449	181	5,37	455	114	3,01	1 175	240	142
180x100	4	16,9	21,6	945	105	6,61	379	75,9	4,19	852	128	85,2
	6	24,9	31,8	1 350	150	6,52	536	107	4,11	1 224	186	123
	8	32,6	41,6	1 713	190	6,42	671	134	4,02	1 560	239	157
	10	40,0	50,9	2 036	226	6,32	787	157	3,93	1 862	288	188
	12	47,0	59,9	2 320	258	6,22	886	177	3,85	2 130	333	216
200x100	4	18,2	23,2	1 223	122	7,26	416	83,2	4,24	983	150	92,8
	6	26,8	34,2	1 754	175	7,16	589	118	4,15	1 414	218	134
	8	35,1	44,8	2 234	223	7,06	739	148	4,06	1 804	282	172
	10	43,1	54,9	2 664	266	6,96	869	174	3,98	2 156	341	206
	12	50,8	64,7	3 047	305	6,86	979	196	3,89	2 469	395	237
	16	65,2	83,0	3 678	368	6,66	1 147	229	3,72	2 982	491	290
200x120	6	28,7	36,6	1 980	198	7,36	892	149	4,94	1 942	242	169
	8	37,6	48,0	2 529	253	7,26	1 128	188	4,85	2 495	313	218
	10	46,3	58,9	3 026	303	7,17	1 337	223	4,76	3 001	379	263
	12	54,6	69,5	3 472	347	7,07	1 520	253	4,68	3 461	440	305
250x150	6	36,2	46,2	3 965	317	9,27	1 796	239	6,24	3 877	385	270
	8	47,7	60,8	5 111	409	9,17	2 298	306	6,15	5 021	501	350
	10	58,8	74,9	6 174	494	9,08	2 755	367	6,06	6 090	611	426
	12	69,6	88,7	7 154	572	8,98	3 168	422	5,98	7 088	715	497
	16	90,3	115	8 879	710	8,79	3 873	516	5,80	8 868	906	625
260x180	6	40,0	51,0	4 942	380	9,85	2 804	312	7,41	5 554	454	353
	8	52,7	67,2	6 390	492	9,75	3 608	401	7,33	7 221	592	459
	10	65,1	82,9	7 741	595	9,66	4 351	483	7,24	8 798	724	560
	12	77,2	98,3	8 999	692	9,57	5 034	559	7,16	10 285	849	656
	16	100	128	11 245	865	9,38	6 231	692	6,98	12 993	1081	831
300x200	6	45,7	58,2	7 486	499	11,3	4 013	401	8,31	8 100	596	451
	8	60,3	76,8	9 717	648	11,3	5 184	518	8,22	10 562	779	589
	10	74,5	94,9	11 819	788	11,2	6 278	628	8,13	12 908	956	721
	12	88,5	113	13 797	920	11,1	7 294	729	8,05	15 137	1 124	847
	16	115	147	17 390	1159	10,9	9 109	911	7,87	19 252	1 441	1080
350x250	6	55,1	70,2	12 616	721	13,4	7 538	603	10,4	14 529	852	677
	8	72,8	92,8	16 449	940	13,3	9 798	784	10,3	19 027	1 118	888
	10	90,2	115	20 102	1 149	13,2	11 937	955	10,2	23 354	1 375	1 091
	12	107	137	23 577	1 347	13,1	13 957	1 117	10,1	27 513	1 624	1 286

Statische Werte einfacher Systeme

Belastungsfall EI = konst.	Auflagerkräfte	Schnittgröße max M	Durchbiegung max f	*a*
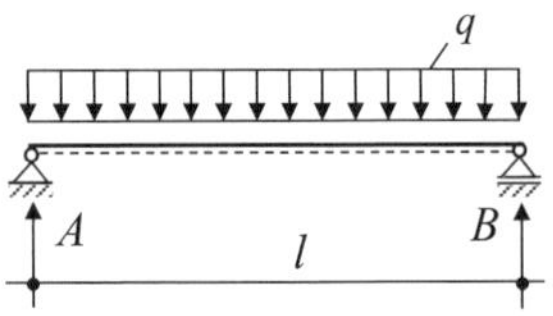 q; A; B; l	$A = B = \frac{q \cdot l}{2}$	$M_F = \frac{q \cdot l^2}{8}$	$\frac{5 \cdot q \cdot l^4}{384 \cdot E \cdot I}$	14,9
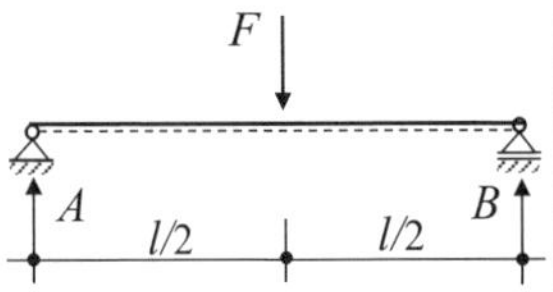 F; A; B; l/2; l/2	$A = B = \frac{F}{2}$	$M_F = \frac{F \cdot l}{4}$	$\frac{F \cdot l^3}{48 \cdot E \cdot I}$	11,9
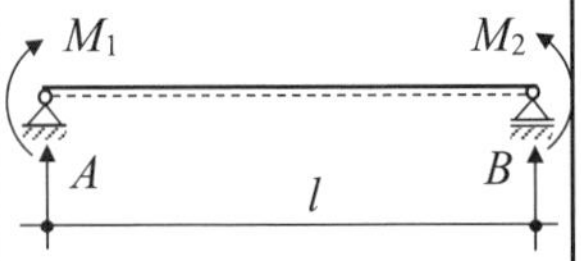 M_1; M_2; A; B; l	$A = \frac{M_2 - M_1}{l}$ $B = -A$	M_1 oder M_2	f_{Mitte} $\frac{M_1 + M_2}{16 \cdot E \cdot I} \cdot l^2$	f_{Mitte} 8,93
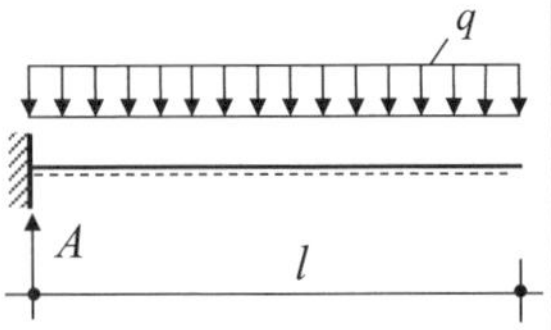 q; A; l	$A = q \cdot l$	$M_A = -\frac{q \cdot l^2}{2}$	$\frac{q \cdot l^4}{8 \cdot E \cdot I}$	35,7
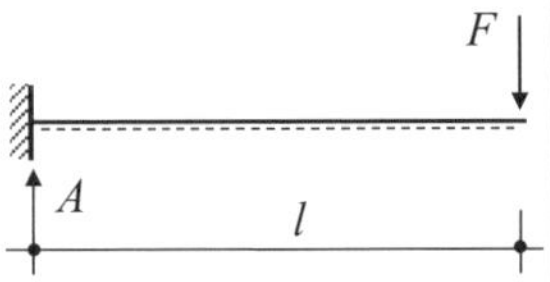 F; A; l	$A = F$	$M_A = -F \cdot l$	$\frac{F \cdot l^3}{3 \cdot E \cdot I}$	47,6
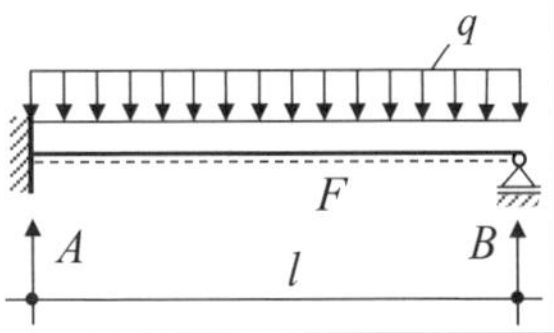 q; F; A; B; l	$A = \frac{5 \cdot q \cdot l}{8}$ $B = \frac{3 \cdot q \cdot l}{8}$	$M_A = -\frac{q \cdot l^2}{8}$ $M_F = \frac{9 \cdot q \cdot l^2}{128}$	$\frac{q \cdot l^4}{184{,}6 \cdot E \cdot I}$	6,19
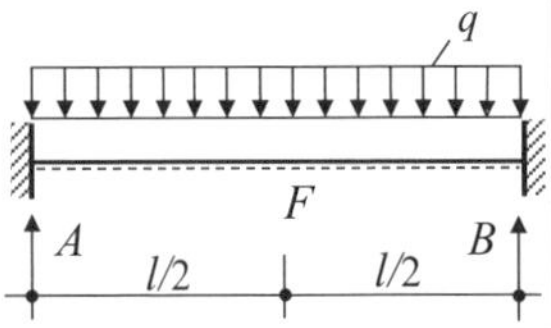 q; F; A; B; l/2; l/2	$A = B = \frac{q \cdot l}{2}$	$M_A = M_B = -\frac{q \cdot l^2}{12}$ $M_F = \frac{q \cdot l^2}{24}$	$\frac{q \cdot l^4}{384 \cdot E \cdot I}$	4,47

Auszüge aus den Tabellenwerten nach [21]. Wirken M_1 und M_2 gleichzeitig, so ist in der folgenden Formel max M durch $(M_1 + M_2)$ zu ersetzen.

Für zul $f = l/300$ gilt: erf $I = a \cdot \max M \cdot l$ I in cm^4; max M in kNm; l in m

16 Literaturverzeichnis

16.1 Normen

[C1] DIN EN 1993-1-1:2010-12, Eurocode 3: Bemessung und Konstruktion von Stahlbauten –
Teil 1-1: Allgemeine Bemessungsregeln und Regeln für den Hochbau

[C2] DIN EN 1993-1-1/NA:2018-12, Nationaler Anhang – National festgelegte Parameter – Eurocode 3: Bemessung und Konstruktion von Stahlbauten –
Teil 1-1: Allgemeine Bemessungsregeln und Regeln für den Hochbau

[C3] DIN EN 1993-1-5:2019-10, Eurocode 3: Bemessung und Konstruktion von Stahlbauten –
Teil 1-5: Plattenförmige Bauteile

[C4] DIN EN 1993-1-5/NA:2018-11, Nationaler Anhang – National festgelegte Parameter – Eurocode 3: Bemessung und Konstruktion von Stahlbauten –
Teil 1-5: Plattenförmige Bauteile

[C5] DIN EN 1993-1-8:2010-12, Eurocode 3: Bemessung und Konstruktion von Stahlbauten –
Teil 1-8: Bemessung von Anschlüssen

[C6] DIN EN 1993-1-8/NA:2020-11, Nationaler Anhang – National festgelegte Parameter – Eurocode 3: Bemessung und Konstruktion von Stahlbauten –
Teil 1-8: Bemessung von Anschlüssen

[C7] DIN EN 1993-1-9:2010-12, Eurocode 3: Bemessung und Konstruktion von Stahlbauten –
Teil 1-9: Ermüdung

[C8] DIN EN 1993-1-9/NA:2010-12, Nationaler Anhang – National festgelegte Parameter – Eurocode 3: Bemessung und Konstruktion von Stahlbauten –
Teil 1-9: Ermüdung

[C9] DIN EN 1993-1-10:2010-12, Eurocode 3: Bemessung und Konstruktion von Stahlbauten –
Teil 1-10: Stahlsortenauswahl im Hinblick auf Bruchzähigkeit und Eigenschaften in Dickenrichtung

[C10] DIN EN 1993-1-10/NA:2016-04, Nationaler Anhang – National festgelegte Parameter – Eurocode 3: Bemessung und Konstruktion von Stahlbauten –
Teil 1-10: Stahlsortenauswahl im Hinblick auf Bruchzähigkeit und Eigenschaften in Dickenrichtung

[C11] DIN EN 1993-1-11:2010-12, Eurocode 3: Bemessung und Konstruktion von Stahlbauten –
Teil 1-11: Bemessung und Konstruktion von Tragwerken mit stählernen Zugelementen

[C12] DIN EN 1993-1-11/NA:2010-12, Nationaler Anhang – National festgelegte Parameter – Eurocode 3: Bemessung und Konstruktion von Stahlbauten –
Teil 1-11; Bemessung und Konstruktion von Tragwerken mit stählernen Zugelementen

[C13] DIN EN 1993-6:2010-12, Eurocode 3: Bemessung und Konstruktion von Stahlbauten –
Teil 6: Kranbahnen

[C14] DIN EN 1993-6/NA:2017-11, Nationaler Anhang – National festgelegte Parameter – Eurocode 3: Bemessung und Konstruktion von Stahlbauten – Teil 6: Kranbahnen

[C15] DIN EN 1990:2010-12, Eurocode: Grundlagen der Tragwerksplanung

[C16] DIN EN 1990/NA:2010-12, Nationaler Anhang – National festgelegte Parameter – Eurocode: Grundlagen der Tragwerksplanung

[C17] DIN EN 1991-1-1:2010-12, Eurocode 1: Einwirkungen auf Tragwerke –
Teil 1-1: Allgemeine Einwirkungen auf Tragwerke – Wichten, Eigengewicht und Nutzlasten im Hochbau

[C18] DIN EN 1991-1-1/NA:2010-12, Nationaler Anhang – National festgelegte Parameter – Eurocode 1: Einwirkungen auf Tragwerke –
Teil 1-1: Allgemeine Einwirkungen – Wichten, Eigengewicht und Nutzlasten im Hochbau

[C19] DIN EN 1991-1-2:2010-12, Eurocode 1: Einwirkungen auf Tragwerke –
Teil 1-2: Allgemeine Einwirkungen – Brandeinwirkungen auf Tragwerke
DIN EN 1991-1-2 Berichtigung 1:2013-08

[C20] DIN EN 1991-1-2/NA:2015-09, Nationaler Anhang – National festgelegte Parameter – Eurocode 1: Einwirkungen auf Tragwerke –
Teil 1-2: Allgemeine Einwirkungen – Brandeinwirkungen auf Tragwerke

[C21] DIN EN 1991-1-3:2010-12, Eurocode 1: Einwirkungen auf Tragwerke –
Teil 1-3: Allgemeine Einwirkungen – Schneelasten

[C22] DIN EN 1991-1-3/NA:2019-04, Nationaler Anhang – National festgelegte Parameter – Eurocode 1: Einwirkungen auf Tragwerke –
Teil 1-3: Allgemeine Einwirkungen – Schneelasten

[C23] DIN EN 1991-1-4:2010-12, Eurocode 1: Einwirkungen auf Tragwerke –
Teil 1-4: Allgemeine Einwirkungen – Windlasten

[C24] DIN EN 1991-1-4/NA:2010-12, Nationaler Anhang – National festgelegte Parameter – Eurocode 1: Einwirkungen auf Tragwerke –
Teil 1-4: Allgemeine Einwirkungen – Windlasten

16.2 Literatur

[1] Petersen, Ch. (1999): Dynamik der Baukonstruktionen, 1. Auflage, Braunschweig/Wiesbaden, Verlag Vieweg & Sohn

[2] Schweda, E./Krings, W. (2000): Baustatik/Festigkeitslehre, 3. Auflage, Düsseldorf, Werner Verlag

[3] Francke, W./Friemann, H. (2005): Schub und Torsion in geraden Stäben, 3. Auflage, Wiesbaden, Verlag Vieweg & Sohn

[4] DRILL (2005) – Biegedrillknicken nach DIN 18800 (H. Friemann) , München, Fides-DV-Partner

[5] Kindmann, R./Frickel, J. (1999): Grenztragfähigkeit von I-Querschnitten für beliebige Schnittgrößen, Stahlbau 68, S. 290–301

[6] Lindner, J./Scheer, J./Schmidt, H. (1993): Stahlbauten – Erläuterungen zu DIN 18 800 Teil 1 bis Teil 4, 3. Auflage, Berlin/Köln, Beuth Verlag, Berlin, Verlag Ernst & Sohn

[7] Roik, K./Lindner, J./Carl, J. (1972): Biegetorsionsprobleme gerader dünnwandiger Stäbe, Berlin, Verlag Ernst & Sohn

[8] Wunderlich, W. (1973/74): Kolleg Torsions- und Stabilitätsprobleme I u. II

[9] Kindmann, R. (1993): Tragsicherheitsnachweis für biegedrillknickgefährdete Stäbe und Durchlaufträger, Stahlbau 62, S. 17–26

[10] Petersen, Ch. (1982): Statik und Stabilität der Baukonstruktionen, 2. Auflage, Braunschweig/Wiesbaden, Verlag Vieweg & Sohn

[11] Lindner, J./Groeschel, F. (1996): Drehbettungswerte für die Profilblechbefestigung mit Setzbolzen bei unterschiedlich großen Auflasten, Stahlbau 65, S. 218–224

[12] Lindner, J. (1987): Stabilisierung von Biegeträgern durch Drehbettung – eine Klarstellung, Stahlbau 56, S. 365–373

[13] Vogel, U./Heil, W. (2000): Traglast-Tabellen, 4. Auflage, Düsseldorf, Verlag Stahleisen

[14] Petersen, Ch. (1993): Stahlbau, 3. Auflage, Braunschweig/Wiesbaden, Verlag Vieweg & Sohn

[15] Heil, W. (1994): Stabilisierung von biegedrillknickgefährdeten Trägern durch Trapezblechscheiben, Stahlbau 63, S. 169–178

[16] Roik, K. (1983): Vorlesungen über Stahlbau, 2. Auflage, Berlin, Verlag Ernst & Sohn

[17] Gerold, W. (1963): Zur Frage der Beanspruchung von stabilisierenden Verbänden und Trägern, Stahlbau 32, S. 278–281

[18] Gröger, G. (1995): Entwicklung eines FE-Statikprogrammes zur Berechnung von ebenen Balkenelementen mit sich stetig ändernden Querschnittsabmessungen nach Theorie 1. und 2. Ordnung unter Berücksichtigung nachgiebiger Verbindungen in Knotenpunkten,

Grenzschnittgrößen und elastischer Bettung, Diplomarbeit Fachhochschule Gießen-Friedberg, Download in www.ing-gg.de

[19] Wagenknecht, G./Gröger, G. (2000): Numerische Integration – ein elegantes Verfahren zur Berechnung der Übertragungsmatrix und der Elementsteifigkeitsmatrix mit veränderlichen Größen, in: Theorie und Praxis im Konstruktiven Ingenieurbau, Stuttgart, ibidem-Verlag

[20] Friemann, H. (1996): Biegedrillknicken gerader Träger – Grundlagen zum Programm DRILL –, Darmstadt, Veröffentlichung des Instituts für Stahlbau und Werkstoffmechanik der Technischen Hochschule Darmstadt

[21] Holschemacher, Klaus (Hrsg.) (2007): Entwurfs- und Berechnungstafeln für Bauingenieure, 3. Auflage, Berlin, Bauwerk Verlag

[22] Marguerre, K./Wölfel, H. (1979): Technische Schwingungslehre, BI Mannheim

[23] Rubin, H. (1978): Interaktionsbeziehungen zwischen Biegemoment, Querkraft und Normalkraft für einfachsymmetrische I- und Kasten-Querschnitte bei Biegung um die starke und für doppeltsymmetrische I-Querschnitte bei Biegung um die schwache Achse. Stahlbau 47, S. 76–85

[24] Kindmann, R./Frickel, J. (2002): Elastische und plastische Querschnittstragfähigkeit, Grundlagen, Methoden, Berechnungsverfahren, Beispiele, Berlin, Verlag Ernst & Sohn

[25] Kindmann, R./Wolf, CH. (2009): Geometrische Ersatzimperfektionen für Tragfähigkeitsnachweise zum Biegeknicken von Druckstäben, Stahlbau 78, S. 26–34

[26] Wagenknecht, G. (2010): Imperfektionsannahmen im Stahlbau für Biegeknicken, Berichte aus dem Labor für Numerik im Bauwesen der Fachhochschule Gießen-Friedberg, Heft 1

[27] Roik, K./Wagenknecht, G. (1977): Traglastdiagramme zur Bemessung von Druckstäben mit doppeltsymmetrischem Querschnitt aus Baustahl, neu veröffentlicht in: Berichte aus dem Labor für Numerik im Bauwesen der Fachhochschule Gießen-Friedberg, Heft 2

[28] Kindmann, R./Laumann, J./Vette J. (2013): Tragfähigkeit und Stabilität von Stäben bei zweiachsiger Biegung mit Normalkraft und Wölbkrafttorsion – Programm FE-STAB, Lehrstuhl für Stahl- und Verbundbau, Ruhr-Universität Bochum

[29] Wetzel, T. (2011): Imperfektionsannahmen im Stahlbau für Biegedrillknicken, Berichte aus dem Labor für Numerik im Bauwesen der Technischen Hochschule Mittelhessen, Heft 4

[30] Fruk, D. (2011): Imperfektionsannahmen für kreisförmige Hohlprofile, Studienarbeit im Masterstudiengang des Fachbereichs Bauwesen der Technischen Hochschule Mittelhessen

[31] Kuhlmann, U., Froschmeier, B., Euler, M. (2010): Allgemeine Bemessungsregeln, Bemessungsregeln für den Hochbau – Erläuterungen

zur Struktur und Anwendung von DIN EN 1993-1-1, Stahlbau 79, Heft 11, S. 779–792

[32] Stroetmann, R., Lindner, J. (2010): Knicknachweis nach DIN EN 1993-1-1, Stahlbau 79, Heft 11, S. 793–808

[33] Strohmann, I. (2011): Biegedrillknicken für I-Profile mit und ohne Voute-Bemessungshilfen für den vereinfachten Nachweis (Teil 1), Stahlbau 80, Heft 4, S. 240–249

[34] Strohmann, I. (2011): Bemessungshilfen für den Biegedrillknicknachweis gevouteter I-Profile (Teil II), Stahlbau 80, Heft 7, S. 530–539

[35] LTBeam, Version 1.0.11, Centre Technique Industrial de la Construction Metallique (CTICM), www.cticm.com

[36] Engelmann, U. (2012): Stahlbaufibel, Bemessung nach Eurocode 3 und DIN 18800 im Vergleich, Berlin, Beuth Verlag

[37] Kindmann, R., Ludwig, Ch. (2014): Plastische Tragfähigkeit von gewalzten und geschweißten I-Querschnitten, Empfehlungen für baupraktische Nachweise, Stahlbau 83, S. 890 – 904

17 Stichwörterverzeichnis

Stahlbau-Praxis nach EC 3 Band 1

Jetzt diesen Titel zusätzlich als E-Book downloaden und 70 % sparen!

Als Käufer dieses Buchtitels haben Sie Anspruch auf ein besonderes Kombi-Angebot: Sie können den Titel zusätzlich zum Ihnen vorliegenden gedruckten Exemplar für nur 30 % des Normalpreises als E-Book beziehen.

Der BESONDERE VORTEIL: Im E-Book recherchieren Sie in Sekundenschnelle die gewünschten Themen und Textpassagen. Denn die E-Book-Variante ist mit einer komfortablen Volltextsuche ausgestattet!

Deshalb: Zögern Sie nicht. Laden Sie sich am besten gleich Ihre persönliche E-Book-Ausgabe dieses Titels herunter.

In 3 einfachen Schritten zum E-Book:

❶ Rufen Sie die Website **www.beuth.de/e-book** auf.

❷ Geben Sie hier Ihren persönlichen, nur einmal verwendbaren E-Book-Code ein:

2996617KC27A989

❸ Klicken Sie das „Download-Feld" an und gehen dann weiter zum Warenkorb. Führen Sie den normalen Bestellprozess aus.

Hinweis: Der E-Book-Code wurde individuell für Sie als Erwerber dieses Buches erzeugt und darf nicht an Dritte weitergegeben werden. Mit Zurückziehung dieses Buches wird auch der damit verbundene E-Book-Code für den Download ungültig.

Stahlbau-Praxis nach EC 3 Band 1

Mehr zu diesem Titel

... finden Sie in der Beuth-Mediathek

Zu vielen neuen Publikationen bietet der Beuth Verlag nützliches Zusatzmaterial im Internet an, das Ihnen kostenlos bereitgestellt wird.
Art und Umfang des Zusatzmaterials – seien es Checklisten, Excel-Hilfen, Audiodateien etc. – sind jeweils abgestimmt auf die individuellen Besonderheiten der Primär-Publikationen.

Für den erstmaligen Zugriff auf die Beuth-Mediathek müssen Sie sich einmalig kostenlos registrieren. Zum Freischalten des Zusatzmaterials für diese Publikation gehen Sie bitte ins Internet unter

www.beuth-mediathek.de

und geben Sie den folgenden **Media-Code** in das Feld „Media-Code eingeben und registrieren" ein:

M299660464

Sie erhalten Ihren Nutzernamen und das Passwort per E-Mail und können damit nach dem Log-in über „Meine Inhalte" auf alle für Sie freigeschalteten Zusatz-materialien zugreifen.

Der Media-Code muss nur bei der ersten Freischaltung der Publikation eingege-ben werden. Jeder weitere Zugriff erfolgt über das Log-In.

Wir freuen uns auf Ihren Besuch in der Beuth-Mediathek.

Ihr Beuth Verlag

Hinweis: Der Media-Code wurde individuell für Sie als Erwerber dieser Publikation er-zeugt und darf nicht an Dritte weitergegeben werden. Mit Zurückziehung dieses Buches wird auch der damit verbundene Media-Code ungültig.